VOYAGE

DE LA LOUISIANE,

FAIT PAR ORDRE DU ROY
En l'année mil sept cent vingt :

Dans lequel font traitées diverses matieres de Physique,
Astronomie, Géographie & Marine.

L'on y a joint les Observations sur la Refraction, faites à
Marseille, avec des Reflexions sur ces Observations ;

Divers Voyages faits pour la correction de la Carte de la Côte
de Provence ;

Et des Reflexions sur quelques points du Sisteme de M. Newton.

Par le P. LAVAL de la Compagnie de Jesus, Professeur Royal
de Mathématiques, & Maître d'Hydrographie des Officiers &
Gardes de la Marine du Port de Toulon.

A PARIS,

Chez JEAN MARIETTE, ruë Saint Jacques,
aux Colonnes d'Hercule.

M. DCC. XXVIII.
Avec Privilege du Roy.

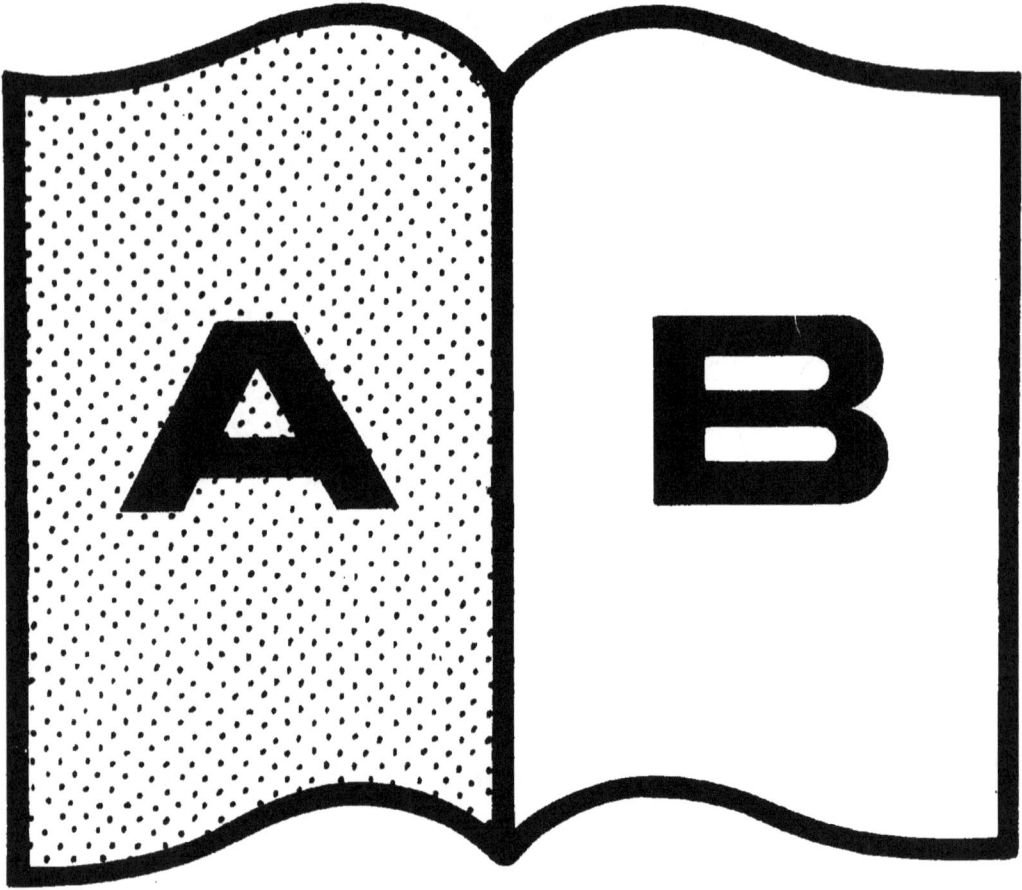

A MESSIEURS
DE L'ACADEMIE ROYALE
DES SCIENCES.

'Est-ce point trop de hardieße à moi d'oser suivre l'exemple d'un des plus fameux Mathematiciens de notre Compagnie, en prenant la liberté de vous presenter cet Ouvrage ? Comme lui je suis plein d'estime pour votre illustre Corps ; comme lui j'ai le bonheur d'être aimé de plusieurs de ses Membres ; plus heureux que lui, j'ai l'honneur depuis long-temps d'être un des correspondans de cette fameuse Compagnie, de laquelle je reconnois que j'ai tiré une grande partie des connoissances que je puis avoir ; non seulement pour avoir eu l'honneur d'assister à plusieurs de ses Assemblées ; mais aussi par la lecture assiduë des excellens Ouvrages que l'Académie donne chaque année au Public. Voilà ce qui peut excuser mon hardiesse.

J'en ai encore une autre raison; mais dois-je la dire ici ? Eh pourquoi non ? Eest-il défendu à un homme qui aime les Sciences, de sentir une forte inclination pour une celebre Compagnie qui leur a fait faire de si grands progrès ? Que n'auroit point ajoûté le P. Pardies au magnifique, mais sincere éloge qu'il a fait de ce fameux Corps, s'il avoit vû ses prédictions executées, même bien au-delà de ce qu'il pouvoit imaginer ? Quels Eloges n'auroit-il point fait du grand Roy qui l'a établie, qui l'a logée dans son Palais, qui lui a donné des reglemens si sages, si propres à la faire fleurir, à immortaliser la gloire du Prince, & celle du Corps. Ce qu'une mort précipitée l'a empêché de voir, j'ai le plaisir d'en être le témoin. Plaisir très-grand, qui me fait regreter, non de *n'être pas membre d'une si illustre Compagnie ; je ne dois pas aspirer à un si grand honneur , mais de ne pouvoir plus assister à ses assemblées , dont la durée me paroissoit si courte.*

Je vous reconnois donc , MESSIEURS , pour mes Juges comme le P. Pardies. Et si quelque Sçavant , de quelque Nation qu'il soit , ne pense pas de même , il est ou fort prévenu , ou jaloux, ou peu ami des Sciences auxquelles par vous notre Nation a donné , & donne chaque jour tant de lustre.

L'Ouvrage que j'ai l'honneur de vous presenter , par cela même qu'il est neuf , a bien plus besoin de vous être recommandé , & de votre protection , que ne l'avoit le bel Ouvrage du P. Pardies recommandable par lui-même. C'est un Vöiage fait pour les Sciences ; mais quelle difference avec les Vöiages de l'Académie ? Il faut des ombres dans un Tableau. Ce sont des Reflexions sur la Physique , & sur la Réfraction , qui n'approchent pas de celles de plusieurs Membres de votre Compagnie : ce sont quelques Me-

moires sur la construction des Vaisseaux. Attaché par mon emploi à reflechir sur ces matieres depuis trente ans, j'ai cru qu'elles ne vous déplairoient pas.

Tel qu'est cet Ouvrage, je le soumets entierement à votre jugement ; quel qu'il soit, je n'en appellerai point à un autre Tribunal. Je n'en reconnois point de superieur. Si vous le jugez bon, content de votre approbation, je n'en chercherai point d'autre. Recevez-le donc comme le tribut d'une personne qui vous est depuis longtemps dévoüée.

J'ai l'honneur d'être avec un profond respect & beaucoup de reconnoißance.

MESSIEURS,

Votre très-humble & très-obeißant serviteur, LAVAL, de la Compagnie de Jesus.

PREFACE.

COMME bien des Lecteurs ont été trompez en liſant des Relations qui n'ont pas ſoutenu l'idée qu'ils s'en étoient formé, je prends la liberté de leur donner un conseil ; c'eſt de lire cette Préface afin qu'ils ne ſoient pas trompez. Je la fais courte expreſſément pour leur épargner la peine de la lire longue. Je ſçai combien en pareilles occaſions il m'en a coûté. Ils pourront ainſi plus ſûrement & plus promptement ſe déterminer au parti qu'ils auront à prendre.

Le Journal que je donne ici eſt une eſpece d'Ouvrage des plus difficiles à executer ; car comment y joindre l'utile à l'agréable ? Il le faut pourtant pour qu'il ait les ſuffrages de tout le monde. Il eſt impoſſible qu'il ne s'y rencontre bien des termes de Marine, parce qu'il eſt queſtion d'un voïage fait par Mer. Ces termes rebutent ceux qui ne ſont pas du mêtier, & n'ont rien de fort gracieux. Donner à ces termes une autre tournure ; outre qu'il faudroit uſer de periphraſe, ce qui fait languir le diſcours, les Marins ne le pardonneroient pas à un Auteur qui eſt de leur profeſſion depuis longues années ; peut-être lui feroient-ils la grace de croire qu'il les ſçait ; mais ils le regarderoient comme un déſerteur, & mépriſeroient ſon Ouvrage.

Pour ceux qui ne ſont pas du métier, ce ſera de l'Arabe pour eux, ils le liront encore moins. Gardez votre Ouvrage, me dira-t'on : ce ſeroit peut-être le mieux, au moins ſeroit-ce le plus court, & le moins penible pour moi. Mais comme je n'ai entrepris ce Voïage que dans la vûë d'être utile, je ſerois bien-aiſe auſſi d'en donner la Relation, qui peut avoir ſes utilitez ; & ne point laiſſer perdre le fruit de mes travaux.

Tels ont été ſans doute les deſſeins des Voïageurs. Le Public leur eſt obligé quand ils lui donnent des Relations fidelles de ce qu'ils ont vû de curieux dans leurs courſes ; on a à peu de frais des connoiſſances qui leur ont beaucoup coûté. Ceux qui ont voïagé par Terre peuvent répandre dans leurs Relations la même varieté qu'ils ont trouvée dans les Païs dont ils parlent ; & par-là rendre leur Ouvrage agréable ; les Marins n'ont pas le même avantage. Ils ont beaucoup à fouffrir à la Mer ; & , ce qui eft encore pire , ils font quelquefois fouffrir les Lecteurs , qui pour le moins plaignent l'argent que leur a couté le Livre, dont ils fautent volontiers des vingt & trente pages.

Pour remedier à des inconveniens fi dangereux pour un Auteur , je donnerai une courte & claire explication des termes de Marine qui peuvent fe rencontrer dans la relation de ce Voïage. Je mêlerai dans le Journal , des Defcriptions des divers Lieux où nous avons paffé ; les Obfervations que j'y aurai faites , de quelques efpeces qu'elles foient ; divers évenemens propres à éguaïer la matiere ; des Reflexions fur les vents , fur la variation des aiguilles aimantées , & fur d'autres matieres curieufes ; les détails des Routes qu'on peut tenir pour divers endroits de ces Païs ; enfin diverfes circonftances qui pourront donner de l'agrément à ce Journal.

On y trouvera auffi des Plans & des Cartes des Lieux où nous avons touché. La varieté des Fleurs répanduës dans une Prairie ne laiffe pas de plaire , quoiqu'on n'y trouve pas l'arrangement d'un beau Parterre , ou d'un magnifique Jardin. C'eft que le naturel a fon agrément , & quelquefois plus que ce qui eft fait avec beaucoup d'Art , contre lequel on eft fur fes gardes,

EXPLICATION

EXPLICATION

DES TERMES DE MARINE
employez dans ce Journal.

On a promis dans la Preface d'expliquer les Termes de Marine qui se trouvent dans cet Ouvrage, en faveur de ceux qui ne sçavent pas la Marine. Il faut tenir parole ; je le fais briévement, mon intention n'étant pas de faire un Dictionnaire ; il se pourroit faire que j'en oubliasse quelqu'un, mais ils sont en petit nombre, & de peu d'importance pour l'intelligence du Texte.

A.

ABATRE. On dit que *le Vaisseau abat* lorsque les voiles de l'avant reçoivent le vent à contre-sens, & font tourner le Vaisseau de maniere, que la poupe se tourne du côté d'où vient le vent.

ABORDER. C'est lorsqu'un Vaisseau donne contre un autre, soit par accident, soit aussi pour l'attaquer.

AFFALÉ. On dit qu'un Vaisseau *est affalé*, lorsque le vent le pousse contre une Côte, de maniere qu'il ne peut s'en éloigner.

AFFOURCHER. C'est arrêter le Vaisseau avec deux ancres, en sorte que les cables qui sont attachez à ces ancres font comme une fourche.

AGRE'ER UN VAISSEAU. C'est lui mettre ses mats, ses voiles & ses cordages. On appelle *agrets* ces trois choses, & toutes celles qui leur appartiennent.

AMARRER. Signifie attacher. *Amarre* c'est la corde dont on se sert pour attacher.

b

AMENER. C'est abaisser, faire descendre. *Amener les voiles*, amener le Pavillon.

AMIRAL. C'est le premier Officier de la Marine. Le Vaisseau qu'il monte s'appelle aussi *Amiral* ; ainsi que tout Vaisseau qui porte Pavillon quarré au grand mât.

AMURER. Ce terme signifie attacher un des bouts inférieurs de la voile contre le bois du Vaisseau du côté d'où vient le vent, qui souffle obliquement, pour tenir la voile plus roide. *Amurer bas*, c'est le faire autant qu'il se peut.

AMURE. sub. fem. se dit de la situation d'une voile, quand elle est *amurée*. On dit prendre l'*amure à tribord*, *courir les amures à tribord*. La corde qui tient la voile *amurée* s'appelle *Ecoüet*.

ANCRE. s.f. C'est un double crochet de fer qui est d'un grand poids, au bout duquel est attachée une grosse corde, qu'on appelle *Cable* ; quand on jette l'ancre à la Mer, un des deux crochets s'attache au fond, ce qui arrête le Vaisseau.

APPAREILLER. C'est lever l'ancre, & mettre le Vaisseau à la voile pour faire route.

ARBORER UN PAVILLON. Mettre un Pavillon au *Baton d'Enseigne*, qui est un petit mât au haut de la poupe du Vaisseau, ou au haut d'un mât. Il *arbora Pavillon d'Amiral*. C'est-à-dire, il mit un Pavillon blanc au haut du grand mât, si c'est un Vaisseau de France.

ARRIMAGE. sub. masc. C'est l'arrangement des choses qu'on met dans le Vaisseau. On dit *notre Vaisseau est bien arrimé*. Tout y est bien arrangé.

ARRIVER. C'est faire venir la poupe du Vaisseau du côté du vent, & sa proüe sous le vent.

ARTIMON. s. m. Voile du Vaisseau, laquelle est triangulaire ; elle est à l'arriere du Vaisseau, & sert à le faire venir au vent. Le mât qui la porte s'appelle *mât d'Artimon*.

ATERRAGE. s. m. C'est l'endroit d'un côté où l'on vient reconnoître la terre. Ainsi *aterrer* c'est être en état de prendre terre au lieu où l'on veut aller.

AU VENT. *Au lof*. C'est faire approcher la proüe du Vaisseau du lit du vent, ou du lieu d'où vient le vent. C'est le contraire d'*arriver*. Ainsi *prendre lof pour lof*, c'est quand on a couru fur une *ligne du plus près*, courre fur *l'autre ligne du plus près*.

B.

BAILLE. fubft. fem. Petite cuve dans laquelle on tient de l'eau, ou autres chofes pour l'ufage du Vaiffeau.

BALISE. f. f. C'eft une marque qu'on met fur l'eau ; quelquefois un tonnant flotant, quelquefois un mât élevé, pour marquer le paffage dans un canal étroit & dangereux, à caufe des roches, ou du terrain caché fous l'eau ; afin que les Vaiffeaux puiffent les éviter, en *chenaillant* entre les *Balifes*.

BANDE. On dit qu'un Vaiffeau eft à la bande, quand il eft couché fur un de fes côtez. *Bande* fignifie auffi côté. *Le vent eft à la bande du Sud*. Le vent foufle du côté du Sud, mais un peu plus vers l'Eft, ou vers l'Oueft.

BA-BORD. C'eft la gauche du Vaiffeau en regardant la proüe.

BAS-FOND. On dit auffi HAUT-FOND. C'eft un endroit fous l'eau, où il y a peu de profondeur d'eau.

BATTERIE. f. f. Ce font les deux rangs de canon qui font fur chaque Pont, ou plancher du Vaiffeau. *Batterie baffe*, la plus voifine de la Mer, où font les plus gros canons.

BAUX. f. m. Ce font les poutres qui foutiennent le plancher du Vaiffeau.

BEAUPRE'. f. m. C'eft un mât qui eft incliné fur l'avant du Vaiffeau.

BORD. f. m. Par ce terme on fignifie le Vaiffeau. *Aller à bord*, c'eft aller au Vaiffeau.

BORD fe prend encore pour le côté du Vaiffeau. Tantôt d'un bord, tantôt de l'autre.

BORDAGES. f. m. Ce font des planches fort épaiffes, dont on couvre les membres du Vaiffeau, & dont on fait le plancher ou *Pont*.

BORDE'E. f. f. C'eft le chemin que fait un Vaiffeau quand il court au plus près du même côté. *Dans l'Ocean on peut courre de longues bordées*.

BORDER. C'eft attacher les bouts inferieurs d'une voile, en les tirant près du *bord*, de maniere qu'elle reçoive le vent, & qu'elle pouffe le Vaiffeau en avant.

BOUE'E. f. f. C'eft un gros morceau de bois, ou un amas de liege fait en forme d'œuf, qu'on attache à l'ancre avec une

longue corde, qu'on appelle *orin*, afin que quand l'ancre eſt
au fond de la Mer, la boüée qui ſurnage, marque l'endroit
où eſt l'ancre. *Etre moüillé à l'abri de la boüée*, c'eſt n'avoir
aucune terre qui mette le Vaiſſeau à l'abri du vent & de la
Mer.

BOULINE. ſ. f. La Bouline eſt une corde attachée au milieu
d'un des côtez de la voile, afin qu'elle reçoive le vent quand
il vient de biais.

BOUSSOLE. ſ. f. C'eſt une roſe des 32. airs de vent qu'un fer
aimanté qui la ſupporte, fait tourner ſur un pivot dans une
boëte, afin qu'elle marque le point du Nord, & par conſéquent les 31. autres points de l'horiſon.

BRAS. ſ. m. Ce ſont des cordes attachées au bout des vergues, qui ſervent à orienter, ou tourner les voiles du côté
qu'on veut. *Braſſer* c'eſt faire cette manœuvre.

BRASSE. ſ. f. C'eſt une meſure de Marine, dont la longueur
eſt autant qu'un homme peut étendre les bras; c'eſt un peu
plus de cinq pieds.

BRISE. ſ. f. C'eſt un vent qui s'éleve de la Mer ſur les Côtes, vers les 8. ou 9. heures du matin, & qui la nuit vient de
terre. *Briſe carabinée*, c'eſt celle qui ſoufle avec violence.

BRUME. ſ. f. C'eſt un broüillard. *Brume legere. Brume fort
épaiſſe.* Terre qui eſt *embrumée.*

C.

CABLE. ſ. m. C'eſt une groſſe corde qu'on attache à l'anneau de l'ancre pour arrêter le Vaiſſeau. On appelle un
Cable la diſtance de 120. braſſes, parce que c'eſt la longueur
ordinaire d'un Cable. Etre *à deux Cables de terre*, c'eſt en être
loin de 240. braſſes, ce qui eſt un peu plus de 200. toiſes.

CANOT. ſ. m. C'eſt un petit Bateau qui ſert aux Officiers de
Marine pour aller du Vaiſſeau à terre, ou à un autre Vaiſſeau.

CAP. ſ. m. C'eſt ainſi qu'on appelle quelquefois la proüe du
Vaiſſeau. *Où avons-nous le Cap?* c'eſt-à-dire, ſur quel vent eſt
dirigée la proüe du Vaiſſeau?

CAP. ſ. m. On dit auſſi *Morne* en ponant. C'eſt une montagne de la Côte, qui avance dans la Mer, un peu plus que la
Côte. *Cap Spartel. Cap de Horne.*

CAPE. *Mettre à la Cape.* C'eſt réduire le Vaiſſeau à ſes baſſes
voiles, & ſerrer toutes les autres, & ſe mettre au plus près

du vent. On met quelquefois à la cape avec la grande voile feule, ou avec l'artimon feul pour venir davantage au vent. Le
Vaiffeau étant à *la Cape* fait très-peu de chemin, & dérive
beaucoup.

CAPPONNER l'Ancre. C'eft accrocher l'anneau de l'ancre
avec le croc du capon, pour la hifler & remettre à fa place
ordinaire, qui eft le Boffoir.

CARENER. C'eft après avoir donné le feu au côté du Vaiffeau pour brûler le vieux goudron, l'enduire de nouveau
goudron, & puis de fuif mêlé avec du fouffre, jufqu'à deux
pieds au-deffus de l'eau, pour le moins.

CARGUES. f. f. Cordes qui fervent à retrouffer les voiles,
afin qu'elles ne prennent pas le vent. On dit *carguer les voiles*,
pour les retrouffer avec les *Cargues*.

CHALOUPE. f. f. Petit Bateau, mais plus grand que le Canot, dont les gens de Mer fe fervent pour porter tout ce qui
eft neceffaire au Vaiffeau.

CHENAL. f. m. C'eft un canal étroit dans la Mer, qui eft
borné de terres, ou de bas-fonds de chaque côté; ou de terre
d'un côté & de bas-fonds de l'autre, dans lequel les Vaiffeaux
peuvent paffer. Ce qui s'appelle *Chenailler*.

COMPAS DE VARIATION. f. m. C'eft une bouffole qui a des
pinnules par lefquelles on regarde le Soleil, ou quelqu'autre objet, pour voir à quel air de vent il répond. On s'en fert
fur-tout pour connoître au lever ou au coucher du Soleil la
variation ou déclinaifon de l'éguille aimantée.

COULER BAS. Se dit d'un Vaiffeau, qui s'étant rempli d'eau,
s'enfonce dans la Mer.

COUP DE VENT. C'eft une tempête. Nous avons effuié un
gros coup de vent.

COUPER. Cela fignifie couper le cable à coups de hache,
quand on n'a pas le loifir de lever l'ancre, pour mettre à la
voile.

CULER. C'eft reculer; *mettez les voiles fur les Mâts pour
faire culer le Navire*.

D.

DANGERS. f. m. Ce font des lieux où un Vaiffeau eft en
danger, à caufe des écueils ou des bancs, contre lefquels
il pourroit fe brifer.

DERIVER. C'est s'écarter de la route, ou de l'air de vent sur lequel on doit courir. *Ce Vaisseau dérive beaucoup au plus près.*

DEMATER. C'est lorsqu'un Vaisseau perd quelqu'un de ses mâts, qui est rompu par le vent.

DOUBLER UN VAISSEAU. C'est le revêtir au dehors de planches, entre lesquelles & le bois du Vaisseau on met de la bourre, pour empêcher que les vers ne percent les bordages du Vaisseau.

DOUBLER. On dit aussi *arrondir.* C'est lorsqu'un Vaisseau passe d'un côté à l'autre d'un Cap ou d'une Isle.

DUNETTE. f. f. c'est un demi plancher au-dessus du gaillard, & au plus haut de la poupe.

E.

EAUX. Se mettre dans les eaux d'un Vaisseau ; c'est se mettre derriere lui, ou dans son *sillage. Le Henri est dans nos eaux.*

ECHOUER. Un Vaisseau échoue lorsqu'il vient à toucher le fond par sa quille ; en sorte qu'il est arrêté, n'y aïant pas assez d'eau en cet endroit pour être *à flot.*

ECORES. f. f. On dit aussi *Accores.* Ce sont les extrémitez d'un banc qui est sous l'eau, lesquelles sont escarpées. On dit aussi *Côte en Ecore* pour côte escarpée.

ECOUTES. f. f. Ce sont les cordes qui tiennent en raison les bouts inferieurs d'une voile. *Haler sur la grande écoute,* c'est tirer la grande écoute.

EMBARQUER. C'est mettre dans un Vaisseau. *Embarquer le vin,* &c.

ENSEIGNE DE POUPE. C'est le Pavillon qu'on met à l'arriere du Vaisseau pour marquer de quelle Nation il est. Le mât qui le porte s'appelle *Baton d'Enseigne.* On se sert ordinairement du mot de *Pavillon.*

EQUIPAGE. f. m. Ce mot signifie les gens du Vaisseau. Tous ceux qui sont emploïez dans un Vaisseau, composent l'Equipage.

ERRE. C'est le mouvement que le Vaisseau acquiert par le vent.

ESCADRE. C'est un petit nombre de Vaisseaux de guerre, qui font un Corps.

EST. f. m. Signifie l'Orient. Le vent d'*Est*, le vent d'Orient. Est-Sud-Est vent d'Orient, qui prend deux airs de vent vers le Sud. On prononce *Ai-fu-ai*, & on n'écrit que les lettres initiales. E. S. E. Est-Nord-Est E. N. E. qui prend deux airs de vent vers le Nord, on prononce *Ai Nordai*.

ETAMBORD. f. m. C'est la piece de bois qui est antée sur le bout de la quille, laquelle soutient l'arriere du Vaisseau.

ETRAVE. f. f. C'est une piece de bois courbe qui est antée sur le bout de la quille, & qui soutient l'avant du Vaisseau.

EVITER. Se dit d'un Vaisseau qui étant mouillé, presente sa prouë au lieu d'où vient le vent. *Eviter au courant.* C'est presenter la prouë au courant.

F.

FALAISE. f. f. Lieu escarpé d'une Côte. *Côte en Falaise.* Côte escarpée.

FANAL. f. m. C'est ainsi qu'on appelle une lanterne à la Mer. *Fanaux de Poupe* sont de grandes lanternes, qui sont au-dessus de la Poupe, qu'elles ornent fort. *Fanal de Hune*, grande lanterne que le Commandant d'une Escadre porte à la Hune pour se faire connoître la nuit par les Vaisseaux de l'Escadre.

FAIRE SERVIR se dit d'un Vaisseau qui aïant resté quelque-temps *en Pane*, se remet en route en faisant servir ses voiles.

FIL DE COURANT. Ou courant, c'est un endroit de la Mer où l'eau court avec vîtesse.

FILER. C'est lâcher d'une corde autant qu'il est necessaire. *Filer du Cable pour que l'ancre ne chasse pas.* C'est-à-dire qu'elle ne laboure pas dans le fond de la Mer, ce qui mettroit le Vaisseau en danger de dérader, & de courir à la côte.

FLAME. f. f. C'est une longue banderole de toile, ou d'étamine qu'on arbore au grand mât ou ailleurs. Elle est faite en triangle dont les deux jambes sont fort longues. *La Flame Blanche* au grand mât, est la marque que porte le Commandant d'une Escadre, quand il n'est pas Officier General. Alors il n'a point de girouette au-dessus de la flame. Dès qu'un Vaisseau du Roy arrive dans un Port, les Vaisseaux François des Particuliers doivent amener leur Flame.

FLAME D'ORDRE. C'est une Flame blanche que le Commandant d'une Escadre fait arborer au haut de la vergue d'artimon. Ce qui fait connoître que de chaque Vaiſſeau il faut envoïer ſur le Commandant un Officier à l'ordre.

FLOTAISON. ſ. f. C'eſt la ligne tout au tour du Vaiſſeau à laquelle arrive l'eau, quand il eſt chargé. Ce Vaiſſeau eſt dans ſa flotaiſon.

FORBAN. ſ. m. C'eſt un Pirate qui ſe ſert des Pavillons de toute Nation pour piller toute ſorte de Bâtimens de toute Nation.

FORCER DE VOILES. C'eſt faire courir le Vaiſſeau avec le plus de voiles qu'on peut.

FOURRER un cable. C'eſt l'envelopper de toile & de vieux cordage, de peur qu'il ne ſe ronge dans l'endroit qui frotte, ſoit ſur les écubiers, ſoit ailleurs.

FRAIS. Se dit du vent quand il eſt fort ſans tempête.

FRAPPER UNE POULIE, ou *une corde*. C'eſt l'attacher en quelqu'endroit du Vaiſſeau pour faire quelque manœuvre.

FREGATTE. ſ. f. C'eſt un Vaiſſeau de guerre qui ne paſſe pas ſoixante pieces de canon, & qui n'eſt pas ſi fort de bois que les autres Vaiſſeaux de guerres. Les Fregattes n'ont guere que du canon de douze livres de bale, à la batterie baſſe.

FRELER. C'eſt plier & ſerrer les voiles en les liant de long enlong contre leurs vergues.

G.

GAILLARD. ſ. m. C'eſt un étage du Vaiſſeau qui ne s'étend pas dans toute la longueur du Vaiſſeau. *Gaillard d'arriere*, c'eſt celui qui eſt vers la Poupe. *Gaillard d'avant*, c'eſt celui qui eſt vers la Prouë.

GOEMON. ſ. m. Herbe qui flotte ſur l'eau, qui annonce la terre ordinairement.

GOUVERNAIL. ſ. m. C'eſt une longue piece de bois qui tourne ſur des gonds à l'arriere du Vaiſſeau, laquelle s'oppoſant à l'eau tantôt d'un côté, tantôt de l'autre, pouſſe la Poupe à droit ou à gauche, & gouvèrne le Vaiſſeau.

GOUVERNER. *Le Vaiſſeau ne gouverne pas*. C'eſt-à-dire que la Mer eſt ſi calme, que l'eau ne fait aucune impreſſion contre le Gouvernail.

GRAND MAT. C'eſt le Mât qui eſt au milieu du Vaiſſeau. Il donne le nom de Grand à tout ce qui lui appartient.

GRAIN. f. m. C'eft un nuage qui donne du vent ou de la pluïe, fouvent tous les deux enfemble, qui paffe en peu de temps. Grain pefant, c'eft celui qui eft accompagné d'un gros vent.

GROS TEMPS. Signifie une tempête. Et *Groffe Mer*, une Mer fort agitée & élevée.

H.

HALER. C'eft tirer une corde pour faire venir ce qui y eft attaché.

HAUBANS. f. m. Ce font les cordes qui tiennent les Mâts à droit & à gauche, & qui font un peu en arriere du Mât qu'elles tiennent.

HISSER. C'eft élever, tirer en haut un fardeau par le moïen des cordes paffées dans des poulies, ou fimples, ou doubles.

HORLOGE Ampoulette. C'eft une demi-heure de temps me-furée par un Sable qui dure autant. Ainfi huit horloges font quatre heures. *Le Quart eft de huit Horloges.*

HOULE. f. f. C'eft un flot, une vague qui eft longue & haute.

HUNE. f. f. C'eft un grand cercle de bois qu'on met prefque au haut du Mât; il fert à tenir les haubans du fecond Mât, qui eft comme anté fur le premier, & qui s'appelle Mât de Hune. *Grande Hune.* Hune de Mifene.

HUNIER. f. m. Voile du Mât de Hune. Grand Hunier. Petit Hunier.

I.

JET DE VOILES, ou *Jeu de voiles*. L'un & l'autre fe dit & fignifie tout l'affortiment des voiles neceffaires à un Vaif-feau. *Nous avons trois jets de voile.*

L.

LARGE. f. m. Ce terme fignifie la haute Mer, ou un en-droit éloigné des Côtes. *Courir au large*, c'eft s'éloigner de la Côte. *Prendre le large d'un Vaiffeau* : c'eft s'en éloigner.

L'ARGUER. C'eft lâcher : on s'en fert quelquefois pour *arriver*, parce que quand on arrive on lâche les Boulines, les Ecoutes & les Bras. On dit *courir largue*, lorfque les Ecoutes, les Bras, & les Boulines font largues. *Courir vent largue*, c'est la même chofe.

LIT DE VENT. Ce font les lignes par lefquelles le vent fouffle. *Lit de courant*, ce font les lignes par lefquelles l'eau court, comme le lit d'une Riviere.

LOUVOÏER. *Louvier.* C'eft lorfqu'un Vaiffeau court au plus près du vent, tantôt à droit, tantôt à gauche pour avancer contre le vent, qui lui eft contraire. On dit auffi *aller bord fur bord. Courre des bordées.*

LOK. f. m. C'eft un morceau de bois fait en forme de Nacelle, auquel on attache une longue corde fine. On jette par la poupe ce bois dans le fillage pour connoître le chemin que le Vaiffeau fait par heure.

M.

MANOEUVRE. f. f. Se dit de l'action ordonnée pour faire faire quelque mouvement au Vaiffeau. *Une fine manœuvre.* On appelle auffi *Manœuvres* les cordes qui fervent à *Manœuvrer. Manœuvres dormantes,* cordes qui font fixes. *Manœuvres courantes,* cordes qui vont & viennent felon le befoin.

MANTELET. f. m. Fenêtre de bois fort épaiffe qui ferme le Sabord. On les calfate la plûpart quand on eft à la Mer, pour que l'eau n'entre pas par leur jointure.

MARE'ES. f. f. C'eft le flux & reflux de la Mer.

MAT. f. m. C'eft ainfi qu'on appelle les arbres qui font dans le Vaiffeau, deftinez à porter les *vergues* auxquelles font attachées les voiles.

MATURE. f. f. Ce terme fignifie tous les Mâts du Vaiffeau pris enfemble. *Ce Vaiffeau à trop de mâture.* Ses Mâts font trop longs.

MATELOT. f. m. Homme de Mer deftiné aux manœuvres du Vaiffeau.

MISENE. f. f. C'eft la voile du Mât qui eft pofé droit fur l'avant du Vaiffeau; & qu'on appelle Mât de Mifaine, ou Mât d'Avant.

MONDRAIN. f. m. On appelle *Mondrain* en ponant une petite Montagne feparée qui fert de reconnoiffance pour une Côte.

Moüiller. C'eft jetter l'ancre à la Mer pour arrêter le Vaiffeau.

Moüillage. f. m. C'eft un lieu où l'on peut moüiller sûrement. *Bon Moüillage. Mauvais Moüillage*, celui où les Vaiffeaux ne font pas en fureté.

N.

Nager. Ce terme fignifie ramer. On dit aux Matelots du Canot *nagez enfemble*, c'eft-à-dire, ramez de concert.

Naucher ou *Maître*. Officier marinier qui commande au fifflet fous les Officiers les manœuvres du Vaiffeau.

Navire. f. m. C'eft toute forte de Vaiffeau, de Guerre, ou Marchand, qui a trois Mâts droits, fans le Beaupré.

Nord. f. m. C'eft le Septentrion. On n'écrit que la lettre initiale N. Le vent entre le Septentrion & l'Orient s'appelle Nord-Eft. On prononce Nordai, & on écrit N. E.

Nord-Nord-Est. C'eft le point de l'horifon entre le Septentrion & le Nord-Eft. On écrit pour abreger N. N. E. & on prononce *Nor-Nordai*. Nord-Oueft le vent entre le Septentrion & l'Occident. On écrit N. O. & on prononce *Norouai*.

O.

Orienter. C'eft donner à quelque chofe la fituation convenable. *Orienter les voiles, orienter le compas de variation*, &c.

Orin. f. m. C'eft une corde de moïenne groffeur attachée à la croifée de l'ancre par un de fes deux bouts ; & par l'autre bout à une *Bouée*, pour marquer précifément l'endroit où l'ancre eft moüillée.

Ouest. f. m. C'eft l'Occident. Pour abreger on met la lettre initiale O. *Oueft-Nord-Oueft*, c'eft le vent entre l'Occident & le Nord-Oueft. On écrit O. N. O. & on prononce *Ouai Norouai. Nornorouai* pour Nord-Nord-Oueft. N. N. O.

P.

Pane. *Mettre en Pane.* C'eft arrêter le Vaiffeau quand il eft fous voile. Pour cela après avoir *cargué les baffes voiles*, on difpofe ces Huniers de telle forte que le vent en

enfle un pour faire avancer le Vaiſſeau, & pouſſe l'autre ſur
le Mât pour le faire reculer.

PARAGE. ſ. m. C'eſt un endroit de la Mer qui donne lieu au
Vaiſſeau de faire les routes & les manœuvres qui conviennent
dans les divers évenemens. *Etre en bon Parage. Nous étions en
mauvais Parage.*

PASSE. ſ. f. C'eſt une ouverture entre des Iſles, où un
Vaiſſeau peut paſſer. La *Paſſe eſt ſaine*, c'eſt-à-dire, il n'y a
point de dangers.

PAVILLON. ſ. m. C'eſt un Drapeau en forme de quarré-
long, qui a pour ſa largeur les deux tiers de ſa longueur.
Pavillon de Poupe, celui qu'on met à la Poupe, qui eſt fort
long & fort large. *Pavillon de Beaupré*, celui qu'on met au-
deſſus du Mât de Beaupré.

PERROQUET. ſ. m. C'eſt la plus haute voile de chaque
Mât.

PIC A PIC. C'eſt-à-dire perpendiculairement, ou à plomb.
Avoir le Soleil à Pic, c'eſt-à-dire au zenith. L'ancre eſt *à Pic*,
c'eſt-à-dire l'ancre eſt droite & prête à quitter.

PIC. C'eſt ainſi qu'on appelle la Montagne la plus haute de
Teneriffe & des Açores.

PILOTE. ſ. m. Officier Marinier qui a ſoin de la route du
Vaiſſeau.

PINCER LE VENT. C'eſt aller à la voile le plus qu'on peut
contre le vent. *Le Touloufe pince bien le vent.*

PLUS PRE'S. ſ. m. Se dit d'une des deux lignes par leſquelles le Vaiſſeau va à la voile le plus qu'il ſe peut contre le vent.
*Nous ſommes ſur la ligne du plus près Bas-bord, bien-tôt nous
revirerons & nous mettrons ſur la ligne du plus près tribors.*

POINT. ſ. m. C'eſt la marque qu'on fait ſur une Carte Marine du lieu où on ſe croit à la Mer.

LE PONANT ſignifie l'Occident. On appelle Ponantois les
gens de Mer qui ſont ſur les côtes Occidentales de France.
C'eſt un Ponantois.

PONT. ſ. m. C'eſt le nom qu'on donne aux planchers qui
partagent le Vaiſſeau en pluſieurs étages. Vaiſſeau à trois
Ponts.

PORTER LA VOILE. Se dit d'un Vaiſſeau qui réſiſte à l'effort
que les voiles chargées du vent font pour le coucher ſur le
côté.

POUPE. f. f. C'eft l'arriere du Vaiffeau. *Poupe quarrée. Poupe ronde.*

PRESENTER. C'eft avoir la Prouë en face de quelque chofe. Prefenter au vent.

PROUE. f. f. C'eft l'avant du Vaiffeau. *Voila une belle Prouë.*

Q.

QUART. f. m. C'eft la garde qu'on fait fur le Vaiffeau pour veiller à fa confervation. *Je fuis de Quart. Le Capitaine en fecond ne fait point de Quart.*

QUILLE. f. f. C'eft une longue poutre droite & compofée de plufieurs pieces, fur laquelle on ante tous les membres du Vaiffeau, dont elle eft le fondement.

R.

RADE. f. f. C'eft un endroit de la Mer où les Vaiffeaux peuvent moüiller à l'abri des vents & de la Mer, dont les Côtes qui l'environnent en partie les garantiffent.

RADOUBER. C'eft réparer les ouvertures qui fe trouvent dans le corps du Vaiffeau, en y mettant de nouveaux membres, ou de nouveaux bordages.

RAS. f. m. C'eft un endroit de la Mer où l'eau court rapiement. *Ras de courant. Ras de marée.*

RECIF. f. m. Roches fous l'eau, fur lefquelles il n'y a pas affez d'eau pour qu'un Vaiffeau y puiffe paffer.

REFFALLE. f. f. On dit auffi *Raffalle.* C'eft le retour du vent qui eft réflechi par les terres.

REFOULER LA MARE'E, *le courant.* C'eft aller contre le courant de l'eau. *Un bon vent d'Eft nous fit refouler les courans du Détroit de Gibraltar.*

RELACHER. Se dit d'un Vaiffeau qui à caufe du mauvais temps quitte fa route, & retourne en arriere pour chercher quelque Port, ou quelque Rade.

RELINGUE. f. f. On dit auffi *Ralingue.* C'eft une corde qu'on cout le long des extrémitez de la voile pour les fortifier. *Le vent a mangé la voile jufqu'aux Ralingues.*

RELEVER. C'eft voir avec un compas de variation à quel air de vent répond une Côte, un Vaiffeau, ou quelqu'autre chofe.

REMORQUER. C'eſt tirer quelque choſe après ſoi, laquelle flote ſur l'eau.

REMOUX. ſ. m. Se dit de l'eau que le Vaiſſeau entraîne après ſoi, quand il marche.

REVIRER. C'eſt lorſqu'un Vaiſſeau après avoir couru d'un côté au plus près, change de route, pour courir au plus près de l'autre côté. *Revirer vent devant*, c'eſt revirer en venant au vent. *Revirer vent arriere*, c'eſt revirer en arrivant.

RIS. ſ. m. *Prendre un Ris*, c'eſt étreſſir une voile par le haut, pour ne pas prendre tant de vent. Les cordes des Ris ſervent à retreſſir la voile, en joignant & liant à la vergue la partie de la voile qui eſt au-deſſus des Ris.

RISE'E DE VENT. ſ. f. C'eſt une bouffée de vent violente & paſſagere. Un vent qui ſoufle par riſées.

ROULER. Se dit d'un Vaiſſeau que la houle fait coucher alternativement ſur ſes côtez, en faiſant comme des vibrations.

ROULIS. ſ. m. C'eſt ce mouvement du Vaiſſeau. Le terrible Roulis.

RHUMB DE VENT. *Air de vent* ſ. m. C'eſt une des trente-deux pointes de la Roſe des vents.

S.

SABORDS. ſ. m. Ce ſont les ouvertures ſur les côtez du Vaiſſeau, où ſont placez les canons.

SAIN. *Côte ſaine*. Celle auprès de laquelle on peut naviguer, n'y aïant pas des écuëils ou des bancs ſous l'eau.

SIGNAUX. ſ. m. Ce ſont les marques dont les Vaiſſeaux ſe ſervent pour ſignifier les choſes dont ils ont convenu. *Signaux de jour. Signaux de nuit.*

SILLAGE. ſ. m. C'eſt le chemin que le Vaiſſeau fait à la Mer, ou une longue trace d'eau qui reſte après lui dans ſon chemin. *Aujourd'hui nous avons doublé le Sillage*, c'eſt-à-dire fait deux fois plus de chemin.

SIVADIERE. ſ. f. C'eſt la voile de Beaupré, qui ramaſſe le vent qui échappe aux autres.

SONDE. ſ. f. C'eſt une pyramide de plomb à laquelle on attache une longue corde. On s'en ſert pour connoître la profondeur d'eau, & la qualité du fond de la Mer; pour cela on met du fuif fur la bafe de cette pyramide, auquel il s'attache quelque chofe du fond, quand le plomb le touche.

STRIBORD. On prononce maintenant *Tribord*. Ce terme fignifie la droite du Vaifleau en regardant la Prouë.

SUD. f.m. C'eft le midi. Sud-eft, on écrit S.E. C'eft le point de l'horifon entre le Midi & l'Orient. On prononce *Su-ai*. Eft-Sud-Eft. E. S. E. On prononce *Ai-fu-ai*. C'eft le point entre l'Orient & le Sud-Eft. Sud-Sud-Eft. On dit Su-fu-ai, on écrit S. S. E. Le point entre le Midi & le Sud-Eft, Sud Sud-Oueft. On dit *Su-Sur-Ouai*. On écrit S. S. O. Le point entre le Midi & le Sud-Oueft. Oueft-Sud-Oueft. On prononce *Ouai-Sur-Ouai*, & on écrit O. S. O. de forte que les lettres initiales marquent le vent qu'on écrit.

T.

TALON. f. m. C'eft l'extrémité de la Quille vers la Poupe, fur laquelle eft anté l'Etambord.

TANGUER. Se dit d'un Vaifleau qui à divers reprifes éleve & enfonce fa Prouë dans la Mer. *Nous avons beaucoup tangué.*

TANGAGE. f. m. C'eft ce mouvement du Vaifleau, caufé par la Houle.

TENIR LE VENT. C'eft aller à la voile le plus qu'on peut contre le vent.

TENUE. f. f. Se dit du fond de la Mer, quand les ancres s'y arrêtent. *Un fond de bonne tenuë. La tenuë eft bonne fur la côte de la Louifiane.*

TOüER. C'eft faire avancer un Vaifleau en fe tirant fur des cordes attachées à une ancre, qu'on porte avec la Chaloupe bien avant du côté où l'on veut aller.

V.

VARIATION. f. f. C'eft le défaut de la Bouffole dont le Nord ne regarde pas précifément le Nord du monde, mais décline vers l'Eft, ou vers l'Oueft.

VERGUES. f. f. Ce font des bois traverfiers attachez aux Mâts qui portent les voiles.

VOILIER. *Bon Voilier.* Se dit d'un Vaifleau qui eft vîte à la voile. *Le Touloufe eft bon voilier.*

VOILURE. f. f. Se dit de la quantité des voiles qu'on fait fervir pour pouffer le Vaiffeau. *Avec peu de voilure nous tenons ce Vaiffeau qui a fes Pcroquets.*

VIGIE. f. f. Sentinelle qu'on met au plus haut des Mâts, pour obferver de loin. En Provence on dit *Gabier.*

Il pourroit m'avoir échappé quelqu'autre terme de Marine. Le Lecteur y fuppléera aifément par la fuite du difcours.

JOURNAL

DU VOYAGE

DE LA LOUISIANE,

FAIT DANS L'ANNE'E 1720.

U mois d'Août de l'an 1719. le Conseil de Marine ordonna à Toulon l'armement des deux vaisseaux du Roy, le Henry & le Toulouse percez pour soixante-six pieces de canon. Monsieur Caffaro qui-devoit commander l'Escadre, fut nommé pour monter le Henry, & M. de Vallette Laudun le Toulouse. Le Conseil qui les avoit choisis pouvoit sûrement se reposer sur la capacité de deux si habiles Capitaines. On leur donna des Officiers très-experimentez ; & ils choisirent des Pilotes & des Nauchers des meilleurs qu'on eut dans le Port. Je fus destiné par le Conseil de Marine pour m'embarquer en qualité de Mathématicien sur l'un des deux Vaisseaux. De concert avec nos deux Capitaines je choisis le Toulouse.

Comme ces Vaisseaux étoient destinez à un voïage de long

A

cours, il fallut les doubler, ce qui fut fait avec tous les soins & toute l'attention possible ; aussi n'ont-ils pas fait une goute d'eau pendant la campagne. Soit par cette raison, soit à cause des pluïes, soit à cause de l'armement de quelques autres Vaisseaux, soit aussi par la grande quantité de vivres qu'on devoit embarquer pour quatorze mois ; ces Vaisseaux ne sortirent du Port pour aller en rade qu'à la fin de Janvier 1720, & ne furent tout-à-fait prêts que le 22 Février. Le Commandant reçût ordre d'aller à Madere, où il trouveroit dans les instructions qu'il y ouvriroit, les ordres pour le lieu où devoit aller cette Escadre.

Les premiers jours de Mars le vent d'Est nous empêcha de sortir de la Rade ; ce qui me donna occasion de faire à terre l'observation que je vais rapporter.

OBSERVATION

De Venus cachée par la Lune, faite en plein jour le 5 Mars 1720.

J'Avois embarqué tous mes instrumens dès la fin du mois de Février ; mais voïant que le vent contraire retarderoit nôtre départ de quelques jours, je débarquai le 4. Mars au matin mon quart de cercle pour cette observation. En arrivant à Toulon je verifiai le quart de cercle, en pointant à l'horison de la mer la lunette fixe. La mer fut trouvée basse de 8′ 45″ qui est la bassesse que j'avois observée le plus souvent pendant près de deux ans. Je pointai ensuite la même lunette au rocher des Freres le moins haut ; je le trouvai, comme il arrive ordinairement, de niveau avec l'Observatoire. Par ces deux voïes je fus assuré que le quart de cercle n'avoit ni haussé ni baillé dans le transport qui en avoit été fait au Vaisseau, & du Vaisseau à l'Observatoire.

Je pris le 4. Mars au matin des hauteurs du Soleil pour regler l'horloge, mais le soir le Ciel fut couvert. J'en pris de nouvelles le 5. & le Ciel, qui se couvrit aussi-tôt après, se découvrit sur les deux heures, de sorte que je pris les hauteurs correspondantes, par lesquelles je connus que l'horloge tardoit sur le temps vrai de 12′ 6″, elle étoit regléc au temps moyen par une fuite de hauteurs prifes pendant fix mois ; & cette horloge qui ne devoit pas faire le voïage avec moi, avoit toûjours marché.

La lunette fixe du quart de cercle de trois pieds de raïon fut la feule dont je me fervis, prévoïant que vers le midi j'aurois peine de voir la Lune affez voifine du Soleil, & de diftinguer avec une plus longue lunette l'endroit du Ciel où la Lune fe trouveroit. Après les hauteurs du Soleil prifes le matin pour l'horloge, je placai le quart de cercle dans le meridien ; ce que je fais aifément aïant un point dans la montagne au-deffus de S. Mandrier au-delà de la grande rade, que j'ai trouvé par un grand nombre d'obfervations paffer par le meridien de l'Obfervatoire, en plaçant le quart de cercle fur l'épaiffeur du mur qui foutient le balcon du côté du Sud, & toûjours dans le même endroit.

Temps vrai.

9ʰ. 10′. 50″. la Lune rafant le fil horifontal par fon bord fuperieur arrive au meridien par fon bord éclairé. On ne put pas diftinguer fon bord obfcur, il reffembloit trop à la couleur du Ciel. Il y avoit dans l'air une brume déliée qui nous annonçoit la pluïe & le vent d'Eft qui font furvenus le fixiéme Mars.

Hauteur meridienne apparente du bord fuperieur de la Lune.	27ᵈ. 59′. 30″.
Refraction fouftractive.	1. 51.
Vraïe hauteur meridienne du bord fuperieur de la Lune.	27. 57. 39.
Hauteur de l'équateur à l'Obfervatoire	46. 53. 10.
Donc déclinaifon meridionale du bord fuperieur de la Lune.	18. 55. 31.

Ce qui fait voir qu'il y a erreur dans quelques tables aftronomiques.

Temps vrai matin.

9ʰ. 13′. 36″. Venus parcourant la parallele arrive au meridien.

Hauteur meridienne apparente de Venus par le milieu du Croiffant.	28ᵈ. 6′. 0″.
Refraction à fouftraire,	1. 50.

Vraïe hauteur meridienne de Venus.	28ᵈ. 4′. 10″.
Hauteur de l'Equateur.	46. 53. 10.
Donc déclinaison meridionale de Venus.	18. 49. 0.
Déclinaison du bord superieur de la Lune ci-dessus.	18. 55. 31.
Donc Venus encore superieure au bord superieur de la Lune.	6. 31.
Difference d'ascension droite, dont le bord éclairé de la Lune précedoit Venus au temps du passage par le meridien.	0ʰ. 2′. 46″.
Qui valent en minutes de degré.	0ᵈ. 41′. 30″.

Temps vrai.

9ʰ. 40′. 56″. Le bord éclairé de la Lune au vertical.

42. 53. Venus au vertical.

1. 57. Difference dont le bord éclairé de la Lune precedoit Venus. Donc en 0ʰ. 29′. 17″. la Lune s'est approchée de Venus de 0ʰ. 0′. 49″, dont la difference en ascension droite est diminuée.

10ʰ. 41′. 6″. Le bord éclairé de la Lune au vertical.

41. 31. Venus arrive au vertical.

25. Difference dont le bord éclairé de la Lune precedoit Venus. Donc en 0ʰ. 58′. 38″. la Lune s'est approchée de Venus de 0ʰ. 1′. 32″. dont la difference en ascension droite est diminuée. Le dernier intervalle est double de celui qui est entre le temps du passage au meridien, & celui de la premiere observation qui a suivi. Il s'en faut de 6″. de temps que la difference en temps d'ascension droite ne soit double ; ce qu'il faut attribuer partie à l'irrégularité du mouvement de la Lune ; partie au mouvement de Venus, qui s'éloignoit du Soleil, & s'approchoit de la Lune ; partie au défaut de l'observation, laquelle faite en plein jour peut aisément s'écarter d'une à deux secondes. A 11ʰ. on ne put pas bien distinguer le bord de la Lune pour avoir son éloignement de Venus, à cause de la brume déliée.

Temps vrai.

11ʰ. 20′. 22″. Les cornes de Venus touchent le bord éclairé de la Lune, de sorte que la moitié du disque de Venus est cachée par la Lune.

11ʰ. 21′. 22″. Venus totalement éclipſée par le même bord de la Lune, & aſſez près du bord ſuperieur de la Lune.

Hauteur apparente du bord ſuperieur de la Lune.   21ᵈ. 30′. 0″.

L'arc compris depuis Venus juſqu'au point que raſoit le bord ſuperieur, qui eſt celui où le vertical du centre de la lunette coupoit le parallele, pouvoit être de 30ᵈ. mais je n'ai pas pû diſtinguer les taches de la Lune voiſines de l'endroit où Venus s'eſt éclipſée, à cauſe du grand jour & d'une brume déliée, laquelle, comme on l'a dit, étoit répanduë en l'air.

On continua de ſuivre la Lune avec peine & patience juſqu'à 36. minutes après midi, ſans qu'on vit ſortir Venus du bord obſcur de la Lune, un nuage qui ſurvint pour lors, & qui étoit un détachement de bien d'autres, qui couvrirent le Ciel juſqu'à deux heures, empêcha d'obſerver l'émerſion de Venus, & de faire l'obſervation complette, dont on auroit pû tirer de plus grands avantages pour perfectionner la théorie des mouvemens de la Lune, laquelle avoit paſſé ſon dernier quartier depuis quatre jours. Les Ephemerides de la Connoiſſance des Temps & de M. Manfredi, donnent aſſez exactement le temps de cette immerſion, aïant égard à la difference des meridiens & de la parallaxe de la Lune.

Malgré la clarté du jour & la brume déliée qui étoit répanduë en l'air, on fit cette obſervation avec exactitude. Dès le 6. Mars au matin je renvoïai à bord mon quart de cercle, n'attendant pour partir qu'un vent favorable, & je mis cette Obſervation au net dans le Vaiſſeau ; d'où je l'envoïai à Meſſieurs de l'Académie des Sciences. Je ne pouvois prendre congé de ces Meſſieurs plus agréablement, puiſqu'ils n'ont en vûë que la perfection des Sciences auxquelles ils s'appliquent ſi utilement & ſi glorieuſement. Nous reſtâmes encore trois jours dans la grande Rade avec le vent contraire.

Le vent étant venu au Nord-Oueſt aſſez frais, nous avons appareillé à onze heures du matin. Il a fallu abattre à bas bord pour ne pas tomber ſur le Henri, dont l'ancre n'avoit pas encore quitté. Mais comme le Toulouſe eſt dur à arriver, ſur-tout y aïant encore bien des choſes qui n'étoient pas arrangées, peu s'en eſt fallu que nous n'aïons échoüé ;

nous l'avons évité en faifant fervir la voile de mifene, &
carguant celle d'artimon. A peine avons nous été à deux
lieuës hors de la rade, que nous avons trouvé le vent au Sud-
Oueft. Le Commandant a fait route pour la rade des Ifles
d'Hieres, nous l'avons fuivi & avons moüillé par onze braffes
& demi, fond de matte.

Nous voilà donc dans cette belle & très-vafte rade au
grand contentement de plufieurs eftomachs, qui fe fentoient
déja fatiguez de la Mer. Chacun fçait de quelle utilité eft
cette rade aux vaiffeaux qui fortant de Toulon trouvent le
vent contraire.

Le 11.　Le Toulou par ordre du Commandant a appareillé ce
matin pour s'approcher d'un petit Vaiffeau qui étoit à demi
lieuë de nous à l'Oueft-Nord-Oueft. Il avoit mouillé dès hier
au matin dans cette rade, le vent lui étant contraire pour
aller en Efpagne ; mais comme il avoit alors Pavillon de
Malthe, & que l'après-midi il avoit falué les Vaiffeaux du
Roy avec Pavillon d'Efpagne ; cette variation détermina le
Commandant de l'arrêter ; ce que le Toulou executa en
mouillant à la portée du canon de lui. Le Commandant
y envoïa un Officier & vingt Soldats. Ce Vaiffeau étoit chargé de bled & d'huile pour Barcelone. Il y avoit deffus divers Paffagers auxquels nôtre relâche dans cette rade n'a pas
dû être agréable.

Le 14.　Nous avons appareillé de bon matin pour nous approcher de nôtre Commandant, & laiffé le Vaiffeau d'Efpagne
à la garde de la barque du Roy la Conception, envoïée de
Toulon pour l'y conduire. Après deux bordées nous avons
mouillé à l'Eft du Commandant, aïant le fort de Brigançon par le cap Benat, à dix braffes fond de matte.

Le 16.　Nos deux Vaiffeaux ont appareillé ce matin par un petit
vent de Nord-Nord-Eft pour fortir par la grande paffe ;
mais le vent a calmé & fauté au Sud-Sud-Oueft ; ils ont fait
plufieurs petites bordées dans la Rade, & mouillé par les
onze braffes.

Le 17.　On a appareillé dès le grand matin par un vent foible de
Nord-Nord-Oueft. Le Ciel étoit fort ferein. Au fortir de
la grande paffe nous avons trouvé la Mer du Sud-Sud-Oueft
encore affez groffe. Bien-tôt le vent a fraîchi de maniere
qu'il a fallu prendre des ris à nos huniers pour ne pas

démâter; mais le vent s'étant rangé au Nord-Oueſt & aïant encore plus fraîchi, & la Mer groſſi, il a fallu ſerrer les huniers & ſe mettre ſous les baſſes voiles dès les deux heures du ſoir : la route a été le Sud-Oueſt ¼ Oueſt.

Nous voilà dans le fameux golphe de Lion ; fameux par l'empire qu'y exercent les vents, & par les naufrages qui y arrivent ſouvent.

Toute la nuit il a venté très-frais de Nord-Oueſt, la route a encore été au Sud-Oueſt ¼ Oueſt, qui ne nous a valu que le Sud-Oueſt ¼ Sud, à cauſe de la dérive & de la variation.

Sur les huit heures du matin le vent s'eſt aviſé de ſauter au Nord-Nord-Oueſt. Nous ne nous en fâchons pas, nous avons fait la même route ſous les baſſes voiles, & nous allons largue.

On a hiſſé le grand hunier à mi-mât ſur le midi, pour approcher de notre Commandant, qui avoit hiſſé le ſien tout au vent dès les ſix heures du matin. Les nuages ont empêché de prendre une bonne hauteur à midi. Par l'eſtime nous pouvons avoir fait 35 lieuës : de ſorte qu'à midi nous étions à 24 ou 25 lieuës de la pointe orientale de l'Iſle de Minorque.

Depuis les huit heures du matin nous voilà hors du golphe de Lion ; auſſi la Mer a été moins rude, & le vent moins frais. Nous avons donné un air de vent pour la dérive, & un air de vent pour la variation, que la groſſe Mer ne nous a pas permis d'obſerver au lever du Soleil. A ſon coucher elle a été obſervée de 10ᵈ. 15′. Nord-Oueſt. la latitude étant environ 41. degrez.

En dormant nous avons fait du chemin ; mais nous avons bien cahoté ; le cap Fournelli le plus occidental de Minorque nous reſtoit à huit lieuës au Sud-Sud-Eſt dès les cinq heures du matin ; auſſi le vent eſt-il venu au Nord-Nord-Eſt pendant la nuit, ce qui nous accommode fort. A huit heures les montagnes de Solery ſur la côte de Majorque nous reſtoient au Sud ¼ Sud-Oueſt à 8 ou 9 neuf lieuës ; de ſorte qu'en douze heures nous avons fait 22 lieuës. Ce n'eſt pas mal aller ; à midi nous étions Nord & Sud avec le milieu de la partie Nord de Majorque à ſix lieuës ; c'eſt pourquoi on n'a pas pris de hauteur ; le vent s'eſt rangé au Nord-Eſt encore plus frais & plus favorable.

Nous avons obfervé le Soleil à fon lever dans l'équateur, & la variation a été trouvée de   10ᵈ. 30′. Nord-Oueſt.

Nous étions pour lors au Nord de l'Iſle Dragonaire à la pointe occidentale de Majorque ; le vent étoit frais à l'Eſt-Nord-Eſt, la route Oueſt ¼ Sud-Oueſt ; ainſi nous étions preſque vent arriere. A midi nous avions la Dragonaire au Sud-Eſt, la route à l'Oueſt, belle Mer, le vent mediocre ; nous voilà dédommagez du méchant temps du golphe ; comme bons Marins nous n'y penſons plus.

A ſix heures du ſoir le vent a ſauté à l'Eſt-Sud-Eſt mediocre ; nous avons fait route au Sud-Oueſt, nous n'étions qu'à ſix lieuës d'Yvice. On a ſerré les perroquets que nous avons porté tout le jour, & on a couru toute la nuit avec les baſſes voiles & les huniers. Au coucher du Soleil le cap Saint Martin étoit droit à l'Oueſt de nous.

Le 21. Le matin à ſix heures les Fromentieres nous reſtoient au Sud-Eſt ¼ Eſt à ſix lieuës de nous, & le cap Saint Martin au Nord-Oueſt ¼ Oueſt. Nous allons bon train. Les vents ſont revenus à l'Eſt-Nord-Eſt. Nous portons au Sud-Oueſt vent largue de deux airs de vent ; ce qui vaut mieux que le vent arriere.

Le 22. Avant le lever du Soleil le cap de Pale nous reſtoit au Nord-Nord-Eſt environ douze lieuës, & Carthagene au Nord ¼ Nord-Oueſt à huit lieuës. Le meilleur temps pour relever les côtés eſt avant le lever du Soleil, ou après ſon coucher ; l'horiſon eſt alors plus fin. Le vent eſt venu à l'Eſt aſſez frais. Nous marchons bien, & ſi bien qu'à 4 heures du ſoir nous étions au Sud du cap de Gate, & nous nous amuſions à deſſiner la côte. Le beau chemin que nous avons fait par ce charmant vent d'Eſt frais !

Au coucher du Soleil nous avons pris deux ris au grand hunier, & ſerré le petit pour ne pas faire tant de chemin ; nous ſommes reſtez toute la nuit avec la miſene & le grand hunier. Ce n'eſt pas le tout que d'aller, il faut aller ſûrement pour ne pas heurter contre le mont de Gibraltar, ou le mont aux Singes.

Le 23. Dès les huit heures du matin Malaga nous reſtoit au Nord à ſix lieuës ; on a approché un peu la côte pour la mieux reconnoître. Pour cela on a fait route à l'Oueſt ¼ Nord-Oueſt. Ce n'eſt pas ici un païs où il faille aller en tatonnant.

nant. D'ailleurs les courants étoient pour nous vers la Côte. Le vent est Est-Nord-Est assez frais. Il a diminué vers le midi. Pour lors nous étions au Sud de Fangerole à cinq lieuës ; mais nous nous sommes retrouvez dans les courants qui vont à l'Est, qui ne nous ont pas permis de faire plus d'une lieuë par heure.

A une heure le vent d'Est-Nord-Est a un peu fraîchi, nous faisions pour lors une lieuë & demi par heure ; sur les quatre heures le vent a molli & la Mer diminué, de sorte que les courants, qui sont vifs, nous ont empêché de faire grand chemin.

Sur les six heures du soir le vent s'étant rangé à l'Est-Sud-Est , & aïant fraîchi, nous avons fait route à l'Ouest-Sud-Ouest , & à neuf heures nous nous sommes trouvez au Sud du mont de Gibraltar. Nous voilà donc dans le détroit, la Mer s'est applanie dès les six heures.

A quatre heures du matin nous nous sommes trouvez hors du Détroit, & à trois lieuës au Nord du cap Spartel, sous lequel il s'est fait tant de pilleries.

REFLEXIONS

Sur nôtre traversée.

VEnïr en sept jours des Isles d'Hieres au cap Spartel, c'est une des plus heureuses traversées qui aïent été faites par des Vaisseaux de guerre ; sur-tout le Henri n'étant pas aussi bon voilier que le Touloufe. Aussi l'avons nous attendu souvent ; pour l'ordinaire nous avons porté moins de voiles que lui. Il résulte en premier lieu de cette navigation , que partant de Provence lorsque le vent de Sud-Ouest a cessé, on passe aisément le Golphe de Lyon ; quelquesfois avec un vent de Nord-Ouest frais, comme il nous est arrivé, il faut alors tenir le vent tant qu'on peut, & porter sur Minorque pour la reconnoître.

2°. S'il y a des neiges sur les montagnes de Provence, sur les Alpes & sur les Pyrenées, le vent de Nord-Ouest se rangera au Nord-Est, ensuite à l'Est-Nord-Est ; alors il faut laisser Majorque & Yvice au Sud, les suivre à 4 ou 5

B

lieuës de diſtance, & venir reconnoître le Cap S. Martin. De-là ſans s'approcher d'Eſpagne reconnoître le Cap de Pale, en portant droit ſur lui, puis venir droit au Cap de Gate. C'eſt la route que nous avons tenu. Si on part à la pointe d'un vent d'Eſt, il menera pour le moins juſqu'au de-là du Détroit, comme il vient de nous arriver.

3°. Il y a dix lieuës de moins du Cap de Gate au Détroit, que n'en mettent les Cartes de Van Kulen & Pieter Gos. Ce qui les a trompé, c'eſt que les Courants qui viennent du Détroit, courent à l'Eſt à mi-canal, & font faire plus vîte ce chemin aux Navires qui entrent dans la Méditerranée; au contraire ils retardent ceux qui vont au Détroit. Ceux-là croïent faire plus de chemin, parce qu'ils le font plus vîte; ceux-ci par le temps qu'ils emploïent à aller au Détroit, croïent auſſi faire plus de chemin. Ainſi il ne faut compter que cinquante-trois lieuës. Cette remarque eſt importante quand on va du Cap de Gate au Détroit.

4°. Avant que d'entrer dans le Détroit il faut bien reconnoître le Mont de Gibraltar, ce qui n'eſt pas toûjours aiſé, à cauſe que le vent d'Eſt y porte ſouvent des nuages. Il faut paſſer au Sud du Mont de Gibraltar à une lieuë & demi, ou deux lieuës, & porter à l'Oueſt-Sud-Oueſt pour éviter des roches qui ſont au Sud du Cap Carnero à trois quarts de lieuë de terre, & les roches de Tariffe; enſuite paſſer à mi-canal pour reconnoître le Cap Spartel à deux ou trois lieuës, ſi on veut aller aux Canaries, ou à Madere.

5°. Nous avons remarqué que le Vaiſſeau le Touloufe, qui eſt bon voilier, alloit mieux la nuit que le jour, & avec moins de voilure. Cela peut venir de deux chefs. Le premier eſt que les voiles imbibées du ſerein de la nuit retiennent mieux le vent, à cauſe que tous les fils qui les compoſent s'enflent, & ſe ſerrent de plus près. En ſecond lieu tout étant en repos dans le Navire, parce qu'on n'y travaille pas, on ne change pas par des impreſſions étrangeres la direction du mouvement du Vaiſſeau : or un Vaiſſeau fin eſt ſenſible plus qu'on ne penſe à ces impreſſions. Nous l'avons ſouvent experimenté cette campagne.

6°. Le Touloufe étant reſté de l'arriere du Henri le 21. Mars, nous eûmes peine à le rejoindre; il nous fallut onze heures de temps & mettre une voile de plus. Ce qui venoit de ce qu'on n'avoit pas encore rempli d'eau de la Mer les futailles d'eau-douce qui avoit été confommée, & qu'il étoit trop chargé de l'avant; de forte qu'aïant rempli ces futail-les, & paffé de l'arriere environ cent quintaux de vieux cordages, nous avons toûjours maintenu notre avantage fur le Henri. Avec pareille attention & un arrimage fait avec foin, le Touloufe fera toûjours bon voilier.

7°. Depuis qu'au doublage qu'on a fait au Touloufe avant que de partir, on a augmenté fon avant de 4. pouces & demi, & les côtez feulement de deux pouces, il ne tanque pas fi rudement, & il a moins de péine à fe foûte-tenir fur l'eau, de forte qu'il court encore plus vîte de l'a-vant. Le poids de fa proüe trouve plus de réfiftance de la part de la Mer pour la comprimer; & les eaux qu'il fépare courent plus vîte le long des côtez vers la poupe & vers le gouvernail, auquel il eft plus fenfible. D'ailleurs comme fa proüe ne plonge plus tant dans l'eau, elle à moins de peine à fendre les colonnes d'eau qui s'oppofent à fon paffage; & la quille du Vaiffeau fait un angle moins aigu avec la li-gne horifontale qui pafferoit par le talon; ainfi il ne trouve pas d'eau à une fi grande hauteur, il doit donc aller plus vîte.

La variation fut obfervée au coucher du Soleil par deux bouffoles, elle fut trouvée à toutes les deux de   12d. 44'. Nord-Oueft.

Le Cap Spartel nous reftoit alors à treize lieuës au Nord-Eft, le vent foible au Nord-Oueft.

On a pris toutes les précautions poffibles pour qu'il n'y eût pas du fer auprès des bouffoles, à caufe que la variation d'hier au foir nous étonna; l'amplitude ortive a été trouvée vers le Sud à toutes les trois bouffo-les, avec exactitude de   8d. 0'.

Mais par le calcul elle devoit être vers le Nord de   2. 56.

Donc ajoûtant ces deux amplitudes de dénomination contraire, on a la variation de   10d. 56'. Nord-Oueft.

Moindre qu'hier au foir de   1. 48.

Si on ajoûtoit la moitié 54'. à celle de ce matin, on auroit   11d. 50'. Nord-Oueft.

pour vàriation moïenne ; car dans l'intervalle d'une nuit la variation ne peut avoir diminué d'un dégré quarante-huit minutes.

En 1701. au mois de Mars M. de Vallette nôtre Capitaine obſerva la variation dans ces parages (c'eſt par les 35ᵈ. de latitude) de 6ᵈ. 50′. Nord-Oueſt ; c'eſt-à-dire qu'elle a augmenté en 19. ans de 5. degrez.

Le vent a été Nord-Oueſt foible ; par la hauteur meridienne du Soleil on a conclu par les Elemens ordinaires la latitude Nord de   35′. 32′.

Depuis le Cap Spartel la route a valu l'Oueſt-Sud-Oueſt 31. lieües.

Les nuages ont empêché d'obſerver la variation. Le vent étoit le matin Nord-Oueſt foible ; les routes de la nuit ont valu le Sud-Oueſt ¼ Oueſt. La hauteur du Soleil à midi étant incertaine, on a conclu la latitude par l'eſtime de   34ᵈ. 31′.

Prenant pour premier meridien celui de Teneriffe qui eſt marqué ſur les Cartes de Pieter Gos & de Van-Kulen, dont nous nous ſervons, comme les meilleures, la longitude eſtimée eſt de   7ᵈ. 50′.

Nous avons fait 29. lieües & un quart depuis hier midi.

Je ſçai que ces details de latitude, de longitude, de route & de chemin ſont ennuïeux à ceux qui ne ſont pas du métier ; mais ils ſont plaiſir & ſont utiles à ceux qui en ſont. Je m'y ſuis ſouvent plus arrêté en liſant le livre du R. P. Feuillée qu'à bien d'autres choſes, quoique fort curieuſes. Les Marins prenant le compas, s'occupent à faire le point du Vaiſſeau dont ils liſent la relation.

Voici quelques autres reflexions qui ſont liées avec les précedentes.

CONSEQUENCES

Qui ſuivent des reflexions rapportées le 24. Mars.

LEs réflexions précedentes ſont le fruit de mes converſations avec M. de Vallette, homme habile dans ſon métier, & quelques-uns de nos Officiers & Pilotes les plus experimentez. On voit par ces réflexions combien il faut avoir d'attention jusqu'aux moindres choses pour bien conduire un Vaisseau à la Mer. Je suis persuadé que nos Mâteurs de Provence mâtent les Vaisseaux trop haut; outre qu'on rend le levier trop long, & qu'augmentant son poids, on augmente la puissance doublement; ce seroit du bois & de la toile d'épargnez; ils tanquent & roulent plus rudement quand les deux grands mâts sont trop longs. Les haubans faisant au collet de ces mâts un angle plus aigu, ne les tiennent pas si bien en raison; ainsi ils peuvent rompre plus facilement.

J'aimerois mieux, comme les Anglois, avoir des mâts de hune un peu plus longs. Hors un gros temps les huniers sont les voiles qui servent le plus, & qui font faire au Vaisseau plus de chemin. Dans un gros temps les basses voiles ne sont que trop grandes, puisqu'on y prend des ris, ou qu'on les serre. Si ces deux mâts sont trop longs, la force du vent sur les basses voiles l'emporte sur le poids du Vaisseau; ce qui l'empêche de se relever aisément, ou fait rompre le mât. Il seroit bon que les Mâteurs & les Constructeurs eussent été à la Mer avec toute sorte de temps; ils connoîtroient mieux toutes les finesses de leur métier; ils pourvoiroient plus sûrement aux défauts des Vaisseaux. On donnera à la fin de cet Ouvrage des preuves géometriques de cette remarque qui est importante.

Le Ciel fut couvert le matin. On ne put observer la variation. La nuit le vent Nord-Nord-Est foible, le matin il fraîchit un peu. A midi par la hauteur du Soleil on conclut la latitude Nord de   33ᵈ. 30′.

Et par l'estime la longitude de   5. 50.

D'où l'on peut avoir la route & le chemin. Si on veut s'en épargner la peine on peut jetter les yeux sur la Carte de nôtre voïage, où j'ai mis le point de chaque jour. Le Soleil parut au moment qu'il s'alloit coucher, ainsi on observa la variation qui fut de   8ᵈ. 25′. Nord-Ouest. la nuit calme & fort grand roulis.

Ce matin le vent a sauté au Sud-Ouest contraire à nôtre route; nous avons couru au plus près à l'Ouest-Nord-Ouest l'amure à bas bord. Comme la derive compense au moins la variation, nôtre route a été à l'Ouest-Nord-Ouest. A neuf

heures du matin le vent s'étant rangé au Sud ¼ Sud-Ouest,
on a mis le cap à l'Ouest ¼ Sud-Ouest, ce qui est presque
nôtre route : car la Mer du Nord-Ouest compense la dérive ; & à cause de la variation, la route vaut l'Ouest-
Sud-Ouest qui est la route que nous devons tenir pour
Madere.

La hauteur meridienne du Soleil nous a donné
la latitude   33ᵈ. 7′.

L'après-midi nous avons fait route à l'Ouest-
Nord-Ouest pour nous élever un peu au coucher
du Soleil, la variation fut observée de   9ᵈ. 7.

Le 29.   Le vent s'est rangé à l'Ouest. Nous avons fait route au Sud-
Sud-Ouest l'amure à tribord, & fait peu de chemin, le
vent étant foible.

Par la hauteur du Soleil à midi on a eu la lati-
tude.   33ᵈ. 5′.

La longitude a été estimée de   4. 10.

Le soir on a reviré de bord & couru au Nord-Nord-
Ouest ; le vent étant encore à l'Ouest, nous avons eu un
grain de pluïe. Le Ciel étant couvert, on n'a pas pû observer la variation.

Le 30.   Dès le grand matin le vent est venu au Nord-Nord-
Ouest, il nous a fait plaisir. Nous avons porté à l'Ouest-
Sud-Ouest qui est la route ; mais la Mer vient de l'Ouest
& elle est assez grosse. Par la hauteur la latitude
a été de   32ᵈ. 53′.

Et par l'estime nôtre longitude étoit de   3. 50.
Ainsi nous approchons de Porto-Santo.

Le soir à l'horison il y avoit une barre de nuages ; mais
le Soleil étant haut de deux fois son diametre, nous l'avons
relevé avec le compas, ce qui nous a donné une variation,
qu'il faudra verifier, de   8ᵈ. 12′. Nord-Ouest.

Comparée avec celle du 27. Mars elle paroît assez exacte.

Le 31.   Le matin le vent a été Nord-Nord-Est foible ; à midi il
a fraîchi, mais le Ciel a été fort couvert. Par l'estime la
latitude a été de   32ᵈ. 45′.

Nous esperions de voir sur le soir la terre de Porto-Santo,
nous ne l'avons pourtant pas vûë. Selon la meilleure estime
elle étoit à 25. lieuës à l'Ouest de nous. On auroit pû la
voir au coucher du Soleil ; car depuis midi nous avons bien

fait onze licuës ; mais il y a eu beaucoup de nuages & de brume vers cette Iſle , & vers Madere.

A deux heures du matin nous avons mis à la cape juſqu'à 4. heures & demi pour ne pas donner du nez contre terre pendant la nuit. Alors on a fait ſervir. Au jour nous avons vû la terre de Porto-Santo. Le vent étoit médiocre au Nord-Nord-Eſt. A ſept heures & demi Porto-Santo nous reſtoit au Nord-Nord-Oueſt à 8. licuës. La terre de Madere paroiſſoit pour lors à l'Oueſt $\frac{1}{4}$ Nord-Oueſt à 12. ou 15. licuës. A dix heures nous nous ſommes trouvez par le travers de la plus orientale des Iſles Deſertes qui ſont au Sud de Madere. Nous les avons rangé au Sud à 2. lieuës & demi , parce qu'elles ſont fort ſaines. A une heure après midi après avoir arrondi la plus occidentale de ces Iſles pour aller à la rade de Funchal capitale de l'Iſle de Madere, on a fait route au Nord-Oueſt juſqu'à une lieuë de la Côte, aïant la ville de Sainte-Croix au Nord, & Funchal au Nord-Oueſt à trois lieuës. Mais ſur les cinq heures le Commandant n'aïant pas voulu mouiller de nuit dans une rade qui n'eſt pas trop ſûre, & où perſonne n'avoit été, il a reviré le bord à l'Eſt-Sud-Eſt juſqu'à huit heures qu'il a fait ſignal de cape. Nous avons reſté à la cape à la grand voile juſqu'à quatre heures du matin ; alors il a fait ſervir & porter à terre au Nord Nord-Oueſt. Le vent étoit frais au Nord-Eſt pendant la nuit.

Nous voilà donc au premier Avril près de Madere. Ce n'eſt pas perdre ſon temps que de venir en quinze jours de Provence à Madere. J'en ai reſté cinquante à venir au Détroit en 1696. Nos gens ne ſont pas contens de ce que nôtre Commandant a reviré au large. Ils avoient envie de penetrer dans ce paradis terreſtre, & de s'y délaſſer un peu.

Le vent de Nord-Eſt frais a continué ; à huit heures le Commandant a reviré au large, & porté au Sud-Eſt & nous auſſi. Funchal nous reſtoit au Nord-Oueſt. La matinée s'eſt paſſée à faire diverſes bordées à terre & au large, entre les Deſertes & Madere ; cela apprend à nos Matelots à revirer vent devant. Ils croïent pourtant le bien ſçavoir. L'après-midi ſur les trois heures on a mis à la cape, le vent étant aſſez frais. A ſix heures on a couru au large à l'Oueſt de l'Iſle Deſerte faite en forme de table. A huit

heures nous avons encore mis à la cape, le vent étant Nord-Nord-Eſt fort frais, & la Mer groſſe. On a reſté toute la nuit à la cape, & derivé à l'Oueſt de trois licuës ; mais lés courans nous ont un peu ſoutenu, parce qu'ils étoient contraires à la dérive.

Le vent de Nord-Nord-Eſt eſt toûjours bien frais. Au jour on a fait ſervir & porté un bord à terre, juſqu'à l'ouverture de l'anſe de Funchal. Nous n'avons pû diſtinguer les Bâtimens qui y étoient mouillez ; il n'y en paroiſſoit pas de gros. Mais la ville en amphitheatre deſcendant juſqu'au bord de la Mer nous a paru fort jolie, & longue comme Toulon, mais pas tout-à-fait ſi large. La montagne fort bien cultivée paroiſſoit ornée de diverſes maiſons de campagne. Toute cette montagne & la ville eſt tournée au Sud-Sud-Eſt, & la côte court preſque par tout Eſt & Oueſt, & Eſt-Sud-Eſt & Oueſt-Nord-Oueſt. Comme nous avons vû que la Mer encore groſſe briſoit même dans cette anſe, nous n'avons eu garde d'y aller mouiller ; ainſi on a reviré au large au Sud-Eſt, & porté juſqu'à la plus occidentale des Deſertes, le vent étant frais au Nord-Eſt & la Mer fort groſſe.

Lorſque nous étions par le travers d'Almerie le 22. Mars, je fis diverſes experiences pour peſer l'eau de la Mer, & la comparer avec le poids de l'eau douce ; je les ai refaites aujourd'hui, & j'ai trouvé le même poids de l'eau de la Mer dans l'Ocean, que j'avois trouvé dans la Mer Mediterannée à 50. lieuës du Détroit ; c'eſt-à-dire que l'eau de la Mer peſoit toûjours 44. grains plus que le même volume d'eau douce. Ce volume eſt celui de l'aréometre qu'on plonge dans ces diverſes eaux.

Pour plonger l'aréometre dans l'eau de la Mer, il a fallu $2^{onc.}\ 0^{drag.}\ 66^{grains}$

Pour être plongé dans l'eau douce, il a ſeulement fallu $2.\quad 0.\quad 22.$

La difference des poids eſt donc 44. grains que l'eau ſalée de la Mer peſoit plus que l'eau douce, ſous pareil volume.

Le vent s'eſt rangé à l'Eſt $\frac{1}{4}$ Nord-Eſt. Nous avons porté

au

au plus près au Nord ¼ Nord-Eſt l'amure à tribord pour nous maintenir au vent de Funchal, & regagner ce que nous avons perdu. la nuit dernière, pendant laquelle on a reſté à la cape à la grand voile, le vent étant Nord-Eſt frais & la Mer groſſe. Depuis les ſix heures du matin le vent a molli beaucoup & la Mer diminué. On a continué des bordées entre Madère & les Iſles Deſertes, pour attendre une bonne circonſtance de temps, & prendre le vin, comme il a été ordonné par le Conſeil de Marine.

Ce ſoir à huit heures j'ai remarqué dans le ſillage du Vaiſſeau qui étoit fort blanc & éclatant, & dans lequel je voïois quantité d'Etoiles lumineuſes, ce qui eſt ordinaire quand la Lune n'eſt pas ſur l'horiſon ; j'ai remarqué, dis-je, une lumière ronde de plus d'un pied de diametre, laquelle brilloit fort & reſſembloit à de l'argent éclatant ; elle a duré dans le ſillage plus de 150. toiſes. Je penſe que c'étoit un tournant d'eau : or les parties ſalines de l'eau de la Mer étant extremement agitées par le mouvement que cauſe à l'eau le mouvement du Vaiſſeau, ce qui forme le ſillage dans lequel ce tournant s'eſt formé ; ces parties ſalines, dis-je, étant en plus grand mouvement, s'y choquoient encore plus fortement que dans le reſte du ſillage, où elles ſe mêlent plus tumultuairement avec les parties aqueuſes ; il doit donc y avoir plus de lumière, & elle doit être plus vive. Je ſuis ſurpris de n'avoir vû que ce ſeul tournant.

Le vent aïant molli & ſauté à l'Eſt-Sud-Eſt, nous avons paſſé la nuit en calme avec une Mer médiocre. Le matin on a porté le cap à terre devant Funchal. On a mis en pane à une bonne lieuë de la ville par le travers du cap de l'Eſt de cette anſe. Le Commandant a envoïé un Officier à terre au Gouverneur pour regler le ſalut. Celui-ci a envoïé un Pilote côtier pour chaque Vaiſſeau. Il eſt ſurvenu un grain de pluïe qui a donné le vent au Nord-Oueſt pendant demi-heure, après quoi le vent eſt revenu à l'Eſt-Sud-Eſt.

C

MOUILLAGE A FUNCHAL.

LE Pilote côtier nous a conduit jufqu'à voir le fort
fur mi-côte, qui eft à quatre baftions, par un petit
fort fur un rocher unique & plat voifin de terre. Pour lors
il nous a fait mouiller par 45. braffes à l'orin fond de fable
vafeux, & après avoir filé du cable & évité, le Vaiffeau
avoit 41. braffes même fond. Alors le fort nous reftoit au
Nord-Oueft. Nous étions à moins d'un demi quart de
lieuë loin de terre ; mais elle eft haute & à pic au bord de
la Mer ; en forte que tout près de terre il y a 20. braffes
d'eau. Le Commandant a falué la ville de neuf coups de
canon ; le grand fort, qui eft au bord de la Mer, a re-
mercié de fept coups de groffe artillerie.

R E M A R Q U E S

*Sur l'aterrage de Madere, & le mouillage de Funchal
Capitale de cette Ifle.*

QUAND on vient de l'Eft pour aterrer à Madere, il eft
plus sûr de paffer au Sud des Ifles Défertes, lefquelles
courent Nord-Nord-Eft, & Sud-Sud-Oueft, & font à fix
ou fept lieuës de Madere, qu'elles couvrent de maniere
qu'on ne la voit que par la paffe qui eft entre les plus
groffes Ifles. La plus Nord des Ifles Défertes eft plate comme une table ; elle paroît un quarré long, comme un grand
bâtiment dont les murs font à plomb, & qui n'a pas de
toit. Au Nord de cette Ifle-ci & tout près, il y a un
rocher fait comme une pyramide, menuë & aiguë, qui s'é-
leve environ quatre toifes au-deffus de la Mer Les deux
autres Ifles font fort hautes & raboteufes. On n'y voit ni
terre ni herbes, encore moins des arbres. Il y a grand
fond d'eau tout au tour, ce que le terrain fi efcarpé indique affez. Il y a feulement quelques roches fous l'eau près
de terre. La paffe entre ces deux Ifles-ci eft faine, & peut
avoir un quart de lieuë de largeur, & un peu plus de longueur.

Quand on a doublé le cap le plus Oueſt de la plus occidentale des Déſertes, on arrondit ces Iſles, & on les
voit faites de la même maniere quand on eſt au Nord
d'elles. On court juſques par le travers de la paſſe dont on
vient de parler, & enſuite on porte le cap ſur Madere
juſqu'à deux licuës de la ville de Sainte-Croix, où il y a
mouillage; mais on eſt mieux à Funchal. Pour y venir on
arrive ſur bas bord, pour ranger le cap oriental de la
rade de Funchal. Il y a beaucoup d'eau près de terre &
nul briſant, ainſi on peut approcher ce cap. On court quelque temps dans l'enfoncement de l'anſe, on y voit trois
batteries de canon; la ville eſt au fond de l'anſe & fait un
bel aſpect.

Quand on a couru un quart de lieuë depuis le cap des
Oliviers, on fait route à l'Oueſt-Nord-Oueſt, & on
gouverne droit ſur une mamelle ronde & émouſſée au haut
de laquelle il y a une croix. Cette mamelle eſt voiſine du
cap de l'Oueſt de l'anſe, & elle eſt de moïenne hauteur.
Lorſqu'on découvre le Fort ou Citadelle à quatre baſtions
par le Lion, qui eſt un rocher iſolé près de terre, quarré
& plat ſur lequel il y a une batterie de canon, on mouille,
& on eſt par les 45. braſſes d'eau. En filant le cable on ſe
trouve par les 40. braſſes. On pourroit s'approcher plus
près de terre de deux longueurs de cable, on y ſeroit à
20. braſſes. Le fond eſt un ſable vaſeux ſans aucune roche.
Il ne faut pas mouiller plus près de la ville, parce qu'il y
a des roches & trop de fond d'eau dans le milieu de l'anſe.

Il ne peut guerre mouiller que ſix Vaiſſeaux de guerre
dans cette rade, dans l'endroit dont on vient de parler. Il
faut affourcher à l'Oueſt-Nord-Oueſt avec une petite ancre.
Les courants portent Eſt-Sud-Eſt & Oueſt-Nord-Oueſt;
ainſi quand on preſente à l'Eſt, comme il arrive ſouvent
en ces parages, le cable de la groſſe ancre fatigue moins.
Le vent & la Mer n'entrent pas ſouvent dans cette anſe,
dont les traverſiers ſont le Sud-Eſt, le Sud, & le Sud-
Oueſt: rarement ils y ſont violents; en ce cas il faudroit
auſſi-tôt appareiller, en coupant même le cable, ſi cela
preſſoit.

Nous avons ſondé tout le tour de cette rade, dont on

donne ici le Plan, fur lequel on a marqué les fondes. Le tout a été fait avec exactitude. Voici les fondes.

Premiere. Le fort du Lion nous reftant au Nord-Eft à trois cables 30. braffes fond de fable vafeux.

2e. Le même fort nous reftant au Nord-Nord-Eft, & le clocher de l'Eglife Cathedrale au Nord-Eft ¼ Nord, 20. braffes même fond à trois cables de terre.

3e. Etant Nord & Sud avec le fort du Lion, & la Citadelle à un cable & demi du fort du Lion, 17. braffes même fond.

4e. Le fort du Lion nous reftant au Nord-Oueft à un cable, 17. braffes même fond.

5e. Le clocher de la Cathedrale nous reftant au Nord à 4. cables de la terre, 15. braffes même fond.

6e. Le fort Saint-Jago nous reftant au Nord-Eft ¼ Eft à 5. cables, 15. braffes fond de fable vafeux.

7e, Au Nord-Eft du fort du Ravin à quatre cables de terre, 22. braffes même fond. Du fort Saint-Jago au cap des Oliviers qui forme à l'Eft l'entrée de la rade, la côte court en droite ligne Nord-Nord-Oueft & Sud-Sud-Eft.

8e. La batterie du Ravin nous reftant au Nord ¼ Nord-Eft à deux cables de terre, 33. braffes fond de roche.

9e. Le fort Saint Jago nous reftant au Nord ¼ Nord-Oueft, & la batterie du Ravin au Nord-Nord-Eft, nous avons trouvé 55. braffes à huit ou neuf cables de terre ; le cap de l'Oueft de l'anfe nous reftoit pour lors à l'Oueft ¼ Sud-Oueft ; & le cap de l'Eft, ou des Oliviers à l'Eft ¼ Sud-Eft. Le fond étoit fable noir mêlé de coquillage.

10e. Le clocher de la Cathedrale nous reftant au Nord & le fort du Lion au Nord-Oueft 50. braffes fond de fable vafeux, nous étions alors au milieu de l'anfe, à douze cables à peu près de la ville ; le fort S. Jacques nous reftoit au Nord-Eft ¼ Nord.

Il paroît par ces fondes qu'il y a beaucoup de fond dans cette rade, qu'il va en montant infenfiblement vers le bord de l'anfe depuis les 55. braffes jufqu'à 15. braffes. Cependant quoique la Mer n'entre pas beaucoup dans cette rade non plus que les vents de Sud-Eft, de Sud & de Sud-Oueft, qui en font les traverfiers, il ne faut pas mouiller au mi-

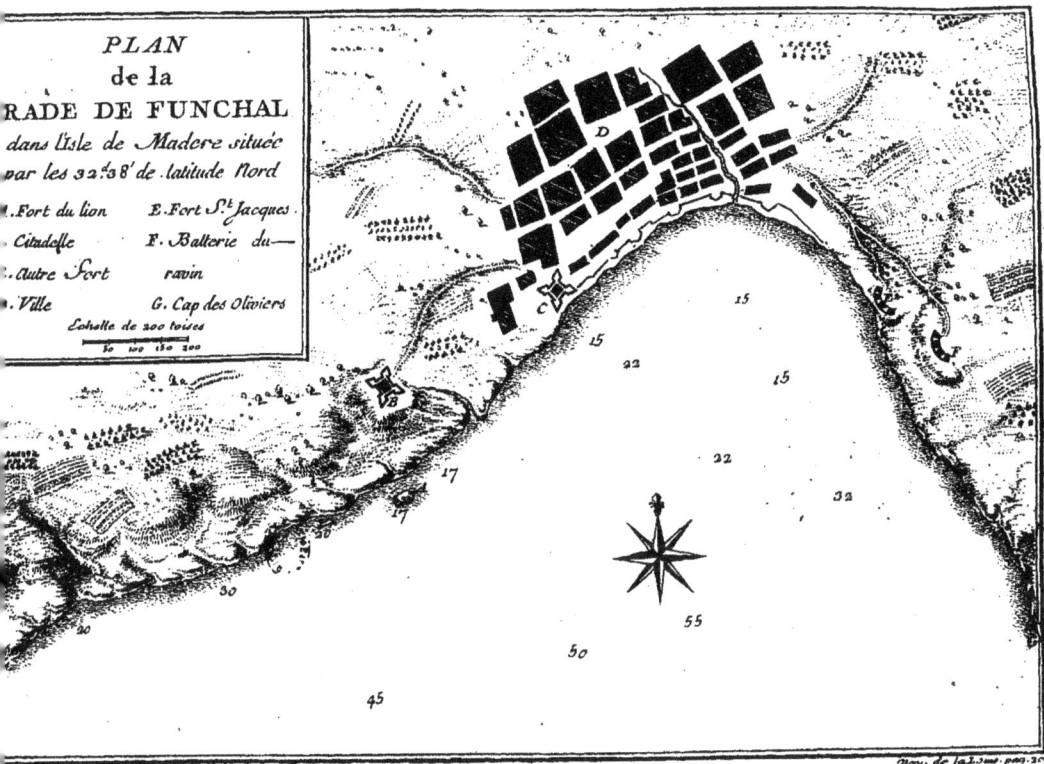

PLAN
de la
RADE DE FUNCHAL
dans l'Isle de Madere située
par les 32.°38' de latitude Nord

. Fort du lion   E. Fort S.t Jacques

. Citadelle   F. Batterie du—

. Autre Fort   ravin

. Ville   G. Cap des Oliviers

Echelle de 200 toises
50   100   150   200

Voy. de la 3.me pag. 30.

lieu, mais s'approcher de la pointe de l'Ouest, vers & au dehors du fort du Lion, comme on l'a dit ci-devant.

Il paroît encore en comparant la 5e. & la 10e. sonde, qui sont l'une par l'autre, puisque dans l'une & dans l'autre nous avions le clocher de la Cathedrale au Nord, que depuis la 5e. sonde à la 10e. dans la longueur de huit cables, le fond de la Mer descend de 35. brasses, ce qu'il est bon de remarquer.

J'observai qu'un petit Vaisseau Anglois mit à la bande pour carener, entre le Lion & la terre par les six brasses d'eau, ce qui fait connoître que dans un besoin, & d'un beau temps fait, on pourroit donner demi carene dans cet endroit-là. On y est près de terre, & à couvert de la Mer du Sud-Est & du Sud-Ouest. La terre couvre de toute autre Mer, hors de la Mer de l'Est.

Je m'informai soigneusement des Pilotes côtiers qui nous avoient mouillé, si entre la pointe de S. Laurent la plus orientale de Madere, & l'Isle Deserte, faite en forme de table, la passe avoit une grande ouverture, & s'il n'y avoit point de bas-fonds. Ils me répondirent que la passe avoit quatre lieuës de large, & qu'au milieu il y avoit un bas-fond de la grandeur d'un gros Navire, sur lequel il y avoit huit brasses d'eau ; de sorte que les Flottes Angloises y avoient passé sans s'appercevoir du bas-fond. Mais qu'en venant à Madere par cette passe, ou en sortant, il valloit mieux ranger la pointe de S. Laurent, que l'Isle Deserte. Ils m'assurerent qu'ils connoissoient fort cette passe & le bas-fond, pour y avoir été souvent à la pêche.

OBSERVATIONS ASTRONOMIQUES

Faites à Funchal Capitale de l'Isle de Madere.

JE descendis à terre le 6. Avril avec mes instrumens pour faire des observations qui pûssent servir à déterminer exactement la latitude & la longitude de cette Isle, & diverses autres choses qui pouvoient survenir pendant mon séjour à Funchal, suivant les ordres que j'en avois.

J'allai au College des RR. PP. Jesuites Portugais qui y ont

été fondez en 1575. par Dom Sebaftien Roy de Portugal.

Je fus reçû par ces Peres avec la charité ordinaire à nôtre Compagnie, & avec une generofité fort grande, mais qui eft commune à la nation Portugaife. Je priai le Pere Recteur du College de me montrer quelque lieu d'où je puffe faire des obfervations aftronomiques. Il me conduifit aux tours qui font à côté de la façade de l'Eglife. Elles font voûtées en terraffe, entourrées de baluftrades de pierre de taille. Elles ont 18. pieds de long fur 12. pieds de large. Le pavé eft auffi de pierre de taille. Je choifis la tour occidentale, qui me parut la plus propre pour obferver. J'y établis mon quart de cercle de trois pieds de raïon. J'y fis élever un mât de 20. pieds, auquel on attacha des poulies, qui fervirent à hauffer & baiffer ma lunette de 18. pieds. Je mis mon horloge dans le cabinet qui étoit deffous cette terraffe. J'étois accompagné du Sieur Verquin mon Deffinateur, qui m'a aidé dans toutes les obfervations du voïage. Après tous ces préparatifs je fis les obfervations fuivantes.

Le 6. Hauteur meridienne apparente du bord fuperieur du Soleil	64^d. 15'. 45''.
Demi-diametre du Soleil, & 28''. de refraction fouftractive	16. 30.
Vraie hauteur meridienne du centre du Soleil	63. 59. 15.
Declinaifon feptentrionale du Soleil fouftractive	6. 37. 45.
Hauteur de l'équateur	57. 21. 30.
Latitude de Funchal à la tour du College	32. 38. 30.

Cette tour eft plus feptentrionale que le clocher de la Cathedrale, de 150. toifes. A dix heures du matin je pointai la lunette fixe du quart de cercle à l'horifon de la Mer, qu'on voit depuis l'Eft-Sud-Eft jufqu'à l'Oueft par le Sud, où je vifai. La baffeffe de l'horifon fut trouvée de   12' 15''.

Après le Soleil couché cette baffeffe fut obfervée de   11. 45.

Le vent étoit foible à l'Eft-Nord-Eft le foir ; un peu plus

frais le matin. L'horison un peu embrumé. Je réïterai trois fois ces observations.

Hauteur meridienne apparente de Jupiter, qui couroit exactement le long du parallele par le milieu de son disque   59ᵈ. 24′. 30″.

Refraction soustractive   34.

Vraie hauteur meridienne de Jupiter   59 . 23. 46.

Déclinaison de Jupiter soustractive   2. 1. 8.

Hauteur de l'équateur   57. 22. 38.

Latitude de Funchal   32. 37. 22.

A huit heures du matin la bassesse de l'horison de la Mer a été 0ᵈ. 10′. 30″. J'ai toûjours pointé au Sud. Le vent étoit Sud très-foible. Il y avoit un peu de brume en l'air. On prit le matin des hauteurs du Soleil pour l'horloge ; le soir le Ciel fut couvert. On n'a pas pû prendre la hauteur meridienne de Venus, à cause des nuages déliez qui étoient où Venus se trouvoit.

Hauteur meridienne apparente du bord superieur du Soleil   64ᵈ. 38′. 15′.

D'où on a par les mêmes Elemens que ci-dessus, qu'on ne rapportera plus, la latitude de Funchal.   32. 38. 55.

Le temps du passage du Soleil au meridien a été   0ʰ. 2′. 8″.

Experience du Barometre.

Nous fîmes l'après-midi deux experiences pour la pesanteur de l'atmosphere. Après avoir purifié le Mercure avec soin, nous chargeâmes le plus gros tube, dont l'ouverture est de 13. points, & la longueur 36. pouces. Le vuide étant fait, le Mercure resta à   27. pouc. 10. lig.

Nous chargeâmes ensuite un tube d'une ligne moins deux points de diametre. Le vuide étant fait, le Mercure resta à la hauteur de   27. pouc. 9. lig.

C'est une ligne de moins que dans la premiere experience. Elles furent faites dans la galerie du College des RR. PP. Jesuites qui furent presens, ainsi que plusieurs Gentilshommes Portugais, qui m'avoient fait l'honneur de me venir voir : ils parurent y prendre plaisir.

Hauteur meridienne apparente de Jupiter	59ᵈ. 27'. 0ˮ.	
Refraction souftractive		34.
Vraie hauteur meridienne de Jupiter	59. 26. 26.	
Déclinaison septentrionale de Jupiter	2. 3. 36.	
Hauteur de l'équateur	57. 22. 50.	
Latitude de Funchal	32. 37. 10.	

Il y a eu une émersion du premier Satellite de Jupiter ce matin, qu'on n'a pas pû obferver à caufe des nuages qui couvroient le Ciel à l'Oueft; n'aïant que peu de jours à refter ici, ç'a été pour moi un fujet de mortification.

Hauteurs correspondantes du Soleil pour l'horloge.

Matin.
9ʰ. 52'. 7ˮ. Hauteurs du bord   Soir.
                        fuperieur   52ᵈ. 10'. 0ˮ. 1ʰ. 58'. 21ˮ.
       57.   8.   53.   0.   0. } Nuages.
10ʰ. 0'. 10ˮ.   53. 31. 30. }

Par ces hauteurs on a midi vrai le hui-
tiéme Avril 1720. à   11ʰ. 55'. 26ˮ.

Ces hauteurs furent prifes à travers des nuages déliez, qui ne me permirent pas le matin d'obferver Venus à fon paffage au meridien.

La baffeffe de l'horifon de la Mer a été ce ma-
tin de   0ᵈ. 12'. 0ˮ.

Je pointois au Sud-Sud-Eft. La montagne la plus haute de la plus occidentale des Ifles Défertes étoit élevée au-deffus de l'horifon de l'Obfervatoire   0ᵈ. 10', 30ˮ.

La plus haute montagne de la plus orientale des Défertes, étoit élevée au-deffus du même horifon de   0. 28. 0.

Celle-ci à la diftance de 8. lieuës, la précedente de 7. lieuës.

Pointant dans le canal qui fépare ces deux Ifles, la Mer a été trouvée baffe de   0. 12. 0.

Comme au Sud-Sud-Eft, il y avoit dans l'air des nuages déliez; mais l'horifon étoit net, & très-bien diftingué d'a-
vec le bord de la Mer.

Hauteur

Hauteur meridienne apparente du bord fu- .
perieur du Soleil   65ᵈ. 2ʹ. 0″.

D'où on a la latitude par les mêmes Ele-
mens   32. 38. 9.

Le Commandant m'envoïa dire de venir à bord, pour
lever le Plan de la rade, ce qui fut executé le 9. au matin.

A 6. heures vingt minutes la baſſeſſe de
l'horiſon de la Mer fut de   0ᵈ. 12ʹ. 0″.

L'obſervation fut faite avec ſoin. L'air étoit très-ſerein,
& l'horiſon net. Le quart de cercle étoit exactement calé;
on refit trois fois l'obſervation.

Obſervation de Jupiter.

Temps vrai.

9ʰ. 2ʹ. 0″. On ne voit point encore le premier ſatellite,
qui devroit paroître ſelon le calcul.

Temps vrai.

9ʰ. 6ʹ. 32″. Emerſion du premier ſatellite de Jupiter près
de ſon bord oriental vers le milieu de la
grande bande. Ce ſatellite étoit éloigné de
deux fois ſon diametre de ce bord de Jupiter.

Conjonction du ſecond & troiſiéme Satellites.

La même nuit du 9. Avril 1720. je m'apperçûs que le
ſecond ſatellite & le troiſiéme alloient en parties contraires. Le troiſiéme s'approchoit de Jupiter, le ſecond s'en
éloignoit. C'eſt pourquoi je reſolus d'obſerver leur conjonction.

Temps vrai.

10ʰ. 4ʹ. 2″. Ces ſatellites éloignez l'un de l'autre de trois
diametres du troiſiéme, lequel étoit plus
meridional & plus occidental.

10. 59. 17. Ces deux ſatellites très-voiſins l'un de l'autre;
le ſecond étoit plus ſeptentrional que le
troiſiéme, à peine les diſtinguoit-on l'un
de l'autre.

11. 11. 42. Le ſecond ſatellite ſuperieur au troiſiéme, &
ſi près de celui-ci, qu'on ne les diſtingue
pas. Le ſecond toûjours ſeptentrional par
rapport au troiſiéme. Toutes ces obſerva-

D

1720.
Avril.

tions ont été faites avec une bonne lunette de 18. pieds à deux verres convexes.

Hauteur meridienne apparente de Jupiter	59ᵈ. 32′. 30″.
Otant 24″. reste la vraie hauteur meridienne de Jupiter	59. 31. 56.
Déclinaison septentrionale de Jupiter	2. 8. 48.
Hauteur de l'équateur.	57. 23. 8.
Latitude de Funchal	32. 36. 52.

Hauteurs pour l'Horloge.

Le 10.

Matin:		Soir:		
9ʰ. 7′. 35‴. Bord superieur du Soleil 44ᵈ.	9′. 0″.	2ʰ. 45′. 53″.	} Correction soustractive 6″.
11. 41.	44. 56. 0.	41. 55.	
15. 20.	45. 37. 30.	38. 16.	

Prenant un milieu entre les calculs qu'on ne met pas ici, pour n'être pas long, on a midi vrai le dixiéme Avril à $\qquad$ 11ʰ. 56′. 45″.

On eut midi vrai le huit Avril à $\qquad$ 11. 55. 26.

Difference dont l'horloge a avancé en deux jours	1. 19.
Et par jour on a	39.½

De sorte qu'au temps des observations du neuviéme Avril, l'horloge tardoit $\qquad$ 3′ 42″. qu'on a ajoûtées au temps des observations de ce soir-là.

Observations de Venus.

Temps vrai matin.

9ʰ. 54′. 20″. Venus suivant le parallele arrive au meridien.

Hauteur meridienne apparente de Venus par son milieu	50ᵈ. 24′. 30″.
Otant 50″. de refraction, vraie hauteur meridienne de Venus	50. 23. 40.
Déclinaison meridionale de Venus à ajoûter	6. 58. 48.
Hauteur de l'équinoxial	57. 22. 28.
Latitude de Funchal	32. 37. 32.

Un peu avant midi, on prit la bassesse de l'horison de la Mer directement au Sud. Le Ciel serein, peu de vent de Sud. Elle fut de $\qquad$ 0ᵈ. 11′. 30″.

Hauteur meridienne apparente du bord superieur du Soleil	65. 45. 30.
D'où par les mêmes Elemens on a la latitude de Funchal	32. 38. 29.

Reflexions fur les obfervations faites à Funchal.

Voici toutes les latitudes concluës des obfervations ci-devant rapportées.

Le 6. Avril, par la hauteur du Soleil	32º. 38'. 30".
Par la hauteur de Jupiter	32. 37. 22.
Le 7. Avril, par la hauteur du Soleil	32. 38. 55.
Par la hauteur de Jupiter	32. 37. 10.
Le 8. Avril, par la hauteur du Soleil	32. 38. 9.
Le 9. Avril, par la hauteur de Jupiter	32. 36. 52.
Le 10. Avril, par la hauteur de Venus	32. 37. 32.
Par la hauteur du Soleil	32. 38. 39.

De ces huit obfervations, les quatre du Soleil donnent la latitude plus grande, à caufe que j'ai pris les déclinaifons auffi fortes qu'il étoit poffible. Mais prenant un milieu entre la plus petite latitude, qui eft 32^d. 36'. 52". & la plus forte du Soleil, qui eft 32^d. 38'. 55". la latitude de Funchal eft 32^d. 37' 53". Le College des RR. PP. Jefuites eft au milieu de la ville, au Nord de l'Eglife Cathedrale & plus éloigné de la Mer que cette Eglife, de 150. toifes. La latitude du mouillage fera donc de   32^d. 37'. 20'.

La plus grande des baffeffes de l'horifon de la Mer eft   0. 12. 15.

La plus petite eft   0. 10. 30.

La difference eft 1'. 45". Ajoûtant la moitié à la moindre baffeffe ;   52.$\frac{1}{2}$

On a une baffeffe moïenne   0^d. 11'. 22".$\frac{1}{2}$

plus petite que toutes les autres baffeffes qui ont été trouvées par les obfervations immédiates. On peut donc déterminer la hauteur de la terraffe, y comprife la hauteur du quart de cercle, felon la methode que j'ai fuivi dans le traité de la refraction, de 109. pieds $\frac{1}{2}$, ou 18. toifes, un pied 4. pouces ; mais à caufe des baffeffes un peu plus grandes que la moïenne, on peut établir cette hauteur de 19. toifes.

On n'a pas eu la commodité d'obferver la hauteur du Mercure dans un tube au bord de la Mer, à caufe qu'il n'y a point de quai fur le Port. On y eft fur des cailloux peu commodes pour ces obfervations. D'ailleurs la houle y court

D ij

avec rapidité & bien loin ; aussi pour descendre du Canot
à terre, après que le Canot a mouillé un peu au large,
pour que la houle ne le porte pas à terre, où il se brise-
roit infailliblement, il faut que les Matelots portent sur
leurs épaules ceux qui ne veulent pas se mouiller.

Nous aurions pû faire cette experience sur le rempart
du fort voisin de la Mer, & prendre sa hauteur au-dessus
de la Mer ; mais j'ai cru qu'il n'étoit pas prudent de donner de la jalousie au Gouverneur Portugais, homme de
grande condition ; car quoi qu'il m'ait fait bien des honnêtetez en deux visites que j'ai eu l'honneur de lui rendre, &
que j'aïe eu grand soin de l'assurer que les observations
que je voulois faire ne regardoient que le Ciel, & la correction de la latitude & longitude de l'Isle de Madere,
ce qui étoit fort avantageux à sa Nation ; peut-être n'auroit-
il pas pris en bonne part de me voir mesurer la hauteur
de son rempart.

La meridienne que je traçai sur le pavé de la tour par
l'horloge reglée par les hauteurs du Soleil, & par les hauteurs meridiennes, me servit à connoître la variation. Je
plaçai un côté d'une grande boussole sur cette meridienne,
je trouvai la variation de   8ᵈ. 15′. Nord-Ouest.

Je tournai la boussole bout pour bout, je l'appliquai le
long de la meridienne, je trouvai encore la variation
de   8ᵈ. 15′. Nord-Ouest.

Les Pilotes de l'Escadre commandée par Monsieur de
Coetlogon en 1701. trouverent la variation au mois d'Avril
près de Madere de   4ᵈ. 0′. Nord-Ouest.

Elle a donc augmenté en dix-neuf
ans de   4ᵈ. 15′.

Par le Planisphere que M. Cassini m'a fait la grace de
me donner, sur lequel il a tracé à la main les courbes des
variations de M. Halley pour l'an 1700. la variation y est
Nord-Ouest 3ᵈ. 30′. environ, à Madere au Nord-Est des
Canaries ; elle auroit donc augmenté en un an de près de
30′. mais depuis 1700. jusqu'à 1720. elle n'auroit augmenté que de 4ᵈ. 45′. c'est-à-dire, 14′. 15″. par an, ce qui
ne s'accorderoit pas avec les observations des Pilotes ; mais
au retour du voïage nous aurons occasion de traiter amplement cette matiere.

J'embarquai tous mes inſtrumens & j'allai coucher à bord, croïant partir le 12. mais le mauvais temps nous arrêta juſqu'au 17. Ce ne fut pendant ces cinq jours que grains de pluïe & nuages ſur l'Iſle de Madere, nuages ſi bas qu'ils couvroient la montagne juſqu'à mi-côte. Je ne regrettai donc pas le temps que nous perdions dans cette rade. J'aurois ſans cela été mortifié de n'être pas à terre, pour y faire encore quelques obſervations de Jupiter. Le vent & la Mer groſſirent le 14. de maniere à ne pouvoir plus aller à terre, & à nous faire déſirer d'être hors d'une rade qui n'eſt pas ſûre quand il vente du Sud-Oueſt.

DESCRIPTION DE FUNCHAL

ET DE LA CÔTE.

R IEN de plus gracieux & de plus beau que les montagnes de Madere du côté du Sud ; elles ſont cultivées, ou couvertes de bois juſqu'au ſommet. On y voit du bled, des autres grains, cannes de ſucre, vignes & arbres fruitiers. Les Habitans ne cultivent pourtant gueres la terre ; ils ne donnent qu'une façon à la vigne, & aſſez legerement. Il y vient cependant beaucoup de vin, & il s'en fait un grand debit, auſſi eſt-il à l'épreuve des plus fortes chaleurs de toute ſorte de climats.

Les montagnes du côté du Nord ſont beaucoup plus hautes que celles du côté du Sud. On y voit encore beaucoup de cedres & de ſapins, dont on a emploïé une partie de ceux qu'on pouvoit voiturer aiſément, pour les maiſons de l'Iſle. La hauteur des montagnes du Nord contribuë à l'air temperé de la partie du Sud de cette Iſle, dans laquelle on voit quantité de bananiers qui y ont été apportez du Breſil. Le fruit en eſt aſſez bon à Madere. Ce que j'en vais dire eſt connu, c'eſt pourquoi j'en parlerai briévement.

Le bananier produit pluſieurs bouquets de figues bananes rangées à côté l'une de l'autre en deux rangs de dix à quinze figues, longues de trois à quatre pouces, larges d'un pouce & un peu plus, diſpoſées en forme de peignes. Leur peau reſſemble aſſez à la gouſſe des feves. Ce fruit naît au

haut de la tige du bananier : on le coupe quand il eſt preſque
meur, & l'arbre meurt ; mais il renaît par le pied, & l'an
révolu il porte de nouveaux fruits. Or comme on coupe
ces fruits en toute ſaiſon, il en vient auſſi en toute ſaiſon
de l'année ſans culture. La feuille de cet arbre eſt fort
longue & fort large, découpée en droite ligne juſqu'à la
principale nervûre, mais par eſpaces fort inégaux, & le
long des petites nervûres qui partent à angles droits de la
grande nervure qui traverſe la longueur de la feuille.

Il y a encore des cannes de ſucre dans cette Iſle, qui y
ont été apportées de Sicile & de Calabre. Madere en a
fourni le Breſil. A preſent il en reſte ſi peu dans l'Iſle,
qu'un ſeul moulin ſuffit pour tirer le ſucre des cannes,
encore ne travaille-t'il pas toute l'année. Mais on porte à
Madere beaucoup de ſucre du Breſil, qu'on échange avec
du vin. En place des cannes les Habitans ont planté beaucoup de vignes, qui donnent de très-bon vin blanc & rouge,
& qui ſe conſerve fort. Il y a auſſi d'excellente Malvoiſie,
dont le Conſul de France me fit goûter.

J'ai vû dans le jardin des Reverends Peres Jeſuites beaucoup de cannes de ſucre, dont ils m'envoïerent un fagot
au Vaiſſeau, & un citronier qui avoit trente pieds de haut,
& cinq pieds de tour. Il y a beaucoup de citrons & d'o-
ranges dans l'Iſle, & pluſieurs autres arbres de ceux qu'on
voit en Europe. Des chataigniers, des poiriers, des coi-
gnaſſiers. Des fruits de ces arbres on fait de bonnes confi-
tures & marmelades. Je me ſuis informé du plus habile Apo-
ticaire de Funchal, s'il y avoit quelques Plantes particulieres qui fuſſent medecinales, il m'a aſſuré que non ; mais
qu'ils avoient la pluſpart des herbes qu'on voit en Europe ;
ainſi je n'ai point apporté de Plante.

Les montagnes du milieu de l'Iſle ſont fort hautes, &
le cap Saint André qui eſt à l'Oueſt de l'Iſle, ſurpaſſe en
hauteur les caps de Finiſterre, Ortegal & de S. Vincent
dans les Algarves. Ces hautes montagnes arrêtent les nuages chaſſez par le vent d'Oueſt & de Sud-Oueſt, ce qui
donne à l'Iſle de la pluïe très-abondamment. Auſſi le Ciel
y eſt preſque toûjours couvert au Printemps, & ſouvent en
Eté. L'Hiver eſt la ſaiſon de l'année où le Ciel eſt le plus
ſerein. Cette Iſle a dix-huit lieuës de longueur du cap Saint

Laurent au cap Saint André, & douze lieuës de largeur dans son milieu. Il y a beaucoup d'eau dans l'Isle, elle y est très-bonne ; & on voit de fort belles cascades vers le cap Saint André.

La ville de Funchal capitale de l'Isle est assez belle, les maisons y sont bien bâties, plusieurs n'ont qu'un étage ; il y en a pourtant quelques-unes à deux & trois étages. La pierre de taille d'un gros grain n'y manque pas. Comme il y a dans l'Isle quantité de cedres, plusieurs maisons ont leur plafonds de ce bois, & les planchers de sapin, qui y est fort beau. On a peine à s'accoûtumer à l'odeur des cedres, dont les bois des fenêtres sont aussi. Ils les font fort épais. Il y a un Evêque suffragant de Lisbonne, qui a vingt mille livres de rente. La Cathedrale est assez grande mais elle n'est pas d'un bon goût pour l'architecture. Dans le fond il y a trois Autels assez riches, sur-tout celui où réside le S. Sacrement. La balustrade de cette Chapelle est haute de huit pieds, & composée de piliers qui ont un noïau de fer revêtu de lames d'argent, de l'épaisseur d'un écu.

Les Cordeliers y ont deux Convens, dans l'un ils sont soixante, & dans l'autre quarante Religieux. Les aumônes des Fidelles sont leur unique revenu ; elles montent, à ce qu'on m'a dit, à douze mille Piastres par an. Les Peres Carmes y commencent un établissement. Les Peres Jesuites y ont le College fondé par Dom Sebastien Roy de Portugal. Le Roy Cardinal Dom Henri augmenta les revenus. Il est bien bâti, fort spacieux, l'Eglise assez grande & fort ornée ; la Sacristie belle & boisée d'un fort beau bois. On aime dans ce Païs les colomnes torses, & on les charge de festons, de branches de vigne & de genies. Il y a vingt Peres Jesuites dans ce College, & quatre cens Ecoliers en cinq classes. Ils me parurent devots & fort posez.

Il y a aussi trois Convens de Religieuses de S. François. Dans le premier elles sont deux cens. Dans le second, dit de la Conception, soixante ; celui-ci est un peu élevé dans la montagne, & très-bien situé. Le troisiéme est des Capucines qui vivent fort saintement ; elles sont sous la juris-diction de l'Evêque, & dirigées par les Peres Jesuites. L'Hôpital est beau, grand, bien renté. Outre la Paroisse annexée à la Cathedrale, il y a deux autres Paroiſſes qui n'ont rien de remarquable.

Un ruiſſeau aſſez gros paſſe à l'extremité de la ville à l'Orient. Un autre moindre à l'Occident. Comme ces ruiſ-ſeaux viennent de la montagne, on conduit aiſément leurs eaux par divers canaux dans les jardins de la ville, qui ſont en grand nombre & bien cultivez. Il n'y a gueres de mai-ſon qui n'ait ſon jardin, où l'on trouve les mêmes herba-ges qu'en Europe.

Le principal Fort eſt ſur le bord de la Mer à l'Occident, il fait partie de la ville, les baſtions en ſont petits & ont fort peu de flanc ; il défend la partie occidentale de la rade, qui eſt la meilleure. Le Gouverneur de l'Iſle y eſt logé ; il y en a un autre plus petit fort voiſin de celui-ci à l'Occi-dent. On en voit un autre ſur une hauteur qui commande la Ville & les deux Forts dont on vient de parler, on l'ap-pelle la Citadelle. Il eſt à quatre baſtions fort petits avec peu de flanc: Le long du rivage la ville eſt enfermée d'une ſimple muraille qui forme quelques angles ſaillans ; à l'ex-tremité de cette muraille à l'Orient il y a un grand baſtion qui eſt aſſez beau ; il eſt défendu par le fort S. Jago, qui eſt plus à l'Orient dans le contour de l'anſe. On voit auſſi quelques batteries dans le côté de l'anſe qui eſt à l'Eſt. La meilleure batterie eſt à l'Oueſt ſur un rocher quarré long, appellé le Lion, qui peut avoir vingt toiſes de long ſur dix de large. Le rocher eſt eſcarpé, & on a rempli de maçon-nerie les crevaſſes qu'il y avoit. Cette batterie défend très-bien le mouillage. Toutes ces Fortifications ſont anciennes, & par conſéquent de mauvais goût ; elles ont peu de flanc : c'eſt dommage, car elles ſont très-bien placées.

La Garniſon n'eſt que de 150. hommes, mais il y a aſſez d'Habitans dans l'Iſle. On les fait monter en tout, hommes, femmes & enfans, de vingt-quatre à trente mille. Ce nom-bre peut approcher de la verité à en juger par les Ecoliers du College, qui ſont quatre cens, comme on l'a dit. Je ne dirai rien de Sainte Croix, ni de Marſilia, qui eſt à l'Oueſt de l'Iſle, n'y aïant pas été.

Comme il y a toûjours de la Mer dans le fond de cette rade, les bateaux ont deux quilles, & on les tire ſur la gréve avec des bœufs deſquels il y a beaucoup dans l'Iſle : on

s'en

s'en fert pour les charrois. Ils fervent auffi à tirer les bateaux à la Mer quand on a chargé dedans ce qu'on veut tranfporter aux Vaiffeaux.

On ne croit pas devoir imiter l'Auteur d'une Relation imprimée à Paris en 1716. qui parle affez mal des Portugais de S. Salvador & d'Angra. Ce n'eft pas là le caractere du Chriftianifme, qui eft la charité : Nous ferions fâchez qu'un Portugais, ou un Efpagnol qui auroit voïagé en France, parlât mal de notre Nation dans la Relation qu'il donneroit de fon voïage, quand même ce qu'il en diroit feroit vrai ; car les hommes ne font pas fans défaut. Je croirois faire tort à la verité, fi je n'avoüois que la Nation Portugaife m'a paru avoir beaucoup de belles qualitez. Comme elles font connuës, je n'en ferai pas ici la defcription ; je ferois tort à notre Nation, dans laquelle les Etrangers trouvent de la facilité à taxer les défauts des autres, comme fi nos manieres de vivre devoient fervir de regle aux autres Nations. Nous ne fçaurions que nous louer des Portugais de Madere ; ils nous ont fort bien reçû. Les Peres Jefuites en ont agi auffi avec moi avec beaucoup de bonté & de generofité. J'ai reconnu en eux les fentimens nobles de la Nation, la charité & l'union chrétienne, qui nous eft tant recommandée, & qui s'obferve parmi nous dans tout le monde.

SUITE DU JOURNAL.

Contenant la traverfée à la Martinique.

Nous devions hier au foir mettre à la voile ; mais la Mer du Sud-Oueft fort groffe, avec un petit vent de Sud-Oueft qui nous eft contraire, des grains de pluïe qui furvinrent, avec des éclairs & des tonneres qui ont duré pendant toute la nuit, nous en ont empêché. Il a fallu filer un cable pour affurer nos ancres ; comme le fond eft de fable vafeux & de bonne tenuë, nos ancres n'ont pas branlé ; mais ce parage n'eft pas bon pour cette Mer-là. Heureufement le vent de Sud-Oueft n'y entre que rarement ; mais c'eft affez qu'il y entre quelquefois pour crain-

Le 15.

E

dre avec fondement ; car si le vent eut ·entré & que nos ancres eussent chassé, pour le moins il auroit fallu couper nos cables & laisser là nos ancres pour appareiller au plus vîte. C'est aussi les mesures que nos Capitaines avoient prises sagement. Les haches étoient toutes prêtes. Les gens du Païs nous assuroient toûjours que le vent n'entroit pas ; mais cela n'est pas impossible physiquement, puisqu'il y a quelques années qu'un grand nombre de Bâtimens s'y perdit.

Le 16. Hier au soir depuis huit heures jusqu'à minuit le temps fut assez beau. Depuis il s'est fort gâté, de sorte que nous n'avons pû appareiller. On a pourtant désaffourché avec une grosse Mer, de maniere à nous faire craindre que la houle ne fit écraser nos Matelots de la Chaloupe, contre une ancre qui étoit parée à sa place ordinaire en cas de besoin. Pour éviter ce malheur, on a fait reculer la Chaloupe qui rapportoit le cable, jusqu'à l'échelle ; & on a hissé avec les caliornes l'ancre d'affourche avec la partie de son cable qui étoit encore dans la Mer. Grains de pluïe, vens frais d'Ouest tout le jour : grosse Mer du Sud-Ouest.

Le 17. Enfin ce matin à notre grande satisfaction nous avons appareillé par un vent médiocre d'Ouest & d'Ouest-Sud-Ouest, mais dès avant midi jusqu'au soir, les grains de pluïe & de vent ne nous ont pas manqué. Nous en avons eu trois, dont le dernier a été furieux : il nous a fait serrer nos deux huniers à sept heures du soir, & nous a réduit aux basses voiles. Nous avons porté au Sud & au Sud ¼ Sud-Ouest, ce qui n'est pas notre route, il s'en faut bien ; mais nous esperons que le vent se rangera à bien à mesure que nous approcherons des Canaries. La Mer a été grosse d'Ouest-Sud-Ouest, & les vents y ont tenu tout le jour. Dans la force des grains ils prenoient plus de l'Ouest.

J'ai remarqué ce matin après qu'on a eu levé l'ancre, que le cable avoit plusieurs fils des cordons rongez dans la longueur de trois brasses, & à trente brasses de l'arganneau, ou anneau auquel il est attaché. On y a trouvé des filets de coquillage attachez, ce qui nous a fait connoître que, tout sable vaseux qu'est le fond, il y a des huitres & de gros coquillages ensevelis dans la vase ; & que les courants & les flots agitant le cable, il s'étoit rongé contre ces coquillages. De sorte que si nous eussions resté plus long-temps dans ce mouillage, nous aurions pû tout d'un coup derader, ce qui seroit très-dangereux dans une pareille rade. Pour y obvier, il seroit bon de fourer la partie du cable qui porte sur terre, ou même de la soutenir par des barriques, lorsqu'on doit rester long-temps au mouillage. Il peut se faire aussi qu'on y rencontre des pattes d'ancre, qui rongeroient le cable en peu de temps.

Dans la nuit grosse Mer & vent frais d'Ouest-Nord-Ouest qui nous a fait carguer la grand voile à minuit. Le matin le vent a un peu molli, mais la Mer est toûjours grosse; nous tanguons & roulons à merveille. On a amuré la grand voile & hissé le grand hunier. A huit heures il a fait un maître grain de pluïe & de grêle, mais il n'a pas duré. Il a fallu pourtant amener notre grand hunier; le grain passé on a hissé les deux huniers avec les ris pris. A dix heures on voïoit encore la terre de Madere; bien-tôt après un nouveau grain nous a fait serrer les huniers.

A midi la hauteur du Soleil nous a donné la latitude de $31^d. 52'$.

Ainsi la route aïant vallu le Sud, nous avons fait 15. licuës depuis Madere, que nous avons vû tout le jour. Le soir le vent Nord-Ouest, & la route a été à l'Ouest-Sud-Ouest.

Nous avons étrangement roulé toute la nuit, & nous roulons bien encore, tant la Mer d'Ouest est grosse. Le vent médiocre au Nord-Nord-Ouest, on a fait route au Sud-Ouest & au Sud-Ouest $\frac{1}{4}$ Sud. La hauteur qu'on a prise à midi n'étant pas fort sûre, on l'a corrigée par l'estime, en attendant mieux, qui a donné la latitude de $30^l. 40'$.

Nous avons fait environ 30. licuës de chemin. L'après-midi le vent s'étant rangé au Nord médiocre, nous avons porté à l'Ouest-Sud-Ouest, le roulis & le tangage vont leur train, & fatiguent fort nos nouveaux Marins.

Au coucher du Soleil, la variation a été observée de $6^d. 45'$. Nord-Ouest.

La Mer a diminué cette nuit, ainsi nous avons moins roulé. Au lever du Soleil, la variation a été observée de $5^d. 45'$. Nord-Ouest.

Le vent a été Nord-Nord-Ouest médiocre, ce qui nous

fait efperer que nous trouverons bien-tôt les vents alifez.

Nous avons porté à l'Oueſt ¼ Sud-Oueſt, le Soleil a paru à midi & nous a donné la latitude certaine de   30ᵈ 3'.

La route a vallu le Sud-Oueſt ¼ Oueſt, & le chemin 25. licuës.

Ce qui nous a donné la longitude de   357ᵈ. 0'.

Au coucher du Soleil par ſon amplitude, la variation a été de   6ᵈ. 25'. Nord-Oueſt.

Le 21. Nous voilà aux vents alifez ; ils ſont venus Nord-Nord-Eſt cette nuit, & ce matin au Nord-Eſt. Nous avons toûjours fait route à l'Oueſt ¼ Sud-Oueſt, qui nous vaut l'Oueſt-Sud-Oueſt. On a obſervé la variation de   6ᵈ. 45'. Nord-Oueſt.

On fera à la fin du Voïage, des reflexions ſur la varieté de ces variations ; elles feront mieux à leur place qu'ici. Le matin on a fait ſervir nos peroquets & voiles d'étai, qui depuis long-temps n'avoient pris l'air.

A midi par la hauteur du Soleil, on a conclu la latitude de   29ᵈ. 25'.

Et par l'eſtime, la longitude de   355. 17.

La route corrigée Oueſt-Sud-Oueſt, & le chemin de 32. licuës.

A deux heures il a fallu ſerrer à leur grand regret nos peroquets & voiles d'étai, pour ne pas laiſſer le Henri de l'arriere.

Voilà donc enfin les vents où nous les voulions, nous allons bon train, & le vent ſera conſtant.

Le 22. Le vent s'eſt rangé à l'Eſt-Nord-Eſt ; nous avons fait route à l'Oueſt ¼ Sud-Oueſt. Nous ſommes preſque vent arriere ; auſſi avons nous fait ſept licuës par quart. La Mer nous prend par la hanche ; nous allons bon train. La latitude a été de   28ᵈ. 41'.

La longitude a été eſtimée de   353. 46.

Le chemin 41. licuës à l'Oueſt-Sud-Oueſt.

Le 23. Au lever du Soleil, la variation a été trouvée de   6ᵈ. 30'. Nord-Oueſt.

On a fait route tout le matin à l'Oueſt ¼ Sud-Oueſt, le vent étant Eſt-Nord-Eſt, belle Mer, beau temps. On a remis à l'air nos peroquets ; nous ſommes bien aiſes d'imiter le Henri qui porte toûjours les siens. Mais le Touloufe étant meilleur voilier, a rarement besoin de leur secours, nous voulons le suivre.

La hauteur meridienne du Soleil, a donné la latitude de   27ᵈ. 56′.

On a estimé la longitude de   350. 27.

La route a été Ouest-Sud-Ouest 3ᵈ. vers l'Ouest, & le chemin 46. lieuës.

Depuis midi on a porté à l'Ouest-Sud-Ouest, pour abaisser davantage en latitude.

Nous n'apprehendons pas que l'eau nous manque. Nos Cartes Marines nous en promettent pour long-temps. Allons toûjours. Par la hauteur du Soleil, à midi la latitude est   27ˡ. 9′.

La longitude a été trouvée de   348. 0.

La route Ouest-Sud-Ouest 3ᵈ. vers l'Ouest. On a fait 37. lieuës de chemin ; aussi avons nous belle Mer, & le vent médiocre à l'Est-Nord-Est.

Par la hauteur du Soleil on a eu la latitude de   26ᵈ. 12′.

On a eu la longitude par l'estime de   346. 27.

La route a été Ouest-Sud-Ouest 4ᵈ. vers l'Ouest, & le chemin 36. lieuës.

La variation avoit été trouvée ce matin de   4ᵈ. Nord-Ouest.

Le vent est toûjours Est-Nord-Est, & la Mer fort belle.

Un peu d'inconstance au vent ; c'est son partage. Il est venu au Nord-Est, & il a un peu molli ; aussi avons nous fait moins de chemin. Mais on a tenu la même route à l'Ouest-Sud-Ouest, qui nous a valu l'Ouest-Sud-Ouest 4ᵈ. vers l'Ouest. On n'a pas pris exactement hauteur à midi à cause des nuages ; car on peut bien croire qu'ici les montagnes ne nous dérobent pas la vûë du Soleil ; il a fallu se contenter de la latitude estimée, qui a été de   25ᵈ. 36′.

Et la longitude   345. 49.

Nous avons fait environ 30. lieuës de chemin. Nous n'en ferons pas tant tous les jours.

Le vent comme hier & la Mer de même, ainsi que la route : il faut être content. Par la hauteur du Soleil à midi, on a eu la latitude de   24ᵈ. 58′.

La longitude a été concluë de   343. 56.

Le chemin depuis midi du 25. a été 57. lieuës ; cela ne va pas tant mal. Les Pilotes du Henri ont trouvé le 25. la latitude plus forte que nous de deux minutes ; mais ils ont eu la variation plus grande que nous d'un degré 30. minutes, puisqu'ils la conclurent de 5ᵈ. 30′. Nord-Ouest. Voilà qui en vaut la peine. On verra à la fin du Journal qui a raison. Le soir le vent fraîchit au Nord-Est.

REFLEXIONS

Sur le Sillage du Vaisseau.

CE soir le vent étant frais, le vaisseau allant vîte, j'ai observé attentivement le sillage, de la gallerie où j'ai resté long-temps seul. Rien de plus beau que ce sillage. On auroit dit que c'étoit une riviere de lait fort rapide, large de 15. à 20. pieds, longue de plus de 600. semée de mille Etoiles brillantes comme celles du Ciel, qui mouroient & renaissoient aussi-tôt. Ce sillage étoit enrichi de diverses Lunes répanduës çà & là, lesquelles couroient dans le sillage. Elles étoient aussi larges & plus brillantes que la pleine Lune dans un temps serein. Le Ciel étoit couvert ce soir là. Tel étoit le sillage du Vaisseau, lorsqu'il survint de la pluïe, qui effaça ces Lunes & ces Etoiles, & diminua beaucoup la blancheur du sillage. Ce qui fait voir clairement, que tout ce beau spectacle vient des sels de l'eau de la Mer, laquelle venant de l'avant du Vaisseau, par lequel elle a été rudement choquée, & courant avec rapidité le long des côtez du Vaisseau, vient heurter fortement contre le gouvernail, ce qui augmente encore plus son mouvement ; de sorte que les parties salines & de feu se séparant des aqueuses, & se joignant en grand nombre, causent cet agréable spectacle.

Ces Lunes paroissent dans les endroits du sillage où il y a des tournans d'eau, dans lesquels l'eau de la Mer tourne avec grande rapidité en figure conique, laquelle se remplit en peu de temps. Or de jour on voit beaucoup de ces tournans dans le sillage ; ainsi le raisonnement subsiste dans toute sa force ; car l'eau de la Mer doit encore plus briller dans ces tournans, parce qu'elle y est encore plus en mouvement.

Ce raisonnement sur le mouvement violent des parties salines, se soutient d'autant plus, que quand le Vaisseau ne va pas vîte, à peine apperçoit-on ce sillage blanc, qui pour lors a peu de longueur, & on n'y voit ni Lunes ni Etoiles ; parce qu'il n'y a ni tournans, ni goutes qui rejaillissent. Je pense donc avec fondement que les Lunes sont les tournans dans lesquels l'eau est extrêmement agitée ; & les Etoiles les grosses goutes d'eau, que le chocq de l'eau fait rejaillir en l'air au-dessus de la surface du sillage, dans lequel elles retombent bien-tôt.

Nous approchons du Tropique, cependant nous roulons à merveille, & nous n'avons pas chaud. Le vent est au Nord-Est frais, la houle fort grosse. Par la hauteur du Soleil, on a eu la latitude   24ᵈ. 2′.

Et la longitude a été estimée de   343. 54.

La route Ouest-Sud-Ouest 3ᵈ. vers l'Ouest, & le chemin 36. lieuës. L'après-midi le vent a tant soit peu diminué, nous n'en n'avons que mieux roulé.

Le Soleil n'a pas paru. On a estimé la latitude 23ᵈ. 16′.

Nous avons donc passé aujourd'hui le Tropique, & nous n'avons point été incommodez.

On a estimé la longitude   343ᵈ. 0′.

La route a été Ouest-Sud-Ouest 4ᵈ. vers l'Ouest, & le chemin 30. lieuës. Le vent a sauté à l'Est-Sud-Est ; nous avons pris l'amure à bas bord, & nous allons vent largue à l'Ouest-Sud-Ouest.

Au coucher du Soleil, la variation a été observée   3ᵈ. 30′. Nord-Ouest.

Nous avons porté les seuls huniers à mi-mât ; encore le Henri ne pouvoit nous rejoindre avec ses quatre voiles majors.

Un Garde de la Marine pour avoir barguigné sur la cuve, où on l'avoit fait asseoir pour la cérémonie de son batême, a senti des torrens d'eau sur son corps renversé en double dans cette cuve, dont il ne pouvoit se retirer. Pour l'aider, on lui a lancé cent seaux d'eau. Monsieur de Vallette répond pour le Touloule qui n'avoit pas encore passé le Détroit ni le Tropique, & qui répond païe.

Le vent a été Nord-Est médiocre, la Mer de l'Est, beaucoup de roulis ; nous avons porté à l'Ouest-Sud-Ouest

3^d. à l'Oueſt. La hauteur meridienne a donné la latitude de   22^d. 24'.

La longitude a été eſtimée de   339.   3.

Le chemin a été 36. lieuës. Au coucher du Soleil on a obſervé ſon amplitude, qui nous a donné la variation de   4^d. 0'. Nord-Oueſt.

Le premier. Le vent a été foible au Nord-Eſt, la Mer d'Eſt médiocre, la route à l'Oueſt-Sud-Oueſt.

La hauteur meridienne nous a donné la latitude de   22^d. 4'.

La longitude a été eſtimée de   338. 46.

Nous n'avons fait que 18. lieuës en ces 24. heures. La variation obſervée au lever & au coucher du Soleil, a été la même de   2^d. 36'. Nord-Oueſt.

Le 2. Le vent & la Mer comme hier. La route à l'Oueſt-Sud-Oueſt, 3^d. à l'Oueſt par le complement de la hauteur meridienne du Soleil, qui a été 6^d. 8'. On a eu la latitude   21^d. 40'.

La longitude eſtimée   337. 39.

Remarque importante Le chemin n'a été que de 17. lieuës. J'ai remarqué que les courans portent du Nord-Eſt au Sud-Oueſt ; car la Mer étant aſſez calme, je voïois des lits de courans qui ſuivoient ces airs de vent. Au Soleil couchant la variation a été obſervée de   .   1^d. 40'. Nord-Oueſt.

On voit que la variation diminuë fort ; il faut s'attendre que bien-tôt elle ſera Nord-Eſt.

Le 3. Le vent de Nord-Eſt a tant ſoit peu fraichi. La route à l'Oueſt-Sud-Oueſt 3^d. Oueſt.

La hauteur du Soleil à midi, a donné la latitude   21^d. 18'-
On a eſtimé la longitude   336. .20.

Nous n'avons fait que 18. lieuës depuis hier midi. La variation a été trouvee au coucher du Soleil à fort peu près de   1^d. 40'. Nord-Oueſt.

Elle paſſoit de quelques minutes, cependant elle devroit diminuer.

Le 4. Les Pilotes du Henri trouverent hier la latitude plus grande que nous de huit minutes. Dès hier au ſoir & toute la nuit le vent a fraîchi, & nous avons fait bon chemin.

A huit heures du matin le vent eſt venu à l'Eſt-Nord-Eſt, & a encore plus fraîchi ; de ſorte que nous marchons très-bien.

très-bien. Par la hauteur du Soleil, qui est bien près du zenith, on a eu la latitude de 20ᵈ. 38′.

La longitude a été de 334. 45.

La route a été Ouest-Sud-Ouest un degré vers l'Ouest, & le chemin 32. lieuës.

Au coucher du Soleil, la variation a été observée de 0ᵈ. 40′. Nord-Ouest.

Ce qui fait voir que celle d'hier au soir devoit être seulement d'un degré.

Le vent est au Nord-Est frais, mais le Ciel aïant été couvert tout le jour, nous n'avons eu la latitude que par estime de 20ᵈ. 0′.

Le 5.

Et la longitude a été estimée de 334. 0.

La route a été à l'Ouest-Sud-Ouest, & le chemin 37. lieuës.

On observa le soir la variation ; au coucher du Soleil elle fut trouvée nulle. On le fit avec grand soin.

Le Henri ne marche pas bien ; nous n'avons eu toute la nuit que la misene & les deux huniers sur le ton, & nous avons pensé le perdre, tant il est resté de l'arriere. Pour le rejoindre, on a couru une horloge au Sud-Ouest, une autre à l'Ouest. Enfin à la pointe du jour nous l'avons vû derriere nous à une lieuë. Le vent étoit Est-Nord-Est frais, la Mer venoit de l'arriere, elle étoit fort grosse. Le Ciel a été couvert de nuages très-déliez, à travers lesquels on voïoit le Soleil ; mais l'horison étant gras, on n'a pas été content de la hauteur meridienne du Soleil, qui n'étoit qu'à 3ᵈ. du zenith. On a estimé la latitude de 19ᵈ. 22′.

Le 6.

Et la longitude 331. 48.

La route corrigée a été l'Ouest-Sud-Ouest, & le chemin 35. lieuës.

L'amplitude observée, a été au Soleil levant de 19ᵈ. 0′.

Le 7.

D'où on a conclu la variation de 1. 12. Nord-Est.

Le vent a été Est-Nord-Est bon frais toute la nuit ; nous avons fait quatorze lieuës en huit heures, aïant nos deux huniers sur le ton. Il n'y avoit que nos deux basses voiles qui servissent. Au jour on a hissé le grand hunier, parce que le Henri a fait servir ses perroquets & ses coutelas. Il ne nous faut pas plus de voiles que nous en faisons pour

F

nous tenir par fon travers. Quelle difference d'un Vaiffeau à l'autre ! Le Soleil n'a pas paru à midi, on a eftimé la latitude de   18ᵈ. 33′.

Et la longitude de   330.   0.

La route a été Oueft-Sud-Oueft, & le chemin trente-fix lieuës.

On a pris une Dorade, c'eft la premiere que nous aïons vû de près, elle avoit deux pieds & demi de long, un demi pied de large & trois pouces d'épaiffeur par fon plus gros. Nous en avons vû depuis de plus belle taille. Sa peau étoit colorée d'un bleu clair, mêlé de petites taches blanches fur le dos & fur les côtez. Elle étoit blanche fous le ventre. Sa tête étoit blanche & dorée, & les racines des aîlerons d'un très-bel azur ; le haut de fa tête fait en arc de près de 90ᵈ. Depuis l'occiput fortoit le long du dos une longue nageoire qui alloit en diminuant jufqu'à la queuë. Vers la tête cette nageoire avoit quatre pouces de large, & un peu moins d'un pouce vers la queuë, qui étoit fourchée à l'ordinaire.

La nageoire étoit compofée d'une peau qui étoit foutenuë par foixante arêtes, diftantes de trois lignes l'une de l'autre, & qui diminuoient de longueur jufqu'à la queuë. Le haut de cette nageoire étoit frangé. Les ouies étoient faites comme aux autres poiffons. Cette Dorade, qui étoit petite, pefoit neuf livres poids de marc.

Au coucher du Soleil, la variation fut obfervée de   1ᵈ. 0′. Nord-Eft.

REFLEXIONS

Sur la Variation.

ON parlera à la fin de ce Journal fort au long fur la variation : il eft pourtant à propos d'en dire un mot ici. Il eft extrêmement difficile de déterminer les minutes, & même un degré fur un compas de variation, dont la rofe n'a que de fix à huit pouces de diametre. Le roulis du Vaiffeau empêche l'éguille & la rofe qu'elle porte de refter en repos. Tantôt cette rofe avance d'un ou deux degrez, tantôt elle recule d'autant. On a d'ailleurs peine de

couper le difque du Soleil en deux parties bien égales, par
le moïen des fils qui traverfent les fenêtres de la bouffole,
à laquelle ils fervent de pinnules, & qui paffent fur la
pointe de la Chapelle. Les plus habiles Pilotes ne s'accordent pas bien fouvent à un degré près : nous l'avons déja
vû dans ce voïage, & nous le verrons encore.

D'ailleurs toutes les éguilles ne font pas également animées ; on fupplée à ce défaut en fe fervant de plufieurs bouffoles en même-temps, & en les comparant avec l'arc d'amplitude qu'elles donnent. Après une longue fuite d'obfervations, on en trouve plufieurs qui ne s'accordent pas. Dans
ces occafions, quand on a obfervé le matin & le foir, ou
du foir au matin fuivant, on peut prendre le milieu, fi on
n'a pas lieu de fe défier d'aucune des deux obfervations,
pour avoir une obfervation plus fûre. Ainfi aujourd'hui 7.
May il faudroit determiner la variation Nord-Eft à 1ᵈ. 6′.
mais, fans avoir égard aux minutes, nous l'avons établie
d'un degré. On peut toûjours obferver cette regle de rejetter cinq & même dix minutes de plus ou de moins d'un
degré, & l'établir précifement au degré le plus proche,
comme nous en ufons en Aftronomie pour pareil nombre
de fecondes.

La nuit nous avons eu des grains qui nous ont fait ferrer Le 8.
nos deux huniers. Le Ciel a été couvert toute la nuit, &
pendant le jour il y a eu beaucoup de nuages épais. Le Ciel
s'eft pourtant un peu éclairci fur les neuf heures & demi. J'ai
paffé une lunette de trois pieds, car on ne peut fe fervir
des plus longues à la Mer à caufe du roulis, au moins pour
le Ciel. J'ai paffé, dis-je, cette lunette entre deux cordages ferrez d'un hauban d'artimon, en les faifant ouvrir de
force ; de forte que la lunette étoit bien ferme, quand les
cordages fe font refferrez. Le tube de la lunette étant de
cuivre, je n'appréhendois pas que ces cordages ni le roulis
le crevaffent ; mais le roulis étoit fi grand & fi fréquent,
qu'il ne m'a pas été poffible de tenir le difque du Soleil
dans la lunette pendant plus de deux fecondes de temps ;
encore ne pouvois-je pas voir tout le difque du Soleil à
la fois : de forte qu'il m'a été du tout impoffible de voir
fi Mercure étoit fur le difque du Soleil, comme il y devoit
être felon les Ephemerides de M. Manfredi fameux Aftro-

nome d'Italie ; M. Maraldi celebre Aftronome de l'Académie des Sciences m'en avoit auffi averti. J'en ai bien du
regret. Il m'eft arrivé ce que j'avois prévû dès Toulon,
que nous ne ferions pas à la Martinique affez à temps pour
obferver ce paffage de Mercure fur le Soleil. Il auroit fallu
y arriver huit jours plûtôt.

La Mer n'eft pas le féjour d'un Aftronome ; depuis Madere à peine avons nous eu un beau jour qui fut bien ferein, & deux nuits tout au plus. Il y a eu vers l'horifon
une groffe barre de brume, qui m'a empêché de voir les
Etoiles du Sud que je voulois obferver, auffi bien que
l'Etoile du Serpentaire, que M. Maraldi m'avoit prié d'obferver : mais la principale raifon, c'eft que le plancher eft
trop mouvant fur Mer.

On n'a pas pû voir le Soleil à midi, & quand on l'auroit vû, il eft fi près du zenith, que la latitude n'auroit
pas été sûre. Il eft furvenu un grain de pluïe en ce temps-
là. On a eftimé la latitude de   18ᵈ. 8′.
Et la longitude de   328. 36.
La route a été Oueft-Sud-Oueft, & le chemin 31. lieuës.

A trois heures j'ai pointé la lunette au Soleil ; le roulis
ne m'a permis de le voir qu'un moment, je n'y ai point
vû Mercure. Il eft furvenu bien des nuages. Le foir à cinq
heures j'ai encore regardé le Soleil avec la même lunette ;
malgré le roulis je l'ai fuivi affez long-temps, je n'ai point
vû Mercure qui auroit paru comme une tache ronde. Mais
quand il y auroit été, je n'aurois pû le diftinguer, à caufe
que pendant le peu de temps que le Soleil a paru dans le
jour, il a toûjours été entre des nuages déliez.

Au coucher du Soleil, la variation a
été trouvée de   1ᵈ. 0′. Nord-Eft.

Dans la nuit nous avons fait bien du chemin, le vent
étoit Eft-Sud-Eft affez frais, la Mer de l'Eft. Au matin on
a mis toutes les voiles au vent, même les coutelas, & nous
avons bien marché. Le Ciel s'eft éclairci fur les huit heures. A midi le Soleil ne faifoit ombre d'aucune part, c'eft-
à-dire, que nous l'avions au zenith. Nous voilà difpenfé
de prendre hauteur de quelque temps ; mais c'eft à notre
dommage. On a eftimé la latitude de   17ᵈ. 11′.
Et la longitude de   327. 0.

La route a valu le Sud-Oueſt ¼ Oueſt, & le chemin a
été trente-ſix lieuës.

Quoique nous aïons eu le Soleil au zenith, la chaleur
n'a pas été fort grande ; car mon Thermometre, * qui eſt
à l'air en lieu où le Soleil ne peut donner, n'eſt monté
qu'à 56. pouces 4. lignes à deux heures du ſoir. Nous avons
eu le jour aſſez beau ; mais le Ciel n'étoit pas ſerein comme en Europe en ces temps-ci.

On a obſervé le Soleil à ſon lever entre des nuages, la
variation a été trouvée comme hier au ſoir, quoiqu'on ne
l'ait pas marquée, de   1ᵈ. 30'. Nord-Eſt.

Le vent a été Eſt-Sud-Eſt médiocre, la Mer de même ;
comme nous portons plus au Sud d'un air de vent, nous
roulons moins.

Le Soleil étant trop près du zenith, on n'a pas pris
hauteur à midi. On a eſtimé la latitude de   16ᵈ. 12'.

La longitude a été concluë de   325. 25.

La route a valu le Sud-Oueſt ¼ Oueſt, & le chemin 34.
lieuës. Sur le midi le vent d'Eſt-Sud-Eſt a fraîchi, & la
Mer un peu groſſi. On a toûjours fait route au Sud-Oueſt
¼ Oueſt.

La variation obſervée le ſoir, a été de   2ᵈ. 0'. Nord-Eſt.

Le vent & la Mer comme hier ; la latitude eſtimée &
celle qu'on a concluë par la hauteur du Soleil, differoient
de quelques minutes, le milieu étoit   15ᵈ. 4'.

La longitude a été eſtimée de   323. 47.

La route a valu le Sud-Oueſt ¼ Oueſt 3ᵈ. vers l'Oueſt,
& le chemin 36. lieuës.

Les Pilotes du Henri different des notres, leur latitude
eſt de   14ᵈ. 53'.

Moindre de 11'. que la nôtre, leur longitude eſt de 324. 46.

C'eſt 59'. dont ils ſont plus à l'Eſt que nous ; & pour
la variation ils la trouverent le 9. May au ſoir de 0ᵈ. 30'.
Nord-Eſt : ils differoient d'un degré de la notre. On voit
par-là combien il eſt difficile à la Mer d'obſerver, ou d'eſtimer avec préciſion ; car nos Pilotes ſont habiles : mais le
ſol n'eſt pas ferme, & les inſtrumens dont on ſe ſert ſont
fort petits & peu exacts.

* Il eſt de M. Amontons, ſon état moïen eſt à 54. pouces, le grand froid à 50.
pouces, le grand chaud à 58. pouces.

Nous avons fait petite voile cette nuit, nous nous croïons aſſez près de la Martinique, pour devoir uſer de cette précaution. Le vent eſt toûjours Eſt-Sud-Eſt ; la Mer aſſez groſſe de l'Eſt. Depuis ce matin nous portons droit à l'Oueſt, nous eſtimant par la latitude de la Martinique.

Par la hauteur du Soleil à midi, on a eu la latitude de   14ᵈ. 30′.
qui eſt à peu de minutes près, celle du Fort Roïal de la Martinique.

La longitude a été eſtimée de   322ᵈ. 24′.

La route a été l'Oueſt-Sud-Oueſt, & le chemin 31. lieuës. Bon vent, belle Mer tout le jour. Depuis le matin nous avons mis toutes nos voiles au vent, pour tâcher de voir demain la Martinique, dont les Pitons ſe voïent de loin.

Au coucher du Soleil, la variation a été de   3ᵈ. 0′. Nord-Eſt.

On a obſervé la variation au Soleil levant de   3. 26. Nord-Eſt.

Le vent Eſt-Nord-Eſt bon frais, la Mer belle. Nous ne ſommes pas loin de la Martinique.

A midi la hauteur du Soleil a donné la latitude de   14ᵈ. 26′.

La longitude a été eſtimée de   320. 10.

La route a valu Oueſt ¼ Sud-Oueſt, le chemin a été de 37. lieuës.

Sur les trois heures on a découvert deux Vaiſſeaux à l'Oueſt de nous à quatre lieuës ; comme ils pouvoient être des Forbans, nous leur avons donné chaſſe, & gouverné ſur eux à l'Oueſt-Nord-Oueſt, & on a fait branle bas. Ils étoient au plus près l'amure à tribord, ainſi ils portoient au Nord : nous les avons chaſſé trois horloges ; mais comme on a vû qu'on ne pouvoit les joindre avant la nuit, & que nous nous éloignions trop du Henri, nous nous ſommes remis ſur la route, qui eſt l'Oueſt 3ᵈ. au Sud, ou l'Oueſt corrigé ſur la variation.

Nous avons couru la nuit avec nos quatre voiles majors pour ſuivre le Henri, qui portoit ſes peroquets. Nous en étions à bonne diſtance pour ne pas donner ſur la terre. Sur les trois heures du matin, on a vû la terre de la Martinique, & l'Iſle aux Loups Marins nous reſtoit à l'Oueſt. Nous avons fait ſignal de terre au Henri, qui a reviré bien-tôt après, & nous a fait fignal de revirer par trois coups de canon ; nous n'avions pas attendu le fignal, n'étant loin de terre que de trois lieuës.

Les deux Vaiffeaux fe font mis fur la ligne du plus près le cap au Nord. Le vent étant Eft-Nord-Eft médiocre, nous avons couru au Nord jufqu'au jour. Alors on a reviré & fait route au Sud $\frac{1}{4}$ Sud-Eft, l'amure à bas bord pour courir le long de l'Ifle, & aller au Fort Roïal. Il paroît par cet aterrage que notre eftime a été meilleure que celle du Henri, fuivant ce qui a été remarqué le 13. May.

REFLEXIONS

Sur notre aterrage à la Martinique.

Nous avons aterré à la Martinique plûtôt non feulement que les Pilotes du Henri, mais auffi que les nôtres n'eftimoient. Ils fe faifoient le 13 May à midi à 83. lieuës de l'Ifle de la Martinique ; depuis le midi du 13. jufqu'à environ 3. heures du 14. au matin nous avons fait 23. lieuës ; nous aurions dû être à 60. lieuës de l'Ifle, lorfque nous n'en étions qu'à trois lieuës ; mais fi par cent lieuës couruës depuis Madere nous ajoûtons fix lieuës pour les courans, comme le pratiquent les Pilotes qui ont le plus frequenté cette Mer, & font fouvent la traverfée, y aïant 900. lieuës de Madere à la Martinique, on aura 54. lieuës dont il faut être fûr qu'on eft plus proche des Ifles ; de forte que quand on eftime avoir fait 800. lieuës, on peut compter fur 848. & fe tenir fur fes gardes pour les 52. lieuës reftantes.

Il eft vrai que la Martinique eft pofée trop à l'Eft de 28. minutes de degré fur les Cartes de Pieter-Gos, qui valent neuf lieuës dont il faut la reculer à l'Oueft ; mais comme il eft beaucoup mieux de fe faire plus près de terre, que de s'en eftimer plus loin, on peut fort bien n'avoir pas égard à ces neuf lieuës.

Au lever du Soleil, la variation fut trouvée de $\qquad$ 4^d. 36'. Nord-Eft.

Depuis l'Ifle aux Loups Marins on a fait route au Sud

¼ Sud-Eft au plus près, jufqu'après avoir depaffé le cap de Fer à deux lieuës de diftance ; pour lors nous nous fommes mis vent arriere Oueft ¼ Sud-Oueft pour approcher le cap des Salines, que nous avons arrondi à neuf heures. De-là nous avons gouverné à l'Oueft pour ranger le Diamant, qui nous reftoit à dix heures au Nord-Oueft. A 11. heures on a doublé le cap Salomon ; après quoi le vent étant frais à l'Eft-Nord-Eft, nous avons fait diverfes bordées dans la rade du Fort Roïal, & enfuite mouillé à 25. braffes ; après avoir évité, nous nous fommes trouvez à 20. braffes, fond de vafe. Le Fort Roïal nous reftoit au Nord ¼ Nord-Eft. Nous n'avons pas affourché, ne devant refter que peu de jours en cette rade.

Comme elle eft fort fréquentée par les François, & ainfi fort connuë, je n'en ferai point ici la defcription, comme j'ai fait de celle de Madere ; cela a été fait par plufieurs autres. J'en donne ici un Plan, à caufe de quelques corrections qui y ont été faites. Je donne auffi une Carte de l'Ifle dont je ne donnerai pas la defcription, non plus que des Plantes qu'on y trouve. Outre que cela a été fait par le P. du Tertre, qui a long-temps demeuré dans cette Ifle : J'y ai fi peu refté, & il a tant plu pendant mon féjour, que je n'ai rien pû obferver par moi-même, non pas même aller au Fort S. Pierre, qui n'eft qu'à fix lieuës du Fort Roïal.

Nous apprimes ici que les Fregates l'Amazonne & la Victoire, commandées par Meffieurs de Saint-Villiers & de la Salle, y avoient paffé depuis douze jours venant de Breft, & qu'aïant appris que nous n'y avions pas encore paffé, elles avoient fait route pour la Loüifiane, où elles alloient nous attendre.

OBSERVATIONS

Faites au Fort Roïal de la Martinique.

LE 15. May au matin, je defcendis à terre avec mon quart de cercle de trois pieds de raïon, une horloge à fecondes, une lunette de dix-huit pieds. Je mis mon

quart

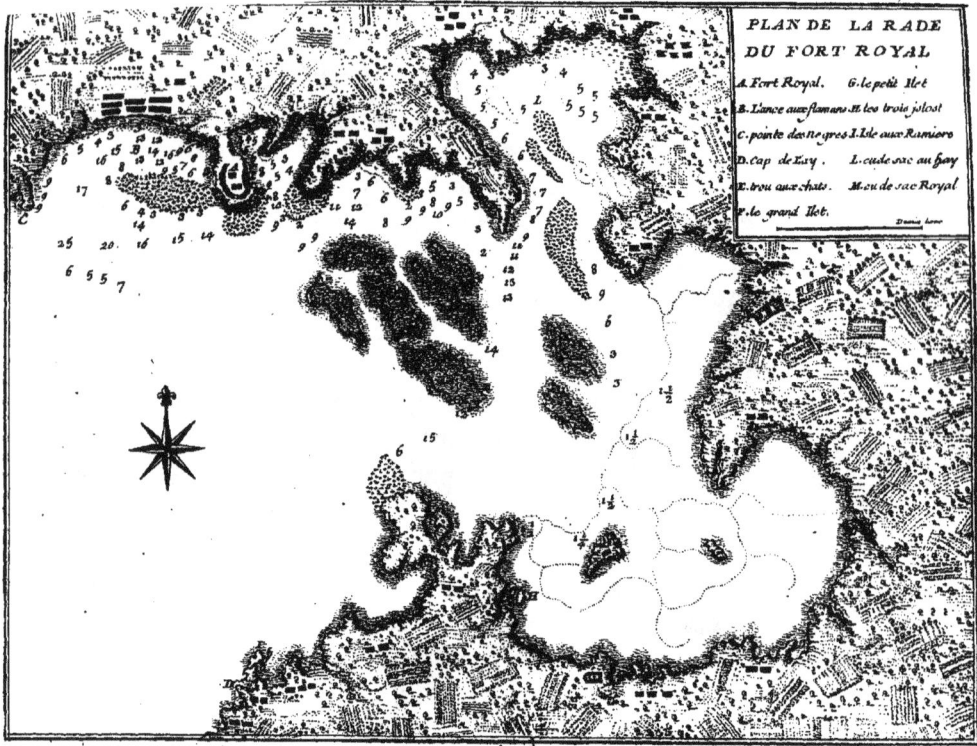

PLAN DE LA RADE DU FORT ROYAL

A. Fort Royal. G. le petit Ilet
B. L'ance aux flamans H. les trois islots
C. pointe des Negres I. Isle aux Ramiers
D. Cap de Lay. L. cul de sac au Bay
E. trou aux chats. M. cu de sac Royal
F. le grand Ilet.

CARTE
de l'ISLE de
la
MARTINIQUE.

CAPS-TERRE

BASSE-TERRE

la Grande ance

la Grenade

le bigras point
le Robert
le Marigot
David Cyos
le Tombeau
les grands Rivieres
Pointe Percochar
le Precheur
R. de la mer
R. Blanche
R. des Pères
Pointe Pierre
le Garlet
S. Jacques
Cul de Sac
le Morne
aux Becafs
R. du fort Capesterre
les Coys pilotins
Notre Dame de l'Assomption
le Fort Royal
Cap carabse
Cap Salomon
L. des Bancs
le Diamant
Pointe des Jardins
Pointe des Salines
la Trinité
Fort S. Martin
Pointe des Anglois

8 Lieues

Des. de P.º Faudre   Voy. de la Lous. pag. 48.

quart de cercle & la lunette fur le terre-plain du rampart qui regarde la rade, & mon horloge dans un cabinet près des autres inftrumens. Le tout fut configné à la fentinelle par Monfieur de Feuquieres General des Ifles du Vent, & Capitaine de Vaiffeau, homme de condition & de mérite, qui me retint chez lui très-gracieufement pendant mon féjour dans ce Port.

Il y eut bien des nuages & il plut fort le 15. la faifon qu'on appelle l'hiver en ce païs-là approchant. Cet hiver, qui eft le temps le plus chaud de l'année, confifte en nuages & pluïes, qui durent pendant les mois de Juin & de Juillet, ce qui rafraîchit un peu l'air & fertilife la terre. Cette pluïe n'eft pas continuelle, mais par intervalles très-fréquents en ce temps-là. Je ne pus donc faire autre chofe ce jour-là qu'arranger mes inftrumens, & mettre mon horloge en mouvement.

Je ne fis d'autre obfervation ce jour-là que la fuivante Le 16. qui eft douteufe, à caufe du Ciel couvert de nuages, & des grains de pluïe qui ont duré tout le jour & la nuit fuivante. Vers le midi l'horloge n'étant pas encore reglée, je fuivis le Soleil qui montoit fort vîte à travers des nuages déliez ; mais vers le temps de la plus grande hauteur du Soleil ils s'épaiffirent un peu. La hauteur du bord fuperieur du Soleil, qui eft l'inferieur en Europe, à caufe que le Soleil avoit paffé le zenith depuis le 29. Avril, fut de 85ᵈ. 35'. 30".

Demi diametre du Soleil & 2". de refraction fouftractive	16. 0.
Vraie hauteur meridienne du centre du Soleil	85. 19. 30.
Déclinaifon du Soleil à ajoûter	19. 14. 40.
Somme	104. 34. 10.
Dont ôtant 90ᵈ. refte la hauteur de pole du Fort Roïal	14. 34. 10.

Le foir il y eut une émerfion du premier Satellite de Jupiter, vers les huit heures, temps fort commode, mais les nuages & les grains de pluïe empêcherent de l'obferver, & de prendre aucune hauteur meridienne des Etoiles.

1720.
May.
Le 17.

Le matin à six heures & demi, étant au même endroit que ci-dessus, après avoir exactement calé le quart de cercle, j'ai pointé la lunette fixe à l'Ouest, puis au Sud-Ouest La bassesse de l'horison de la Mer a toûjours été de   0ᵈ.11′.0″.

Sur les huit heures nous avons fait en presence de M. de Feuquieres diverses experiences du Barometre : Dans la premiere, après avoir bien purgé le Mercure, on a rempli un tube de 34. pouces, & d'une ligne d'ouverture. Le vuide fait, le Mercure est resté à la hauteur de   27ᵖᵒᵘᶜ.10ˡⁱᵍⁿ.

Mais un peu de Mercure est resté dans la partie du tube vuide; il étoit dilaté le long des parois du tube.

Dans la seconde, que nous avons réiterée deux fois avec un tube aussi de 34. pouces, mais d'une ligne & demi d'ouverture; le Mercure étant parfaitement netoïé, il est resté seulement à la hauteur de   27ᵖᵒᵘᶜ.7ˡⁱᵍⁿ.

La partie du tube vuide est restée fort nette.

Voilà trois lignes de difference dans la hauteur du Mercure dans le Barometre. Ne pourroit on point attribuer ces trois lignes de plus dans la premiere experience, à ce que le Mercure dilaté & attaché aux parois du tube de moindre diametre, soutenoit plus haut la colomne de Mercure qu'il ne convenoit à l'atmosphere? J'ai toûjours remarqué le Mercure plus haut dans le tube, lorsqu'il y avoit un peu de Mercure attaché dans la partie vuide, mais non pas de trois lignes comme aujourd'hui. Par les hauteurs correspondantes du Soleil prises à travers les nuages & les grains de pluïe, que je ne rapporterai pas ici, parce qu'elles n'ont pas été utiles; on eut midi vrai le 17. à   0ʰ.2′.36″.

Hier il me fallut coucher à terre pour prendre la hauteur du Soleil si près du zenith, & me tenir dans une posture fort incommode. Aujourd'hui j'ai fait élever mon quart de cercle de 4. pieds; & après l'avoir bien calé, & avoir essuïé un grain de pluïe abondante, j'ai pris la hauteur meridienne apparente du bord superieur du Soleil à travers des nuages, de   85ᵈ.22′.30″.

D'où on a la vraie hauteur du centre du Soleil 85. 6. 30.

Ajoûtant la déclinaison du Soleil, qui est de   19. 27. 55.
On a la somme de   104. 34. 25.

Otant 90ᵈ. reſte pour hauteur de pole & la latitude du Fort Roïal   14ᵈ. 34′. 25″.

Prenant un milieu entre la précédente & celle-ci, on a   14. 34. 17.

Mais le Fort S. Pierre eſt plus Nord que le Fort Roïal de 3. lieües, qui valent 9. minutes. Donc la latitude du Fort S. Pierre ſera de   14ᵈ. 43′. 17″. qui ne differe que de 8″. de celle que le P. Feuillée a obſervée, & qui eſt marquée dans le livre de la Connoiſſance des Temps.

C'eſt donc une bonne pratique, que celle des Pilotes, qui, dès qu'ils ſont par les 14ᵈ. 30′. de latitude Nord, portent à l'Oueſt pour aller à la Martinique, dont on voit de loin les Montagnes, ſur-tout les Pittons; & alors laiſſant à tribord le cap de la Tourmente, on aterre à peu près vers l'Iſle aux Loups Marins, ou vers le Diamant. Il faut bien ſe garder de porter à l'Oueſt, ſi on ſe trouvoit par les 14ᵈ. 45′. de latitude, car on auroit peine à revenir au Fort S. Pierre, encore moins au Fort Roïal; mais il faut prendre un peu du Sud, de peur d'être obligé de faire le tour de l'Iſle, à cauſe des vents qui ſont à l'Eſt, ou depuis l'Eſt-Sud-Eſt, juſqu'à l'Eſt-Nord-Eſt; mais le plus ſouvent à l'Eſt-Nord-Eſt, & la nuit il vient de la terre; d'ailleurs il y a des Courans qui portent à l'Oueſt. Je ſçai qu'un Vaiſſeau le mois d'Avril paſſé n'aïant pû gagner ce mouillage, a été obligé d'aller au cap François de l'Iſle de S. Domingue. Mais c'eſt aſſez parler ici de Marine.

Le ſoir le Ciel fut couvert, je ne pus faire aucune obſervation; à peine pûmes nous voir quelques momens par des trous dans les nuages, la Lune, Jupiter & Saturne, dont la figure étonna ceux qui eurent la curioſité de le voir pour la premiere fois de leur vie. Sa configuration n'avoit pourtant rien de ſingulier.

Le Procureur General du Conſeil de la Martinique me donna une petite piece de canelle, laquelle eſt d'un arbre planté dans ſon jardin; elle a le même goût que celle des Indes Orientales, auſſi l'arbre en eſt-il venu. On voit par-là que les Canelliers viendroient fort bien à la Martinique. Il me dit que la brume de cendres qui étoit tombée la nuit du 6. au 7. Mars 1718. avoit fait bien du mal aux

Orangers & Citroniers, mais non aux autres arbres. J'en ai donné une Relation qui a été imprimée dans les Journaux de Trevoux en 1719.

Le 18.   Le matin nous primes à huit heures & demi la baſſeſſe de l'horiſon de la Mer avec les mêmes précautions. Elle fut trouvée la même   0¹.11′.0″.

De ſorte qu'il n'y a pas eu de variation dans la réfraction, quoique ce fut deux heures plus tard qu'hier, qu'on l'a obſervée ; ce qui pourroit faire conclure que vers la ligne, & même entre les tropiques, la puiſſance réfractive n'eſt pas ſi grande que vers les 43. degrez où je l'ai long-temps obſervée, & où elle eſt moindre que vers les 58ᵈ. Mais il faudroit un plus grand nombre de pareilles obſervations pour tirer ſûrement de ſemblables conſéquences. Les grains de pluïe fréquens m'ont empêché d'obſerver dans les autres heures du jour ; & il auroit fallu ſéjourner plus long-temps dans ce Païs ; ce que le Commandant de l'Eſcadre avoit ordre de ne pas faire.

Experience du Barometre.

Pour me dédommager des grains de pluïe ſi fréquens qui m'empêchoient d'obſerver, je fis de nouvelles experiences du Barometre ; d'autant plus volontiers que les nuages & la pluïe devoient introduire de la variation dans le poids de l'atmoſphere. D'abord après avoir purgé le mercure, je le fis prendre par le Sieur Verguin mon Deſſinateur, en plongeant une pompe de verre, dont le gros bout qu'on plonge dans le mercure eſt fait en forme d'olive, percée par le bas d'un fort petit trou ; en plongeant, dis-je, cette pompe dans le fond de la Porcelaine remplie de mercure, pour avoir le plus net. Nous remplîmes un tube neuf ; après avoir rempli le tube, & vuidé les ampoules d'air, le vuide étant fait, je m'apperçûs que le mercure deſcendoit peu à peu dans le tube, ce qui me fit connoître qu'à la ſoudure, il étoit reſté quelque pore imperceptible à l'œil par lequel l'air paſſoit. Je pris donc un autre tube neuf ; étant rempli, le vuide fait, le mercure reſta à   27ᵖᵒᵘᶜ. 8ˡⁱᵍⁿ.

Ce tube avoit trente-quatre pouces de longueur, & une ligne d'ouverture.

A'iant mis trente-un pouces de mercure & laissé trois pouces d'air, quand on eut plongé le tube dans le vase plein de mercure, il resta à la hauteur de 18$^{\text{pouc.}}$ 8$^{\text{lign.}}$

A'iant laissé six pouces d'air, le mercure resta à la hauteur de 14. 5.

Ces experiences furent faites avec soin, & il pleuvoit fort pour lors. On sçait l'usage qu'on en peut faire, pour la dilatation de l'air; je ne m'y arrête pas à present, j'en parlerai à la fin de cet ouvrage.

Je m'étois disposé à faire diverses observations astronomiques, mais les nuages & la pluïe abondante, sur-tout vers le Midi, rendirent mon travail inutile; & notre Commandant a'iant fait tirer un coup de canon, pour que chacun eût à se rendre à son bord, je m'embarquai avec tous mes instrumens sur les cinq heures du soir, fort mal satisfait du Ciel de la Martinique.

On verra dans la suite que je n'ai pas eu lieu d'être plus content de celui du cap François, ni de l'Isle Dauphine: c'est que nous n'y sommes pas allez dans la saison, convenable pour l'astronomie, ni pour la santé: de sorte que je n'y ai fait que des observations pour la latitude & pour la longitude, qu'on trouvera dans la suite de ce Journal. Je me suis consolé sur ce que M. Richer fameux Astronome de l'Academie des Sciences, a déterminé avec beaucoup de précision pendant son séjour dans l'Isle de Caïenne, la longitude & la latitude des Etoiles du Sud, comme on peut le voir dans le Livre des Voïages de l'Academie.

Plusieurs riches Habitans de la Martinique m'ont invité genereusement à aller dans leurs habitations pour voir les Manufactures de Sucre & d'Indigo, & me fournir des Plantes curieuses du Païs; mais un coup de canon a emporté tous les profits que j'y aurois pû faire pour les sciences. Je renvoïe donc les Curieux aux Livres du P. du Tertre & du P. Feüillée, & conseille aux Astronomes & aux Physiciens, de ne pas faire leurs tournées sur des Vaisseaux du Roy, si cela dépend d'eux. Les ordres que les Commandans ont de ne pas s'arrêter dans les rades où ils mouillent en passant, ne s'accordent pas avec le loisir qu'il faut à gens de notre profession, qui ne doivent pas voïager en Couriers.

REFLEXIONS

Sur un Bas-fond, qu'on dit être à l'Est de la Martinique.

MONSIEUR de Feuquieres me parla d'un Bas-fond, ou Haut-fond (car l'un & l'autre se dit & signifie la même chose) qu'on lui avoit dit être à 20. lieuës à l'Est de la Martinique, & qui avoit été découvert depuis peu. A ma priere il écrivit au Fort S. Pierre pour qu'on lui envoïât un extrait de la déposition du Capitaine : il me l'a remis aujourd'hui. En voici l'abregé dont j'ai ôté les termes du Palais.

Le *Sieur* Jean-Baptiste Bordes, Capitaine Commandant la Loüise de Bourdeaux, armée de six canons, du port de 80. tonneaux, a déclaré qu'étant le 19. Avril 1720. par la latitude de 14ᵈ. 40'. & par la longitude de 315ᵈ. 34'. suivant sa Carte, il s'étoit trouvé sur des Hauts-fonds, ce qu'il auroit reconnu par une eau fort blanche & fort épaisse, avec quantité de limon & de brins d'herbes, & de petites graines en forme de grapes de raisin ; ce qui lui fit prendre la résolution de mettre sa Chaloupe à la Mer pour faire sonder par son second. Mais s'étant apperçû au vent à lui, d'un autre lieu de Hauts-fonds, ce qu'il reconnut par les mêmes marques que ci-dessus, il ne trouva plus à propos de mettre sa Chaloupe à la Mer, craignant de la perdre avec l'Equipage qu'il auroit pû mettre dedans, & fit route le cap à l'Ouest ⅓ Nord-Ouest, pour éviter les Hauts-fonds & tâcher de s'en retirer, ce qu'il fit Vendredi dernier à 4. heures & demi du soir, une heure après les avoir reconnu, & le lendemain 20. à six heures du matin il reconnut cette Isle, en étant pour lors à dix lieuës, ce qui lui fit juger que ces Hauts-fonds sont à 25. lieuës à l'Est de cette Isle de la Martinique.

Il ajoûte qu'il vit sous le vent à lui, à trois lieuës de distance lorsqu'il reconnut lesdits Hauts-fonds, un Brigantin, qui par ses manœuvres parut être fort embarrassé, & même il crut que ce Brigantin alloit perir ; mais il sortit de cet embarras à même heure que lui. Tel est l'extrait de la dépoſition que j'ai vûë dans les formes, ſur laquelle je ferai les reflexions ſuivantes.

1º. Le Capitaine n'avoit pas beſoin de mettre ſa Cha-loupe à la Mer pour ſonder, à moins qu'il ne voulut ſon-der bien au loin ; il n'avoit qu'à mettre en pane, & laiſſer amortir l'erre du Vaiſſeau : il nous auroit donné par la ſonde une aſſurance de la quantité des braſſes d'eau qu'il pouvoit y avoir ſur le Haut-fond, au moins dans l'endroit où il étoit.

2º. Les 14ᵈ. 40′. de latitude, & les 315ᵈ. 34′. de lon-gitude, donnent un point qui eſt à l'Eſt de la Martinique de vingt lieuës & non pas de vingt-cinq lieuës ; mais il ne s'agit pas de cette difference de cinq lieuës, elle peut ve-nir des diverſes Cartes dont on ſe ſert, & auſſi de ce que le Capitaine peut s'être trompé dans ſon eſtime, ce qui peut fort aiſément arriver. Mais peut-on penſer qu'un Haut-fond de cette grandeur, puiſqu'il y avoit trois lieuës de diſtance entre la Loüiſe & le Brigantin, n'ait jamais fait briſer de Vaiſſeaux dans un parage auſſi fréquenté que celui-là, par les Vaiſſeaux Marchands & par les Vaiſſeaux du Roy de tant d'Eſcadres qui ont couru cette Mer, & qui doi-vent paſſer ſur ce Haut-fond, en venant ou ſortant des rades de cette Iſle, ſoit que ces Vaiſſeaux aillent vers les les Iſles du Nord, ſoit qu'ils aillent vers les Iſles du Sud, ſoit que leur route ſoit pour S. Domingue ou pour Cartha-gene, ou en venant à la Martinique ?

Nous avons trouvé à la Mer de ces limons & grapes de raiſin, en des endroits où il n'y avoit point de fond ; ils peuvent être charriez de loin. Il réſulte de là, que s'il y a un Bas-fond dans cet endroit-là, il y a pour le moins 15. braſſes d'eau, comme il y en a un vers l'Iſle de Saba, dont nous parlerons bien-tôt ; & qu'ainſi les Vaiſſeaux y peu-vent paſſer de beau temps ſans s'en appercevoir. Ne met-tons point ſur les Cartes des dangers qui ne ſont pas à la Mer ; il n'y en a déja que trop, non ſeulement de réels, mais même de faux, qui donnent aſſez d'exercice aux Navigateurs ; ou ſi on les marque ſur les Cartes, il faut les diſtinguer par une ponctuation legere, qui faſſe connoître qu'on peut y paſſer, & marquer le nombre des braſles qu'on y a trouvées.

3º. Pour peu qu'on ait été à la Mer, on connoît clairement que le fond du baſſin de la Mer n'eſt pas par-tout également élevé : il eſt plus haut en certains endroits, plus bas en d'autres, comme les montagnes le ſont ſur la terre. Ce ſont donc les ſommets des montagnes ſous l'eau, qui étant plus ou moins élevez ſous les eaux, nous donnent la diverſe profondeur qu'on trouve ſur ces Hauts fonds, qui ne peuvent être dangereux que lorſqu'il y a moins de huit braſſes d'eau, puiſque les plus grands Vaiſſeaux ne tirent que cinq braſſes ; ou s'il ſe trouvoit quelque quille de ro-che, qui s'élevât deux ou trois braſſes au-deſſus du Haut-fond, ou bien encore d'un gros temps, lorſqu'il y a une groſſe Mer, laquelle donne quatre à cinq braſſes de levée : c'eſt pourquoi alors il faut fuir ces endroits-là, qu'on re-connoît par les marques qu'on a donné ci-deſſus ; & parce que vers les écores de ces bancs la Mer eſt groſſe, rude & patouilleuſe. La houle allant heurter rudement contre les côtez à pic, ou preſques à pic de ces Hauts-fonds, comme contre des murailles, en revient avec une grande impetuo-ſité ; & rencontrant une autre houle, qui ſe porte auſſi contre le banc, le chocq ne peut être que rude & redou-table.

Si un Vaiſſeau tire peu d'eau, comme 12. à 15. pieds après avoir paſſé les écores d'un banc, ſur lequel un autre qui tiroit plus d'eau aura briſé ; il ſe trouve alors dans une eſpece de calme, à cauſe que la Mer rompuë par les écores du banc, ne peut avoir ſur le Bas-fond une grande agita-tion. Les Marins en ſçavent aſſez d'exemples, c'eſt pour-quoi je n'en citerai point.

DESCRIPTION

De quelques Fruits de la Martinique.

J'AI vû à la Martinique des Bananes, des Patates, des Ananas, des Choux-Palmiſtes, des Pommes d'Acajou : Tous ces fruits ne valent pas, à mon avis, nos beaux & bons fruits d'Europe. Je vais dire un mot de chacun.

Les Bananes ſont ici un peu plus groſſes qu'à Madere, mais elle n'ont pas le goût plus fin ; ce fruit eſt aſſez fade

dans

dans fa douceur. La Patate eſt une eſpece de Topinambou, qui a la peau d'un vert aſſez foncé. La ſubſtance de ce fruit a le goût de la Chataigne boullie. L'Anana eſt fait comme une Pomme de Pin, tant pour la figure que pour l'écorce, mais il eſt beaucoup plus gros ; il a ſix pouces de long, & quatre pouces & demi de large. Il croît au haut d'une tige, dont les feüilles reſſemblent aſſez à celles de l'Artichau. Il eſt ſeul ſur cette tige, & du haut du fruit ſort une touffe de feüilles plus longues, à meſure qu'elles s'éloignent du centre ; elles tombent tout-au-tour, & ſont dentelées en forme de ſcie fine. Ce fruit a une odeur douce comme celle des fraiſes, mais un peu plus forte. On ôte la peau de ce fruit, & le cœur, qui eſt dur & coriaſſe : on coupe le reſte par tranches blanches, & ſemées de quelques points muſc : on les met dans du vin avec du ſucre. Ce fruit eſt d'un fort bon goût, acide & parfumé d'odeur de fraiſe ; il agace les dents s'il n'eſt bien meur : c'eſt le meilleur fruit de ce Païs.

Les Choux-Palmiſtes ſe mangent comme les Cardes cuites dans l'eau : ils en ont le goût. La meilleure maniere de les aprêter eſt de les mettre à la marinade. Je ne viendrois pas exprès ici pour en manger.

Les Pommes d'Accajou ſont plates & jaunes de couleur d'or ; d'autres ſont d'un rouge vif. Leur noïau eſt hors du fruit, fait comme une groſſe féve ; la peau en eſt dure à couper ; au-dedans la féve eſt blanche : on la coupe en deux, & on la mange en guiſe de cerneaux, dont elle a le goût. Pluſieurs Voïageurs ont parlé des Cocos, ainſi je n'en dirai rien.

MEMOIRE

Pour la Route que doivent tenir les Vaiſſeaux qui vont de la Martinique, à Carthagene, & de-là à la Havane.

ON m'a fait part d'un Memoire que je donne ici, comme pouvant être utile aux Navigateurs qui veulent aller en ces deux Ports. Lorſqu'on part de la Martinique, ou que, ſans y avoir touché on l'a reconnuë, pour aller à Carthagene il faut porter à l'Ouest ¼ Sud-Ouest sans prendre davantage de l'Ouest, à cause que les Courans portent beaucoup au Nord-Ouest. Dès qu'on est par la latitude de 12ᵈ. 15′. on est en état de reconnoître le cap de *Chichibacao*, & le cap de *la Vela*, qui sont par cette latitude, quoique les Cartes les mettent plus Nord. La côte court Est & Ouest d'un cap à l'autre, & il y a 25. lieües de distance. Lorsqu'on est précisément à égale distance entre ces deux caps, il ne faut pas s'approcher de la terre, parce qu'il y a un Bas-fond dangereux qui s'avance au large plus de deux lieües; mais le cap de *la Vela* est sain & sans aucun danger.

De ce cap au cap de *las Aguias* ou des Eguilles, on fait route à l'Ouest-Sud-Ouest jusqu'à Sainte Marthe, dont je donne ici le Plan de la rade, & jusqu'à l'extrémité des *Sierras nevadas* qui sont les très-hautes montagnes de Sainte Marthe. De-là on gouverne à l'Ouest jusqu'à *Morro hermoso* & *Buffio del gutto*; mais il ne faut pas trop s'approcher de terre, parce qu'il y a des bancs : on la peut ranger à trois lieües de distance; là il n'y a rien à craindre. De-là on ira reconnoître la pointe à *Canoa* ou à Canot, dont il faut s'éloigner d'une lieuë. Alors on découvrira la ville de Carthagene : on mettra le cap dessus, & on mouillera vis-à-vis la ville par 7. 8. ou 9. brasses d'eau, bon fond à une lieuë de terre.

Si la nuit venoit quand on est vers la pointe à *Canoa*, il faut prendre garde qu'à l'Ouest-Sud-Ouest de cette pointe il y a une basse nommée *Salmandine*, qui est un banc de roche sur lequel la Mer brise continuellement. Il faut donc y faire beaucoup d'attention, & s'en éloigner avec soin; quoique du côté de la terre on puisse mouiller fort près de la roche à 7. brasses bon fond : on y est à l'abri du vent d'aval, & il y a peu de Mer, parce que le banc de Salmandine la rompt. A deux ou trois lieües de Carthagene au Sud-Ouest, est Boccachique, qui est l'entrée du Port de Carthagene, dont on voit une description exacte dans le Plan qu'on donne ici. Quoique les brises soient très-fortes à cette côte, il fait calme presque toutes les nuits, & le vent se range à la terre.

En sortant de Carthagene pour aller à la Havane, il faut

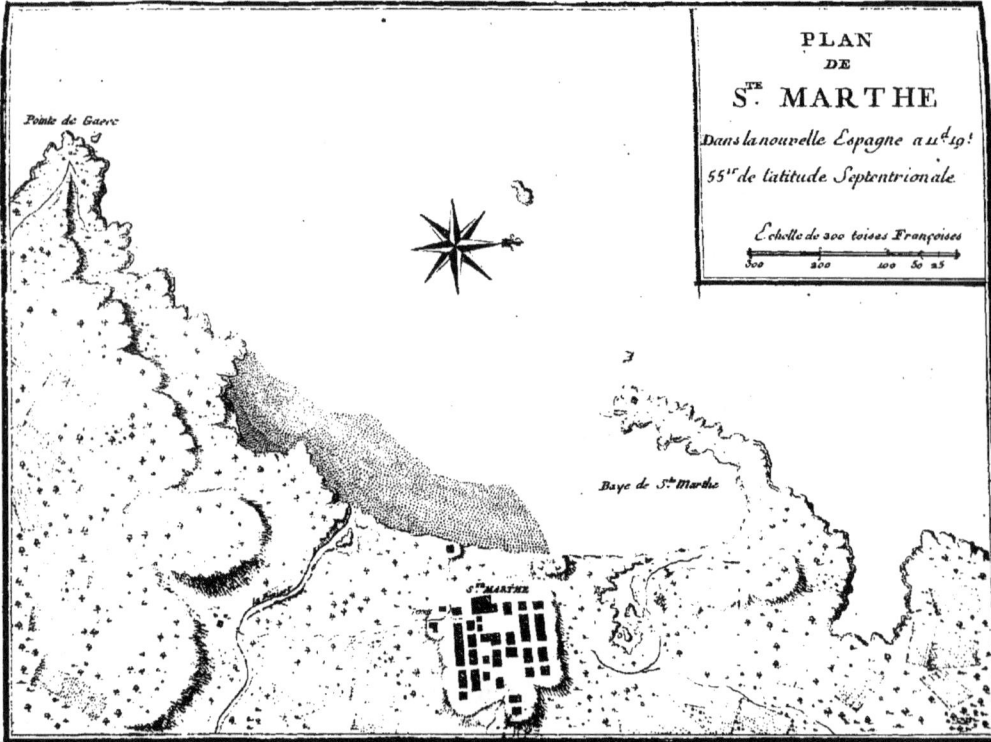

PLAN
DE
S^{TE}. MARTHE

Dans la nouvelle Espagne a u^d 19.
55^{rr} de latitude Septentrionale.

Échelle de 200 toises Françoises

300   200   100   50   25

Pointe de Gaeve

Baye de St Marthe

S^{TE} MARTHE

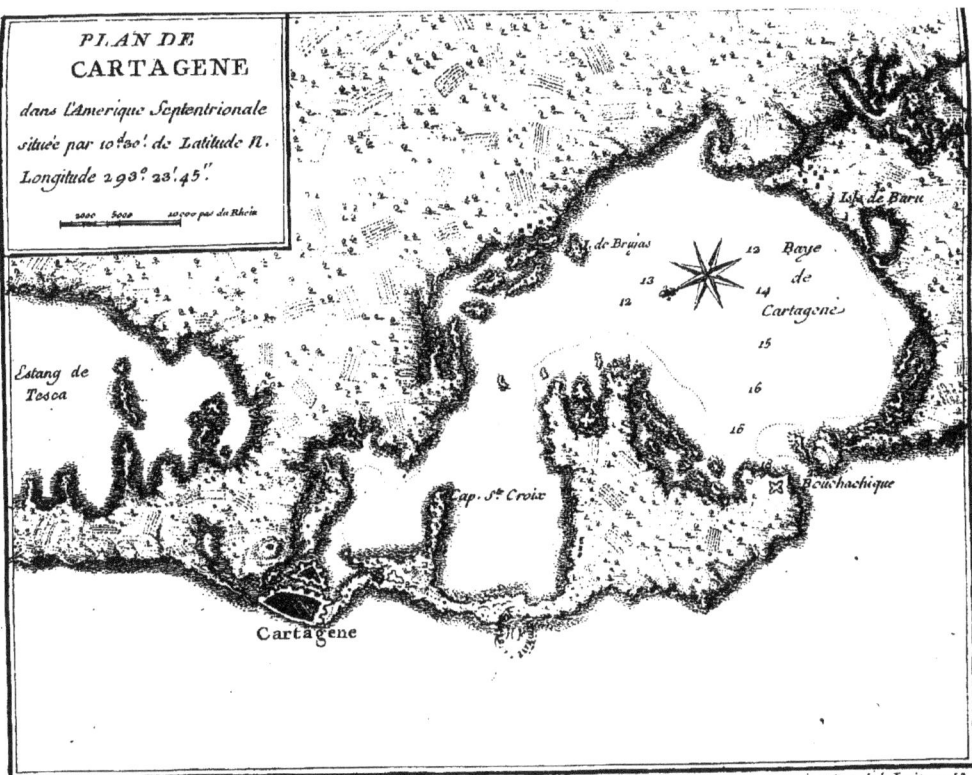

PLAN DE
CARTAGENE

dans l'Amerique Septentrionale
située par 10.30'. de Latitude N.
Longitude 293°. 23'. 45"

2000   5000   10000 pas du Rhein

Isla de Barù

I. de Bruas   12   Baye

13   de
12   14   Cartagene

15

16

16

Estang de   Bouchachique
Tesca

Cap. St Croix

Cartagene

tâcher d'aller jufqu'à la pointe de *Canoa*, & le vent de terre fert pour cela. De-là on fait route au Nord-Nord-Ouest jufqu'à 16ᵈ. 30′. de latitude. Alors il faut gouverner à l'Ouest, jufqu'à ce qu'on ait dépaffé la *Bibora*, qui eft une fuite d'écueils qui a près de 40. lieuës de long. En naviguant à l'Ouest par ces 16ᵈ. 13′. on trouvera le fond, & c'eft celui de *Serranilla*. Alors on fera route au Nord-Ouest, jufqu'à ce qu'on ait perdu le fond, & continuant la route, on ira reconnoître l'Ifle des Pins, & de-là le cap de *Corrientes*, dont on parlera dans la fuite du Journal.

Si en partant de Carthagene pour la Havane le vent ne permettoit pas de faire le Nord-Nord-Ouest, & qu'il portât fous le vent ; dès qu'on fera par les 14ᵈ. de latitude, on ne doit point faire route la nuit ; au contraire mettant le cap au Sud-Eft, on fe foutiendra à petites voiles jufqu'au jour. Alors il faut faire voile autant que le vent le permettra, & mettre des Gardes au bout des mâts, parce que toutes les roches de cette côte font fur l'eau, & fe voïent aifément. On fera la route du Nord-Ouest jufqu'à la hauteur de 17ᵈ. de latitude, qui eft celle de la *Bibora*. Si quand on fera par cette latitude, on ne voit rien du haut des mâts, on mettra le cap au Nord-Ouest ; car tous les dangers de la traverfée font paffez, & il faut aller reconnoître l'Ifle des Pins, & le cap *Corrientes*.

Lorfqu'on a doublé le cap S. Antoine le plus Ouest de l'Ifle de Cube, on doit tenir le vent, autant qu'il fe peut, jufqu'à 25ᵈ. de latitude. Pour lors on trouvera le fond à 50. ou 60. braffes (nous l'avons trouvé le 14. Août 1720. à 90. braffes) par les 25ᵈ. de latitude, auffi-tôt il faut faire route au Sud-Sud-Eft pour aller chercher le Port de la Havane. On doit encore prendre garde qu'à environ 5. ou 6. lieuës à l'Ouest-Nord-Ouest du cap S. Antoine, il y a une roche très-dangereufe, fur laquelle il y a peu d'eau : ainfi il faut paffer à une lieuë & demi du cap, pour le paffer fûrement. Il y a encore une autre roche Nord, & Sud avec la riviere de *Puercos* à la côte de la Havane, à 10. ou 12. lieuës de terre : la Mer y brife bien fort, & il faut faire bon quart.

Si après avoir dépaffé le cap S. Antoine on avoit vent largue en allant à la Havane, il ne faut point trop s'ap-

———— procher de la côte, qui gît Nord-Est & Sud-Ouest, &
qui va de ce cap à *Baya-honda*, parce qu'elle est toute hériffée
de rochers appellez *los Organos*, ou les Basses de Sainte
Ifabelle. Du cap S. Antoine fi on fait le Nord-Est, on
paffera tous ces dangers ; car dans ce parage il faut beaucoup s'éloigner de la terre : mais fi-tôt qu'on a paffé Baya-
honda, il y a grand fond par-tout, & on peut approcher
la côte à la portée du fufil. Il faut avoir foin d'obferver la
variation fur ces côtes. Elle étoit de 4^{d}. Nord-Est en 1720.
comme on le dira dans la fuite.

Defcription d'une Pirogue.

En attendant le Canot pour aller à bord, j'ai vû fur le
rivage dans la rade du Fort Roïal, une Pirogue en chantier, prête à être lancée à la Mer, laquelle étoit compofée d'un feul arbre. Elle avoit 37. pieds de long de poupe
à prouë. On avoit creufé cet arbre de maniere qu'il avoit
4. pieds 6. pouces dans fon plus large de dehors en dehors,
& 4. pieds en œuvre : de forte que l'épaiffeur du plat-bord
eft de 3. pouces ; mais le bois augmente d'épaiffeur à mefure qu'on s'abaiffe, & peut avoir 6. pouces vers la quille,
le plat & le genoüil. La largeur de la Pirogue va en diminuant de l'avant & de l'arriere de près d'un pied : on
met quatre bancs depuis le milieu en avant.

On place un grand mât vers le milieu de la longueur
auffi haut que celui d'un Canot. La Pirogue a encore un
petit mat de l'avant, dont la voile eft latine ; pour celle
du grand mât elle eft faite en trapeze, le côté d'en-haut
plus petit que le côté d'en-bas, mais ils font paralleles.
Les deux longs côtez font à peu près un angle, l'un de
80. degrez, l'autre de 60. Ces Pirogues portent beaucoup
pour leur grandeur, volent fur la pointe des flots, & vont
fort près du vent : de forte qu'elles pincent le vent à trois
airs de vent & moins. On y met fix Negres pour nager,
manœuvrer & au gouvernail. On bâtit de l'arriere une ca-
bane fort baffe pour les Paffagers, qui y font couchez. Ces
Pirogues fervent à faire des traverfées d'une Ifle à l'autre.

Le Commandant avoit defreté fon petit hunier dès le
matin. Il eft arrivé en rade un petit Vaiffeau venant de
la côte d'Affrique chargé de 300. Negres pour S. Domingue.

Fort à propos il nous a trouvé prêts à partir ; le Capitaine
a demandé escorte à notre Commandant qui la lui a accordée. Il n'a plus à craindre les Forbans, qui infectent
toutes ces Isles. Nous avons appareillé à huit heures du
soir, & fait route à l'Ouest-Nord-Ouest.

Il nous a fallu trois heures pour lever notre ancre. Il
falloit que la patte de l'ancre se fût engagée entre quelques assises de roches, ou entre deux lits de la même roche, dont les Caïes sont composez ; & que le Vaisseau tirant par son cable sur cette patte, elle se fût d'autant plus
enfoncée entre ces deux lits. On a saisi le cable avec des
palans appliquez au tournevire. Enfin l'ancre a quitté sans
que ni le cable, ni la patte se soient rompus. Il en a couté
bien de la fatigue à l'Equipage : Tel est le fond des Caïes.
A l'exterieur il paroît de vase noire ; mais elle couvre des
roches assez molles. Il faut quelquefois rompre la roche
pour dégager la patte de l'ancre. Il est arrivé à des Vaisseaux d'emploïer huit heures à lever l'ancre, quoiqu'on leur
envoïât des autres Vaisseaux leurs camarades, jusqu'à 50.
Matelots pour virer au cabestan.

Le matin à six heures, la pointe la plus occidentale de
la Martinique nous restoit à trois lieües à l'Est. On n'a pas
pris hauteur à midi à cause du voisinage des Isles. A midi
la Dominique nous restoit Est-Nord-Est à 7. lieües. A 3.
heures la Guadaloupe nous restoit au Nord-Est, & au Nord-
Est ¼ Est, à environ dix lieües. Le soir nous avons pris
deux ris à nos huniers pour attendre le Vaisseau Negrier,
qui ne marche pas bien ; & nous nous sommes mis sous
nos quatre voiles majors. Le vent étoit Est-Nord-Est assez
frais, & la Mer assez grosse. On a fait route au Nord ¼
Nord-Ouest, l'amure à tribord. A midi nous avions fait
22. lieües. Le soir la Guadaloupe nous restoit Est-Nord-
Est à environ 12. lieües.

Au coucher du Soleil, la variation a été
observée de   4ᵈ. 7′. Nord-Est.

A six heures & demi on a jugé à propos d'arriver, &
porter à Ouest-Nord-Ouest pour reconnoître l'Isle de Sainte
Croix près de Porto-Ricco. Sur le soir il a fallu carguer les
basses voiles, & amener les huniers sur le ton, pour ne
pas dépasser le Henri, qui porte ses quatre grandes voiles,

H iij

& attendre le Negrier qui court à toutes voiles, & ne peut marcher.

Le matin l'Isle de Montserrat nous restoit au Nord-Est à 7. lieuës ; on a reconnu ensuite l'Isle Redonde, puis Nieves, S. Christophle, enfin l'Isle de Saba, laquelle à midi nous restoit au Nord ⅟ Nord-Est à 12. lieuës.

A midi par la hauteur du Soleil, on a eu la latitude de   17ˡ. 0′.

Le chemin a été estimé 38. à 40. lieuës. Ici nous n'avons que faire de longitude.

REFLEXIONS

Sur un Bas-fond qui est sur la route de la Martinique, à Porto-Ricco.

J'AVOIS une Carte faite à la main que M. de Montlaur Capitaine de Fregatte, de mes amis, m'avoit fait la grace de me prêter en partant de Toulon. Sur cette Carte est marqué un Bas-fond, ou, comme on dit aux Isles, un Haut-fond, qui ne se trouve point sur les Cartes de Vankulen, ni de Pieter-Gos. Je resolus de l'observer quand il en seroit temps. L'après-midi à une heure environ, je remarquai que l'eau de la Mer étoit sale & blanche en divers endroits autour du Vaisseau. Ces taches nous annoncerent le Bas-fond. Je ne doutois pas qu'il n'y eut plusieurs brasses d'eau dessus ; puisque nos armées Navales avoient passées dessus en allant débouquer par Porto-Ricco ; mais il nous a paru important d'avoir une connoissance exacte du fond qu'il y avoit, & de la largeur de ce Bas-fond.

Il court Nord-Nord-Est & Sud-Sud-Ouest, 50. lieuës depuis l'Isle de Saba, (laquelle à midi nous restoit au Nord-⅟ Nord-Est à 12. lieuës, comme on vient de le dire) jusqu'à l'Isle d'Ave, autrement de l'Oiseau. Il est large d'environ deux lieuës. Nos Vaisseaux mirent en pane dès qu'ils s'apperçurent du Bas-fond. Monsieur de Vallette fit aussi-tôt sonder, on trouva 15. brasses à la premiere sonde fond de sable ; & c'est ce sable qui troubloit l'eau de la Mer, comme je l'ai dit ci-dessus. On fit servir, demi-heure après

1720.
May.

on ne trouva que dix brasses. On avoit toûjours l'œil fort
ouvert ; il y avoit peu de vent & peu de Mer. Continuant
la route demi heure après on sonda une troisiéme fois, &
on trouva 13. brasses fond de roche. On a sondé une quatriéme fois demi heure après, & on a trouvé 20. brasses
fond de vase ; de sorte que dans une heure nous avons augmenté de dix brasses. On a continué encore une horloge
la route à l'Ouest, & aïant sondé une cinquiéme fois, on
n'a pas trouvé de fond. Ainsi le banc étoit passé. Alors on
a porté à l'Ouest-Sud-Ouest. On a encore sondé, mais on
n'a pas trouvé le fond.

Il résulte 1º. de ces faits, qu'à la premiere sonde à laquelle on a trouvé 15. brasses, il y avoit bien demi-heure
que nous étions sur le banc, & peut-être plus.

2º. Que ce banc, qui est une chaîne de Montagnes dont
les Isles de Saba & d'Ave sont les deux têtes ; est fait en
dos d'âne, comme la plûpart des Montagnes, dont le plus
haut est à la sonde de dix brasses.

3º. Que cette chaîne s'éleve assez perpendiculairement
des deux côtez, puisqu'à la cinquiéme sonde nous n'avons
pas trouvé de fond, quoi qu'à la quatriéme nous n'aïons
trouvé que 20. brasses. La chaîne va en s'abaissant vers
l'Isle de Saba, où des Matelots m'ont assuré qu'il y avoit
plus de fond ; & c'est peut-être par cette raison que les
Vaisseaux de guerre qui ont passé avant nous, ne se sont
pas apperçû de ce Bas-fond, puisqu'ils ont presque tous
passé à six ou sept lieuës de cette Isle, au lieu que nous en
avons passé à douze lieuës.

Dans ces parages les courans portent au Nord, ce que
nous avons reconnu par la latitude d'aujourd'hui vingtiéme
qui a été plus grande que nous ne l'avons concluë de nôtre
estime. A midi nous nous faisions à cinq lieuës du Bas-fond,
& à trois heures nous nous sommes trouvez dessus, quoique le vent fut foible au Nord-Nord-Est, & qu'il y eut
peu de Mer. Ainsi les courans courent au Nord-Ouest.
Tout ceci peut servir pour les Vaisseaux qui passeront après
nous.

A 5. heures & demi du matin l'Isle de Sainte Croix nous
restoit au Nord à 10. lieuës. Au lever du Soleil la variation observée a été de   4ᵈ. 44′. Nord-Est.
Le 21.

A midi l'Ifle qui eft à l'Eft de Porto-Ricco nous reftoit au Nord à dix lieuës ; nous avons pour lors découvert Porto-Ricco, qui étoit au Nord-Oueft de nous à 14. lieuës. On voïoit une terre noïée fort longue, qui court Eft & Oueft. Notre route a été Oueft ¼ Nord-Oueft deux degrez vers l'Oueft. Depuis hier midi le chemin a été de 38. lieuës. On n'a pas pris hauteur à midi, le Soleil étant trop près du zenith. Le foir à fix heures on a relevé la petite Ifle à l'Eft de Porto-Ricco. Elle nous reftoit au Nord-Eft ¼ Eft à 12. lieuës. Le milieu de Porto-Ricco nous reftoit au Nord à 7. lieuës, & la pointe la plus Oueft de Porto-Ricco au Nord-Oueft à 15. lieuës au moins.

Le 22.   Nous avons prolongé la côte de Porto-Ricco depuis hier midi, jufqu'à midi de ce jour. Le chemin a été de 36. lieuës, & la latitude eftimée   17ᵈ. 50′.

Le cap Roxo nous reftoit pour lors au Nord-Nord-Oueft à 5. lieuës, le vent a été à l'Eft & à l'Eft-Sud-Eft affez frais. La route nous a valu l'Oueft-Nord-Oueft. Le foir on a découvert au Nord de nous à 5. lieuës l'Iflot Zacheo, & nous avons fait route au Nord-Oueft pour entrer dans le canal de Porto-Ricco. On a enfuite porté au Nord-Oueft ¼ Nord.

Au Soleil couchant on a obfervé la variation de   4ᵈ. 41′. Nord-Eft.

Le Vaiffeau Negrier fe trouve bien de notre compagnie ; il s'étoit un peu écarté la nuit, ce matin il nous eft venu rejoindre.

Le 23.   Le matin à huit heures l'Iflot Zacheo nous reftoit à l'Eft-Sud-Eft 4. lieuës. Les Mones nous reftoient au Sud à 7. ou 8. lieuës. On les voïoit de la hune.

Au lever du Soleil, la variation avoit été obfervée de   4ᵈ. 10′. Nord-Eft.

Depuis les 5. heures du matin jufqu'à midi, nous avons fait 12. lieuës au Nord-Nord-Oueft. A midi la latitude a été eftimée de   19ᵈ. 15′.

Ce foir la variation a été obfervée au coucher du Soleil de   4.   0. Nord-Eft.

Defcription d'un Fou.

On a pris aujourd'hui dans le Vaiffeau un oifeau de Mer, qui

1720.
May.

qui en volant a donné contre une voile : on l'appelle un Fou, & il en a fait là le trait. Son manteau étoit d'un beau musc clair, & ses aîles aussi. Elles avoient des taches noires à leur extrémité. La plume de son manteau étoit très-fine & très-unie. Son parement d'un gris cendré, semé de petites taches noires. Il avoit aux pennes neuf grandes plumes ; la plus grande avoit neuf pouces, & la plus petite trois. Il y avoit un autre rang de plumes plus courtes. Son vol étoit de 44. pouces de longueur, & ses aîles de vingt. Son col avoit six pouces, son corps en avoit dix jusqu'à la queuë, laquelle est ronde & de même couleur que les aîles. Son bec est bleu, long de trois pouces & demi ; gros d'un pouce vers la racine. Ses narrines étoient à l'extrémité d'un canal, qui s'étendoit de part & d'autre le long de son bec. Ce canal étoit rond, & gros comme une corde fine de Clavessin. Ses paupieres étoient bleuës, la prunelle noire, l'œil de couleur d'or clair ; ses pieds longs de six pouces, & ses pattes comme celles d'un Canard, mais plus blanchâtres. Il s'est laissé prendre patiemment toutes ces dimensions. Après un jour de séjour avec nous passé familierement, il a jugé à propos de retourner à Porto-Ricco ; car nos Mousses commençoient à l'incommoder.

On a fait route au Nord-Nord Ouest, nous aurions Le 24. mieux fait de porter au Nord-Ouest pour approcher la côte de S. Domingue ; d'autant plus que dans ce Canal les courans portent au Nord. Les vents étoient foibles la nuit & le matin ; nous n'avons pas fait grand chemin. Enfin vers le midi nous avons porté à l'Ouest, parce que nous étions trop loin de S. Domingue.

La latitude a été estimée de   18ᵈ. 46′.

Le chemin depuis hier midi 21. lieuës. Au coucher du Soleil, le cap Cabron de l'Isle de S. Domingue nous restoit au Sud-Ouest ¼ Ouest à 7. lieuës.

La variation a pour lors été observée de 4ᵈ. 20′. Nord-Est.

Les Pilotes du Henri trouverent le 23. May la variation de 3 ½. Nord-Est, c'est un degré moins que nous : les Pilotes du Vaisseau Negrier la trouverent le même soir de 5ᵈ. Nord-Est, plus forte que nous d'un degré. Tout cela confirme ce que nous avons dit ci-devant, dont nous parlerons en détail à la fin de ce Journal.

Au lever du Soleil, la variation a été
trouvée de 4ˡ. 30′. Nord-Eſt.
A midi on a relevé le vieux Cap François, il reſtoit au
Sud-Sud-Eſt à deux lieuës & demi. Le Soleil étant trop
près du zenith pour pouvoir ſe ſervir de l'Arbaleſtrille ou
du quartier Anglois (car ici mon quart de cercle, quoique grand, eſt de relais, le plancher n'étant pas ferme) on
a eſtimé la latitude 20ᵈ. 10′.

Le vent a varié du Sud-Eſt à l'Eſt-Sud-Eſt petit frais.
La route a valu l'Oueſt ¼ Nord-Oueſt 3ᵈ. Oueſt. Le chemin ne devroit être que de 30. lieuës ; mais à cauſe que
les courans portent à l'Oueſt-Nord-Oueſt, & qu'ils nous
ont aidé, on doit eſtimer le chemin 36. lieuës.

La route a été Oueſt ¼ Nord-Oueſt. Depuis midi d'hiér
à midi d'aujourd'hui, nous avons fait vingt-cinq lieuës. Il
nous reſte 25. lieuës juſqu'au mouillage du Cap. Le ſoir ſur
les 5. heures on a relevé Monte-Chriſt, ou la Grange, qui
nous reſtoit à huit lieuës au Sud-Oueſt. On n'a pas pû
obſerver la variation.

REFLEXIONS

Sur la Navigation de la Martinique, au cap François de l'Iſle de S. Domingue.

IL me paroît que partant du Fort Roïal pour aller au
Cap, il eſt plus à propos de ranger la Dominique, les
Saintes, la Guadaloupe à 3. ou 4. lieuës au plus, que de
s'en éloigner de 8. à 9. lieuës. On va reconnoître enſuite
Montſerrat, Redondo, Nieves & S. Chriſtophle ; faute de
cela on eſt inquiet dans une navigation dans laquelle on
n'augmente pas beaucoup en latitude, dont on ne peut avoir
une connoiſſance certaine lorſqu'on a le Soleil près du
zenith, comme il vient de nous arriver. Il y a auſſi plus
d'eau ſur le banc qui court de l'Iſle d'Aves à l'Iſle de Saba,
lorſqu'on le traverſe près de celle-ci : on y trouve 20. braſſes
d'eau, & nous n'en trouvâmes que 10. où nous le cou-
pâmes.

Il eſt vrai qu'il faut bien reconnoître l'Iſle de Sainte-

Croix avant que d'aller à Porto-Ricco ; mais il suffit pour
cela d'en paſſer à 4. lieuës au Sud. Alors il n'y a point à
craindre de donner ſur le banc qui eſt au Sud & à l'Eſt
de l'Iſle de Sainte-Croix. Après avoir dépaſſé ce banc, il
faut courre à l'Oueſt le long de Porto-Ricco à 5. lieuës
de diſtance ; & quand on aura reconnu le cap Roxo, le
plus Occidental de Porto-Ricco à 4. lieuës de diſtance, il
faut faire route au Nord-Oueſt juſqu'à ce qu'on ait reconnu
au Nord l'Iſlot Zachée, qui eſt haut ; pour cela il faut avoir
des vigies ſur les mâts, & laiſſer à bas bord les Mones à
3. ou 4. lieuës, qui ſont deux Iſlots peu élevez, mais que
les vigies reconnoîtront du haut des mâts. Pour lors il faut
porter au Nord-Oueſt & non au Nord, ni au Nord-Nord-
Oueſt, tandis qu'on eſt dans le canal de Porto-Ricco. On
évitera par cette route le banc qui eſt à l'Eſt & au Nord
du cap Samana, le plus oriental de l'Iſle de S. Domingue.

Quand on a dépaſſé ce cap on peut faire route au Nord-
Oueſt ¼ Oueſt à 4. lieuës de la côte, ſans craindre aucun
Bas-fond, quoiqu'il y ait des Cartes qui en marquent. De
cette maniere on dépaſſera la grande anſe qui eſt entre le
cap Samana & le cap Cabron, d'où on courra à l'Oueſt-
Nord-Oueſt juſqu'au vieux cap François, à 4. ou 5. lieuës
de diſtance ; & on laiſſera par-là bien au loin le Mouchoir-
quarré. Depuis ce cap il n'y a pas de reconnoiſſance bien
diſtinguée, juſqu'au Monte-Chriſt ou la Grange ; mais la
côte eſt ſaine, & on peut la ranger à 3. lieuës, & même
moins.

Quand on aura bien reconnu Monte-Chriſt à deux lieuës,
il ne faut pas d'abord porter au Sud-Oueſt ; mais il faut
faire l'Oueſt-Sud-Oueſt, & une heure après le Sud-Oueſt :
ainſi on évite des écueils qui ſont près de Monte-Chriſt ;
enſuite on fera route au Sud-Oueſt ¼ Oueſt. Il reſte 12.
à 14. lieuës juſqu'au Cap, mais elles ſont bien-tôt faites à
cauſe des courans qui portent à l'Oueſt, & qui pourroient
faire dépaſſer l'entrée de la rade du Cap, ſi on n'y étoit pas
bien attentif. On auroit de la peine à y revenir, à cauſe
des vents & des courans contraires.

Le matin à 5 heures on a relevé la Grange qui nous reſtoit au Sud-Eſt à 6. lieuës : on a fait route à l'Oueſt-Sud-

Oueſt, pour éviter les recifs qui ſont à l'Oueſt de la Grange;
puis au Sud-Oueſt à une heure nous avons vû un halo autour du Soleil, qui nous annonce du mauvais temps. Deux
heures après nous nous ſommes trouvez à l'entrée de la
rade du Cap; nous avons couru fort près de terre, après
quoi les Pilotes du Cap nous ont conduit par le chemin
marqué dans le Plan de cette rade qu'on donne ici. Après
avoir paſſé les recifs, & rangé la terre à trois cables de
diſtance, ils ont fait porter au Sud-Oueſt, juſqu'à ce que
l'Egliſe du Bourg nous ait reſté par une pierre blanche qui
eſt dans la montagne. Alors nous avons mouillé par les
10. braſſes fond de vaſe, & nous avons affourché avec une
groſſe ancre. Il ſuffiſoit d'une ancre à toüer. Il s'étoit aſ-
ſemblé grand nombre de Vaiſſeaux dans cette rade, qui
devoient partir enſemble à cauſe des Forbans ; ils ont ſalué la flamme des Vaiſſeaux du Roy, chacun de ſept coups
de canon. Le Commandant leur a répondu coup pour coup.
Il a fait mettre flamme d'ordre ; les Capitaines de ces Vaiſſeaux ſe ſont rendus au Henri pour recevoir les ordres.

OBSERVATIONS

Faites au Cap François, dans l'Iſle de S. Domingue.

JE viens de dire qu'en arrivant au Cap, nous avions vû
un halo autour du Soleil. Il étoit accompagné de toute
les couleurs qu'on a coûtume d'y voir, & ſon diametre étoit
de la grandeur ordinaire. Il y avoit un grand cercle blan-
cheâtre, dont le Soleil étoit le centre ; un petit cercle dont
la circonference paſſoit par le Soleil, & s'étendoit du côté
du Nord, coupoit le grand cercle en deux points, où il y
avoit deux images imparfaites du Soleil, qui n'étoient ni
fort brillantes, ni bien terminées, comme l'étoient celles
que j'avois vû à Marſeille le 13. May. 1699
   Ce Phenomene nous annonçoit le mauvais temps que
nous eûmes ce ſoir-là. A peine eûmes nous mouillé que
M. de Vallette notre Capitaine & moi, allâmes voir M.
Caffaro. Dans le temps que nous converſions avec lui ſur

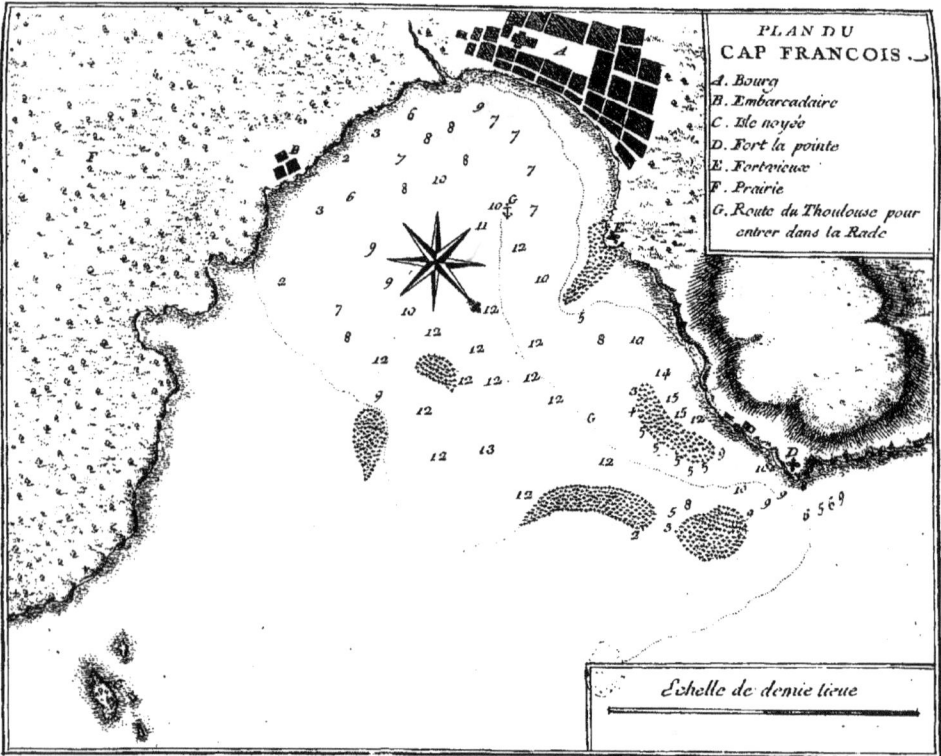

A. Bourg
B. Embarcadaire
C. Isle noyée
D. Fort la pointe
E. Fort vieux
F. Prairie
G. Route du Thoulouse pour
   entrer dans la Rade

Echelle de demie lieue

Voy. de la Louis. pag. 68

le Henri, & qu'avec les Officiers de ce Vaiſſeau nous nous entretenions dans la galerie du Vaiſſeau, il s'éleva un ſi furieux orage de vent, de pluie, d'éclairs & de tonneres, que les plus intrepides en étoient étonnez. La foudre tomboit en même-temps de tout côté de l'horiſon. Les éclairs qui ſerpentoient & duroient long-temps dans les nuées, étoient d'un feu bleuâtre, mais ſi brillant & ſi précipité, qu'on n'en pouvoit ſoutenir la vüë. On peut juger du bruit affreux que faiſoient ces tonneres dans un lieu entouré de hautes montagnes. Il y eut en quatre endroits des Negres tuez & des arbres rompus. Heureuſement la foudre ne tomba pas dans la rade, ce qui auroit ſans doute fait ceſſer notre converſation, & peut-être mis le feu à quelques-uns des Navires qui y étoient en grand nombre.

Je deſcendis à terre le 28. May avec mes inſtrumens. J'allai loger chez les PP. Jeſuites, dont la maiſon ſituée au pied de la montagne, laquelle eſt à l'Oueſt, a un fort bel aſpect du côté du Nord, & la rade du côté de l'Eſt & du Sud. On voit auſſi la grande Mer au-delà de la rade ; de ſorte que j'y pouvois obſerver commodément. Je mis en ordre ce jour-là mes inſtrumens & l'horloge, pour être en état de commencer le lendemain. J'obſervai de deſſus un perron de maçonnerie qui eſt à l'entrée du ſalon de la maiſon ; & ma grande lunette étoit ſuportée par un matereau, que je fis lier à un des pieds droits de la porte du jardin qui eſt au bas du perron.

La baſſeſſe de l'horiſon de la Mer pointant à l'Eſt-Sud-Eſt, fut trouvée, le quart de cercle étant
bien calé, de   0ᵈ. 9′. 30″.

Il y eut des nuages le matin, ainſi on ne put point prendre des hauteurs du Soleil pour regler l'horloge, laquelle étoit dans ma chambre ſur le jardin.

Le Soleil eſt ſi voiſin du zenith & ſi ardent, qu'il en coute pour prendre ſa hauteur meridienne en ce temps-ci dans ces climats. Cependant il a fallu m'en contenter ; car dans les neuf jours que j'ai reſté au Cap, je n'ai pas eu une nuit pendant laquelle le Ciel fut aſſez ſerein pour prendre des hauteurs meridiennes des Etoiles. C'eſt qu'ici, comme à la Martinique, nous étions dans la ſaiſon des pluïes, ce qu'on appelle l'hiver.

Hauteur meridienne apparente du bord boreal du Soleil, qui eft l'inferieur   87ᵈ. 45′. 30″.

Demi diametre du Soleil moins 2″. de refraction additive   15. 50.

Vraïe hauteur meridienne du centre du Soleil   88. 1. 20.

Déclinaifon du Soleil additive   21. 43. 50.

Somme   109. 45. 10.

Otant 90ᵈ. refte la hauteur de pole ou latitude du Cap   19. 45. 10.

Le temps couvert ne me permit pas l'après-midi de faire d'autre obfervation. J'allai rendre mes devoirs à M. le Comte d'Arquien Gouverneur du Cap, & à M. de Charite Lieutenant de Roy de la partie de l'Ifle que les François poffedent.

Le 30.   Je pris les hauteurs fuivantes pour regler l'horloge, foit pour avoir des hauteurs meridiennes du Soleil plus précifes, foit pour quelqu'obfervation des Satellites de Jupiter, pour la longitude. Mon Deffinateur qui étoit logé chez les PP. Jefuites, comptoit à l'horloge & moi j'obfervois.

Hauteurs du bord fuperieur du Soleil.

Matin.		Soir.	
9ʰ.14′.12″.	56ᵈ.1′. 45″.	2ʰ.7′.14″.	Correction fouftractive 4″.
17. 46.	56. 54. 30.	2. 3. 24.	

Par le calcul il refulte qu'on a eu Midi vraià 11ʰ. 40′. 35″.

De forte que l'horloge tardoit fur le temps vrai, de   19. 25.

Comme elle étoit trop éloignée du temps vrai, je l'ai avancée de 19′. ainfi elle ne tarde plus que de 25″. En prenant les hauteurs du Soleil le matin, je vis fur fon difque un grand nombre de taches : je les obfervai; mais comme ces obfervations font douteufes, je ne les mettrai pas ici. Je réüffis mieux le premier Juin.

Hauteur meridienne apparente du bord boreal du Soleil   87ᵈ. 38′. 0″.

Donc vraïe hauteur meridienne du centre du Soleil   87. 53. 50.

Du ... ... Soleil additive   21^d. 51'. 50".

Somme ... ...   109. 45. 40.

Otant 90 : refte la latitude du Cap François
dans l'Ile de S. Domingue   19. 45. 40.

Le Soleil avoit paffé au zenith du Cap le 18. May, ce
qui m'a fait faire ainfi le calcul.

A fix heures du matin la baffeffe de l'horifon de la Mer,
fut de   0^d. 7'. 30".

A neuf heures du matin elle fut de   0. 9. 0.

On a pointé la lunette du quart de cercle à l'Eft-Sud-
Eft, & obfervé avec foin. Le Ciel & l'horifon étoient em-
brumez à fept heures d'une brume très-fine ; mais la brife
qui s'eft levée fur les huit heures l'a chaffée, & le Ciel étoit
net à neuf heures. A quatre heures du foir la brife venant
toûjours du large, la baffeffe de l'horifon fut de 0^d. 9'. 0".

Le trente à fept heures du matin, la baffeffe
de l'horifon avoit été de   0. 10. 0.

A huit heures du matin elle avoit été de   0. 9. 30.

On a jugé à propos de joindre ces obfervations enfemble.

On prit des hauteurs le matin pour l'horloge ; mais le
foir il y eut des nuages.

A fix heures & demi du matin, je pris la figure des taches du Soleil, telle qu'on la voit dans la figure fuivante.
Je n'en n'avois pas vû de fi grandes, & en fi grand nombre.

Hauteur meridienne apparente du bord boreal du Soleil   87^d. 29'. 0".

Donc vraïe hauteur du centre du Soleil   87. 44. 50.

Déclinaifon du Soleil additive   22. 1. 0.

D'où on a, comme ci-deffus, la latitude du
Cap François   19. 45. 50.

Je n'ai pas été aujourd'hui plus content qu'hier des obfervations que j'ai faites des taches du Soleil : je ne les donne
pas. La nuit le Ciel a été couvert par intervalles, on n'a
pû prendre la hauteur meridienne d'aucune Etoile.

A huit heures la baffeffe de l'horifon de la Mer
a été de   0^d. 9'. 15".

A cinq heures 47. minutes du foir, elle a été de 0. 8. 45.

Il y a eu tout le jour une brume fine dans l'air chaffée par un
vent foible de Nord-Eft.

Hauteurs pour l'Horloge.

1720. Juin.	Matin.	Bord superieur du Soleil.	Soir.	
	8h. 18'. 14''.	38d. 56'. 0''.	3h. 39'. 54''.	⎫ Correction
	23. 48.	40. 12. 0.	34. 18.	⎬ soustractive 2''.
	27. 40.	41. 6. 30.	3. 30. 26.	⎭

Par le calcul on a midi vrai le premier Juin à 11h. 59'. 3''.

Le 30. May on a eu midi vrai à 11. 59. 35.

Donc l'horloge a tardé en deux jours de 32.

Elle devroit avancer pour être au temps moïen de 20.

De sorte qu'en un jour elle tarde sur le temps moïen de 26.

Voici l'observation des taches du Soleil. On a fait courir le long du parallele du centre de la lunette le bord du Soleil , & on a pris le temps de l'arrivée de ses bords à l'horaire, & celui des taches, soit à l'horaire, soit aux fils obliques.

La plus grosse tache au premier fil oblique 8h. 48'. 18''.

Le bord occidental du Soleil à l'horaire 8. 48. 18.

La même tache à l'horaire 49. 14.

La même tache au second fil oblique 50. 10.

Le bord oriental du Soleil à l'horaire 50. 34.

Passage du disque du Soleil par l'horaire 0h. 2. 16.

Passage de la tache entre les obliques 1. 52.

Moitié, distance de la tache au bord superieur du Soleil 0. 56.

Distance de la tache au bord oriental du Soleil 1. 20.

Il en coute de la peine en ce Païs, où le Soleil est ardent, pour faire suivre exactement le Soleil le long du parallele.

Hauteur meridienne apparente du bord superieur du Soleil, qui est l'austral. 87d. 50'. 0''.

Demi diametre du Soleil & 2''. pour la réfraction soustractive 15. 52.

Vraïe hauteur du centre du Soleil 87. 34. 8.

Déclinaison du Soleil additive 22. 11. 30.

Somme 109. 45. 38.

Donc ôtant 90d. reste la hauteur de pole du Cap François 19. 45. 38.

Je n'esperois pas, à cause des nuages, pouvoir observer l'émersion du premier Satellite de Jupiter qui devoit arriver ce soir, j'ai pourtant eu ce bonheur,

Emersion

Taches du Soleil

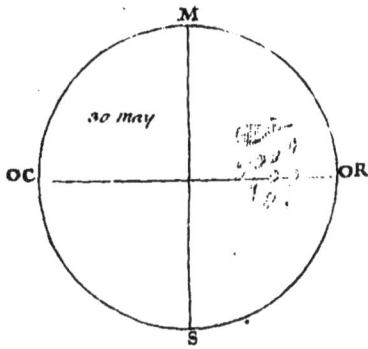

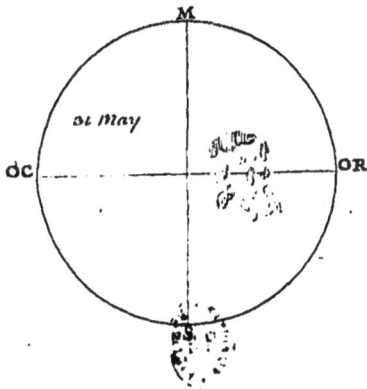

30 may

OC — M — OR
S

31 May

OC — M — OR
S

Emerfion du premier Satellite de Jupiter, temps non cor-   1720.
rigé   7^h. 46'. 27''.   Juin.

    Retardement de l'horloge à 7^h. 46'.   1. 1.

    Emerfion du premier Satellite de Jupiter en
temps vrai au Cap François   7. 47. 28.

    On verra à la fin de cet Ouvrage l'ufage que j'ai fait de
cette obfervation. J'ai été d'autant plus heureux pour cette
obfervation, que le Ciel a été couvert dès les quatre heures du foir, de nuages qui couroient au Sud-Ouest. Il a
plu à Dieu de me donner deux efpaces du Ciel découvert
vers le temps de cette obfervation. Le premier, pour voir
que le premier Satellite étoit encore éclipfé. Le fecond,
pour obferver le moment de l'émerfion. J'en eu d'autant
plus de joïe, que le Ciel fe couvrit fi bien auffi-tôt après,
qu'on ne put voir ni Jupiter, ni aucune Etoile, & que devant partir le 4. Juin, je n'aurois pû avoir d'obfervation
pour déterminer la longitude du Cap.

    A huit heures la baffeffe de l'horifon de la Mer a été   Le 2.
de   0^d. 8' 45''.

    Il ne faifoit pas de vent, l'air étoit affez net, il y avoit
feulement des nuages déliez.

Obfervation des taches.

9^h. 35'. 8''. Le bord occidental du Soleil à l'horaire.
    34. 36. La groffe tache au premier fil oblique.
    35. 47. La groffe tache à l'horaire.
    36. 58. La groffe tache au fecond fil oblique.
    37. 24. Le bord oriental du Soleil à l'horaire.
Paffage du Soleil par l'horaire   0^h. 2'. 16''.
Paffage de la tache entre les obliques   2. 22.
Moitié, diftance de la tache au bord fuperieur   1. 11.
Diftance de la tache au bord oriental du Soleil   1. 37.

    Donc elle s'eft éloignée de ce bord
en 24^h. 46'. 50''. de   17.
    Et elle s'eft approchée du centre du Soleil de   15.
    Après l'obfervation on remit les foïes de la lunette, de
maniere que l'horifontale rafoit parfaitement l'horifon de
la Mer.

K

Hauteur meridienne apparente du bord superieur du Soleil　87ᵈ. 45′. 0″.

Donc vraïe hauteur meridienne du centre　87. 29. 8.

Déclinaison du Soleil additive　22. 16. 45.

Somme　109. 45. 53.

Et hauteur de pole ou latitude du Cap François　19. 45. 53.

Le soir la bassesse de l'horison fut　9. 0.

A huit heures 30. minutes du matin, bassesse de l'horison de la Mer　0ˡ. 9′. 0″.

Observation des taches.

Premiere Phase.		Seconde Phase.
8h. 49′. 22″.	La grosse tache au premier fil oblique.	8h. 59′. 38′.
49. 58.	Le bord Occidental du Soleil à l'horaire.	9. 0. 23.
50. 34.	La grosse tache à l'horaire.	0. 50.
51. 28.	La grosse tache au second fil oblique.	2. 2.
52. 16.	Le bord Oriental du Soleil à l'horaire.	2. 39.

Passage du Soleil par l'horaire　0ʰ. 2′. 16ᵗ.

Passage de la tache entre les obliques　2. 24.

Moitié, distance de la tache au bord superieur du Soleil　1. 12.

Distance de la tache au bord oriental du Soleil　1. 42.

Donc en deux jours la tache s'est éloignée de ce bord, de　0. 22.

Elle s'est approchée du centre du Soleil en deux jours, de　0. 16.

Le mouvement des taches paroît plus lent d'un jour à l'autre ; mais cette difference vient de leur diverse situation sur le globe du Soleil, & est un effet d'optique, qui leur fait aussi changer de figure en apparence. Il peut y avoir aussi du défaut de l'observation, soit par la grandeur des taches, n'étant pas possible de les prendre tous les jours au même point ; soit par la difficulté de bien faire parcourir au Soleil le parallele, sur-tout dans ce Païs où le Soleil monte si haut & si rapidement. Notre départ m'a empêché de continuer ces observations.

On jugea à propos de prendre la hauteur meridienne du bord inferieur du Soleil, l'aïant prise hier du bord superieur ; elle fut donc trouvée avec précision, au temps que l'horloge marquoit midi, de   87ᵈ. 5'. 13".

    D'où on a la vraïe hauteur du centre de   87. 21. 3.

    Déclinaison du Soleil additive   22. 24. 40.

1720.
Juin.

Somme   109. 45. 43.

    Donc ôtant 90ˡ. reste la hauteur de pole,
& latitude du Cap   19. 45. 43.

    De toutes les hauteurs meridiennes, la premiere est la moins sûre, & celle-ci la plus sûre. On peut certainement se tenir à celle-ci.

    Pour ce qui est des bassesses de la Mer, elles n'ont pas beaucoup varié ; ainsi la réfraction entre les tropiques ne varie pas tant que dans nos climats.

    La plus grande bassesse observée, a été de   0ᵈ. 10'. 0'.

    La moindre a été de   7. 30.

    La difference est 2'. 30"· ajoûtant 1'. 15". à la plus petite, la moïenne sera de   8. 45.

    On l'a plusieurs fois trouvée de cette quantité, ce qui fait voir que quoiqu'il y ait ici moins de variation qu'en Europe, il y en a pourtant plus qu'à la Martinique, par les 14ᵈ. 34'. Un grand nombre de pareilles observations faites en Caïenne, à la Martinique, au Cap François, à la Louïsiane, à Toulon, à Paris, à Dunkerque & dans le Nord, pourroient faire trouver une hypothese sûre sur la quantité de la puissance refractive de l'air dans les divers climats du monde. Les Mathématiciens François pourroient faire ces observations, hors celles du Nord.

    En se tenant à la moïenne bassesse qu'on vient d'observer, on auroit par la méthode que j'ai emploïée dans le traité de la réfraction, la hauteur du pavé du salon de la maison des RR. PP. Jesuites du Cap, où ces observations ont été faites, de 64. pieds au-dessus du niveau de la Mer, la hauteur du quart de cercle comprise, qui est de 5. pieds 10. pouces.

    On fit le 31. May à 5. heures du soir les experiences du Barometre pour la pesanteur de l'atmosphere avec les précautions ordinaires. Par le gros tube dont on s'étoit servi ci-devant, la hauteur du mercure fut de   27.ᵖᵒᵘᶜ. 5.ˡⁱᵍⁿ.

    Par le petit tube dont l'ouverture est d'une ligne, elle fut de   27.   6.

K ij

Par où l'on voit que le petit tube a toûjours tenu le mercure plus haut que le gros.

Par la baſſeſſe de l'horiſon de la Mer obſervée une heure auparavant de 9'. 0". ou par celle de 8'. 45". le mercure auroit monté au bord de la Mer à   27$^{pouc.}$ 7$^{lign.}$

Par le petit tube elle fut de   27.   6.

C'eſt une ligne de moins ; & comme au Fort Roïal de la Martinique, qui eſt à peu de toiſes près de la même hauteur que mon obſervatoire du Cap, nous avons trouvé le Barometre à 27. pouces 7. lignes, on peut conclure que la peſanteur de l'atmoſphere eſt moindre entre les tropiques qu'au-delà des tropiques. Ainſi l'air y eſt plus dilaté, & moins mêlé de parties heterogenes, comme il convient auſſi pour une moindre réfraction & pour une moindre longueur des Pendules, que je n'ai pourtant pas obſervée à cauſe du peu de temps que j'ai reſté à la Martinique & au Cap François.

Le 4. Juin au matin j'embarquai mes inſtrumens. Le ſoir je me rendis au Vaiſſeau. Je trouvai au Cap François un Vaiſſeau arrivé depuis peu de Caïenne, lequel voulant aller mouiller quelques jours à la Martinique, fut tellement manié par les courans qui portent à l'Oueſt, qu'il lui fut impoſſible d'executer ſon deſſein. Il y avoit ſur ce Vaiſſeau diverſes choſes qu'on devoit me remettre en France, où l'on me croïoit pour lors, je les reçûs ici ; c'eſtoit de l'extrait de Simarouba, qui eſt une racine excellente pour le flux de ſang. Voici la maniere de s'en ſervir. Il faut d'abord purger le malade ſans le ſaigner ; enſuite lui faire prendre de l'extrait de Simarouba dans du pain à chanter, trois ou quatre fois par jour, du poids d'environ un gros, & ne donner rien à manger au malade deux heures avant, & deux heures après chaque priſe. La plûpart ſont gueris entierement après un ou deux jours. Une fois dans le jour on peut mêler avec l'extrait un peu de theriaque pour le faire agir plus promptement.

On me donna auſſi de la racine de Simarouba, laquelle eſt encore plus efficace. Voici les deux manieres dont on la prépare pour le flux de ſang. 1°. On prendra du Simarouba 18. ou 20. grains, qu'on rapera bien fin : on le mettra in-

fufer pendant 12. heures dans un verre d'eau, & fans le
couler on le donnera au malade le matin à jeun. Il faut en donner la même dofe à midi & autant le foir. 2º. On prendra demi-once de Simarouba rapé fin, on le mettra infufer dans trois verres d'eau douze heures : on le paffera par un linge, & on l'exprimera bien : on en donnera un verre le matin, un à midi & un le foir. Si le malade fe trouve foible, il faut retrancher la prife de midi, & lui donner quelque prife de theriaque ; il faut le purger avant de lui donner ce remede , de quelque maniere qu'on s'en ferve.

On me remit encore la tête d'un Oifeau qui n'eft pas plus gros qu'un Pigeon : on l'appelle *Gros Bec*, parce qu'il l'a extremement gros par rapport à fon corps. Ce bec eft crochu à fon extrémité. Il a fix pouces de longueur dans la corde de fa courbûre : il eft courbe depuis la racine , mais beaucoup plus vers le bout. Il a deux pouces & deux lignes de large vers la racine, & un pouce & demi d'épaif-feur. Il va toûjours en diminuant, & fe termine en une pointe crochuë, comme celle d'un oifeau de Proïe. La join-ture des deux parties du bec eft faite en fcie fine. Les dents de la fcie de la machoire fuperieure rentrent dans celle de l'inferieure.

La couleur du bec eft charmante. D'abord tout près des yeux, il y a une bande jaune à la machoire fuperieure de huit lignes de large. Le refte du bec eft d'un rouge de lac-que ; mais fur le dos il y a une bande jaune, qui part de-puis la bande jaune traverfante, avec laquelle elle fait deux angles droits, & va fe terminer en diminuant infenfible-ment à la pointe fuperieure du bec. Elle a huit lignes de large à fon origine. La machoire inferieure du bec a vers la tête une bande grife correfpondante à la jaune de la machoire fuperieure, & de la même largeur. Enfuite une bande noire auffi de la même largeur que celle de la ma-choire fuperieure ; le refte eft rouge comme le deffus.

Les livrées de ce bec correfpondent aux couleurs du plumage de cet oifeau, dont partie de la queuë eft d'un beau bleu, l'autre d'un beau rouge. Quelques plumes font jaunes & vertes. Le deffus de la tête près du bec d'un fort beau noir ; le refte d'un blanc fale mêlé de rouge. Tout cet aſſemblage de couleurs doit être beau, & faire plaiſir à l'œil.

Il y a auſſi en Caïenne de l'Hypecoquana blanc, de Pareira Brava dont on m'a donné une branche. On y trouve auſſi beaucoup d'autres plantes, racines & bois, & de l'huile de Copahu, qu'on ſçait être fort bonne pour les plaïes, dont on me promet dans la lettre qui étoit jointe à ces diverſes choſes curieuſes qu'on m'envoïoit, & qu'on ne croïoit pas que je dûſſe recevoir dans l'Iſle de S. Domingue ; mais je ne ſuis pas fâché d'avoir fait les trois quarts du chemin pour les avoir.

Le ſoir du 4. Juin je quittai au bord de la Mer nos RR. PP. leſquels pendant mon ſéjour avec eux, m'ont donné bien des marques de leur charité & de leur generoſité. Je me rembarquai avec l'Aumônier de notre Vaiſſeau malade, pour partir le lendemain de cette rade.

Dans l'intervalle des neuf jours que nous avons reſté au Cap, il n'a pas fait de méchant temps ; ainſi il n'eſt pas abſolument vrai, comme l'ont écrit quelques Pilotes, que tous les jours il y ait des orages pareils à celui que nous eſſuïâmes le 27. de May. Les gens du Païs me l'ont confirmé.

Le Thermometre eſt monté à 56. pouces 10. lignes tous les jours dans la rade, quoique le Vaiſſeau preſentât au vent auquel le Thermometre étoit expoſé, ce qui devoit le faire baiſſer. On voit qu'il fait grand chaud en ce Païs-là.

A quatre heures du matin nous avons levé l'ancre, & nous ſommes fait remorquer par pluſieurs Chaloupes pour ſortir. La briſe de terre aïant tout-à-fait manqué, & le vent étant revenu du large, il a fallu moüiller ; mais à ſix heures & demi le vent de terre étant revenu, on a de nouveau levé l'ancre, & après avoir dépaſſé le Recif, qui nous reſtoit à tribord en ſortant, nous avons fait ſervir toutes nos voiles & mis le cap au Nord, puis au Nord-Nord-Oueſt, lorſqu'on a eu paré le Cap & la Côte. Quand on a été élevé, la briſe d'Eſt-Nord-Eſt eſt ſurvenuë ſur les neuf heures, on a fait route au Nord-Oueſt ¼ Nord pendant trois lieuës, enſuite au Nord-Oueſt. Alors on a découvert l'Iſle de la Tortuë. Sur les quatre heures du ſoir elle nous reſtoit au Sud à quatre lieuës.

REMARQUES

*Sur la Rade de Baya ah-ah, à l'Eſt du Cap dans l'Iſle de
S. Domingue.*

ENTRE le Cap de Monte-Chriſt, ou la Grange & la
terre de l'Iſle de S. Domingue, il y a un paſſage pour
de petits batteaux, lequel a une portée de fuſil de large,
& trois ou quatre pieds de profondeur. Il y a dans ce
Canal diverſes roches de part & d'autre, & un courant
vif qui porte à l'Eſt : de ſorte qu'un batteau qui a paſſé dans
ce Canal, a été refuſé juſqu'à ſix fois, à ce que m'a aſſuré
un de ceux qui y étoient. Enfin après l'avoir paſſé & fait
4. lieuës à l'Oueſt-Sud-Oueſt, ce batteau entra dans une
paſſe, qui n'a d'ouverture qu'une portée de mouſquet. Elle
fait l'entrée de la rade de Baya ha-ha, ainſi nommée, parce
qu'on eſt étonné de voir une ſi belle rade. L'entrée eſt
ſaine & ſans aucun rocher, elle a de profondeur dix braſſes d'eau, & eſt tournée au Nord.

Quand on a paſſé ce Canal-ci, on voit une vaſte rade
capable de contenir un grand nombre de Vaiſſeaux. Elle a
près de quatre lieuës de tour, & par-tout fond depuis 10.
juſqu'à 15. braſſes. Les Vaiſſeaux peuvent mouïller près de
terre, & carener auprès d'un Iſlot, qui eſt au milieu de
la rade. Le contour de cet Iſlot eſt en Falaiſe, de ſorte
qu'il y a beaucoup d'eau près de l'Iſlot.

Quatre Rivieres ſe jettent dans cette rade, ce qui eſt
très-commode pour les Vaiſſeaux. Elle eſt entourée de montagnes aſſez hautes, & couvertes de bois. On y eſt à couvert de tout vent & de toute Mer, à cauſe que l'entrée en
eſt étroite, & qu'il ne vente pas du Nord dans ces parages. Cette belle rade eſt éloignée du Cap de dix lieuës.
Je m'étonne qu'on ne l'ait pas preferée à celle du Cap. Je
n'ai pû aller à Baya ah-ah, quoique M. de Charite m'offrit
de m'y faire conduire par terre & commodément, à cauſe
du peu de ſéjour que nous avons fait au Cap, qui n'étoit
pas trop long pour les obſervations qu'on vient de rapporter.

Il faut encore remarquer que lorfqu'on a doublé le Monte-Chrift, pour aller à Baya ah-ah il y a quelques Bas-fonds, à tribord & bas bord, auxquels il faut prendre garde ; mais fi on avoit deffein d'habiter cette rade & d'y faire un Bourg & des Magazins, les Ingenieurs & les Pilotes de S. Domingue en feroient un Plan exact, fur lequel on marqueroit les fondes. Il faudroit auffi fonder tous ces Bas-fonds, & y mettre des balifes flotantes, comme il fe pratique en Hollande : ainfi on marqueroit le chenal que les Vaiffeaux doivent tenir. Peut-être par la raifon de ces bancs on n'a pas fréquenté cette rade ; mais outre qu'il y a des recifs à celle du Cap, eft-ce que pour les Bas-fons les Hollandois défertent leurs Ports ? il faut, comme eux, naviger avec précaution & fagement.

En temps de guerre fi on craignoit une infulte de quelque Flotte ennemie, on n'auroit qu'à ôter les balifes, ce qui rendroit l'approche plus difficile aux ennemis, qu'elle ne l'eft au Cap. D'ailleurs la paffe étant étroite à y mettre une chaîne, ou une eftacade qui tiendroit aux deux forts & batteries qu'on conftruiroit des deux côtez de l'entrée où il y auroit de groffe artillerie ; il paroît que des Vaiffeaux qui ne peuvent entrer que l'un après l'autre dans cette paffe, ne pourroient infulter un paffage dans lequel ils feroient expofez non feulement au canon, mais à la moufqueterie des deux côtez. Les Vaiffeaux ennemis qui s'entraverferoient de part & d'autre pour canoner les Forts, feroient bien-tôt defemparez par le canon de ces Forts; de maniere que cette rade me paroît hors d'infulte, même quand il n'y auroit de Fort que d'un feul côté.

Hier il fortit de cette rade plus de vingt Navires pour aller en France, ils font allez débouquer par le petit Caïc. S'ils ont le vent à l'Eft-Nord-Eft auffi frais que nous, ils n'ont qu'à pincer le vent pour fe maintenir dans leur route, avec cela ils ont beau temps. Nous partons fans regret à caufe des maladies que la faifon, trop avancée pour naviger dans ces Mers, fait appréhender. Nous n'avons pas trouvé au Cap les Fregates l'Amazone & la Victoire, comme nous le penfions ; nous les trouverons au terme de notre pelerinage.

Pour ne pas imiter notre Aumônier qui eft tombé malade

PLAN
DE
LA BAYE D'AQUIN
De L'isle a Vache, et Caye de S.t Louis
sur les côtes Méridionales de L'isle
de S.t Domingue.
a 18.d 18.l 5.t de latitude Septentrionale.
Echelle de trois Lieues Hollandoises.

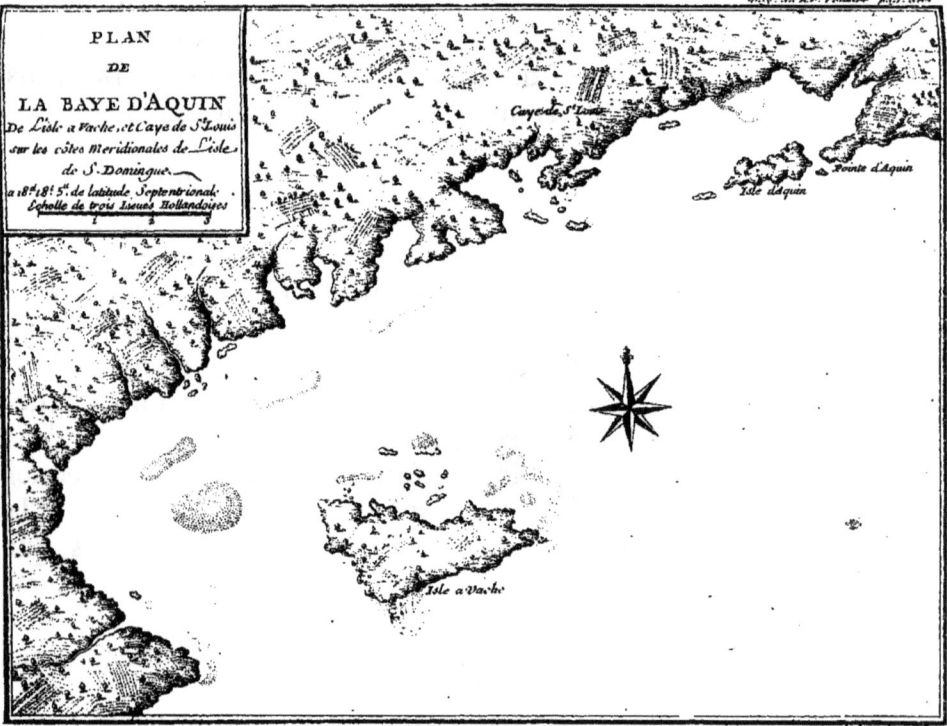

Cayes de S.t Louis

Pointe d'Aquin

Isle d'Aquin

Isle a Vache.

lade depuis trois jours, j'ai fuivi le confeil des gens du Païs, & n'ai eu garde de courir les champs pour chercher des fimples. Le Soleil eft fi ardent en ce Païs-ci dans cette faifon, où nous l'avons près du zenith, qu'on ne peut fortir des maifons depuis les neuf heures du matin jufqu'à cinq heures du foir fans rifquer fa vie, ou bien il faut avoir la tête des Negres, lefquels tête nuë & corps nud font au Soleil du matin au foir fans s'en reffentir.

Le matin à fix heures la pointe de Maify la plus Eft de l'Ifle de Cube nous reftoit au Nord-Oueft à trois licuës. On a obfervé la variation, elle a été de 5^d. 12'. Nord-Eft.

Dans la nuit le vent a été frais à l'Eft-Nord-Eft ; quoique nous aïons ferré notre grande voile & la mifene, & amené les deux huniers fur le ton, nous n'avons pas laiffé de faire bien du chemin ; de forte que le matin nous avons vû à bas bord les montagnes de Leogane & de la Côte occidentale de S. Domingue. Outre Leogane & le petit Goave, il y a dans la Côte du Sud de cette Ifle, mais à l'Oueft, une fort bonne Rade, qui eft la Baïe d'Aquin, dont je donne ici le Plan, parce qu'il peut être utile à nos Vaiffeaux qui fe trouveront fur ces Côtes.

A huit heures le vent a fauté au Sud-Sud-Eft qui nous a donné divers grains de pluïe. Nous avons porté au plus près au Sud-Oueft pour nous éloigner de la Côte de Cube, dont nous fommes voifins, à caufe des courans qui portent au Nord-Oueft. A midi nous avions fait 43. licuës, fi nous en faifions tous les jours autant nous ferions bientôt à la Louifiane, mais il ne faut pas s'y attendre dans cette faifon ; en effet voilà le calme, il a duré tout le refte du jour & toute la nuit.

Le matin le vent à l'Eft-Nord-Eft foible, la route Oueft ¼ Sud-Oueft. A midi calme, de forte que nous ne faifions du chemin que par les courans qui portent à l'Oueft. La route a vallu l'Oueft-Sud-Oueft, & le chemin a été de 15. licuës depuis hier midi.

Nous avons perdu l'après-midi M. Fournery Aumônier du Touloufe. Il n'a été malade que cinq jours d'une fiévre continuë avec des redoublemens, de grands maux de tête & de reins. Je lui ai adminiftré les Sacremens, il eft mort en bon Prêtre, comme il avoit vêcu, rempliffant exacte-

L

ment ſes fonctions. Il n'avoit que 27. ans, c'eſt le premier

que la Tavardille nous ait emporté. Le ſoir la variation
a été obſervée de   3ᵈ. 30′. Nord-Eſt.

Le 8.   Le vent foible à l'Eſt-Nord-Eſt a duré preſque tout le
jour. Nous avons fait peu de chemin, les courans qui dans
ces Mers portent à l'Oueſt nous ont aidé. Sur les trois
heures on a relevé la ville de Cube ; elle nous reſtoit au
Nord à environ 5. lieuës. On n'a pas pris hauteur du Soleil, ſoit parce que nous naviguons le long de la côte de
Cube, & que nos morceaux ſont taillez juſqu'au cap S.
Antoine, ſoit parce que le Soleil eſt ſi près du zenith, que
les hauteurs priſes avec le quartier Anglois, ou l'arbaleſtrille, ne ſçauroient être bonnes.

Le 9.   A une heure après minuit le vent eſt venu à l'Eſt-Sud-
Eſt médiocre. Nous avons porté à l'Oueſt le long de la
côte. A midi nous pouvions avoir fait 80. lieuës depuis
le cap Maiſy le plus Eſt de Cube. L'après-midi le vent a
molli & ſauté au Nord-Nord-Eſt. On a continué la même
route à l'Oueſt l'amure à tribord. Le cap qui eſt avant le
cap de Crux nous reſtoit à ſept heures du ſoir à l'Oueſt-
Nord-Oueſt environ 12. lieuës. La nuit on a ſuivi la même route, mais le vent aïant calmé, nous avons fait peu
de chemin.

Le 10.   Le vent très-foible à l'Eſt-Nord-Eſt, peu de Mer & peu
de courant. Le cap d'hier au ſoir nous reſtoit à 6. heures
du matin à l'Oueſt ¼ Nord-Oueſt à dix lieuës, de ſorte qu'en
12. heures nous n'avons fait que deux ou trois lieuës : ce
n'eſt pas de quoi nous morfondre. A midi ce cap nous
reſtoit à l'Oueſt-Nord-Oueſt à ſept lieuës ; ainſi depuis 6.
heures nous n'avons fait que 3. lieuës, c'eſt demi lieuë par
heure ; nous ne nous fatiguerons pas. La route a été l'Oueſt
¼ Sud-Oueſt. Les hauteurs dans ces parages ſont fort inuti-
les dans cette ſaiſon. Le vrai cap de Crux eſt une longue
langue de terre plus baſſe que le cap dont nous venons de
parler. Elle va mourir inſenſiblement à la Mer. A quatre
heures du ſoir nous avons trouvé ce cap au Nord-Oueſt ¼
Oueſt. A ſix heures nous avons fait route à l'Oueſt-Sud-
Oueſt pour nous éloigner du Bas fond qui environne ce
cap à deux lieuës.

Le 11.   Nous avons couru à l'Oueſt-Sud-Oueſt toute la nuit. Le

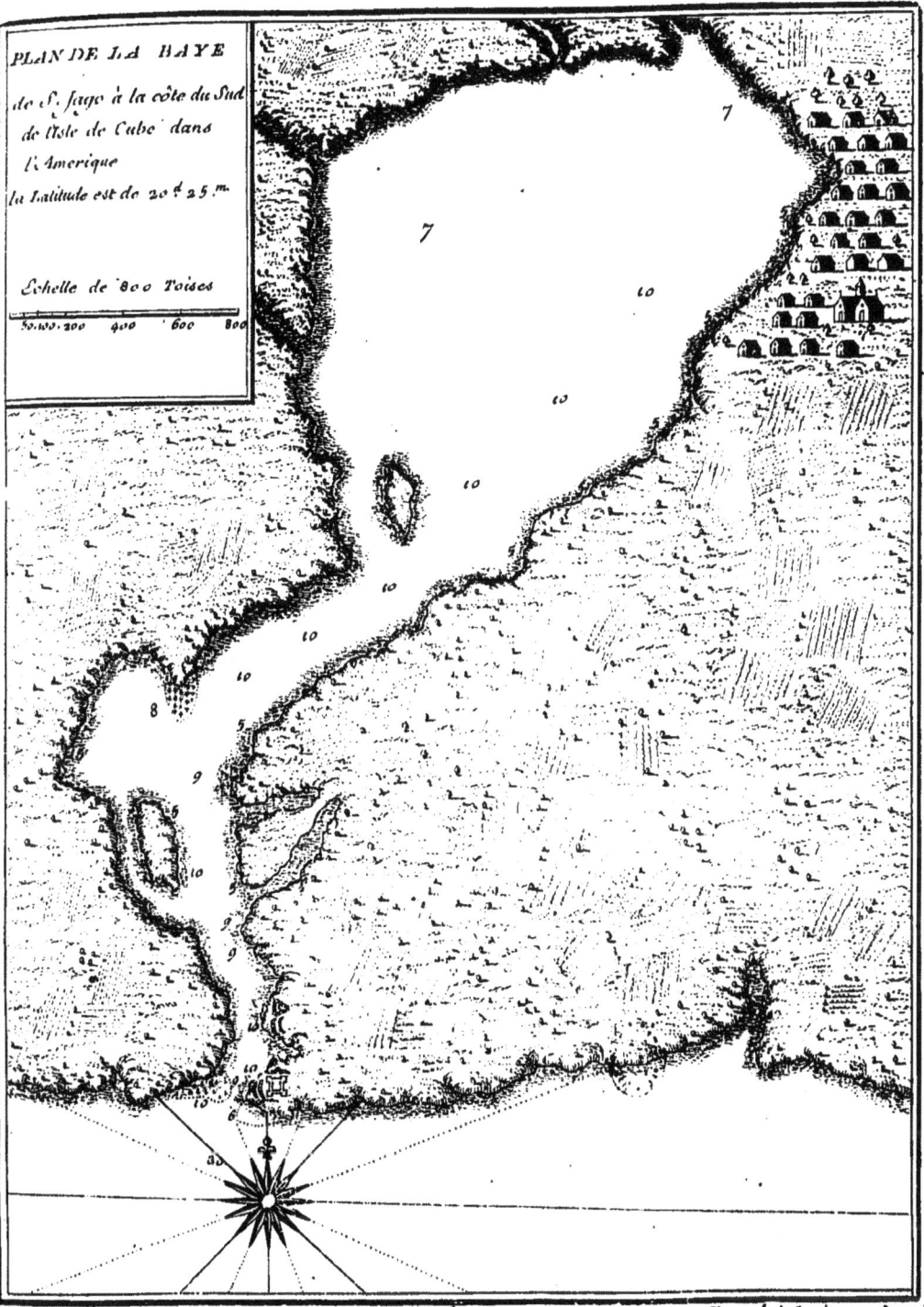

PLAN DE LA BAYE de S. Jago à la côte du Sud de l'Isle de Cube dans l'Amerique la Latitude est de 20 d 25 m.

Echelle de 800 Toises

Voy. de la Louis. pag. 82

matin le cap de Crux nous reſtoit au Nord-Eſt à 6. lieuës.
Enſuite on a porté à l'Oueſt quelques degrez vers le Sud-
Oueſt pour aller chercher les petits Caymans, au Sud deſquels nous voulons paſſer, pour n'être pas portez par les
courans dans les Jardins de la Reine, où il ne fait pas bon
ſe promener. Le vent eſt foible à l'Eſt & il y a peu de
Mer. A midi nous étions à ſix lieuës à l'Oueſt du cap de
Crux. Le vent eſt venu à l'Eſt-Sud-Eſt foible. La route
Oueſt ¼ Sud-Oueſt. A huit heures nous étions à 14. lieuës
du cap de Crux. On a jugé à propos de carguer nos baſſes
voiles & prendre un ris à nos huniers, pour faire moins
de chemin cette nuit, quoique nous aïons peu de vent,
de peur de tomber ſur l'Iſle du petit Cayman.

A midi nous avons reconnu le petit Cayman ; il nous
reſtoit à l'Oueſt ¼ Nord-Oueſt à environ 4. lieuës. Nous
avons porté à l'Oueſt pour paſſer au Sud de ces Iſlots, &
au Nord du grand Cayman ; & de-là aller reconnoître l'Iſle
des Pins.

Nous avons eu le malheur de perdre ſur le ſoir Monſieur Caffaro Commandant de l'Eſcadre. Il m'a envoïé prendre dès le grand matin pour l'aſſiſter à la mort. Il a très-
bien fait ſon devoir de Chrétien. Je l'ai aſſiſté avec d'autant plus de regret, qu'il étoit mon ami, & me donnoit
depuis long-temps bien des marques de ſon eſtime. C'étoit
un homme de bon eſprit, droit, juſte, équitable & bon
ami, genereux & fort aimé. Je n'ai point reconnu en lui
les défauts qu'on reproche à ſa Nation. Il avoit pris mal
au cap le premier Juin ; après quelques remedes il ſe trouva
mieux & ſans fiévre ; mais elle l'a repris le huit Juin, & il
en eſt mort aujourd'hui avec les marques de la maladie du
Païs, qu'on appelle Tavardille. On a jetté ſon corps à la
Mer près de l'Iſle du petit Cayman, avec tous les honneurs
de la guerre, au grand regret de tous les Officiers & Equipages de nos deux Vaiſſeaux. Le commandement eſt dévo-
lu à M. de Vallette, qui en eſt très-fâché, étant intime
ami de M. Caffaro. On a apporté à M. de Vallette les
inſtructions, la flamme & le fanal de hune, comme au
Commandant.

Le ſoir à ſix heures, la pointe plus Oueſt du petit Cayman
nous reſtoit à l'Oueſt ¼ Nord-Oueſt à cinq lieuës & demi,

Nous avons fait route au Sud-Ouest une horloge, enfuite au Sud-Ouest ¼ Ouest deux horloges, & jufqu'à minuit à l'Ouest-Sud-Ouest pour arrondir cette Ifle. Enfin vers la minuit, la pointe de l'Ifle nous reftant au Nord, on a mis le cap à l'Ouest.

Le 13.   A cinq heures du matin la pointe Ouest du petit Cayman nous reftoit au Nord-Eft à quatre lieuës & demi ; ne craignant plus rien, on a porté à l'Ouest-Nord-Ouest.

DESCRIPTION

De l'Ifle du petit Cayman.

L'ISLE du petit Cayman eft une terre baffe ; la pointe la plus orientale eft coupée à pic, & le fommet de la terre eft plat. Il va en diminuant peu à peu jufques vers le milieu de l'Ifle, d'où le terrain remonte infenfiblement. Cette Ifle eft éloignée du cap de Crux de 35. lieuës, que nous avons faites avec un petit vent d'Eft-Nord-Eft, & d'Eft-Sud-Eft, aidez des courans qui portent à l'Ouest-Sud-Ouest.

Dans la plûpart des Cartes, la côte depuis le cap Maify jufqu'au cap de Crux eft trop grande. Elle n'a que 90. ou 92. lieuës de longueur. En quoi la Carte de Vankulen s'accorde mieux que les autres. Prefque toutes les Cartes mettent cette côte en droite ligne Ouest ¼ Sud-Ouest ; elle court quelques degrez plus vers le Sud ; & elle a divers enfoncemens affez confiderables, fur-tout vers la ville de Cuba. Il y a une montagne faite en forme de pavillon à la Manfarde, qui eft longue d'une lieuë, laquelle s'avance de toute part dans la Mer. Comme la côte paroît faine, on pourroit dans un befoin moüiller au pied de cette montagne, mais il eft mieux de courre au large fans trop s'approcher, à moins qu'on n'aille moüiller à la rade de S. Jago, comme on l'a dit.

Depuis les cinq heures du matin jufqu'à huit heures du foir on a fait dix-huit lieuës. Le vent a varié. Vers les 4. heures il étoit Nord-Eft, nous étions amurez à tribord, & nous avons toûjours porté à Ouest-Nord-Ouest par le Lok. A quatre heures nous faifions une lieuë deux tiers par heure, mais depuis le vent a fort molli, & s'est rangé à l'Est-Nord-Est.

On a observé la variation au Soleil couchant, elle a été de 4ˡ. 50′. Nord-Est.

A 7ʰ. 40′. Jupiter étoit dans la ligne droite qui partageoit la partie claire, de la partie obscure de la Lune. Il étoit éloigné du bord meridional de la Lune, de deux fois le diametre de la Lune. Ils étoient pour lors en conjonction. Nous étions par les 19ᵈ. 50′. de latitude en ce temps-là, & à 22. lieuës à l'Ouest du petit Cayman. A la Mer on ne peut pas faire des observations exactes. Le soir à huit heures nous avons fait route au Nord-Ouest ¼ Ouest.

Toute la nuit même route. Au Soleil levant la variation étoit de 5ᵈ. 6′. Nord-Est.

A huit heures nous avons mis en pane & fondé pour connoître si nous étions sur le Bas-fond qui court depuis l'Isle des Pins jusqu'au grand Cayman; sur lequel nous devions être par notre estime, mais nous n'avons point trouvé de fond. A midi nous avions fait 37. lieuës depuis le petit Cayman, il nous reste jusqu'à l'Isle des Pins 32. ou 33. lieuës. Cette Isle de Cube nous ennuïe; elle est longue comme Carême, disent les Matelots, & les vents nous servent mal. Le vent a été à l'Est-Nord-Est bon à faire une lieuë par heure; & la route a été Nord-Ouest ¼ Ouest. Au coucher du Soleil, on a trouvé la variation de 4ᵈ. 0′. Nord-Est.

Dans la nuit pour nous éloigner de terre on a fait route à l'Ouest-Nord-Ouest; cependant nous nous faisions encore à 24. lieuës de l'Isle des Pins; mais on ne sçauroit trop prendre de précautions à la Mer. Au lever du Soleil, on a eu la variation de 4ᵈ. 30′. Nord-Est.

Au jour naissant nous nous sommes mis au Nord-Ouest ¼ Ouest comme hier. Par notre estime l'Isle des Pins nous restoit au Nord-Ouest ¼ Ouest à midi, un peu plus vers le Nord à 12. lieuës. Nous faisons route dessus pour la reconnoître aujourd'hui; nous nous estimons à 60. lieuës du petit Cayman, qui nous reste à l'Est-Sud-Est. Nous sçavons, graces à Dieu, nous servir de nos Cartes, sans cela nous ne serions pas ici.

A quatre heures on a vû de la hune l'Isle des Pins, qui nous restoit au Nord ¼ Nord-Est à 7. lieuës. Nous avons porté au Nord ¼ Nord-Oueſt pour la reconnoître de plus près. Et à cinq heures & demi pour approcher un peu plus de l'Iſle, nous avons fait route au plus près au Nord ¼ Nord-Eſt. Sur les ſix heures les trois Iſlots qui donnent la reconnoiſſance de l'Iſle des Pins, nous reſtoient au Nord-Eſt ¼ Nord. Ces Iſlots ne ſont pas de l'Iſle des Pins, mais des montagnes de l'Iſle de Cube, qui paroiſſent par-deſſus le terrain de l'Iſle des Pins qui eſt noïé, quand on les voit de ſix lieuës. Le terrain de cette Iſle ne paroît guere qu'à la diſtance de trois lieuës. Alors on voit les arbres dont l'Iſle eſt couverte. On voit encore au-delà à vingt lieuës, de hautes montagnes qui ſont dans l'Iſle de Cube.

Pendant quatre horloges on a porté le Cap au Nord; enſuite à 8. heures du ſoir nous avons fait route à l'Oueſt toute la nuit, qui nous vaut l'Oueſt 4ˡ. vers le Nord. Le vent étoit foible à l'Eſt-Nord-Eſt; nous avions nos quatre grandes voiles.

A cinq heures du matin on a mis le Cap à l'Oueſt ¼ Nord-Oueſt, pour reconnoître le Cap Corrientes. A midi l'Iſle des Pins nous reſtoit à l'Eſt-Nord-Eſt à dix lieuës. Le vent à l'Eſt foible, toutes voiles dehors. Depuis hier au ſoir nous pouvons avoir fait huit lieuës. Un gros Batteau a aſſuré ſon pavillon Anglois par un coup de canon. On n'a point répondu & on a continué la route. Il a tiré un ſecond coup de canon ; nous nous ſommes contentez de mettre en pane & pavillon blanc. Comme il ne s'eſt pas approché de nous de plus d'une lieuë, nous avons fait ſervir. Il étoit ſuivi d'un autre Batteau qui étoit à plus de deux lieuës. Le Henri a toûjours fait ſa route, comme il étoit de l'arriere de nous, cette manœuvre ne nous a pas arrêté. Ces Batteaux ont fait une autre route , & à deux heures ils ont diſparu. C'étoit peut-être des Forbans qui nichent volontiers derriere l'Iſle des Pins pour dévaliſer les Paſſans.

Le vent a molli à l'Eſt, on a continué la même route à l'Oueſt ¼ Nord-Oueſt. Le ſoir à huit heures nous étions à 12. ou 13. lieuës du Cap Corrientes, qui nous reſtoit au Nord-Oueſt.

La nuit calme juſqu'à minuit ; mais hier au ſoir nous vîmes un halo autour de la Lune, & des nuages déliez ;

tout cela nous annonçoit un grain de vent de Sud-Oueſt frais & de pluïe abondante qui a commencé à une heure du matin. Nous avons mis à la cape à la miſene, puis à l'artimon, après en avoir fait les ſignaux au Henri. Le gros temps a molli ſur les 3. heures ; alors on a fait ſervir, & à 4. heures & demi on a porté Nord-Oueſt ¼ Oueſt. Vers les ſix heures on a vû clairement la côte de Cube, qui nous reſtoit au Nord-Oueſt.

Bien-tôt après il eſt ſurvenu un nouveau grain de pluïe, accompagné d'éclairs & de tonneres. Le vent étoit Nord-Nord-Eſt ; mais au large il étoit toûjours à l'Eſt. On a couru au Sud-Sud-Eſt ſur la ligne du plus près, parce qu'aïant reſté à la cape demi-heure par le Nord-Nord-Eſt, le vent s'eſt rangé à l'Eſt bien frais. Nous n'avions que la ſeule miſene, il a fallu faire cette manœuvre pour s'éloigner de la côte de Cube, dont on ſe croïoit plus prés qu'on n'étoit. Le mauvais temps aïant paſſé, on a arrivé peu à peu au Sud, puis au Sud-Oueſt ; enfin à l'Oueſt-Nord-Oueſt qui eſt notre route. A dix heures on a vû la terre, qui nous reſtoit au Nord-Nord-Eſt à ſix lieües. Le Cap Corrientes étoit à l'Oueſt de cette terre. A deux heures & demi ce Cap nous reſtoit au Nord-Oueſt ¼ Oueſt à trois lieües & demi. Et à trois heures il nous reſtoit au Nord-Oueſt ſd. vers le Nord à deux lieües & demi.

Deſcription de la côte à l'Eſt du Cap Corrientes.

Cette côte eſt fort baſſe. A l'extrémité à l'Eſt il y a trois mondrains faits en pain de ſucre. D'abord on ne voit que les arbres dont le terrain eſt couvert. Alors on en eſt à 5. lieües ; enſuite on voit le terrain qui n'eſt pas fort haut, & qui court preſque Eſt & Oueſt. On en eſt pour lors éloigné de 3. lieües. Les arbres ſont hauts & épais. A l'extrémité du Cap, le terrain va en mourant peu à peu juſqu'à la Mer, & il eſt tout couvert d'arbres. Quand ce Cap reſte au Nord-Oueſt ¼ Oueſt, on voit comme deux Iſlots qui ſont ſéparez de la portée du canon, & qui ſont un peu plus élevez au-deſſus de la Mer que le Cap. Le Pilote côtier, que nous avons pris au Cap François, m'a dit que ces deux Iſlots étoient l'autre pointe du Cap Corrientes, dont le reſte du terrain eſt noïé.

* De l'Isle des Pins au Cap Corrientes il y a 23. lieuës, & la route est Ouest ¼ Nord-Ouest. Le Cap S. Antoine est à onze lieuës du Cap Corrientes. La route est encore Ouest ¼ Nord-Ouest. Quand le Cap Corrientes reste Nord ¼ Nord-Ouest à une lieuë, on voit presqu'à l'extrémité du Cap un mondrain peu élevé, dont le côté du Sud est presqu'à pic, & le côté du Nord descend en pente douce; il est unique & fournit par-là une reconnoissance sûre de ce Cap. Il est environné d'arbres de toute part. Quand nous avons été plus près de ce Cap au Nord, & au Nord-Nord-Est de nous, ce petit mondrain ne paroissoit plus, ce qui me fait croire qu'il est au-delà du Cap, & non sur le Cap, dont le terrain ne paroît élevé que de 4. à 5. toises. Il est couvert d'arbres & court Est & Ouest.

Le soir à sept heures on voïoit à 7. ou 8. lieuës le **Cap S. Antoine** à Ouest-Nord-Ouest. Alors le Cap Corrientes nous restoit à l'Est-Nord-Est à cinq lieuës. A neuf heures on a mis en pane pour ne pas dépasser le Cap S. Antoine pendant la nuit. Ces détails peuvent être utiles aux Navigateurs. Il faut remarquer que les courans le long de Cube portent à l'Ouest. Ils sont bien vifs en certains parages.

Nous avons resté en pane toute la nuit; au jour on a fait servir & porté au Nord-Ouest ¼ Ouest. Nous étions à 8. lieuës du Cap S. Antoine, qui nous restoit au Nord-Ouest. Au lever du Soleil, on a trouvé la variation de   3ᵈ. 32′. Nord-Est.

A midi le même Cap nous restoit au Nord-Nord-Ouest à deux lieuës. A 4. heures on a mis en pane pour sonder; nous n'avons point trouvé de fond, quoique des Pilotes aïent mis dans leurs Journaux qu'on le trouve jusqu'à sept lieuës au Sud-Ouest de ce Cap, qui nous restoit pour lors au Nord ¼ Nord-Est à deux lieuës.

Ce Cap S. Antoine a comme deux têtes. Il peut y avoir deux lieuës de celle de l'Est à celle de l'Ouest. Ces deux pointes qui sont basses, n'étant élevées au plus que de 4. toises au-dessus de la Mer, courent Est & Ouest. Tout ce terrain paroît couvert de bois fort épais; mais les arbres ne sont pas si hauts que ceux du Cap Corrientes. Depuis la pointe de l'Est de ce Cap, la côte fait une grande anse jusqu'au Cap Corrientes: on peut moüiller auprès de celui-ci en dedans de l'anfe, y faire du bois & de l'eau à deux rivieres. Le fond eft de bonne tenuë.

Au coucher du Soleil, la variation fut de 4ᵈ. o′. Nord-Eft.

La nuit on a fait route au Nord-Oueft ¼ Oueft, & fort peu de chemin. A fix heures du matin on a mis le Cap au Nord-Nord-Oueft, croïant avoir dépaffé le banc de Sancho Pardo, fuppofé qu'il éxifte; car il y a lieu d'en douter. A m di nous avions fait quatorze lieuës depuis le Cap. S. Antoine, fur la route du Nord-Oueft, quatre degrez vers le Nord. A caufe de la variation, la latitude obfervée a été de   22ᵈ. 30′.

Et la longitude eftimée depuis le meridien de Teneriffe, de   287ᵈ 47′.

Le vent a été très-foible à l'Eft-Sud-Eft. Nous continuons notre route au Nord-Nord-Oueft; calme l'après-midi.

La variation obfervée au Soleil couchant, a été de   3ᵈ. 30′. Nord-Eft.

A huit heures il eft venu un peu de vent d'Eft-Sud-Eft.

Au lever du Soleil, la variation fut trouvée de   4ᵈ. 30′. Nord-Eft.

C'eft un degré de plus qu'hier, ce qui ne fe peut: il faut prendre un milieu.

La route a valu le Nord-Nord-Oueft trois degrez vers le Nord, & le chemin dix lieuës & demi. Voilà une bien petite journée.

Le Soleil n'aïant pas paru, on a eftimé la latitude de   22ᵈ. 54′.

Et la longitude de   287. 44.

Le vent a été foible depuis l'Eft-Nord-Eft jufqu'à l'Eft-Sud-Eft.

Voilà le Tropique repaffé depuis ce matin, mais il ne fait pas moins chaud; au contraire le thermometre eft monté à 57. pouces. A midi nous étions à 40. lieuës du Cap S. Antoine, qui nous reftoit à l'Eft-Sud-Eft. La route a valu l'Oueft ¼ Nord-Oueft.

La latitude faute de voir le Soleil, a été eftimée de   23ᵈ. 48′.

Et la longitude de   286. 54.

Ce matin M. de Pierre-Feu, un des Enfeignes du Vaiffeau le Henri, m'a envoïé chercher pour l'affifter à la mort,

M

J'ai paſſé la journée auprès de lui, fort édifié des ſentimens Chrétiens, dont il a donné à chacun de grandes marques, & avec leſquels il a reçû les Sacremens. Il a conſervé la préſence d'eſprit juſqu'à ſa mort, qui eſt arrivée à ſix heures du ſoir. C'étoit un fort honnête homme, bon Officier, eſtimé dans ſon corps.

Le vent a regné depuis le Sud-Oueſt, juſqu'à l'Eſt petit frais. On a porté au Nord-Oueſt $\frac{1}{4}$ Oueſt.

Le 22. Dès hier au ſoir le vent fraîchit un peu au Sud-Oueſt, où il ne reſta pas long-temps; il vint à l'Eſt Sud-Eſt dans la nuit, & il fraîchit aſſez avant le lever du Soleil.

A ſon lever on a obſervé la variation, de 2^d. 30'. Nord-Eſt.

Le Soleil eſt encore ſi près du zenith, qu'on n'a pû prendre hauteur à midi.

La latitude a été eſtimée, de   24^d. 57'.
Et la longitude, de   286.   0.

Depuis hier midi, nous avons fait 25. licuës.

Les courans depuis qu'on a dépaſſé le Cap S. Antoine, portent à l'Eſt vers le canal, qui eſt entre la Floride & la pointe occidentale de Cube ſur la côte de la Havane. Les eaux aïant été portées vers la partie occidentale du golphe du Mexique, & le long de la côte de Portobel, Jucatan, Campeche, n'ont point d'autre iſſuë pour ſe rendre à la grande Mer, que le long de Cube, & par le canal de Baham. Or comme toutes ces eaux ne peuvent y paſſer ſans ſe preſſer, elles y forment un grand courant; & une partie revient le long de la côte de la Floride, & de la Louiſiane. Ainſi les courans vont de l'Eſt à l'Oueſt depuis les Iſles de la Tortuë juſqu'à l'embouchure du Miſſiſſipi : de ſorte que pour aterrer à Panſacola, il faut porter au Nord $\frac{1}{4}$ Nord-Oueſt, plûtôt qu'à l'Oueſt-Nord-Oueſt. Cette route-ci feroit tomber les Vaiſſeaux à l'embouchure de la riviere de Miſſiſſipi, ou aux Iſles de la Chandeleur, d'où on ne pourroit pas aiſément revenir à l'Iſle Dauphine, ou à Panſacola, à cauſe des courans.

On obſerva la variation au coucher du Soleil, de   2^d. 0'. Nord-Eſt.

Le 23. Au lever du Soleil, la variation a été obſervée, de   2. 0. Nord-Eſt.

La latitude a été eſtimée à midi, de   26. 11.

Et la longitude, de   286ᵈ. 44′.

La route Nord ¼ Nord-Oueſt deux degrez vers le Nord, le chemin a été de 25. lieuës & demi. Le vent a roulé tout aujourd'hui de l'Éſt-Nord-Eſt à l'Eſt-Sud-Eſt. A deux heures du ſoir nous avons eu divers grains de vent & de pluïe juſqu'à 3. heures & demi. Ils ont fait venir le vent au Nord-Eſt. Nous avons fait route à l'Oueſt-Nord-Oueſt, 4ˡ. vers l'Oueſt.

Au coucher du Soleil, la variation a été trouvée, de   2ᵈ. 0′. Nord-Eſt.

On a mis en pane avant la nuit pour ſonder, on n'a pas trouvé le fond.

Le matin le vent de Nord-Eſt a molli, & à dix heures nous nous ſommes trouvez en calme. A midi on a eſtimé la latitude, de   27ᵈ. 10′.

Et la longitude, de   286. 35.

La route nous a valu le Nord ¼ Nord-Oueſt, & le chemin 20. lieuës.

Le Soleil étoit encore trop près du zenith pour prendre une bonne hauteur.

L'après-midi le vent s'étant rangé au Nord-Nord-Eſt, qui ne nous eſt pas trop favorable, on s'eſt mis ſur la ligne du plus près l'amure à tribord au Nord-Oueſt ¼ Oueſt, preſque Nord-Oueſt.

Voici trois jours que la variation n'a point changé. Au coucher du Soleil, la variation a été obſervée comme ce matin, de   2ᵈ. 0′. Nord-Eſt.

Ce ſoir on a ſondé deux fois, à ſept heures & à dix heures. Pour cela on a mis en pane, mais on n'a pas trouvé de fond. Peu après le temps s'eſt gâté, le vent a ſauté à l'Oueſt, le Ciel s'eſt fort couvert, & à onze heures on ne voïoit qu'éclairs de toutes parts à l'horiſon. Nous avons ſerré toutes nos voiles & nous ſommes mis à ſec.

A minuit il a beaucoup tonné & fait une groſſe pluïe, laquelle heureuſement a chaſſé les Matelots de deſſus le gaillard d'arriere; car à une heure & demi la foudre eſt entrée dans notre Vaiſſeau, par un trou qu'elle a fait à bas bord près du grand mât, a friſé la mouſtache à un bœuf, l'a mis en rond dans la baille, où paiſiblement, & ſans faire tort à perſonne, il mangeoit ſon foin tout douce-

ment, mais elle l'a fait avec tant d'adreſſe, qu'il n'en a
point été incommodé : on a eu bien de la peine à l'en tirer.
La foudre a continué ſon chemin fort vîte, comme on peut
penſer ; elle a grimpé le long du grand mât, elle lui a tiré
quelques éguillettes, coupé net le quatriéme cercle de fer,
monté dans la hune ; & enfin, pour ſon chef-d'œuvre, elle
a ſcié fort proprement le grand mât de hune, depuis les
poulies juſqu'au plus haut. Après quoi deſcendant leſte-
ment, elle a renverſé quelques Matelots de leurs branles,
& a fait un trou pour ſortir à tribord, ſans faire mal à perſonne.

Après le mauvais temps le vent eſt venu au Nord-Oueſt,
enſuite au Nord-Nord-Oueſt. Nous avons porté au plus
près au Nord-Eſt avec nos deux baſſes voiles. A midi on a
reviré & couru à l'Oueſt-Nord-Oueſt juſqu'à huit heures
du ſoir, le vent s'étant rangé au Nord. Alors on a reviré
à l'Eſt-Nord-Eſt, le vent s'opiniâtrant au Nord.

A midi la hauteur du Soleil nous a donné la latitude,
de   28ᵈ. 15′.

La longitude a été eſtimée, de   286. 35.

Les routes réduites ont valu le Nord-Oueſt ¼ Oueſt, &
le chemin 19. lieuës ¼. Le Ciel couvert le ſoir nous a
empêché d'obſerver la variation. On a ſondé à huit heures
du ſoir, mais on n'a pas encore trouvé le fond.

A minuit, à quatre heures, à huit heures nous avons mis
en pane & ſondé, mais nous n'avons pas trouvé le fond.
Le vent s'eſt rangé à l'Eſt-Nord-Eſt, & dès les quatre heures la route a été au Nord ¼ Nord-Oueſt ; le vent étoit
frais & la Mer belle. Sur les ſept heures l'eau de la Mer a
changé de couleur ; néanmoins une heure après nous n'a-
vons pas trouvé le fond. La côte de la Louiſiane ſe ſeroit-
elle eloignée ? il n'y a pas apparence : c'eſt que nous ſommes
impatiens. La ſonde eſt la meilleure reconnoiſſance qu'on
puiſſe avoir de l'approche de la côte, depuis les Tortuës
juſqu'à la riviere de Miſſiſſipi. Par ma Carte manuſcrite,
nous devons trouver fond à vingt lieuës de Panſacola ſur
lequel nous portons. A 30. lieuës à l'Eſt de Panſacola on
trouve le fond, & même à plus de 30. lieuës, comme on
le peut voir dans la Carte de cette côte.

Observation du poids des eaux.

A'iant plongé l'aréometre dans l'eau salée & dans l'eau douce, celle-ci s'est trouvée peser moins que l'eau de la Mer; la différence a été de   31 grains.

Mais le 22. Mars près d'Almerie, où il n'y a pas de grandes rivieres, l'eau de la Mer pesoit plus que l'eau douce   44 grains.

La raison de cette différence de poids, c'est que les rivieres du golphe du Mexique vers le Nord, sur-tout le Mississipi dégorgent une très-grande quantité d'eau douce dans ce golphe. Treize grains de moins, cela est considerable pour le volume de l'aréometre, quen ous avons déterminé ci-devant. C'est un signe que nous ne devons pas être loin de la côte. Aussi ne nous en croïons nous qu'à 30. lieuës.

A midi la latitude observée, a été de   29ᵈ. 11′.

Autre diagnostique, & la longitude estimée de   285. 49.

Je ne compte gueres sur la longitude; ce qui fâche nos Pilotes. Le chemin a été depuis hier midi 21. lieuës. Nous ne devons plus être qu'à 26. lieuës de Pansacola; c'est pourquoi à midi nous avons sondé, & trouvé le fond à 90. brasses de vase grise. Voilà le voisinage de la côte démontré, ainsi que tout ce que nous avons dit ci-devant. *Premiers sonde.*

A minuit on a sondé & trouvé encore 90. brasses fond de vase grise & fine. *Le 27.
2. Sonde.*

A midi par la hauteur du Soleil, nous avons conclu la latitude, de   29′. 30″.

La longitude a été estimée, de   285. 18.

La route corrigée a été le Nord $\frac{1}{4}$ Nord-Est, un degré vers l'Est. Le chemin 9. lieuës & demi. Le vent tout foible qu'il a été, a varié de l'Est-Nord-Est au Sud-Ouest par le Sud, ensuite à l'Ouest-Nord-Ouest; enfin au Nord-Ouest $\frac{1}{4}$ Ouest.

A midi & demi on a sondé de nouveau, & trouvé 50. brasses fond de sable fin, mêlé de vase fine; ce qui fait voir que nous approchons de la côte, & que nous sommes en bonne route à environ 12. lieuës. *3. Sonde.*

A cinq heures du soir on a encore sondé par deux fois, & trouvé chaque fois 35. brasses gros sable. *4. Sonde.*

A sept heures nous avons de nouveau sondé, & trouvé *5. Sonde.*

M iij

30. braffes gros fable. Nous avons moüillé avec un ancre à touer, à caufe du calme. Nous ne nous fommes pas apperçûs de grands courans, ils portoient à l'Oueft.

A huit heures on a levé l'ancre à touer & appareillé avec un bon vent de Sud Eft.

Dans l'endroit où nous étions mouillez, le courant portoit au Sud-Sud-Eft.

A midi par la hauteur du Soleil, la latitude a été de 29ᵈ. 54′.

La longitude eftimée, a été de 285. 12.

La route a valu le Nord ¼ Nord-Oueft 4ᵈ. vers l'Oueft, & le chemin 5. lieuës. La journée ne fçauroit être bonne quand on refte à l'hôtellerie. Les vents ont regné du Sud-Oueft au Sud-Eft, paffant par le Sud.

A midi on a fondé, & trouvé 30. braffes fable fin.

A trois heures du foir on a vû la terre de la hune; elle nous reftoit à tribord; elle eft baffe avec du fable au bord de la Mer, & des arbres plus avant.

A quatre heures le Pilote côtier a reconnu la côte, & affuré que c'étoit l'Ifle de Sainte Rofe, qui nous reftoit de l'avant au Nord-Nord-Oueft, vers un tiers de l'Ifle à l'Eft.

A fix heures on a mis en pane & fondé, on a trouvé 16. braffes fond de fable fin & vafeux.

Nous avons mouillé pour attendre la brife du Sud-Eft, qui a manqué en ce temps-là. Auffi-tôt après, les Officiers & l'Equipage fe font mis à pêcher à la ligne; ils ont pris une très-grande quantité de poiffon qui s'eft trouvé fort bon. Nous l'avons nommé Cardinal, parce qu'il eft rouge. C'eft une efpece de Pajot plus gros que celui qu'on pêche fur nos côtes, & d'un rouge plus vif.

Reflexions fur notre Navigation.

Nous voici donc prêts d'arriver à la Louifiane, après 25. jours d'une navigation ennüiante, foit à caufe des calmes qui nous ont tenu à la Mer dix jours de plus que nous ne penfions, foit à caufe de la grande chaleur, aïant eu le Soleil au zenith tout ce temps-là, ou peu s'en faut. D'ailleurs le voifinage de l'Ifle de Cube que nous avons côtoïé pendant 250. lieuës qu'elle a de longueur, nous caufoit de la chaleur & de mauvaifes odeurs; car cette côte

n'eſt pas apparemment couverte de Citronniers & d'Orangers, au moins n'étoient-ils pas en fleur.

La Jamaïque de ſon côté nous donnoit de la chaleur,
des éclairs & des tonneres. Nous craignions d'ailleurs les
bancs & écueils dont cette Mer eſt ſale & heriſſée. Nous
en craignions d'autres qui étoient ſur nos Cartes & non
à la Mer. Tel eſt celui de Sancho Pardo près du Cap S.
Antoine, ſur lequel, ou auprès duquel nous devons avoir
paſſé ſans rien voir, à notre grande ſatisfaction.

Dès les trois heures du matin on a appareillé par un
petit vent d'Eſt-Sud-Eſt, & fait route à l'Oueſt ¼ Nord-
Oueſt. A cinq heures & demi notre Pilote côtier croïoit
être au Sud-Sud-Oueſt de Panſacola à environ trois licuës;
de ſorte qu'à ce compte il nous reſtoit au Nord-Nord-Eſt.
On a fait ſonder, & trouvé 14. braſſes fond de ſable blanc,
ce qui eſt la reconnoiſſance qu'on eſt près de Panſacola.

A huit heures du matin on a encore ſondé, & trouvé
14. braſſes ſable blanc & fin; nous pouvions être à trois
licuës de la côte que nous prolongions.

A midi le Pilote côtier a reconnu Panſacola, qu'il diſoit avoir paſſé le matin; mais il eſt aiſé de ſe tromper
avec des reconnoiſſances auſſi incertaines que celle de cette
côte, qui eſt baſſe, ſur laquelle on ne ſçauroit voir aucun ſignal. Le vent aïant fraîchi au Sud-Eſt, nous avons
ſerré nos perroquets, cargué nos baſſes voiles & mis en
pane. Le Fort de Panſacola a mis pavillon blanc, & tiré
un coup de canon. Alors nous avons mis pavillon blanc
& tiré deux coups de canon. Le Fort a répondu en tirant
trois coups de canon, gardant toûjours ſon pavillon.

Le vent de Sud-Eſt étant frais, nous avons porté au
plus près au Sud-Sud-Oueſt. C'eſt un trait inſigne de la
Providence de Dieu, que le Fort de Panſacola nous ait fait
les ſignaux de reconnoiſſance; nous ne penſions pas à les
exiger, nous n'avions d'autre vûë que de prendre conſeil
avec le Henri, ce qui nous a fait mettre en pane, & de
nous garantir du vent de Sud-Eſt qui commençoit à fraîchir, en ſerrant nos perroquets, & carguant nos baſſes
voiles.

A huit heures nous avons porté à l'Oueſt ¼ Nord-Oueſt
pour nous approcher de la côte, le vent s'étant rangé à

l'Eſt & aïant molli. Mais à dix heures du ſoir le vent a
1720. Juin. fraîchi de nouveau, & il a fallu mettre à la cape.

Le 30. A minuit il eſt venu un grain de pluïe & de vent frais qui n'a duré qu'une heure. Mais dès les cinq heures du matin le vent d'Eſt aïant beaucoup fraîchi, & la Mer étant fort groſſe, nous nous ſommes mis ſous les baſſes voiles au plus près. Enfin le vent s'étant rangé à l'Eſt-Sud-Eſt toûjours frais, & la Mer fort groſſe, nous avons porté au Sud $\frac{1}{4}$ Sud-Oueſt juſqu'au ſoir. Alors le vent & la Mer aïant tant ſoit peu diminué, on a reviré de bord à ſept heures, avec les baſſes voiles. Le Henri, contre notre attente, nous a imité en revirant vent devant avec ſes baſſes voiles. Comme le vent eſt venu au Sud-Sud-Eſt, on a mis le Cap à l'Eſt pour chercher la côte de la Mobile.

Depuis midi d'hier, nous n'avons fait que douze lieuës juſqu'à midi, & depuis midi juſqu'à huit heures du ſoir quatre lieuës, à cauſe de la groſſe Mer: de ſorte que nous croïons que l'Iſle Dauphine nous reſte au Nord-Nord-Eſt, & il eſt queſtion d'y aller mouiller. Nous avons bien cahotté aujourd'hui, quoique nous n'aïons pas marché ſur des roches.

Le premier de Juillet. Dans la nuit la Mer a calmé, le vent a molli & tenu au Sud-Sud-Eſt; on a fait route à l'Eſt avec les quatre grandes voiles. A deux heures du matin après avoir mis
10. *Sonde.* en pane, on a ſondé & trouvé 25. braſſes fond de ſable noir. A trois heures nous avons fait ſervir & porté au Nord, puis au Nord-Nord-Oueſt. A cinq heures & à ſix
11. *Sonde.* heures on a ſondé tout de nouveau, & trouvé 20. braſſes fond de ſable gris, fin & mêlé de coquillage. Le vent étoit toûjours Sud-Sud-Eſt & la Mer en venoit.

A ſept heures du matin on a reconnu l'Iſle Dauphine, la pointe de la Mobile, & l'Iſle aux grands Goſiers avec ſes briſans. On a fait route ſur l'Iſle Dauphine. Etant à deux lieuës de terre, nous avons fait les ſignaux de reconnoiſſance, qui étoient de ſerrer les perroquets, mettre en pane, & tirer deux coups de canon. L'Iſle a reſté quelque temps ſans répondre, enſuite elle a tiré trois coups & mis pavillon blanc. Nous avons répondu d'un coup & mis pavillon blanc. Cela fait, on a fait ſervir & à onze heures nous
12. *Sonde.* avons mouillé à une lieuë & demi de l'Iſle, par ſept braſſes

& trois quarts fond de fable fin & vafe. Nous avons affourché avec une groffe ancre, Sud-Eft & Nord-Oueft.

L'après-midi M. de Vallette a envoïé un Officier à terre
pour fçavoir des nouvelles : il a rapporté ce qui fuit. Premierement, que M. de Saujeon, avec fes trois Vaiffeaux,
étoit parti de cette Ifle depuis près de trois mois pour retourner à Breft ; que Meffieurs de S. Villiers & de la Salle,
Commandans les Fregattes du Roy l'Amazone & la Victoire, étoient arrivez à l'Ifle Dauphine le 5. Juin, (ce
fut le jour de notre départ du Cap François) mais que
M. de Serigny Gouverneur general de la Louifiane leur
aïant dit qu'il n'avoit reçû aucuns ordres, pour les emploïer
à de nouvelles expeditions de guerre, il leur avoit pris trois
mois & demi de vivres dont le Païs manquoit, & s'é-
toit embarqué lui-même fur ces Fregattes pour retourner
en France.

Que ces deux Fregattes, qui ne nous avoient devancé
au Fort Roïal & au Cap que de douze jours, étoient parties pour retourner à Breft le 27. Juin, quatre jours avant
notre arrivée en cette Ifle. Les calmes & les mauvais temps
nous aïant retenu 27. jours dans la traverfée du Cap ici,
que nous aurions pû faire en 18. jours, ce qui nous les
auroit fait trouver, & nous auroit fait bien du plaifir.
Nous leur aurions donné des nouvelles de France, ils y
auroient porté des notres.

Mais nous n'avions garde de les rencontrer : on ne retourne pas fur Mer par le même chemin qu'on eft venu.
Ils cherchoient les vents d'Oueft, & nous voulions les vents
de Sud-Eft.

M. de Saujeon n'étant plus ici avec fes trois Vaiffeaux, les
deux Fregattes en étant parties, & les nouvelles de la fufpen-
fion d'armes étant venuës, nous ne fçavons que faire ici. Sept
Vaiffeaux de guerre auroient donné de l'inquiétude aux
Efpagnols du Mexique, & à nous de l'occupation.

Il ne nous refte qu'à faire une œuvre de mifericorde,
qui eft de donner à manger à ceux qui ont faim, c'eft-à-
dire cinq mois de vivres que nous avons de trop, aux Gens de
ce Païs qui n'en ont pas affez, du peu que M. de S. Villiers
leur a laiffé. Ainfi fans nous ils feroient réduits à la fa-

mine, n'aïant depuis long-temps reçû de Vaisseaux de la compagnie, qui est à present plus utilement occupée.

L'Officier qui commande dans l'Isle a ajoûté qu'il n'avoit aucun ordre pour nos deux Vaisseaux, qu'on n'attendoit pas, mais seulement deux Flutes, qui devoient leur apporter des vivres de France; qu'il alloit écrire à Monsieur de Bienville Commandant general de la Louisiane, & frere de M. de Serigny, qui étoit au Billoxi à neuf licuës d'ici, lequel sans doute viendroit aussi-tôt, aussi-bien que le Directeur general qui y étoit aussi; que nous pourrions trouver dans le Païs des rafraîchissemens, mais qu'ils seroient chers.

Le 2. Les vents ont été à l'Est & à l'Est-Sud-Est médiocre, la Mer de même. Les courans ont porté fortement à l'Ouest-Sud-Ouest.

Au coucher du Soleil, la variation a été observée de   2ᵈ. 0′. Nord-Est.

Nos Pilotes l'ont souvent observée pendant notre séjour ici; ils l'ont toûjours trouvée de même.

Le 3. A une heure & trois quarts après midi, nous avons eu un ras de courant très-vif venant de l'Est: il tenoit une licuë de large, & couroit le long de la côte; ainsi nos Vaisseaux ont évité au courant. Pour cela il a fallu virer sur notre ancre du Nord-Ouest pour presenter à l'Est. Nous verrons pendant le séjour si ces courans sont réguliers. Les eaux du ras, qui étoit roide, étoient de couleur verte & avoient une odeur de marêcage, ce qui marque qu'elles étoient mêlées de beaucoup d'eau de riviere. Aussi leur poids étoit beaucoup plus leger à mon aréometre que celui des eaux de la Mer, mais non pas tant que celui de l'eau douce. Depuis notre arrivée, nous n'avons pas eu un jour clair, ni une nuit claire pour observer: c'est pourquoi je ne me suis pas pressé d'aller à terre.

Le 4. Ciel couvert tout le jour. Tonneres au loin dans les terres. Le vent au Sud-Est, puis au Nord-Ouest. Nous avons eu à sept heures du matin un ras de courant vif, venant du Sud-Ouest; mais il n'étoit pas si fort que celui d'hier. On a débarqué 21. malades de notre Vaisseau, quelques-uns du scorbut, d'autres de fiévres. J'ai prié l'Au-

mônier du Henri d'aller à terre pour avoir soin des malades des deux Vaisseaux. Le Henri en a beaucoup plus
que le Toulouse.

Les courans à l'Ouest furent assez vifs hier l'après-midi,
ce matin il y en avoit un contraire à l'Est ; mais il étoit
petit. Le vent étoit foible à l'Ouest. A deux heures après
midi les courans portoient médiocrement à l'Ouest.

Le Ciel a été couvert. Il a fait un grain de pluïe avec
un vent médiocre de Nord-Ouest ; ensuite il a sauté au
Sud-Sud-Ouest foible. Les courans ont été comme hier ;
mais moins forts.

Monsieur de Bienville Commandant general dans la
Louisiane, est venu à bord du Toulouse en arrivant du
Billoxi. M. de Vallette l'a très-bien reçû, & lui a rendu
tous les honneurs de la guerre. C'est un homme de merite,
estimé dans le Païs, & aimé generalement de tous les Sauvages.

Ce Païs-ci sera bon quand il sera cultivé. Il n'y a encore, que je sçache, ni sucre, ni indigo, ni tabac, ni vignes, ni mûriers. Mais la Colonie ne fait que commencer. Celles des Espagnols, ni même les notres, quoique
nous soïons plus vifs, ne se font pas établies en un jour.
Le bled ne peut grainer, jusqu'à 150. lieuës dans les terres au Nadché. Le maïs y vient très-bien, quoiqu'on n'en
ait encore gueres semé. Le ris qu'on a commencé à semer,
réüssit fort bien. On voit dans les Jardins quelques Fi-
guiers, qui donnent trois recoltes de figues, qui seroient
excellentes, si elles étoient de bonne espece. Il y a de nos
fruits d'Eté, à la verité en petite quantité, mais ils sont
fort bons.

On y a aussi des herbes les mêmes qu'en Europe ; nous
leur avons trouvé bon goût. De toutes les Colonies, la
plus florissante est la Mobile sur la riviere de ce nom. Il
y a quatre cens Soldats & près de mille Habitans, qui
commencent à s'arranger & faire quelque chose. Elle est
éloignée de l'Isle Dauphine de dix lieuës au Nord. Billoxi
est encore une Colonie qui commence à fleurir, à cause
du voisinage de l'Isle aux Vaisseaux, à l'abri de laquelle
les Navires qui ne tirent que 13. à 14. pieds d'eau, sont

à couvert de toute Mer, & font moüillez à 15. pieds d'eau fond de fable vafeux.

Les Colonies de Panfacola & de l'Ifle Dauphine font à prefent diminuées, les Habitans étant allez s'établir dans les precedentes, ou à la nouvelle Orleans, où le terrain eft beaucoup meilleur ; car dans celles-là il y a bien du fable mêlé avec peu de terre. Le terrain eft pourtant couvert de bois de Sapin, de Pins & de Chênes. Il y a d'affez beaux arbres ainfi qu'à l'Ifle aux Vaiffeaux. On y pourroit faire de beaux mâts de hune, fi le bois n'étoit pas fi pefant. La rade de Panfacola eft le feul bon Port qu'il y ait pour les gros Vaiffeaux, & l'Ifle aux Vaiffeaux pour les petits. Les autres Ports ne font que des rades ouvertes depuis l'Oueft jufqu'à l'Eft par le Sud. Il eft vrai que le fond y eft de fort bonne tenuë : c'eft du fable fin ; ainfi quand les vents fouflent du large, le fond allant en montant, on ne craint pas de dérader avec deux ancres à la Mer, qui n'y eft pas fort groffe, excepté en Hiver. Quand les vents viennent de terre, il n'y a pas de Mer : on en eft quitte pour amener fes mâts de hune & les grandes vergues, pour bien rouler.

Pendant l'hiver ce Païs abonde en chaffe & en gibier ; fur-tout il y a beaucoup de poiffon de riviere.

Le Ciel a été couvert tout le jour ou peu s'en faut ; le vent étoit au Sud-Sud-Oueft, les courans le matin à l'Eft, le foir à l'Oueft-Sud-Oueft, la Mer médiocre. Nous avons été rendre vifite à M. de Bienville. Je parlerai dans la fuite de l'Ifle Dauphine. Je vais commencer par la Defcription de la rade de Panfacola.

DESCRIPTION

De la Rade de Panfacola.

CETTE rade, où je n'ai pas été, mais dont M. de Vienne Capitaine de Vaiffeau m'a donné le Plan, qui eft ici, eft de toutes les rades du golphe du Mexique, la feule dans laquelle les Vaiffeaux puiffent être en sûreté contre toute forte de vent. Son fond qui eft de fable mêlé

PLAN
de
PANSACOLA

A. Fort de Pansacola
B. Fort de S.te Rose
C. Recif
D. Barre à l'entrée du port
E. Partie de l'isle S.te Rose
F. Terre ferme
G. Pointe de la descente
H. Canal de S.te Rose
L. Bas-fond
M. Riviere de la Vigie
les sondes sont marquées par
Echelle D'une Lieue

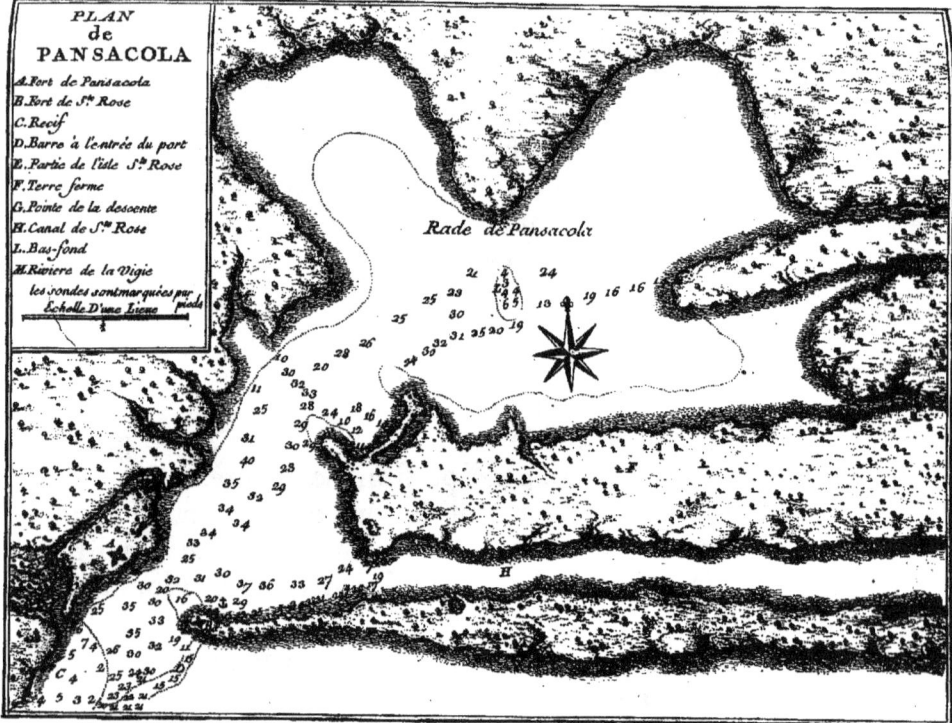

Rade de Pansacola

Voy. de la Louis. pag. 108.

1720.
Juillet.

en plusieurs endroits de vase, est d'une tenuë excellente. La Mer n'y est jamais agitée, parce que la terre l'environne de toute part ; & elle peut contenir un très-grand nombre de Navires, comme il est aisé de voir par son étenduë, & par les sondes que les chiffres de ce Plan marquent par pieds, ce qui est plus précis que par brasses.

Le mouvement des marées y est irrégulier, de même que sur tout le reste de cette côte. Il a donc été impossible, quelque soin qu'on se soit donné, de faire aucune observation juste pour en déterminer le cours. On a seulement remarqué que pendant 24. heures, la Mer sort de cette rade 18. à 19. heures, & rentre 5. à 6. heures ; & le plus qu'on ait trouvé de différence de la pleine Mer est d'environ trois pieds, certains jours moins ; d'autres sans augmentation ni diminution d'eau ; quoique les courans changent journellement, comme on l'a dit, mais sans regle. Les vents, à ce qui nous a paru, ont quelque part à cette variété.

On ne trouvera pas moins de 21. pieds d'eau sur la barre qui est à l'entrée de la rade, pourvû qu'on suive le profond du canal. Un navire qui veut entrer, doit avant d'arriver sur cette barre, se poster de maniere que le Fort de Pansacola lui reste entre le Nord & le Nord ¼ Nord-Est, & il gouvernera sur cette route jusqu'à ce qu'il se trouve à l'Ouest & Ouest ¼ Sud-Ouest du Fort de l'Isle de Sainte Rose, c'est-à-dire, que ce Fort lui reste à l'Est & Est ¼ Nord-Est. Alors il approchera un peu de la terre ferme de l'Ouest, s'en tenant à peu près à même distance que de l'Isle, afin d'en éviter la pointe, qui pousse un petit banc au large vers l'Ouest-Nord-Ouest.

Si le recif qui est à l'Ouest de la barre, brise, ce qui est assez ordinaire pour peu qu'il y ait de vent du large, il pourra servir de balise aux Vaisseaux qui le rangeront en entrant sur la barre à la distance d'une bonne portée de fusil. Après quoi ils feront la route qu'on vient de prescrire.

Les courans qui sortent de la rade sont quelquefois très-vifs ; il est à propos de s'en défier, de crainte qu'ils ne portent le Navire sur le recif. Pansacola est situé par 30d.

25′. de latitude Nord, & par 284ᵈ. 37′. de longitude comptée du meridien de teneriffe.

Voilà le Memoire que M. de Vienne me donna au Fort Roïal. Il commandoit le Triton dans la prise de Panſacola, faite par M. de Champmeſlin, de la maniere que je vais rapporter bien-tôt. Dans le retour, le Triton faiſoit une ſi prodigieuſe quantité d'eau, que M. de Vienne fut obligé de ſe mettre à quatre pompes pour ne pas couler bas, & de relâcher au Fort Roïal de la Martinique, où à peine eut-il débarqué, que quoique le Vaiſſeau fut encore à deux pompes, il coula bas dans le cul-de-ſac du Fort Roïal, où je l'ai vû en état d'être dépeſſé. Il me fut très-avantageux de rencontrer M. de Vienne homme de mérite, très-bon Officier, il eut la generoſité de me faire part de ſes découvertes, ſçachant que j'étois envoïé par le Conſeil pour faire des obſervations en ce Païs.

Comme il n'y a que demi pied de levée ſur la barre de Panſacola, tout Vaiſſeau de guerre, ſi ce n'eſt pendant une tempête, pourra mettre à 19. pieds pour entrer dans la rade, puiſqu'il y a ſur la barre 21. pieds d'eau. Pour ceux qui tirent 20. pieds, il faut qu'on les remorque, ou qu'ils ſe toüent. On voit par-là que les Vaiſſeaux de 60. pieces de canon y peuvent entrer, & que ſi la Compagnie faiſoit des Vaiſſeaux à platte varangue, comme les Hollandois, ils paſſeroient par-tout, quand même ils ſeroient de 70. pieces de canon; il eſt inutile d'en avoir de plus grands en ce Païs en temps de guerre.

Cette rade à un défaut, c'eſt que comme il s'y dégorge beaucoup de rivieres, qui y cauſent de grands courans, ils expoſent les Canots & Chaloupes à échoüer, quand ils naviguent dans la rade pour le ſervice des Vaiſſeaux, comme il eſt arrivé à l'Eſcadre de M. de Champmeſlin; mais comme le terrain n'eſt que ſable, ils n'y briſent pas. Il y a d'un autre côté un avantage très-conſiderable dans cette rade c'; eſt que les vers, qui n'aiment pas l'eau douce, ne s'y engendrent pas; ainſi les Vaiſſeaux ne ſont jamais percez.

Après ce qu'on vient de rapporter ſur Panſacola, on ſera peut-être bien-aiſe de ſçavoir ce qui s'eſt paſſé dans les diverſes priſes de ce Fort. En voici une Relation faite par un Officier qui s'y eſt trouvé,

RELATION.

Des diverses prises du Fort de Pansacola, faites dans l'année 1719.

VERS la fin de May 1719. M. de Serigny Lieutenant des Vaisseaux du Roy, & Commandant General de la Colonie de la Louisiane pour la Mer, accompagné de M. de Bienville son frere, Commandant pour la terre, partit de la Louisiane avec le Vaisseau le Philippe de 24. pieces de canon, le Comte de Touloufe de même force, & le Maréchal de Villars de 18. pieces de canon. Il pouvoit y avoir sur ces trois Vaisseaux 400. hommes. M. de Chateaugué leur frere, partit en même-temps avec 800. Sauvages pour investir le Fort de Pansacola. Dès que les Vaisseaux parurent devant ce Fort, les Espagnols tirerent deux ou trois coups de canon, & demanderent à capituler. On leur accorda une honnête capitulation. Ils sortirent avec leur bagage & leurs armes qu'ils rendirent après. On leur promit de les passer à la Havane sur les Vaisseaux le Comte de Touloufe & le Maréchal de Villars.

Le Fort de Pansacola est situé sur une hauteur de sable qui commande l'entrée de la rade. Les gros Vaisseaux sont obligez de le ranger à trois quarts de la portée d'un canon de quatre livres de balle, & les petits Vaisseaux sont hors de la portée du canon. Il est fait de rondains plantez en picquets par le bout, pour le défendre seulement contre les Sauvages. Il y a 24. pieces de canon sur quatre bastions, mais elles sont très-mal montées, selon la coûtume des Espagnols aux Indes Occidentales.

Vers le commencement de Juin, les Vaisseaux le Comte de Touloufe & le Maréchal de Villars partirent pour France, & passant pardevant la Havane, ils devoient débarquer les prisonniers Espagnols. Huit jours après leur départ nous arrivâmes à Pansacola par hasard ; car nous devions aller à l'Isle Dauphine, mais la crainte des courans, qui portent à l'Ouest, fait que l'aterage de l'Est est toûjours le meilleur. Ainsi aïant aterré à l'Isle de Sainte

Rofe , & moüillé à caufe du calme, la nuit les vents fe
rangerent au Sud-Eft, ce qui fit tirer un coup de canon à
notre Commandant pour appareiller. Ce coup fut entendu
du Fort de Panfacola, où étoient encore Meffieurs de Serigny & de Bienville. Ils envoïerent le Canot du Philippe
au-devant de nous, pour nous ordonner d'entrer dans le
Port, ce que nous fîmes. Nous étions deux Vaiffeaux, le
S. Louis commandé par M. du Colombier, & notre Flute
par M. Faveaud. Nous y trouvâmes deux Negriers, un de
36. pieces de canon, un autre de 24. pieces, qui partirent
le 12. Juillet pour France. Le Philippe, après avoir chargé
parties de nos marchandifes , partit lui-même pour l'Ifle
Dauphine avec Meffieurs de Serigny & de Bienville, &
nous laiffa tous feuls en déchargement ; c'étoit des vivres
pour le Fort. Nous étions tous affez mal armez ; car le Fort
duquel M. de Chateaugué étoit Gouverneur n'avoit que
200 hommes. Le S. Louis étoit en fouflage, & notre Flute
fe mâtoit de trois mâts, du beaupré, du grand mât & de
l'artimon. Outre cela le S. Louis avoit jetté fes canons à
la Mer, dans un coup de vent que nous avions trouvé fur
le Cap de Finiftere en venant ici. De forte que nous n'avions
dans les deux Vaiffeaux que 20. pieces de canon avec 80.
hommes.

J'étois allé le 4. Août 1719. couper des chênes pour radouber notre Flute : j'entendis tirer un coup de canon du
Fort : je regardai les Vaiffeaux, où je vis pavillon : je char-
geai au plus vîte ma Chaloupe, & m'en allai à bord ; en
paffant pardevant le Saint Louis, on me dit qu'on voïoit
douze voiles au large. C'étoit trois Vaiffeaux & neuf
Batteaux ou Brigantins. J'eus peine à le croire, car nous
ne nous y attendions pas ; mais j'en fus perfuadé lorfqu'étant monté à bord, je les vis par-deffus l'Ifle de Sainte
Rofe qui eft fort baffe. Nous nous toüames fous le Fort,
ce qui nous occupa toute la nuit ; car ils parurent à quatre
heures du foir. Nous avions une lieuë & demi de toüage
avec un grand calme, ce qui nous fatigua extrêmement.
Nous paffâmes tous nos canons d'un bord, & nous mîmes
en état de nous défendre. On en faifoit autant au Fort.
A fix heures du matin il nous vint un ordre par écrit, par
lequel il nous étoit défendu de faire fauter, ni de couler

à

à fond nos Vaiſſeaux ; mais permis de les abandonner ſi nous voïions que les ennemis fuſſent plus forts que nous. Nous vîmes ſur la pointe de l'Iſle où ils étoient deſcendus, un nombre infini de monde ; les Batteaux & Brigantins en étoient encore chargez, ainſi que les Canots, ce qui nous donna à penſer.

Enfin les Batteaux entrerent ſans que le canon du Fort pût aller juſqu'à eux, & aïant remarqué qu'il ſe détachoit un Batteau de 14. pieces de canon, & un Brigantin de dix pieces pour ſe mettre entre la terre & nous, nous prîmes le parti de ſuivre nos ordres, & de deſcendre à terre. Comme nous étions preſſez, nous n'emportâmes que nos armes. Nous enclouâmes pourtant nos canons, car ils auroient ſervi à nous battre dans le Fort. En arrivant à terre le vent calma tout plat, ce qui fit moüiller le Batteau & le Brigantin, & nous donna le temps d'entrer dans le Fort. On envoïa quatre ou cinq Matelots à bord de la Flute, pour y prendre du biſcuit pour le Fort. Mais au lieu de le faire ils s'amuſerent à boire ; enſuite ils deſenclouèrent un canon qu'il y avoit dans l'entre-pont, que nous n'avions pas bien encloüé. Ils en tirerent quelques coups ſur les Eſpagnols, après quoi les garde-feux s'étant trouvé vuides, ils allerent chercher des gargouſſes dans la Sainte Barbe ſans garde-feux, & les mirent au pied du canon. Les cornes d'amorce s'étant trouvées auſſi vuides, ils amorcerent le canon avec une gargouſſe qu'ils déchirerent. La poudre ſe répandit ſur celles qui étoient au pied du canon ; & aïant voulu mettre le feu au canon, il prit à toutes ces gargouſ-ſes & brûla ces yvrognes, dont deux moururent deux jours après. Le feu prit auſſi au Vaiſſeau qui s'eſt entierement brûlé.

Les Eſpagnols aïant remarqué que les Vaiſſeaux étoient abandonnez, vinrent enlever le S. Louis à la veuë du Fort, ſans qu'on pût pointer un canon ſur eux, tant ils étoient en mauvais état. Ils couperent les cables de la Flute que le courant éloigna un peu du Fort. Un Officier vint ſur le ſoir dans un Canot nous ſommer de nous rendre, on n'en voulut rien faire. La nuit on nous diſtribua nos poſtes ; mais le matin nous nous apperçûmes que cinquante Soldats & un Officier à leur tête avoient déſerté, ce qui rallentit l'envie que nous avions de nous bien défendre, & fit ré-

foudre M. de Châteaugué, & M. de l'Arſebaut Directeur General, à ſe rendre. On dreſſa une capitulation, mais les Eſpagnols refuſerent de la ſigner, parce qu'ils étoient aſſurez que la
Garniſon n'étant compoſée que de Forçats & de gens mal in-
tentionnez, ne ſe deffendroit pas, & que nous ſerions obligez
d'accepter les conditions qu'ils voudroient nous impoſer.

Les Eſpagnols deſcendirent à terre à quatre heures du
ſoir le 7. Août 1719. & nous firent ſortir du Fort avec armes
& bagages. Etant ſortis nous rendîmes nos armes. Ils envoïerent les Soldats & Matelots à bord de leurs Vaiſſeaux ;
mais les Officiers dont il y en avoit dix des Vaiſſeaux & douze
de terre, n'y furent envoïez que le lendemain. Les Soldats
Eſpagnols nous volerent, contre l'ordre du General, & nous
avons été long-temps que nous n'avions que neuf onces de
pain par jour, & de l'eau tant que nous voulions ; mais ils
manquoient également de vivres.

Nous apprîmes des Eſpagnols, que des trois Vaiſſeaux
qu'ils avoient amené, les deux plus gros étoient le Comte
de Touloufe & le Maréchal de Villars. Ces deux Vaiſſeaux
avoient paru devant la Havane dans le temps qu'il en partoit
une petite Flotte de Batteaux & de Brigantins, la plûpart
Forbans, à qui l'on avoit donné des amniſties & des com-
miſſions en guerre pour aller prendre la Caroline. Comme
nos deux Vaiſſeaux ne voulurent point ſe défendre, ſe croïant
fort en ſûreté, puiſqu'ils avoient des priſonniers à remettre à
la Havane, ils furent contraints par cette Flotte d'entrer
dans le Port. Là, ſans écouter ni le droit des Gens, ni la
foi des Traitez, les Eſpagnols confiſquerent & pillerent ces
Vaiſſeaux, dont ils retinrent priſonniers les Capitaines &
les Equipages ; & les aïant ſur le champ armez de nouveau,
ils les joignirent à leur petite armée, pour nous venir aſſieger
dans Panſacola.

Nous trouvâmes que les Eſpagnols étoient au nombre
de 1800. la plûpart Forbans. Il y avoit 600. Soldats de
troupes reglées que le Roi d'Eſpagne avoit envoïé à la Havane pour contenir les Créoles de ce Païs, qui ſe vouloient
révolter à cauſe d'un impôt qu'on vouloit mettre ſur le tabac.
Ce tumulte s'étant trouvé appaiſé, ces troupes étoient oi-
ſives lorſque nos deux Vaiſſeaux y arriverent, ce qui détermina le Gouverneur à les faire embarquer.

Les Efpagnols dépêcherent auffi-tôt un Brigantin à la Havane, & un Batteau à la Veracrux pour donner avis de leur conquête. Dans le Brigantin qui fut à la Havane, ils avoient deffein de mettre tous les Officiers ; mais enfin ils n'y mirent que les Officiers de terre avec leurs valets ; ceux de Marine refterent prifonniers dans les Vaiffeaux, ce qui fut caufe de leur prompte délivrance de la maniere qu'on va voir.

Les Efpagnols fe croïoient les maîtres de la Colonie, & ne faifant pas grand cas de l'Ifle Dauphine, ils détacherent trois Batteaux pour l'aller prendre, lefquels devoient enfuite paffer à la Mobile, puis à la nouvelle Orleans ; & fuivant ce projet, toute la Colonie étoit entierement détruite. Selon eux rien n'étoit plus aifé, & rien de comparable à la prife de Panfacola. Cependant le Philippe, qui étoit à l'Ifle Dauphine, s'étant mis dans un baffin, où un Batteau ne pouvoit entrer fans fe faire remarquer, les arrêta tout court. Ils hafarderent pourtant une defcente à la pointe de la Mobile, mais ils n'y expoferent que les 50. déferteurs François, qui furent maffacrez ou pris par les Sauvages. Les Batteaux s'en retournerent à Panfacola 15. jours après. Là, pour les renforcer on leur donna le Maréchal de Villars & le Santo Chrifto. Ils furent encore à l'Ifle Dauphine tirer des coups de canon qui n'épouvanterent pas les Habitans. Et étant pour la feconde fois de retour à Panfacola, ils depêcherent un Batteau & un Brigantin pour obferver les mouvemens de l'Ifle Dauphine. Huit jours après nous vîmes arriver le Batteau tout feul, il avoit 14. canons, & fans fçavoir quelles nouvelles il apportoit, nous remarquâmes une grande confternation fur leur vifage. Je m'informai de quelques Efpagnols avec qui j'avois fait amitié de ce que ce pouvoit être. Ils me dirent que le Capitaine de ce Batteau avoit vû quatre gros Vaiffeaux arriver à l'Ifle Dauphine. Une heure après ils dirent que c'étoit de petits Navires : de forte que nous étions tous fort en peine, ne fçachant que croire de ce qu'ils nous difoient.

Ils abatirent un grand nombre d'arbres pour conftruire un Fort de pieux fur la pointe de l'Ifle de Sainte Rofe ;

il fut fait en douze jours de temps : ils y firent travailler nos Soldats & Matelots prisonniers. Ce temps-là s'étant écoulé & n'aïant rien vû, ils se persuaderent que les François avoient peur d'eux. Ils se mocquoient de nous & ne nous appelloient déja plus Segnor, comme ils faisoient depuis leur premiere terreur. Mais au bout de 15. jours ils furent fort étonnez, quand du haut des mâts leur vigie cria Navire, & leur en annonça jusqu'à six. Alors ils nous resserrerent plus qu'à l'ordinaire ; ils assuroient que c'étoient des Navires qui venoient de la Veracrux pour détruire le commerce que la Compagnie vouloit absolument entreprendre dans le Mexique par la Louisiane ; nous fimes semblant de les croire. Mais les Vaisseaux étant venus moüiller à demi lieuë de l'entrée, ne leur donnerent plus lieu de douter qu'ils étoient François. Ils mirent les Officiers dans les deux plus forts Vaisseaux ; car auparavant nous étions tous dans le S. Louis, & s'entraverserent sur la pointe de Sainte Rose. Ils avoient onze voiles, dont quatre étoient des Vaisseaux, sçavoir le S. Louis duquel ils avoient défencloué les canons, le Comte de Touloufe, le Maréchal de Villars & le Santo Christo.

Le lendemain sur le midi les Vaisseaux François appareillerent pour entrer. Les Espagnols commencerent les premiers à tirer ; mais leur canon n'alloit pas encore à bord des François, tandis que leur Fort de dessus la pointe de Sainte Rose étoit déja tout culbuté ; ceux qui le défendoient la plûpart tuez ou mis en fuite. Ils avoient pourtant du canon de dix-huit livres de balle ; mais celui de nos Vaisseaux qui étoit de 18. & de 24. livres de balle, étoit trèsbien servi. Ils se battirent deux heures & demi, & ne se rendirent que quand la munition leur manqua, ils furent tous faits prisonniers de guerre : mais M. de Champmeslin laissa à leur Commandant son épée à cause de sa belle défense.

Le grand Fort de la terre gardé par six cens Espagnols, étoit investi par les Sauvages qu'ils craignent extraordinairement, & qui étoient commandez par M. de Bienville. Dès que la garnison de ce Fort eût apperçû que les Vaisseaux Espagnols avoient amené, ils dépêcherent un Officier pour demander à capituler, ne voulant point se rendre aux Sauvages : on les reçût à discretion, & on donna le pillage du Fort aux Sauvages.

Nous apprîmes alors que notre liberateur étoit M. de Champmeslin Chef d'Escadre, qui commandoit l'Hercule de 64. pieces de canon, mais qui n'en avoit que 56. Il avoit le Mars percé pour 60. pieces, mais qui n'en avoit que 54. Le Triton percé pour 54. mais qui n'en portoit que 50. & l'Union Vaisseau de la Compagnie de 36. pieces de canon ; le Philippe de 20. pieces de canon, & un Brigantin. Ces Vaisseaux du Roy avoient porté un Intendant à la Martinique, & étoient destinez à réduire à leur devoir ceux des Habitans de cette Isle qui s'en étoient écartez. Aïant trouvé qu'ils y étoient rentrez, ils allerent à S. Domingue, où ils furent trouvez par le Vaisseau l'Union qui leur apportoit des ordres de Monseigneur le Regent pour aller prendre Pansacola, sans sçavoir qu'il avoit été pris & repris. C'est une espece de miracle que ces Vaisseaux soient venus nous délivrer.

Le sur-lendemain de cette victoire M. de Champmeslin distribua les prises ; il destina le S. Louis pour reporter toutes les troupes Espagnoles à la Havane, & leur abandonna le Vaisseau. Il donna le Comte de Toulouse à M. du Colombier, le Maréchal de Villars à M. Faveaud, & il me donna le Santo Christo. Il distribua les prisonniers qui restoient dans toute l'Escadre, garda quatre Batteaux, & fit mettre le feu aux autres. Nous fûmes repris le 17. Septembre. Le premier Octobre la Duchesse de Noailles arriva chargé de vivres, ce qui nous fit grand plaisir, car nous en avions besoin.

Les Espagnols étoient tout étonnez de voir un si prompt secours venu de si loin, tandis qu'étant près de la Havane & de la Veracrux, ils n'en avoient pû avoir pendant l'espace de quarante jours. Le 24. Septembre le Brigantin qui avoit mené nos prisonniers arriva, & entra inconsiderement dans le Port sans nous connoître, tant les Espagnols comptoient sur leur victoire. Douze jours après un Pincre en fit autant ; & comme nous sortions de la rade, le Batteau qui avoit été à la Veracrux, arriva aussi assez à temps pour se faire prendre. Le Brigantin avoit apporté des Lettres du

Gouverneur de la Havane, qui donnoit de grands éloges au Commandant de l'Escadre Espagnole, & nous condamnoit d'aller tous aux mines du Mexique, sous prétexte que nous étions des Forbans.

Monsieur de Champmeslin fit pendre partie de nos déserteurs, envoïa les autres aux mines des Islinois, fit ruiner le Fort de Pansacola & celui de l'Isle de Sainte Rose, parce qu'il étoit impossible de les garder. Il y laissa seulement 25. hommes pour faire voir aux Alliez de la Couronne qui viendroient relâcher dans ce Port, que le poste est à nous. Il sortit de cette rade le 10. Octobre, mais il ne partit de la côte de la Louisiane qu'au mois de Novembre, & arriva à Brest le troisiéme Janvier de cette annee 1720.

OBSERVATIONS

Faites à l'Isle Dauphine sur la côte de la Louisiane, dans le mois de Juillet 1720.

DEPUIS le premier Juillet, jour de notre arrivée à l'Isle Dauphine, le Ciel fut souvent couvert jusqu'au 9. de ce mois ; ainsi je ne descendis point à terre. J'étois d'ailleurs bien aise de laisser faire les établissemens, tant pour les Hôpitaux que pour nos logemens avant que de m'y rendre, & donner à l'Aumônier du Henri, quelques jours pour se remettre des fatigues de la Mer. Je m'y en allai le 9. Juillet l'après midi ; on m'y avoit disposé une maison de bois ; car ici, comme aux Isles, il y en a peu d'autres, parce qu'il n'y a ni pierres ni cailloux, & que le bois n'y manque pas. Cette maison qui est la seule du Bourg qui ait un étage au-dessus du rez-de-chaussée, est sur une plage de sable en vüe de la Mer, presque sur l'extrémité orientale de l'Isle. Elle est un peu plus solide que les autres, aïant les murs du bas étage bâtis de chaux faite de coquillage, réduite en mortier. On mêle ce mortier avec du coquillage entre des planches posées verticalement. On bat ce mêlange avec la houë, & quand le tout est durci, on ôte les planches, & on continuë de la même maniere les affises, qui n'ont qu'un pied d'épaisseur.

Je montai mon horloge, & je plaçai mon quart de cercle hors de la maison, vis-à-vis mes fenêtres sur une petite hauteur de sable, où l'on avoit jetté des coquillages brisez & mêlez avec du mortier, qui rendoit cet endroit-là un peu plus ferme que le reste du rivage, qui n'est que sable mouvant, ce qui fatigue extrémement en marchant. Ce sable est d'ailleurs si blanc, qu'au fort du Soleil on en est ébloüi. Auprès de cet endroit je fis dresser un petit mât, ce que les gens de Mer entendent à merveille : on y attacha une poulie sur laquelle passoit une manœuvre courante qui soutenoit ma lunette de 18. pieds, supportée sur une longue piece de bois creusée pour recevoir le tube de la lunette ; ainsi je haussois aisément ma lunette, autant qu'il en étoit besoin. Cet Observatoire étoit à la discretion non seulement des gens du Païs, mais même des bœufs, vaches & autres animaux : il n'y arriva pourtant point de désordre pendant mon séjour dans cette Isle. Je pris des hauteurs du Soleil pour regler l'horloge. Les voici.

Matin.	Bord superieur du Soleil.	Soir.	
9ʰ.48′.34″.	64ᵈ.45′.30″.	1ʰ.25′.40″.	} Point de correction.
51. 14.	65. 17. 0.	1. 23. 0.	

Le calcul fait, on a eu midi le 10. Juillet à   11ʰ.37′. 7″.

Hauteur meridienne apparente du bord superieur du Soleil,   82ᵈ.12′. 0″.

Demi diametre, & 8″ de réfraction soustractive,   15. 58.

Vraie hauteur meridienne du centre du Soleil,   81. 56. 2.

Déclinaison du Soleil soustractive,   22. 13. 0.

Hauteur de l'équateur,   59. 43. 2.

Latitude de l'Isle Dauphine,   30. 16. 58.

Le soir on ne put faire d'observation à cause des nuages, & un étourdi de valet arrêta la Pendule placée dans ma chambre.

On prit des hauteurs du Soleil pour l'horloge, mais comme elle fut encore arrêtée par un autre imprudent, on ne les donnera pas.

Hauteur meridienne apparente du bord fuperieur du Soleil,   82ᵈ. 3′. 30″.

Donc, comme deſſus, vraïe hauteur meri-dienne du centre du Soleil,   81. 47. 38.

Déclinaiſon du Soleil ſouſtractive,   22. 5. 0.

Hauteur de l'équateur,   59. 42. 38.

Latitude de l'Iſle Dauphine,   30. 17. 22.

Le temps ne fut pas beau le reſte du jour, ainſi on ne put faire aucune autre obſervation.

A 7ʰ. 15′. du matin la baſſeſſe de l'horiſon de la Mer, fut de   0 . 3′. 30″.

Je pointai la lunette fixe du quart de cercle au Sud & au Sud-Oueſt. Le Ciel étoit aſſez ſerein, & il y avoit peu de vent.

Hauteurs pour l'Horloge.

Matin.	Bord ſuperieur.	Soir.	
9ʰ. 6′. 29″.	49ᵈ. 10′. 0″	3ʰ. 7′. 30″.	Il n'y a point de correction à faire.
11. 54.	50. 22. 0.	1. 53.	
17. 4.	51. 28. 0.	2. 57. 4.	

Par ces hauteurs, on a eu midi vrai le 12. Juil-let, à   0ʰ. 7′. 4′.

Hauteur meridienne apparente du bord infe-rieur du Soleil,   81ᵈ. 23′. 30″.

Demi diametre du Soleil, moins 8″. de ré-fraction additive,   15. 42.

Vraie hauteur du centre à Midi,   81. 39. 12.

Déclinaiſon du Soleil ſouſtractive,   21. 56. 0.

Hauteur de l'équateur,   59. 43. 12.

Latitude de l'Iſle Dauphine,   30. 16. 48.

Je ne pus faire aucune autre obſervation ce jour-là, le temps ne le permit pas, & il vint divers malades de nos Vaiſſeaux qu'il fallut ſecourir.

Il vient d'arriver trois Vaiſſeaux de la Compagnie : ils ont ſalué les Vaiſſeaux du Roy. L'un eſt commandé par M. de la Feüillée, il eſt nommé la Driade, chargé de 50. Soldats. Un autre chargé de Forçats & de Paſſagers qui viennent habiter la Colonie. Un autre nommé le Rubis,

venant

venant de Guinée chargée de Negres pour la Colonie, ils ont moüillez près de nous, & comme nous à l'abri de la Boüée.

Outre mes occupations aftronomiques, je me trouve chargé des Hôpitaux qu'on a établi dans l'Ifle pour nos malades qui augmentent en nombre. J'avois raifon de croire qu'il y avoit peu de Prêtres dans ce vafte Païs, puifqu'il n'en refte que trois; l'un à la Mobile, l'autre au Billoxi, & le troifiéme à la nouvelle Orleans. Il n'y a pas même d'Eglife à l'Ifle Dauphine; nous difons la Meffe près de l'Hôpital du Touloufe. Ici toute la marque du Chriftianifme fe réduit à une Croix, auprès de laquelle nous avons établi le Cimetiere dans le fable.

A 7^h. 30′. du matin, la baffeffe de l'horifon de la Mer, fut de   0^d. 5′. 0″. Le 13.

Hauteurs pour l'horloge.

Matin.	Bord fuperieur.	Soir.	
9^h. 1′. 7″.	48^d. 3′. 30″.	3^h. 7′. 30″.	⎫
5. ⚹	49. 9. 30.	4. 8.	⎬ Il n'y a point de correction à faire:
8. 57.	50. 6. 0.	2. 59. 53.	⎭

On a donc midi vrai, à   0^h. 4′. 32″.

De forte que l'horloge a tardé en un jour de   2. 32.

On n'a pû prendre les hauteurs meridiennes du Soleil, à caufe d'un gros nuage venu du Nord-Eft, qui a duré depuis 11^h. 30′. jufqu'à deux heures du foir.

On a achevé aujourd'hui un mât de hune pour le Touloufe, d'un beau bois qui eft rouge, quoique Sapin, mais il eft fort pefant. J'efpere que nous n'aurons pas befoin de nous en fervir.

J'ai encore pris aujourd'hui des hauteurs du Soleil pour l'horloge, par lefquelles j'ai connu qu'elle tardoit trop fur le temps moïen; c'eft pourquoi j'ai hauffé le poids du Pendule jufqu'à la marque fur laquelle elle étoit reglée à Toulon, mais tout cela a été jufqu'ici affez inutile; car un troifiéme imprudent m'a arrêté mon horloge pendant mon abfence; ainfi il faut recommencer. Le 14.

Quoique nous ne devions pas tirer grand profit des obfervations fuivantes, je les mettrai pourtant ici. Le foir à huit heures, le premier Satellite s'approchoit de Jupiter; il en étoit éloigné d'un diametre de Jupiter. Le troifiéme

P

étoit éloigné de quatre à cinq diametres de Jupiter. Ils étoient tous deux à l'Orient. Le second étoit à un diametre de Jupiter loin de son bord occidental. Le quatriéme étoit meridional, & loin du second d'un demi diametre de Jupiter vers l'Occident. Le troisiéme s'éloignoit de Jupiter. Le second & le quatriéme devoient se joindre. Je les observai à 9ʰ. 30′. ils étoient presque en conjonction. La brume m'empêchoit de les voir bien distinctement. Il survint des nuages, je n'attendis pas.

A midi la hauteur apparente du bord inferieur du Soleil, avoit été de   81ᵈ. 6′. 30″.

Donc, comme dessus, vraie hauteur du centre,   81. 22. 12.

Déclinaison du Soleil soustractive,   21. 39. 30.

Hauteur de l'équinoxial,   59. 42. 42.
Latitude de l'Isle Dauphine,   30. 17. 18.

Il y eut des nuages, on ne put pas prendre des hauteurs ni correspondantes, ni meridiennes ; ce jour fut malheureux, on ne put faire d'autre observation que celle-ci.

A 9ʰ. 30′. matin, bassesse de l'horison de la Mer, 0ᵈ. 5′. 30″.

Plus grande que les précedentes. On a pointé au Sud-Sud-Ouest.

On a embarqué notre mat de hune, & on se presse de débarquer les vivres que nous laissons à la Colonie.

On a pris des hauteurs du Soleil pour l'horloge.

Matin.	Bord superieur.	Soir.	
9ʰ. 16′. 4″.	53ᵈ. 22′. 30″.	2ʰ. 34′. 56″.	
18. 35.	54. 4. 0.	32. 20.	Il n'y a point encore de correction à faire.
21. 26.	54 40. 0.	29. 34.	

On a donc midi vrai le 16. Juillet, à   11ʰ. 55′. 30″.
Hauteur meridienne apparente du bord inferieur du Soleil,   80ᵈ. 47′. 30″.
Donc vraie hauteur du centre,   81. 3. 12.
Déclinaison du Soleil soustractive,   21. 20. 0.

Hauteur de l'équateur,   59. 43. 12.
Latitude de l'Isle Dauphine,   30. 16. 48.

On n'a pû faire aujourd'hui d'autre observation.

La bassesse de l'horison de la Mer a été à 8ʰ. 15′. du matin, de   0ᵈ. 4′. 15″.

On a pointé la lunette au Sud-Sud-Oueſt ; l'horiſon étoit aſſez net.

On avoit pris le matin des hauteurs pour l'horloge, mais aïant été l'après-midi adminiſtrer les Sacremens à des malades de nos Hôpitaux : je ne fus pas de retour aſſez à temps pour celles du ſoir, & le Sieur Verguin, que le Conſeil m'a donné pour Deſſinateur, ne pouvoit ſeul compter & prendre hauteur.

A 9ʰ. 30'. du matin, on fit l'experience du barometre. Le mercure, après l'avoir bien purgé, eſt monté dans le tube, à 27ᵖᵒᵘᶜ. 7ˡⁱᵍⁿ. ½

On s'eſt toûjours ſervi des pompes de verre, dont j'ai parlé ci-devant, pour charger le tube. Nous étions quatre toiſes au-deſſus de la ſurface de la Mer ; les connoiſſeurs ſçavent pourquoi je dis ceci.

Hauteur meridienne apparente du bord inferieur du Soleil,   80ᵈ. 37'. 0".

Donc vraie hauteur du centre,   80. 52. 42.

Déclinaiſon du Soleil ſouſtractive,   21. 10. 0.

Hauteur de l'équateur,   59. 42. 42.

Latitude de l'Iſle Dauphine,   30. 17. 18.

Quel Païs eſt celui-ci pour un Aſtronome ! pas une belle nuit ; je n'ai encore pû rien faire.

La baſſeſſe de l'horiſon de la Mer, a été trouvée ce matin, de   0ᵈ. 4'. 30".   Le 18.

Le Ciel étoit couvert, le vent à l'Oueſt médiocre.

Tout le jour le Ciel a été couvert de nuages par un grand vent qui eſt venu à l'Eſt, puis il a tourné par le Nord au Sud-Oueſt, où il a reſté depuis une heure juſqu'à ſix heures & demi du ſoir. Alors il a ſauté au Nord-Eſt frais, qui a encore plus couvert le Ciel. Il a fait un grain de pluïe forte. La nuit le vent eſt retourné à l'Oueſt, le Ciel très-couvert avec des tonneres au loin & des éclairs.

Tout aujourd'hui même temps qu'hier. Le vent Oueſt-Sud-Oueſt, groſſe Mer & nuages épais. De maniere qu'on n'a pû obſerver, ni même bien diſtinguer l'horiſon de la Mer pour en prendre la baſſeſſe.   Le 19.

A dix heures du matin le Ciel étant fort couvert, & après une groſſe pluïe, on a fait par deux fois l'experience du baromctre avec les précautions ordinaires. A la premiere, avec un tube d'onze points de diametre, le mercure étoit à   27$^{pouc.}$ 4$^{lign.}$

A la feconde, avec un tube d'une ligne, il eft monté à   27. 5.$\frac{1}{2}$

A 8^h. 30'. du matin le Ciel étant très-ferein, le vent Nord-Oueft foible, la baffeffe de l'horifon de la Mer a été de   0^d. 5'. 0^n.

On a pris des Hauteurs pour regler l'horloge.

Matin.	Bord fuperieur.	Soir.	
8^h. 40'. 57^n.	47^d. 12'. 30^n.	2^h. 54'. 55^n.	Il n'y a point encore
45. 36.	48. 13. 0.	50. 16.	de correction à faire.
50. 33.	49. 17. 0.	45. 17.	

On a donc midi vrai le 20. Juillet, à   11^h. 47'. 56'.
De forte que l'horloge a tardé depuis le 16. Juillet, de   7. 34.
Pour être au temps moien, elle devoit avancer en ces quatre jours, de   19.

Elle tarde donc en ces quatre jours, de   7. 53.
Ce qui donne pour retardement journalier,   1. 58.$\frac{1}{4}$
Ainfi on voit que dans ces Climats (ce que bien d'autres ont obfervé avant moi) il faut accourcir les Pendules bien plus que dans les nôtres, pour qu'elles foient ifochrones. J'ai hauffé le grand poids du Pendule d'une demi ligne : j'ai emploïé à cela 17^n. mais pour rapprocher l'horloge du temps vrai, j'ai avancé l'éguille des minutes de 12'. de forte que comprifes les 17^n. dont je l'ai retardée, elle ne tarde plus à midi du 20. Juillet, que de   0^h. 0'. 21^n.
Hauteur meridienne apparente du bord inferieur du Soleil,   80^d. 4. 0.
Demi diametre du Soleil moins 10^n. de réfraction additive,   15. 41.

Vraie hauteur du centre,   80. 19. 41.
Déclinaifon du Soleil fouftractive,   20. 37. 0.

Hauteur de l'équinoxial,   59. 42. 41.
Latitude de l'Ifle Dauphine,   30. 17. 19.

Ce foir j'ai pris avec grand foin la hauteur meridienne
d'Antares,   33.ᵈ 57.ʹ 0ʹ.
    Réfraction fouftractive,   1. 27.

Vraie hauteur meridienne d'Antares,   33. 55. 33.
Déclinaifon meridionale d'Antares,   25. 47. 19.

Somme. Hauteur de l'équateur,   59. 42. 52.
Latitude de l'Ifle Dauphine,   30. 17. 8.

Laquelle s'accorde avec la moïenne, concluë des fept
hauteurs meridiennes du Soleil rapportées ci-devant. Ainfi
elles fe confirment les unes & les autres.

Hauteurs du Soleil pour l'Horloge.   Le 21.

Matin.	Bord fuperieur.	Soir.	
9ʰ. 14ʹ. 36ʺ.	52ᵈ. 12ʹ. 0ʺ.	2ʰ. 41ʹ. 47ʺ.	⎱
19. 21.	53. 13. 30.	36. 52.	⎰ Correction additive 3ʺ.
24. 4.	54. 14. 0.	32. 17.	⎰

On a donc midi vrai le 21. Juillet, à   11ʰ. 58ʹ. 12ʺ.
De forte que l'horloge a tardé en un jour
folaire de   1. 27.

Je n'ai pû obferver le Soleil à midi, aïant été occupé à
adminiftrer les Sacremens à des malades.

A 7ʰ. 30ʹ. du foir, j'obfervai les Satellites de Jupiter le
Ciel étant ferein, ce que je n'avois pas vû depuis mon
arrivée en cette Ifle. Le premier Satellite étoit à l'Orient,
loin du bord de Jupiter d'un diametre de cette Planette.
Le troifiéme étoit à l'Orient du premier, éloigné de lui de
deux diametres de Jupiter. Le fecond Satellite étoit méridional, & loin du bord occidental de Jupiter d'un demi
diametre de Jupiter. Le quatriéme étoit à l'Occident du
fecond, dont il étoit éloigné de deux diametres de Jupiter.
Il y avoit une Etoile fixe, diftante de Jupiter de la moitié
de l'ouverture de la lunette de dix-huit pieds. A 8ʰ. 30ʹ.
le fecond Satellite s'étoit approché de Jupiter ; les autres
s'en étoient un peu éloignez.

Hauteur meridienne apparente de Saturne,   44ᵈ. 23ʹ. 0ʺ.
Réfraction,   1. 1.

Vraie hauteur meridienne de Saturne,   44. 21. 59.
Déclinaifon meridionale de Saturne additive, 15. 21. 0.

Hauteur de l'équinoxial,	59ˡ. 42′. 59″.
Latitude de l'Ifle Dauphine,	30. 17. 1.

La figure de Saturne étoit pour fes anfes la même qu'or-dinairement

On a pris de nouveau la hauteur meridienne apparente d'Antares, 33ˡ. 56′. 45″.

Donc, la réfraction étant la même, vraie hauteur d'Antares, 33. 55. 18.

Déclinaifon meridionale d'Antares, 25. 47. 19.

Hauteur de l'équateur,	59. 42. 37.
Latitude de l'Ifle Dauphine,	30. 17. 23.

Le 22. J'étois allé de grand matin aux Hôpitaux ; pendant mon abfence ma Pendule fut arrêtée par quelqu'un qui venoit me voir, qui ne trouva qu'un valet dans ma chambre. J'accourcis encore le Pendule d'un tour de vis, & je remis l'horloge à peu près au temps vrai ; puis je pris les hauteurs fuivantes.

Matin.	Bord fuperieur.	Soir.	
8ʰ. 57′. 51″.	48ᵈ. 17′. 30″.	3ʰ. 0′. 35″.⎫	
9. 1. 24.	49. 4. 0.	2. 57. 6.⎬ Correction additive 2″.	
6. 58.	50. 1. 0.	2. 51. 36.⎭	

On donc midi vrai le 22. Juillet, à 11ʰ. 59′. 16″.

Hauteur meridienne apparente du bord in-ferieur du Soleil, 79ˡ. 40′. 30″.

Demi diametre moins 11″. de réfraction ad-ditive, 15. 40.

Vraie hauteur du centre du Soleil,	79. 56. 10.
Déclinaifon du Soleil foustractive,	20. 13. 0.

Hauteur de l'équateur,	59. 43. 10.
Latitude de l'Ifle Dauphine,	30. 16. 50.

Le foir à 7ʰ. 25′. j'ai obfervé Jupiter. Le fecond Satellite étoit à l'Orient de Jupiter, loin de fon bord d'un diametre de Jupiter. Le troifiéme étoit éloigné du fecond vers l'Orient d'un demi diametre de Jupiter, mais il étoit plus feptentrional. Le premier Satellite étoit loin du bord occidental de Jupiter d'un demi diametre de cette Planete. Le quatriéme étoit à l'Orient de Jupiter loin de fon bord environ d'un diametre & demi de Jupiter. L'Etoile fixe un peu plus loin de Jupiter qu'hier ; & l'autre fixe vers le Sud au bord de l'ouverture de la lunette de 18. pieds.

A 8ʰ. 27ʹ. 30ʺ. du même soir, le troisiéme Satellite étoit en conjonction avec le second, à un diametre de Jupiter loin de son bord oriental. Le troisiéme s'approchoit de Jupiter, le second s'en éloignoit. Le quatriéme Satellite étoit à l'Orient du second d'un demi diametre de Jupiter, & faisoit un triangle isofcele avec le second & le troisiéme, dont ceux-ci étoient la base. Le premier Satellite s'éloignoit de Jupiter vers l'Occident ; il en étoit éloigné de tout le diametre de Jupiter. Il y avoit une Etoile de l'aîle de la Vierge au deffous de Jupiter, & une autre au deffus. Celle-ci étoit deux fois plus loin de Jupiter que l'autre, avec laquelle elle faisoit un triangle scalene obtus, & Jupiter étoit à l'angle obtus de ce triangle. Ces deux Etoiles tenoient toute l'ouverture de la lunette ; laquelle n'a de champ au plus que le demi diametre du Soleil, c'est-à-dire, 15ʹ. 51ʺ. étant de 18. pieds.

La hauteur meridienne d'Antares, fut obfervée ce soir-là précisément la même que le 20. Juillet, de   33ᵈ. 57ʹ. 0ʺ.

Ce qui donne la même latitude qu'on avoit trouvée le 20.   30. 17. 8.

Hauteurs du Soleil pour l'horloge.   Le 23.

Matin.	Bord superieur.	Soir.	
9ʰ. 17ʹ. 14ʺ.	52ᵈ. 20ʹ. 0.	2ʰ. 39ʹ. 47ʺ.	Correction additive 3ʺ.
21. 39.	53. 28. 0.	35. 26.	
25. 58.	54. 26. 30.	30. 48.	

Un vent furieux d'Est a fort agité le plomb quelque précaution qu'on eût prise. On a donc midi vrai le 23. Juillet à   11ʰ. 58ʹ. 29ʺ.

De sorte que l'horloge a tardé depuis hier de   47.

Le Ciel fut couvert à midi, on ne put pas prendre la hauteur du Soleil.

Le soir à 5ʰ. nous avons fait de nouvelles experiences du barometre, le mercure est monté dans le tube à 27ᵖᵒᵘᶜ. 8ˡⁱᵍⁿ.½

Nous étions à la même élevation de quatre toises au-deffus de la Mer. Le vent étoit Sud-Est frais, & il y avoit des nuages en l'air. Tout le soir le Ciel fut couvert : on ne put faire aucune observation.

Hauteurs pour l'horloge.

Matin.	Bord supérieur.	Soir.	
9ʰ. 16'. 44″.	52'. 42'. 30″.	2ʰ. 37'. 52″.	Correction
19. 30.	53. 7. 30.	35. 4-	additive 1″.

Ce qui donne midi vrai le 24. Juillet, à　　11ʰ. 57'. 18″.

Depuis le 22. l'horloge auroit tardé en deux jours de　　1. 58.

Ce qui donneroit pour retardement journalier,　　59.

Par les observations du 23. ce retardement seroit seulement de　　47.

Ce qui donne une difference de 12″. ajoûtant la moitié,　　6.

On a un retardement moïen de　　53.

On en a ufé ainsi à caufe que le vent furieux de Sud-Eft qui foufloit le 23. rend les obfervations de ce jour-là un peu douteufes, quoiqu'elles s'accordent à 10″.

Hauteur meridienne apparente du bord inferieur du Soleil,　　79ˡ. 15'. 30″.
Donc vraie hauteur du centre,　　79. 31. 10.
Déclinaifon du Soleil fouftractive,　　19. 47. 45.

Hauteur de l'équateur,　　59. 43. 25.
Latitude de l'Ifle Dauphine,　　30. 16. 35.

Des neuf obfervations faites pour trouver la latitude par la hauteur meridienne du Soleil, la plus forte donne,　　30ˡ. 17'. 27″.
La plus foible donne,　　30. 16. 35.

La difference eft 52″. Ajoûtant 26″. à la plus foible, on a pour latitude moïenne,　　30. 17. 1.

Celle qui a été concluë par la hauteur de Saturne, s'accorde dans la feconde ; & plufieurs foit du Soleil, foit d'Antarès, s'accordent à peu de fecondes près, foit par excès, foit par défaut. Il faut donc établir la latitude de l'Ifle Dauphine, de　　30ˡ. 17'. 0″.

Ce qui eft un point effentiel pour déterminer la partie Nord du golphe du Mexique. Or depuis la riviere du Miffiffipi jufqu'à la baye de S. Jofeph, toute la côte court prefque par tout Eft & Oueft, comme on le verra dans

la

la Carte, dans laquelle on a corrigé la latitude de 13. minutes, dont elle étoit trop grande.

OBSERVATION

*De l'émerſion du premier Satellite de Jupiter, faite le 24.
Juillet 1720. au ſoir.*

ON ne put obſerver l'émerſion qui arriva le huit Juillet à cauſe des nuages & du mauvais temps qui dura
quatre jours. Le quinziéme, Jupiter ſe cacha à dix heures
dans une barre de nuages, qui continuoit juſqu'à l'horiſon. Il en arriva une le 31. Juillet, mais j'avois déja embarqué mes inſtrumens, parce que nous devions partir ce
jour-là, ou le lendemain. Je n'ai jamais eu ici une nuit
claire, où il n'y eut pas des nuages à l'horiſon & en divers
endroits du Ciel. Je ne crois pas en tout le voïage depuis
Madere, avoir eu trois nuits pendant leſquelles le Ciel fut
bien ſerein ; de ſorte que je n'ai point trouvé ce que diſent des Voïageurs du métier, qu'entre les Tropiques on a
de belles nuits ; peut-être parce qu'ils ont navigué en d'autres ſaiſons où cela peut être vrai. Mon Deſſinateur ou
moi reſtâmes en ſentinelle, de peur que quelqu'un n'arrêtât
mon horloge après les hauteurs du ſoir.

Temps vrai.

A 7ʰ. 49′. 18″. Le premier Satellite ne paroît pas encore. La fixe qui étoit hier au Sud de
Jupiter ne paroît pas dans la lunette
de 18. pieds : mais la fixe qui étoit au
Nord paroît beaucoup plus à l'Oueſt,
c'eſt-à-dire, que Jupiter s'eſt avancé
d'autant vers l'Eſt

7. 57. 47. Je doute ſi je ne vois point le premier
Satellite : les nuages très-déliez dont
Jupiter eſt entouré, m'empêchent de
l'aſſurer.

8. 2. 23. Certainement le premier Satellite eſt
ſorti de l'ombre de Jupiter, dont il eſt éloigné d'environ
le demi diametre de Jupiter. Il paroît diſtinctement, de

Q

forte qu'on peut établir sûrement l'émersion de ce Satellite, à   8ʰ. 0'. 0″.

A neuf heures j'ai vû Jupiter entre des nuages, trois ou quatre degrez au-dessus de l'horison. Le premier Satellite étoit loin de Jupiter de près d'un diametre de cette Planete vers l'Orient.

Le retardement de l'horloge étoit à huit heures du soir du 24. Juillet, de 2′. 53″. qu'on a ajoûté au temps de l'observation ci-dessus.

De toutes les bassesses de l'horison de la Mer, la plus grande est celle du 15. Juillet, de   0ᵗ. 5′. 30″.

La plus petite est celle du 12. Juillet, de   0. 3. 30.

Entre lesquelles on a pour moïenne bassesse,   4. 30.

Ce qui donneroit 17. pieds d'élevation du quart de cercle au-dessus de la surface de la Mer ; aussi a-t'on trouvé 16. pieds 6. pouces par le nivellement. Il s'ensuit de-là que les raïons visuels ont été convergens, quand l'angle d'inclinaison excedoit 4′. 30″. & divergens quand il etoit moindre, comme on l'a fait voir dans le traité des réfractions horizontales. On auroit fait ici un plus grand nombre de ces observations, si l'horison de la Mer n'avoit souvent été embrumé.

Les fonctions que j'ai exercé ici auprès des malades qu'on y a amenez, m'ont empêché de courir le païs ; même d'aller à la Mobile, où nos Chaloupes furent deux ou trois jours pour acheter des bœufs & des rafraîchissemens. J'aurois pû faire dans mes courses diverses observations Physiques & Botaniques.

DESCRIPTION

De l'Isle Dauphine.

L'ISLE Dauphine est le seul endroit de la côte de la Louisiane où j'aïe été par les raisons qu'on vient de dire. Cette Isle a été formée des sables de la Mer & de la terre qui ont été apportez par la riviere Mobile, qui n'est pas rapide, & dont cette Isle est voisine. Le fond de la Mer en ces parages n'est que sable, & les vents de Sud-

Eſt, qui ſont très-frais en hiver, ont dans l'intervalle de pluſieurs ſiécles accumulé ces ſables, leſquels mêlez avec un peu de terre portée par les inondations, ainſi que des pommes de pin, de ſapin, de glands de chêne, & autres arbres, ont formé peu à peu cette Iſle. Les arbres ont crû avec le temps, ainſi s'eſt fait le bois dont l'Iſle eſt couverte. Elle peut avoir trois lieuës de longueur de l'Eſt à l'Oueſt, avec un peu de crochet qui court à l'Oueſt $\frac{1}{4}$ Sud-Oueſt; mais la partie de l'Oueſt n'eſt que ſable, qui court dans la Mer aſſez loin. On ne trouve pas une pierre dans cette Iſle, non pas même de la groſſeur d'une noiſette; ce qui fait voir que ce n'eſt qu'un amas de ſable formé par la Mer. Je penſe qu'il en eſt de même de toute cette côte que la Mer a augmentée à ſes dépens; car le terrain juſqu'à 30. lieuës dans les terres, eſt mêlé de ſable en pluſieurs endroits.

On trouve dans cette Iſle une eſpece de pin, d'où coule, quand on l'inciſe, le baume de Copahu; nous n'avons pû en avoir de nouveau, parce qu'en Eté il ne ſort des inciſions que très-peu de reſines. On y trouve auſſi de l'Eſchine, herbe dont la racine reſſemble à la Patate. En la mettant infuſer avec la feüille, elle eſt très-bonne pour les ſcorbutiques, deſquels on lave les gencives avec cette décoction: elle les guerit bien-tôt; mais celle de ce Païs ne vaut pas celle de la Chine.

Il y a encore dans ce Païs de la Caſſine, & dans l'Iſle même on en trouve aſſez. Cette herbe connuë à Paris, où elle n'a pas fait fortune, eſt un diuretique trop violent, dont l'uſage ſeroit nuiſible.

· Au Nord de l'Iſle Dauphine il y a quelques Iſlots éloignez d'un quart de lieuë environ, formez de la même maniere; car il ne paroît pas qu'en cette contrée la Mer ait gagné ſur la terre; il paroît au contraire par les ſables qu'on rencontre dans les plaines, & qui ſont plus ou moins mêlez avec de la terre, que la terre a gagné ſur la Mer. Ces Iſlots ſont très-voiſins de la terre ferme.

Il y avoit à l'Iſle Dauphine vers l'Eſt une eſpece de rade formée par la côte qui fait un crochet, où des Vaiſſeaux de 30. & 40. canons pouvoient moüiller à l'abri des vents d'Oueſt & de Sud-Oueſt, en ſorte que cette rade n'avoit pour traverſiers que les vents depuis le Sud juſqu'à l'Eſt-Sud-Eſt : car l'Iſle aux grands Goſiers & la terre la couvrent des autres vents ; mais le Mer y a jetté une ſi grande quantité de ſables par les vents de Sud-Eſt, qu'il n'y peut plus mouiller que de petits Bâtimens. Le jour avant notre arrivée, la groſſe Mer de Sud-Eſt jetta dans un lagon ou étang voiſin de cette rade une ſi grande quantité de Meuges, qu'après que nos Chaloupes & Canots, & les Habitans du Bourg en eurent pris à la main & à coups de bâton, ce qu'ils voulurent, il fallut enterrer le reſte de ce poiſſon, qui ne pouvant plus retourner à la grande Mer, mourut dans l'eau douce de ce lagon, qui n'eſt ſéparé de la Mer que de la portée du piſtolet, par une barre de ſable. Ce lagon ne peut être formé que de l'eau de la Mer, laquelle ſe filtrant à travers le ſable, ſe dépoüille de ſon ſel.

Je paſſois ſouvent le long de ce lagon pour aller aux Hôpitaux, parce que le ſable y eſt plus ferme ; je fus convaincu que l'eau en étoit douce, y voïant boire les chiens, & des femmes y ſavonner du linge. Auſſi pour avoir de l'eau douce à boire, on fait des creux dans le ſable à cinquante pas de la Mer, dans leſquels on met des bariques défoncées ; le lendemain on y trouve deux à trois pieds d'eau. On vuide la premiere ; enſuite on y puiſe de la bonne eau dont j'ai bû pendant mon ſéjour dans cette Iſle, & dont on a pris quantité pour notre retour, ſans que perſonne en ait été incommodé. Il eſt vrai que comme le long de la Côte il y a beaucoup de rivieres, dont quelques-unes ſont fort groſſes, ſur tout le Miſſiſſipi, l'eau de la Mer s'y dépoüille beaucoup plus aiſément de ſon ſel, étant mêlée avec tant d'eau douce, comme on l'a éprouvé par l'aréometre. Il n'y a aucune fontaine dans le Païs, & les rivieres y viennent toutes de loin.

De la maniere dont on m'a parlé de la terre ferme, le Païs pourroit produire beaucoup de maïs, du ris & d'autres grains ; mais le bled n'y graine pas juſqu'au Naché, qui eſt une Colonie à 150. lieuës au Nord. Depuis là en remontant juſqu'aux Iſlinois le bled y vient très-bien, ainſi que tous les autres grains. On pourra planter des Mûriers, des Orangers & de toute ſorte d'arbres fruitiers d'Eté ; le

Païs fe peuplera à mefure qu'il y aura des vivres fans en attendre de France ; ceux-ci feroient trop chers pour des Colons, qui ne peuvent faire fi-tôt de grands profits. On y pourra faire du Tabac, du Cotton & de l'Indigo, mais on dit qu'il n'y fera pas fi bon qu'aux Antilles, à caufe qu'il vient en Hiver des vents du Nord qui font froids, mais qui ne durent qu'un jour.

L'Ifle Dauphine s'appelloit ci-devant l'Ifle Maffacre, parce que vers la partie de l'Oueft on a trouvé une grande quantité d'offemens humains, qui font les reftes de quelques combats de Sauvages, qui habitoient cette Ifle & le Païs. La plûpart des Habitans de l'Ifle Dauphine font allez s'établir au Billoxi, qui eft un Bourg à neuf lieuës à l'Oueft, au-devant duquel l'Ifle aux Vaiffeaux, qui eft à cinq lieuës au Sud de ce Bourg, forme une grande rade avec l'Ifle à Corne & la terre ferme. Il y a un canal entre l'Ifle Dauphine & l'Ifle à Corne, où les Vaiffeaux qui tirent quatorze pieds d'eau peuvent paffer. Ils vont moüiller fous l'Ifle aux Vaiffeaux où ils font à couvert de la Mer du large par ces deux Ifles. Ils n'ont à craindre que les vents de Nord-Eft Nord & Nord-Oueft ; mais comme ils viennent de terre, ils n'y caufent pas beaucoup de Mer : d'ailleurs le fond y eft bon.

Il n'y a d'autre incommodité dans cette rade que celle d'aller à terre, laquelle eft à cinq lieuës du moüillage. La Carte qu'on donnera de la Côte, éclaircira mieux ce qui en eft, que tout ce qu'on en pourroit dire : elle contient une étenduë de 140. lieuës. L'Ifle Dauphine y eft placée dans fa veritable latitude & longitude. On ne dit rien des autres Colonies, parce que n'aïant point été fur les lieux, on n'en peut parler avec affez de certitude. On trouve à Panfacola une efpece de roche affez dure & pefante, dont on pourroit faire l'interieur des murs des Fortifications, & les revêtir de briques. J'y en ai vû de fort bonnes, & il ne manque pas de bois pour les cuire. La fondation fe fera fur des pilotis, qui ne feront pas difficiles à enfoncer, ou on la fera comme il fe pratique dans les Païs de Flandres voifins de la Mer.

R E M A R Q U E S

Sur les courans & marées.

LES courans ni les marées ne font point reglez ici. Ils commencent à porter vivement de l'Eſt à l'Oueſt, tantôt à une heure après midi, tantôt avant midi. Ils s'étendent à deux ou trois licuës de large le long de la côte qui court Eſt & Oueſt avec un bruit confiderable, & une barre d'écume qui précede. L'un & l'autre eſt produit par le chocq des eaux du courant contre le reſte des eaux de la Mer. Comme les courans d'Oueſt-Sud-Oueſt entrent dans les rivieres ainſi que la marée, qui n'eſt pourtant pas confiderable, ils retiennent les eaux des rivieres qui ont peu de pente ; celles-ci ſe déchargent à leur tour. Leurs eaux ſont vertes, & ont une odeur de marécage qui ne paroît pas ſaine. Quelquesfois ces courans commencent à dix heures environ, comme il arriva le 27. & 28. Juillet ; quelquesfois plus tard, comme on l'a dit. Les courans contraires viennent du large vers les ſept ou huit heures du ſoir, & durent juſqu'à l'autre courant.

C'eſt preſque toute la marée que j'ai obſervé ici. Elle n'a point de régularité ſur cette Côte, & ne hauſſe gueres que d'un pied, ſans ſuivre le cours de la Lune. Elle eſt plus réguliere à la Martinique, mais elle ne monte jamais qu'à deux pieds. Elle monte encore moins au Cap François. En ces deux endroits elle ſuit aſſez régulierement le cours de la Lune. Les tonneres ſont aſſez fréquens dans ces parages ; mais comme ce n'eſt pas un Païs de montagnes, le bruit n'en eſt pas affreux comme au Cap. Il tomba pourtant le 27. Juillet dans le bois de l'Iſle Dauphine : il coupa deux arbres en travers, & en fendit deux autres de long en long. Il y a des Sapins en ce Païs d'une grande hauteur & fort droits ; mais ils ne ſont pas gros à proportion. Nous y avons fait un grand mât de hune de 52. pieds, d'un arbre coupé depuis deux ans ; il devoit avoir au moins 80. pieds. Il y en a encore de plus longs dans les terres.

La plus riche eſperance de la Louiſiane ſont les mines d'argent qu'on a découvertes dans le Païs des Iſlinois, à ſix

cent lieuës d'ici. On m'a affuré qu'elles rendent douze livres d'argent très-pur fur cent livres de minerais. Ce qui
eſt trois livres de plus que ne rendent les mines du nouveau Mexique. Un Vaiſſeau de la Compagnie porte en
France une barrique de ce minerais. Je tiens cela du Capitaine de ce Vaiſſeau qui me l'a dit au Cap, où nous l'a-
vons trouvé, aïant été obligé d'y relâcher. Reſte à ſçavoir
ſi la mine ſera par-tout ſi riche ; ſi l'eau n'y entrera point,
ſi on pourra ſe ſervir des Negres dans un Païs trop froid
pour eux. On ne pourroit y emploïer que des François ou
des Sauvages, mais de ceux-ci il n'y en a pas grande quantité, ſoit parce qu'ils ne vivent pas long-temps, ſoit parce
que les femmes n'y ſont pas fort fecondes ; elles ne font,
m'a-t'on dit, au plus que trois enfans. Ces Sauvages ſont
diviſez en beaucoup de petites Nations differentes, qui ſe
font ſouvent la guerre ; ce qui diminuë encore leur nombre ; ils ont tous un langage particulier ; il y a pourtant une
langue qu'ils entendent tous, c'eſt celle de la Mobile.

Les Sauvages ſont gens de peu d'eſprit, qui nous repro-
chent de n'en avoir pas ; un d'eux diſoit ces jours paſſez,
les François n'ont point d'eſprit, ils nous veulent vendre
une piaſtre un Braquet que les Anglois donnent la moitié
meilleur marché. Il faut éclaircir tout ceci. Un Sauvage
eſt un homme dont la peau eſt de couleur de cuivre foncé, qui a le viſage plat, le nez écaché, les yeux petits, les
cheveux noirs, applatis & très-biſarrement coupez. Sa peau
fait tout ſon habit, hors une piece d'étoffe longue de huit
pouces, large de ſix, qui eſt couſuë à une ceinture de la
même étoffe de deux doigts de large, laquelle après avoir
fait le tour du corps, vient paſſer entre les cuiſſes & ſe
nouë ſous le ventre à la ceinture même. C'eſt-là ce qu'on
appelle un Braquet, lequel eſt un habillement peu ample,
qui ne vaut pas une piaſtre ; ceux que j'ai vû étoient d'étoffe
fort groſſiere. Les Anglois de la Caroline, qui ont commerce avec eux, gagnent encore beaucoup en les donnant
pour demi piaſtre.

N'avoir point d'eſprit chez les Sauvages, c'eſt n'entendre
pas ſes affaires ; & quand ils enlevent la chevelure à un
homme, or la chevelure tient toûjours au crane, ils n'enlevent point l'un ſans l'autre. Cet homme, diſent-ils, n'a-

1720.
Juillet.

voit point d'efprit. S'il en avoit eu, nous ne lui aurions pas enlevé la chevelure. Peut-être croïent-ils que leur ennemi n'a point de cervelle, & qu'ils veulent s'en convaincre en lui enlevant le crane. On voit par-là que les Sauvages font feroces, mais ils manquent de courage. Ils tirent fort bien un coup de fufil de derriere un arbre ; mais ils fuïent auſſi-tôt pour charger, & grimpent au plus vîte fur un arbre quand on les pourſuit. Ils ne comprennent pas que des Soldats puiſſent aller en bataille à leurs ennemis, qui tirent canons & mouſquets. Cela les étonna fort à la priſe de Panſacola. M. de Bienville en menoit cinq cens à cette attaque ; mais, quoiqu'il en foit aimé, il ne fut pas en fon pouvoir de les arrêter quand le canon du Fort commença à tirer. Quel fut leur effroi quand ils virent les grandes Pirogues (c'eſt ainſi qu'ils appelloient les Vaiſſeaux du Roi) s'entraverſer devant le Fort, & tirer leur canon qui faifoit fauter dans un inſtant paliſſades & retranchemens ! Mais malheur aux Efpagnols qui voulurent fuir ; ces Sauvages courant comme des levriers, les eurent bien-tôt atteint, & ramené au Commandant, qui eut bien de la peine à les empêcher de leur enlever la chevelure. Voilà ce que j'ai pû apprendre de certain de cette Nation.

RETOUR DE LA LOUISIANE

EN FRANCE.

Le 29.

LE vent eſt foible au Nord-Oueſt, nous nous préparons à partir. Nos Gardes-Marines & nos malades font revenus à bord. Nous avons achevé de délivrer au Directeur de la Compagnie les vivres que nous avions de reſte, & qui avoient été deſtinez pour un plus long voïage. Hier la marée & les courans avoient anticipé d'une heure & demi le temps auquel ils devoient arriver, s'ils étoient réguliers ; aujourd'hui la marée eſt venuë à midi ; mais non pas avec toute la rapidité des jours précedens. Tout cela fait voir l'irrégularité de ces marées & courans.

Le 30.

Le Vaiſſeau le Duc d'Orleans qui arriva ici avec le Rubis & la Dryade, eſt parti pour aller à l'Iſle aux Vaiſſeaux. Nous avons défrelé le petit hunier, pour fignal de notre

prompte

prompte partance. Nous efcorterons la Dryade Fregatte de
la Compagnie, & le Rubis qui a porté ici des Negres.
Nous verrons s'ils marchent auſſi-bien que nous.

Le courant de l'Eſt à l'Oueſt a beaucoup anticipé aujour-
d'hui ; il a commencé à ſix heures du matin, & il étoit fort
vif.

On a defaffourché ce matin, & nous reſtons ſur une
ancre. Les vents ont été foibles à l'Oueſt-Nord-Oueſt, enſuite au Sud-Oueſt. Les courans toûjours irréguliers portoient à l'Eſt ſur les quatre heures du ſoir. Nous ne partirons pas demain. Les comptes des vivres que nous avons
donné à la Compagnie ne font pas finis.

La Dryade avoit appareillé pour s'approcher de nous,
mais le vent & les courans l'aïant contrariée, elle a re-
moüillé. Le Henri malgré tous les ſoins qu'on a pris, a cent
malades, il n'y en a que le quart ſur le Touloufe ; mais
je crains pour l'avenir.

Les vents comme hier, mais plus foibles. On eſt allé à
la Dryade prendre trente Matelots, qui avoient ſervi ſur
la Fregatte l'Aurore, priſe depuis quelques mois par les Eſpagnols, & qu'ils avoient menée à la Havane. Ils ont ren-
voïé de la Havane depuis notre arrivée à l'Iſle Dauphine,
M. de Chateaugué & divers autres priſonniers. Ces Matelots aideront à manœuvrer dans le Henri, en attendant
que les malades de ce Vaiſſeau ſe rétabliſſent. Mais il y a
lieu d'eſperer qu'ils ne ſeront pas dangereuſement malades.

Une choſe me conſole encore, c'eſt que M. Hocquart
de Champargny Commiſſaire de l'Eſcadre, qui étoit très-
dangereuſement malade à terre, paroît hors de danger. On
vient de l'embarquer. Par ſa mort j'aurois perdu un bon
ami, & ſa famille un ſujet de grande eſperance.

Le thermometre eſt monté aujourd'hui à 57. pouces une
ligne & demi ; auſſi a-t'il fait bien chaud. Il s'eſt maintenu
tout le mois de Juillet à 56. pouces 9. lignes au lever du
Soleil, qui eſt le temps de la journée le moins chaud. En
Juin il eſt toûjours monté à la même hauteur, & quelquesfois à 57. pouces. On voit par-là qu'il ne gele pas en ces
Païs. En Mai il n'eſt monté qu'à 56. pouces 5. lignes ;
mais c'eſt plus qu'il n'en faut pour avoir honnêtement chaud.

Dès les quatre heures du matin on a viré au cabeſtan

R

& appareillé au lever du Soleil avec un vent de Nord-Oueſt médiocre ; nous avons fait ſervir toutes nos voiles, & porté d'abord au Sud pour nous élever environ deux lieuës ; en-ſuite on a fait route au Sud ¼ Sud-Eſt, puis au Sud-Sud-Eſt, de ſorte que nous étions preſque vent arriere, & hors de crainte des bancs de l'Iſle aux grands Goſiers, qui ſont des oiſeaux aquatiques de la groſſeur d'un cocq-d'Inde ; ils ont le col long, & le goſier fort ouvert. Ils s'élevent fort haut quand ils veulent pêcher, & tombent fort vîte & avec grand bruit dans la Mer pour gober leur proïe qu'ils ne manquent pas. J'en ai vû un qui avoit un gros poiſſon dans le bec, qu'il avoit peine à avaler ; ils ne s'amuſent pas au fretin. Ils ſont de couleur griſe, leurs aîles un peu plus brunes. Il y en a une grande quantité dans cette Iſle, où les Habitans de l'Iſle Dauphine vont prendre leurs œufs : j'en ai vû d'auſſi gros que les œufs d'Oïe : ils ſont bons à manger.

Les courans étant pour nous, nous avons fait beaucoup de chemin, pour le peu de vent qui ſoufloit. Dès les dix heures l'Iſle aux grands Goſiers nous reſtoit au Nord ¼ Nord-Oueſt à cinq lieuës. A midi nous avions fait ſept lieuës au Sud-Eſt ¼ Eſt, le vent de Nord-Oueſt a un peu molli, on a ſuivi la même route.

Le ſoir on a obſervé la variation, le Soleil ſe couchant, de   2ᵈ. 16′. Nord-Eſt.

A ſept heures on a ſondé & trouvé 17. braſſes fond de ſable gris vaſeux.

On a continué la route au Sud-Eſt ¼ Eſt avec un petit vent de Nord-Oueſt, & puis d'Oueſt-Nord-Oueſt. Nous avons porté le jour toutes nos voiles, & la nuit nos quatre grandes voiles, pour attendre les Vaiſſeaux le Henri, qui nous ſuivoit d'aſſez près, le Rubis qui étoit un peu loin, & la Dryade qui étoit plus éloignée : cette Fregatte ne va pas bien à la voile. A dix heures du ſoir on a ſondé, & trouvé 28. braſſes même fond.

Remarque ſur la route.

Quand on part de l'Iſle Dauphine pour venir au canal de Baham, après avoir fait le Sud-Eſt ¼ Eſt, tant qu'on trouve la ſonde, il eſt mieux de faire le Sud-Eſt ¼ Sud, &

puis le Sud-Sud-Eſt, juſqu'a ce qu'on ſoit par les 24ᵈ. de
latitude, pour trouver les courans & le vent de Sud-Oueſt.
On évite par cette route de tomber ſur les Tortuës, &
ſur la côte occidentale de la Floride qui ne vaut rien, &
dont on auroit peine de ſe relever.

Le matin le vent a été Nord-Oueſt foible, il y avoit peu
de Mer, nous avons porté toutes nos voiles. La route a
été le Sud-Eſt ¼ Eſt.

Par la hauteur du Soleil, à midi on a eu la latitude de   29ᵈ. 15′.

Depuis hier midi nous avons fait vingt-huit licuës au
Sud-Eſt ¼ Eſt. A deux heures on a ſondé, mais ſans trouver le fond. Depuis midi on a mis le Cap au Sud-Eſt, mais
le calme eſt ſurvenu de maniere qu'à deux heures nous ne
gouvernions pas. Il a duré juſqu'à ſix heures, que nous
avons remis à route au Sud-Eſt avec un petit vent de Sud-
Oueſt qui nous ſoutenoit. Les courans portent à l'Eſt ſur
les côtes; car la prouë venoit facilement à l'Eſt, & à l'Eſt-
Nord-Eſt. Dans la nuit ç'a été la même choſe.

A minuit on entendoit le tonnerre qui étoit fort loin,
mais n'aïant pas de vent, nous avons fait peu de chemin.
Sur les cinq heures nous nous ſommes trouvez entre deux
trompes, celle qui étoit à la gauche a crevé à une portée
de canon. La trompe de la droite a crevé de l'arriere, de
ſorte que nous n'en avons eu que la fin. Auſſi-tôt on avoit
cargué les voiles que nous avons fait ſervir après les trompes paſſées. Le vent très-petit au Sud-Oueſt, enſuite à l'Oueſt.
La route au Sud-Eſt & au Sud-Eſt ¼ Eſt.

Par la hauteur meridienne du Soleil, on a eu
la latitude   28ᵈ. 58′.

Nous avons donc abaiſſé en latitude depuis hier midi,
de dix-ſept minutes au moins qui valent ſix licuës; aïant
eu beaucoup de calme, il faut conclure que les courans
nous ont porté au Sud-Sud-Eſt, ce que nous avons déja
remarqué ci-deſſus. La route a valu le Sud-Eſt trois degrez
vers le Sud, & le chemin dix licuës.

A midi & demi il eſt venu un grain du Nord-Nord-
Eſt qui a duré une heure & demi, & nous a fait faire
trois licuës. Il nous a laiſſé un petit vent de Nord, lequel
avec les courans nous fera faire quelque chemin. Nous por-

tons au Sud-Eſt amurez bas bord à toutes voiles. Au Soleil couchant la variation a été obſervée de   2ᵈ. 30′. Nord-Eſt.

Toute la nuit calme, ou fort peu de vent de Sud-Eſt contraire à la route. Nous avons couru quatre heures au Nord-Nord-Êſt, le vent étant pour lors à l'Eſt, & quatre heures au Sud ¼ Sud-Oueſt, le vent s'étant rangé au Sud-Eſt ¼ Eſt.

La hauteur du Soleil à midi, a donné la latitude de 28ᵈ. 41′.

Les diverſes routes ont valu le Sud-Eſt ¼ Sud deux degrez vers l'Eſt, & le chemin dix lieuës. La pointe Eſt de l'Iſle Dauphine nous reſte au Nord-Oueſt trois degrez à l'Oueſt à 56. lieuës, il nous reſte encore 95. lieuës juſqu'aux Tortuës. Les courans portent encore au Sud-Sud-Eſt. Ils nous ont aidé au peu de chemin que nous avons fait.

Toute la nuit calme, ſi nous avons fait du chemin, ce n'eſt que par les courans qui portent au Sud-Eſt ; au moins nous dormons tranquillement, point de bruit dans le Vaiſ-ſeau. Le matin même train qui n'eſt pas fort bon. A midi le Soleil n'a pas paru ; ainſi point de hauteur ni de latitude. Ce n'eſt pas grand dommage, car n'aïant eu que du calme pendant ces vingt-quatre heures, nous ne pouvons avoir fait du chemin que par les courans qui n'ont pas été fort vifs.

A midi le vent s'eſt rangé au Nord aſſez frais pour faire une lieuë par heure.

A une heure il a ſauté à l'Oueſt-Nord-Oueſt très-frais avec pluïe ; mais ce beau temps n'a duré au plus que deux heures ; nous avons fait trois lieuës. Le vent enſuite a fort molli. Nous portons toûjours au Sud-Eſt, mais nous faiſons peu de chemin.

Au coucher du Soleil, on a obſervé la variation de   3ᵈ. 16′. Nord-Eſt.

A minuit il s'eſt levé du vent de Sud-Sud-Oueſt qui a varié juſqu'au Sud, il a fallu porter au plus près, tantôt au Sud-Eſt ¼ Eſt, tantôt au Sud-Eſt ¼ Sud, tantôt à l'Eſt-Sud-Eſt, ſelon que le vent nous refuſoit. Il étoit aſſez frais pour faire cinq lieuës dans quatre heures. Le Henri nous ſuit de près, mais la Dryade ne peut nous ſuivre, quoi-qu'elle ait toutes ſes voiles au vent, & que le Henri & nous n'aïons que nos quatre grandes voiles, & le perroquet

d'artimon. Pour le Rubis il a si fort derivé qu'il nous reste
au Nord-Est à plus de deux lieuës. Je ne sçai s'il pourra
nous suivre.

A midi point de Soleil, la latitude a été estimée de 28ᵈ. 4′.

La route a valu le Sud-Est ¼ Est trois degrez vers l'Est,
& le chemin vingt-deux lieuës.

A midi le vent a changé, il est venu au Nord-Ouest.
La route a été au Sud-Est ¼ Sud jusqu'à une heure & demi ;
alors on a mis en pane pour attendre le Henri qui vouloit nous parler. Nous avons profité de ce temps-là pour
sonder : on a trouvé 55. brasses fond gros sable gris. Ce
qui nous fait connoître que pendant le calme, les courans
nous ont porté à l'Est de neuf lieuës plus que nous ne
pensions. C'est pourquoi on a mis le Cap au Sud pour s'é-
loigner de la côte.

Par le point du Pilote-côtier, qui a donné plus de l'Est
dans toutes ses routes, nous nous sommes trouvez à midi
à 80. lieuës de la pointe de l'Est de l'Isle Dauphine, &
fort près de la ligne de la sonde ; ce qui s'accorde avec la
sonde que nous venons de trouver. Tout ceci peut-être utile
pour la navigation dans ce golphe.

M. de Toyré Enseigne dans le Henri est mort cette après-
midi après trois semaines de maladie douloureuse, qu'il a
souffert avec bien de la patience : c'étoit un Officier de mérite. Il est mort fort chrétiennement. Je lui avois adminis-
tré les Sacremens avant de partir de l'Isle Dauphine.

A six heures du soir on a mis en pane pour attendre les
deux Vaisseaux de la Compagnie qui étoient loin ; nous y
avons resté deux heures. On a profité de ce temps pour
sonder deux fois. La premiere sonde nous a donné 67. brasses,
& la seconde 68. brasses, toûjours fond de gros sable gris.
A huit heures on a fait servir & porté au Sud & au Sud-
Sud-Ouest par un vent d'Est médiocre pour nous éloigner
toûjours plus de la côte de la Floride, auprès de laquelle
il ne fait pas bon.

A minuit nous avons sondé sans trouver le fond. Le
vent a sauté au Sud & au Sud-Sud-Ouest. La route a été
l'Est-Sud-Est, & le Sud-Est ¼ Est jusqu'à huit heures. On
a sondé à six heures, & on n'a point trouvé de fond. Nous
avons changé l'amure à huit heures, & porté à l'Ouest-

R iij

Sud-Oueſt. Le vent étoit au Sud aſſez frais Il a varié tout le jour du Sud au Sud-Sud-Eſt. A cauſe des nuages on n'a pas pû prendre hauteur : on a eſtimé la latitude de   27ᵈ. 6′.

La route a valu le Sud trois degrez vers l'Eſt ; mais à cauſe de la derive & des courans qui portent vers l'Eſt, elle a été le Sud-Sud-Eſt & le chemin 19. lieuës. On a ſondé à deux heures & trouvé 95. braſſes fond de gros ſable gris mêlé de coquilles pourries. A quatre heures on a encore ſondé, & trouvé 105. braſſes même fond. Nous avons reſté en pane pour attendre la Dryade & le Rubis, qui nous ont fait beaucoup attendre. La Dryade, parce que ſon grand hunier étoit défoncé. Le Rubis, parce qu'il eſt mauvais voilier. A huit heures on a fait ſervir les huniers à mi-mât & porté à l'Eſt-Sud-Oueſt.

Le 10.   Au jour il a fallu mettre en pane de nouveau ; enfin ces deux Vaiſſeaux nous ont joint. On les a fait marcher devant, & le vent étant Sud-Sud-Oueſt aſſez frais, on a porté au Sud-Eſt, l'amure à tribord avec toutes les voiles.

On a pris exactement la hauteur du Soleil à midi ; la latitude a été   26ᵈ. 51′.

La route réduite a valu le Sud-Sud-Eſt trois degrez vers l'Eſt, & le chemin dix lieuës.

Reſte à ſçavoir ſi les courans nous ont porté beaucoup à l'Eſt ; nous le ſçaurons à quatre heures par la ſonde. Depuis hier quatre heures on n'a pas trouvé le fond. La latitude de la plus Sud des Tortuës eſt 24ᵈ. 29′. Il nous reſteroit 2ᵈ. 22′. à courre au Sud, pour être par leur latitude.

A une heure & demi il eſt ſurvenu un peu de pluïe, & un grain de vent frais d'Oueſt & de Nord-Oueſt, qui a duré juſqu'à quatre heures. Nous avons couru au Sud & au Sud ¼ Sud-Eſt environ ſept lieuës. Enſuite le vent a molli, il eſt ſauté au Nord-Eſt, puis il s'eſt rangé à l'Eſt ; mais à ſept heures du ſoir calme parfait. Nous avons ſondé pour lors ſans trouver le fond. Le calme a duré toute la nuit, de ſorte que nous ne pouvions gouverner, & ſuivions les courans qui portent à l'Eſt, mais ils ſont foibles.

Le 11.   Point de vent de tout le matin. Pour nous conſoler nous avons eu une bonne hauteur meridienne du Soleil, qui nous a donné la latitude   26ᵈ. 31′.

De forte qu'elle a diminué depuis hier de 20'. & nous pouvons avoir fait neuf à dix lieuës.

Sur les huit heures du foir il s'eft levé un peu de vent de Sud & de Sud-Sud-Oueft, qui nous a fait faire huit lieuës dans la nuit. On a fondé deux fois dans la nuit de quatre en quatre heures. La premiere fois on a trouvé 65. braffes, & la feconde fois 70. braffes fond de fable vafeux.

Le matin calme. On a fondé & trouvé 70. braffes fond de fable vafeux. Ce qui nous fait connoître que nous approchons de la fonde des Tortuës.

Après avoir écrit ces lignes, je pris la fiévre, & j'ai refté malade ou en convalefcence plus d'un mois. Ce qui fuit pour la route jufqu'au 9. Septembre, eft de M. de Marchefe Lieutenant en pied de notre Vaiffeau, qui eft un des plus excellens Officiers qui foient au fervice du Roi. Il eft également bon Pilote & bon manœuvrier. Il entend à merveille le détail d'un Vaiffeau, & il eft d'une activité étonnante. La conduite du Vaiffeau roula principalement fur lui pendant trois femaines ; car M. de Vallette notre Capitaine, M. Gravier fecond Lieutenant, M. de Veaune fecond Enfeigne, les Sieurs Sabatier & Gautier les deux premiers Pilotes du Vaiffeau, tomberent malades en même temps que moi, auffi bien que l'Ecrivain de Roi. Tous, graces à Dieu, ont échappé, hors M. de Veaune qui mourut le 18. Août. Je le confeffai dans le fort de mon mal. Pour cela je me traînai du mieux que je pus auprès de fon lit en m'appuïant fur des Matelots. C'étoit un Gentilhomme du Dauphiné âgé de trente-deux ans, honnête homme, appliqué à fon devoir. La Tavardille, c'eft le nom de la maladie qui a affligé nos deux Vaiffeaux depuis le Cap François, a emporté les plus robuftes & les plus jeunes. De ceux ci il y en a qui n'ont refifté que deux ou trois jours. Le cadet Sabatier troifiéme Pilote me vint voir le quatriéme jour de mon mal, & fut jetté à la Mer trois jours après avec M. de Veaune, qui a refifté fept jours, & fouffert de très-grandes douleurs avec une patience & une componction vraiement chrétiennes. Son lit étoit voifin du mien : j'en ai été édifié & fortifié. Tous ceux qui ont été attaquez de ce mal, & dont la bile envenimée s'eft jettée sur les intestins, ont peri sans ressource. J'en ai été quitte pour rester jaune pendant trois mois.

La hauteur meridienne du Soleil donna la latitude de   25.ᵈ 56'.

Les vents ont regné du Sud-Est au Sud-Ouest foibles, & ensuite calmes. Les Tortuës nous restoient au Sud-Est ¼ Est à 35. lieuës, & nous étions Nord & Sud avec le Cap Saint. Antoine de l'Isle de Cube. A dix heures du soir on sonda, & on trouva 90. brasses fond de sable fin & grisâtre.

Le matin à onze heures le vent vint à l'Ouest-Sud-Ouest petit frais ; on sonda de nouveau & on trouva 85. brasses. On sonda une heure après, on trouva fond à 82. brasses, le même qu'hier, sable fin & grisâtre.

Par la hauteur meridienne du Soleil, la latitude fut trouvée de   25.ᵈ. 42'.

Les vents ont couru depuis l'Ouest-Nord-Ouest jusqu'au Sud-Sud-Est par le Sud. La route corrigée a valu le Sud, & le chemin peu de lieuës. Le soir le vent étoit au Sud-Sud-Est frais, il a été accompagné de plusieurs grains de pluïe, qui ont fait varier les vents jusqu'au Sud.

On a sondé à minuit & trouvé 85. brasses fond vaseux. A quatre heures on a encore sondé & trouvé 90. brasses même fond.

Le Ciel étant couvert, la latitude a été estimée de   25.ᵈ. 1'.

A une heure le vent est venu au Nord frais & variable jusqu'au Sud-Ouest. Il a été si frais, que nous avons couru deux heures avec la seule misene.

A huit heures du soir nous avons eu divers grains de pluïe, & le vent au Nord-Ouest très-frais. A dix heures le vent a sauté au Sud-Est également frais ; de sorte qu'en vingt-quatre heures les vents ont fait le tour du compas. Ils ne nous ont pas fait de tort, les bons Vaisseaux, comme les notres, ne craignent ni la Mer, ni le vent. Mais notre Dryade & le Rubis ont été mal menez.

On a sondé le matin sans trouver le fond ; nous voilà hors la ligne de la sonde. Le vent a été au Sud-Sud-Ouest frais, il nous est favorable.

A cause du Ciel couvert on a estimé la latitude   24ᵈ. 26'.
La

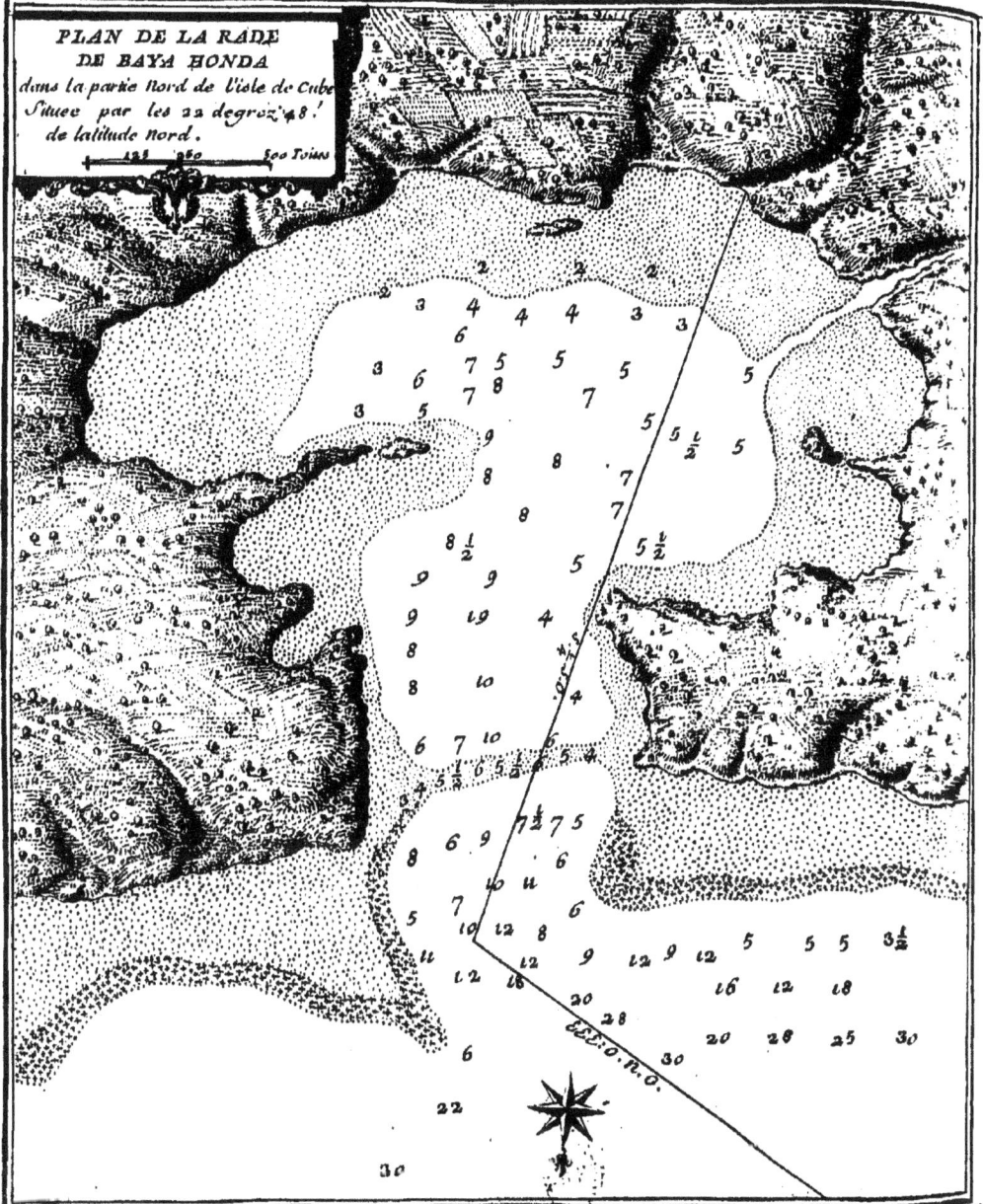

La route a été le Sud-Sud-Eft 30'. à l'Eft, & le chemin
14. lieuës. Les Tortuës nous reftoient à l'Eft ¼ Nord-Eft à
25. lieuës. A une heure & demi on a vû la terre, qui eft
felon les apparences celle de Cube. La Dryade s'eftimoit à
midi par la latitude 24ᵈ. 55'. ainfi elle fe faifoit plus Sud
que nous de 11'. c'eft près de quatre lieuës. Elle étoit par
la longitude de 290ᵈ. mais nous n'avons pas compté par
les longitudes dans ce golphe. Le vent eft devenu frais à
l'Eft. On a mis le Cap au Sud-Sud-Eft pour aterrer à Baya-
Honda.

1720.
Août.

Le matin le vent Eft ¼ Nord-Eft frais ; nous avons fait
route au Sud-Sud-Eft, l'amure à bas bord. La hauteur du
Soleil à midi a donné la latitude,   23ᵈ. 56'.

Le 16.

La route a été le Sud-Sud-Eft 4ᵈ. 30'. vers le Sud ; le
chemin quinze à feize lieuës. A midi Baya-Honda nous
reftoit au Sud-Eft 26. lieuës. Le Cap S. Antoine au Sud-
Oueft 36. lieuës. La pointe Oueft des Tortuës au Nord-
Eft à 25. lieuës ; & nous étions, felon nos Cartes, au Sud-
Eft ¼ Sud de l'Ifle Dauphine à 146. lieuës.

Les Pilotes du Henri avoient aujourd'hui la
latitude   24ᵈ. 20'.

Ils fe faifoient au Nord-Oueft de Baya-Honda à 36. lieuës.

Au coucher du Soleil, la variation a été
obfervée de   4ᵈ. 0'. Nord-Eft.

A dix heures du foir le vent eft venu à l'Eft petit frais.

Le vent a fouflé aujourd'hui depuis l'Eft-Nord-Eft, jufqu'à l'Eft-Sud-Eft. La route corrigée & réduite a valu le
Sud-Sud-Eft, & le chemin 13. lieuës ¼. Mais en relevant
Baya-Honda, on s'eft trouvé plus à l'Oueft qu'on ne s'eftimoit, de deux lieuës & demi.

Le 17.

Par la hauteur du Soleil à midi, on a eu la latitude 23ᵈ. 30'.

La Crête du Cocq nous reftoit au Sud à midi, & Monte-
Cavanno au Sud-Eft à fix lieuës. Le foir le Soleil fe couchant, la variation a été obfervée de   4ᵈ. 36'. Nord-Eft.

La hauteur meridienne du Soleil nous a donné la latitude de   23ᵈ. 24'.

Le 18.

Nous voilà de nouveau entre les Tropiques.

La route a été l'Eft ¼ Sud-Eft, & le chemin vingt-une
lieuës. Baya-Honda dont je donne ici le Plan, nous
reftoit au Sud à fix lieuës. On voit dans ce Plan de quelle

S

maniere il faut entrer dans cette rade. Par bonheur nous n'en avons pas eu besoin. Monte-Cavanno nous restoit à l'Est-Sud-Est à sept lieuës. La table de Moriane, ou Mo. riel à l'Est ¼ Sud-Est douze lieuës.

Sur les quatre heures du soir le vent est venu au Sud-Ouest frais ; nous allions presque vent arriere. Il a tourné au Nord-Ouest médiocre, & calmé tout à fait à 8. heures. A six heures la table de Moriane, ou Moriel nous restoit à l'Est-Sud-Est à six lieuës. On voit ici le Plan de cette rade, où on pourroit relâcher en cas de besoin. C'est un avantage d'avoir ces deux rades dans ce canal, dont la navigation est difficile.

Au coucher du Soleil, la variation a été observée de   4ᵈ. 18′. Nord-Est.

Eclairs & tonnerres continuels à la côte de l'Isle de Cube.

Le vent a été au Sud-Est médiocre. La latitude obser-vée, a été de   23ᵈ. 23′.

A midi la table de Moriane nous restoit à huit lieuës au Sud-Est ¼ Est. Nous avons eu du calme jusqu'à quatre heu-res. Le vent est venu pour lors au Sud-Ouest qui souffloit par risées. A cinq heures du soir l'entrée de la Havane nous restoit au Sud Est ¼ Sud, & la table de Moriel au Sud ¼ Sud-Ouest à huit lieuës. Eclairs & tonneres à la côte de Cube.

La nuit le vent a été au Sud-Sud-Est frais ; nous avons arrondi la côte & dépasse la Havane, dont nous étions près au point du jour. On donne ici le Plan de cette fameuse rade, qui fut levé dans le temps que les Vaisseaux du Roi y séjournerent en 1702. A six heures du matin le chapeau de Matance nous restoit au Sud-Est ¼ Sud à cinq lieuës. Les courans nous ont porté au Nord-Est, & ils nous ont fait faire neuf lieuës à l'Est plus que notre estime, qui étoit de dix-huit lieuës. A onze heures le chapeau de Matance nous restoit au Sud à environ douze lieuës. Voici le Plan de la rade de Matance pour ceux qui seront obligez d'y relâcher étant dans le canal de Baham. J'ai jugé ces qua-tre Plans de rades necessaires à ce Journal, quoique je n'y aïe pas été, & qu'ainsi je ne les aïe pas verifié.

Nous avons fait route au Nord. La latitude a été esti-mée à midi,   24ᵈ. 0′.

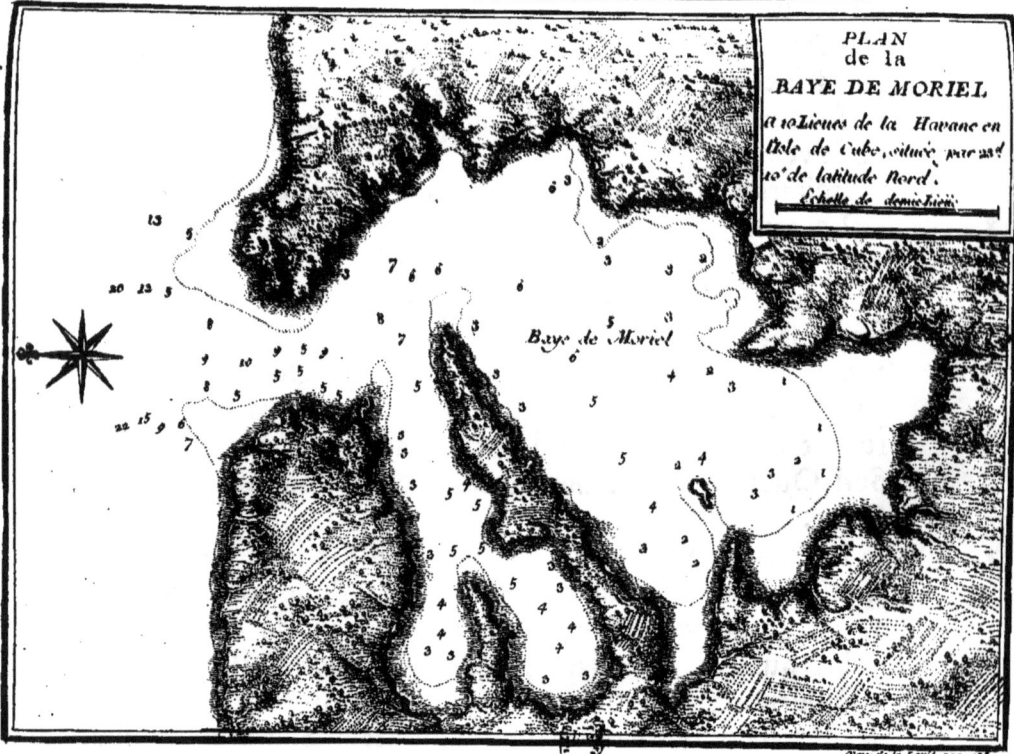

PLAN
de la
BAYE DE MORIEL
à 10 Lieues de la Havane en
l'Isle de Cube, situés par 23d
10° de latitude Nord.
Echelle de demie lieüe.

Baye de Moriel

Voy. de la Louis. pag. 181

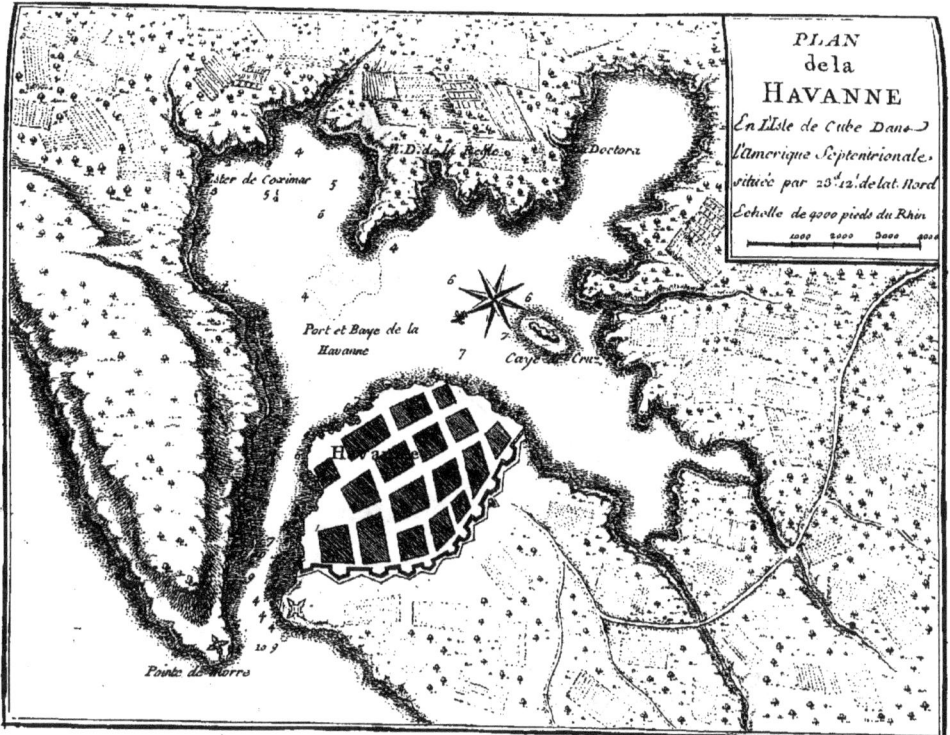

PLAN
de la
HAVANNE
En L'Isle de Cube Dans
l'amerique Septentrionale
située par 23°.12'.de lat. Nord
Echelle de 4000 pieds du Rhin
1000   2000   3000   4000

ster de Coximar

B.D. de la Pesse

Doctora

Port et Baye de la
Havanne

Caye de Cruz

Pointe de Morro

Voy. de la Louis. p. 138

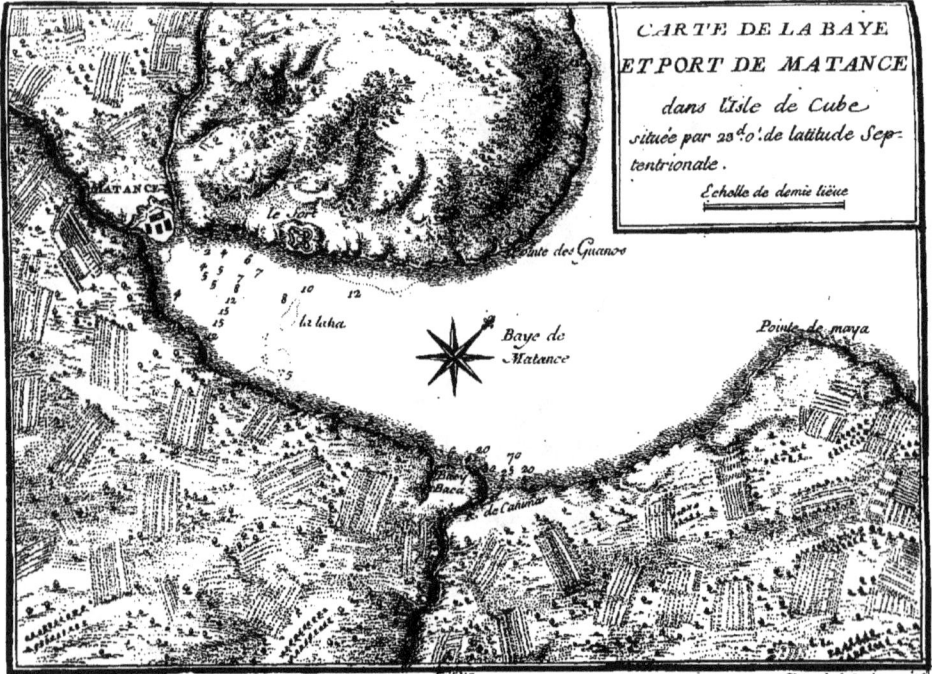

CARTE DE LA BAYE
ET PORT DE MATANCE
dans l'Isle de Cube
située par 23.º.0.'.de latitude Septentrionale.
Echelle de demie lieüe

MATANCE

Pointe des Guanos

la laha

Baye de
Matance

Pointe de maya

de Cat

Baca

Le Ciel étoit pour lors couvert. Nous voilà hors du Tropique, il faudra que le temps soit bien mauvais, si nous y
retournons de nouveau.

La route a valu l'Est-Nord-Est trois degrez vers le Nord,
& le chemin trente-six lieuës. Par notre estime nous n'en
comptions que dix-huit, ce sont dix-huit lieuës que les
courans nous ont valu à l'Est-Nord-Est. Le soir nous avons
porté au Nord-Est pour ne pas tomber sur les Martirs.

La nuit les vents ont été frais de l'Est-Nord-Est au Sud-
Sud-Est, entre lesquels ils ont varié. Dès les cinq heures
du matin on a porté au Nord $\frac{1}{4}$ Nord-Est pour chasser la
terre qui restoit au Nord $\frac{1}{4}$ Nord-Ouest à sept lieuës. Les
Martirs nous restoient à six lieuës au Nord-Nord-Ouest.
Alors il a fallu porter au Nord-Est, pour ne pas trop ap-
procher une si mauvaise côte, le vent étant Sud-Est frais.
Nous enfilons le canal de Baham.

A midi par la hauteur du Soleil, on a eu la latitude
de   25^d. 18′.

La route réduite a été le Nord-Est $\frac{1}{4}$ Nord & le chemin
34. lieuës. La pointe du Cap des Martirs de la Floride nous
restoit à l'Ouest-Sud-Ouest. L'après-midi nous avons fait
route au Nord-Nord-Est, le vent étant Est-Sud-Est frais,
la Mer fort grosse. Les eaux se pressent ici beaucoup pour
se rendre à la grande Mer & se mettre au large ; il ne faut
pas être surpris si la marée est si forte. La nuit le vent est
venu au Nord-Ouest fort frais, de sorte que nous avons couru
avec la seule misene. Il a sauté de nouveau à l'Est-Sud-Est,
& notre route a été au Nord-Nord-Est en changeant l'a-
mure.

A midi par la hauteur du Soleil, on a conclu la latitude
de   .   27. 34′.

Nous sommes encore dans le canal de Baham, mais nos
affaires vont bien. Nous avons le vent au Sud-Sud-Ouest
& il est frais ; c'est avoir vent & marée. La route corrigée a valu le Nord-Nord-Est 5^d. 30′. vers l'Est, & en donnant une lieuë au Nord par heure pour les courans, le
chemin a été 39. lieuës. Nous avons porté au Nord pour
nous tenir à mi-canal.

REFLEXIONS

Sur notre paffage par le canal de Baham.

A L'AIDE des courans plûtôt que du vent, nous nous trouvâmes le 18. Août par le travers de la Havane. Le 19. & 20. avec peu de vent & des courans favorables, nous avons couru jufque vers Matance le long de l'Ifle de Cube. Il faut toûjours reconnoître Matance avant que d'entrer dans ce canal formidable aux Navigateurs. Les uns nous avoient dit que fi nous n'y prenions garde, nous irions brifer fur des roches nommées le Cap des Martirs fur la côte de la Floride. D'autres, que nous pafferions ce canal plus vîte que nous ne fouhaiterions, & peut-être la poupe la premiere. Nous nous y fommes trouvé, nous l'avons enfilé le 20. au foir ; & en deux jours nous avons été hors d'affaire. Il eft vrai que le courant eft fi vif, que nous avons fait près d'une licuë par heure au-delà de ce que le vent nous faifoit faire, & que nous avons fait 80. lieuës en deux jours au plus près, avec un vent qui étoit affez médiocre. Il n'y a qu'à naviguer fagement, avoir du courage & prendre garde devant foi.

A minuit le vent étoit frais au Sud-Sud Oueft. On a porté au Nord-Nord-Eft pour ne pas trop approcher de la Floride, où la Flotte d'Efpagne alla fe perdre il y a quelques années. Dès le grand matin nous étions débouqué du canal de Baham. A midi la Dryade & le Rubis nous ont quitté, après nous avoir falué de fept coups de canon. On a remis fur la Dryade les trente Matelots qu'on avoit emprunté pour le Henri. Le Reverend Pere Dominicain s'eft auffi rembarqué fur la Dryade, l'Aumônier du Henri étant convalefcent. On a porté à l'Eft-Nord-Eft, le vent étant frais au Sud-Sud-Eft.

La hauteur meridienne du Soleil nous a donné la latitude de   29'. 18'.

La route réduite a été le Nord-Nord-Eft deux degrez vers le Nord, & le chemin 36. lieuës. Le Cap Canaveral fur la côte de la Floride, nous reftoit au Sud-Oueft⅛Oueft à 21. lieuës, & la pointe de l'Isle de Baham nous restoit au Sud-Est ¼ Sud à 47. lieuës.

Il est temps d'interrompre un peu ce Journal. Voici un Memoire qu'on m'a donné, qui vient à propos dans cet endroit-ci. Il sera utile aux Naviguateurs.

ROUTE

Qu'on peut tenir pour venir de l'Isle de Cube en Europe.

LA route qu'on a trouvé la plus sûre en tous les temps de l'année, par l'experience de beaucoup de voïages faits à l'Amérique, est celle-ci. En sortant de la Havane, ou quand on est par son travers, on fera route au Nord-Nord-Est jusqu'à la vüe de Cabeßa de los Martires, c'est ce que j'ai appellé ci-dessus les Martirs, qui est la pointe de la Floride la plus voisine de Cube. D'aussi loin qu'on les voit, on portera au Nord ¼ Nord-Est jusqu'à la hauteur de 28¹. 30'. qu'on se trouvera débouqué du canal de Baham.

Mais si dans cette route étant par le travers de la Havane, les vents sont Nord-Est ou Est-Nord-Est, on louvoira le long de la côte jusqu'à ce qu'on soit Nord & Sud avec le chapeau de Matance, qui est au-dessus de la rade de ce nom, dont on voit ici le Plan. De la vüe du chapeau de Matance on fera route au Nord, & on louvoira pour reconnoître la côte de la Floride. Dès qu'on aura reconnu celle ci qui gît Nord & Sud, ou celle qui gît Nord-Nord-Est & Sud-Sud-Ouest, on fera dans le canal de Baham, & on naviguera bord sur bord, supposant toûjours que les vents sont au Nord-Est ou Est-Nord-Est. Mais si l'on court huit horloges vers l'Est, il en faut courre douze du côté de la Floride, parce que les courans portent avec beaucoup plus de rapidité du côté de l'Est. Il est aisé d'en voir la raison, les terres sont à l'Ouest & la grande Mer à l'Est ; il faut donc que les eaux reviennent vers l'Est.

Il importe de remarquer que ce parage est fort dangereux. Ainsi quand on sera dans le canal, soit vent largue,

— foit bord fur bord, il faut tâcher de fe tenir dans le milieu du canal, un peu plus près pourtant de la Floride,
jufqu'à 28ᵈ. 30'. car alors on eſt entierement debouqué &
hors de tous les dangers du canal.

On a vû dans mon Journal que nous ne nous fommes
pas trouvez dans le cas de louvoïer dans le canal, & comment il faut naviguer quand on a les vents de la bande
du Sud. Du canal de Baham il y a deux routes pour aller
en Europe. Je vais dabord rapporter celle de l'Auteur de
ce Memoire, puis je donnerai l'autre.

Au fortir du canal de Baham, on mettra le Cap à l'Eſt
¼ Nord-Eſt, & on fuivra cet air de vent autant que les
vents le permettront, en s'entretenant toûjours depuis les
29ᵈ jufqu'au 30. degré, & tout au plus 34ᵈ. de latitude.
C'eſt la navigation la plus fûre pour venir de l'Amérique
en Eſpagne, ou au Détroit de Gibraltar : d'autant que les
vents regnent plus ordinairement depuis le Sud au Sud-
Oueſt & à l'Oueſt. Il ne faut pas s'inquietter de fe voir
tomber jufques par les 28ᵈ. de latitude, parce que les vents
ne tiennent pas long-temps au Sud. Nous avons tenu cette
route, comme on le verra ci-après, mais nous avons fouvent eu les vents à la bande de l'Eſt, & des calmes ; c'eſt
pourtant la plus fûre, parce qu'on y trouve de belles Mers
& des vents fort moderez : tels qu'il faut pour porter toutes les voiles.

Voici les raifons qu'en apporte l'Auteur du Memoire.
C'eſt que dans la Zone torride les vents regnent generalement du côté de l'Eſt, & depuis la latitude de 36. en
remontant, jufqu'à ce qu'on foit parvenu au meridien de
Corves & Flore, les vents de Nord-Nord-Eſt & de Nord-
Oueſt regnent plus ordinairement & avec plus de violence.
Et comme ces vents fe terminent prefque tous dans l'endroit du tropique qui eſt également diſtant des terres de
l'Eſt & d'Oueſt ; cela fait que depuis les 28ᵈ. de latitude
jufqu'au 30. ou 32. on trouve prefque toûjours des vents
foibles & variables, parce que ce font l'extrémité de ceux
qui regnent dans la Zone Torride. Auſſi prennent-ils leur
fin dans l'intervalle qu'il y a depuis les 28. jufqu'au 34ᵈ.
de latitude.

On pourra donc naviguer jufqu'à fe mettre Nord-Eſt &

Sud-Oueſt des Iſles Açores, & de-là faire route à l'Eſt-
Nord-Eſt pour venir chercher le Cap S. Vincent ou le Cap
Spartel. Il eſt certain qu'en ſuivant cette route, on ne
trouve ni de grands vents, ni de groſſes Mers. Le chaud
& le froid y ſont également moderez ; & on a un grand
avantage, qui eſt de pouvoir prendre hauteur tous les jours,
y en aiant fort peu où l'on ne voie le Soleil à midi, & la
nuit les Etoiles.

On a experimenté, continuë l'Auteur de ce Memoire,
que dans le golphe du Mexique les vents ne ſont plus ſi
violents ni ſi continuels qu'ils étoient autrefois. Cela fait
qu'on y navigue toute l'année ſans beaucoup de riſque ; ce
qu'on ne pouvoit faire alors depuis le mois de Septembre
juſqu'à la fin de Mars, qui eſt le temps que durent les vents
de Nord qui ſont preſque continuels ; ſur-tout quand on
eſt près de la côte de la nouvelle Eſpagne, qui court Nord
& Sud ; le courant s'y trouve preſque toûjours oppoſé au
vent de Nord. Quand il eſt fort, il rend la Mer très-rude,
parce que la houle s'y élève fort, ce qui fait beaucoup ſouffrir le Vaiſſeau.

On peut connoître certainement que le vent de Nord
doit venir, lors qu'aiant d'abord commencé par le Sud, il
eſt ſuivi de quelques éclairs, & que le côté du Nord ſe
charge de nuages. Alors il parcourt l'horiſon par le Sud-
Oueſt ; enſuite il vient à l'Oueſt en approchant du Nord-
Oueſt. Il commence à ſouſler avec violence, & court juſqu'au Nord-Nord-Eſt : s'il paſſe au Nord-Eſt, il calme fort
vîte ; mais s'il revient au Nord, il devient plus violent &
recule juſqu'au Nord-Nord-Oueſt ; & enfin revenant encore
au Nord-Eſt il s'appaiſe, & les briſes ordinaires repren-
nent leur cours.

Il eſt arrivé pluſieurs fois ſur les côtes de la nouvelle
Eſpagne, que des Vaiſſeaux étant à la vûë de la terre avec un
vent de Nord forcé, étoient obligez de ſe mettre à ſec, & d'aller vent arriere à la côte. Alors le vent calmoit tout à fait
à l'approche des montagnes de S. Martin, qui ſont près de
la riviere d'Alvarado ; & l'experience a toûjours fait voir
que quoique les vents chargent avec furie à la côte, on
ne laiſſe pas d'approcher autant que l'on veut la Baïe de
Campêche, parce que les courans ne trouvant pas de paſ-

fage, les eaux reviennent contre le vent avec rapidité, &
y portent les Vaiſſeaux d'une grande vîteſſe. Cependant la
Mer n'y eſt jamais fort groſſe, ſoit parce que le fond eſt
de vaſe, ſoit parce qu'elle eſt preſque toûjours couverte
d'herbes épaiſſes, qui rompent la force du flot produit par
le vent, & l'empêchent de s'élever.

Le vent de Nord commence à être violent depuis le 15.
Novembre juſqu'à la fin de Fevrier, & paſſé le mois de
Mars il n'y en a plus. Alors les vents viennent toûjours
de l'Eſt-Sud-Eſt & du Sud-Eſt, & calment fort ſouvent,
ſur-tout à la côte du Nord de ce golphe du Mexique ; c'eſt-
à-dire depuis la Baïe de *Spiritu Sancto*, juſqu'au fleuve de
Miſſiſſipi & Zapalache. Mais quelquefois ces vents y deviennent furieux avec de grandes pluïes & des broüillards
très-épais. Ils font d'autant plus dangereux ſur cette côte
qu'elle eſt très-baſſe, & qu'il y a peu d'eau ; mais le fond
eſt de vaſe & de ſable.

Si les vents de Nord jettoient par haſard quelques Vaiſſeaux à la côte de la Havane (il faut remarquer qu'elle
s'embrume de maniere, qu'il eſt du tout impoſſible de la
voir, quelque proche qu'on en ſoit) il faut donc alors
mettre le Cap à l'Oueſt & au Nord, & ſe ſoutenir ſur les
bords ; de peur que les courans qui ſont très-violens, ne
jettent les Navires ſur les placets du canal de Baham. C'eſt
pour cela qu'il faut faire force de voile autant que l'on
peut. Si le vent de Nord contrarioit un Navire quand il
eſt dans ce canal, juſqu'à le forcer d'arriver vent arriere,
il ne doit pas porter droit au Sud, parce que les courans
le jetteroient ſur les dangers qui ſont du côté de l'Eſt ; mais
il faut faire le Sud-Sud-Oueſt, à cauſe de l'extrême force
des courans dans ce canal, qui augmente avec le vent de
Nord ou de Nord-Eſt.

Ce Memoire eſt d'un habile homme & fort experimenté.
Je n'y ai changé que quelques expreſſions. Néanmoins je crois
que ſi nous n'avions pas eu tant de malades dans nos Vaiſſeaux, nous aurions eſcorté la Dryade & le Rubis ; c'eſt-
à-dire que nous nous ſerions élevez juſqu'aux Açores du
grand banc de Terre-neuve, où nous aurions trouvé les
vents d'Oueſt & de Nord-Oueſt très-frais ; & aïant paſſé
aux Nord des Açores, de maniere que nous n'euſſions pas
eu

eu à craindre les vigies que nous aurions laissé au Sud, nous serions venu reconnoître le Cap de Finiftere, ou le Cap S. Vincent, & de-là au Détroit de Gibraltar. Cette route eft plus courte pour le temps, à caufe des vents frais qu'on eft affuré de trouver ; ainfi elle eft du goût de notre Nation, naturellement impatiente & courageufe. Mais on y trouve de groffes Mers, & quelquefois des coups de vent bien pefans. Il s'agit de quinze jours de plus ou de moins, & quand on a des vivres & un foible Equipage, il eft plus sûr de tenir la route qu'on va décrire dans ce Journal.

Le vent a varié toute la nuit du Sud au Sud-Sud-Eft ; mais à huit heures du matin il eft venu à l'Eft-Nord-Eft contraire à notre route ; nous avons porté au Sud.

Par la hauteur meridienne du Soleil, la latitude a été de $29^d. 44'.$

La route corrigée a valu l'Eft-Nord-Eft, & le chemin 27. lieuës & un tiers.

Au coucher du Soleil, la variation a été obfervée de $3^d. 30'.$ Nord-Eft.

Le vent eft venu au Nord-Eft frais dès les quatre heures du matin ; nous avons porté au plus près au Nord-Nord-Oueft, l'amure à tribord : ce n'eft pas là notre route, que faire ?

La hauteur du Soleil à midi, nous a donné la latitude de $29^d. 50'.$

La route corrigée a été l'Eft-Nord-Eft $4^d.$ vers l'Eft, & notre chemin fix lieuës & demi. C'eft marcher à pas de Tortuë. Le vent aïant continué aú Nord-Eft, on a fuivi la même bordée jufqu'à quatre heures ; pour lors on a reviré & porté à l'Eft-Sud Eft.

Au coucher du Soleil, on a obfervé la variation de $2^d. 20'.$ Nord-Eft.

Elle a diminué depuis hier d'un degré dix minutes, & cependant nous avons fait fort peu de chemin.

La latitude a été trouvée par la hauteur du Soleil à midi, de $30^d. 5'.$

La route réduite a valu le Nord-Eft, & le chemin fept lieuës ; cela s'appelle aller à petites journées ; & cependant

la variation va en diminuant ; car au Soleil couchant elle
a été trouvée feulement de 1^d. 10'. Nord-Eft.

C'eft-à-dire qu'en fept lieuës elle a encore diminué d'un
degré dix minutes.

Jufqu'à minuit la route a été au Nord $\frac{1}{4}$ Nord-Eft.

Le vent étant encore Nord-Eft, nous avons reviré à minuit & porté à l'Eft-Sud-Eft. A huit heures le vent s'eft
rangé à l'Eft-Nord-Eft bon frais ; il y avoit une très-groffe
Mer du Sud-Sud-Oueft. Il a beaucoup plu, fait des éclairs
& tonné ; nous avons couru au plus près avec la feule mifene. Faute de hauteur, la latitude a été eftimée de 30^d. 36'.

La route corrigée a valu le Nord $\frac{1}{4}$ Nord-Eft 2^d. vers l'Eft,
& le chemin douze lieuës & demi.

A fix heures du foir le vent aïant fauté à l'Eft, on a
porté au Nord-Nord-Eft ; mais comme il eft venu la nuit
au Nord-Eft frais, il a fallu revirer à l'Eft-Sud-Eft feulement avec les baffes voiles.

Dans la nuit bien tard le Nord-Eft étant très-frais, on
a mis à la cape. Le matin il a un peu molli, on a couru
au plus près.

Le Soleil n'a pas paru à midi, on a eftimé la latitude
de 30^d. 48'.

La route réduite a été l'Eft-Nord-Eft trois degrez vers
l'Eft, & le chemin onze lieuës un tiers. Le vent étant venu à l'Eft, on a mis le cap au Nord-Nord-Eft jufqu'à fix
heures du foir. A neuf heures le vent a fauté à l'Eft-Sud-
Eft ; on a fait route au Nord-Eft. Il faut tirer du vent le
meilleur parti qu'on peut. Nous fçavons aller au plus près
& revirer vent devant.

A neuf heures du matin le vent étant venu au Sud-Eft,
nous avons fait route à l'Eft-Nord-Eft, amurez à tribord
jufqu'à trois heures du foir.

Faute de voir le Soleil à midi, la latitude a été eftimée
de 31^d. 22'.

La route corrigée a valu le Nord-Eft, & le chemin 15.
lieuës & trois quarts. A trois heures un grain d'Oueft-Sud-
Oueft nous a accueillis & réduit aux baffes voiles jufqu'au
foir. La nuit il a fait le même temps, on a mis à la cape
avec la mifene.

Il est survenu le matin deux grains de pluïe; comme il ventoit frais du Sud-Est, nous avons mis le cap à l'Est-Nord-Est jusqu'à midi.

La hauteur meridienne du Soleil, a donné la latitude de 31^d. 50'.
la même qu'on avoit trouvée par l'estime à deux minutes près.

Voici la premiere fois que je trouve la longitude marquée dans le Journal que M. de Vallette m'a communiqué. Elle a été aujourd'hui de 299^d. 24'.

La route réduite a été l'Est-Nord-Est cinq degrez vers le Nord, & le chemin dix-neuf lieuës & demi. Il a plu vers les deux heures, le vent étant médiocre au Sud-Est, on a continué la route à l'Est-Nord-Est jusqu'à quatre heures du matin. Il faut être patient sur tout à la Mer.

A quatre heures du matin le vent est devenu frais, & s'est rangé au Sud-Sud-Est meilleur pour notre route, nous avons porté à l'Est.

A midi la latitude observée, a été de 32^d. 36'.
La longitude a été estimée de 301. 12.
La route corrigée. Est-Nord-Est. Le chemin 33. lieuës. Cela ne va pas mal. Nous avons gouverné à l'Est jusqu'à quatre heures du matin. La nuit le vent a varié du Sud-Sud-Est à l'Est-Sud-Est, il étoit médiocre.

Nous avons toûjours des malades, quoiqu'il n'y en ait plus tant. Il y en a même encore de la Tavardille, mais fort peu.

Pour ne pas trop nous élever en latitude, à neuf heures du matin nous avons reviré de bord, & porté au Sud-Sud-Est jusqu'à midi, le vent étant à l'Est.

La latitude a été observée de 32^d. 46'.
Et la longitude estimée de 302. 9.
La route réduite a été l'Est-Nord-Est, & le chemin 17. lieuës. Depuis midi nous nous sommes mis au plus près, l'amure à bas bord du Sud-Est au Sud-Sud-Est, jusqu'à quatre heures du matin, selon que le vent varioit de l'Est-Nord-Est à l'Est. Le Soleil n'aïant pas paru à l'horison, ni le matin, ni le soir, on n'a pas pû observer la variation.

Au lever du Soleil, la variation a été observée de 0^d. 30'. Nord-Ouest.

Ainſi la voilà d'une affection contraire. Le vent étant à l'Eſt, nous avons fait route au Sud-Sud-Eſt juſqu'à midi.

Par la hauteur meridienne du Soleil, on a eu la latitude de   32ᵈ. 15′.

La route corrigée a valu le Sud-Eſt ¼ Sud, & le chemin douze lieuës. Le vent a ſauté à l'Eſt-Nord-Eſt par riſées: on a fait route au plus près amuré bas bord. Sur le ſoir on a changé l'amure à tribord, & porté au plus près au Nord-¼ Nord-Eſt, & à l'Eſt-Nord-Eſt ſuivant que le vent a varié.

Au Soleil couchant, la variation obſervée étoit de   0ᵈ. 36′. Nord-Oueſt.

Le 3.   Le vent variable du Nord-Eſt à l'Eſt-Nord-Eſt; ainſi il a fallu gouverner à l'Eſt Sud-Eſt & au Sud-Eſt. La latitude a été obſervée de   32ᵈ. 12′.

Et la longitude eſtimée de   303. 3.

La route corrigée a été Eſt ¼ Sud-Eſt trois degrez vers l'Eſt, & le chemin huit lieuës un quart. Le vent a tenu à l'Eſt juſqu'à minuit.

Au coucher du Soleil, la variation obſervée a été de   0ᵈ. 45′. Nord-Oueſt.

Le 4.   A quatre heures du matin, le vent eſt venu à l'Oueſt-Nord-Oueſt très-frais; de ſorte qu'on a ſerré les huniers & couru ſous les baſſes voiles à l'Eſt ¼ Nord-Eſt, qui eſt la route.

A midi par la hauteur du Soleil, on a eu la latitude de   32ᵈ. 35′.

On a eſtimé la longitude de   303. 46.

La route corrigée a été le Nord-Eſt ¼ Eſt, & le chemin 14. lieuës ½. L'après-midi le vent aïant continué à l'Oueſt Nord-Oueſt frais, on a ſuivi la même route. La nuit temps couvert, éclairs & groſſe Mer d'Eſt-Sud-Eſt. Voilà bien peu de chemin pour un ſi bon vent! Mais nous commençons à nous mettre en train.

Le 5.   Le vent a ſauté ce matin au Nord-Nord-Oueſt frais. A dix heures il a paru un Vaiſſeau au Nord-Eſt qui pouvoit être à trois lieuës de nous. Il y a long-temps qu'on n'en avoit vû.

La latitude concluë de la hauteur du Soleil à midi, a été de   32ᵈ. 53′.

On a eſtimé la longitude de   306. 13.

La route corrigée a été Eſt ¼ Nord-Eſt 1ᵈ. 30'. vers l'Eſt, & le chemin 41. lieuës & demi. Depuis long-temps nous n'avions fait ſi bonne journée ; nous n'avons pas l'air d'en faire ſouvent de cette force par cette latitude, où nous voulons nous maintenir ſans nous trop élever, pour les raiſons rapportées ci-devant. Bien des gens en murmurent, mais le parti de notre Capitaine eſt ſage.

Notre latitude eſtimée s'eſt accordée dans la minute avec l'obſervée.

Nous avons paſſé la nuit à la cape, à cauſe d'un vent violent de Nord-Eſt.

Le matin ce vent de Nord-Eſt eſt devenu médiocre : on a couru à l'Eſt-Sud Eſt juſqu'à midi. La latitude a pour lors été obſervée de   33ᵈ. 7'.

L'eſtime nous l'avoit donnée de même. La longitude eſtimée, de   307. 58.

La route a été Eſt ¼ Nord-Eſt, & le chemin 30. lieuës. L'après-midi les vents Oueſt-Nord-Oueſt variables juſqu'au Nord ; ainſi on a porté à l'Eſt & à l'Eſt ¼ Nord-Eſt. Juſqu'à midi du 7. nous avions trois differentes Mers, du Nord-Eſt, du Nord-Oueſt & du Sud-Oueſt.

Le Soleil n'a pas paru à midi, on a eſtimé la latitude de   33ᵈ. 6'.

Et la longitude de   309. 5.

La route réduite a été entre l'Eſt & l'Eſt ¼ Nord-Eſt, & le chemin 18. lieuës. L'après-midi le vent a varié du Nord-Eſt au Nord-Oueſt petit frais. Nous avons eu du calme toute la nuit.

A dix heures du matin on a encore vû un Vaiſſeau à l'Eſt de nous, qui avoit le cap à l'Eſt-Nord-Eſt comme nous. Sur les 11/ heures le vent aïant fraîchi, il a fait route à l'Eſt-Sud-Eſt. Apparemment il avoit deſſein de ſçavoir qui nous étions, mais ſans trop s'approcher ; nous n'avons pas contenté ſa curioſité.

A midi faute de Soleil, on a eſtimé la latitude de 33ᵈ. 10'.
Et la longitude de   309. 34.

La route a été Eſt deux degrez vers le Nord, & le chemin 27. lieuës. A deux heures après-midi on a jugé à propos de changer de route, & de porter au Nord-Eſt ¼ Eſt

T iij

juſqu'à midi du 9. pour nous élever au Nord. Les vents ont varié du Nord-Oueſt au Nord-Nord-Eſt.

Hier notre Commandant jugea à propos de porter au Nord-Eſt ¼ Eſt pour élever un peu plus en latitude ; ainſi nous paſſerons plus au Nord de la Vermude. Nous trouverons les vents d'Oueſt plus frais, & arriverons plûtôt ſur les côtes d'Europe. Nous avons tenu cette route le matin juſqu'à midi, quoique nous aïons eſſuïé pluſieurs grains, que le voiſinage de la Vermude nous procure.

Par la hauteur du Soleil à midi, on a eu la latitude de   33ᵈ .28′.

La longitude a été eſtimée,   310. 42.

Depuis hier midi on a fait 23. licuës & demi.

Le Soleil ſe couchant, on a obſervé la variation, de   0ᵈ. 20′. Nord-Oueſt.

Depuis midi juſqu'à ſept heures nous avons porté à l'Eſt ; mais pour gagner quelque choſe au Nord, & ne pas tomber ſur la Vermude, le vent continuant au Nord-Nord-Eſt, nous avons reviré au plus près au Nord-Oueſt & pris l'amure à tribord. La Vermude eſt en effet un mauvais parage ; & autour de cette Iſle, ſale d'écueils, il regne aſſez ſouvent des vents violents. Nous avons reſté vingt jours à venir du canal de Baham par le travers & au Nord de cette Iſle, fameuſe par ſes orages, ſes écueils & ſes mauvais Ports. Vermudo n'avoit-il rien de mieux à faire quand il eut découvert cette Iſle, ſeule au milieu d'un vaſte Ocean, que de s'y aller établir ? On dit pourtant que les Anglois qui y ſont, ſe portent fort bien, & vivent long-temps.

On a tenu la route du Nord-Oueſt juſqu'à cinq heures du matin, le vent étant conſtant au Nord-Nord-Eſt. A préſent que nous pouvons voir devant nous, nous avons repris l'amure à bas bord, & porté à l'Eſt.

A midi, la hauteur du Soleil nous a donné la latitude de   33ᵈ. 32′.

Ainſi par la longue bordée de la nuit, nous n'avons gagné que quatre minutes, tant nous avons eu groſſe Mer, qui nous a fait dériver à l'Oueſt.

La longitude eſtimée, a été de   311ᵈ. 20′.

De ſorte que nous avons augmenté de 38′. en longitude, & le chemin neuf lieuës. Depuis midi jusqu'au soir on a reviré à l'Est, & même à l'Est-Sud-Est, le vent ne nous aïant pas permis de faire l'Est-Nord-Est. Le soir le vent s'opiniâtrant au Nord-Est, on a reviré au Nord-Nord-Ouest & pris l'amure à tribord.

Nous avons suivi la même route jusqu'à midi.

On a observé le Soleil à midi, d'où on a eu la latitude de   33d. 45'.

La longitude a été estimée de   311. 18. moindre qu'hier de deux minutes, à cause de la route au Nord-Nord-Ouest.

Ce matin les Pilotes du Henri ont envoïé leur point au Commandant. La latitude différoit de la notre de trois minutes, dont ils étoient plus Sud hier. Mais ils avoient plus d'un degré de longitude sur nous. Ils se faisoient à 312d. 22'. On a continué la même route jusqu'à huit heures du soir, & fait peu de chemin à cause du calme. A huit heures il s'est levé un peu de vent de Sud-Ouest, qui a commencé d'enfler nos voiles.

Vers le minuit le vent s'est rangé à l'Ouest toûjours assez foible. De sorte que nous n'avons pas fait grand chemin.

A midi par la hauteur du Soleil, on a eu la latitude de   34d. 10'.

La longitude a été estimée de   312. 22.

La route a été l'Est-Nord-Est, & le chemin 15. lieuës & demi. Le vent d'Ouest a été un peu plus frais l'après-midi.

Toute la nuit le vent a été comme l'après-midi, mais ce matin il a fort molli & s'est rangé au Sud-Ouest. On a toûjours porté à l'Est-Nord-Est: c'est toûjours une consolation pour l'Equipage quand les boulines, les bras & les écoutes sont largues.

Par la hauteur meridienne du Soleil, la latitude a été de   34d. 34'.

Et la longitude estimée, de   313. 33.

La route a valu l'Est-Nord-Est, & le chemin 25. lieuës. Après midi le vent a fort molli.

Au coucher du Soleil, la variation a été trouvée de   2d. 30'. Nord-Ouest.

A trois heures du matin le vent a fraîchi & sauté au Sud-

Sud-Eſt. Il nous eſt encore favorable. On n'a pas vû le Soleil à midi : on a eſtimé la latitude, de   34^d. 54'.

Et la longitude, de   314. 44.

La route a valu l'Eſt-Nord-Eſt, & le chemin 20. lieuës.
Nous ſommes contens.

Au Soleil couchant, la variation
a été obſervée de   2^d. 30'. Nord-Oueſt.

REFLEXIONS

Sur l'eſtime à la Mer.

LES réflexions que je vais faire ne tendent pas à faire
mépriſer l'eſtime, beaucoup moins à la faire abandonner aux Marins. Au contraire c'eſt pour qu'on y apporte
plus de préciſion, & qu'un Pilote y emploïe toute l'exactitude dont il eſt capable, avec l'experience qu'il a acquiſe.

Il eſt très-difficile de faire une bonne & juſte eſtime du
chemin qu'on fait à la Mer. Les Pilotes eſtiment en deux
manieres. La premiere qui eſt d'uſage à tout moment, eſt
par la vîteſſe avec laquelle les eaux courent le long des
côtez du Vaiſſeau, ou par le ſillage. Mais cette eſtime doit
être differente, ſelon que le vent eſt arriere, plus ou moins
largue, ou au plus près. Je ſçai que les Pilotes ont égard
à toutes ces circonſtances, auſſi-bien qu'à celles de la diverſe bonté d'un Vaiſſeau, ou qu'il eſt meilleur voilier, ou
qu'il va mieux vent largue, ou au plus près.

Cependant il me paroît qu'un Pilote, quelqu'habile qu'il
ſoit, ne ſçauroit eſtimer juſte à demi lieuë, ou au moins
à un quart de lieuë par quart, avec tant de circonſtances qu'il faut allier enſemble, à moins qu'il n'apporte de
grandes précautions. D'ailleurs s'il y a des courans, & qu'ils
ſoient contraires, ils augmenteront la peine du Vaiſſeau à
fendre l'eau, & ils diminueront ſa vîteſſe : cependant les
eaux paroîtront courre auſſi vîte de l'arriere, que s'il n'y avoit
pas de courant, & que le Vaiſſeau eût plus de vîteſſe. Au
contraire ſi les courans ſont favorables, ils lui feront faire
plus de chemin, & cependant le cours de l'eau le long des
côtez du Vaiſſeau, & le ſillage de l'arriere ne paroîtront
pas avoir tant de vîteſſe.

Nous

Nous venons de l'éprouver au canal de Baham, & bien d'autres l'ont éprouvé avant nous. Le chemin a surpassé l'estime d'une lieuë par heure. Cela est aisé à reconnoître quand on navigue Nord & Sud, ou par des rhums de vent voisins, à cause que la latitude redresse l'estime & en fait connoître l'erreur ; mais tout à fait difficile, quand on navigue Est & Ouest, ou par des rhumbs de vent voisins.

La seconde maniere est de jetter le lok à la Mer ; mais il ne me paroît pas qu'on évite aucun de ces inconveniens. Tout au plus le lok peut servir à confirmer le Pilote dans le jugement qu'il a porté sur l'estime qu'il fait du chemin. D'ailleurs à chaque quart, à chaque changement de voilure, il faudroit jetter le lok à la Mer, & cela n'est pas toûjours possible. Aussi sçai-je que de très-bons Officiers du Roi, qui ont même commandé ses armées, ne faisoient pas grand cas du lok. J'ai été surpris de voir dans la Relation * d'un voïage par Mer, qu'un homme qui n'avoit servi que sur terre, devenu homme de Mer des plus consommez en entrant dans le Vaisseau, trouvât toûjours son estime exacte, & arrivât à point nommé avec son estime. Les Maloüins avec lesquels il naviguoit lui avoient apparemment infusé leur science. Il faudroit encore jetter le lok à la Mer chaque fois que le vent augmente ou diminuë, & on voit que cela ne se peut aisément.

* Voïage
de la Mer
du Sud, im-
primé à Pa-
ris en 1716.

Il résulte de-là que cette méthode ne vaut pas mieux que l'autre ; malgré les précautions que prennent les habiles Pilotes, que je ne rapporte pas ici. D'ailleurs le commun des Pilotes ne faisant la lieuë marine à leur lok que de 15000. pieds François, la font courte. Car, selon les observations de feu M. Cassini, un degré de grand cercle aïant 57100. toises, & y aïant 20. lieuës au degré, la lieuë aura 2855. toises, ou 17130. pieds ; quand le degré auroit 40. toises de moins, ce ne seroit qu'un peu plus d'un pied qu'il faudroit ôter à la lieuë. En admettant même l'inégalité des degrez que M. Cassini donne dans l'Histoire de l'Académie de 1715, il n'en est aucun qui n'excede de beaucoup la mesure des Pilotes. Ainsi les nœuds marquez sur leur ligne de lok, sont trop pressez & donnent trop de chemin. Mais les erreurs du lok viennent sur-tout des causes qu'on a rapporté ci dessus.

V

L'incertitude de l'estime est encore bien plus grande, lorsqu'un bon voilier accompagne un autre Vaisseau qui n'est pas si bon voilier. Par exemple, comment estimer bien juste & précisément le chemin sur le Touloufe en compagnie du Henri ? Celui-ci a pour l'ordinaire tout ce qu'il peut porter de voiles, souvent jour & nuit ; tandis que le Touloufe serrera d'abord ses perroquets : après quoi, voïant qu'il gagne encore le Henri, il carguera fa grand voile, enfuite fa mifene, & fe réduira à fes deux huniers : ce qui nous est arrivé encore aujourd'hui, fans que le Henri, qui a confervé toute fa voilure, ait pû parvenir à fe trouver par notre travers avant dix heures du foir.

Quelle peine ne doivent point avoir les Pilotes du Touloufe à bien eftimer le chemin avec cette variation de voilure ? Je compterois plûtôt fur l'eftime du Henri, qui va toûjours fon train. Il ne faut donc pas s'étonner de la différence d'un degré deux minutes que nous avons remarqué le dixiéme Septembre dans la longitude eftimée fur le Henri, dont les Pilotes de ce Vaisseau fe trouvoient plus Est que nos Pilotes ; c'est-à-dire, qu'ils avoient dix-fept lieuës de chemin plus que nous, puifque notre route est à l'Est.

Tout ceci fait voir combien il reste d'incertitude dans l'eftime, même des meilleurs Pilotes, tels que font les premiers de nos deux Vaisseaux, & combien, quand on navigue vers l'Est & vers l'Oueft, il faut être attentif fur l'eftime. Une des chofes qui m'a fait plaisir dans ce voïage, est que nous aïons aterré si jufte à la côte de l'Isle de Sainte Rofe pour reconnoître Panfacola. Il est vrai que comme nous portions à la bande du Nord, la hauteur redreffe l'eftime. Outre cela nous avons eu égard aux courans, & ils nous ont aidé ; cependant les fondes font la plus sûre reffource de cet aterrage ; car pour la Côte elle est fi baffe, & fe reffemble si fort, qu'on s'y trompe aifément, comme il est arrivé au Pilote que nous avions pris au Cap, qui prit la pointe Est de l'Isle de Sainte Rofe, à l'Est de laquelle nous étions, pour l'entrée de Panfacola, qui est à la pointe de l'Oueft de cette Isle. Ce Pilote pourtant avoit fait plufieurs fois le voïage : il est vrai qu'il vaut mieux aterrer à l'Est qu'à l'Oueft.

Ce que nous avons dit ci-devant fur notre aterrage à la
Martinique, eft encore une preuve bien fenfible de la difficulté de l'eftime. Nous aurons dans le voïage occafion d'en
apporter d'autres.

Le vent fe rangea au Sud-Oueft hier à dix heures, &
fraîchit à faire dix lieuës par quart. Nous avons fait route
à l'Eft ¼ Nord-Eft.

La hauteur du Soleil à midi nous a donné la latitude
de   35ᵈ. 16'.

La longitude a été eftimée de   317. 20.

La route a valu l'Eft ¼ Nord-Eft 3ᵈ. vers le Nord, &
le chemin 47. lieuës. Voilà ce qui s'appelle une journée.
Nous avons bon vent, belle Mer, Dieu nous les conferve.
Sur les quatre heures du foir on a découvert un petit Navire qui faifoit route à l'Eft-Nord-Eft ; il a mis pavillon
d'Angleterre, & nous de France.

Au lever du Soleil, la variation
a été obfervée de   3ᵈ. 10'. Nord-Oueft.

Le vent de Sud-Oueft s'eft rangé à l'Oueft-Sud-Oueft frais ;
nous fillons bien. Nous avons porté à l'Eft ¼ Nord-Eft. Le
Soleil n'a pas paru à midi, on a eftimé la latitude de 35'. 55'.

Et la longitude, de   321. 0.

La route Eft ¼ Nord-Eft 3ᵈ. vers le Nord, le chemin
55. lieuës. A midi on a changé de route & porté à l'Eft
pour laiffer les Açores au Nord de nous, & aller, s'il plaît
au Seigneur, reconnoître la montagne d'Arzille ; mais nous
n'y fommes pas encore. Divers grains de pluïe qui ont commencé fur les trois heures, & fini à cinq, ont fait changer
notre bon vent. Il eft venu jufqu'au Nord-Eft par le Nord ;
enfuite il eft revenu au Nord, & il y a refté toute la nuit.
Nous avons porté à l'Eft fur la perpendiculaire du vent,
& fait bon chemin, à en juger par le fillage.

Le vent a fauté au Nord-Nord-Eft : on a tenu le cap à
l'Eft jufqu'à huit heures du matin, que le vent étant venu
au Nord-Eft ¼ Nord, on s'eft mis au plus près à l'Eft ¼
Sud-Eft.

Par la hauteur meridienne du Soleil, la latitude a été
de   35ᵈ. 45'.

La longitude a été eftimée de   323. 55.

La route corrigée a valu l'Eſt ¼ Sud-Eſt 4ᵈ. vers le Sud, & le chemin 47. lieuës.

L'après-midi le vent s'étant rangé au Nord-Eſt fort contraire à nos ſouhaits, on a mis le cap à l'Eſt-Sud-Eſt. A quatre heures il eſt venu à l'Eſt-Nord-Eſt encore plus contraire ; il a fallu porter au Sud-Eſt juſqu'à minuit. Ici nous avons de l'eau à courre ; nous en ſerons quittes pour faire de longues bordées en attendant le bon vent.

Le 18.   Depuis minuit juſqu'à midi, on a fait route au Sud-Eſt ¼ Sud le vent étant frais au Nord-Eſt ¼ Eſt, & la Mer fort groſſe. A midi le Ciel a été couvert, ainſi point de hauteur du Soleil,

On a eſtimé la latitude, de   34ᵈ. 23′.

Et la longitude, de   324. 55.

La route Sud-Eſt ¼ Eſt 3ᵈ. vers le Sud, & le chemin 33. lieuës. Après-midi divers grains de pluïe qui ont fait tourner le vent à l'Eſt-¼ Sud-Eſt. Alors on a reviré de bord au Nord-Eſt ¼ Nord. Le vent étoit frais, la Mer groſſe, le Ciel couvert depuis hier deux heures du ſoir. Nous avons vû une petite portion de l'arc en Ciel, dont les couleurs étoient aſſez vives. L'arc étoit petit, le Soleil étant encore aſſez élevé, aïant commencé à paroître vers les 3. heures.

Au coucher du Soleil, la variation
a été obſervée de   4ᵈ. 0′. Nord-Oueſt.

Le 19.   Le vent s'eſt tenu opiniâtrément de la bande de l'Eſt, mais il a varié tantôt à l'Eſt-Nord-Eſt, ce qui nous a fait porter au Nord au plus près , amurez tribord ; tantôt & plus long-temps à l'Eſt, alors on a porté au Nord-Nord-Eſt ; enſuite il eſt revenu à l'Eſt-Sud-Eſt, & on a mis le cap au Nord-Eſt. Pendant ſix heures il a été Sud Eſt, & nous avons couru à l'Eſt-Nord-Eſt toûjours au plus près.

La hauteur à midi , nous a donné la latitude de   34ᵈ. 33′.

La longitude a été eſtimée de   325. 33.

De ſorte que nous avons ſeulement augmenté de 8′. en latitude, & de 38′. en longitude ; d'où l'on voit que nous n'avons pas fait grand chemin. Il ſe réduit à dix ou douze lieuës.

Le 20.   Le vent a toûjours été Eſt-Sud-Eſt pour le plus ; ainſi depuis hier midi on n'a pû porter qu'au Nord-Eſt, lequel à caufe de la dérive & de la groffe Mer qui nous prenoit de l'avant, ne nous a valu que le Nord-Nord-Eft. Le Soleil ni l'horifon n'étant pas nets à midi, on a eftimé la latitude , de   35ᵈ. 25′.

Et la longitude, de   325. 54.

La route corrigée a valu le Nord-Nord-Eft, & le chemin 12. lieuës. L'après-midi fur les 3. heures le vent s'eft rangé au Sud-Sud-Eft à notre grand plaifir, de forte qu'on a fait route à l'Eft ¼ Nord-Eft.

J'ai vû aujourd'hui une centaine de poiffons volans qui fuïoient devant une feule Bonite, qui en goboit toûjours quelqu'un des plus pareffeux. Nous vîmes hier des oifeaux qui doivent avoir l'aîle bonne, car nous fommes en grande eau & fort éloignez de toute terre. Nous ne voïons plus de Dorades. En fix cens lieuës nous n'avons pas vû fix Requins.

Le vent a refté au Sud-Sud-Eft jufqu'à une heure du matin qu'il s'eft rangé au Sud encore meilleur pour nous. On a couru largue à l'Eft ¼ Nord-Eft. Auffi notre chemin a plus que doublé depuis hier. Il a été de vingt-fix lieuës environ.

Par la hauteur méridienne du Soleil, on a eu la latitude de   36ᵈ. 14′.

La longitude a été eftimée de   327. 16.

L'après-midi le vent a fauté au Sud-Sud-Oueft. Il y a eu divers grains de pluïe, & le vent eft revenu au Sud. La route a été Nord-Eft 1ᵈ. vers le Nord. Le vent de Sud-Sud-Oueft, eft revenu à cinq heures du foir, mais médiocre jufqu'à 8. heures du foir. Pour lors il a fraîchi à nous faire faire dix lieuës par quatt.

Nous allons vent largue, & faifons du chemin.

Le vent de Sud-Oueft a été frais, Dieu fçait quel chemin nous faifions ; le pauvre Henri tout vieux qu'il eft, reprend vigueur. On a porté à l'Eft avec les quatre grandes voiles ; mais à mefure que le vent fraîchiffoit, il a fallu prendre des ris à nos huniers.

A midi par la hauteur du Soleil, on a eu la latitude de   36ᵈ. 28′.

La longitude a été eftimée de   330. 40.

La route a valu l'Eft 4ᵈ. vers le Nord, & le chemin près de 56. lieuës.

L'après-midi le vent a extrêmement fraîchi & la Mer groffi. Il y a eu quelques grains de pluïe tant le matin que le foir, mais ils n'ont pas duré. Excepté à midi le Ciel a été couvert tout le jour. Il nous a été utile d'avoir une bonne hauteur du Soleil. Sur les fix heures du foir il y a eu un grain confiderable de pluïe, qui a fait changer le vent, il eft venu à l'Oueft-Nord-Oueft, enfuite au Nord-Oueft frais; la Mer a groffi. Nous avons porté à l'Eft ¼ Sud-Eft, pour ne nous pas tant élever.

Je me fers fouvent du terme de fraîchir, il eft bon de l'expliquer, de peur que quelqu'un ne s'y méprenne. Fraîchir en langage marin ne fignifie pas devenir froid (on peut affurer qu'il ne gèle point ici) mais devenir violent.

La nuit le vent a encore plus fraîchi, & la Mer eft encore plus groffe; elle nous prend par le travers & nous fait beaucoup rouler. Le vent a toûjours été au Nord-Oueft, & à l'Oueft-Nord-Oueft. On a continué la route à l'Eft ¼ Sud-Eft. Le Ciel étant couvert à midi, on n'a pû prendre hauteur; la latitude a été eftimée de   36ᵈ. 5′.

Et la longitude de   334. 26.

La route a été Eft ¼ Sud-Eft 4ᵈ. vers l'Eft, & le chemin 61. lieuës. Nous n'avions pas encore fait de journée de cette force. Le matin même voilure qu'hier. L'après-midi le vent a un peu diminué auffi-bien que la Mer. Nous ne laiffons pas de faire deux lieuës par heure pour le moins. Pour cela on a fait fervir toutes les voiles, hors les peroquets.

Il vente bon frais; nous roulons, nous tanquons rudement; mais nous allons bon train. Nous faifons nos trois lieuës par heure.

La nuit peu de vent au premier quart, & beaucoup de Mer. Le beau cahot! A minuit le vent s'eft rangé au Sud-Oueft à notre grand plaifir, & a fraîchi. On a pris les amures à tribord & couru vent largue. Auffi a-t'on fait huit à neuf lieuës par quart. La Mer eft moins houleufe, on peut vivre. A dix heures le vent a fi bien fraîchi, que nous faifions près de trois lieuës par heure. C'étoit un plaifir de voir courir l'ombre de nos mâts fur la Mer. Le Soleil brilloit fort à midi : on a pris fa hauteur, qui a donné la latitude de

35ᵈ. 52ʹ.

La longitude a été eftimée de   337. 13.

Depuis hier midi nous avons fait 47. lieuës ; mais la route corrigée depuis le midi du 22. a valu l'Eft ¼ Sud-Eft 4ᵈ. vers l'Eft, & le chemin 108. lieuës. L'après-midi le vent a continué de même train, & la Mer auffi. De forte que nous allons bien. Il a fallu amener notre grand hunier pour boucher quelques trous, & attendre le Henri qui refte de l'arriere.

Le vent a molli dans la nuit peu à peu, & le roulis à l'ordinaire a augmenté ; nous avons porté fort peu de voiles ce matin pour attendre le Henri qui eft loin de nous.

Le 25;

La hauteur meridienne du Soleil, nous a donné la latitude de   35ᵈ. 41ʹ.

La longitude a été eftimée de   339. 55.

La route depuis hier a valu l'Eft 5ᵈ. vers le Sud, & le chemin 44. lieuës. Le vent a varié du Sud-Oueft à l'Oueft foible ; nous attendons toûjours le Henri. Le foir le vent a calmé, mais la Mer eft toûjours groffe ; elle vient de l'Oueft-Nord-Oueft.

Au coucher du Soleil, la variation obfervée a été de   5ᵈ. 10ʹ. Nord-Oueft.

A huit heures il s'eft levé un peu de vent de Nord-Oueft & de Nord-Nord-Oueft. On a continué la route entre l'Eft & l'Eft ¼ Sud-Eft.

Dans la nuit le vent a paffé du Nord-Oueft au Nord, & de-là au Nord-Eft & au Nord-Eft ¼ Eft. On a porté au plus près au Sud-Eft ¼ Eft, l'amure à bas bord. Le vent a varié, nous avons fait peu de chemin, parce qu'il étoit foible. La Mer vient encore de l'Oueft. Cela nous fait efperer que le vent y reviendra.

Le 26;

Par la hauteur du Soleil à midi, on a eu la latitude de   35ᵈ. 40ʹ.

La longitude eftimée eft de   340. 42.

La route corrigée Eft 4ᵈ. vers le Sud ; le chemin 15. lieuës. C'eft pour prendre haleine, après avoir fi bien couru.

Le roulis a diminué, mais le vent ne change pas en bien. Cependant nos fcorbutiques augmentent en nombre. Pour les guérir il faudroit les mettre à terre, & leur donner des rafraîchiffemens ; nous ne pouvons aller aux Açores qui font à 200. lieuës d'ici ; il n'y a aucun bon Port, furtout dans cette faifon, pour de gros Vaiffeaux. Il faut donc aller à tire d'aîle à Lagos en Portugal, ou à Malaga. Pour cela il faut du vent. Nous l'efperons, en Mer plus qu'ailleurs on vit d'efperance.

Le vent s'étant mis à l'Eft-Nord-Eft, on a couru au Sud-Eft tout le matin.

A midi par la hauteur du Soleil, on a eu la latitude de 35^d. 12'.

La longitude eftimée a été de   341. 20.

Le vent a varié du Nord jufqu'à l'Eft. La route a valu le Sud-Eft un degré vers l'Eft, & le chemin 15. lieuës. Le premier Pilote du Henri a apporté fon point à M. de Vallette notre Commandant. Il avoit hier 26. la même latitude que nous, mais fa longitude étoit 338^d. 30'. c'eft à dire, que les Pilotes du Henri fe font 2^d. 12' plus Oueft que nous, puifque la notre étoit 340^d. 42'.

Reflexion fur cette difference.

Le 10. Septembre ces Pilotes étoient un degré quatre minutes plus Eft que nous, de forte qu'en 17. jours ils ont eftimé 3^d. 16'. moins que nous ; & prenant le moïen parallele entre 32^d. 20'. latitude du 10. Septembre & 35^d. 40'. latitude du 26. ce moïen eft 34^d. à fort peu de minutes près, où les 3^d. 16'. valent 50. lieuës & un tiers, dont leur eftime a été moindre que celle de nos Pilotes en 17. jours ; & à prefent ils fe trouvent plus Oueft que nous de 36. lieuës, ce qui eft confiderable. Tous ces Pilotes font habiles ; mais cela prouve ce qu'on a dit le 11. Septembre fur l'eftime.

L'aterage au détroit nous fera voir qui a raifon, peut-être fommes nous un peu trop à l'Eft, mais il vaut mieux fe faire plus à l'Eft qu'à l'Oueft. Il y a peu d'inconvenient de naviguer fur les terres dans fa Carte ; mais il y en a un très-grand d'aller échouer à la côte s'en croïant loin ; ou même de s'y trouver affalé. On ne s'en releve quelquefois pas aifément.

Les Pilotes du Henri obferverent le 25. la variation 7^d. 10'.

1720.
Septemb.

10′. Nord-Oueſt, deux degrez plus forte que nous ; ce qui fait voir qu'il n'eſt pas aiſé d'être d'accord en ce genre d'obſervations, avec des bouſſoles qui ſont ſi petites, & ſur le plancher mouvant d'un Vaiſſeau.

Au lever du Soleil, on a obſervé la variation de   6ᵈ. 0′. Nord-Oueſt.

La nuit le vent étant Eſt-Sud-Eſt, on a reviré de bord, & porté au Nord-Eſt.

À midi par la hauteur du Soleil, on a eu la latitude de   34ˡ. 41′.

Nous avons donc abaiſſé en latitude 31′. On a eſtimé la longitude de   341. 43.

La route a valu le Sud-Eſt 4ᵈ. vers le Sud, & le chemin 12. lieuës. L'après-midi le vent a continué de ſoufler foiblement de l'Eſt-Sud-Eſt ; ainſi on a toûjours porté au Nord-Eſt. La nuit calme.

Ce matin à cinq heures le vent eſt venu au Nord-Eſt, nous avons reviré de bord & porté à l'Eſt-Sud-Eſt, & même à l'Eſt ¼ Sud-Eſt, l'amure à bas bord. Le vent médiocre, la Mer de l'arriere, point de roulis. La hauteur du Soleil a donné la latitude de   35ᵈ. 12′.

La longitude a été eſtimée de   342 5.

Les vents ont varié de l'Eſt au Nord-Eſt. La route a valu depuis hier midi le Nord-Nord-Eſt. Le chemin a été de 14. lieuës. Nous avons regagné au Nord les 31′. que nous avons perdu hier. Vers le midi le vent eſt encore venu à l'Eſt ; on a changé l'amure à tribord, & porté au Nord-Nord-Eſt ; enſuite le vent aïant ſauté à l'Eſt-Nord-Eſt, il a fallu mettre le cap au Nord, attendant le bon vent quand il plaira à Dieu de nous le donner. Le vent s'obſtine à l'Eſt-Nord-Eſt ; nous avons reviré de bord, & porté au Sud-Eſt à minuit.

Voilà donc le vent contraire en depit de certains Philoſophes, qui ſoutiennent que par les 36ᵈ. on a toûjours des vents d'Oueſt.

La variation a été obſervée au lever du Soleil, de   6ᵈ. 40′. Nord-Oueſt.

À huit heures le vent s'eſt rangé à l'Eſt. Pour ne pas trop abaiſſer en latitude, on a jugé à propos de revirer & porter au Nord-Nord-Eſt, l'amure à tribord.

X

Le Soleil n'étant pas bien clair, on a estimé la latitude
de   35ᵈ. 29'.

Et la longitude de   342. 23.

La route réduite a été le Nord-Est, & le chemin 7. lieuës
& demi.

Au Soleil couchant, on a observé la
variation de   6ᵈ. 30'. Nord-Ouest.

Sur les huit heures du soir un peu de vent d'Est, mais
il est foible.

A deux heures le vent a sauté au Sud-Est, puis au Sud.
On a fait route à l'Est, largue de deux airs de vent. A huit
heures des grains nous ont donné le vent au Sud-Est, &
Sud-Est ¼ Est : on a fait route à l'Est-Nord-Est & Nord-
Est ¼ Est, le Ciel fort couvert.

La latitude a été estimée de   36ᵈ. 12'.

Et la longitude de   343. 40.

La route corrigée a été le Nord-Est ¼ Est, & le chemin
14. lieuës. Nous l'avons doublé depuis hier. L'après-midi
le vent s'étant rangé au Sud-Sud-Est, on a mis le cap à
l'Est ; mais comme il est revenu au Sud-Est, il a fallu le
remettre à l'Est-Nord-Est, & quelque temps même au Nord-
Est ; ainsi nos routes ont fort varié.

Comme le vent a été cette nuit & ce matin au Sud-Sud-
Est, nous avons porté à l'Est & à l'Est ¼ Nord-Est. Au Soleil levant, on a eu la variation de   6ᵈ. 25'. Nord-Ouest.

Le reste du matin le vent étant Sud-Est, on a couru à
l'Est-Nord-Est.

A midi par la hauteur du Soleil, la latitude a été trouvée de   37ᵈ. 5'.

La longitude a été estimée de   346. 43.

La route a été Est-Nord-Est, & le chemin en droite
route 30. lieuës.

Hier à midi nous nous estimions à 76. lieuës du Pic
des Açores. Aujourd'hui nous en sommes à environ 46.
lieuës. Le vent est toûjours Sud-Est ; mais il vient une Mer
du Nord-Ouest qui nous fait esperer que le vent y viendra.

Les vents ont été les mêmes aujourd'hui qu'hier ; mais la
nuit ils étoient plus foibles. Nous avons toûjours fait route
à l'Est & à l'Est ¼ Nord-Est, l'amure à tribord.

A midi nous nous faisions à vingt-six lieuës du Pic des

Açores. Comme le Soleil n'étoit pas clair pour lors, on a
estimé la latitude de   37ᵈ. 40′.   **1720.**

    Et la longitude de   347. 20. **Octobre.**

Le Ciel a été couvert l'après-midi. La nuit on a reviré
& porté au Sud-Ouest pour ne point trop approcher Fayal
& le Pic, dont nous nous croïons à 25. lieuës ; mais dont
nous pourrions être plus près, comme il est arrivé à divers
Vaisseaux.

Toute la nuit le Ciel a été fort couvert. A trois heures   **Le 4.**
on a reviré à l'Est ; mais à 7. heures la pluïe étant forte,
nous avons perdu le Henri dans la brume. On lui a tiré
des coups de canons de demi-heure en demi-heure. Ensuite
on a mis en pane pour l'attendre. Comme il ne paroissoit
point, on a fait servir les quatre voiles majors ; & le vent
aïant sauté heureusement au Sud-Ouest, nous avons porté
au Sud-Est, & forcé de voiles pour tâcher de croiser ce
Vaisseau. Les nuages s'étant dissipez, & la pluïe aïant cessée,
nous l'avons vû à quatre lieuës de nous au vent. Il a fait
l'Est Sud-Est, & nous le Sud-Est ¼ Est pour nous rallier.
A midi il nous restoit au vent ; mais de l'arriere une bonne
lieuë. Le vent de Sud-Ouest a fort fraîchi, on a fait route
au Sud-Est & au Sud-Est ¼ Est. Depuis 7. heures jusqu'à
midi nous avons fait au moins dix lieuës. Le Soleil n'étant
pas net, ni l'horifon, on a pris une hauteur peu certaine,
qui a donné la latitude de   37ᵈ. 40′.

   La longitude a été estimée de   348. 18.

Le chemin depuis midi du 2. Octobre, a valu 36. lieuës.
Le vent de Sud-Ouest est toûjours frais ; nous marchons
bien.

Si nous eussions toûjours porté à l'Est-Nord-Est, nous
allions droit à Fayal, une des Isles Açores. Comme nous
ne nous soucions pas du vin de Fayal, quelqu'excellent
qu'il soit, nous n'avons pas dessein d'y aller. Que faire entre des Isles où il n'y a aucune bonne rade ? Nous laissons
donc les Açores à bas bord, & allons directement au Détroit. Dieu veuille que nous l'enfilions bien-tôt, nos malades du scorbut ont besoin de la terre, & nous avons tous
besoin de rafraîchissemens.

Le vent est venu à l'Ouest dans la nuit. Depuis 5. heures   **Le 5.**

du matin nous fommes vent arriere ; ce qui ne nous eſt arrivé depuis long-temps.

La hauteur meridienne du Soleil a été bonne ; elle a donné la latitude de　　　　　　　　　　　36ᵈ. 15′.

Il eſt clair que la latitude d'hier étoit trop forte ; car nous ne pouvons avoir abaiſſé en latitude 1ᵈ. 25′. auſſi ne la donna t'on pas hier pour sûre.

La longitude eſtimée a été de　　　　　　　351ᵈ. 30′.

La route corrigée Sud-Eſt¼ Eſt 3ᵈ. vers l'Eſt, & le chemin 60. lieuës.

De l'Eſt-Sud-Eſt où nous portions le matin, nou avons porté à l'Eſt à midi pour tâcher de reconnoître ce ſoir l'Iſle de Sainte Marie, ou au moins celle de Saint Michel, qui ſont les plus orientales des Açores. Par le point d'aujourd'hui nous ſommes à 22. lieuës de l'Iſle de Sainte Marie, la plus Sud des Açores. Elle nous reſte à l'Eſt-Nord-Eſt ; & par la même Carte nous ſerions encore à 350. lieuës du Détroit. Si nous voïons ce ſoir Sainte Marie, de laquelle à cinq heures & demi nous devrions être à huit ou neuf lieuës, ce ſera une marque d'une bonne eſtime. On peut voir cette Iſle de douze lieuës. Le Ciel a été embrumé du côté des Açores ; nous n'avons pas vû Sainte Marie. Depuis huit heures du ſoir le vent a molli & ſauté au Nord-Oueſt ; enſorte qu'on n'a fait que ſept lieuës dans le premier quart, à cauſe que nous portons peu de voiles, pour attendre le Henri qui paroît las.

Puiſque nous voilà par le travers des Açores, où nous n'avions garde d'aller, ce parage-là étant fort mauvais dans cette ſaiſon ; je vais inſerer ici un fait fort curieux, quoiqu'il ne ſoit arrivé que quelques mois après que nous eûmes dépaſſé ces Iſles. Il éguaïera ce Journal, & ſera utile aux Navigateurs qui le liront. La Tercere, qui eſt la plus grande des Iſles Açores, étoit déja d'un aſſez difficile abord ; le Volcan qui vient de ſe former entre cette Iſle & celle de S. Michel, dont je viens de parler, le rendra bien plus dangereux. L'amour du gain ne laiſſera pas d'y faire naviguer des Vaiſſeaux.

REFLEXIONS

Sur le Volcan qui s'est formé entre les Isles de Saint Michel & de Tercere.

LE Conseil de Marine écrivit le 12. Avril 1721. à M. Hocquart Intendant de la Marine à Toulon, qu'on avoit avis par un petit Bâtiment Portugais arrivé de l'Isle de Sainte Marie, qu'il y avoit eu un tremblement de terre dans l'Isle de S. Michel, après lequel il avoit paru à 28. lieuës au large, entre cette Isle & la Tercere, un torrent de feu, qui s'étant condensé avoit formé deux écueils.

Voilà le fait tel qu'il fut rapporté par les Portugais de ce Bâtiment. Il auroit pû être mieux circonstancié par des témoins oculaires ; mais outre qu'il ne fait pas bon auprès de ces nouveaux Volcans, & que celui-ci s'est formé trop loin de l'Isle de S. Michel pour être apperçû ; encore moins observé exactement par ces insulaires, il y a apparence que ces Portugais n'ont été à l'Isle de S. Michel qu'après cet évenement, & que ceux du Païs ne se pressèrent pas d'aller voir ces écueils. Mais nous avons un pareil évenement bien détaillé, qui me donnera lieu de parler de celui-ci.

On en trouve la description dans les Memoires des Missions du Levant, imprimez à Paris en 1715. Je fis en 1719. diverses réflexions sur un évenement si singulier ; je ne les communiquai à personne à cause de mon départ pour la Louisiane, ainsi elles pourront avoir la grace de la nouveauté, & servir à rendre raison du Volcan qui vient de se former entre ces deux Isles des Açores ; puisque ces deux faits se ressemblent pour ce qui est essentiel, & qu'il y a apparence que les autres circonstances sont à peu près semblables.

Le 18. Mai 1707. on sentit à Santorin, Isle de l'Archipel, deux petites secousses de tremblement de terre. Le 23. Mai on apperçût le commencement d'une nouvelle Isle entre la grande & la petite Cameni, Isles éloignées de trois milles de Santorin. La grande Cameni, au rapport de Justin, livre 30. chap. 4. avoit été formée comme celle-ci la pro-

X iij

miere année de la 145. Olimpiade, ou 196. ans avant la naiſſance de Jeſus-Chriſt. M. Fleuri qui cite Theophane & Nicephore, rapporte au commencement du livre 42. de l'Hiſtoire Eccleſiaſtique, un ſemblable évenement arrivé dans le même lieu. Voici les termes de M. Fleuri.

» Pendant l'Eté de 726. Indiction neuviéme, il ſortit une » épaiſſe fumée comme d'une fournaiſe ardente, entre les » Iſles Thera & Theraſia de l'Archipel. La Mer s'élevant à » gros bouillon, jetta quantité de pierres-ponces de tous cô- » tez ſur les terres voiſines d'Aſie & d'Europe, & il parut » une Iſle nouvelle près de l'Iſle Hiera. " La petite Cameni fut formée de la même maniere, mais avec moins de fra- cas, l'an 1573.

Au lieu où la nouvelle Iſle s'eſt formée, on ne trouvoit pas le fond à cent braſſes. Ce ne furent d'abord que quel- ques rochers qui s'éleverent du fond de la Mer vers la ſur- face, dans l'intervalle des cinq jours qu'il y eut entre le tremblement de terre & leur apparition. Mais cette Iſle crut bien-tôt à vûë d'œil juſqu'à 20. pieds d'hauteur. Quel- ques-uns des rochers qui la compoſoient, après s'être mon- trez & rentrez dans la Mer à diverſes repriſes, reparurent enfin, & demeurerent ſtables. La Mer du golphe de San- torin pendant ces mouvemens, changea pluſieurs fois de couleur. Elle devint d'un vert éclatant, enſuite rougeâtre, & enfin d'un jaune pâle ; elle exhaloit une odeur très-puante.

On voit aſſez par cet expoſé que ſous le fond de la Mer, il y avoit là des mines abondantes de ſoufre, de vitriol & de bitume ; leſquelles s'étant enflammées, ſortirent en tor- rens avec les rochers, teignirent la Mer de ces diverſes couleurs, & cauſerent cette mauvaiſe odeur. Tel a été le torrent de feu entre S. Michel & la Tercere ; & telle auſſi la formation des écueils qu'on y voit à preſent. La nature agit uniformément.

Cette Iſle près de Santorin augmenta beaucoup pendant le mois de Juillet 1707. la fumée qui en ſortoit s'élevoit ſi haut, qu'on la vit de Naxie & de Candie, quoique ces Iſles en ſoient éloignées au moins de quinze lieuës. Com- bien devoit être violente l'action des feux ſouterrains qui la pouſſoient en haut ? Une partie de l'Iſle étoit blanche, l'au- tre noire. La blanche s'affaiſſa tout d'un coup de plus de

dix pieds ; fans doute,parce que l'action du feu aïant diminué
de ce côté-là, la voute des grottes qui contenoient les matieres
minerales, après avoir été foulevée par la violence du feu
trop refferré, qui y étoit renfermé, s'enfonça ; mais les cu-
lées de la voute, malgré fon furbaiffement, s'étant trouvées
affez fortes pour la foutenir, l'empêcherent d'écrouler.

Le premier Août 1707. la fumée devint d'un noir bleuâtre, & malgré le vent de Nord fort frais, elle s'éleva en
droite ligne à une hauteur prodigieufe. Il faut que la violence du feu qui pouffoit fi roide & fi haut cette fumée,
fut bien grande, puifqu'un vent violent ne pouvoit la courber. On voit que les matieres qui brûloient pour lors étoient
bitumineufes & en grande abondance.

Pendant le mois d'Août cette Ifle s'accrut confiderablement ; il s'y forma une nouvelle chaîne de rochers, & le
9. Septembre ils fe réünirent avec l'Ifle, laquelle croiffoit
de fon côté. La matiere enflammée ne pouvoit fouffrir une
fi étroite prifon. Auffi dès le 11. Septembre, il fortit de
la bouche de ce Volcan, qui s'ouvrit pour lors, des pierres
d'une groffeur énorme toutes rouges de feu, qui s'alloient
précipiter bien loin dans la Mer. Il en fortit auffi une fumée fort épaiffe, mêlée de cendres qui voloient en l'air
en forme de nuages épais. Elles furent portées à 25. milles.
Mais celle du Volcan de S. Vincent allerent bien plus loin,
comme je l'ai dit dans un Memoire qui a été imprimé dans
les Journaux de Trevoux en 1719. fur ce nouveau Volcan
de nos Ifles de l'Amerique.

J'omets beaucoup de circonftances de ce Volcan de Santorin, pour n'être pas long. Je dirai feulement que fa fureur dura les mois d'Octobre, Novembre, Decembre de
1707. & de Janvier 1708. avec les mêmes fymptômes. Mais
le 10. Février après un tremblement de terre, ce fut encore pis : on ne voïoit que feu, flammes, fumée & de grands
rochers, qui jufques-là n'avoient paru qu'à fleur d'eau,
s'élever fort haut. Le bouillonnement de la Mer augmenta
à tel point que cela faifoit horreur. Les mugiffemens fou-
terrains duroient jour & nuit ; & le grand fourneau vomif-
foit cinq à fix fois dans un quart d'heure des pierres en
grande quantité.

Tout cet horrible fracas dura jufqu'au 23 Mai, c'eft-à-

dire, un an entier. Le grand fourneau s'éleva fort haut depuis le 10. Février, & il se répandit sur les pierres & roches qui le composoient, lesquelles étoient sorties de son
ouverture, une telle quantité de matieres fondües, que,
comme un ciment, elles en lierent solidement la construction. De sorte qu'il se fit peu à peu tout au tour de ce
fourneau un fort grand talu composé de cette matiere, qui
perdit sa fluidité à mesure qu'elle se refroidit, & on auroit
pris ce fourneau pour une tour faite de main d'homme.

Depuis le feu & la fumée diminuerent. Les Santorinois
se hasarderent d'en approcher, mais ils furent obligez de
s'en écarter au plûtôt. Ils allerent donc sur la grande Cu-
meni, d'où ils observerent sans danger la nouvelle Isle.
Elle leur parut avoir deux cens pieds dans sa plus grande
hauteur ; plus d'un mille dans sa plus grande largeur, &
environ cinq mille de tour. Ils voulurent de nouveau s'en
approcher, ils en étoient encore à plus de deux cens pas,
qu'ils s'apperçûrent que l'eau de la Mer étoit fort chaude.
Ils avoient souvent fait cette épreuve : ils sonderent alors
avec une ligne de 80. brasses, & ne trouverent pas le fond.
Ils se retirerent au plus vîte, leur batteau faisant eau de
toute part. Ils observerent pourtant que le fourneau avoit
plus de 400. pieds de haut, & que ses bords étoient in-
crustez d'une matiere, qui paroissoit être un mélange de
soufre, de bitume & de vitriol fondus & mêlez ensemble.
Long-temps après ils eurent l'audace de débarquer sur l'Isle ;
mais souliers & bas furent bien-tôt brûlez jusqu'à la peau.

Le 14. Septembre 1711. il sortit du fourneau par trois
embrasures inferieures à son ouverture, trois ruisseaux d'une
matiere fondüe & étincellante d'âne couleur violette, &
d'un rouge qui tiroit sur le jaune, qu'on voit bien n'être
qu'un mélange de matiere sulfureuses, bitumineuses & vi-
trioliques. Nouvelles preuves de l'abondance de ces mineraux dans les grottes où ils sont formez, & ensuite enflammez. On demandera comment ils sont enflammez ! La fer-
mentation des mineraux heterogenes, la chute de quelques
pierres de la nature de celles qu'on appelle pierres à fusil,
font plus que suffisantes pour produire cet effet; & quand
une fois le feu a pris, il ne faut pas demander comment
il se conserve & s'augmente.

Tel

Tel eft ce fait fingulier dont j'ai abregé la defcription, en y joignant quelques réflexions. Celui qui vient d'arriver entre la Tercere & S. Michel lui reffemble beaucoup, comme le fait affez connoître le torrent de feu dont il eft parlé dans la dépofition des Portugais ; puifqu'ils difent que de ce torrent de feu il s'en eft formé deux écueils. Ils n'ont pas été fi curieux que les Grecs de Santorin. Tant mieux pour eux, tant pis pour la Phyfique. Mais les mêmes réflexions que j'avois faites fur le Volcan de Santorin, peuvent avoir lieu pour celui des Açores. En voici d'autres.

Le contraire eft arrivé aux Volcans de Santorin & de S. Michel, de ce qui arriva au Volcan de l'Ifle de S. Vincent, dont j'ai parlé ci-devant. Il ne fortit de celui-ci qu'une prodigieufe quantité de cendres qui furent pouffées à 30. lieuës à l'Eft, & un gros morne ou cap de cette Ifle difparut ; c'eft qu'il fe trouva fous ce cap des cavitez très-vaftes, qui empêcherent le mineral enflammé d'en fortir ; mais qui étant ouvertes par la violence du feu, la cendre en fut chaffée & le morne abforbé. Dans ceux-ci au contraire, comme le mineral étoit fort preffé & fort pur, dès que ces vaftes magafins de foufre, de bitume & de vitriol qui étoient fous les lieux où fe font élevez ces écueils & Ifles, & bien au large à la ronde, eurent pris feu, qui eft le temps auquel le tremblement de terre eft arrivé, il s'en enflamma une fi prodigieufe quantité par le moïen de l'air & de l'eau qui entra par les fentes faites à la terre dans le temps du tremblement, que ne pouvant plus être contenuë dans les bornes étroites qui la refferroient, elle pouffa peu à peu vers la furface de la Mer le haut de la voute qui la renfermoit, comme l'endroit le plus foible de fa prifon ; ainfi s'eft élevé le fond du baffin de la Mer dans des lieux où à peine trouvoit-on le fond avant ce temps-là.

L'efpace que la matiere enflammée occupa par-là fe trouvant encore trop étroit, ce fut une neceffité qu'elle fe fît jour, en faifant fauter en l'air les maffes énormes de rochers qu'elle n'avoit d'abord que foulevées avec le fond de la Mer qu'ils compofoient en partie. Auffi étoient-ce des obftacles trop foibles pour s'oppofer à fa fortie ; & il n'y avoit pas de proportion entre la lourde maffe de ces rochers, quoique bien liez enfemble, & la terrible activité

Y

du feu qui les mettoit en mouvement. Ces matieres minerales enflammées & liquides se firent donc jour en faisant
sauter en l'air les rochers qui s'opposoient à leur sortie, &
se répandirent ensuite dans la Mer en torrens enflammez,
ce qui en a échauffé & fait boüillir les eaux, qui ont changé de couleur, & pris celle du souffre, du vitriol & du
bitume, suivant que ces matieres sortoient par la bouche
de ces Volcans.

Sans doute aussi qu'en ces endroits le fond de la Mer,
qu'on peut considerer comme l'extrados d'une voute, s'étant
fort échauffé par ces matieres fluides & ardentes, qui flot-
toient dans les grandes cavitez qui les contenoient, a communiqué beaucoup de chaleur à l'eau de la Mer qui insis-
toit sur ce fond, comme il arrive à l'eau qu'on met sur le
chapiteau d'un alambic. C'est ainsi que les eaux du lac d'Un-
gen dans le Japon, sont toûjours brûlantes . & qu'on en
voit sortir une continuelle vapeur de soufre.

Quelque grande que soit la quantité d'eau de la Mer
qui est entrée par les ouvertures qu'a fait la matiere enflammée, loin d'éteindre ces feux composez de soufre & de
bitume, elle leur a donné une plus grande fluidité, & par
conséquent plus d'activité. Et c'est ce qui a causé les effets
surprenans qu'on a rapporté ci-devant, dont les diverses
circonstances prouvent assez ce qu'on vient de dire, si en
veut y faire attention. Ainsi tandis que la quantité prodi-
gieuse de matieres minerales enflammées n'a point eu assez
de place pour s'étendre à son aise, elle a fait ce terrible
fracas ; dès qu'elle a eu assez de place & de jour par le moien
des ouvertures qu'elle s'est faite au-dessus de la surface de
l'eau, elle s'est répanduë tout à son aise, & peu à peu tout
s'est appaisé. Mais ces Volcans subsisteront tant qu'il y aura
dans ces vastes cavitez des matieres sulfureuses & bitumineuses, faciles à s'enflammer ; à moins qu'à la longue il
n'entre par les ouvertures une si grande quantité d'eau de
la Mer, que ces feux soient absolument éteints ; ce qui
peut fort bien arriver. Et supposé qu'à present il n'y ait plus
de feu au Volcan de l'Isle de S. Michel, ce que nous appren-
drons dans la suite, il n'en faut pas chercher ailleurs la cause.

On voit dans ces Volcans une peinture de ce qui doit arriver un jour au globe de la terre ; peinture affreuse d'un éve-

nement qui fera infiniment affreux, auquel les Volcans répandus en tant de divers lieux de la terre, même affez près de fes poles, nous difpofent affez, quand nous ne le fçaurions pas par la Foi. * La terre porte en elle-même, comme toute autre matiere, le principe de fa deftruction; par la raifon qu'elle n'eft pas un corps fimple & homogene en toutes fes parties. Dieu qui l'a ainfi créée avec une fageffe infinie, n'a pas voulu qu'une telle combinaifon de matiere durât éternellement.

1720.
Octobre..

* 2. Epi-
tre de Saint
Pierre, ch.
3.

Ces fréquens Volcans qui fe font jour fi fouvent, même par le fommet des plus hautes montagnes, nous en convainquent évidemment. Les torrens de foufre & de bitume qu'ils répandent, la prodigieufe quantité de cendres qu'ils vomiffent, nous démontrent affez cette deftruction de la terre, en nous faifant connoître combien font abondans les magafins qui fourniffent des alimens à ces feux, qui s'en nourriffent tous les jours; combien grande eft l'activité de ces mêmes feux qui confument les rochers, qui leur fervent à prefent de prifon; & ce qu'on doit attendre des efforts qu'ils font pour franchir ces bornes, & fe répandre à l'aife fur la furface de la terre.

Après avoir compofé ce Memoire au mois de May 1721. on a eu de nouvelles circonftances fur le Volcan des Açores, qui confirment ce que j'ai dit. Le Confeil de Marine dans fa lettre à M. Hocquart du 18. Juin 1721. ajoûte celles-ci. Sçavoir qu'on lui a mandé que la nouvelle Ifle eft fituée par les 39d. 29'. au Sud-Eft de la rade de l'Ifle de Tercere; & qu'aïant voulu approcher pour la reconnoître, on n'a pû y aborder plus près que de deux lieuës Angloifes, parce qu'elle étoit actuellement enflammée par des feux violens en cinq endroits.

Sur ces circonftances j'ai fait les réflexions fuivantes, que j'envoïai au Confeil le 5. Juillet 1721. La rade de la Tercere, dont il eft ici parlé, eft celle de la ville d'Angra, dont la latitude eft 39d. 0'. Nord, dans la partie meridionale de l'Ifle de Tercere; mais le nouveau Volcan & l'écueil dont il eft queftion, s'eft formé au Sud-Eft de cette rade; & il faut que cela foit, pour qu'il fe trouve entre les Ifles Tercere & de S. Michel, comme il eft marqué dans la premiere lettre du Confeil. Il ne peut donc pas

être par les 39ᵈ. 29′. comme on l'a écrit au Conſeil ; mais
il doit être par les 38ᵈ. 29′. & ſe trouvant d'autre part au
Sud-Eſt de la rade d'Angra , ſa poſition eſt préciſément à
mi-chemin de S. Michel à Angra. C'eſt donc une faute de
celui qui a écrit au Conſeil. S'il étoit par les 39ᵈ. 29′. il
ne ſe trouveroit point entre ces deux Iſles , & ſeroit au
Nord-Eſt d'Angra ; ce qui eſt contre la verité du fait expoſé dans les lettres du Conſeil du 12. Avril & 18. Juin
1721.

Ce nouveau Volcan ſe trouve donc à neuf lieuës Angloiſes ou Françoiſes, tant de la Tercere que de S. Michel , &
non pas à 28. lieuës au large, comme l'ont dit les Portuguais de Sainte Marie. Elles ont là un mauvais voiſin, qui
rendra encore plus difficile l'abord de la rade d'Angra, laquelle ne vaut rien qu'en Eté ; & que tout Vaiſſeau qui ne
veut pas briſer à la côte, doit déſerter au commencement
de Septembre, dès que tirant 15. pieds d'eau, il ne peut
s'approcher du mole d'Angra pour porter des amarres à terre
& moüiller des ancres au large, & ſe mettre ainſi à quatre amarres , ce qu'il n'y a que les petits Bâtimens qui
puiſſent faire ; encore faut-il n'y pas reſter long-temps, tant
les vents de Sud-Eſt y ſont dangereux & la Mer groſſe.
On dira peut-être que le nouvel écueil briſera la Mer ;
mais il eſt à neuf lieuës, & il n'eſt pas aſſez grand pour
rendre ce bon office à cette mauvaiſe rade.

Au ſurplus les cinq fourneaux dont il eſt parlé dans
cette lettre du 18. Juin, prouvent encore mieux la reſſem-
blance de la formation de ce Volcan avec celui qui eſt près
de l'Iſle de Santorin, que j'ai remarqué ci-devant, un mois
avant la derniere lettre du Conſeil. Elle paroît auſſi en ce
qu'on n'a pas pû approcher de plus près que de deux lieuës
Angloiſes de ce Volcan pour le reconnoître ; ce qui marque
que l'eau de la Mer étoit fort chaude au lieu où s'eſt arrêté le Bâtiment qui vouloit l'obſerver ; car ce ne peut être
la crainte du feu qui l'ait empêché de s'approcher. On ne
ſe brûle pas à deux lieuës, quelqu'ardens que ſoient les
fourneaux. C'eſt encore moins la crainte des pierres &
pieces de roches jettées par les fourneaux, qui ne le peuvent être à deux lieuës. Il faudroit d'ailleurs que la grêle
des roches, fut bien épaiſſe de toute part. Il faut donc que

ce soient les torrens de soufre & de bitume vomis par les cinq fourneaux de tout côté, qui ont échauffé l'eau à deux lieuës à la ronde, & que le fond de la Mer soit aussi échauffé dans l'intervalle de deux lieuës de tout côté, de la maniere qu'on l'a expliqué ci-devant, qu'il est inutile de répeter ici.

Il auroit été bon de sonder dans l'endroit où le Bâtiment s'est approché pour voir si le fond de la Mer ne s'est point haussé ; car pour les lieux voisins des fourneaux lesquels forment la nouvelle Isle, il est évident que le fond s'y est haussé, puisqu'autrefois il y avoit plus de 50. brasses d'eau entre la Tercere & S. Michel ; car autour des Açores & près d'elles, il n'y a, au rapport des Portuguais, que la basse des Formiguas entre S. Michel & Sainte Marie. Toutes les autres basses ne sont que des hauts-fonds sur lesquels il y a 40. ou 50. brasses d'eau. Il est vrai que la Mer y est rude, comme elle l'est toûjours près des écores d'un banc, quand même il y auroit plus de fond sur le banc, comme il arrive à celui de Terre-neuve.

Une vaste Mer venant de loin, & frappant contre l'écore avec impetuosité, ne peut qu'y être fort rude & patoüilleuse, ce qui fait beaucoup souffrir le Vaisseau, & ceux qui sont dessus ; lesquels arrivant chez eux ne manquent pas de dire aux Hydrographes qu'ils ont passé sur des bancs. Ceux-ci qui ne sont pas curieux de les aller verifier, parce qu'il n'y auroit pas grand profit pour eux, les mettent par provision sur les Cartes. Pour les punir de leur crédulité & lâcheté, j'opinerois de les y envoïer ; par la raison que toute personne qui sert pour la Marine, devroit avoir été à la Mer. Quels avantages n'en reviendroit-il point à la Marine !

Depuis minuit jusqu'à quatre heures, le vent s'est un peu plus rangé vers l'Ouest : on a fait sept lieuës. Alors le vent est revenu au Sud-Ouest & il a fraîchi : on a couru vent largue à l'Est-Sud-Est, au lieu que la nuit nous étions vent arriere. On n'a point eu de Soleil à midi ; la latitude a été estimée de   35ᵈ. 56'.

Et la longitude de   354. 30.

La route a été Est-Sud-Est, & le chemin 48. lieuës. Le vent a fraîchi au Sud, mais il est revenu bien-tôt au Sud-Ouest.

Le vent Sud-Oueſt frais tout le matin ; nous allons largue les ris pris à nos deux huniers. Sur les neuf heures un
grain de pluïe & de vent nous ont fait ſerrer nôtre petit
hunier & la civadiere ; il a bien-tôt paſſé, auſſi-tôt on
a hiſſé le petit hunier. Le Soleil n'aïant pas paru à midi,
on a eſtimé la latitude de   36ᵈ. 2′.

Et la longitude de   358. 30.

La route a été Eſt quatre degrez vers le Nord, & le
chemin 79. licuës. Euſſions nous huit jours un pareil vent,
nous verrions les montagnes de Provence. L'après-midi le
vent s'eſt rangé à l'Oueſt-Sud-Oueſt également frais.

Le vent a été Sud-Oueſt le matin, mais non plus ſi frais.
La Mer eſt fort unie ; nous avons dépris nos ris aux huniers, & fait ſervir les perroquets & la civadiere. Nous
faiſons environ ſept à huit licuës par quart. Le Henri eſt
à toutes voiles, avec fauques & voiles d'étai, & reſte de
l'arriere.

On a pris à midi la hauteur du Soleil, qui a donné la
latitude de   35ᵈ. 34′.

La longitude a été eſtimée de   I. 20.

Nous avons donc dépaſſé le meridien de Teneriffe, qui
eſt le premier ſur nos Cartes. La route a été l'Eſt 4ᵈ. au
Sud, & le chemin 48. licuës. Comme nous avons trop
abaiſſé en latitude, au lieu de porter à l'Eſt ¼ Sud-Eſt comme les deux jours précedens, on a mis le cap à l'Eſt, qui
nous vaut l'Eſt 6ᵈ. vers le Nord-Eſt, à cauſe de la variation.
On voit par la hauteur d'aujourd'hui que la latitude d'hier
concluë par eſtime de 36ᵈ. 2′. étoit trop forte, & que la
route d'hier fut au plus l'Eſt, & tant mieux. Il faut beaucoup d'attention & de circonſpeƈtion quand on veut bien
naviguer.

Par ma Carte de Vankulen ſur le point d'aujourd'hui,
je me trouverois encore à 177. licuës du Détroit ; il n'y a
pas ſi loin. Car le Pic de Teneriffe eſt ſelon la Connoiſ-
ſance des Temps,   18ᵈ. 30′.

Cadix ſelon la même Connoiſſance des Temps,   8. 10.

Donc du meridien de Teneriffe à Cadix,   10. 20.
Mais ſelon Vankulen il eſt,   11. 20.

Il eſt donc trop oriental & le Détroit auſſi,   1. 0.

qui valent dans ce parallele 16. lieuës, dont le Détroit eſt
trop à l'Eſt, ſelon cette Carte, ou les Canaries trop à
l'Oueſt. Je ſerois donc encore à 161. lieuës du Détroit,
nous verrons à l'aterrage ſi cela s'accorde.

Les Pilotes du Henri ont trouvé la latitude d'hier comme nous $35^d. 34'.$

Mais pour leur longitude ils la font $358. 34.$

Ils ſont donc plus à l'Oueſt que nous de $2^d. 46'.$ Le 30.
Septembre ils obſerverent la variation $7^d. 0'.$ Nord-Oueſt.
Ce jour-là nous la trouvâmes $6^d. 40'.$ la difference eſt $20'.$
peu conſiderable, à cauſe de la petiteſſe des degrez de la
roſe.

Nous avons eu peu de vent cette nuit, & fait peu de
chemin.

La hauteur méridienne du Soleil, nous a donné la latitude de $35^d. 34'.$

La longitude eſtimée de $2. 20.$

Il nous reſteroit d'ici au Détroit 138. ou 140. lieuës.
Le vent eſt foible au Sud-Oueſt. Le Sud-Oueſt a ceſſé &
le calme eſt venu. Sur les huit heures du ſoir le vent eſt ſauté
au Nord-Eſt, qui nous eſt contraire. Il faut reprendre nos
anciens erremens. Pour cela on a couru au plus près à
l'Eſt-Sud-Eſt. Dans la nuit le vent eſt venu à l'Eſt $\frac{1}{4}$ Nord-
Eſt : on a pris l'amure à bas bord & porté au Sud $\frac{1}{4}$ Sud-Eſt
juſqu'au matin.

Le vent a varié de l'Eſt $\frac{1}{4}$ Sud-Eſt à l'Eſt-Sud-Eſt ; on a
repris les amures à tribord & porté au Nord-Eſt.

Par la hauteur du Soleil à midi, on a eu la latitude
de $35^d. 36'.$

La longitude a été eſtimée de $2. 40.$

L'après-midi le vent a été foible à l'Eſt $\frac{1}{4}$ Sud-Eſt.

A une heure du matin le vent s'eſt rangé au Sud ; il
ſouffloit foiblement. On a fait route à l'Eſt $\frac{1}{4}$ Sud-Eſt. La
hauteur du Soleil à midi, a donné la latitude de $36^d. 4'.$

La longitude eſtimée, a été de $3. 30.$

L'après-midi le vent foible au Sud-Sud-Oueſt. La Mer
venoit du Sud-Oueſt. Il reſte encore 120. lieuës d'ici au
Détroit. Au coucher du Soleil on a obſervé la variation
avec deux bouſſoles ; elle a été à toutes
deux de $7^d. 48'.$ Nord-Oueſt.

1720.
Octobre.

Nous sommes encore à 120. lieuës du Détroit ; si ce temps dure nous ferons en 15. jours 14. lieuës. Il nous reste des provisions pour dix jours, & puis grand jeune ; gallettes & lard. Je ne m'en afflige pas. Je ne plains que nos malades qui augmentent en nombre & empirent.

Le 12. Au Soleil levant, la variation a été trouvée de 8ᵈ. 15′. Nord-Ouest.

Calme la nuit & le matin. Par la hauteur du Soleil, on a eu la latitude de 36ᵈ. 2′.

Nous avons fait six lieuës en 24. heures. La longitude a été estimée de 3. 40.

L'après-midi calme parfait, le Vaisseau ne gouvernoit pas. Sur les quatre heures il s'est levé un peu de vent de Nord qui a sauté au Nord-Est. On a fait route à l'Est-Sud-Est. Le vent étoit médiocre & la Mer aussi.

La variation observée au coucher du Soleil, a été de 8ᵈ. 15′. Nord-Ouest.

On parlera dans la suite fort au long sur les variations observées dans ce voïage.

A huit heures du soir le vent Nord-Est, même route.

Le 13. Le vent a été au Nord-Est, la Mer belle. Nous avons porté à l'Est-Sud-Est 6ᵈ. vers le Sud-Est. Le vent n'étant pas franc au Nord-Est, il approchoit du Nord-Est ¼ Est.

Au lever du Soleil, la variation a été observée de 8ᵈ. 25′. Nord-Ouest.

La hauteur méridienne a donné la latitude de 35. 25.

La longitude a été estimée de 4. 50.

Depuis le 11. la route a valu le Sud-Est, & le chemin 22. lieuës & demi. Sur ma Carte je me trouve à 120. lieuës du Cap Spartel : il en faut rabbattre 16. lieuës, dont je le suppose trop à l'Est ; reste pour 104. lieuës.

Le 14. On a observé la variation au lever du Soleil, de 9ᵈ. 18′. Nord-Ouest.

Le vent a été tout le matin au Nord-Est ¼ Nord. On a fait route au plus près à l'Est ¼ Sud-Est.

Par la hauteur du Soleil à midi, on a eu la latitude de 35ᵈ. 0′.

La longitude estimée a été de 6. 0.

La route Est ¼ Sud-Est 3ᵈ. vers le Sud, & le chemin 22. lieuës.

licuës. Aïant égard à la correction sur la Carte de Vankulen, nous sommes à 39. licuës du Cap S. Vincent, & à
82. licuës du Cap Spartel. Le vent est venu au Nord ¼ Nord-
Est ; nous nous sommes rangez à l'Est ¼ Nord-Est. A 7. heures il est venu au Nord. Nous avons couru bon plein sur
la même route.

Au coucher du Soleil, la variation a
été trouvée de   3ᵈ. 36′. Nord-Ouest.

Le vent est revenu au Nord-Nord-Est ; nous portons à
l'Est qui ne nous vaut que l'Est ¼ Sud-Est 4ᵈ. vers le Sud.
Nous sommes à toutes voiles pour tâcher de découvrir la
terre ce soir. Je ne le crois pas. Dieu le veuille. Je serois
bien-aise de me tromper.

A midi, la hauteur du Soleil a donné la latitude de   35ᵈ. 2′.
La longitude a été estimée de   8. 0.
Tout cela ne nous marque pas la terre ce soir. La route
a valu l'Est 1ᵈ. vers le Nord, & le chemin 33. licuës. Il
reste jusqu'au Cap Spartel 46. licuës.

A six heures du soir il a fallu prendre un ris à nos huniers, & les amener sur le ton pour attendre le Henri,
qui étoit à trois licuës de l'arriere de nous. Il nous a joint
sur les dix heures, & on a hissé les huniers. Un nuage nous
a derobé ce soir la variation.

Le vent a reculé vers le Nord : cela sent fort la côte
des Algarves, au Sud de laquelle nous sommes. Ces deux
jours nous avons fait 55. licuës.

Le vent a reculé au Nord-Nord-Ouest ; nous portons un
peu largue à l'Est-Nord-Est, & à l'Est ¼ Nord-Est.

Au lever du Soleil, la variation a
été trouvée de   9ᵈ. 30′. Nord-Ouest.
Elle auroit donc diminué depuis le 14. de 6′. ce qui ne
peut être ; au contraire elle doit avoir augmenté d'un degré. Celle de ce soir nous assurera de l'erreur. Il paroît
grand nombre de Goelans qui volent par troupe, ou sont
à la pêche : ce qui nous annonce la terre. Comme nous la
prolongeons, c'est tout ce que nous pourrons faire de la
voir ce soir. Le vent a manqué sur les dix heures. Nous
étions presqu'en calme. La hauteur à midi a donné la latitude de   35ᵈ. 52′.
Nous sommes bien. La longitude a été estimée de   9. 50.

.Z

La route a été Eſt ¼ Sud-Eſt, & le chemin 31. lieuës. La diſtance au Cap Spartel eſt ſur ma Carte de 30. lieuës, dont il faut ôter 16. lieuës, reſte pour 14. lieuës par l'Eſt-Nord-Eſt.

A une heure il s'eſt levé un peu de vent de Nord-Oueſt. Goëmons, Goëlans, Marſoüins en troupe, petits oiſeaux, fils de courants qui vont à l'Eſt, tout cela nous annonce le Détroit.

Au Soleil couchant, la variation par trois bouſſoles a été de   11ᵈ. 0′ Nord-Oueſt.

Autre diagnoſtique du voiſinage du Cap Spartel.

A ſix heures on a vû la terre aſſez confuſément à travers la brume, ſur-tout une montagne à ſix lieuës, que nous croïons être celle d'Arzille. A midi le Cap Spartel nous reſtoit à 14. lieuës. Nous avons fait quatre lieuës juſqu'à ſix heures, à cauſe que nous avons été en calme depuis trois heures. Il nous reſte donc dix lieuës juſqu'au Cap Spartel, qui ſe trouve à l'Eſt ¼ Nord-Eſt ; nous ne le pouvons voir à cauſe de la brume. Pour y ſuppléer, nous

Premiere
ſonde du
Détroit.

avons ſondé à ſix heures, & trouvé fond à 90. braſſes ſable vaſeux. Voilà une reconnoiſſance parfaite.

On a reviré à ſept heures, & porté à l'Oueſt, & à l'Oueſt ¼ Nord-Oueſt pour ne pas aller ſur la terre de Barbarie, & nous élever au milieu du canal, où les courants nous porteront.

2. Sonde.

A dix heures on a encore ſondé & trouvé 80. braſſes, fond de ſable vaſeux.

RÉFLEXIONS

Sur notre aterrage au Détroit de Gibraltar.

LA traverſée depuis l'Iſle Dauphine a été de 1600. lieuës. Excepté dans le canal de Baham, la route a toûjours été à l'Eſt, où à des rhumbs près de l'Eſt. Souvent on a eſſuïé des vents contraires, ſouvent du calme. Nous avons reſté 75. jours dans une traverſée qui pouvoit ſe faire en 55. jours. Il a fallu ſouvent louvoïer, ſouvent mettre en panc pour attendre deux Vaiſſeaux qui étoient ſous notre eſcorte, juſqu'au ſortir du canal de Baham. Du depuis il a fallu souvent en faire autant pour attendre le Henri, qui n'est pas si bon voilier que le Touloufe, pour le moins diminuer notre voilure. Nous n'avons eu que peu de jours de bon vent ; dans cet intervalle, on n'a reconnu aucune terre excepté celle de Cube, & le Cap des Martirs qui en est voifin. C'eft-à-dire, que nous n'avons vû ni la Vermude, que nous ne cherchions pas, ni les Açores, quoique nous défirassions reconnoître le pic de Faïal, ou au moins l'Isle de Sainte Marie, mais le vent & la brume ne nous l'ont pas permis. Nous n'avons parlé à aucun Vaisseau.

Malgré tout cela estimer aussi juste notre aterrage au Détroit qu'il l'a été dans ce Vaisseau, est une preuve de l'habileté de Messieurs nos Officiers & de nos Pilotes, de leur circonspection à faire leur point, de leur exactitude & sagacité dans l'estime. Quelques-uns s'attendoient de se trouver ce soir à 20. lieuës à l'Ouest du Détroit ; cependant quand on a vû la terre de Barbarie, nous n'en étions qu'à six ou sept lieuës ; la montagne d'Arzille nous restoit au Sud-Est, & nous n'étions qu'à dix lieuës du Cap Spartel.

Selon les diverses Cartes dont on s'est servi, les uns se sont trouvez à midi du 16. Octobre à trois lieuës du Cap Spartel, les autres à sept, les autres à quinze, les autres à vingt ; c'est-à-dire que les differences ne font que de peu de lieuës, ou par excès ou par défaut. Les Gens du Henri qui passerent à notre poupe par ordre de M. de Vallette, à huit heures du soir, nous dirent qu'ils s'en faisoient à midi à 50. lieuës, c'est-à-dire 36. lieuës plus Ouest que nous sur le point qui s'est trouvé le plus juste ; & cela conséquemment à la difference en longitude qu'ils avoient avec nous le 27. Septembre.

Messieurs du Henri doutoient que nous eussions vû la terre à six heures du soir depuis le Sud-Est jusqu'à l'Est-Nord-Est, à cause qu'elle ne paroissoit à travers la brume que fort confusément ; mais nous les en assurâmes en ajoûtant que nous avions sondé à six heures, & trouvé fond à 90. brasses. Ils nous dirent alors qu'ils se rendoient. A dix heures du soir nous trouvâmes 80. brasses, comme on l'a dit ; ensuite aïant porté à l'Ouest, à cause du vent contraire, & pour ne nous pas affaler sur la Côte, à deux heures du matin du 17. Octobre nous n'avons point trouvé de fond.

La nuit calme parfait; si nous avons fait du chemin ce n'est que par les courans qui nous ont mis un peu au large de la Côte. Ils portent au Nord & au Nord-Ouest. Le Henri qui tire 20. pieds d'eau, a été plus manié par les courans que le Toulouse. A six heures il nous précedoit d'une lieuë; ensuite nous l'avons joint, parce qu'il ne s'est plus trouvé dans le fil du courant qui a continué de nous servir. Il y a eu grosse brume depuis 6. heures jusqu'à 8. heures; elle s'est changée en nuages. Toute la nuit il avoit fait une très-forte rosée qui disposoit à cette brume, & au vent de Sud ¼ Sud-Est qui s'est levé à huit heures. On a fait route au plus près à l'Est ¼ Sud-Est.

A midi, la hauteur du Soleil a donné la latitude de 35ᵈ. 52'.
Mais comme on n'a pas vû descendre le Soleil, la hauteur n'est pas bien sûre.

Nous sommes à sept lieuës du Cap Spartel qui nous reste au Nord-Est, & à cinq lieuës de la côte d'Arzille. On n'a pas estimé la longitude à cause que nous sommes à la vûë de la Côte; nous n'avons donc fait depuis hier au soir que 3. ou 4. lieuës.

A quatre heures du soir nous voilà à 3. lieuës du Cap Spartel. Le vent est Nord-Nord-Ouest. Nous portons au Nord-Est pour arrondir ce Cap, jusqu'à ce qu'il nous reste à l'Est pour pouvoir le doubler, ce que nous n'aurions pû faire si nous eussions porté à l'Est-Nord-Est; mais à six heures le vent étant venu au Nord, ne pouvant faire le Nord-Est, il a fallu revirer de bord. On a porté d'abord à l'Ouest, ensuite à l'Ouest ¼ Nord-Ouest, puis à l'Ouest-Nord-Ouest, à cause que le vent a varié au Nord ¼ Nord-Est, & de-là au Nord-Nord-Est.

Au Soleil couchant, la variation a été observée de 12ᵈ. 0'. Nord-Ouest.
La côte d'Arzille nous restoit à cinq lieuës, & le Cap Spartel à trois lieuës.

La nuit calme qui a duré jusqu'à sept heures du matin. Le vent pour lors est venu du Sud; on a couru à l'Est. Les courans nous avoient éloigné dans la nuit du Cap Spartel; il nous restoit le matin à l'Est à six lieuës, mais nous avons perdu le Henri. Nous allons à toutes voiles chercher ce tant défiré Détroit. A neuf heures le vent a fraîchi au Sud-Sud-Ouest ; nous avons porté à l'Est-Nord-Est, bientôt nous nous fommes trouvez au Nord du Cap Spartel. Nous voilà donc dans le Détroit. A dix heures le vent a encore fraîchi, & la Mer nous prend par la hanche, nous allons bien.

A onze heures nous nous fommes trouvez tout à coup dans un fil de courant, qui s'étendoit tout à travers du Détroit depuis le Cap Trafalgar jufqu'à Tanger. Il n'avoit de large au plus que trois longueurs de Vaiffeau, mais il étoit fi violent, que quoique nous fuffions amurez tribord, & que nous allaffions vent largue & fort vîte à toutes voiles, il nous a fait arriver fur tribord. La Mer écumoit fi fort, & avec tant de bruit, qu'on auroit cru être fur des roches & dans un raz. Ce courant alloit donc de la côte d'Efpagne à celle de Tanger. Il eft clair que la grande Mer venant heurter contre la côte d'Efpagne de haute Mer (fur-tout deux jours après la pleine Lune d'Octobre) doit courir violemment à la Côte oppofée, pour de-là entrer par le Détroit dans la Mer Mediterranée. Après avoir traverfé ce courant, nous le diftinguions de demi lieuë à la blancheur de fes eaux ; laquelle s'étendoit en droite ligne depuis le Cap Trafalgar jufqu'à Tanger, comme on l'a dit. Au fortir de ce courant, qui nous auroit fait pirouetter, s'il eut fait calme, nous nous fommes trouvez dans une eau fort tranquille, & qui n'écumoit point ; mais nous allions fort vîte.

Après demi lieuë nous avons trouvé un autre courant qui alloit à l'Eft comme nous, mais il n'étoit pas fi rapide. La Mer écumoit pourtant beaucoup. Il nous a fait faire grand chemin, aidé de notre bon vent ; lequel étant venu à l'Oueft-Sud-Oueft, nous a fait changer l'amure à bas bord, & courir à l'Eft-Nord-Eft. Nous marchions fi bien, que nous avons bien-tôt laiffé Tariffe, le Mont aux Singes, Gibraltar & Ceuta derriere nous. Nous voilà donc à deux heures du foir dans la Mediterranée.

Nous avons mis en pane pour attendre le Henri, & nous avons pris un ris à nos huniers. Une heure après on a fait fervir jufques par le travers d'Efteponne. Là, nous avons encore mis en pane. Ne voïant point venir notre cama-

Z iij

rade, il a fallu mettre à route, pour profiter d'un vent de terre.

Que d'inquiétudes cette nuit, n'aïant point vû hier au soir le Henri au-deça du Détroit ! Ce matin comme nous étions par le travers de Fangerole, nous l'avons vû venir de loin. On l'a attendu ; il nous a appris qu'il nous avoit perdu dans la brume, dans laquelle il s'étoit trouvé jusques par le travers du Cap Spartel, qu'il avoit reconnu à travers un éclairci de la brume qui s'étoit ensuite dissipée, & qui avoit épargné le Toulouse.

De Fangerole nous avons fait route tous deux ensemble pour Malaga par un petit vent d'Ouest-Sud-Ouest. Sur les trois heures du soir nous y avons moüillé à une bonne lieüe de terre. Le Commandant a envoïé à la ville le second Lieutenant, mais on lui a refusé l'entrée. Les Intendans de santé, puis le Consul de France, nous sont venus voir, ils nous ont dit que la peste étoit à Marseille. Sur cela l'entrée nous a été refusée ; mais elle n'est pas à la Louisiane, & c'est de-là que nous venons. Peuvent-ils penser que nous venions de Marseille, où nul Vaisseau de notre taille ne sçauroit entrer. D'ailleurs les côtez de nos Vaisseaux tapissez d'herbes, disent assez que nous venons de loin.

On a tenu Conseil de santé sur notre compte à Malaga. On a persisté à nous refuser l'entrée. Demain on doit nous donner les rafraîchissemens que nous demandons ; aussi-tôt après nous partirons pour profiter du vent d'Ouest-Sud-Ouest qui soufle depuis la nuit passée. Ne pouvant aller à terre, il est inutile que je fasse la description de ce Païs, que je crois un des plus beaux du monde. Pour ce qui est de la rade, elle est tellement frequentée, qu'il n'est pas necessaire que j'en parle.

Le vent qui pendant la nuit étoit Nord-Ouest assez frais, a varié à l'Ouest-Nord-Ouest également frais sur les neuf heures. Il y a assez de Mer dans cette rade, qui est fort ouverte. Nos Chaloupes & Canots sont à terre depuis le grand matin : nous les attendons, & nous sommes mis à pic. Tout est revenu avec bien des rafraîchissemens. Pour virer au Cabestan, nous avons emploïé tout ce que nous avions de gens en santé, & même nos Officiers se sont mis de la partie : de sorte qu'il n'y avoit sur le pont que

M. de Vallette & moi, tout le reste étoit en action. A neuf heures du soir nous avons levé l'ancre, ensuite on l'a caponce avec le Cabestan, & nous nous sommes mis en route, vent arriere à l'Est-Sud-Est.

Les Galeres & les Bâtimens de convoi que nous avons trouvé vers le Détroit, font, à ce que nous ont dit les Espagnols, pour faire lever le siege de Ceuta. S'ils ont quatorze mille hommes d'infanterie & six mille chevaux, sous les ordres du Marquis de Léede, ils viendront à bout de chasser les Mores : ce font de mauvaises troupes ; mais à peine les Espagnols seront-ils de retour chez eux, que les Maroquins seront devant Ceuta. Il leur coûte si peu de faire ce siege, qu'il n'est pas étonnant qu'ils s'y soient obstinez pendant 35. ans. Leur General est logé dans une maison à son aise, ainsi que leurs autres Officiers. La Moraille de garde est logée dans des niches formées sous le parapet de leurs tranchées, qui ont 18. pieds de profondeur, & d'où ils tirent par-ci par-là quelques coups de canons & de mousquets. Quand cette Moraille a servi son temps, d'autres aussi mauvaises troupes viennent la relever. Elles portent leur provision de ris. Ces gens-là n'usent ni de lard ni de vin. Il leur suffit d'avoir de l'eau, voilà toute la façon qu'ils y font.

Notre bon vent n'a pas duré. Dès les deux heures du matin il a sauté à l'Est-Sud-Est qui est diametralement opposé. Ensuite il s'est rangé au Sud-Est : nous avons porté d'abord au Sud, puis au Sud-Sud-Ouest, le Ciel couvert, un peu de pluïe ; mais la Mer n'est pas grosse. A huit heures & demi on a reviré & porté à l'Est-Nord-Est. Nous laissons Malaga à dix lieuës à l'Ouest-Nord-Ouest, & Velez Malaga à six lieuës au Nord-Est. Le soir il est venu un petit vent de terre, qui à peine nous soutenoit.

Je crains que la Méditerranée ne nous traite plus mal que l'Ocean. Nous debuttons mal, si ce temps dure nos malades pourront bien détaller par douzaines. Le Lieutenant en pied, le premier Pilote & moi bordâmes hier au soir l'artimon, tandis que ce que nous avions de gens en santé étoient au Cabestan ou à d'autres manœuvres. Dieu veuille qu'il ne me faille pas monter à la hune pour serrer les huniers ; je ferois très-sûrement un saut à la Mer, & adieu mon Abbaïe ; car depuis la mort de notre Aumônier, les

Matelots m'appellent M. l'Abbé.

Grosse Mer d'Est pendant la nuit qui nous a fait terriblement rouler. Fort peu de vent de Nord-Nord-Ouest ; ainsi nous n'avons pas fait de chemin. Les courans qui portent à l'Est, & qui rendent la Mer qui vient de l'Est encore plus grosse, nous ont soutenu contre la Mer : desorte qu'à neuf heures du matin nous étions au Sud de Velez Malaga. Sans les courans la Mer nous auroit porté au Cap du Moulin. Jusqu'à trois heures calme, puis le vent au Sud-Est $\frac{1}{4}$ Est. On a couru au plus près au Nord-Est $\frac{1}{4}$ Est. Le vent s'étant rangé à l'Est $\frac{1}{4}$ Sud-Est, on a porté à terre au Nord $\frac{1}{4}$ Nord-Est. Mais à cinq heures & demi du soir on a reviré au large au Sud-Sud-Est & Sud $\frac{1}{4}$ Sud-Est, avec une grosse Mer d'Est & le même roulis.

Il faut qu'il ait bien venté de l'Est pour la Mer que nous avons. Un Anglois que nous venons de rencontrer nous en a assuré. Il a essuïé pendant huit jours un vent d'Est furieux. Ce n'est pas pour rien que j'avois vû un œil de perdrix à la Lune à son lever, il y a cinq jours.

À sept heures du matin le vent s'est levé de la terre au Nord-Ouest médiocre. On a porté à route à l'Est-Sud-Est. La Mer pour lors ne nous incommodoit pas beaucoup ; mais le vent aïant fort diminué à neuf heures, le roulis a recommené. A peine depuis hier avons nous fait demi lieuë. A six heures du matin Velez Malaga nous restoit au Nord-Nord-Ouest à cinq lieuës. A midi il nous restoit au Nord $\frac{1}{4}$ Nord-Est à cinq lieuës. Nous avons donc reculé vers l'Ouest de près de deux lieuës, compris le chemin que nous avions fait. Nous avons été obligé de presenter l'arriere à la lame pour ne pas demâter, tant la Mer étoit grosse. Hors aujourd'hui je n'ai point vû jouer nos deux grands mâts ; les haubans sont pourtant bien placez & bien ridez.

Sur les quatre heures du soir le vent est venu au Sud-Ouest foible ; ensuite il a tourné par l'Ouest au Nord, puis au Nord-Est, mais il étoit très-foible. On a mis le cap à l'Est-Sud-Est sans faire de chemin, tant la Mer d'Est étoit grosse. A dix heures & demi le vent a cessé, & nous a laissé à la merci d'une grosse lame jusqu'à 4. heures du matin ; pour lors elle a un peu diminué : on ne pouvoit se tenir de bout.

Sur

Sur les huit heures du matin il s'est levé un peu de vent
de Nord : on a porté à l'Est ¼ Nord-Est sur le Cap Madril.
Nous presentons à la lame qui est fort diminuée, mais qui
dure toûjours ; ainsi nous tanquons, mais nous roulons
moins. Malgré notre opiniâtreté à tenir la Mer, non seulement nous n'avons rien gagné, mais nous voilà par le
travers du Cap du Moulin, tant les courans & la Mer nous
contrarient. Nous faisons ce que nous pouvons pour aller
mouiller à Malaga ; mais le vent d'Est qui fait mine d'entrer, est bien foible sur la Côte, quoiqu'il soit assez vif
dans le canal. Nous avons le cap sur Malaga.

Le vent est venu foible à la terre lorsque nous étions
encore à deux lieuës du mouillage ; ainsi il a fallu courir
au large à notre grand regret. La Mer d'Est toûjours assez
grosse.

A deux heures du matin le vent est venu au Nord-Nord-
Est, il a duré jusqu'à cinq heures, & on a fait route à
l'Est-Sud-Est pour s'élever. Il a ensuite sauté à l'Est : nous
avons couru au large au Sud-Sud-Est : il a fraîchi assez,
mais la Mer est belle. A midi on a reviré de bord au Nord-
Est ¼ Nord pour aller à terre & se maintenir en bon parage jusqu'à ce que le vent change. D'ailleurs il peut venir
la nuit du vent de terre, qui nous fera toûjours faire un
peu de chemin. Il y a de l'adresse à sçavoir profiter des
vents, sur-tout en ce parage, où l'on ne sçauroit faire de
longuës bordées.

Au coucher du Soleil, la variation a
été observée de   9ᵈ. 36′. Nord-Ouest.

La Mer embellit, le vent pourroit venir à bien ; nous en
avons besoin, car nos malades augmentent.

Dans la nuit le vent a cessé tout-à-fait, & la Mer est
calme. Beau Ciel. Nous attendons les vents d'Ouest. A midi
le Cap du Moulin nous restoit au Nord ¼ Nord-Ouest environ 15. lieuës, & Velez Malaga Nord ¼ Nord-Est environ six lieuës. La Mer plate, point de vent ; cela a duré
tout le jour & partie de la nuit : mais les courans nous ont
éloignez de la côte d'Espagne. Ici ils portent au Sud-Est ;
de sorte que le soir à cinq heures nous étions à mi-canal.
Nous voïons les montagnes de Barbarie à tribord, & les
montagnes de Grenade déja couvertes de neiges à bas bord.

A a

Margin notes:

1720.
Octobre.
Le 25.

Le 26.

Le 27.

Alboram nous reſtoit à dix lieuës à l'Eſt : on n'a pas pû relever la côte d'Eſpagne, à cauſe qu'elle étoit couverte de nuages ; de ſorte que nous ſommes privez du plaiſir de voir cette belle Côte.

Le 28. Le vent dans la nuit eſt venu au Nord-Nord-Eſt foible ; nous avons porté à l'Eſt. Il s'eſt bien-tôt rangé au Nord-Eſt $\frac{1}{4}$ Nord, enſuite au Nord-Eſt ; ainſi on a fait route à l'Eſt-Sud-Eſt : mais ſur les 7. heures nous avons reviré au Nord-Nord-Oueſt pour approcher de la côte d'Eſpagne, puis on a porté au Nord, enſuite au Nord-Nord-Eſt ; de-là au Nord-Eſt $\frac{1}{4}$ Eſt, le vent aïant varié d'autant vers le Sud. Cela nous accommode fort ; s'il cule encore, nous porterons à route.

Le Toulouſe eſt jaloux ; dès qu'il n'eſt pas aſſez chargé de l'avant, il ne va plus ſi bien. Le Henri pour lors lui tient pied. On a rempli aujourd'hui les futailles d'eau de la Mer, il a repris ſa premiere legereté. C'eſt une marque d'un bon Vaiſſeau, quand peu de choſe pour l'arrimage le rend moins bon voilier.

Le Cap de las tres Furcas en Barbarie, nous reſtoit ce matin à huit heures au Sud $\frac{1}{4}$ Sud-Eſt à environ dix lieuës. On ne voïoit pas clairement les montagnes d'Eſpagne ; on ne les a pas relevé. Mais au lever du Soleil le Cap Sacratif nous reſtoit au Nord à 14. lieuës, ainſi nous l'avons à preſent dépaſſé.

Au coucher du Soleil, la variation a été trouvée de　　　　　　　9ᵈ. 0′. Nord-Oueſt.

Le 29. A minuit on a reviré de bord au large, & à 4. heures nous avons couru à terre, le vent étant toûjours à l'Eſt & à l'Eſt-Sud-Eſt. A 7. heures du matin nous nous ſommes trouvez au Sud de Caſtel de Fierro. A huit heures il a fallu revirer & porter au Sud-Sud-Eſt. A midi nous avons vû trois Vaiſſeaux de guerre Anglois de 50. à 56. pieces de canon, dont le Commandant remorquoit une Tartanne. Ils alloient vent arriere au Détroit. Ces Vaiſſeaux ſe ſont approchez de nous, le vent étoit frais à l'Eſt : nous, ſans nous détourner, ſuivions nôtre route au plus près au Sud-Sud-Eſt. Notre Commandant en homme ſage, a jugé qu'ils pourroient nous venir vòir de plus près pour excroquer un ſalut. En effet ils ſe ſont mis en ligne de combat à une heure ;

& sur ce que M. de Vallette a fait mettre la flamme au
grand mât, le Commandant Anglois a mis une flamme de
distinction ; aussi-tôt M. de Vallette, dont les ordres portent de ne pas saluer une pareille flamme, a fait faire for-
branle., parer les canons des deux batteries ; & soit pour
cela, soit pour nous rallier au Henri, qui étoit de l'arriere
de nous sous le vent à plus d'une lieuë, il a fait arriver
peu à peu & fort insensiblement, laissant tomber la misene,
laquelle il avoit carguée auparavant, ainsi que la grande
voile. Le tout a été fait fort prestement.

1720.
Octobre.

Alors les trois Anglois sont arrivez en ligne sur nous ;
mais quand ils ont vû notre contenance, & que, sans arriver tout court comme si nous avions peur, nous approchions
peu à peu de notre camarade, qui tenoit toûjours le vent,
& que nous ouvrions nos sabords de la batterie basse de
fort bonne grace ; ils ont jugé à propos de ne pas s'approcher de plus près, pour exiger un salut qu'on ne leur auroit donné qu'à boulets. Le Commandant Anglois s'est remis vent arriere, a amené sa flamme & ses pavillons. Pour
nous nous avons gardé la notre, & continué notre route
avec nos deux huniers, les ris pris à cause que le vent étoit frais.

A trois heures on a porté le cap à terre pour la bien reconnoître, ensuite au coucher du Soleil on a couru au large au Sud-Sud-Est. Nos bordées d'aujourd'hui nous ont valu
six lieuës en droite route.

Nous voilà encore bord sur bord. Dès le jour nous nous
sommes trouvez au Sud d'Atre ; desorte que nous n'avons gueres avancé depuis hier au soir. Le vent mollit & la Mer calme ; il y a apparence de vent de Sud. Les nuages qui étoient
ramassez en grande quantité, courent au Nord.

Le 30.

On a observé au Soleil couchant, la
variation de   9ᵈ. 36′. Nord-Ouest.

A six heures & demi il s'est levé un peu de vent de Nord-
Ouest. Nous avons porté largue à l'Est-Nord-Est.

Toute la nuit petit vent d'Ouest & d'Ouest-Nord-Ouest,
avec peu de Mer. On a fait route à l'Est : nous pouvons
faire une lieuë par heure. Pendant le jour avec le même
vent & la même Mer, nous avons porté à l'Est-Nord-Est
& fait au plus cinq lieuës par quart. Le soir au coucher

Le 31.

du Soleil, le Cap de Gate nous reſtoit au Nord-Oueſt ¼ Nord à trois licuës.

Depuis hier au ſoir point de Mer ; ainſi point de roulis, point de tangage. Mon Dieu que ceci eſt different du roulis des jours paſſez ! il n'y en avoit jamais eu de pareil dans la Méditerranée, à ce que diſent nos vieux Marins. Il faut qu'il y ait des courans qui portent à l'Oueſt, qui nous ont contrarié la nuit paſſée : car devant être à dix heures au plus tard par le travers du Cap de Gate, nous ne l'avons eu au Nord qu'à trois heures. Outre cela le Vaiſſeau venoit toujours à tribord, quelque précaution que l'on prît pour le tenir ſur la route de l'Eſt ; de ſorte que pendant la nuit nous n'avons guéres fait que demi lieuë par heure, quoique par le ſillage il parût que nous fiſſions une lieuë, comme on vient de le dire. Ceci prouve bien ce que j'ai dit ſur l'eſtime.

Depuis qu'on a déchargé beaucoup de vivres du Touloufe, & qu'il eſt hors de l'eau de plus d'un pied qu'il n'étoit auparavant, il n'eſt plus ſi bon voilier, il faut faire une grande attention à le leſter. A l'Iſle Dauphine, où il n'y a ni pierres ni graviers, on n'a pû ajouter à ſon leſt que du ſable, qui a beaucoup de volume ſans être fort peſant : c'eſt pourquoi on n'a pû le caler autant qu'il l'étoit avant que d'être déchargé. Pour y ſuppléer & décharger ſes hauts, on a mis à fond de cale quatre pieces de canon de 18. livres de balle, & autres choſes qui embaraſſoient entre deux ponts. Il faut outre cela tenir les futailles toujours pleines ; de maniere que quand on a bû le vin ou l'eau, il faut les remplir d'eau de la Mer, comme on l'a dit ci-deſſus.

Nous avons eu fort peu de vent pendant la nuit, & calme depuis quatre heures du matin juſqu'à midi. Cependant les courans nous ont tellement aidé, qu'à midi le Cap Carbonaire nous reſtoit au Nord-Oueſt ¼ Oueſt à cinq lieuës ; c'eſt-à-dire, que depuis hier au coucher du Soleil nous avons fait douze lieuës preſque en calme.

A midi le vent d'Oueſt-Sud-Oueſt commence à enfler nos voiles, & la Mer en vient : cela me fait bien eſperer. Au coucher du Soleil le vent a un peu fraîchi ; belle Mer, nous faiſons du chemin. Le Cap de Gate nous reſte à 20. lieuës à l'Oueſt.

Au Soleil couchant la variation a été
obfervée de   10 l. 0′. Nord-Oueft.

Notre bon vent a pris des forces ; nous laiffons Carthagene derriere nous ; nous efperons de voir bien-tôt Alicant, & d'y prendre des rafraîchiffemens. Ceux que nous
avons pris à Malaga, ont procuré la fanté à vingt de nos
malades, & ont fort foulagé les autres.

Au lever du Soleil on a obfervé la
variation de   10 d. 0′. Nord-Oueft.

Le vent s'eft rangé dans la nuit au Nord-Oueft, & a un
peu fraîchi. On a fait route au Nord-Eft fur la perpendiculaire du vent. Au Soleil levant le Cap de Pate nous reftoit au Nord-Oueft à 6. lieuës. A 8. heures le vent a varié à l'Oueft-Nord-Oueft également frais : nous avons porté
au Nord-Eft ¼ Eft plus largue d'un air de vent ; nous allons bien. A 3. heures le vent a fauté à l'Eft-Sud-Eft foible. On a pointé au Nord-Eft. Mais à 7. heures il s'eft rangé à l'Eft ¼ Sud-Eft frais. Nous avons pris des ris à nos
deux huniers, & couru au Nord-Eft ¼ Nord. Le vent a
varié jufqu'au Nord-Nord-Eft extremement frais, & la Mer
fort groffe. On a été obligé de courir à l'Eft & à l'Eft-Sud-
Eft. Avec les deux baffes voiles nous avons terriblement
roulé.

Remarque.

Ce que je vais dire fervira pour l'Hiftoire des Vents. A
notre retour à Toulon nous avons appris que le 2. de Novembre il y eut un des plus furieux coups de vent qu'on
y ait jamais fenti. Il ne dura que ce jour-là, & bien en prit
aux cheminées. Au retour de nos trois Vaiffeaux de guerre
qui étoient partis pour Alger, ils nous dirent que dans ce
même temps ils avoient lévé l'ancre de devant les Fromentieres, & qu'ils furent obligez de remouiller par un furieux
vent de Nord ; & nous qui n'étions pas à 20. lieuës des
Fromentieres, nous l'eumes au Nord-Nord-Eft. On voit
que ce vent qui étoit furieux au Nord-Oueft à Toulon,
tourna au Nord fur les côtes de Valence, & un peu plus
haut au-deçà du Cap de Pate, au Nord-Nord-Eft ; & cela
dans l'intervalle de 12. heures ; qui fut fuffifant pour nous
amener cette groffe Mer qui nous fatigua tant.

1720.
Novem-
bre.

Le 3.

A fix heures & demi du matin on a reviré de bord, &
couru au Nord-Oueſt ¼ Nord, le vent étant Nord-Eſt ¼
Nord. Mais à 9 heures le vent étant revenu au Nord-Nord-
Eſt, on a porté au Nord-Oueſt avec une groſſe Mer & un
grand roulis ; peu après le vent eſt venu à rien ; nous avons
roulé ſans faire du chemin. Alicant nous reſtoit au Nord-
Oueſt à 12. lieuës. On voit que ces nitres, dont la fermen-
tation avoit cauſé ce vent furieux, étoient épuiſez. A la fin
du Journal on parlera de ceci en détail.

Le 4.

Nous ſommes à la porte de Toulon, & je ne ſçai quand
nous y arriverons.

Le vent d'Eſt nous a laiſſé une Mer pareſſeuſe & d'autant plus raboteuſe. Au moins s'il nous avoit laiſſé quelqu'autre vent à ſa place ; mais calme.

Dans la nuit le vent de Terre nous a fait faire 6. lieuës,
après quoi calme plat. Nous avions à l'Oueſt les montagnes
de Benidorme à trois lieuës, & le Cap Saint Martin à 6.
lieuës devant nous.

Au Soleil couchant la variation a été
obſervée de   9ᵈ. 50′. Nord-Oueſt.

Le 5.

La nuit & juſqu'à dix heures du matin, calme. Alors il
s'eſt levé un peu de vent d'Oueſt, qui nous a mis à midi
par le travers du Cap Saint Martin. Nous portons toutes
voiles & coutelas ; il n'y a pas de Mer ; nous faiſons une
bonne lieuë par heure. Le vent a fraîchi, la Mer un peu
groſſi ; nous faiſons à preſent une lieuë & demi par heure. L'après-midi à deux heures le Cap Saint Martin nous
reſtoit au Nord-Oueſt à 4. lieuës ; alors on a vû clairement les montagnes d'Yvice. Le Henri va mieux que nous
vent arriere à preſent ; c'eſt que nous ſommes trop ſur l'eau.

Je viens de voir un troupeau de marſouins qui alloient
à l'Oueſt. Bon preſage, diſent les Marins, c'eſt du vent de
cette part. Un de ces marſouins m'a diverti ; il s'eſt détaché
de ſa troupe, & a donné chaſſe à un gros poiſſon qui a
bien-tôt été gobé ſous mes yeux. Comment l'avalera-t-il,
diſois-je, avec un muſeau ſi pointu ? Cela a été plutôt fait
que je ne l'ai dit. Quelle avaloire ! petite bouche & gros
morceau ! Il eſt allé rejoindre ſa troupe, qui ſautoit, dan-
ſoit, & apparemment en faiſoit autant que lui, chemin
faiſant.

1720.
Novem-
bre.
Le 6.

Depuis minuit jufqu'à huit heures le vent a calmé ; cela eſt bien extraordinaire dans cette ſaiſon. A huit heures il s'eſt levé un vent foible de Nord-Nord-Oueſt, lequel à dix heures a ſauté au Nord ; à midi au Nord-Nord-Eſt ; à deux heures à l'Eſt ¼ Nord-Eſt où il s'eſt fixé. On a toujours porté au plus près à toutes voiles.

A midi par la hauteur du Soleil, on a eu la latitude de   39ᵈ. 35′.

Nous étions à 18. lieuës à l'Oueſt de la pointe occidentale de Majorque, que je voïois à midi à travers la brume legere, ainſi que la côte de Soleri, dont les montagnes ſont fort hautes. Nous ne ſçavons où relâcher, tant les vents ſont foibles & variables.

Remarque.

Si nous avions relâché aux Fromentieres, comme nous l'avions projetté, nous y aurions trouvé trois de nos Vaiſſeaux de guerre qui y avoient mouillé par un vent forcé de Nord que nous n'avons pas ſenti. Ces Vaiſſeaux étoient l'Invincible que montoit M. de la Varenne qui commandoit l'Éſcadre ; la Veſtale commandée par M. des Gauts, & le Cheval Marin commandé par M. de Beauquaire. Ils allerent de-là à Alger ſuivant leurs ordres. Si nous les avions vû, nous aurions appris des nouvelles de France, & de la maladie de Provence.

Un de nos Officiers a fait mettre au Touloufe toutes les voiles qu'on a dans un Vaiſſeau ; voiles d'étai, fauques, coutelas, voiles de chaloupe & de canot, tout a été emploïé. Qu'eſt-il arrivé ? Le Touloufe qui devançoit auparavant le Henri, deux heures après eſt reſté de l'arriere. Notre Capitaine s'en eſt apperçû, & lui a fait ôter cette menuë voilure. Bien-tôt le Touloufe s'eſt remis à courre, & a regagné ſon poſte.

L'on en doit conclure que cette menuë voilure recevant le vent par des directions differentes, ſur-tout quand on eſt au plus près, il arrive que pluſieurs ſe contrarient, & retardent ainſi le mouvement du Vaiſſeau. Outre cela il ſe fait dans toutes ces petites voiles divers ſacs, dans leſquels la direction du vent eſt preſque oppoſée à la direction du vent ſur les principales voiles ; ce qui eſt une autre cauſe du re-

tardement de la vîteſſe du Vaiſſeau. Ainſi ſe verifie une eſpece de paradoxe : Avec moins de voiles un Vaiſſeau va
plus vîte.

Au lever du Soleil le plus haut de la montagne la plus
occidentale de Majorque nous reſtoit à l'Eſt à ſept lieuës ;
l'Iſle Dragonaire nous reſtoit à l'Eſt ¼ Sud-Eſt à ſix lieuës.
On voïoit diſtinctement le haut des montagnes d'Yvice,
qu'on n'a pas relevé, cela n'étant pas neceſſaire. Les courans portent au Sud-Eſt dans ces parages où nous nous trouvons ; car ſans preſque aucun vent, & étant au plus près,
nous avons fait près de 12. lieuës depuis hier midi juſqu'à
ſept heures de ce matin.

La hauteur méridienne du Soleil nous a donné
la latitude de　　　　　　　　　　　　　　39ᵈ. 45′.

Nous avons reſté en calme juſqu'à ſix heures du ſoir. Il
s'eſt levé pour lors un petit vent d'Oueſt-Nord-Oueſt qui
a fraîchi peu à peu, de maniere que depuis huit heures
juſqu'à minuit nous avons fait ſix lieuës. Il a enſuite tourné à l'Oueſt, & nous a fait faire cinq lieuës par quart. Le
vent d'Oueſt revient ; nous lui pardonnons ſes infidelitez,
parce que nous faiſons aſſez de chemin, quoique le vent
ſoit foible.

Au Soleil levant la variation a été
obſervée de　　　　　　　　　　　　11ᵈ. 4′. Nord-Oueſt.

La Dragonaire nous reſtoit pour lors au Sud ¼ Sud-Eſt
à ſix lieuës.

Par la hauteur du Soleil à midi on a eu la latitude de　　　　　　　　　　　　　　40ᵈ. 40′.

Le vent d'Oueſt a été médiocre juſqu'à quatre heures,
il nous a fait faire aſſez de chemin au Nord ¼ Nord-Eſt.
Le ſoir il a molli, & la Mer preſque calmé. Nous avons
ſuivi la même route la nuit.

La nuit ſans preſque aucun vent ; nous avons fait bien
du chemin, les courans nous ont porté : car au lever du
Soleil nous nous ſommes trouvez à l'Eſt-Sud-Eſt du Mont
Joui & de Barcelone à ſix lieuës. Mais le vent eſt revenu
à l'Eſt dès les huit heures ; nous avons fait route au Nord-
Nord-Eſt, qui nous vaut le Nord ¼ Nord-Eſt.

Au coucher du Soleil on a obſervé
la variation de　　　　　　　　　　12ᵈ. 36′. Nord-Oueſt.
　　　　　　　　　　　　　　　　　　　　　Palamos

Palamos nous reſtoit pour lors au Nord à cinq lieuës : un peu avant la nuit il nous reſtoit au Nord ¼ Nord-Oueſt un peu plus de quatre lieuës, & le Cap de Saint Sebaſtien au Nord-Nord-Eſt à dix lieuës. Toute la nuit peu de vent d'Eſt ; il a fallu courir des bordées courtes, parce que nous craignions de tomber ſur la roche de Blanes, que nos armées navales n'ont pas vûë, que je ſçache, mais où l'on dit qu'un Vaiſſeau Hollandois a peri. On la place à huit lieuës au Sud-Eſt de Blanes.

1720.
Novem-
bre.

Le Henri nous a paſſé à la poupe ſur le ſignal que lui en a fait notre Commandant. On leur a demandé comment ils étoient dans leur Vaiſſeau. Ils ont répondu que leurs malades diminuoient, qu'ils avoient de l'eau & du vin pour quinze jours, & qu'ils étoient prêts à faire avec nous la traverſée du Golphe de Lyon. Tout cela nous a fort réjoui, mais le vent d'Eſt eſt toujours opiniâtre à ne point paroître. Ce qui nous conſole, c'eſt que preſque ſans vent nous avons fait quatorze lieuës aidez par les courans, & que nous laiſſons Barcelone à ſix lieuës à l'Oueſt-Nord-Oueſt.

Tout le jour le vent aïant varié de l'Eſt à l'Eſt-Nord-Eſt, nous avons couru diverſes bordées ; le vent étoit foible, mais la Mer étoit aſſez groſſe. L'après-midi calme de vent & de Mer. Sur les quatre heures du ſoir le vent foible au Sud, puis au Sud-Sud-Oueſt. Au commencement de la nuit il a un peu fraîchi, en ſorte qu'on a fait cinq lieuës au premier quart. Au Soleil couchant le Cap Begut nous reſtoit au Nord-Eſt à dix lieuës.

Le 10.

Enfin la fortune ſe déclare pour nous ; voilà le vent au Sud-Oueſt & nous en route. Le Henri a ſi bonne envie de voir la Provence, que toute la nuit il a porté ſes perroquets, & nous a contraint de défaire les ris de nos huniers pour le ſuivre. Avec cela nous le tiendrons bien.

Le 11.

Nous voilà dans le fameux Golphe de Lyon. Roſes eſt douze lieuës derriere nous ; nous eſperons voir ce ſoir les montagnes de Provence, & être demain dans la Rade de Toulon.

Depuis minuit juſqu'à quatre heures le vent a été Oueſt-Nord-Oueſt, & nous a fait faire ſix lieuës. Mais à quatre heures & demi le vent eſt venu tout à coup au Nord-Nord-Eſt, on a fait route à l'Eſt. A ſix heures & demi le vent a reculé au Nord $\frac{1}{4}$ Nord-Eſt, on a mis le cap à l'Eſt $\frac{1}{4}$ Nord-Eſt.

A midi la hauteur du Soleil nous a donné la latitude de   41ᵈ. 30′.

Il paroît par cette hauteur que les courans nous ont fort porté au large. Le vent qui avoit ſauté au Nord dès les 9. heures, de ſorte que nous avions porté à l'Eſt-Nord-Eſt, s'eſt rangé à midi au Nord $\frac{1}{4}$ Nord-Oueſt, & a encore plus fraîchi & la Mer groſſi. Nous avons porté au Nord-Eſt $\frac{1}{4}$ Eſt. A deux heures il eſt venu au Nord-Nord-Oueſt enco-re plus frais ; on a porté au Nord-Eſt ; la Mer devient toujours plus groſſe. On a mis bas nos perroquets ; peu après il a fallu prendre des ris à nos huniers tant le vent a fraî-chi.

A quatre heures du ſoir grand vent. On crie auſſi-tôt, ferre les huniers. Nous voilà à cahoter ſous les baſſes voi-les au milieu du Golphe de Lyon. Nous avons un plaiſir dont on peut ſe paſſer, c'eſt de voir les couleurs de l'arc-en-ciel peintes par le Soleil ſur les gouttes d'eau que le vent ſepare des ondes de la Mer en fureur.

Le 12.

Nous avons reſté ſous les baſſes voiles toute la nuit & tout le jour, étonnez de la hardieſſe du Henri qui porte ſes huniers & ne craint point de démâter. On a couru au Nord-Eſt, puis au Nord-Nord-Eſt par un vent de Nord-Oueſt très-frais qui a duré tout le jour, mais qui a été violent depuis midi juſqu'à ſix heures du ſoir. Sur les qua-tre heures & demi nous avons reconnu la montagne de Coudon près de Toulon, mais confuſément à cauſe de la brume dont la terre eſt inveſtie par le vent.

Par la hauteur du Soleil à midi on a eu la lati-tude de   42ᵈ. 13′.

Pendant la nuit le vent de Nord-Oueſt a été très-frais, & nous a fait beaucoup rouler ſous les baſſes voiles. Un vent, une Mer horrible, voilà notre partage depuis hier l'après-midi.

Le 13.

Le vent de Nord-Oueſt a été frais juſqu'à ſix heures du matin. Depuis quatre heures juſqu'à ſix on a reviré au Sud-Oueſt pour ne pas quitter le Henri qui étoit beaucoup ſous le vent à nous. Ce Vaiſſeau dérive fort quand il court au plus près. A ſix heures on a reviré le bord à terre au

Nord ¼ Nord-Eſt. Au jour nous nous ſommes trouvez à une licuë ſous le vent de l'Iſle de Levant, la plus orientale des Iſles d'Hieres.

Il eſt aſſez étonnant que le vent & la Mer aïent manqué tout à coup. Le vent a varié, auſſi-tôt on a hiſſé les huniers, puis les perroquets ; tandis qu'à ſept heures & demi nous diſions, ſi nous ne pouvons attraper le Gourjan, nous relâcherons en Sardaigne au Golphe de Palme. Si le Henri qu'il nous a fallu aller chercher cette nuit, n'eût pas tant dérivé, nous n'aurions pas perdu notre avantage, nous ſerions entré par la grand paſſe dans la rade des Iſles d'Hieres. Nous tiendrons la Mer bord ſur bord, & nous irons mouiller à minuit dans cette rade en chicanant le vent. A huit heures nous avons changé de langage, graces au vent.

O combien d'objets me rappellent cette côte ! Je ne quitte plus la gallerie, tant j'ai de plaiſir de voir une côte qui a été le théatre de mes Obſervations. Nous ne ſommes qu'à deux lieuës à l'Oueſt-Sud-Oueſt du Cap Taillat. C'eſt au pied de ce Cap qu'à ma Campagne de la côte de Provence, qui a ſervi de prélude à celle-ci, je me trouvai réduit avec mes deux Camarades à fort petite ration, & à coucher à platte terre ſous une tente, dans l'eſperance de trouver le lendemain meilleure fortune. Je vois devant moi l'Iſle de Levant où nous l'allâmes chercher, nous ne l'y trouvâmes pourtant pas. Les obſervations allerent bien, mais ce fut tout.

Nous avançons encore bien peu tant le vent eſt foible. Je vois pourtant à ſix lieuës à l'Oueſt la gracieuſe Iſle de Porquerolles, où j'ai fait grand nombre d'obſervations.

Courage, voila un Vaiſſeau à deux lieuës de nous qui vient par le vent d'Eſt, nous en aurons bientôt autant. En effet, à une heure après midi voila le vent d'Eſt devenu notre ami. Sans façon nous enfilons vent arriere la rade des Iſles d'Hieres. Le joli vent ! point de Mer ; mon Dieu que ce temps eſt different de celui des deux jours précédens !

Au coucher du Soleil nous ſommes ſortis de cette rade par la paſſe du Langouſtier. Le vent d'Eſt a calmé par le travers du Cap d'Eſcampe-barrion, & nous a laiſſé un moment dans l'inquiétude à cauſe du voiſinage de ce Cap. Mais à sept heures il est venu un vent d'Est-Nord-Est qui nous a tiré de-là. En suivant notre route nous avons mouillé à dix heures du soir dans la grande rade de Toulon, entre la Tour de l'Eguillette & saint Mandrier.

La Chaloupe de garde est venuë nous reconnoître. L'Officier qui la commandoit nous a déclaré que nous ferions Quarantaine ; à la bonne heure, nous sommes chez nous, & nous nous y attendions depuis ce que nous avions appris à Malaga.

Le 14.

Me voilà à la consigne à attendre les Intendans de la Santé. Ils arrivent, reçoivent notre déposition, & me font jurer que nous avons dit la verité. Ils ont cru avec raison qu'un Prêtre ne se parjureroit pas. Cependant je ne sçai quand nous aurons l'entrée, on ne se presse pas. Il faut prendre patience, nous avons des secours pour nos malades.

Le 16.

Suivant l'ordre du Commandant de la Marine nous venons de mouiller devant l'entrée du Port neuf.

Notre Commandant a fait amener la flamme de commandement par le travers de la grande Tour, tel est le respect qu'on a pour le Pavillon Amiral. En une heure de temps nous avons été rendus, en faisant des zig-zag près à près. Nos deux Navires ont navigué avec honneur toute cette campagne ; ils l'ont finie de même sans échouer. Nous rendons au Roi deux beaux Vaisseaux qui ne font pas une goutte d'eau, qui n'ont rompu ni cable ni mât, hors le mât de hune que le tonnerre nous mit en deux pieces dans le Golphe du Mexique.

Nous voilà donc près de la passe, en état d'entrer dans le Port neuf quand il plaira aux Intendans de la Santé. Nous allons débarquer nos malades, que la terre & les rafraîchissemens guériront bientôt. Il y en a qui reviennent de plus loin que de la Louisiane, tant ils ont été près de mourir. Quelle diligence ! En deux heures nous avons desenvergué nos voiles, dépassé nos manœuvres courantes, amené nos grands vergues & nos mâts de hune. Mais Messieurs de la Santé ne s'en pressent pas davantage ; ils ont envoïé du vin à l'Equipage pour quatre jours.

Fin du Voïage de la Louisiane.

DIVERSES
REFLEXIONS
ET REMARQUES
FAITES PENDANT LE VOYAGE
DE LA LOUISIANE.

REFLEXIONS
Sur les hauteurs du Thermometre.

IL paroît par les diverses hauteurs du Thermometre rapportées dans le Journal précedent, que le Thermometre de feu M. Amontons, construit pour le huitiéme climat, comme il le dit, & fait très-exactement par un aussi habile homme, peut servir pour toute sorte de climats, & n'est ni plus ni moins sensible sous le second climat que sous le huitiéme. En effet il m'a donné chaque jour la plus grande ou moindre chaleur de l'air aussi exactement entre les Tropiques & à la Martinique par les 14^d. 35′. qu'il me les donnoit à Toulon par les 43^d. 7′. La difference que j'ai observée, est que depuis le mois de Mai il s'est maintenu entre 55 pouces 9 lig. & 57 pouces 3 lig. mais il n'est jamais monté pendant cinq mois à 58 pouces, lesquels M. Amontons donne pour les grandes chaleurs du huitiéme climat ; comme il n'y est point monté ni à Marseille ni à Toulon depuis dix-huit ans que je me sers de ce Thermometre. La seule difference que j'ai observée, est qu'il ne descendoit pas tant entre les Tropiques, depuis le coucher du Soleil jusqu'à son lever, qu'il descend en ces païs-ci : mais cela peut venir en partie de ce

que le vent étant toujours à la bande de l'Eſt entre les Tropiques, il n'eſt preſque jamais ni plus ni moins chaud, à
cauſe qu'il ne paſſe ni ſur des neiges ni ſur des terres mouil-
lées qui fourniſſent abondance de nitres : partie auſſi de ce
qu'il vient d'entre deux ponts & du fond de cale par les
eſcaliers & autres ouvertures, un air qui peut être plus
échauffé, car il fait fort chaud au fond de cale ; de ſorte
que cet air échauffé a pû ſe répandre juſqu'au Thermomè-
tre, qui, quoiqu'à l'air, étoit ſous la dunette ; ſur-tout quand
le vent venoit de l'avant, ou quand on étoit au plus près.
Auſſi m'appercevois-je qu'il baiſſoit un peu quand le vent
venoit de l'arriere ; ce qui n'auroit pas dû être, puiſqu'il
étoit à l'abri de ce vent-là ; mais c'eſt qu'alors la vapeur
d'entre deux ponts étoit emportée de l'avant.

Ce Thermometre étoit renfermé dans une boëte dont la
porte étoit grillée de fil de leton pour que l'air y pût entrer librement ; & dans l'endroit où il étoit placé, il étoit
expoſé à l'air, à l'abri des raïons du Soleil, ſans crainte d'ê-
tre caſſé par quelqu'une des manœuvres qui ſont ſi frequem-
ment en mouvement dans les Vaiſſeaux, ou par l'inconſide-
ration de quelque Mouſſe ou Matelot. Etant près de l'ha-
bitacle, il étoit continuellement ſous les yeux des Pilotes
de quart. Il eſt vrai que la grande fente dans laquelle paſſe
la manivelle de la barre du gouvernail, pouvoit lui apporter l'air d'entre deux ponts ; je ne trouvai cependant aucun
endroit plus propre que celui-là, pour qu'on pût aiſément
l'obſerver & qu'il ne fût pas caſſé.

Pour ce qui eſt du Barometre, quelques précautions que
j'aie priſes, non ſeulement je n'en ai point pû tenir en experience pendant le voïage, à cauſe du roulis & du tangage du Vaiſſeau ; mais par les mêmes raiſons je n'en ai
pas pû faire d'experience qui m'ait donné rien de ſûr, non
pas même dans les rades où il y avoit moins de Mer, ou
dans le calme, tant le mercure eſt ſenſible au moindre mouvement du Vaiſſeau ; de ſorte que celui qui étoit dans le
tube, montoit ou deſcendoit continuellement de 27. à 30.
pouces, ſans qu'il fût jamais en repos ; il étoit donc impoſſible de juger de la peſanteur de l'Atmoſphere. Le mercure de la boëte étoit auſſi en continuel mouvement, mais
il ne pouvoit ſe répandre, par les précautions que je pre-
nois.

Il seroit pourtant fort utile de pouvoir faire de ces expériences à la Mer, on pourroit prévoir les orages un peu à l'avance & s'y préparer ; connoître la diversité du poids de l'Atmosphere en divers païs, sur-tout en des voïages de long cours & entre les Tropiques ; & ces experiences seroient avantageuses à la Physique.

REFLEXIONS

Sur le Traité du mouvement des Mers & des Vents, composé par Isaac Vossius.

J'AVOIS lû il y a quelques années ce Traité de Vossius, son sistême m'avoit paru singulier ; néanmoins comme il est accompagné de beaucoup de faits, j'attendis, pour juger de ce Livre, que j'eusse verifié par moi-même quelques-uns de ces faits, & sur-tout ceux qui servent de fondement à son sistême. J'ai eu occasion de le faire dans le Voïage de la Louisiane d'où nous revenons à present : car c'est sur Mer & avant que d'entrer dans la Méditerranée, que j'écris ces Reflexions qui font une suite naturelle du Journal que je viens de donner. Je me suis remis à lire dans le Vaisseau le livre de Vossius avec attention, & voici les Reflexions que j'ai faites dans le cours de cette lecture.

L'Edition que je citerai est celle d'Adrien Ulacq, à la Haye en 1663. in-quarto. Je doute qu'on en ait fait une autre.

Si j'entreprends de critiquer l'ouvrage de Vossius, c'est uniquement pour éclaircir la verité. Je souhaiterois que son sistême fût vrai. J'estime d'ailleurs la profonde érudition de l'Auteur, sa maniere d'écrire, & la pureté de son Latin. Fils & petit-fils d'hommes illustres dans les sciences, il a merité par lui-même les gratifications du Grand Roi Louis XIV. dont il n'étoit pas le sujet. Mais on peut être habile en Philologie & en Litterature, même en tout genre d'érudition, & ne réussir pas en fait de sistême de Physique.

Il dit dans sa Préface qu'il ne se servira ni de qualitez occultes, ni de magnetisme ; à la bonne heure. Seulement, dit-il, il rapportera le tout *ad solem & aquarum libramentum* : que le tout sera prouvé par le témoignage d'habiles

Pilotes en grand nombre. Mais ce qu'il demande qu'on lui accorde, eſt préciſément ce qui eſt en queſtion ; ainſi le Lecteur, quelque complaiſant qu'il ſoit, ne ſçauroit le lui accorder à moins qu'il ne le voie prouvé. Il pourra lui faire grace pour d'autres ſujets & raiſons qu'il apporte dans la ſuite de ſa Préface, que je ne citerai pas ici pour n'être pas long.

Reflexions ſur le premier Chapitre.

Voſſius prétend qu'un habile Pilote qui auroit une grande connoiſſance des vents qui ſouflent en chaque lieu, pourroit faire le tour du monde en dix mois, & même moins, s'il paſſe le Détroit de Magellan au mois de Décembre ou de Janvier. C'eſt veritablement le temps le plus favorable pour le paſſer, à cauſe qu'on y eſt pour lors en Eté. Mais je doute qu'il ſe ſoit encore trouvé aucun Pilote aſſez habile ou aſſez heureux pour aller en moins de quatre mois au Cap des Vierges : car enfin on ne va pas là tout d'une haleine, il faut relâcher aux Canaries ou au moins au Breſil pour prendre des rafraîchiſſemens, qu'on ne trouve nulle part juſqu'à la Conception. Pour paſſer ce détroit, il faut environ quarante jours ; voilà près de cinq mois & demi, & il n'y a encore que le quart du voïage fait. Il y a des Vaiſſeaux qui ont reſté trois mois, d'autres plus dans le Détroit de Magellan ; ce qui n'eſt pas étonnant, puiſque les vents ſont ordinairement à l'Oueſt ou au Sud-Oueſt, ce Détroit courant en des endroits à l'Oueſt, en d'autres à l'Oueſt-Sud-Oueſt, en quelques endroits à l'Oueſt-Nord-Oueſt ; & n'étant pas aſſez large pour courir de longues bordées, les Vaiſſeaux ne peuvent pas louvoyer autant qu'il faudroit pour avancer chemin en chicanant le vent. Je ne parle pas des tempêtes qu'on y eſſuie, Voſſius ne croïoit pas apparemment qu'il y en eût à la Mer.

Le Maire, pour éviter tous ces inconveniens du Détroit de Magellan, rangea la côte de la terre de Feu, & paſſa dans le canal entre cette terre & l'Iſle des Etats. D'autres Navigateurs, pour éviter les courans rapides qui ſont dans ce Détroit, ont mieux aimé paſſer au Sud de l'Iſle des Etats, & s'éloigner davantage du Cap de Horn ; ainſi en allongeant le chemin ils ont abregé le voïage. C'eſt dommage
que

que Voffius n'ait pas connu cette route : peut-être, s'il l'a
connuë, a-t-il craint que fon Vaiffeau n'y fît naufrage ou
qu'il ne reftât engagé dans les glaces, ce qui auroit allongé fon voïage. Je fçai qu'une Fregate du Roi, en fuivant
cette route, eft allée à la Conception & en eft revenuë en
neuf mois, mais ce font traverfées heureufes auxquelles il
ne faut pas s'attendre ; comme on ne doit pas efperer d'aller à la Chine & en revenir en quinze mois, ainfi qu'il eft
arrivé à l'Amphitrite.

Je ne parle pas du refte du voïage dont il n'y a encore
qu'un quart de fait. Les Navigateurs qui ont fait le tour
du Monde, auroient été bien étonnez fi on leur eût donné
un pareil terme pour ce voïage, & des vivres à proportion.

Venons au fait, de peur d'allonger trop ces Reflexions.
Notre Auteur dit qu'en quelque part que le Soleil foit per- Page 3.
pendiculaire dans la zone torride, là l'Ocean s'enfle & s'é-
leve davantage ; & que là où le Soleil s'éloigne davantage de la perpendiculaire, là les Mers s'affaiffent & s'abaif-
fent même un peu plus que leur niveau ordinaire. Après
un raifonnement qui naît de celui-ci, il conclut que c'eft
l'unique raifon qui fait courir la Mer de l'Eft à l'Oueft.
L'air fouffrant les mêmes impreffions du Soleil, & outre
cela celles de la Mer, on doit expliquer de même le cours
des vents de l'Orient à l'Occident.

Pour nous donner une idée certaine de fon fiftême, il
ajoute que non feulement c'eft la principale caufe, mais
que c'eft même prefque l'unique des Marées qui arrivent
par-tout le monde, comme il le fera voir en détail dans
la fuite. De forte que le Soleil allant de l'Eft à l'Oueft par
fon mouvement diurne, & fe trouvant toujours entre les
Tropiques, la Mer doit fuivre la même route entre les
Tropiques.

Voffius ne vouloit fe rencontrer avec aucun des Philofophes qui l'avoient dévancé, ni qu'aucun de ceux qui
viendroient après lui, fuiviffent le même chemin. C'eft ce
qui lui a fait imaginer l'heureux & expeditif fiftême qu'il
vient de propofer. Il délivre la Lune de la peine que lui
donnent les autres Phyficiens, & explique très-facilement
les mouvemens de la Mer & des Vents, qui donnent la
torture aux nouveaux Philofophes. C'eft grand dommage

C c

que cette hypothefe ne s'accorde pas avec l'experience, il ne lui manque que cela ; mais cela n'étant pas, nulle raifon, fi fpecieufe qu'elle foit, ne peut la foutenir.

Je viens de faire un voïage propre à le reconnoître. Nous nous fommes très-bien apperçûs que les courans portent à l'Oueft entre les Tropiques ; ils font même plus grands que les Pilotes ne les eftiment, puifque, comme je l'ai dit dans mon Journal, nous aterrâmes à la Martinique lorfqu'ils s'en faifoient à foixante lieuës, fur lefquelles il faut déduire neuf lieuës pour vingt-huit minutes dont la Martinique eft pofée trop à l'Oueft fur les Cartes de Pieter Gos defquelles ils fe fervoient ; refte cinquante-une lieuës que les courans nous ont fait faire depuis Madere jufqu'à la Martinique plus que notre eftime ; on n'a qu'à confulter le Journal.

Pour ce qui eft des vents, ils ont fouflé tantôt du Nord-Eft, tantôt de l'Eft, tantôt du Sud-Eft dans cette traverfée qui a duré vingt-huit jours, depuis le 17. Avril jufqu'au 14. May, dans le temps que le Soleil parcouroit partie de l'écliptique dans la partie Nord de la zone torride, dans laquelle nous entrâmes le 29. Avril. Ainfi les vents n'ont point fuivi les regles que Voffius donne dans la fuite de ce Traité. Comme nous aurons occafion d'en parler, je n'en apporte pas ici les preuves.

Voïons feulement fi cette enflûre, cette élevation de la Mer s'accorde avec l'experience. Nous avons navigué entre les Tropiques depuis le 29. Avril 1720. jufqu'au 21. Juin, & nous avons eu prefque toujours le Soleil au zenith ou près du zenith ; il n'en a jamais été loin de plus de cinq à fix degrez, comme on le peut voir dans le Journal, & par les obfervations que j'ai faites à la Martinique ou au Cap François ; il étoit donc perpendiculaire, ou fort près d'être à plomb fur nos têtes. Cependant nous ne nous fommes point apperçûs de cette enflûre & de cette élevation de la Mer ; & ce qui eft décifif contre ce fiftême, on ne s'apperçoit point que la Mer monte plus haut en été qu'en hyver, ni à la Martinique, ni à Saint Domingue, ni ailleurs entre les Tropiques, comme cela devroit arriver.

De même le long de la côte de l'Ifle de Cube que nous avons rangée d'affez près pour le reconnoître en divers endroits. Nous ne nous fommes apperçûs que d'un courant

entre Cube & Saint Domingue, qui court beaucoup de
l'Ouest à l'Est le long de Cube jusques vers le Cap Maisy;
de sorte qu'il jette quelquefois sur la côte orientale de Cube
les Vaisseaux qui veulent passer le long de la côte occidentale. D'autres en ont trouvé au mois de Mars de très-vifs
le long de la côte Sud de cette Isle, que nous n'avons pas
rencontrez. Tout cela ne s'accorde pas fort avec le sistême
de Vossius.

Suivant ce sistême nous devions trouver dans le canal
de Porto Ricco de grands courans à l'Ouest, puisque le
Soleil étant pour lors au zenith de ces païs-là, & y parcourant successivement tout le jour la grande Mer Atlantique, devoit élever la Mer, & pousser avec impetuosité
les eaux de cette Mer vers les côtes orientales des Isles de
Porto Ricco, Saint Domingue & Cube, d'où elles devoient
courir fort vîte dans les canaux de Porto Ricco, de Saint
Domingue & autres Isles, pour continuer leur route dans
la Mer renfermée entre ce grand nombre d'Isles qu'on appelle les Antilles, & la côte orientale & septentrionale de
l'Amerique.

Nous trouvâmes pourtant que dans ce canal de Porto
Ricco le courant portoit au Nord, & non à l'Ouest, & il
nous aida fort, parce que nous avions peu de vent. Nous
en trouvâmes un contraire le long de la côte orientale de
Cube, qu'un bon vent d'Est nous fit refouler. Il paroît donc
clair que cette hypothese ne s'accordant pas avec l'experience, ne peut être vraie ni se soutenir.

Comme Vossius prétend que c'est le principal & presque
l'unique fondement de tout son sistême, ce fondement détruit, je devrois, ce semble, m'abstenir de faire d'autres Réflexions sur cet ouvrage; cependant elles serviront à éclaircir ces matieres, & me feront rappeller les experiences &
observations faites dans ce Voïage, sur plusieurs desquelles
je n'ai rien dit dans mon Journal, me reservant d'en parler ici. J'espere que ces observations & experiences seront
plus sûres que celles que les Pilotes ont fournies à notre
Auteur.

Réflexions sur le second & troisiéme Chapitres.

Sans m'arrêter à examiner ce que dit Vossius dans le second Page 4.

chapitre fur le mouvement annuel, ni les faits qu'il rapporte fur la Mer Pacifique feptentrionale, qui peuvent s'expliquer affez aifément dans les autres fiftêmes ; je dirai feulement que dans la Mer Pacifique, comme dans l'Atlantique, les eaux & les vents courent toujours de l'Eft à l'Oueft
entre les Tropiques, & qu'on ne rencontre les vents d'Oueft
qu'environ par les 29. à 30^l. de latitude Sud, fuivant la
Relation du R. Pere Feuillée auquel on peut fûrement fe
fier. Et c'eft à peu près par cette même latitude Nord qu'on
commence auffi à trouver les vents d'Oueft. De forte qu'il
n'eft pas vrai, comme dit Voffius, que dans l'été de ce climat il faille aller jufqu'au 40^d. Sud pour trouver le vent
d'Oueft. C'eft dans l'été de ce climat, aux mois de Janvier
& de Fevrier, que le Pere Feuillée a paffé de Callao à la
Conception, qui eft par les 36^d. 42$'$ Sud, & ce font les
vents d'Oueft & de Sud-Oueft qui l'y ont porté, que les navigateurs vont chercher en s'éloignant beaucoup de la côte
du Perou & du Chili. Le même Pere Feuillée ne s'eft point
apperçû du mouvement d'inclinaifon dont parle notre Auteur.

Il eft à croire qu'il en eft de même de la partie de la Mer
Pacifique qui eft dans la bande du Nord de la zone torride. Je n'en parlerai pourtant pas avec tant d'affurance, n'aïant
pas navigué dans ces Mers non plus que le Pere Feuillée.
Mais les routes qu'on tient pour aller d'Acapulco aux Philippines, & pour venir des Philippines au Mexique, font
des preuves de ce que je dis.

A l'égard du Golphe du Mexique au fond duquel nous
avons refté mouillez un mois, nous ne nous fommes point
apperçûs de cette Marée orientale. Il eft vrai qu'il y a un
courant rapide qui court du Nord-Eft au Sud-Oueft ; il dure quelquefois douze heures, quelquefois huit. On le voit
venir en ligne prefque droite, précédé d'une écume qui
borde cette ligne, laquelle eft formée par le choc des eaux
du courant contre celles qui font en repos ; après ce temps
il vient un courant contraire du Sud-Oueft qui n'eft pas
fi rapide. Mais outre que ces courans font fort irréguliers
& ne s'étendent point au-delà de cinq ou fix lieuës au large
de la côte, au moins fort fenfiblement, les eaux verdâtres
& d'une odeur forte du premier de ces courans, marquent

évidemment qu'il vient du dégorgement de la Riviere Mobile & des autres Rivieres de la côte orientale à l'Isle Dauphine.

Le courant du Sud-Ouest au Nord-Est vient de la Riviere de Missisipi, qui étant d'une ouverture large, ne s'é-
leve pas si-tôt à cause des eaux que la Mer y pousse, soit
par les Marées, soit par les courans : mais quand à son tour
elle est pleine, ces eaux mélangées avec celles du Mississipi
se déchargent ensuite, & étant trop élevées & la Mer se
retirant, elles courent au Nord-Est plus rapidement, &
forment ainsi ce courant contraire au précédent.

La Marée vers l'Isle Dauphine ne monte jamais à plus
de deux pieds, suivant ce que j'ai observé, & que me l'ont
assuré les Pilotes entretenus dans ce païs-là ; à moins qu'il
ne fasse de mauvais temps au large, & qu'il ne soufle des
vents furieux de Sud-Est ou de Sud-Ouest : car alors la Mer
vient fort avant dans l'Isle, & y porte une si grande quantité de sables, qu'une anse où de gros Vaisseaux mouilloient
il y a deux ans, en est presque comblée. Rien de tout cela
ne s'accorde avec le sistême de Vossius. Je ne parlerai point
de l'Isle de Cube, nous n'y avons pas mouillé ; je m'en suis
entretenu avec divers Pilotes qui y ont été, & j'ai vû divers Journaux, tous conviennent que la Marée n'y passe jamais quatre pieds.

Je ne m'attacherai point à examiner ce qu'il dit sur le
troisiéme mouvement ; je ne prétends pas suivre pied à pied
son sistême pour le refuter, mais seulement faire voir que
les faits qu'il rapporte pour le prouver, sont détruits par
les observations que nous avons faites dans ce Voïage, &
qu'ainsi son hypothese ne peut subsister.

En voici une nouvelle preuve. Il seroit à souhaiter qu'il
dît vrai, lorsqu'il assure que partant du Golphe du Mexique, de la Floride & de la Virginie pour venir en Europe, on trouve regulierement & constamment les vents d'Ouest
par les 34. & par les 33ᵈ. de latitude Nord, & en été vers
les 40ᵈ. & même plus Nord. Cela est vrai assez souvent,
mais cela n'est pas toujours vrai. Nous sommes par les 35.
36. & 37ᵈ. depuis plusieurs jours, & nous avons eu des
vents d'Est & de Sud-Est depuis le 26. Septembre jusqu'aujourd'hui 2. Octobre que j'écris ces choses-ci. Cela est arri-

vé en d'autres saisons à d'autres de nos Vaisseaux de guerre, comme il m'a été dit par M. de Vallette notre Capitaine commandant l'Escadre, & par divers autres Officiers qui ont navigué dans ces parages. Cela est plus que suffisant pour prouver que ce troisiéme mouvement n'est pas reglé, & ne dépend pas du premier mouvement entendu à la maniere de Vossius ; & cela me suffit à present. Je ne m'arrêterai donc point à tout ce qu'il dit dans les quatriéme & cinquiéme chapitres, cela me meneroit trop loin, & hors de mon sujet, qui n'est que de prouver par mes observations la fausseté de son sistême.

Reflexions sur les sixiéme, septiéme & huitiéme Chapitres.

Se pourroit-on imaginer qu'il y eût des Marins assez imprudens pour ne point porter de voiles dans leurs Vaisseaux ?

Page 26. Cependant, si l'on en croit Vossius, *il peut arriver qu'un Vaisseau sans voiles, aïant le vent & la Marée par-tout favorables, fasse quatre mille lieuës d'Allemagne, & revienne enfin d'où il est parti.* Voici la route qu'il lui fait tenir. *D'abord ce Navire, partant de France ou d'Espagne, ira aux Canaries, & de-là à la côte occidentale d'Afrique. Ensuite aïant passé les Caps Blanc & Vert, ainsi que le Cap des Lions, il courra vers les côtes de Guinée, d'où il ira attaquer le Cap de Lopés Gonzalve, & même il courra un peu plus loin. De-là, changeant de nouveau sa course, il ira droit au Bresil. S'il arrive qu'il se trouve sur la côte méridionale du Bresil, il portera encore vers le Sud, & par l'Ocean méridional il sera porté vers l'Orient. Mais si le Navire est arrivé aux côtes septentrionales du Bresil, il suivra les courans dont nous avons parlé ci-devant ; & après avoir parcouru tout ce vaste espace de Mer qui s'étend jusqu'au fond du Golphe du Mexique, enfilant le Canal de Baham il retournera en Europe ; de maniere qu'il aura achevé sa tournée.*

Y a-t-il rien de moins vraisemblable ? ou bien il faut avouer que nous autres nous ne sçavons pas naviguer. Car quoique nous aïons toutes les manœuvres & les voiles nécessaires pour le faire sûrement ; quoique nous aïons des Capitaines, Officiers & Pilotes fort habiles ; en chicanant le vent, tenant la Mer avec de gros temps, emploïant la plus fine manœuvre, nous avons eu bien de la peine en ce

Voïage. Que n'avions-nous quelque Pilote formé par Vof-fius ? Avec de semblables Pilotes on épargneroit bien de la toile, & on n'embarasseroit pas les Vaisseaux de trois jets de voiles de rechange pour les voïages de long cours. On n'auroit pas non plus besoin de mâts, ni de vergues, ni de manœuvres. Quelle épargne !

Quand l'imagination d'un Auteur est échauffée, il va bien loin sans sortir de son cabinet ; mais ce qui est fâcheux, il ne va pas en bon chemin. On me dira que Vossius n'étoit pas homme de Mer, je le vois clairement ; il ne devoit donc pas parler de choses qu'il n'entendoit pas. Qu'un Chanoi-ne de Vindsor n'entende pas la Marine, l'on n'y peut pas trouver à redire ; & je trouverois en effet fort plaisant que nos Officiers de Vaisseau exigeassent que le Prevôt de la Ca-thédrale de Toulon en sçût autant qu'eux.

Quoi qu'il en soit, il paroît évident que Vossius igno-roit que, même entre les Tropiques, les vents varient du Nord-Est au Sud-Est, c'est-à-dire, de huit airs de vents. Cela étant, il faut que son Navire sans voiles se laisse al-ler au gré du vent ; tout au plus il aura la poupe pour voi-le, qui lui servira pour aller vent arriere : c'est-à-dire que quand le vent sera Nord-Est, il courra au Sud-Ouest ; quand il sera Sud-Est, il courra au Nord-Est. Si sa route est au Sud-Ouest, comment y arrivera-t-il sans voiles par le vent de Sud-Est ? Il brassera les vergues ; foible ressource, sur-tout avec de petits vents.

Mais hors des Tropiques ce sera bien pire, puisque les vents en fort peu de jours font quelquefois le tour de la Boussole, même en peu d'heures. Que fera notre Navire ? Le meilleur parti qu'il puisse prendre, c'est de retourner sur ses pas chercher des voiles, & dans sa route prendre de ju-stes mesures pour éviter les écueils qu'il pourroit trouver en son chemin : ce qui lui sera assurément difficile sans le secours des voiles.

Je ne m'arrêterai pas à discuter les faits que Vossius rap-porte à la page 27. je dirai seulement qu'ils ne peuvent être ni sûrs ni certains ; il faudroit des observations très-exac-tes, faites précisément dans le même temps en ces divers lieux par des gens habiles, & je ne sçache pas qu'on en ait. Mais voici un fait dont je suis bien sûr, & qui n'est pas

vrai dans l'exposé qu'en fait Voſſius. Il dit que lorſque le
Soleil quitte les ſignes ſeptentrionaux, ou qu'il eſt dans
les ſignes de l'hyver, les courants portent du Nord au Sud
dans le canal de Baham.

Monſieur de Coëtlogon Lieutenant General des Vaiſſeaux
du Roy, revenant de la Havane avec les Vaiſſeaux qu'il
commandoit, entra dans le canal de Baham le 8. Janvier
1702. & il en ſortit le 11. Janvier. Selon le Journal que
j'en ai, du 8. au 9. ils eurent des vents variables & du calme ; ils firent pourtant onze lieuës plus que leur eſtime
vers le Nord qui étoit leur route. Du 9. au 10. les vents
varierent depuis le Nord juſqu'au Nord-Oueſt ; de ſorte
qu'ils étoient contraires à leur route, & ils étoient ſi frais,
qu'ils furent réduits à porter les baſſes voiles & le grand
hunier. Ils mirent même à la cape, à la grand voile & à
l'artimon au milieu du canal, ce qui devoit les faire dériver conſiderablement & même retourner vers la Havane,
aïant les vents contraires & les courans auſſi ; puiſque, ſelon Voſſius, en cette ſaiſon-là ils portoient du Nord au
Sud. Cependant les courans les porterent au Nord ¼ Nord-
Oueſt 25. lieuës au-delà de leur eſtime. Enfin du 10. au
11. Janvier le temps étant comme le jour précedent, & leur
voilure auſſi la même, ils firent 19. lieuës au delà de leur
eſtime au Nord ¼ Nord-Eſt, c'eſt-à-dire, preſque debout
au vent comme le jour précedent. Ce fait détruit évidemment ce que dit Voſſius.

J'ajouterai encore ce fait-ci, qui doit ſervir de preuve à
ce que je dirai bien-tôt. M. le Maréchal de Chateau-Re-
naud, alors Lieutenant General, entra avec ſon Eſcadre
qui étoit conſiderable & la Flotte d'Eſpagne dans le mois
de Septembre 1702. dans le canal de Baham. Le vent étant
venu au Nord, toute cette nombreuſe armée louvoïa dans
ce canal, & lorſqu'elle ſe croïoit reculée de 80. lieuës,
c'eſt-à-dire, près de la Havane, elle ſe trouva par les 28.°
30′, & hors du canal du côté du Nord.

Il réſulte de ces deux faits une choſe fort étonnante,
qui eſt pourtant vraie & connue de tous les Marins qui
ont paſſé par ce canal ; c'eſt que plus les vents ſont frais
au Nord, plus les courans ſont vifs du Sud au Nord dans
le canal de Baham. Il faut pour cela que le vent qui eſt
au

au Nord fur la côte de la Floride, fe tourne au Nord-Oueft dans la partie feptentrionale du Golphe du Mexique, & au Sud-Oueft dans la partie occidentale de ce Golphe, de forte que ces deux vents pouffent violemment les eaux de ce grand Golphe vers ce canal. D'autre part, le vent étant en même temps à l'Eft, comme il eft prefque toujours le long de la côte de Cube au Nord & à l'Eft, il empêche toutes ces eaux & celles de la côte de refluer vers l'Eft, comme l'exigeroit la direction que les vents de Nord-Oueft & de Sud-Oueft leur ont communiquée. Ce vent d'Eft les porte donc, auffi-bien que celles de l'ancien canal de Baham, vers le nouveau canal ; ce qui doit les faire courir avec très-grande rapidité vers le Nord dans un canal où la direction de la côte eft Nord & Sud, pour fe répandre par-là dans la grande Mer Atlantique.

Mais tout cela eft très-contraire au fiftême de Voffius, auffi-bien que les courans de l'Oueft à l'Eft que nous avons trouvez depuis la pointe Nord de l'Ifle de Cube ou du Cap faint Antoine, jufqu'à Matance fous le Tropique & en-dedans, qui rebrouffent enfuite au Nord dans le canal de Baham. Ces courans font une fuite de la méchanique expliquée ci-deffus.

Voffius fait encore un raifonnement qui ne fe verifie pas pour la Mer dans l'article qui commence *Quod verò*, di-Page 27.fant que les viteffes des courans font comme les largeurs des canaux : car ceux de Porto Ricco & de S. Domingue font bien plus étroits que celui de Baham, cependant les eaux n'y courent pas fi vîte ; ainfi cette proportion qui a lieu ailleurs, ne l'a pas à la Mer. C'eft qu'il y a d'autres caufes des plus grandes ou moindres viteffes des courans de la Mer ; ce font les diverfes directions des vents & la fituation des côtes. A Porto Ricco les courans portent au Nord comme la côte court, & ils ne font pas vifs. C'eft que le canal n'eft pas long, & qu'il y a diverfes bouches par où les eaux peuvent fortir aifément en revenant de la côte orientale de l'Amerique. Ces bouches font les canaux qui féparent les petites Ifles des Antilles : mais entre faint Domingue & Cube, dans l'intervalle de près de 400. lieuës, il n'y a qu'un canal.

Voffius a été auffi trompé dans un autre fait qui regarde

la Méditerranée ; il suppose que les eaux de cette Mer courent aussi de l'Orient à l'Occident. La preuve qu'il en donne est que les Vaisseaux venans de Syrie ou d'Egypte vers le Détroit, emploient moins de temps que ceux qui vont du Détroit en Syrie ou en Egypte n'en mettent à y aller. Il ne sçavoit pas apparemment que les Navires qui vont du Détroit en Syrie rangent à dix lieuës au large la côte de Barbarie, pour profiter des courans qui portent de l'Ouest à l'Est le long de cette côte : mais venant de Syrie ou d'Egypte, loin de ranger la Barbarie, ce qui les retarderoit, ils viennent reconnoître l'Isle de Candie ; de-là ils dressent leur route sur Malte, ensuite tenant le milieu de la Mer, ils vont à Minorque, & s'écartant de la côte d'Espagne à juste distance, ils vont au Détroit. On ne peut donc pas dire, comme Vossius, que dans les parties orientales de la Méditerranée *cursus aquarum est solisequus*, cela n'est vrai que pour les côtes de Provence, Languedoc & Espagne, où il y a quelquefois de grands courans de l'Est à l'Ouest, & ces courans sont plus ou moins vifs selon les vents qui soufflent. Nous en avons pourtant trouvé sur les côtes d'Espagne de l'Ouest à l'Est, non seulement près du Détroit, mais même sur les côtes de Catalogne.

Par cette méchanique la Mer Méditerranée reçoit & vuide continuellement ces eaux, suivant qu'elle en a plus ou moins qu'il ne faut pour être de niveau avec celles de l'Ocean. Pour ce qui est des courans du Détroit, il en parle en homme mieux instruit, mais non pas autant qu'il se pourroit : car il y a des deux côtez du Détroit divers lits de courans contraires, lesquels se touchant courent en sens contraire à côté les uns des autres. J'y ai vû en 1696. des Tartanes qui couroient à l'Est, tandis que nous portions à l'Ouest par un vent d'Est. Je me souviens que Monsieur le Commandeur de Montfuron m'a dit, & son Pilote me l'a confirmé souvent, que sa Galere voguant à toutes rames a resté plus d'une heure à avancer d'une toise, étant trois lieuës à l'Ouest de Tariffe, & à une lieuë de la côte d'Espagne, tandis que les Galeres qui étoient à sa gauche, lesquelles, comme lui, alloient à Cadix, voloient en voguant seulement de quartier. Ces faits nous font voir que du côté d'Espagne il y a aussi des fils de courans qui vont à l'Est, il y en a auſſi qui traverſent le Détroit, comme on l'a vû ci-deſſus dans le Journal.

Dans le chapitre huit il rapporte un fait dont perſonne Page 36. n'eſt mieux informé que le Pere Feuillée qui a reſté long-temps ſur la côte du Chily & du Perou, où il a fait bien des obſervations qu'on peut voir dans ſon Journal. Ce Pere parlant des Marées qu'il a obſervées à Ylo, dont la latitude eſt 17ᵈ. 36′. Sud, dit que deux ou trois jours avant la nouvelle & pleine Lune la Mer commence à écumer, qu'elle s'éleve & devient ſi furieuſe pendant quatre ou cinq jours, qu'on ne peut aller des Vaiſſeaux à terre, ni de terre aux Vaiſſeaux ; il aſſure même que les Vaiſſeaux courent riſque de dérader & d'aller briſer à la côte. Il ajoute que quelquefois ces tourmentes arrivent dans un temps fort calme, quelquefois avec des vents de Sud, d'autres fois avec des vents de Sud-Eſt, mais que la lame vient toujours du Sud-Oueſt ; il n'y a que les bons Ports qui ſoient exempts de ces tourmentes. Or rien de tout cela ne s'accorde avec ce que dit Voſſius, il n'y a qu'à le lire pour en être convaincu.

Il eſt vrai que les vents ſur cette côte du Chily & ſur celle du Perou ſont toujours ou du moins pour l'ordinaire vers le Sud ou vers le Sud-Eſt, & très-peu au Nord-Oueſt, & qu'on va aiſément & dans peu de temps du Chily au Perou & vers la Ligne ; au lieu que pour venir du Perou au Chily on ſeroit ſix mois ſi on ſuivoit la côte ; mais on va chercher les vents d'Oueſt juſqu'à 300. lieuës & même plus ; ils tournent enſuite au Sud-Oueſt, & de-là au Sud en approchant de la côte ; alors étant par la latitude du lieu où l'on veut aller ſur la côte, on fait route à l'Eſt. Mais ce cours reglé des vents de Sud ne vient point des raiſons qu'en donne Voſſius. Il eſt aiſé de voir que les hautes montagnes de la Cordilliere, qui venant depuis les montagnes de ſainte Marte, s'étendent le long de la côte occidentale de l'Amerique méridionale juſqu'au Détroit de Magellan, étant preſque toujours couvertes de neiges, au moins ſur leur ſommet, & plus bas encore que leur ſommet depuis le Chily juſqu'à la terre de Feu, le Soleil par ſa chaleur en éleve beaucoup de nitres. Ces nitres mis en grand mouvement, doivent courir non vers le Pole Sud, où l'air eſt trop denſe & l'action des raïons du Soleil fort peu agiſſante, mais vers

le Tropique & vers la Ligne, où l'air est fort dilaté par l'a-
ction vive des raïons du Soleil, ainsi que dans toute la zone
torride ; de la même maniere que l'air exterieur entre avec
rapidité dans une chambre où il y a un grand feu. Ces nitres doivent donc causer une agitation dans l'air, c'est-à-
dire, du vent. Ils peuvent bien s'étendre à 50. ou 60. lieuës,
& même jusqu'à cent lieuës au large de la côte, mais non
pas davantage : car enfin le nombre de ces nitres est fini
& doit s'épuiser.

Reflexions sur le dixiéme Chapitre.

Je crois avoir montré que le premier mouvement de la
Mer ne s'accorde pas avec le sistême de Vossius, puisqu'il
ne s'accorde point avec l'experience ; ainsi je ne dirai rien
sur le premier article de ce chapitre-ci. Mais quel est le
Marin qui a jamais vû sous la ligne ces bosses d'eau formées par le Soleil qui la souleve en cet endroit-là ? Quel
Navigateur a été retenu trois ou quatre mois sous la ligne
faute de pouvoir surmonter ces bosses ? Je n'en sçai aucun.
J'ai lû diverses Relations de gens de Mer ; j'ai parlé à divers Pilotes qui ont passé la ligne, & actuellement nous en
avons deux dans ce Vaisseau. Je sçai bien qu'on y essuie quelquefois des calmes fâcheux, & qu'on ne passe assez souvent
la ligne qu'à la faveur du vent que donnent des grains de
pluie qui surviennent plusieurs fois dans le jour ; mais la
Mer y est platte comme ailleurs & fort unie.

Ces bosses formeroient des courans affreux qui s'éten-
droient fort loin des deux côtez de la ligne. Les Pilotes
s'en seroient sans doute apperçûs à quatre ou cinq degrez
au Nord & au Sud de la ligne. On seroit donc bien éloigné d'y être en calme ; ce que notre Auteur reconnoît arriver souvent. D'ailleurs les calmes ne sont pas par-tout
sous la ligne, aussi les meilleurs Navigateurs vont couper
la ligne entre les 350. & les 358ᵈ. de longitude. Dans cet
intervalle de 160. lieuës, & sur-tout vers les 355ᵈ. on trouve presque toujours des vents avec lesquels on s'éleve bien-
tôt en latitude opposée ; & si on y rencontre des calmes,
ils ne sont pas de durée.

Seulement nous voïons dans la Relation du P. Feuillée
qu'en l'année 1708. le 19. Juin étant à six degrez au Nord

de la ligne, on s'apperçut dans le calme d'un grand bouillonnement qui marquoit des courans; mais on ne voit pas
aſſez clairement dans cet endroit de la Relation de quel
côté ils couroient. Il y a même quelque choſe dans le texte
qui ne s'accorde pas, qui me fait douter de quelque erreur
de chiffre dans la latitude que ce R. Pere donne de 6ᵈ. 26'.
pour le 19. Juin, quoiqu'il ſuppoſe qu'elle fût plus grande
que celle du 18. Juin, laquelle pourtant y eſt marquée de
6ᵈ. 36'. qui ſe trouve au contraire de 10'. plus grande que
celle du 19. Juin dont le Navire avoit avancé vers le Sud
du 18. au 19. du même mois contre la ſuppoſition : mais
à ce courant près, ils n'en remarquerent point d'autre en
allant à la ligne ni au-delà.

A mon retour de la Mer, j'écrivis au R. Pere Feuillée
pour lui demander une explication ſur cet endroit de ſon
Journal. Voici ce qu'il me répondit. *Vous ne vous êtes pas
trompé, croiant qu'il y avoit dans mon Journal une faute d'impreſſion : cette faute eſt dans l'article du 18. Juin où la latitude eſt marquée de 6ᵈ. 36'. 0″. & elle n'eſt dans mon original que de 6ᵈ. 16'. 0″.* La latitude a donc augmenté de
10'. du 18. au 19. Juin, ce qui étoit contraire à leur route
puiſqu'ils alloient pour paſſer la ligne. Ainſi ce ſont trois
licuës & un tiers dont les courans les ont fait reculer en
24. heures. Mais eſt-ce-là un grand courant ? Eſt-il favorable à Voſſius qui veut qu'ils portent *ad hunc medium telluris circulum ?* puiſqu'il les en éloigna de trois licuës & un
tiers.

Je ne m'arrête point à examiner toutes les preuves que
Voſſius rapporte en cet endroit, parce qu'elles ne concluent
point après tout ce qui a été dit ci-devant. Ce qu'il ajoute
dans l'article ſecond de ce chapitre, eſt contredit par tout
ce qui a été dit ci-deſſus. On voit par les calmes qu'on eſſuie vers la ligne, de l'aveu même de nôtre Auteur, & par
ce que j'ai rapporté ci-devant, quel fonds il faut faire ſur
les paroles ſuivantes de Voſſius, *quantò viciniores fuerint,
tantò velociùs ad medium hunc telluris defluunt circulum,* &
ſur tout le reſte de ce chapitre, ſur lequel je crois qu'il
n'eſt pas neceſſaire que je m'arrête plus long-temps. Il faudroit un volume entier pour refuter la mauvaiſe Phyſique
& les Paralogiſmes en fait de Mathématiques qu'il renfer-

me. Je ferois tenté de le faire, fi les excellens Ouvrages qui ont paru en France & en Angleterre, ne me détermi-noient à abandonner cette matiere, pour ne pas perdre du temps inutilement.

Je ne m'amuferai donc point à tout ce que cet Auteur dit depuis le chapitre 11. jufqu'au 16. Il y a de bonnes chofes, mais qui peuvent s'accommoder à tout fiftême, & être expliquées de la même maniere, excepté ce qui eft dit pages 50. & 51. mais cela a déja été examiné ci-devant. Les principes qu'il avoit pofez étant détruits, ce qu'il dit dans le chapitre 12. ne peut fubfifter. Paffons au chapitre 16. qui merite d'être examiné avec attention.

Reflexions fur les feiziéme, dix-feptiéme & dix-huitiéme Chapitres.

Pages 68. & 69. Voffius aïant prouvé, à ce qu'il croit, qu'il faut attri-buer uniquement au Soleil les divers mouvemens de l'O-cean, la Lune ceffe, felon lui, d'y avoir part. Pour mieux dé-montrer que cette Planete n'y contribue en aucune maniere, il entre dans le détail des forces qu'elle peut avoir pour mouvoir l'Ocean, fur-tout pour les mouvemens diurnes & pour ceux d'un mois. Certainement il n'a pas pris un fi beau tour ni choifi une aufli belle méthode que M. Neuvton. Eh quel tour prendra-t-il pour cela ? D'abord il va fe former un fan-tôme, batailler contre lui, & prouver que les raïons de la Lune ne font pas froids, qu'ils ont même plûtôt quelque chaleur, mais que cette chaleur n'eft pas aflez forte pour mouvoir les eaux de l'Ocean, & qu'étant infenfible par-tout ailleurs, il faudroit dans ce cas qu'elle fût plus puiffante que celle du Soleil, ce qui eft impoffible. A quoi aboutit tout cela, fi ce n'eft pas à la chaleur de la Lune qu'on doit attribuer les mouvemens de la Mer ? C'eft tirer un coup de canon fans balle, & gâter du papier à pure perte. Voffius a juré de ne fe rencontrer avec aucun des bons Phyficiens de fon temps. Il obferve fon ferment. Tout fameux qu'ils font, il ne craint point de les contredire. A la bonne heu-re, puifque l'autorité feule n'eft plus à la mode ; mais il nous faut donner quelque chofe de meilleur.

Il va chercher de nouveaux combattans, fçavoir les vieux Philofophes, qui attribuoient à la Lune une même force dont elle se servoit pour causer la Marée, ou, comme on me disoit au College, pour donner la fiévre à la Mer, & pour augmenter & diminuer la moëlle des écrevisses tant de terre que de Mer, des coquillages, & de tous les autres testacées. Là-dessus il va fierement à l'assaut, & s'acharne à détruire ce sentiment ; ce qu'il ne fait pas mieux que d'autres qui avoient écrit sur ce sujet avant lui. Mais il n'est pas question de cette vaine puissance de la Lune pour mettre les eaux de la Mer en mouvement, il y a peu de Philosophes qui la reconnoissent à present ; s'il s'en trouve encore quelqu'un, il ne l'entend pas à la maniere que Vossius combat ici : ainsi c'est encore perdre son temps & sa peine assez inutilement.

Il lui importe pourtant de détruire le pouvoir de la Lune pour produire ce mouvement diurne des Mers. Pour cela, dans le chapitre 17. il commence par *anéantir* * la Lune : lui passerons-nous cette supposition ? Certes Messieurs Descartes, Neuvton, Cassini & plusieurs autres bons Physiciens ne seront pas si complaisans. Tout ce qu'ils pourront faire, & j'y souscrirai volontiers, c'est d'assurer que le Soleil contribue aussi au mouvement des Mers ; ils se serviront de meilleures démonstrations. C'est bien dommage que Vossius n'ait pû voir les 24. 36. & 37. propositions du troisième Livre du Traité de M. Neuvton *Philosophiæ naturalis, &c.* il auroit vû que ses compatriotes penseroient un jour autrement que lui, & ne le prendroient pas pour guide ; il auroit vû dans les autres citez ci-dessus dequoi se détromper. Il a donc beau demander *l'anéantissement* de la Lune, ces Auteurs ne le souffriront jamais, sans avouer qu'en même temps il faut anéantir la plus grande partie du mouvement diurne des eaux de l'Ocean.

*Page 72. * C'est, selon lui, a-néantir sa force.*

Ainsi, sans m'arrêter à sa démonstration, qui ne peut servir, si on la lui passe, que pour la part que le Soleil a à ces mouvemens ; sans m'embarasser de l'examiner de plus près, ce qui me meneroit loin, je nierai ses conséquences & maintiendrai la Lune dans ses droits, qui sont si bien deffendus par les Auteurs que j'ai citez ci-dessus, & par d'autres qui l'ont aussi fait dans leurs Ouvrages, que je ne puis tous citer, ni rapporter ici leurs sistêmes & leurs preuves.

Une chose le tourmente, & en effet il n'y a pas de bon

Phyſicien qu'elle n'étonnât & qu'elle n'arrêtât tout court; c'eſt ce retardement des Marées de 48'. égal au retardement de la Lune à ſon paſſage par le meridien : nul Philoſophe qui ſuivroit le ſiſtême de Voſſius, ne pourroit ſe tirer de-là. Voïons ce qu'il dira dans ſon chapitre 18. pour franchir ce mauvais pas & tirer cette conſéquence , *Patet itaque æſtûs retardationem non pendere à curſu Lunæ , ſed talem neceſſariò eſſe ex natura motûs à Sole acquiſiti.* Voïons s'il expliquera pourquoi les Marées ſont plus grandes aux nouvelles & pleines Lunes qu'aux Quadratures ; pourquoi elles ſont encore plus grandes aux nouvelles & pleines Lunes des Equinoxes, ſur-tout ſi la Lune ſe trouve ſans déclinaiſon , ou ſi elle eſt peu conſiderable. Il va s'expliquer en peu de mots. Je ne ſçaurois me diſpenſer de rapporter ſes propres termes. Les voici.

Les Mers montent ſix heures & deſcendent ſix heures, & parce que ce mouvement fini les eaux ne laiſſent pas de ſe mouvoir , & que ce mouvement doit neceſſairement recommencer , les Mers monteront encore ſix heures, & deſcendront autant ; de ſorte qu'en 24. heures les Mers fluent & refluent deux fois , & par-là le cours des Marées eſt égal au cours du Soleil, ou, pour mieux dire, de la terre ; mais comme le mouvement du Soleil ou de la terre eſt continuel & non interrompu, & qu'au contraire quand les eaux arrivent à la fin de leur courſe elles ne refluent pas auſſi-tôt.... il eſt clair qu'à chaque intervalle de flux & de reflux il faut ajouter quelque temps. Telle eſt la façon dont il s'explique.

Mais je demande , pourquoi cet intervalle total doit-il être de 48'. & non pas de ſoixante, ou de quelque autre nombre ? Pourquoi dans les grandes Marées la Mer, fatiguée de ſon grand mouvement, ne ſe repoſe-t-elle pas un peu plus long-temps ? Pourquoi le Soleil qui a tant de pouvoir ſur la Mer, ne la contraint-il pas de ſuivre exactement ſon cours ? C'eſt ce que Voſſius ne nous dit pas , & qu'il ne ſçauroit nous dire. Pourquoi toutes les Marées ne ſont-elles pas égales pour la hauteur des eaux ? Pourquoi ſuivent-elles ſi exactement le cours de la Lune? C'eſt de quoi il ne parle pas, & que le ſeul mouvement imprimé par le Soleil ne peut expliquer. Pour conſoler la pauvre Lune, il en fait le Jaquemar des Marées, ou, ſi on veut, l'éguille du cadran

de cette efpece d'Horloge, mais non pas la caufe efficiente. Il la confole encore par d'autres avantages qu'elle ap-
prendra des Aftronomes. Elle fe plaint pourtant que fans
de bonnes raifons on a retreffi de beaucoup fon pouvoir :
mais elle peut fe confoler, elle a recouvré de bons redreffeurs
de torts. On n'a qu'à confulter l'Hiftoire de l'Academie des
Sciences, & divers autres bons Ouvrages de Phyfique.

Quoi, parce que la Lune eft une des caufes efficientes
du mouvement des eaux de l'Ocean, croïons-nous pour cela
qu'elle gouverne les Mers & la Terre, pour me fervir des
termes de Voffius ? Croïons-nous que fans fes influences
rien ne fçauroit croître fur terre ? Qu'elle produit les vents
felon qu'elle a plus ou moins d'âge ? Elle eft notre très-humble fervante, je le veux croire avec Voffius. Mais a-t-il raifon pour cela de dire qu'elle n'a été créée par le Seigneur
que pour être la mefure des temps ? Elle n'a guéres d'affaires en Europe. Doit-il citer les divines Ecritures pour
affurer qu'elle a été créée uniquement pour cela ? Me fe-
ra-t-il voir cela dans la Genefe ? Il n'y auroit donc plus
que les Orientaux qui la maintiendroient en poffeffion de fon
emploi ? A nous autres Européens elle ferviroit pour nous
éclairer la nuit, encore feulement pendant quelques nuits
depuis fon premier jufqu'à fon dernier quartier.

Tout ce que j'ai dit ci-deffus me difpenfe d'examiner le
chapitre 19. fur lequel il y auroit bien des chofes à dire,
que j'omettrai pour n'être pas long, & parce qu'elles ne vont
pas au fait que je me fuis propofé d'examiner. Le chapitre
20. renferme des faits fur l'abord des Marées à divers endroits de la terre, qui font connus & qui s'expliquent mieux
felon les autres fiftêmes ; mais je ne m'y arrêterai point, cela
feroit d'un trop long détail. Une chofe me fait plaifir, c'eft
qu'il eft obligé de revenir à la Lune pour expliquer fon
opinion fur les Marées. Il eft bon de rapporter fes termes.

*Pour mieux concevoir ce que nous allons dire, mefurons
le cours des Marées par le mouvement de la Lune ; non que
cette Planete mette les Mers en mouvement, comme nous avons
déja dit, mais à caufe que c'eft la coutume, & parce que le
retardement des Marées de l'Ocean a des mouvemens analogues
à ceux de la Lune.* Dieu foit loué, la Lune fert encore à
quelque chofe de plus que ne prétendoit Voffius ; il eft

E e

obligé lui-même d'y avoir recours pour expliquer les mouvemens des Marées. D'ailleurs il est honnête, il ne veut pas interrompre tout-à-fait la coutume, pour ne pas rompre avec tout le genre humain.

Reflexions fur les vingt-uniéme, vingt-deuxiéme & vingt-troifiéme Chapitres.

Je ne m'arrêterai pas au début du chapitre 21. cela n'est pas necessaire. Je conviens encore que le vent entre les Tropiques court de l'Est à l'Ouest comme la Mer, & même plus vîte. Mais aïant fait voir que le mouvement du Soleil n'est pas l'unique cause des mouvemens de l'Ocean, il n'est point aussi la cause qui produit le vent, par le mouvement que le Soleil imprime à l'air : car le Soleil étant près du zenith ou au zenith dans la partie Nord, ne pourroit pas causer par l'impression de sa chaleur succeflive dans le Parallele qu'il décrit, aujourd'hui un vent de Nord-Est, demain un vent d'Est, & dans trois jours un vent de Sud-Est ; il faudroit pour cela qu'il se transportât demain à l'Equateur, dans trois jours dans un Parallele de la partie Sud de la zone torride, assez éloigné de l'Equateur. En un mot le vent devroit toujours être produit par l'impression directe des raïons du Soleil.

Nous venons pourtant d'éprouver cette variation de vent dans la traversée de Madere à la Martinique, & de cette Isle à Saint Domingue, & de-là au Cap Saint Antoine le plus occidental de l'Isle de Cube. Dans tout ce trajet, ou fort peu s'en faut, nous avons été entre les Tropiques & nous avons toujours trouvé les vents variables. Or la même cause necessaire demeurant la même, comme dans le cas prefent, doit toujours produire le même effet, c'est-à-dire, dans ce cas-ci toujours des vents de Nord-Est ou Est-Nord-Est, & non pas de Sud-Est, le Soleil étant supposé dans la partie Nord de l'écliptique.

De même lorsque le Soleil sera dans la partie Sud de l'écliptique, les vents seront toujours Sud-Est ou Est-Sud-Est. Or les vents varient également en hyver & en été du Nord-Est au Sud-Est. Il sera, ce me semble, d'une meilleure Phyfique de dire que la terre tournant de l'Ouest à l'Est par son mouvement diurne, dans l'hipothefe des Coperniciens, l'air de l'Atmofphere, qui n'eft pas cloué à la terre, ne courant pas fi rapidement, à caufe que fous un grand volume il a beaucoup moins de maffe ou de poids que la terre, doit refluer de l'Eft à l'Oueft entre les Tropiques, où le mouvement eft le plus grand, à caufe que les paralleles de la Sphere dans la zone torride font plus grands que ceux des autres zones. Mais comme le poids de l'air de l'Atmofphere n'eft pas toujours égal, & que cet air n'eft pas toujours par-tout également dilaté, ce que le plus ou moins de nuages qu'on y voit nous indique affez quans nous ne le fçaurions pas par d'autres experiences ; cet air doit courir vers les lieux où le poids eft moindre, & où il y a plus de dilatation dans l'Atmofphere : car les corps pefans defcendent toujours autant qu'ils le peuvent. Or l'air qui eft un corps fluide, doit auffi fuivre cette loi de la nature.

C'eft pourquoi le neuf Mai peu de jours après que nous eumes paffé le Tropique, quand l'air de la demi zone torride du côté du Nord fut plus échauffé par le Soleil au zenith, nous eumes toujours les vents à l'Eft-Sud-Eft, excepté le 13. & le 14. Mai, où le voifinage des terres hautes de la Martinique le fit tourner à l'Eft-Nord-Eft. Ce fut la même chofe dans la traverfée de la Martinique au Cap François de l'Ifle de S. Domingue, excepté les jours où le voifinage des petites Ifles des Antilles qui avoient le vent au Sud-Eft, comme c'eft l'ordinaire en été, nous le renvoïoient par reflexion à l'Eft-Nord-Eft.

Nous avons eu auffi prefque toujours le vent à l'Eft-Sud-Eft depuis Saint Domingue jufqu'à ce que nous aïons eu paffé le Tropique, en côtoïant la partie méridionale & occidentale de la grande Ifle de Cube. Il eft vrai que ce vent étoit pour lors fort foible, mais cela venoit fans doute de ce que dans le mois de Juin (car nous partîmes du Cap le cinq Juin) la dilatation de l'air caufée par l'extrême chaleur du Soleil qui nous étoit prefque toujours au zenith, s'étendoit fort loin depuis l'équateur jufqu'au vingt-troifiéme degré vers le Nord. Ainfi le vent d'Eft-Sud-Eft de la demi zone du côté du Sud ne venoit qu'avec peine jufqu'à nous. Ce que je crois être auffi la caufe des calmes que nous avons effuïé le long de l'Ifle de Cube, qui étoient accompagnez d'une chaleur exceffive qui nous a fait beau-

coup souffrir : car tant que la dilatation de l'air se trouve
égale de toutes parts dans l'intervalle de vingt-trois degrez,
ce fluide n'y peut venir que fort lentement des lieux où
étant plus dense il se trouve avoir plus de poids. Dieu a
établi les mêmes loix pour tous les fluides. Les voies par
lesquelles il agit sont simples & uniformes, c'est à nous à
les suivre pour les comprendre. Je ne dis rien sur le reste
de ce chapitre, il faudroit un gros volume pour répondre
à tout ce que Vossius nous y débite de mauvaise Physique.
Il auroit mieux fait de s'en tenir à la Philologie & à la
belle Litterature, dans lesquelles il a fort bien réussi. La
lecture des Poëtes & Orateurs ne rend pas un homme Philosophe, c'est la méditation sur la nature. C'est là le Livre
que les Descartes, les Neuvtons, les Malbranches & les autres bons Philosophes ont le plus lü.

J'ai ci-devant refuté le principe que Vossius tâche encore
d'établir dans le chapitre 22. Il assure que dans les zones
temperées l'air & par conséquent le vent court de l'Ouest
à l'Est *perpetuo cursu*. Nous venons de faire depuis peu
pendant huit jours une experience contraire. Nous avons
navigué dans cet intervalle depuis les 36ᵈ. de latitude Nord
jusqu'à 37ᵈ. 40′. Nous sommes donc bien dans la zone temperée, & cependant nous avons essuié un vent de Sud-Est
ou de Sud-Sud-Est qui nous étoit fort peu favorable. Nous
avons eu ensuite trois jours de bon vent de Sud-Ouest, &
voilà qu'actuellement le vent d'Est nous a accueilli, quoique nous soïons par les 36ᵈ.

La même chose est arrivée à bien d'autres avant nous.
Nous sommes pourtant au milieu de l'Ocean ; & quoique
nous aïons été voisins des Açores, & que nous le soïons
de Madere, on ne peut pas dire qu'elles nous procurent
ce vent, puisqu'elles nous ont resté sous le vent. Notre Auteur prétend aussi que le cours & le mouvement des eaux
sont toujours les mêmes ; cela n'est pas toujours vrai. Nous
avons apporté le canal de Baham pour exemple, & nous
l'avons aussi éprouvé nous-mêmes dans ce canal au mois
d'Aoust passé. Nous y avions de petits vents d'Est, nous
courions au Nord, & les courans nous ont porté en 24.
heures 29. lieuës plus que notre estime vers le Nord. Mais
le cours des eaux n'est pas la cause du cours des vents, com-

me Voſſius ſemble le faire entendre ; les vents au contraire ſont la cauſe du mouvement des eaux, c'eſt-à-dire, de ceux qu'on n'a pas expliqué ci-devant.

Il dit enſuite que dans l'Amerique ſeptentrionale on ne connoit pas les vents d'Orient. Nous venons du Golphe du Mexique ; on pourra voir ci-devant dans mon Journal que nous avons eu en y allant preſque toujours les vents du côté de l'Eſt, & très-rarement des vents de Sud-Oueſt ; même les 29. & 30. Juin le vent fut très-frais au Sud-Eſt & à l'Eſt, & au retour il ne nous eſt arrivé que trop ſouvent de l'avoir à l'Eſt, nous aurions ſouhaité avoir le vent de Sud-Oueſt pour ſortir au-plutôt de cet ennuïeux Golphe. En hyver les vents de Sud-Oueſt & de Nord-Oueſt y regnent aſſez, mais nous n'en avons preſque pas ſenti en été, comme Voſſius le prétend dans le chapitre 23. où il parle du mouvement annuel des vents.

Pour ce qui eſt de la briſe, qui eſt reglée ſur preſque toutes les côtes en été, elle a une autre cauſe que Voſſius auroit pû voir aiſément, & que nous avons déja indiquée. La chaleur des raïons du Soleil tombant ſur la terre, forme dans l'air beaucoup de points brûlans, à cauſe de la ſolidité, dureté & diverſe ſituation des parties de la terre, ce qui en fait comme autant de miroirs ardents, qui réfléchiſſant & réuniſſant les raïons du Soleil, échauffent beaucoup plus l'air de la terre, qu'ils n'échauffent celui qui inſiſte ſur la ſurface plus unie de la Mer, au travers de laquelle il paſſe un grand nombre de ces raïons ; les autres ne ſe réuniſſent pas en ſi grand nombre au-deſſus de la ſurface de la Mer, à cauſe qu'étant plus unie, il ſe forme moins de ces miroirs cauſtiques, & par conſéquent moins de points brûlans. L'air de la terre pendant la préſence du Soleil eſt donc bien plus dilaté que celui de la Mer.

Dès les neuf heures du matin, auquel temps le Soleil eſt déja fort élevé ſur l'horizon, la briſe ſe leve. Cette chaleur & par conſéquent la dilatation de l'air augmentent, & cela juſqu'à trois ou quatre heures du ſoir ; il faut donc que l'air de la Mer qui n'eſt pas ſi dilaté, & qui conſéquemment eſt en plus grande quantité ſous le même volume, coure vers la terre, & qu'il y coure plus rapidement depuis les onze heures juſqu'à trois, puiſque c'eſt le temps le plus chaud de la journée ; ainfi la vîteffe & la force du vent augmente pour lors pour venir du large à terre ; elle diminue enfuite & ceffe fur les cinq heures, quand la dilatation de l'air, caufée par la chaleur, eft à peu près égale fur terre & fur mer.

On fent cette brife jufqu'à cinq lieuës loin de la Mer ; mais la preffion de l'air n'étant pas fort grande à la Mer, elle doit diminuer par les obftacles que le vent trouve à furmonter le reffort de l'air de la terre caufé par fa dilatation. Or cet obftacle au vent augmente & fe multiplie à mefure qu'il avance, & la force du vent diminue d'autant. Il faut donc qu'enfin ce vent ceffe d'avancer plus avant dans les terres, fur-tout quand elles font bien échauffées. Ainfi fur les colines qui font auprès d'Aix en Provence, on fent à dix heures la brife, une heure plus tard qu'on ne la fent à Marfeille ; & elle n'entre point à Aix, qui eft dans un vallon fort échauffé par le Soleil ; à caufe qu'étant affoiblie, elle ne peut furmonter l'obftacle formé par la dilatation de l'air fort échauffé dans ces vallons.

Il arrive quelquefois dans le gros de l'été, que l'air de la Mer échauffé par quelque vent de S. O. eft autant dilaté que celui de la terre ; alors il y a calme profond & une grande chaleur. Mais la nuit le ferein, la rofée le plus fouvent pendant l'Eté rafraîchiffant la furface de la terre dont les nitres exaltez pendant le jour par l'action du Soleil, avoient été mis en grand mouvement ; ces nitres ne font plus la nuit en fi grand mouvement ; ils en ont cependant affez pour caufer un petit vent de terre, qu'on explique par la même méchanique ; mais il ne doit pas durer long temps ; parce que l'air de la terre étant bien-tôt auffi chaud que celui de la Mer, entre fix & fept heures du matin, l'air ne doit plus avoir de cours vers la Mer, & à peine le fent-on fur terre.

On reffent ces vents de terre par tout Païs au bord de la Mer, même aux Ifles de l'Amerique, & on s'en fert pour fortir des Ports, de plufieurs defquels on ne pourroit fortir fans ce vent. On verra bien-tôt que Voffius n'eft pas de mon fentiment fur ces vents-ci. Il me femble pourtant que cette Phyfique vaut à peu près autant que la fienne, fi l'amour propre ne m'aveugle.

Reflexions fur les chapitres vingt-quatriéme & vingt-cinquiéme.

Tout ce que je viens de dire dans les Reflexions précedentes, fert de réponfe à ce que dit Voffius dans le chapitre vingt-quatriéme, où il prétend que les Mers caufent la brife, laquelle ceffant, le reflux de l'air caufe les vents de terre. D'où vient cependant que les vents de terre tardent tant à refluer ? car celui de Mer ceffant, ils devroient auffi-tôt ou peu après commencer. Puifque fi c'eft le reflux de l'air qui caufe le vent de terre, il doit être égal au flux pour la force & pour la durée, comme le reflux des eaux eft égal au flux pour la force & pour la durée ; cela eft pourtant contraire à l'experience. D'où vient qu'en certains païs & dans les très grandes chaleurs d'un eté fec on ne fent point de vent de terre, quoiqu'on y ait de fortes brifes ? D'où vient que lorfqu'il a fort plu dans les Païs au N. O. de la Provence, nous y fentons de fi furieux vents de N. O. quoique les jours précedens nous euffions un calme profond ? eft-ce le reflux de la Mer qui produit cet effet ?

Ne diroit-on pas en lifant ce chapitre, que les Mers, chaudes comme l'eau du chapiteau d'un alambic, furpaffent de beaucoup la chaleur de la furface de la terre au plus fort de l'Eté ? Cependant au mois de Juillet aïant plongé dans la Mer un Thermometre à diverfes profondeurs, la liqueur eft beaucoup defcenduë, & n'eft jamais montée au temperé, & à des profondeurs de trente braffes ; elle reftoit de fort peu plus baffe qu'à la hauteur d'une braffe ; ce qui fait voir que l'eau de la Mer eft de fort peu plus froide à trente braffes, qu'à une braffe. On diroit pourtant, felon Voffius, que ces eaux font tiedes : *Conftat experimentis non calefieri fumma æquora, quin fimul etiam tepeant ima.* Il faut que les Mers d'Angleterre & de Hollande, Païs que Voffius a le plus frequenté, foient d'une autre nature que celle de Provence ; on y fent l'eau froide quand on s'y baigne, autant que celle des Rivieres, & on n'y peut refter gueres plus d'une heure dans le plus fort des chaleurs de l'Eté.

Qui ne riroit en lifant ces mots par lefquels il finit ce chapitre ? *Contra vero ubi recens fit frigus, & æftus terras populatur, frigent etiamnum aquora : ita ut qui Maio & Junio menfibus relictâ tellure, Mari fe committunt, è media penè Æfta-*

te ad mediam Hyemem fæpe fe tranflatos effe exiftiment. En
quel Païs fommes-nous ? Les faifons ont bien changé depuis
Voffius : il n'a jamais navigué dans ce bas monde, il écrivoit dans l'empire de la Lune. Il fait bon avoir lû les Poëtes.
Il affure dans le vingt-cinquiéme chapitre que dans la Zone
torride les vents de Mer font froids , & ceux de terre chauds.
Nous venons d'éprouver le contraire , & le Pere Feuillée affure qu'à Ylo il mouroit de chaud des vents de Mer , & qu'il
avoit foin de fe couvrir quand les vents de terre fouffloient.
Mais je ne m'arrête pas au détail des preuves de Voffius. Il
n'eft pas univerfellement vrai, comme il le dit, que les Païs
de la Zone torride qui ont la Mer à l'Oueft, foient fteriles.
Pifco, Cufco, le Chily & une bonne partie des Montagnes
de la Cordiliere, font auffi fertiles que bien des Païs qui font
au bord de la Mer orientale. Il en eft de même aux Ifles de
S. Domingue & de Cube.

Le bas Perou n'a pas de Rivieres confiderables , & on n'y
voit jamais de pluie : mais il tombe une bruine qui y fupplée.
Dans le Chily il pleut beaucoup en Hyver , & en Eté les Habitans fe fervent des Rivieres & des Ruiffeaux pour leur utilité : auffi y recueille-t-on du bled en abondance , & de toute
forte de fruits , foit de ceux d'Europe , foit du Païs. Voffius vouloit faire un livre de Phyfique , il falloit bien dire
quelque chofe de bon ou de mauvais.

Notre Auteur fe contredit bien-tôt fur le Perou ; quoique
dans la Zone torride & fur la Mer occidentale, c'eft maintenant le meilleur Païs du monde. Icy il a raifon ; mais il ne l'a
pas quand il ajoute que la partie orientale des Montagnes
de la Cordilliere n'eft pas fertile : elle l'eft , ainfi que les plaines qui font au pied ; mais les Indiens ne les cultivent que
pour leurs befoins, qui ne font pas grands ; en cela bien plus
heureux que nous. Mais il eft inutile de s'arrêter icy plus
long-temps.

*Reflexions fur les Chapitres vingt-fixiéme , vingt-feptiéme ,
& vingt-huitiéme.*

Voffius auroit pû aifément trouver les raifons pour lefquelles les vents qui fouflent fur les côtes, font froids ou
chauds dans les zones temperées ; tout au plus il auroit dit
ce que les nouveaux Phyficiens qui étoient en réputation
de

de son temps, avoient dit avant lui ; & il étoit homme
d'esprit & d'une grande lecture, mais cela ne l'accommo-
doit pas ; il avoit forgé un sistême, il falloit bien aussi y aju-
ster des faits qui lui servissent de preuves ; c'est ce qu'il fait
tant bien que mal. Je suis fâché de le dire, mais les Géometres ne peuvent dissimuler la verité. Il emploie à cela les
pages 111. & 112.

Est-ce que la Mer est chaude d'elle-même, parce que les
vents qui en viennent sont chauds ? Ne diroit-on pas que
ces vents passent sur une fournaise, ou que nous sommes
dans le globe du Soleil ? C'est que ne passant pas sur des
neiges, ils ne se chargent pas des nitres qu'elles fournis-
sent abondamment & qui causent le froid. Le vent de Sud
est chaud en Europe, il est froid au Chily ; ne voit-on pas
que ce vent, indifferent en soi au froid & au chaud, passe
sur des neiges avant d'arriver au Chily, & que c'est le contraire en Europe ? Le vent de Nord-Ouest est brûlant au
Chily, il nous glace en Europe ; c'est qu'au Chily il passe
sur les Mers, ou sur les terres brûlées qui sont depuis la
Ligne jusqu'au Chily, & qu'en Europe il passe sur les neiges des païs du Nord.

Ceux qui ont les Alpes au Nord-Est, sentent des vents
très-froids quand elles sont couvertes de neiges, & qu'il
souffle de ce côté-là. C'est ce vent qui tuë les orangers de
la basse-Provence. Etant plus chargé des nitres que lui ont
fourni les neiges, parce qu'il ne vient pas de loin, il leur
fait plus de mal que le vent de Nord-Ouest qui vient de
plus loin & qui est plus impetueux. C'est la même raison
pour la Floride, Virginie, Nouvelle France méridionale,
& autres Païs au Sud de celle-ci ; les vents du Nord passent
sur les neiges du Canada & autres Païs plus Nord, ils en
emportent beaucoup de nitres. Est-ce un miracle qu'ils causent un si grand froid dans ces Païs-là ? qu'ils fassent geler
les Rivieres quand ils durent assez pour introduire une
grande quantité de nitres, dont ils sont chargez, dans les
pores de l'eau de ces Rivieres ? Je leur ai vû produire cet
effet dans les Ports de Mer, même en Provence.

Vossius a dit, & il a raison, que les eaux de la Mer ne
courent pas vers les côtes éloignées ; mais que les parties
de l'eau se pressant successivement causent le flux. Mainte-

F f

nant il veut que la Mer étant un corps fluide, & qui se meut continuellement *per gyrum*, allant de la zone torride aux poles Nord & Sud, il ne se puisse faire autrement que ces Mers, quoique fort éloignées de la Ligne, ne se ressentent de la chaleur des Mers qui sont sous la zone torride. Comme si cette eau étoit assez chaude, pour qu'étant mêlée avec de l'eau froide, elle rendit ces eaux tiedes.

Les Navigateurs qui ont rencontré des montagnes de glace de trois quarts de lieuë de longueur, flotantes sur la Mer au Sud du Cap de Horn, ne seront pas de cet avis. Ne diroit-on pas que les eaux de la zone torride sont bouillantes ? Nous y avons navigué les mois de May & de Juin, assurément il ne geloit pas, cependant nous ne les avons pas trouvées telles ; je ne voïois pas que les Requins, Dorades & Bonites en fussent incommodez ; ces eaux prétenduës bouillantes n'ont pas fondu le gauderon de nos Vaisseaux ; elles n'ont point brûlé nos Matelots qui y restoient quelquefois long-temps pour le service du Vaisseau ; j'en faisois prendre pour me laver le visage, & je la trouvois fraîche. Je ne sçaurois donc dire, comme Vossius, *Maria intra Tropicos calida ac penè fervida.*

Le chaud, ajoute-t-il, ne peut se communiquer aux terres du Nord & du Sud par les terres qui sont sous la zone torride. La raison qu'il en donne merite d'être rapportée dans ses propres termes, je la gâterois en la traduisant. *Cùm tellus corpus sit solidum & stabile, non mirum est regiones multum a zona torrida remotas, esse frigidissimas.* C'est le contraire des eaux de la Mer, poursuit-il, dont les parties n'étant pas solides, & pouvant se mouvoir aisément, peuvent facilement communiquer leur chaleur aux eaux des Mers voisines des poles.

On vient de voir ci-dessus que cela ne s'accorde pas avec l'experience. Les Hollandois ses compatriotes pouvoient le détromper ; il faut qu'il ne les eût pas entendu parler des Mers du Nord, & qu'il n'eût pas lû les Relations de la nouvelle Zemble. Philosopher de la sorte, c'est l'emporter sur les Ecoles des Peripateticiens qu'il n'estime pas. Ces raisons valent autant que celles qu'il rapporte à la page 113. Les Païs au milieu des terres sont plus froids que les côtes voisines de la Mer, même sous la zone torride, parce qu'ils ne font pas humectez des eaux de la Mer. On diroit que les côtes de la zone torride font au Bain-Marie. Il fait froid à Quitto qui est fous la Ligne à un demi degré près, il y gele bien fort en hiver, mais c'est que les montagnes font couvertes de neiges, & que cette Ville est fort élevée, & non parce qu'elle n'est pas au bord de la Mer comme Lima. Aïant déja parlé des caufes qui produifent ces effets, je ne m'amuferai pas à les repeter ici.

Enfin il veut que la boffe de la Mer, qui est grande en tout temps fous la Ligne, le foit encore plus au temps des équinoxes, à caufe que le Soleil y étant alors au zenith, il augmente pour lors cette boffe. Il veut qu'elle foit la caufe du débordement des Mers & des tempêtes qui arrivent vers le temps des équinoxes. Mais on devroit effuier des tempêtes dans toute l'étenduë de la Ligne & à chaque équinoxe, ce qui n'arrive pas. Les Vaiffeaux qui paffent la Ligne en ce temps-là periroient tous fans reffource, ce qui n'arrive pas non plus.

Les Ouragans dont il parle dans le chapitre 28. n'arrivent pas toujours vers les équinoxes ; on en a vû arriver en France & en Hollande au milieu de l'été. Dans les Ifles de l'Amerique ils arrivent depuis le mois de Juillet jufqu'en Septembre ; c'est pour cela qu'il est ordonné à tous les Navires mouillez au Fort Saint Pierre ou le long de la côte de la Martinique, de fe rendre dès le neuf de Juillet au cul-de-fac du Fort Roïal, où ils font à l'abri de tout vent & de toute Mer. On paffe quelquefois, fur-tout depuis quelques années, trois ou quatre ans fans reffentir de ces Ouragans. On voit donc bien qu'il n'en arrive pas à tous les équinoxes & en tout Païs, & qu'on ne peut les prédire fûrement, comme il le prétend.

Sans avoir recours à la boffe que le Soleil forme fous la Ligne, boffe imaginaire que nul Navigateur n'a vûe d'aucun côté de la Ligne, je crois qu'il faut chercher les caufes de ces tempêtes dans les diverfes exhalaifons que la chaleur des raïons du Soleil attire de la terre dans des Païs pleins de foufre & de mineraux, qui font auffi la matiere de la foudre. Ce font les caufes qui produifent ces tempêtes plus ou moins violentes, fuivant qu'il y a dans l'air une plus grande ou une moindre quantité de ces exhalai-

fons compofées de nitre & de foufre. Le voifinage des Volcans qui font en grand nombre dans l'Amerique, en peut
être une autre caufe. C'eft ainfi que le petit Volcan qui
s'alluma dans l'Ifle de Saint Vincent le fix Mars 1718. &
qui fit fauter en l'air & enfuite s'abîmer un gros morne ou
cap de cette Ifle, caufa un petit Ouragan pour la durée,
qui fut accompagné d'une brume de cendres qui furent emportées vers l'Eft à trente lieuës au large.

Mais on ne me fera jamais croire ni à perfonne, à mon
avis, que la boffe de la Mer fous la Ligne en foit caufe,
quand même elle feroit réelle, ce qui n'eft pas. Il paroît
donc fort inutile d'examiner en détail le refte de ce chapitre, c'eft perdre fon temps & fa peine.

Il réfulte, ce me femble, de tout cet Ouvrage de Voffius, que pour vouloir dire des chofes nouvelles, il n'en a
pas mieux philofophé fur la caufe du mouvement des Mers
& des vents, & que la Phyfique n'auroit rien perdu quand
ce fiftême n'auroit pas paru dans le monde, où je crois qu'il
ne fera pas fortune. J'aimerois autant admettre les qualitez
occultes qu'il rejette dès fa Preface, les formes fubftantiel-
les, & tout l'attirail de la Philofophie Péripateticienne dont
il paroît faire peu de cas, & qui n'a rien de fi abfurde que
l'hypothefe & la Phyfique contenuës dans ce Livre, qu'il
auroit pû ne pas donner au Public, s'il eût voulu conferver la réputation qu'il avoit acquife d'homme fçavant. Nous
ne fommes plus dans le temps où plus on imprime de Livres, plus on eft eftimé. Pardies avec peu de volumes paffera pour un grand Maître ; & tel autre avec plufieurs volumes ne paffera que pour Compilateur.

On me dira peut-être que je me fuis mis en grand mouvement contre un Ouvrage qu'on ne lit pas, & qu'on fuit
encore moins. Cela peut fort bien être, & on lui fait ju-
ftice ; je ne le lûs même d'abord que fur le grand nom des
Voffius. Mais à l'occafion de ce Livre qui a fait quatre mille
lieuës avec moi, & à côté de l'Hiftoire de l'Academie des
Sciences, qui étoit pour lui un mauvais voifin, auffi-bien
que le Livre de M. Neuvton qui le preffoit de l'autre côté ; à cette occafion, dis-je, j'ai donné les Reflexions que
j'ai faites fur les vents & fur les courans dans ce Voïage,
en attendant que quelque autre faffe quelque chofe de mieux;

& me rende ce que je viens de faire envers Voſſius. Je ne
lui en ſçaurai pas mauvais gré.

REFLEXIONS

*Sur les Obſervations de la variation , faites dans le Voyage de la
Louiſiane en 1720. & rapportées dans ce Journal.*

LES Obſervations de la variation des aiguilles aimantées, faites dans le cours de ce Voïage, ſont en grand
nombre. Si on n'en a pas fait davantage, c'eſt que ſouvent
l'horizon n'étoit pas net, ſoit qu'il y eût de gros nuages tout-
au-tour de l'horizon, ſoit qu'il y en eût au lieu où le Soleil ſe
levoit ou ſe couchoit. Quelquefois auſſi le grand roulis empêchoit les aiguilles de reſter en repos, ou on ne pouvoit
voir un moment le Soleil à l'horizon par la grande agitation du Navire. Je crois pourtant qu'il y a peu de Navigateurs qui en aient autant fait dans l'eſpace de huit mois,
un deſquels a été paſſé à la rade de l'Iſle Dauphine, & un
autre en diverſes rades. J'ai rapporté ci-devant les Obſervations faites à terre par une autre méthode.

En parlant de la variation des Bouſſoles avec le ſecond
Pilote du Vaiſſeau le Toulouſe, il m'a raconté un fait ſingulier, qui peut ſervir à expliquer la variation des aiguilles
de Bouſſole, lequel par cet endroit-là m'a fait beaucoup de
plaiſir. Il m'a dit que revenant de la Mer du Sud, après
avoir doublé le Cap de Horn dès le mois de Janvier 1710.
& dépaſſé l'Iſle des Etats, ils firent route pour Plaiſance
dans l'Iſle de Terre-neuve ; qu'étant le 27. Mai 1710. à
ſept licuës du Cap Saint Laurent près du Chapeau Rouge,
les deux Bouſſoles du Vaiſſeau furent ſi inquiétes, quoiqu'auparavant elles fuſſent dirigées à l'ordinaire, qu'elles
n'avoient aucun repos, & qu'après avoir reſté quelque temps
en cet état, elles s'arrêterent, mais avec une variation vers
l'Oueſt de 54 degrez. Ils apprirent des gens du Païs, auxquels ils raconterent ce qui étoit arrivé à leur Bouſſole,
qu'il y avoit beaucoup d'aimans au Cap Saint Laurent.

Il paroît clair que dans tout ce parage il doit y avoir
des mines de fer ou d'aiman très-conſiderables ſur leſquel-

les le Navire paſſa ; de ſorte que la matiere magnetique
ſortant de toute part & en foule de ces mines, elle affola
ces Bouſſoles pendant quelque temps, & les empêcha de
s'arrêter. Le Vaiſſeau aïant laiſſé la mine neuf degrez au-
delà du Nord-Oueſt vers l'Oueſt, alors la matiere magnetique venant abondamment de la même mine, a cauſé cette
variation extraordinaire de 54 degrez, laquelle a duré tandis que le Navire s'eſt trouvé à portée de cette mine, apparemment très-riche en fer ou en matiere magnetique : car
à Plaiſance ils ne trouverent la variation que de 11 degrez
Nord-Oueſt.

Il paroît encore ſuivre de ce fait Phyſique fort ſingulier,
que le changement de la variation des aiguilles de Bouſſole
vient de la diverſe ſituation des mines de fer ou d'aiman
répanduës en divers endroits de la terre ; de ſorte que la
matiere magnetique qui en ſort détourne plus ou moins,
ſuivant qu'elle eſt plus ou moins abondante, & que la mine eſt plus ou moins profonde, la matiere magnetique qui
ſort des poles du monde, laquelle, comme on le ſçait, détermine les aiguilles aimantées à ſe tourner vers le Nord.
La matiere donc qui ſort des mines particulieres fait porter les aiguilles tantôt plus vers l'Oueſt, tantôt plus vers
l'Eſt, ſuivant que la direction de la matiere magnetique de
ces mines particulieres qui ſe trouvent diſperſées en divers
endroits de la terre, détourne la direction de la matiere
magnetique qui vient des deux poles du monde.

Il ſe peut faire auſſi que la matiere magnetique qui ſort
des poles, ſoit elle-même emportée vers ces mines particulieres, & qu'ainſi les aiguilles au travers deſquelles la
matiere paſſe dans leurs pores, ſoient détournées du Nord.
Mais comme ces mines particulieres peuvent s'épuiſer peu
à peu, la matiere magnetique qui en ſort moins abondamment, aura moins de force pour détourner la matiere magnetique qui vient des poles, ou que celle-ci ne ſe porte ni
ſi rapidement, ni en ſi grande quantité à ces mines particulieres ; ce qui diminuera la variation des aiguilles tant
du côté du Nord-Oueſt que du côté du Nord-Eſt.

La force de la matiere magnetique des mines particulieres comparée à la force de celle qui ſort des poles, peut
être exprimée par la raiſon des ſinus des angles des direc-

tions de la matiere magnetique des mines particulieres, au finus total qui reprefente la direction de la matiere magnetique fortant des poles. On aura par-là un rapport qui fera connoître la force de la matiere magnetique des mines particulieres, felon que l'angle de la variation fera plus ou moins grand ; & le mouvement compofé de ces deux forces fera par une diagonale courant plus ou moins du Nord·Oueft au Sud-Eft, ou du Nord-Eft au Sud-Oueft, fuivant la force de la matiere magnetique des mines particulieres plus ou moins grande, pour détourner le cours de la matiere generale qui fort des poles.

Il me paroît que de cette maniere on pourra expliquer, autant que cela fe peut en des matieres auffi épineufes que celles-ci, la variation des aiguilles. Mais s'en fervir pour donner une connoiffance des longitudes, fuivant qu'on trouvera plus ou moins de variation par telle ou telle latitude & longitude eftimée, c'eft ce qui me paroît encore bien difficile, fut-tout la maniere dont on obferve la variation à la Mer, étant fort imparfaite par le défaut des inftrumens dont on eft obligé de fe fervir : car enfin l'aiguille ne peut être fort longue, le carton que porte cette aiguille ne peut avoir tout au plus que fix à huit pouces de diametre ; de forte que les divifions des degrez font moindres d'une ligne. On ne peut donc avoir fur ce cercle l'évidence d'un tiers de degré, non pas même de la moitié.

Une autre raifon pour laquelle il eft difficile de déterminer 15 ou 20 minutes, & même un degré fur un compas de variation, c'eft le roulis du Vaiffeau qui empêche l'aiguille & la rofe qu'elle porte de refter en repos. Tantôt la rofe avance d'un ou deux degrez, tantôt elle recule d'autant. On a d'ailleurs peine à couper le difque du Soleil levant ou couchant en deux parties égales avec autant de précifion qu'il le faudroit. Il faut de plus tenir le milieu de ce difque dans un même plan avec les deux pinnules & la pointe du cône de leton qui porte la rofe, qu'on appelle la chapelle. Il faut outre cela être deux Pilotes, l'un qui obferve, l'autre qui regarde les degrez d'amplitude ; ce qui peut introduire deux erreurs.

Les plus experimentez Pilotes ne s'accordent quelquefois pas à un degré près, fur-tout quand il y a du roulis & du

tangage ; d'ailleurs toutes les Bouſſoles ne ſont pas également animées. On ſupplée à ce défaut en ſe ſervant de pluſieurs Bouſſoles en même temps, dont on compare l'arc de
l'amplitude qu'elles donnent. Après une longue ſuite d'obſervations, on en trouve pluſieurs qui ne s'accordent pas.
Il arrivera, par exemple, qu'on aura cinq ou ſix obſervations qui ſuivront quelque ordre pour la diminution ou
pour l'augmentation de la variation ; il en viendra enſuite
deux ou trois autres qui troubleront cet ordre, comme on
le verra bientôt.

Les Pilotes de divers Vaiſſeaux qui naviguent enſemble,
auront obſervé le même jour, & entre leurs obſervations
il ſe trouvera une différence d'un & même de deux degrez.
Cela nous eſt arrivé dans ce Voïage, comme on l'a dit ci-
devant. * Chacun prétend avoir bien obſervé ; chacun croit
en ſçavoir pour le moins autant que ſon camarade. Ce défaut, aſſez univerſel dans le monde, ſe trouve auſſi parmi
les Marins. Je les ai ouï ſe blâmer mutuellement, mais je
n'en ai guéres ouï louer la capacité de leurs concurrents.
On peut, me dira-t-on, prendre un milieu, mais ce milieu ne ſera peut-être pas la vraie variation.

* Journal
au 24. Mai

Il y a une occaſion où il faut prendre un milieu, c'eſt
quand on obſerve le matin & le ſoir d'un même jour, ou
le ſoir & le matin ſuivans, ſuppoſé qu'on ſoit ſûr d'avoir
également bien obſervé ; alors il faut partager cette différence pour avoir quelque choſe de plus ſûr. Ainſi le ſept
Mai 1720. le ſoir la variation fut obſervée un degré douze
minutes Nord-Eſt ; le huit Mai elle devoit plutôt augmenter que diminuer, ce qui conſte par les obſervations des
jours ſuivans auſquels elle a toujours augmenté : cependant
le huit Mai elle ne ſe trouva que d'un degré ; il faudroit
donc déterminer la variation pour ces deux temps, d'un degré ſix minutes Nord-Eſt.

Mais quand il y a un petit nombre de minutes juſqu'à
dix de plus ou de moins d'un degré, on peut établir la variation à ce degré, comme on fait en Aſtronomie pour les
ſecondes.

On peut avoir vû dans mon Journal au 24. Mai ce qui
ſuit, qui confirme ce que j'ai dit ci-deſſus. Les Pilotes du
Henri trouverent le 23. Mai la variation de trois degrez
                                            Nord-Eſt,

Nord-Eſt, nous la trouvâmes de 4ᵈ. Les Pilotes d'un Vaiſſeau Negrier que nous avons eſcorté juſqu'au Cap François, la trouverent le même ſoir de 5ᵈ. Nord-Eſt, plus forte que nous d'un degré. Tous ces Pilotes croient avoir raiſon, cela ne ſe peut ; je les crois pourtant bons Pilotes ; mais les com-paſ de variation ne ſont pas, comme l'on voit, des inſtru-mens aſſez précis & ſûrs, & le ſol ſur lequel on travaille eſt trop mouvant pour compter ſur ces obſervations, au moins pour des gens de notre métier, qui voudrions une grande préciſion.

Si on confrontoit toutes les obſervations faites ou à faire dans ce Voïage, ou celles que pourroient faire les Pilotes de pluſieurs Vaiſſeaux qui navigueroient enſemble, il n'y en auroit pas beaucoup qui s'accordaſſent à un demi degré près. J'ai dit ceci à des Pilotes, ils ſe ſont fâchez ; par tout ce qu'on vient de dire, on voit qu'ils n'avoient pas raiſon. Les bons Phyſiciens, qui ſentent combien il y a de choſes in-certaines, ne s'étonneroient pas, & n'attribueroient pas à mépris ce qu'on leur diroit en pareilles occaſions.

Tout ceci confirme ce que j'ai déja dit, & dont il fau-dra encore parler dans les Reflexions ſuivantes, qu'il ſera bien difficile de former une hypotheſe ſûre juſqu'à ce qu'on ait un très-grand nombre d'obſervations plus ſûres, parmi leſquelles on puiſſe trier : car M. Halley & les autres qui ont obſervé à la Mer, n'avoient pas de meilleurs compas que ceux dont nous nous ſervons actuellement ; ils s'accor-dent dans le degré. Nous allons donc examiner ce point-ci dans les Reflexions ſuivantes ſur nos obſervations. Nous les comparerons enſuite avec la variation concluë par les courbes de M. Halley ; nous n'épuiſerons pas cette matie-re, mais nous donnerons peut-être à d'autres une occaſion de tirer plus de fruit & de plus utiles conſéquences ſur ces matieres.

On voit donc à quel degré de certitude peuvent monter ces obſervations ; il eſt de la ſincerité des Géometres d'en avertir ; mais on ne ſçauroit emploïer de meilleurs moïens à la Mer ; M. Halley n'en a pas eu d'autres pour établir les courbes qu'il a données ſur ſa Carte. Pour examiner le rapport que nos obſervations ont entre elles avec plus de facilité & de ſuccès, j'ai réduit toutes ces obſervations en

Table, afin qu'on pût les avoir fous les yeux, & les comparer enfemble. Elle contient cinq colonnes, pour les jours du mois, la latitude, la longitude, la variation, & la quantité de la variation.

On peut tirer un avantage confiderable à la Mer de l'obfervation affiduë de la variation. Car fi au retour d'un Voïage, étant par une latitude & une longitude eftimées à peu près égales à celles qu'on avoit en allant, on trouve une même quantité de variation qu'on avoit obfervée en allant, on pourra conclure qu'on eft dans le même parage, & être affuré qu'on eft à très-peu près par la même longitude, pourvû qu'il n'y ait au plus qu'un an d'intervalle. On va voir par deux exemples que cette attention nous a été utile dans ce Voïage.

Le 12. Octobre au retour de la Louifiane nous doutions fi notre longitude étoit de 3^d. $40'$. à l'Eft de Madere, où paffe le méridien de Teneriffe. Le matin & le foir de ce jour-là nous obfervâmes la variation, nous la trouvâmes de 8^d. $15'$. Nord-Oueft, à $3'$. près de celle que nous avions trouvée le 30. Mars, lorfque nous nous faifions par les 3^d. $50'$. de longitude. Il eft vrai que la latitude differoit de 3^d. mais cela n'a pas empêché que nous n'aïons conclu legitimement que notre longitude étoit bonne, quoique les Pilotes du Henri fe fiffent, comme nous l'avons dit dans le Journal, deux degrez plus Oueft que nous : ce qu'il nous importoit de fçavoir, aïant fait près de 1500. lieuës à l'Eft fans voir de terre ni parler à qui que ce foit, ce qui nous rendoit incertains fur l'eftime, comme je crois l'avoir prouvé.

Voici le fecond exemple. Le 24. Mars 1720. étant au Nord-Eft $\frac{1}{4}$ Eft du Cap Spartel à treize lieuës, nous obfervâmes la variation au coucher du Soleil, elle fut de 12^d. $44'$. Nord-Oueft. Au retour nous nous faifions à douze lieuës du Cap Spartel, mais la brume nous déroboit la vûë de la côte ; il s'agiffoit d'entrer dans le Détroit, ainfi c'étoit une affaire délicate. Le ciel étant net à l'Oueft, nous obfervâmes la variation au coucher du Soleil, elle fut de 12^d. $0'$. Nord-Oueft. Nous conclumes de-là que nous étions à douze ou treize lieuës du Cap Spartel, quoique les Pilotes du Henri s'en eftimaffent encore à 38. lieuës. La brume s'étant tant foit peu éclaircie après le coucher du Soleil, nous reconnumes, quoiqu'avec quelque doute, la montagne d'Arzille. Le calme étant furvenu dans la nuit, nous vîmes au lever du Soleil le Cap Spartel à huit ou dix licuës de nous, les courans nous en aïant approché d'environ deux lieuës, comme on l'a vû dans le Journal.

En confiderant la colomne de la variation dans la Table ci-après, on voit que depuis le 18. Mars la variation a augmenté jufqu'au Cap Spartel, où elle a été la plus grande que nous aïons obfervée, fçavoir de 12ᵈ. 44'. La difference du 18. au 24. Mars est de 2ᵈ. 29'. Si elle croiffoit d'un demi degré à mefure que la latitude diminuë d'un degré, cela s'accorderoit avec les obfervations ; mais cette regle n'a pas lieu, comme on le verra dans la fuite. D'ailleurs, il ne faut pas s'attendre que les obfervations faites avec le compas de variation, fuivent une proportion dans les minutes. Nous verrons bien-tôt que cette proportion ne s'obferve pas quelquefois à un degré près : on l'a dit ci-devant.

Depuis le Cap Spartel jufqu'au 5. May où on ne trouva point de variation, elle a toujours diminué ; mais il y a bien des irrégularitez qu'il faut attribuer au défaut des obfervations. Telles font celles du 20. Avril au matin & du 30. La premiere est trop foible d'un degré, la feconde trop forte aufli d'un degré. On voit au contraire que depuis le 19. Avril jufqu'au 23. la latitude aïant diminué de 2ᵈ. 40'. & la longitude d'environ 8ᵈ. la variation s'est maintenuë la même : car il ne faut pas avoir égard à un petit nombre de minutes qui ne font concluës que de la difference des amplitudes calculées, & non des amplitudes qu'on obferve, dont on ne peut avoir l'évidence fur la rofe.

Au contraire, du 25. Avril au 5. May la latitude a diminué de 6ᵈ. 12'. la longitude de 12ᵈ. 20'. & la variation a diminué de 4ᵈ. ce qui ne s'accorde point avec les comparaifons tirées des obfervations précedentes. Depuis le 5. May où la variation fut nulle, jufqu'au 13. la latitude a diminué de 5ᵈ. 44'. & la longitude de 13ᵈ. 45'. La variation devenuë Nord-Eft n'a pourtant augmenté que de 3ᵈ. 26'. ce qui fait voir encore qu'il n'y a pas de rapport exact entre ces trois chofes.

Depuis notre départ de la Martinique, qui fut le foir du 18. May, jufqu'à notre arrivée à l'Ifle Dauphine, combien d'observations de la variation ! Mais quelle irrégularité dans ces variations ! On ne peut l'attribuer au plus ou moins de force des mines de fer ou d'aiman que nous avons trouvées sur le chemin : car ni dans les Antilles, ni dans la côte orientale du Mexique & de l'Amerique on n'a trouvé ni fer ni aiman. Ne vaut-il pas mieux reconnoître que les observations faites dans le canal de Porto-Ricco, par le travers du Cap Samana & du Cap François de la côte de S. Domingue, sont défectueuses pour le nombre des minutes; mais qu'on peut fixer à quatre degrez au Nord-Est la variation dans ce canal & le long de cette côte de Saint Domingue ; que la variation va en augmentant jusqu'au Cap Maify le plus oriental de la grande Isle de Cube, & qu'elle se maintient ainsi le long de Cube avec quelques minutes d'augmentation, sans qu'on puisse bien précisément en déterminer le nombre.

On peut donc sûrement corriger l'observation faite le 7. Juin au soir par le travers de la ville de Cuba, laquelle n'étant que de 3ᵈ. 30'. Nord-Est, est évidemment défectueuse de plus d'un degré. De même celle qui a été faite le 13. Juin près de l'Isle du petit Cayman, est trop forte de 20'. & celle qui fut faite le 14. au matin à l'Ouest du petit Cayman de 5ᵈ. 6'. excede de près d'un degré, comme il paroît par celle qui fut observée le soir, qui se trouva seulement de 4ᵈ. Nord-Est, laquelle doit servir à redresser l'autre, en la mettant seulement de 4ᵈ. 20'. Nord-Est.

Celle qui fut faite le 15. au soir à 24. lieuës de l'Isle du Pin sur la même côte de Cube, qui se trouve de 4ᵈ. Nord-Est, & celle qui fut faite le 18. Juin au soir, étant au Nord ¼ Nord-Est à deux lieuës du Cap Saint Antoine, le plus occidental de l'Isle de Cube, qui est aussi de 4ᵈ. 0'. Nord-Est, doivent servir à corriger celle du 18. au matin que nous fimes à quatre lieuës au Sud du même Cap Saint Antoine, qui ne fut trouvée que de 3ᵈ. 32'. de sorte qu'il faut aussi l'établir de 4ᵈ. Nord-Est ; & on pourra assurer que depuis le canal de Porto-Ricco, par lequel débouquent plusieurs des Navires qui vont des Isles du Vent en Europe, jusqu'au canal qui separe l'Isle de Cube de la Floride, qui conduit à la Havane & au canal de Baham, par lequel sous les Vaisseaux qui viennent du Golphe du Mexique, de

Jucatan, Campesche, de l'Isle de Cube, & même plusieurs de la Jamaïque viennent débouquer, la variation étoit de 4ᵈ. 0'. Nord-Est au mois de Juin de l'année 1720. Mais pour ce qui est du nombre des minutes qu'il faut ajouter plus ou moins à ces quatre degrez, on ne sçauroit les déterminer précisément avec le compas de variation.

Il en est de même des Vaisseaux de la Jamaïque ou des autres côtes d'Amerique, qui débouquent par le canal entre Cube & Saint Domingue, & par le petit Caïc, puisque la variation y est de 4ᵈ. Pour ce qui est de la variation du 20. Juin au matin, on peut fort bien la supposer trop forte d'un degré, si on la compare avec toutes les suivantes. On peut donc l'établir à 3ᵈ. 30'. Nord-Est. Celle du 22. Juin au matin est de 2ᵈ. 30'. Nord-Est ; celle du soir de 2ᵈ. Nord-Est, ainsi que toutes les autres. On peut donc fixer à 2ᵈ. Nord-Est la variation en allant à la partie Nord du Golphe du Mexique. Cependant on va voir bientôt que ce n'est pas là une démonstration Géometrique, & qu'il y a lieu de douter si elle n'est point de 2ᵈ. 30'. comme la variation qu'on observa le matin du 20. Juin.

Pour ce qui est des observations du retour, on voit d'abord que les seules qu'on put faire au commencement d'Août vont toujours en augmentant, à mesure qu'on abaissoit en latitude ; en sorte que du 3. Août au soir au 7. au soir il y a un degré d'augmentation, ce qui donne la variation de 3ᵈ. 16'. Nord-Est, quoique le 24. Juin étant par la même latitude & longitude, à quelques minutes près, on n'eût trouvé la variation que de 2ᵈ. Nord-Est lorsqu'on alloit à la Louisiane un mois & demi plutôt. On avoit pourtant observé la variation le matin & le soir. Comment en si peu de temps la variation a-t-elle pû si fort augmenter ?

Depuis le 16. Août au 17. au soir la variation augmenta de 36'. & fut de 4ᵈ. 36'. Nord-Est, quoique la latitude n'eût diminué que de 26'. & ne fût que de 23ᵈ. 30'. sous le Tropique du Cancer ; & le 18. Août, étant fort près de la Havane, la variation fut de 4ᵈ. 18'. Nord-Est. Tout cela confirme ce que j'ai dit ci-dessus, que dans le canal qui sépare l'Isle de Cube de la Floride, la variation est encore de 4ᵈ. Nord-Est.

Dans le canal de Baham le ciel couvert à l'horizon empêcha d'obferver ; mais étant un degré au Nord de ce canal, elle ne fut trouvée que de 3 d. 30′. Nord-Eft ; celle du canal étoit donc de 4 d. à peu de minutes près. Mais depuis la latitude de 29 d. 44′. en huit jours de temps, quoique nous n'euffions augmenté que de 2 d. en latitude, la variation au Nord-Eft a tellement diminué, que le premier Septembre au foir il ne s'en feroit point trouvé fi on avoit pû l'obferver, comme on a droit de le conclure de la variation du deux Septembre au foir, qui fut de 0 deg. 30′. Nord-Oueft. Mais le premier Septembre la latitude fut de 32 d. 46′. & la longitude de 302 d. 9′. toujours prifes du méridien de Teneriffe ; de forte que la courbe, dans laquelle il n'y a pas de variation cette année, paffoit par les 20 d. de latitude & 334 d. de longitude d'un côté, lorfque nous allions à la Martinique, & de l'autre côté elle paffoit par les 32 d. 46′. de latitude auffi Nord, & par les 302 d. 9′. de longitude : mais il faudroit plus d'obfervations pour avoir plus de points de cette courbe pour la décrire plus fûrement. Nous verrons dans la fuite la différence de fa fituation depuis 1700. felon l'hypothefe de M. Halley, au moins pour ces deux points.

Jettant les yeux fur les obfervations de la variation qui ont été faites aux mois de Septembre & d'Octobre, on voit que la variation a toujours augmenté à mefure qu'on a augmenté en latitude & en longitude, & même affez regulierement, au moins pour les degrez & même affez fouvent pour les minutes, fi on en excepte celles du 16. Octobre du matin & du foir, lefquelles different d'un degré trente minutes : mais l'obfervation du matin n'étant pas affez fûre, il paroît plus fûr de fe tenir à celle du foir, qui a donné la variation de 11 d. Nord-Oueft, à caufe que l'horizon fut plus net le foir & fans nuages. Ici il ne faut pas prendre un milieu.

Depuis le Cap Spartel la variation a commencé à diminuer à mefure que nous avons avancé dans la Mediterranée jufques par le travers du Cap de Gate : depuis ce Cap elle a de nouveau augmenté, quoique fort irrégulierement, ce qu'il faut attribuer aux obfervations ; de forte qu'il n'eft pas aifé de déterminer de combien de minutes eft l'augmentation ou diminution chaque année. Ce qui eft vrai non

OBSERVATIONS

DE LA VARIATION DE L'AIGUILLE AIMANTE'E, FAITES PENDANT
le Voyage des Vaisseaux du Roy le Toulouse & le Henry à la Louisiane, dans l'année 1710.

Jours du Mois.	Latitude	Longitude.	Variation.	Qualité de la Variat.
Mars. 18 soir	41 d 0'	1 Meridié au Pic de Teneriffe.	10 d 15'	N. O.
20 ma.	40	N. & S. av. la Dragonaire.	10 30	N. O.
24 soir	35 46	N. E. ¼ E. 15 l. du C. Sparcel.	11 44	N. O.
25 ma.	35	5 50	10 56	N. O.
27 soir	33	1 Merid. de Teneriffe.	8 25	N. O.
Avril. 30 soir	31 55	5 50	8 22	N. O.
29 soir	30 40	358	6 41	
20 ma. soir	30 0	357	5 45 / 6 25	N. O.
23 ma.	29 40	356	6 45	N. O.
23 ma.	28 0	350 30	6 30	N. O.
25 ma.	26 11	346 20	4 0	N. O.
28 soir	23 30	343	3 30	N. O.
May. 30 soir & soir	22 20	339 20 338 45	4 0 2 36	N. O. N. O.
2 soir	22 40	337 50	1 42	N. O.
3 ma.	22 10	336 0	1 40	N. O.
4 soir	20 30	334 30	0 40	N. O.
5 soir	20 0	334 0	0 0	Nulle.
7 ma.	18 40	330 0	1 11	N. E.
8 soir	18 0	328 30	1 0	N. E.
9 soir	17 0	327 0	1 30	N. E.
10 ma.	16 20	325 30	1 30	N. E.
10 soir	16 11	325 20	2 0	N. E.
11 soir	14 30	322 10	3 0	N. E.
13 ma.	14 26	320 15	3 26	N. E.
19 soir	La Guadaloupe E. N. E. 13 lieuës.		4 7	N. E.
21 ma.	L'Isle Ste Croix au N. à 20 lieuës.		4 44	N. E.
22 soir	Dans le Canal de Porto Ricco.		4 41	N. E.

Jours du Mois.	Latitude	Longitude.	Variation.	Qualité de la Variat.
23 ma.	Dans le Canal de Porto Ricco.		4 d 10'	N. E.
soir			4 0	N. E.
24 soir	19 d 46'	Cap Sumana.	4 50	N. E.
25 ma.	10 20	Cap François.	4 50	N. E.
Juin. 6 ma.	La pointe Est de Cube à 3 lieuës au N. O.		5 12	N. E.
7 soir	Vis-à-vis la Ville de Cube.		5 30	N. E.
13 soir	Près du Petit Caynan.		4 50	N. E.
14 ma. soir	à l'Ouest du Petit Cayman.		4 0	N. E.
15 ma. 18 ma.	124 l. de l'Isle du Pu , au Sud du Cap Saint Antoine		4 0 / 3 32	N. E.
18 soir	Cap Saint Antoine N. ¼ N. E. à 6 lieuës.		4 0	N. E.
20 ma. 21 ma. soir	22 54 24 17	287 d 45' 287 0	4 30 2 30 2 0	N. E. N. E.
23 ma. soir	26 0 26 20	286 44 286 20	2 0 2 0	N. E. N. E.
24 ma. soir	27 0	286 35	2 0	N. E.
Juillet. 2 soir	Devant l'Isle Dauphine au mouillage.		2 0	N. E.
Retour. **Aoust.** 3 soir 5 soir	30 30		2 16 2 30	N. E. N. E.
7 soir 16 soir	17 20 15 56	186 30	3 16 4 0	N. E. N. E.
17 soir 18 soir	13 30 13 24		4 36 4 18	N. E. N. E.
24 soir	19 44		3 30	N. E.
Septembre. 26 soir 2 ma.	30 5 32 15		1 30 1 10 0 30	N. E. N. O.
2 soir	32 15		0 36	N. O.

Jours du Mois.	Latitude	Longitude.	Variation.	Qualité de la Variat.
3 soir	32 l. 12	303 d 5'	0 d 45'	N. O.
13 soir	34 14	313 34	2 30	N. O.
14 ma.	34 54	314 44	2 50	N. O.
14 soir 16 ma.	35 55	321 0	2 30 3 10	N. O. N. O.
18 soir 25 soir	35 25 35 41	334 55 339 55	4 0 5 10	N. O. N. O.
Octobr. 30 ma. soir	35 29	344 23	6 40 6 30	N. O. N. O.
1 ma. 11 soir	37 36 4	346 43 3 30	6 25 7 43	N. O. N. O.
11 ma. 11 soir	36 0 36 2	3 40	8 15 8 25	N. O.
13 ma. 14 ma.	35 15 35 0	4 50 6 0	8 25 9 28	N. O. N. O.
14 soir 16 ma.	35 20 35 32	7 0 9 50	9 36 9 10	N. O. N. O.
16 soir 17 soir	35 36 35 45	10 6 au C Spartel à 3 l.	11 0 11 0	N. O. N. O.
26 soir 28 soir	in S. de Velez Malaga. la S. E. du C. Sacratif à 10 lieuës.		9 36 9 0	N. O. N. O.
30 soir	à 15 l. du C. de Gate. à 10 l. du C. Sacratif. à 7 l. d'Alboran.		9 36	N. O.
Novembre. 1 soir	20 l. à l'Ouest du Cap de Gate.		10 0	N. O.
2 ma.	11 l. au S. E. du C. Pale		10 0	N. O.
3 soir 4 soir	12 l. S. O. d'Alicant. 11 l. à l'Est du Cap Benidorme.		9 56 9 50	N. O. N. O.
6 soir	à 15 lieuës Ouest de Maillorque		10 50	N. O.
7 ma.	16 l. à l'O. de la Dragonaire de Maillorque.		10 58	N. O.
8 ma.	in S. ¼ S. E. de la Dragonaire.		11 4	N. O.
9 soir	à 5 lieuës au Sud de Palamos		11 36	N. O.

seulement pour la Mediterranée, mais aussi pour l'Occan, suivant les observations que nous venons de rapporter, soit pour les cas où la variation s'est trouvée au Nord-Ouest, soit pour ceux où elle s'est trouvée au Nord-Est. Nous allons le faire voir plus clairement par la comparaison des variations que nous avons observées, avec celles qui résultent des courbes de M. Halley.

COMPARAISONS

Des Variations observées en l'année 1720. avec la Variation dans les mêmes parages, déterminée pour l'année 1700. par les courbes décrites par M. Halley.

AVant notre départ de Provence, je priai M. Cassini de me procurer une Carte de M. Halley ; il ne s'en trouva point, ceux à qui il avoit prêté celles qu'il avoit, ne les lui aïant pas renduës. Pour y suppléer, il eut la complaisance de m'envoïer le Planisphere qu'il avoit dressé & fait graver en 1696. sur lequel il avoit lui-même du depuis tracé à la plume les courbes de M. Halley pour ses propres usages. Je lui en suis d'autant plus obligé, que c'est le seul qu'il eût de cette façon. Habile au point que chacun sçait, & fils d'un pere si illustre dans les Sciences, auquel l'Astronomie doit grande partie du progrès merveilleux qu'elle a fait de nos jours, il a eu la condescendance de se défaire d'un original qui lui étoit utile ; je souhaite qu'il n'ait pas lieu de s'en repentir.

M. Cassini dans ce Planisphere fait passer son premier méridien près de la plus orientale des Isles du Cap Verd, près de l'Isle de Saint Michel la plus orientale des Açores, & par le milieu de l'Islande. Le méridien du pic de Teneriffe sur ce Planisphere est six degrez plus oriental à fort peu près ; car sur un Planisphere si petit on ne sçauroit distinguer quinze ou vingt minutes. C'est sur le méridien de Teneriffe qu'on a commencé à compter la longitude qui est rapportée dans ce Journal, & dans les observations de la variation faites pendant le cours de ce Voïage. Il faudra donc ajouter six degrez à toutes les observations faites à l'Ouest du méridien de Teneriffe, & ôter six degrez des obſervations faites à l'Eſt de ce méridien, pour qu'elles ſe trouvent réduites au méridien du Planiſphere de Monſieur Caſſini.

Je dis ceci pour ceux qui pourroient avoir ce Planiſphe-re : car pour moi comme j'avois du temps de reſte à la Mer, où l'on s'ennuie fort ſi on ne ſçait s'y occuper, j'ai marqué au craion ſur ce Planiſphere les méridiens de dix en dix degrez, en prenant le premier au milieu de l'Iſle de Tene-riffe. Cela étant, voici les comparaiſons de nos obſervations avec les courbes de M. Halley décrites ſur ce Planiſphere.

J'ai cru qu'il falloit auſſi reduire en Table ces comparai-ſons, pour mettre tout d'un coup ſous les yeux la latitude, la longitude, la variation déterminée par les courbes de M. Halley, la variation obſervée cette campagne, & leur dif-ference. De cette maniere on pourra voir plus aiſément ce qui en peut réſulter pour l'avantage de la navigation.

Il eſt difficile ſur un ſi petit Planiſphere de déterminer vingt ou trente minutes ſur les latitudes. Il eſt encore plus difficile de les déterminer dans l'intervalle des courbes de la variation. J'ai fait l'un & l'autre avec autant d'exactitude que j'ai pû : après tout cela je ne vois pas que de cette comparaiſon on en tire des differences qui ſe ſuivent dans une proportion reglée, & qui puiſſe ſervir pour former une Table de l'augmentation ou diminution annuelle de la variation. Examinons ce point important à la navigation un peu plus en détail.

Dans la colomne des variations de M. Halley, depuis Gibraltar juſqu'à la latitude & longitude où la variation eſt nulle, il y a une eſpece de proportion obſervée dans la diminution des degrez de variation : car pour ce qui eſt des minutes, on ne ſçauroit reconnoître cette proportion. Il en eſt de même dans la colomne de nos obſervations, les de-grez vont auſſi en diminuant, ſi on en excepte une ſeule qui eſt évidemment défectueuſe ; mais pour le nombre des minutes, on ne peut rien déterminer. Toutes ces variations ſont Nord-Oueſt. Leur difference eſt telle, que nos obſer-va-ions vont toujours en excedant depuis le lieu de la terre où il n'y a pas de variation, qui n'eſt pas fort different du lieu où paſſe la courbe de M. Halley, où il n'y eut point de variation en 1700. Mais cet excès n'augmente pas dans
une

une proportion bien reglée, à moins qu'on ne réforme la variation qui convient aux latitudes de 28. & de 30. degrez. Mais pour faire la repartition de cette difference, pour avoir le nombre des minutes de chaque année, il y auroit autant de repartitions à faire qu'il y a de cellules ; ainsi cela ne peut comporter de regle certaine & uniforme.

Au contraire, depuis le lieu où la variation est nulle, & où elle commence à devenir Nord-Est, la difference de nos variations à celles que donnent les courbes de M. Halley, devient défaillante jusqu'au Cap Saint Antoine ; mais la proportion ne diminuë pas autant qu'elle avoit augmenté quand la variation étoit Nord-Ouest ; & outre cela la proportion ne suit pas de regle certaine. Pour y en trouver, il faudroit corriger les variations des latitudes de 14ᵈ. de 16ᵈ. & de Porto-Ricco, les autres depuis celles-ci suivent assez. Cette difference est d'un degré 30. minutes dans trois observations, ensuite elle augmente jusqu'à 2ᵈ. 30′. où elle se maintient dans trois observations, après lesquelles elle diminuë jusqu'à la variation de l'Isle Dauphine.

En revenant au contraire de l'Isle Dauphine, la variation que nous avons observée commence à exceder sur celle qui est tirée des courbes de M. Halley, de maniere qu'au sortir du canal de Baham cette difference est d'un degré 15. minutes ; mais là où par nos observations la variation est nulle, elle n'excede celle de M. Halley que de 45′. après quoi cet excès va toujours en diminuant jusqu'à la latitude de 35ᵈ. où il n'y a aucune difference.

De-là l'excès conclu de nos observations va encore en augmentant jusqu'au Cap Spartel dans une proportion assez reglée, si on en excepte la variation de la latitude de 37ᵈ. 5′. où cette difference n'est que de 2ᵈ. 45′. quoiqu'elle dût être de plus de 2ᵈ. 50′. Tout cela fait voir qu'on ne peut encore établir de regle certaine pour l'augmentation ou diminution annuelle de la variation, & qu'il faut un bien plus grand nombre d'observations faites en plusieurs années & en differens parages, même en diverses Mers, pour en conclure quelque chose de plus précis, ou au moins qui ne soit pas si incertain. C'est apparemment de cette maniere que M. Halley a établi ses courbes pour 1700. car en pareille matiere il n'est pas question d'hypothese ni de

H h

Geometrie pour déterminer la nature de ces courbes & affigner leurs lieux. La nature fe jouant des hypotheses & de l'analyse du Géometre, fait un faut à droit, & le Géometre prend à gauche, non en vertu de la Géometrie, mais parce que les matieres de Physique ne comportent pas l'exactitude de la Géométrie.

J'ai eu l'honneur autrefois de propofer à un Miniftre d'ordonner aux Pilotes fortans de nos Ports pour divers Païs, de faire beaucoup d'obfervations de la variation, lefquelles remifes aux Amirautez, auroient été communiquées à quelque Profeffeur habile de ceux qui font emploïez dans les Ports & Ecoles du Roi ; ce qui l'auroit mis en état d'éclaircir ces matieres, & d'en tirer du profit pour la navigation & la longitude. Cela n'a pas eu lieu ; mais peut-être que Meffieurs de l'Academie Roïale des Sciences en ont recouvré un affez grand nombre, faites en differens voiages de long cours en diverfes parties du monde. Je fouhaite que celles-ci leur foient utiles, & que toutes ces comparaifons puiffent les aider à trouver quelque regle pour la détermination de la variation en un parage, & en une année donnée.

Ce feroit le meilleur moïen pour déterminer la longitude de ce parage, & pour être plus fûr du lieu où on fe trouveroit à la Mer. On a vû ci-devant l'ufage que nous en avons fait en deux occafions. Je ne fçai fi cela fe pourra aifément par les raifons rapportées ci-devant : mais quelque rebutant que puiffe être ce travail, qu'on ne peut faire qu'en tâtonnant, le très-grand avantage qui en peut revenir à la navigation, mériteroit bien qu'on s'y appliquât. Si on ne peut avoir des démonftrations, on pourra toujours trouver quelque chofe de confolant pour les Navigateurs, que l'eftime tourmente toujours par la difficulté qu'il y a de la faire jufte quand on navigue à l'Eft ou à l'Oueft, comme on l'a fait voir ci-devant.

En parcourant le Journal du Reverend Pere Feuillée, j'ai trouvé quelques obfervations de la variation, qui peuvent être comparées avec celles que nous avons faites, & nous fervir à voir s'il y a quelque proportion conftante dans l'augmentation de la variation ou dans fa diminution. Près du Cap Spartel, par 35^d. 24', de latitude, il trouva en

1708. 7. dég. 4′. de variation Nord-Ouest, nous en avons trouvé 12. n'étant que de 20′. plus Nord ; ce seroit en 12. ans 5. degrez d'augmentation, ou 25. minutes par an ; mais cette proportion n'a pas lieu dans les observations suivantes.

Par le travers du Cap de Pale il trouva 9ᵈ. 17′. de variation Nord-Ouest presque au même lieu où nous avons trouvé 10. degrez ; de sorte qu'il n'y a en·12. ans que 43. minutes d'augmentation, ce qui ne donneroit pas 4. minutes par an.

Au Sud d'Alicant par 37ᵈ. 26′. de latitude, il trouva la variation Nord-Ouest de 9ᵈ. 5′. & nous au Sud-Ouest d'A-licant à 12. lieuës, ce qui est fort près du lieu où il ob-serva, nous avons trouvé 9ᵈ. 56′. c'est 51′. d'augmentation, ou un peu plus de 4′. par an.

Il observa la variation au Sud de Majorque à 4. lieuës, elle fut de 9 ᵈ. 47′. Nord-Ouest ; & nous à six lieuës à l'Ouest de la Dragonaire, c'est-à-dire à dix ou douze lieuës de diffe-rence, nous avons trouvé 10ᵈ. 58′. Nord-Ouest, c'est 1ᵈ. 11′. de difference en douze ans, ou près de 6′. par an.

Le 12. Mai il trouva par la latitude de 34ᵈ. 51′. la va-riation de 6ᵈ. 41′. Nord-Ouest, il ne marque pas la longi-tude : nous par 35ᵈ. de latitude & 5ᵈ. 50′. de longitude, qui devoit être à peu près la longitude du Pere Feuillée, puisqu'il approchoit des Canaries, comme nous de Madere, nous avons eu 10ᵈ. 56′. de variation Nord-Ouest, la dif-ference est 4ᵈ. 15′. en douze ans. Depuis 1700. à 1708. la variation auroit augmenté dans ce même parage de 2ᵈ. 40′. ce qui fournit une proportion assez reglée ; ce seroit 1ᵈ. 20′. pour quatre ans, & pour vingt ans 6ᵈ. 40′. ce qui ne s'é-carte de la difference que nous avons trouvée entre M. Hal-ley & nous, que de 16′. en vingt ans. On auroit donc dans ce parage-là 20′. par an d'augmentation.

Par 32 . 45′. de latitude le P. Feuillée trouva 6ᵈ. 15′. de variation Nord-Ouest. Sa longitude devoit être à peu près la nôtre, puisqu'il approchoit des Canaries & nous de Madere. Et nous par 32ᵈ. 50′. qui n'excede la précédente que de 5′. & par la longitude de 3ᵈ. 50′. nous avons eu 8ᵈ. 12′. de variation Nord-Ouest plus grande que l'autre d'un degré 57′. ou, si on veut, 2ᵈ. en douze ans, ou 40′. pour quatre ans, & 10′. par an. Mais par la comparaison de la

H h ij

variation felon les courbes de M. Halley, & de la variation que nous avons obfervée, cette différence eft de 4ᵈ.
32′. en vingt ans, ce qui donne 13′. 36′. par an ; d'où l'on
a une différence de 3′. 36″. avec la proportion qui réfulte
des obfervations du Pere Feuillée comparée avec les nôtres.

On voit que ces proportions ne s'accordent point les unes
avec les autres, & que cette derniere ne s'accorde pas avec
celle du parage de 35ᵈ. ci-deffus rapportée. Je n'ai trouvé
dans le Livre du Pere Feuillée que ces obfervations que je
puffe comparer avec les nôtres ; mais on voit affez par ce
que je viens d'examiner d'obfervations, qu'on ne peut efperer que de la variation dans les comparaifons qu'on pourra
faire des variations des aiguilles aimantées, foit qu'il n'y ait
pas de proportion reguliere, comme cela eft aifé à voir, foit
que cette proportion foit differente en differents parages,
foit que les obfervations ne foient pas affez exactes.

Tout cela changera entierement la fituation des courbes
de M. Halley dans l'intervalle de vingt ans, fi on fe donne
la peine de les tracer fur une Carte. Je dois ajouter ici une
belle Reflexion de M. de Fontenelle, Hiftoire de l'Academie de 1701. page 10. *Ce feroit une chofe à obferver avec
foin que ce défaut d'uniformité & la mefure de cette variation dans le fiftême de M. Halley, fuppofé que ce foit d'ailleurs un fiftême. Il eft toujours certain qu'il faut, autant que
la nature le permettra, favorifer une fi belle découverte, &
n'y renoncer que le plus tard qu'on pourra.*

C'eft dans ces vûës que je viens de faire ces comparaifons : mais il faut encore un plus grand nombre d'obfervations, comme je l'ai déja dit, pour établir folidement ce
fiftême ou pour y renoncer. Après avoir écrit ces chofes &
fini mon Journal, je me fuis mis à relire l'Hiftoire de l'A-
cademie des Sciences, ouvrage digne de cet illuftre Corps.
Car que faire ? puifque nous voilà arrivez à Toulon me-
nacé de pefte. Dans cette lecture je fuis tombé fur des Memoires de M. Caffini des années 1701. 1704. 1705. 1708.
J'y ai trouvé d'excellentes réflexions fur la variation des aiguilles aimantées ; je fuis ravi de m'être rencontré avec un
fi habile homme, ce que j'en dis aura plus de poids. Ce qu'il
y a d'avantageux, c'eft que mes reflexions font fur des obfervations faites en païs neuf, d'où M. Caffini n'en a point

TABLE

Pour la comparaifon de la Variation obfervée dans le Voïage de la Louïfiane en 1720. & celle de la Carte de M. Halley en 1700.

Latitude.	Longitude.	Variat. par les Courb. de M. Halley	Voïage de la Louïfiane.	Différence.	
Gibaltar.		4 30'	12 d 0'	7 d 30'	Nord-Oueft par excès.
35 d	5 d 50'	4 0	10 56	6 56	
32 53'	3 50	3 40	8 12	4 32	
30 40	355 0	3 15	6 45	3 30	
30 0	357 0	3 10	5 45	2 35	
29 40	356 0	2 50	6 45	3 55	
28 0	350 30	2 15	6 30	4 15	
26 12	346 20	1 40	4 0	2 20	
25 30	343 0	1 0	3 30	2 30	
22 0	338 45	0 30	2 36	2 6	
21 0	336 0	0 0	1 40	1 40	
20 0	334 0	0 50	0 0	0 50	Nord-Eft par défaut.
18 40	330 0	1 30	1 12	0 18	
17 0	327 0	2 30	1 30	1 0	
16 12	325 0	4 0	2 0	2 0	
14 30	322 10	4 0	3 0	1 0	
14 26	320 15	4 0	3 26	0 34	
Guadaloupe.		5 10	4 7	1 3	
Porto Ricco.		6 0	4 0	2 0	
Cap Sumana.		6 0	4 20	1 40	
Cap François.		6 0	4 30	1 30	
Pointe Orientale de Cube.		6 0	4 30	1 30	
Ifle du petit Cayman.		7 0	4 50	2 10	

Latitude.	Longitude.	Variat. par les Courb. de M. Halley	Voïage de la Louïfiane.	Différence.	
Cap Saint Antoine.		6 d 30'	4 d 0'	2 d 30'	
22 54	287 45	6 0	3 30	2 30	
24 57	287 0	5 0	2 30	2 30	
26 0	286 44	4 20	2 0	2 20	
27 0	286 35	3 0	2 0	1 0	
Ifle Dauphine.		1 0	2 0	1 0	Retour par excès.
27 20	286 30	3 0	3 16	0 16	
29 44	Sortie de Baham.	2 15	3 30	1 15	
32 46	302 9	0 45	0 0	0 45	Nord-Ouet
32 12	303 3	0 30	0 45	0 15	
34 34	313 34	2 15	2 30	0 15	
34 54	314 44	1 30	1 50	0 20	
35 0	315 0	2 30	2 30	0 0	
35 55	321 0	3 0	3 1	0 10	
34 25	324 55	2 50	4 0	1 10	
35 41	339 55	3 45	5 10	1 25	
35 29	342 23	3 40	6 40	3 0	
37 5	346 43	4 20	6 25	2 5	
36 4	3 30	4 20	8 15	3 35	
35 0	6 0	4 10	9 18	5 8	
35 20	7 0	4 15	9 36	5 26	
Cap Spartel.		4 30	12 15	7 45	

rapporté, parce qu'on n'y en avoit pas fait. C'eft le moïen de débrouiller toujours davantage le fiftême de M. Halley.

Nous avions les obfervations faites en allant aux Indes Orientales, à la côte orientale & occidentale de l'Amerique méridionale ; il nous manquoit la côte de S. Domingue, de Cube, & le Golphe du Mexique, ou, pour mieux dire, toute cette route. Abondance de droit ne nuit pas, fur-tout dans le procès que nous avons avec la nature ; plus nous aurons de pieces à produire contre elle, plus feurement nous gagnerons notre procès : mais enfin avec la patience nous en viendrons à bout nous ou nos neveux. C'eft dommage qu'on n'ait pas commencé il y a deux cens ans l'inftruction de ce procès, mais nos devanciers n'aimoient pas cette efpece de procedure.

DETERMINATION

De la Longitude de Madere.

AU retour du Voïage de la Louifiane j'écrivis à Monfieur Caffini pour avoir des obfervations des émerfions du premier Satellite de Jupiter, qui fuffent correfpondantes ou peu éloignées de celles que j'avois faites dans le voïage. Dans fa lettre du 31. Decembre 1720. il m'a envoïé les fuivantes, qui fervent à déterminer la longitude des lieux où j'ai fait pareilles obfervations.

Le 2. Avril 1720. l'émerfion du premier Satellite de Jupiter fut obfervée à Paris à l'Obfervatoire à   8ʰ. 17′. 37″.

Elle s'accorde dans la minute avec le calcul. Nous ne mouillames à la rade de Funchal que le 5. Avril, & je ne pus obferver d'émerfion du premier Satellite de Jupiter que le 9. Avril. Mais ajoutant quatre révolutions du premier Satellite de Jupiter d'un jour 18ʰ. 29′. 10″. à cette obfervation du 2. Avril, on a l'émerfion qui arriva à Paris le 9. à   10ʰ. 14′. 17″.

Cette émerfion fut obfervée à Funchal le 9. à 9.   6. 32.

Donc Funchal eft plus occidental que l'Obfervatoire de Paris de   1.   7: 45.

Ce qui eft en temps la difference des méridiens de ces deux

Villes, laquelle réduite en degrez de l'équateur, donne $16^d. 56'. 15''.$

Donc Funchal est plus occidental que l'Observatoire de Paris. Mais l'Isle de Fer est plus occidentale que Paris, selon la Connoissance des Temps, de $20. 0. 0.$

Donc Funchal est plus oriental que l'Isle de Fer de $3. 3. 45.$

La difference des méridiens de Teneriffe à l'Isle de Fer, est par le Pere Feuillée $1. 2. 15.$

dont le pic de Teneriffe est plus oriental.

Funchal est donc plus oriental que le pic de Teneriffe de $2. 1. 30.$

Cette même émersion fut observée à Marseille par le R. P. Feuillée à $10^h. 26'. 49''.$

Je l'observai à Funchal Capitale de Madere à $9. 6. 32.$

Donc Funchal est plus occidental que Marseille de $1. 20. 17.$

Mais Marseille est plus oriental que Paris de $12. 28.$

Donc Funchal est plus occidental que Paris de $1. 7. 49.$

Ce qui ne differe que de $4''.$ du calcul précedent, & fait voir que le temps que j'ai emploïé pour chaque révolution dans le calcul corrigé, qui est un jour $18^h. 29'. 10''.$ est très-exact & à une seconde près ; ce qui donnera une minute de degré, dont la difference qu'on vient de déterminer sera plus petite.

Mais Van-Kulen & Pieter-Gos mettent la pointe orientale de Madere sous le Méridien de Teneriffe. Ils placent donc cette Isle trop à l'Occident au moins d'un degré $34'.$ & même de deux degrez, à cause que la ville de Funchal est plus occidentale que le Cap S. Laurent de $12.$ lieuës.

La Lunette dont M. Cassini s'est servi est de 16 pieds, la mienne est de 18 pieds, ce qui pourroit donner quatre secondes dont l'émersion auroit été vûë plus tard à Paris ; mais je n'ai pas cru necessaire d'avoir égard à ces quatre secondes ni dans cette comparaison ni dans les suivantes. Il paroît par ces calculs qu'il faut rapprocher de l'Est les Canaries d'environ 30 lieuës, dont elles ne sont pas si éloignées de la côte d'Espagne qu'elles sont marquées sur plusieurs Cartes ; de sorte qu'il ne faut pas attribuer aux courans de ce qu'on se trouve plutôt qu'on ne pensoit à la vûë de ces Isles ou de celle de Madere quand on vient d'Europe.

J'ai ajouté 10″. à chaque révolution pour approcher le temps calculé de celui de l'observation, laquelle tardoit le deux Avril sur le calcul de 37″. Cette différence a toujours augmenté dans les observations suivantes. Si quelqu'un vouloit encore ajouter 5″. par révolution, je ne l'empêcherois pas, ce seroit 20″. de temps, ou 5′. de degré au profit de Van-Kulen & Pieter-Gos ; petit profit qu'on peut aisément leur accorder.

Si on calcule pour le Méridien de Paris la conjonction du second & troisiéme Satellites de Jupiter, qui arriva le neuf Avril à 11ʰ. 11′. 42″. du soir à Funchal, on pourra encore avoir la différence des Méridiens ; mais je doute qu'on l'aie aussi exactement que par l'observation de l'émersion du premier Satellite qu'on vient de rapporter, à cause qu'on ne juge pas aussi précisément le moment de la conjonction des Satellites que le recouvrement de lumiere.

DETERMINATION

De la Longitude du Cap François dans l'Isle de S. Domingue.

L'Emersion du premier Satellite de Jupiter qui arriva le premier Juin 1720. étoit calculée pour le Méridien de Paris à

	12ʰ.	36′.	0′.
Cette émersion fut observée à Paris à	12.	40.	57.
Le calcul anticipe sur l'observation de		4.	57.
La même émersion fut observée au Cap François le premier Juin à	7.	47.	28.
Donc le Cap est plus occidental que Paris, à l'Observatoire, de	4.	53.	29.
qui valent en degrez de l'équateur	73ᵈ.	22′.	15″.

dont le Cap François est à l'Occident de Paris.

Mais l'Isle de Fer est plus occidentale que Paris de   20ᵈ. 0′. 0″.

Reste la difference des Meridiens de l'Isle de Fer au Cap,   53. 22. 15.
dont ce Cap est plus occidental.

Il faut les ôter de   359. 59. 60.

Reste pour la longitude du Cap François   306. 37. 45.
Otant la difference des Méridiens de l'Isle de Fer & Teneriffe,   1. 2. 15.

La longitude du Cap réduite au Meridien de Teneriffe, sera   305. 35. 30.
Mais Van-Kulen met le Cap François à   303. 42. 0.

Donc il est trop occidental sur sa Carte de   1. 57. 30.

Ainsi on doit conclure que l'Isle de Saint Domingue est posée trop à l'Ouest sur cette Carte d'un degré 57′. 30″.

DETERMINATION

De la Longitude de l'Isle Dauphine sur la Côte de la Louisiane.

M. Cassini m'a communiqué deux Emersions du premier Satellite de Jupiter, qu'il observa en Juillet à Paris. La premiere arriva le 3. Juillet 1720. à   9ʰ. 11′. 9″.
Le calcul la donnoit à   9. 6. 0.

Le calcul anticipe donc sur l'observation de   5. 9.

Nous n'arrivâmes à l'Isle Dauphine que le premier Juillet, & le ciel ne fut pas serein, sur-tout la nuit, les dix premiers jours de ce mois, ainsi on ne put pas faire d'observation ; on n'auroit pas pû d'ailleurs observer cette premiere Emersion, puisqu'il n'étoit que 2ʰ. 14′. du soir lorsqu'elle arriva.

L'autre Emersion arriva à Paris, à l'Observatoire, en Juillet le 26. à   9ʰ. 24′. 23″.
Elle tarde sur le calcul de   7. 23.

On ne put l'observer à l'Isle Dauphine, n'étant alors qu'environ 2ʰ. 30′. du soir. Mais ôtant du temps de l'immersion une révolution de   1 Jour 18ʰ. 29′. 10″.

Reste

Reste que l'Emersion précédente arriva à Paris en Juillet 1720 le 24. à   14^h. 55'. 13".

Elle fut observée à l'Isle Dauphine le 24. à   8. 2. 33.

Donc différence des Méridiens de Paris & de l'Isle Dauphine,   6. 52. 40.

qui valent en parties de l'équateur   103^d. 10'. 0".
dont Paris est plus oriental que l'Isle Dauphine.

Mais l'Isle de Fer est plus occidentale que Paris de   20. 0. 0.

Donc l'Isle Dauphine plus occidentale que l'Isle de Fer de   83. 10. 0.
qu'il faut ôter de   359. 60. 0.

Donc longitude de cette Isle depuis le méridien de l'Isle de Fer ,   276. 50. 0.   *M. de Lisle*   287^d. 45'.

Otant la différence des méridiens de l'Isle de Fer à Teneriffe ,   1. 2. 15.   276. 50.

On a la longitude de l'Isle Dauphine au méridien de Teneriffe ,   275. 47. 45.   10. 55. différence énorme.

Van-Kulen marque l'Isle Dauphine sur sa Carte à   282. 0. 0.

Il la met donc trop à l'Orient de   6. 47. 45.

Ainsi tout le Golphe du Mexique, qui se trouve en deux Cartes réduites de Van-Kulen, est mal placé & mal configuré. Il est mieux dans une Carte à grand point , qu'il donne depuis la Martinique jusqu'au fond de ce Golphe, dressée par Jean Sikena ; mais il paroît qu'il n'est pas assez instruit de la partie de ce Golphe où nous avons été, ainsi il y a bien des choses à corriger. D'ailleurs, comme il n'y a pas d'échelle de longitude, les Navigateurs ne peuvent s'en servir aussi aisément qu'il seroit à souhaiter.

Nous donnerons une Carte de la côte de la Louisiane, corrigée sur la latitude & sur la longitude que j'ai marquées dans ce Journal. Elle contient la Côte depuis l'embouchure du Mississipi jusqu'à la côte occidentale de la Floride, pour le service des Navigateurs qui iront à la Louisiane.

La derniere Emersion fut observée à Paris 33". plûtôt par une Lunette de 34 pieds : mais outre que la mienne

n'étoit que de 18 pieds , & qu'ainſi il y avoit une difference de 15". j'ai cru que les 18". de ſurplus tiendroient
lieu d'une plus forte correction , qu'il auroit fallu faire dans
la révolution que j'ai emploïée.

La Martinique & par conſéquent toutes les Iſles du Vent
ne ſont pas auſſi exactement poſées ſur la Carte de Van-Kulen.
Je n'y ai point pû obſerver d'Emerſion du premier Satellite de Jupiter, comme on l'a dit, mais pluſieurs Aſtronomes
de l'Academie Roïale des Sciences l'ont fait ; ils ont déterminé la longitude de la Martinique comme ceci.

Difference des Méridiens de Paris à la Martinique (Connoiſſance des Temps)   63ᵈ. 18'. 45".

Mais l'Iſle de Fer eſt plus occidentale que
Paris de   20. 0. 0.

Donc la Martinique plus occidentale que
l'Iſle de Fer de   43. 18. 45.
Donc longitude de la Martinique,   316. 41. 15.
Difference des méridiens de l'Iſle de Fer &
de Teneriffe ,   1. 2. 15.

Longitude de la Martinique réduite au méridien de Teneriffe ,   315. 39. 0.

Van-Kulen la donne de   316. 40. 0.
                                            315. 39. 0.

Il poſe donc la Martinique trop à l'Orient de 1. 1. 0.

J'ai dit dans le Journal à l'occaſion de notre aterrage à cette
Iſle le 14. Mai 1720. ce qui peut avoir cauſé cette erreur, que
Pieter-Gos a diminué d'un degré. Quoique ſa Carte ſoit meilleure que celle de Van-Kulen , il eſt bon d'examiner les erreurs qu'il peut y avoir pour les lieux dont je viens de déterminer la longitude.

COMPARAISONS

*Des Longitudes & Latitudes de la Carte de Pieter-Gos, avec celles
qui réſultent des Obſervations faites dans le Voïage
de la Louiſiane.*

DEpuis notre retour, j'ai comparé les longitudes & latitudes qui réſultent de mes obſervations rapportées en

leur lieu dans ce Journal, avec celles de Pieter-Gos. Voici ces comparaisons.

Pour la longitude de Madere, il y a la même erreur dans la Carte de Pieter-Gos que dans celle de Van-Kulen. Comme celui-ci, il place l'extremité orientale de l'Isle de Madere à quelques lieuës près sous le méridien du pic de Teneriffe, ainsi il y a la même correction à faire.

J'ai trouvé la latitude de Funchal Capitale de Madere, $32^d. 37'. 53''.$

Pieter-Gos lui donne pour latitude $32. 17. 0.$

Il fait donc Funchal trop Sud de $20. 53.$

& par conséquent toute l'Isle de Madere.

La longitude du Cap François a été trouvée ci-devant de $305. 39. 30.$

Selon Pieter-Gos cette longitude est de $304. 10. 0.$

La difference dont il le fait trop occidental, est de $1. 29. 30.$

ainsi l'erreur est moindre que celle de Van-Kulen. J'ai parlé de celle de la Martinique.

J'ai trouvé la latitude du Cap François de $19. 45. 45.$

Pieter-Gos la donne de $20. 20. 0.$

Il le fait donc trop Nord de $34. 15.$

Nous avons déterminé ci-devant la longitude de l'Isle Dauphine, réduite au méridien du pic de Teneriffe, de $275. 47. 45.$

Prenant sur la Carte de Pieter-Gos le même point que j'ai pris sur celle de Van-Kulen, la longitude est de $279. 20. 0.$

La difference dont il le fait trop oriental, est de $4. 32. 15.$

Ce point est à l'entrée d'une grande Baye qui se trouve sur leurs Cartes à l'Est de la Riviere *de Spiritu-Sancto*, qui doit être la Riviere de Mississipi, que ces Géographes ne connoissoient pas. Il a corrigé Van-Kulen de $2^d. 40'. 0''.$

On verra dans la suite qu'il met Kebec aussi trop à l'Orient de $5^d. 27'.$ ainsi il place l'Amerique Septentrionale trop à l'Orient.

Pieter-Gos donne pour latitude à l'entrée de cette
Baye   29 l. 40'.

J'ai trouvé la latitude de l'Isle Dauphine   30. 17.

La difference dont il la fait trop Sud,   37.

Mais tout ce fond du golphe du Mexique n'a aucune res-
semblance avec la côte, comme on le verra en le comparant
avec la Carte de cette partie du golphe qui s'étend depuis
le Mississipi jusqu'à la côte occidentale de la Floride, non
plus que la Carte de Van-Kulen.

Je pense qu'une des causes des fautes des Hydrographes
pour la latitude, vient de ce que les Pilotes qui leur donnent ces latitudes, ne les ont pas observées dans les Ports
marquez sur les Cartes, mais au large à trois ou quatre lieuës,
& quelquefois plus. Ce qui me le fait croire, c'est que lorsque la Mer est au Nord de ce Port, la latitude se trouve
trop Nord dans les Cartes, comme il arrive ici au Cap François. Lorsque la Mer est au Sud de ce Port, la latitude se
trouve trop Sud, comme on le voit ici à Madere.

Les défauts de l'arbalestrille ou du quartier Anglois en
font une autre cause dont je ne parle pas ici. On ne doit
pas attendre de ces instrumens la précision que donne un
quart de cercle de trois pieds de raion, de la maniere dont
on les construit à present ; & je puis assurer par un long
usage, que celui dont je me sers est un des meilleurs qui
aient été faits, comme il est des plus récens. Avec les précautions que j'ai prises dans le Voïage, je ne me suis point
apperçû que la lunette fixe ait varié le moins du monde,
& je trouve ici à present la même latitude, la même bassesse de l'horizon de la Mer, que j'avois trouvées par une
longue suite d'observations avant mon départ pour la Louisiane.

REMARQUES

Sur la Carte de la Côte de la Louisiane.

J'Ai dit dans le Journal que nous n'avions parcouru que
depuis l'Isle de Sainte-Rose jusqu'à l'Isle Dauphine, &
que M. de Vienne Capitaine de Vaisseau m'avoit donné à
la Martinique la Carte de cette côte depuis l'embouchure

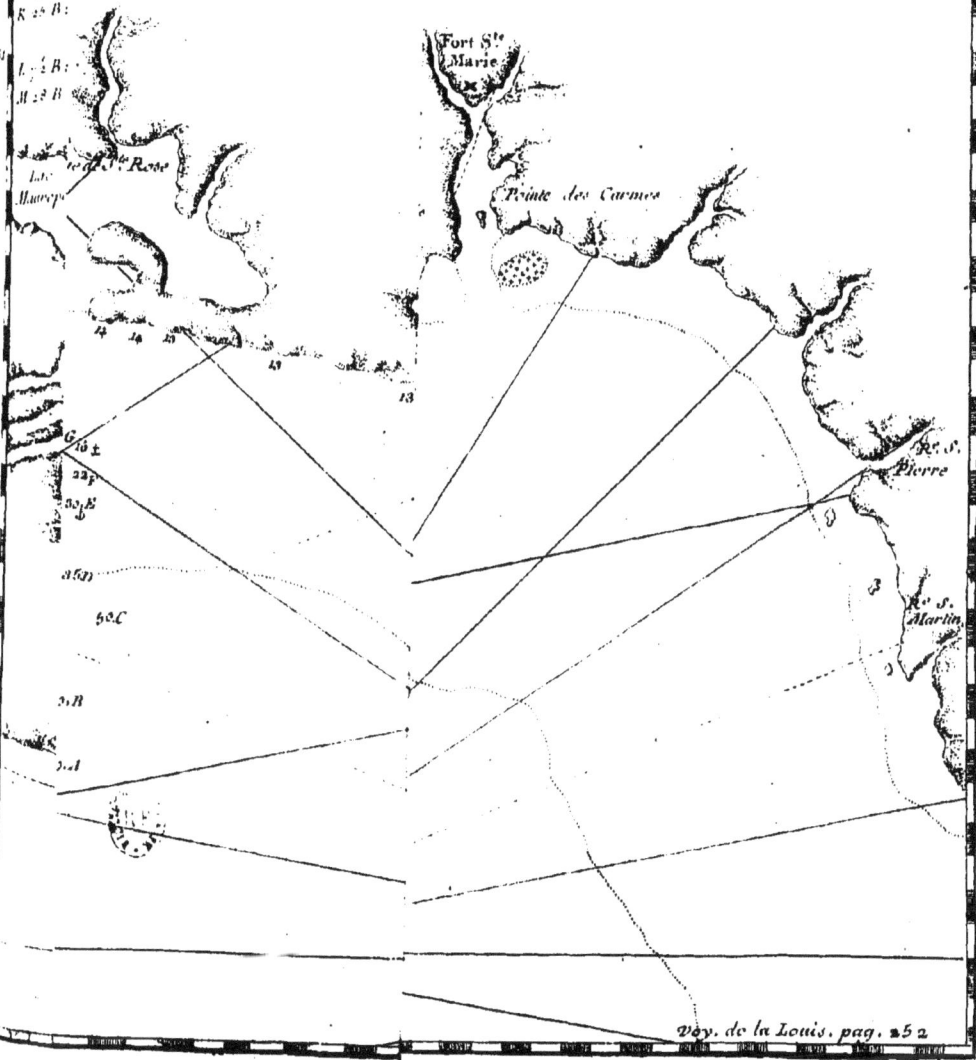

Paris qui conte depuis l'Observatoir

J. 20 B: Coste de la LOUISIANE
B. 30 B:
C. 8 B: de la Riviere de MICISSI
D. 5 B:
E. 20 B: Riviere de S. MARTIN
F. 22 B:
G. 10 B:
H. 14 B:
I. 10 B: 10   15 Lieues
K. 25 B:

L. 20 B:
M. 22 B:

Fort Ste.
Marie

de Ste. Rose
Lac
Maurepas

Pointe des Carmes

4   14   13

13

13

G. 16 t
22 F
30 E

R. S.
Pierre

a 50

50 C

R. S.
Martin

5 B

5 A

Voy. de la Louis. pag. 252

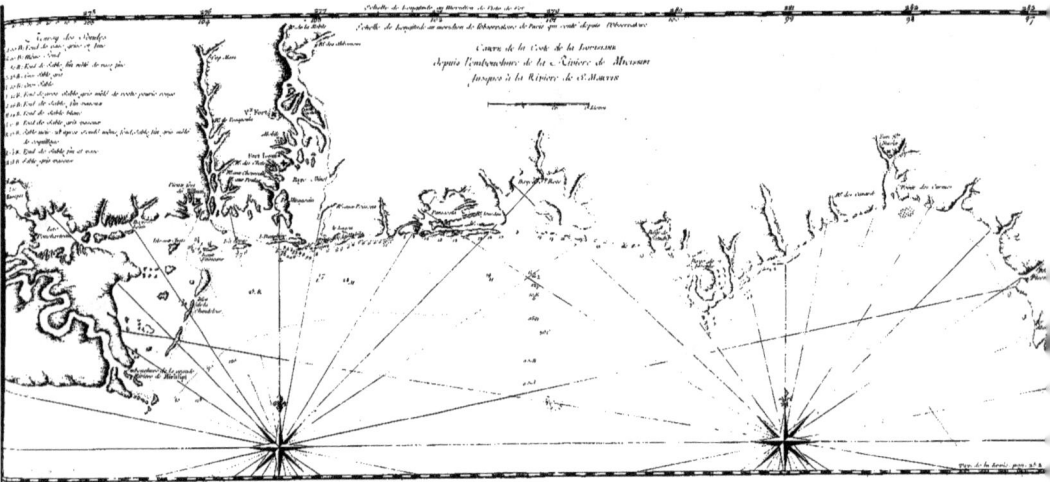

du Miſſiſſipi juſqu'à la Riviere de Saint Martin ; il m'a aſſuré qu'elle étoit fort exacte, & ce que nous avons vû de la côte m'en a convaincu.

J'ai changé la latitude de l'Iſle Dauphine qui n'étoit pas exacte, & par conſéquent de toute la côte ; on la faiſoit trop Nord de treize minutes. Pour ce qui eſt de la longitude, je l'ai miſe ſelon que je l'ai trouvée par mes obſervations, comme on le peut voir page 249. & j'ai réduit les degrez de longitude à leur juſte valeur dans le trentiéme parallele. J'ai compté les degrez de longitude depuis l'Iſle de Fer où paſſe notre premier méridien ; mais au-deſſous des degrez j'ai mis la différence des méridiens, en prenant pour premier méridien celui de l'Obſervatoire, & les comptant à rebour en allant à l'Oueſt depuis le méridien de Paris.

Pour ce qui eſt des ſondes, je les ai marquées telles que nous les avons trouvées en allant à l'Iſle Dauphine ou en revenant. On trouvera dans le renvoi la qualité du fond ; cette connoiſſance ainſi que celle de la quantité des braſſes, eſt la meilleure reconnoiſſance qu'on puiſſe avoir pour l'aterrage de cette côte, comme on l'a dit dans le Journal. C'eſt pourquoi j'ai apporté toute l'exactitude poſſible à les bien placer. La ligne ponctuée marque qu'il y a fond depuis cette ligne en allant à la côte ; on le trouve même au-deçà de cette ligne, car le fond va en baiſſant inſenſiblement ; mais comme il y a une grande profondeur d'eau & qu'on n'y peut pas moüiller, on a jugé à propos de la faire paſſer où elle eſt. Au dedans de cette ligne on y peut moüiller, comme nous avons fait en deux endroits marquez d'une ancre, & comme il ſe pratique dans la Manche en attendant le vent ou la marée ; ce qu'on appelle étaler les Marées.

REMARQUES
Sur la Carte de la Route du voïage de la Louiſiane.

COMME je me ſuis ſervi dans la navigation des Cartes Hollandoiſes, j'ai jugé à propos d'emploïer pour la route la même Carte ; autrement le Lecteur auroit pû être fort embarraſſé, ſi j'euſſe pris pour premier Méridien celui qui paſſe par l'Iſle de Fer. Mais en conſéquence des obſervations que

j'ai fait à Madere, j'ai avancé les Canaries d'un degré & demi vers l'Eſt. Ainſi mon premier Méridien, quoiqu'il paſſe
à l'Iſle de Fer, ſe trouve paſſer au Pic de Teneriffe de la Carte
Hollandoiſe, & la maniere de compter les degrez ſe trouve
la même vers l'Oueſt.

J'ai corrigé la poſition de Madere de la maniere dont il a
été dit dans le Journal, & j'ai cru devoir auſſi corriger la poſition des autres Iſles Canaries, à cauſe que leur giſement &
leur diſtance par rapport à Madere ſont aſſez connuës. Ainſi
l'Iſle de Fer placée un degré 30. minutes plus à l'Orient, eſt
préciſément au point où paſſe le Méridien du pic de Teneriffe;
mais j'ai marqué en points l'ancienne poſition de toutes ces
Iſles, en faveur de ceux qui n'approuveront pas cette correc-
ction, & par la même raiſon je n'ai point voulu changer la
poſition des autres côtes, mon deſſein n'étant pas de donner
une Carte nouvelle.

Il revient pourtant de cette correction pluſieurs avantages.
1°. La Martinique & parconſéquent toutes les autres Iſles du
vent ſe trouvent dans leur poſition exactement. 2°. La poſition du Cap François eſt plus exacte. 3°. La difference du
Méridien du Cap François & de l'Iſle Dauphine étant connuë, comme on le voit dans le Journal, il s'enſuit qu'il faut
porter plus à l'Oueſt l'Iſle de Cube & le canal de Baham
de 4ᵈ. 20′. en prenant partie ſur Porto-Ricco, partie en
allongeant l'Iſle de S. Domingue, & le reſte ſe prendra ſur
l'Iſle de Cube qui s'y trouve trop courte, ainſi que dans les
Cartes Hollandoiſes. On a mieux aimé les laiſſer ici dans leur
ancienne poſition pour en faire mieux connoître le défaut
ſans changer la configuration. Mais c'eſt ainſi qu'on doit corriger l'erreur de la Carte de Pieter-Gos, qui avoit déja diminué de deux degrez le défaut des Cartes Hollandoiſes plus anciennes.

Voici une autre preuve de la correction qu'il faut faire à
ces Cartes. Dieu dont la ſageſſe infinie brille en tous ſes ouvrages, mais d'une maniere très-ſimple, a établi les mêmes
loix pour tous les fluides; de ſorte que quoique l'air & l'eau
de la Mer ne courent pas comme une riviere, ce qui n'eſt pas
neceſſaire pour qu'il y ait des vents & des courants reglez entre les tropiques; néanmoins l'air courant de l'Eſt à l'Oueſt
entre les tropiques & près des tropiques, c'eſt-à-dire depuis

les 28. degrez, comme on l'a expliqué ci-devant ; l'eau doit suivre la même loi, & courre aussi de l'Est à l'Ouest. Je ne repete point ici les preuves que j'en ai apporté dans les réflexions que j'ai faites sur les vents ; mais ce qui nous est arrivé à l'aterrage de la Martinique en est une autre preuve qui porte après soi la conviction.

A midi du 13. Mai 1720. nous nous faisions à 83. lieuës de la Martinique, lorsque nous n'en étions qu'à 27. il est donc clair que les courans nous ont fait faire 56. lieuës de plus que nous n'estimions depuis Madere, ce qui est arrivé à bien d'autres avant nous ; c'est pourquoi j'ai dit en cet endroit de mon Journal, que sur chaque cent lieuës il falloit ajouter six lieuës pour les courans ; de sorte que lorsque nous pensions être par les 320 l. de longitude, nous avions fait trois degrez de plus vers l'Ouest, & nous étions par les 317ᵈ. 10′. Or les eaux, si elles ne trouvent point d'obstacle invincible, & les Isles n'en sont pas un, puisque les eaux coulant aisément entre leurs canaux, augmentent au contraire la vîtesse des courans, elles doivent continuer de courir à l'Ouest jusqu'au fonds du Golphe du Mexique ; il faut donc donner depuis la Martinique jusqu'au Cap S. Antoine le plus occidental de l'Isle de Cube, encore six lieuës pour le moins par cent lieuës, mais il y a six cens lieuës ; c'est donc 36. lieuës, c'est-à-dire deux degrez qu'il faut ajouter, en sorte que quand on compte les 288ᵈ. je ne met pas ici les minutes, il faut compter 286ᵈ. parce que la position de Cube n'a été prise que sur l'estime des Pilotes qui ne croïoient pas faire tant de chemin ; & comme du Cap S. Antoine à l'Isle Dauphine nous avons fait plus de 250. lieuës, & que les courans à l'Ouest-Sud-Ouest y sont plus forts, ce qui se prouve par la raison qu'on donne quatre airs de vent en portant au Nord ¼ Nord-Ouest, qu'on ne donneroit pas sans les courans ; il faudroit porter au Nord-Ouest ¼ Ouest, c'est pour le moins 18. lieuës ou un degré d'augmentation, ce qui fait en tout trois degrez & quelques minutes d'erreur par ce seul principe ; ainsi il ne faut pas s'étonner si les Hydrographes posent les côtes depuis le Canada jusqu'à la côte de la Veracrux, plus à l'Orient qu'il ne faut de plusieurs degrez, comme ils ont fait pour les côtes du Bresil par la même raison, ainsi qu'on le dira dans les observations suivantes sur leurs Cartes ; le surplus de l'erreur qu'ils font dans celle du Golphe du Mexique, vient de ce qu'ils n'ont pas une connoiſſance exacte de ce Golphe, comme on l'a dit en ſon lieu.

Mais, me dira-t'on, il s'enſuivroit qu'à votre retour vous auriez eu une difference de deux degrez, dont vous vous ſeriez trouvé plus Oueſt à votre aterrage au Cap Spartel. Auſſi ai-je remarqué que ſe tenant au point de pluſieurs de nos Cartes, nous étions à 30. lieuës de ce Cap, lorſque nous ne nous en faiſions qu'à 14. lieuës, comme on le peut voir dans ce Journal au 16. Octobre, c'eſt donc un degré dont notre point s'écartoit ; & pour ce qui eſt de l'autre degré, comme les courans au-delà du trentiéme parallele portent à l'Eſt, (ce que les loix du mouvement des eaux qui s'accordent avec celles du mouvement de l'air, lequel eſt ſouvent dans les mêmes paralleles de l'Oueſt à l'Eſt nous font aſſez connoître) il eſt clair que ces courans nous l'ont fait faire, & même un peu plus. Mais ces courans ne doivent plus être ſi vifs, à cauſe que les eaux ſont emportées dans de plus petits cercles de la Sphere terreſtre.

Cadix ſe trouve bien placé par rapport à mon premier Méridien, ainſi il n'y a pas de correction à faire, & ſi je l'ai ſuppoſé dans mon Journal, c'eſt que le premier Méridien de mes Cartes étoit trop à l'Oueſt, & que fondé ſur les courans, j'ai dû prendre cet avantage pour faire un bon aterrage, me reſervant d'en dire la raiſon, qui eſt, comme on vient de le dire, la mauvaiſe poſition du méridien de Teneriffe qu'on vient d'éprouver. Outre cela il eſt toujours mieux de ſe faire plus près de terre que plus loin, lorſqu'il eſt queſtion d'aterrer.

Comme on a ſouvent parlé des courans dans cet Ouvrage, il eſt inutile de s'étendre davantage ſur cette matiere, pour éviter des repetitions ennuieuſes : mais on voit que ces courans ne ſont pas imaginaires, & qu'ils ſont aſſez ſouvent la cauſe des mauvaiſes poſitions des côtes ſur les Cartes de Marine.

Il eſt à propos d'avertir que ſuivant ma poſition des Canaries, il faut réformer la côte d'Afrique depuis le Cap Cantin juſque par les dix degrez de latitude Nord d'environ un degré, dont elle eſt trop à l'Oueſt, & approcher d'autant les Iſles du Cap vert.

On doit encore avertir que tout ce qui eſt ponctué ſur la

côte

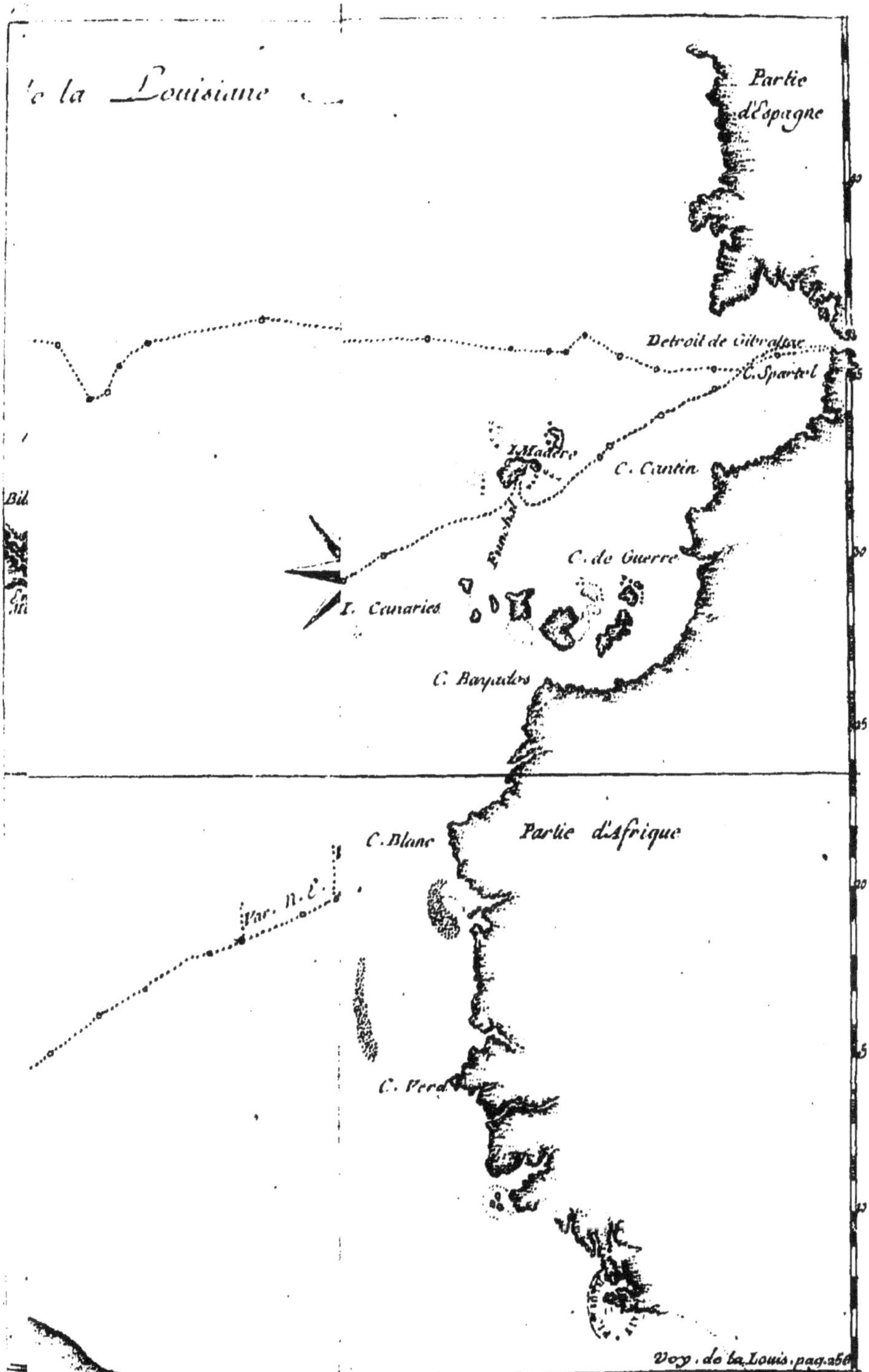

e la *Louisiane*

Partie
d'Espagne

Detroit de Gibraltar
C. Spartel

I. Madere
C. Cantin

C. de Guerre

I. Canaries

C. Bojados

C. Blanc   Partie d'Afrique

Var. n.e.

C. Verd

Voy. de la Louis. pag. 256

325   330   360   5   10

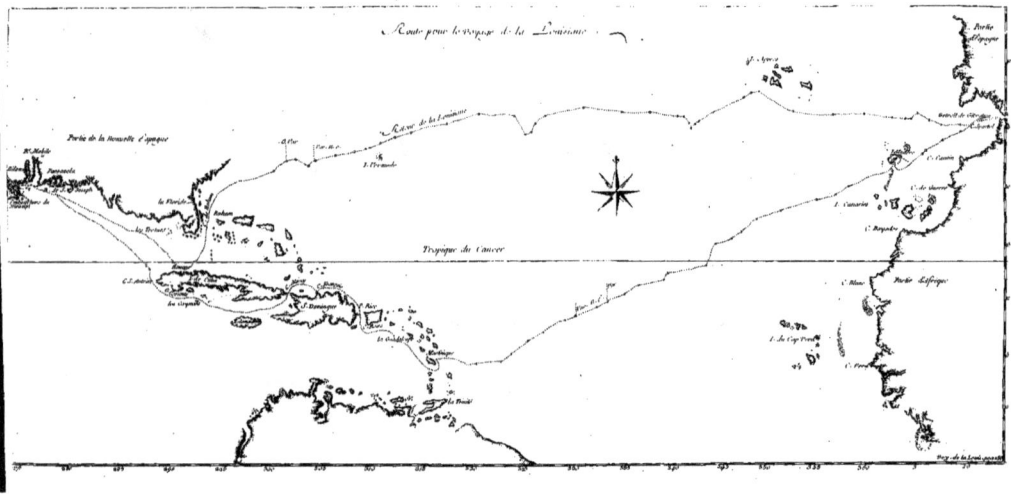

Route pour le voyage de la Louisiane

côte de la Floride, est une côte feinte pour remplir le vuide que cause l'erreur des Cartes Hollandoises qui auroit été difforme ; que le point *A*. doit se joindre au point *B*. en portant d'autant plus à l'Ouest la côte de la Floride, & avançant à proportion l'Isle de Cube, le canal de Baham, & les autres Isles de la maniere qu'on l'a dit ci-devant. On a jugé toutes ces remarques necessaires pour l'intelligence de cette Carte.

OBSERVATIONS

Sur les Cartes réduites des Indes Orientales & Occidentales de Pieter-Gos.

COMME il y a bien d'autres erreurs sur les Cartes de Pieter-Gos que celles dont je viens de parler, j'ai jugé à propos de les faire connoître ici pour l'avantage de la navigation ; c'est pour moi une obligation puisque le Roi m'entretient pour cela.

Lettre à Monsieur Hocquart de Champargny Commissaire de Marine.

Vous me priez, mon cher Commissaire, de vous dire " mon sentiment sur les Cartes en velin de Pieter-Gos que " que vous venez d'acheter pour le voïage de long cours que " nous allons faire ensemble : vous n'auriez pas besoin de " mon avis, puisque vous êtes si éclairé en ces matieres & en " d'autres bien plus difficiles, telles que le sont l'Analyse & " la Géometrie ; de sorte que Madame votre sœur, m'écrivant " sur notre voïage, a eu raison de me dire que nous allons " bien Algebrifer, Philosopher & Géometrifer ensemble. " Nous ferons bien ce que nous pourrons, mais Madame vo- " tre sœur avec tout son esprit ne sçait pas combien est peu " stable le plancher qui nous servira de lycée, combien le rou- " lis & le tangage interrompent les conversations philosophi- " ques. Je ne lui conseille pas même de s'en instruire par pra- " tique, elle est mieux à Paris que sur un Vaisseau, où vous " même êtes souvent incommodé quand il y a grosse Mer. "

Revenons. Je ne vous dirois pas mon avis sur ces Cartes " que vous venez de m'envoïer, si je ne vous voïois fort occupé "

K k

„ à notre armement. Aïez donc bien ſoin que rien ne nous
„ manque, car quand la planche eſt tirée il n'eſt plus temps
„ d'y pourvoir; & moi je vas avoir ſoin de vous dire avec la
„ ſincerité que vous me connoiſſez, ce que je penſe des Car-
„ tes de Pieter-Gos, leſquelles, quoique cheres, vaudront
„ mieux quand vous ſaurez les corrections qu'il y faut faire.
„ Je ſuis avec toute l'eſtime poſſible, Monſieur, votre très-
„ humble &c.

A Toulon ce 30. Janvier 1720.

Nous comparerons les latitudes & longitudes de divers
lieux marquez dans les deux Cartes de Pieter-Gos, qui eſt
un des Hydrographes des plus eſtimez, & dont on ſe ſert le
plus à la Mer, pour voir quel fonds on peut faire ſur ces Cartes, & les corrections qu'il y faut faire pour s'en ſervir utilement dans le voïage que nous allons entreprendre par ordre
du Conſeil de Marine; nous les comparerons, dis-je, avec
les latitudes & les longitudes réſultantes des obſervations
aſtronomiques faites ſur les lieux qui ſe trouvent rapportées
dans le livre de la Connoiſſance des Temps, où celles qui ſont
les plus ſûres ſont marquées d'une Etoile; celles qui le ſont
un peu moins ſont marquées d'une Croix. Nous tirerons de
ces comparaiſons des conſéquences utiles pour notre navigation. Commençons par ſa Carte des Indes occidentales.

Pieter-Gos, comme tous les autres Hollandois, établit
ſon premier méridien au pic de Teneriffe plus oriental que
l'Iſle de Fer, où paſſe notre premier méridien, d'un degré
trente minutes ſelon la Connoiſſance des Temps; de ſorte que
la difference des méridiens de Teneriffe à Paris, eſt de 18^d.
30'. dont Paris eſt plus oriental. Selon Pieter-Gos cette difference eſt de 18^d. 20'. mais nous n'aurons pas égard à ces
10. minutes de difference, parce qu'elle n'eſt pas pour le
preſent de grande conſéquence, & que les réductions en ſeront plus aiſées. Nous ſuivrons l'ordre alphabetique dans ces
comparaiſons.

Baïonne.			*P. G. longitude*	15^d 40' 0"
P. G. latitude	43^d 50' 0"		Conn. des Tems	14 41 15
Conn. des Tems	43 29 45			
Trop Nord	20 15		Trop Oriental	0 58 45

Bourdeaux.					** Cap de Bonne-Eſperance.*				
P. G. latitude	45ᵈ	22′	0″		P. G. latit. Sud	34ᵈ	40′	0″	
Conn. des Tems	44	50			Conn. des Tems	34	15		
Trop Nord		32	0		Trop Sud			25	
P. G. longitude	16	40	0		P. G. longitude	38	20		
Conn. des Tems	15	25	0		Conn. des Tems	36	14	45	
Trop Oriental	1	15	0		Trop Oriental	2	5	15	

Breſt.				** Cap Verd.*			
P. G. latitude	48ᵈ	30′		P. G. latitude	13ᵈ	65′	0″
Conn. des Tems	48	23		Conn. des Tems	14	43	
Trop Nord		7		Trop Sud		48	
P. G. longitude	11	50		P. G. longitude	359	20	
Conn. des Tems	11	36		Conn. des Tems	359	0	
Trop Oriental		14		Trop Oriental		20	

Cadix.				** Carthagene Amerique.*			
P. G. latitude	36ᵈ	40′		P. G. latitude	10ᵈ	15′	0″
Conn. des Tems	36	37		Conn. des Tems	10	30	30
Trop Nord		3		Trop Sud		15	30
P. G. longitude	11	20		P. G. longitude	298	20	
Conn. des Tems	10	20		Conn. des Tems	302	40	
Trop Oriental	1	0		Trop Occidental	4	20	

Calais.				** Conception Chily.*			
P. G. latitude	50ᵈ	40′		P. G. latit. Sud	36ᵈ	22′	0″
Conn. des Tems	50	57		Conn. des Tems	36	42	53
Trop Sud		17		Trop Nord		20	53
P. G. longitude	18	10		P. G. longitude	297	30	0
Conn. des Tems	17	57	30″	Conn. des Tems	302	57	30
Trop Oriental		12	30	Trop Occidental	5	27	30

Diepe.

P. G. latitude   49d 58' 0"
Conn. des Tems   49 56

Trop Nord   2

P. G. longitude   17 21
Conn. des Tems   17 19

Trop Oriental   2

* Lima.

P. G. latit. Sud   12d 20'
Conn. des Tems   12 1 15'

Trop Sud   18 45

P. G. longitude   293 40
Conn. des Tems   299 20 30

Trop Occidental   5 40 30

Genes.

P. G. latitude   43d 20'
Conn. des Tems   44 25

Trop Sud   1 5

P. G. longitude   24 35
Conn. des Tems   24 45 45"

Trop Occidental   10 45

Lisbonne.

P. G. latitude   39d 3'
Conn. des Tems   38 45

Trop Nord   18

P. G. longitude   8 0
Conn. des Tems   7 45

Trop Oriental   15

Isle de Fer.

P. G. latitude   28d 0'
Conn. des Tems   28 5

Trop Sud   5

P. G. longitude   358 20
Conn. des Tems   358 30

Trop Occidental   10

Londres.

P. G. latitude   51d 30'
Conn. des Tems   51 31

Trop Sud   1

P. G. longitude   16 0
Conn. des Tems   16 4 45'

Trop Occidental   4 45

* Kebec.

P. G. latitude   48d 0'
Conn. des Tems   46 55

Trop Nord   1 5

P. G. longitude   310 50
Conn. des Tems   306 17

Trop Oriental   5 27

Saint Malo.

P. G. latitude   48d 38' 0"
Conn. des Tems   48 38 30

Trop Sud   0 0 30

P. G. longitude   14 17
Conn. des Tems   14 0

Trop Oriental   17

Malte.

P. G. latitude	36ᵈ. 40′ 0″
Conn. des Tems	35 54 26
Trop Nord	**45 34**
P. G. longitude	29 45
Conn. des Tems	30 40
Trop Occidental	**55**

Marseille.

P. G. latitude	42ᵈ 30′
Conn. des Tems	43 19
Trop Sud	**49**
P. G. longitude	21 20
Conn. des Tems	21 37
Trop Occidental	**17**

La Martinique.

P. G. latitude	14ᵈ 20′
Conn. des Tems	14 45 9″
Trop Sud	**25 9**
P. G. longitude	315 40 0
Conn. des Tems	315 11 15
Trop Oriental	**28 45**

Naples.

P. G. latitude	40ᵈ 40′
Conn. des Tems	40 48
Trop Sud	**8**
P. G. longitude	29 20
Conn. des Tems	30 50
Trop Occidental	**1 39**

* Olinde Brefil.

P. G. latitude Sud	8ᵈ 0′
Conn. des Tems	8 13
Trop Nord	**13**
P. G. longitude	347 40
Conn. des Tems	341 0
Trop Oriental	**6 40**

Pic de Teneriffe.

P. G. latitude	28ᵈ 18′
Conn. des Tems	28 30
Trop Sud	**12**
P. G. longitude	0 0 0
Conn. des Tems	18 30 0
Depuis l'Ifle de Fer	**1 30 0**

Porto-Bello.

P. G. latitude	10ᵈ 0′
Conn. des Tems	9 33
Trop Nord	**27**
P. G. longitude	294 20
Conn. des Tems	296 20
Trop Occidental	**2**

La Rochelle.

P. G. latitude	46ᵈ 20′ 0″
Conn. des Tems	46 10 15
Trop Nord	**9 45**
P. G. longitude	15 38
Conn. des Tems	15 7
Trop Oriental	**31**

Rouen.

P. G. latitude	49d	5'	
Conn. des Tems	49	27	30"
Trop Sud		22	30
P. G. longitude	16	50	
Conn. des Tems	17	15	
Trop Occidental		25	

Toulon.

P. G. latitude	42d	20'	
Conn. des Tems	43	6	50"
Trop Sud		46	50
P. G. longitude	21	50	
Conn. des Tems	22	5	30
Trop Occidental		15	30

Tripoli Barbarie.

P. G. latitude	34d	35'	0"
Conn. des Tems	32	53	40
Trop Nord	1	41	20
P. G. longitude	29	0	0
Conn. des Tems	29	15	15
Trop Occidental		15	15

*Val Paraiso Chily.

P. G. latitude Sud	33d	20'	0
Conn. des Tems	34	0	19
Trop peu Sud		40	19
P. G. longitude	298	50	0
Conn. des Tems	303	50	45
Trop Occidental	5	0	45

Venise.

P. G. latitude	44l.	10'	
Conn. des Tems	45	25	0"
Trop Sud		1	15
P. G. longitude	28	20	
Conn. des Tems	28	50	
Trop Occidental		30	

*Ylo Perou.

P. G. latitude Sud	17d	40'	0"
Conn. des Tems	17	36	15
Trop Sud		3	45
P. G. longitude	300	50	0
Conn. des Tems	304	57	
Trop Occidental	4	7	

Reste à examiner la Carte des Indes Orientales.

*Goa.

P. G. latitude	15d	30'
Conn. des Tems	15	31
Trop Sud		1
P. G. longitude	97	10
Conn. des Tems	89	55
Trop Oriental	7	15

*Macao Chine.

P. G. latitude	21d	30'
Conn. des Tems	22	12
Trop Sud		42
P. G. longitude	133	30
Conn. des Tems	129	18
Trop Oriental	4	12

* Canton Chine.

P. G. latitude	24ᵈ 40'	
Conn. des Tems	23 8	
Trop Nord	1 32	

P. G. longitude	134 0		
Conn. des Tems	129 13 15"		
Trop Oriental	4 46 45		

* Malaca.

P. G. latitude	2ᵈ 30'
Conn. des Tems	2 12
Trop Nord	18

P. G. longitude	122 30
Conn. des Tems	118 15
Trop Oriental	4 15

* Manile.

P. G. latitude	14ᵈ 40'
Conn. des Tems	14 30
Trop Nord	10

P. G. longitude	140ᵈ 10'
Conn. des Tems	136 30
Trop Oriental	3 40

* Siam.

P. G. latitude	14ᵈ 45'
Conn. des Tems	14 18
Trop Nord	27

P. G. longitude	*123 50
Conn. des Tems	117 0
Trop Oriental	6 50

* Surate.

P. G. latitude	21ᵈ. 0'
Conn. des Tems	21 10
Trop Sud	10

P. G. longitude	96 0
Conn. des Tems	88 30
Trop Oriental	7 30

Reflexions sur ces Comparaisons.

1°. Il résulte de ces comparaisons que dans les Cartes de Pieter-Gos, il n'y a pas une latitude ni une longitude qui soient exactes. Il est vrai que pour les lieux de l'Europe qu'on a comparez, les erreurs ne sont pas fort considérables pour l'ordinaire ; mais les Navigateurs doivent pourtant y prendre garde pour faire un bon atterrage.

2°. Les villes de Marseille, Toulon, Genes, Naples, Venise & Tripoli de Barbarie, qui sont dans la Méditerrannée, & qu'il pose trop à l'Occident, nous font connoître que toutes les autres positions des divers Ports de cette Mer sont trop à l'Ouest, les uns plus, les autres moins. Pour vérifier de combien ils le sont, il faudroit avoir des observations de tous ces Ports, ce qui ne sera apparemment de longtemps. Mais il fuffit d'être fur fes gardes en venant de l'Eft ; de peur de fe trouver fur la côte lorfqu'on s'en croiroit encore bien loin. Il y a moins à craindre en venant de l'Oueft, puifque par le point, s'il eft bien fait, on fe trouvera fur cette Carte près de la côte, lorfqu'on en fera réellement à quelque diftance.

3°. Pour les côtes d'Europe qui font fur l'Ocean, Pieter-Gos les pofe trop à l'Eft ; cela paroît par les lieux dont on a donné les comparaifons, lefquels, excepté Londres & Rouen, font tous plus à l'Orient que ne le donnent les Obfervations aftronomiques qui ont été faites en ces divers lieux. Il faudra donc être fur fes gardes en venant de l'Oueft. On aura moins à craindre en venant de l'Eft, puifque ces côtes font réellement moins à l'Eft qu'il ne les marque : les erreurs font quelquefois de plus d'un degré, quelquefois moins.

4°. Si on excepte Tripoli de Barbarie & Venife, dont les erreurs en latitude font énormes, ce qui change le gifement de la côte ; les autres erreurs ne font pas fi confiderables, ce qui n'empêche pas qu'on n'y doive faire grande attention pour faire un bon aterrage. La plûpart donnent la latitude trop Nord ; il fera aifé de confulter ces remarques quand on fera prêt d'aterrer.

5°. Mais ce ne font pas là les principales erreurs, celles que l'on vient de remarquer font petites en comparaifon des fuivantes. Commençons par les Indes Occidentales, & reprenons les comparaifons des longitudes & des latitudes faites ci-deffus : on les a toutes marquées par des Etoiles, afin que l'on pût aifément les reconnoître.

Olinde qui eft dans la partie la plus Orientale du Brefil, eft marqué trop à l'Eft de fix degrez quarante minutes. D'autre part Lima, qui eft dans la Mer du Sud, & feulement plus Sud qu'Olinde de 3ᵈ. 48'. eft trop à l'Oueft de 5ᵈ. 40'. 30". c'eft-à-dire que Pieter-Gos, ainfi que tous les Géographes qui l'ont précédé, fait l'Amerique méridionale de beaucoup trop large. Il faut donc en retrancher du côté de l'Eft vingt lieuës par degré (car les degrez de longitude des Cartes réduites font tous égaux, & vallent 20. lieuës ou 60. milles) de forte qu'on doit retrancher du côté de l'Eft 133. lieuës un tiers, ou 400. milles, dont réellement

cette

cette côte du Brefil eft plus à l'Oueft que ne la marque Pieter-Gos. Cette erreur vient des courans qui portant à l'Oueft ont fait trouver les Pilotes fur ces côtes plûtôt qu'ils ne penfoient, & les leur a fait mettre plus à l'Eft, fuppofant qu'il n'y avoit pas des courans, & qu'ils avoient fait moins de chemin.

D'autre part Lima eft trop à l'Oueft de 5ᵈ. 40′. 30″. il faut donc encore retrancher 114. lieuës dont cette partie eft marquée trop Occidentale : voilà 247. lieuës dont il faut retreffir la partie de l'Amerique méridionale voifine de la ligne ; il en faut faire autant à proportion le loñg de la côte de la Mer du Sud, jufqu'au Cap de Horn, comme nous le prouverons bien tôt. Nous n'avons pas des obfervations faites fur la côte orientale de l'Amerique meridionale, le R. P. Feuillée n'en aïant point pû faire à Buenos-Aires pour la longitude ; mais on peut fans crainte retrancher 4ᵈ. 30′. le long de cette côte, depuis Olinde jufqu'à Rio-Janeiro, dont Pieter-Gos l'avance trop vers l'Eft, ce qui retreffira cette partie de l'Amérique meridionale.

6º. Pour ce qui eft de la côte Occidentale, nous avons des obfervations qui nous prouvent clairement que Pieter-Gos la pouffe trop à l'Oueft, & qu'il faut encore de ce côté-là retreffir ce grand continent ; nous venons de le voir pour Lima. Suivons la côte. Pieter-Gos met Ylo trop à l'Oueft de 4ᵈ. 3′. Val-Paraifo dans le Chily trop à l'Oueft de 5ᵈ. 0′. 45″. & la Conception auffi dans le Chily trop à l'Oueft de 5ᵈ. 27′. 30″. il paroît donc évident qu'en fuivant à peu près la même configuration de cette côte Occidentale, il faut retreffir de cinq degrez tout ce grand continent, depuis Arica jufqu'au Cap de Horn la côte courant toûjours Nord & Sud, & non point Nord ¼ Nord-Eft & Sud ¼ Sud-Oueft. Depuis Arica jufqu'au Cap appellé *Morro del Diablo*, la côte court Eft & Oueft ; c'eft ce qui fait qu'à Ylo qui eft au Nord de ce Cap, il ne faut retrancher que 4ᵈ. 3′. D'Ylo jufqu'au golphe de Panama la côte va en arrondiffant, mais non point tant que la marque Pieter-Gos, & il en faut retrancher cinq degrez. Cette fituation des côtes Occidentales, déterminée, comme l'on voit, par des obfervations Aftronomiques, eft marquée ainfi dans la Carte de l'Amérique Méridionale que le P.

Feuillée a donné au commencement de son Journal ; elle est confirmée par la navigation de ce R. P. Voici comme il parle page 513. de son Journal.

„ Je comptois à midi du 8. Février 1710. que la Con-
„ ception étoit encore 4ᵈ. plus vers l'Est que le lieu où nous
„ étions ; ainsi il étoit impossible de pouvoir découvrir
„ les terres. Nos Pilotes naviguoient par terre depuis le
„ matin ; leur point sur leur Carte les trompa, ignorant
„ que la Conception fut plus vers l'Est qu'elle n'y étoit
„ marquée. Ils attribuoient leur erreur aux courans croïant
„ qu'ils portoient vers l'Ouest, * & les avoit éloigné de
„ la côte. Nous arrivâmes à midi sous le Méridien de Cal-
„ lao : la Conception est plus Orientale, selon mes obser-
„ vations, de 4 . qui nous restoient encore à courir.

„ Le 9. Février nous vîmes sortir le Soleil des eaux,
„ marque infaillible que les terres étoient encore bien éloi-
„ gnées, puisque la superficie des eaux étoit plus élevée que
„ les hautes Montagnes du Chily. A midi nous étions en-
„ core à deux degrez à l'Ouest de la Conception. Le 10.
„ Février par l'estime nous ne devions être qu'à un degré
„ vers l'Ouest de la Conception.

Enfin ils y arriverent le 12. Février. Il est donc clair que ce ne sont pas toûjours les courans auxquels il faut se prendre des mauvaises navigations sur ces côtes. J'en dis autant pour les côtes de l'Est après le P. Feuillée & Mon-sieur de l'Isle, car comme dit celui-ci, les courans qui por-tent à l'Ouest vers la côte de l'Amérique ne vont tout au plus que jusqu'au 30. degré de latitude Sud ; & il y a des endroits où les courans portent à l'Est, comme il est prouvé par le voïage de M. Bigot de la Canté, rapporté dans l'Histoire de l'Academie des Sciences de l'année 1710.

7º. Carthagene d'Amerique est placée trop à l'Ouest sur la Carte de Pieter-Gos de 4ᵈ. 20ʹ. qui vallent 86. lieuës, & Porto-Bello sur la même côte de deux degrez ou 40. lieuës. Ainsi on voit qu'il faut rapprocher l'estime de Pana-ma, & les côtes qui sont au Sud & au Nord de lui dans le voisinage. Au contraire Kebec est trop Oriental de 5. degrez 27. minutes, c'est-à-dire de 109. lieuës ; d'où l'on

---

* Quelques quatre degrez au-delà des Tropiques, les courans ne portent plus à l'Ouest ; ainsi les Pilotes se trompoient.

voit que pour le continent de l'Amérique Septentrionale, il faut en changer beaucoup la configuration, & être extrêmement fur fes gardes quand on navigue dans ces parages, où il faudroit faire des obfervations Aftronomiques pour en bien placer les principaux points.

L'erreur de Pieter-Gos pour la pofition de la Martinique, & parconféquent du refte des Ifles du vent n'eft pas confiderable, n'étant que de 28'. 45". qui ne font pas dix licuës ; il faut pourtant y faire attention, quoiqu'il la faffe trop Orientale, & qu'ainfi venant de l'Eft, on ne puiffe pas fi aifément donner fur la côte, qui eft plus Oueft qu'il ne la marque.

REMARQUE.

On a parlé ci-devant dans le Journal fort au long de l'aterrage à la Martinique, ainfi il n'y a rien à dire ici de nouveau fur ce fujet.

8°. Les erreurs de la Carte de Pieter-Gos pour la latitude de tous ces lieux de l'Amerique qu'on a comparé font moins confiderables, elle ne vont qu'à un demi degré environ plus ou moins, excepté la latitude de Kebec dont l'erreur eft d'un degré cinq minutes. Quelques-uns de ces lieux font trop Sud, d'autres trop Nord : on y fera attention dans le befoin en lifant les comparaifons ; ainfi je ne m'étendrai pas davantage fur ce fujet. Mais on peut légitimement conclurre que la pofition des autres lieux n'eft pas plus exacte. C'eft pourquoi dans les voïages de long cours on ne fçauroit trop prendre garde à ces pofitions, & apporter trop de foin pour faire un bon aterrage. Cela me détermine à m'étendre un peu plus fur la pofition de ces côtes.

La Carte de l'Amérique Méridionale que le R. P. Feuillée a donné à la tête de fon Journal, a été faite & gravée à Paris de concert avec M. de l'Ifle fon ami. Il y a fait les corrections de la maniere que j'ai dit ci-deffus ; & quoique les longitudes des lieux, que je vais comparer, ne foient pas fi fûres que les autres ci-devant citées, elle feront voir pourtant qu'il faut corriger la Carte de Pieter-Gos de la maniere que je l'ai dit ci-devant. Comme Pieter-Gos il établit fon premier Méridien au pic de Teneriffe. Pieter-Gos met Panama à 294ᵈ. 15'. le P. Feuillée à 297ᵈ. la diffe-

rence eſt 2ᵈ. 45ʹ. dont Pieter-Gos le fait trop occidental.
Quitto par Pieter-Gos eſt à 295ᵈ. 40ʹ. par le P. Feuillée à
299ᵈ. la difference eſt 3ᵈ. 20ʹ. dont il eſt trop occidental.
Arequipa par Pieter-Gos 300ᵈ. par le P. Feuillée 305ᵈ. la
difference eſt 5ᵈ. trop occidental. Copiapo par Pieter-Gos
300ᵈ. 40ʹ. par le P. Feuillée 306ᵈ. la difference 5ᵈ. 20ʹ.
trop occidental. Ces poſitions ſuffiſent pour faire voir qu'il
faut corriger la côte de la Mer du Sud, comme nous l'a-
vons dit ci-devant.

Venons à la côte de la Mer du Nord. Surinam par Pieter-
Gos eſt à 322ᵈ. par le P. Feuillée 319ᵈ. 30ʹ. la difference
eſt de 2ᵈ. 30ʹ. dont Pieter-Gos le fait trop oriental. Pieter-
Gos met Paraiba à 347ᵈ. 20ᵈ. le P. Feuillée à 340ᵈ. 30ʹ.
donc Pieter-Gos le fait trop oriental de 6ᵈ. 50ʹ. comme
Olinde qui en eſt près. L'Iſle de Norogna par Pieter-Gos
351ᵈ. 10ʹ. par le P. Feuillée 345ᵈ. 30.ʹ donc trop orientale
ſelon Pieter-Gos de 5ᵈ. 40ʹ. S. Salvador ſelon Pieter-Gos
343ᵈ. 20ʹ. ſelon le P. Feuillée 339ᵈ. la difference eſt de
4ᵈ. 20ʹ. dont il eſt trop oriental ; mais cette difference commence à diminuer. Rio-Janeiro ſelon Pieter-Gos 337ᵈ. 50ʹ.
ſelon le P. Feuillée 336ᵈ, la difference eſt 1ᵈ. 50ʹ. qui eſt
fort diminuée.

Au Cap Sainte-Marie à l'embouchure de Rio de la Plata
ils ſont parfaitement d'accord, mais au Cap des Vierges
Pieter-Gos s'écarte beaucoup. Il met ce Cap qui fait l'entrée du Détroit de Magellan à 303ᵈ. 30ʹ. & le P. Feuillée
à 314ᵈ. c'eſt-à-dire que Pieter-Gos le fait plus occidental
de 10ᵈ. 30ʹ. que le P. Feuillée ; & comme la riviere de
Gallegue eſt voiſine de ce Cap, il ne faut pas s'étonner que
le Vaiſſeau le S. Louis qui en partit faiſant route au Cap
de Bonne-Eſperance, ait trouvé les Iſles de Triſtan-Cugne
300. lieuës plûtôt qu'il ne s'y attendoit, puiſque naviguant
ſur la Carte de Pieter-Gos, il ſe faiſoit quand il partit de
Gallegue 210. lieuës plus Oueſt qu'il n'étoit réellement.
Nous allons éclaircir davantage ce point dans l'article ſuivant à cauſe de ſon importance, & qu'il donna occaſion à
l'Equipage du vaiſſeau le S. Louis, d'établir de nouvelles
Iſles de Triſtan de Cugne, comme on avoit déja établi une
nouvelle Iſle de Sainte Helene, qui ſe trouve ſur la Carte
de Pieter-Gos, mais non pas à la Mer,

9°. Venons à fa Carte des Indes Orientales. Il place le Cap de Bonne-Efperance 2ᵈ. 5′. trop à l'Eft, ce qui donne une difference de près de 42. lieuës dont il eft réellement plus Oueft. Pour fa latitude il l'a fait feulement de 25′. trop Sud, c'eft-à-dire huit lieuës un tiers. Mais il eft bon de faire ici des réflexions après M. de l'Ifle, fur la diftance du Détroit de Magellan au Cap de Bonne-Efperance. Voici les termes de M. de l'Ifle tirez des Mémoires de l'Académie de l'an 1716. page 86.

Les obfervations faites par deux Navigateurs fur le " Vaiffeau le S. Louis, que j'ai rapportées dans les Me- " moires de l'Académie de 1710. page 364. font voir 300. " lieuës d'erreur dans la Carte de Pieter-Gos, fur la dif- " tance du Détroit de Magellan aux Ifles de Triftan-Cugne... " & dans les meilleurs Cartes cette diftance étoit encore " trop grande de 170. lieuës, entr'autres dans la Carte " des variations de Monfieur Halley, dans laquelle l'em- " bouchure de la riviere de Gallegue à la partie orientale " du Détroit de Magellan, étoit marquée de dix degrez plus " à l'Occident qu'il ne falloit ; & page 88. M. de l'Ifle ajoûte. " Enfin le P. Feuillée aïant obfervé exactement en 1709. " plufieurs immerfions du premier Satellite de Jupiter à la " Conception & à Val-Paraifo, villes du Chily, ces obfer- " vations comparées avec celles qui furent faites en même- " temps à Paris..... autorifent encore davantage la longitude " que j'ai donnée au Détroit de Magellan ; au lieu que fe- " lon l'hypothefe de M. Halley, la partie orientale de ce " Détroit étant fuppofée de 75ᵈ. plus occidentale que Lon- " dres, & par conféquent 77ᵈ. & demi plus que Paris ; " comme le P. Feuillée trouve feulement 75ᵈ. & demi en- " tre Paris & la Conception, il s'enfuivroit de-là que l'en- " trée du Détroit de Magellan du côté de la Mer du Nord, " feroit plus occidentale de deux degrez que la Conception " fur les côtes de la Mer du Sud ; ce qui eft contre toute " vrai-femblance. "

Il auroit pû ajoûter contre toute verité ; car quand on a doublé le Cap Victoria, qui termine le Détroit de Magellan dans la Mer du Sud, les Naviguateurs courent droit au Nord le long de la côte pour aller à la Conception, au lieu qu'il faudroit faire pour le moins le Nord $\frac{1}{4}$ Nord-Eſt, & nous avons déja dit ci-deſſus que cette côte court Nord & Sud juſqu'à Arica.

10°. Pieter-Gos place la preſqu'Iſle des Indes, qui ſe termine au Cap Comorin trop à l'Eſt ; car Goa & Surate qui ſont aux deux extrémitez de la côte occidentale de cette preſqu'Iſle, qui giſſent preſque Nord $\frac{1}{4}$ Nord-Oueſt & Sud $\frac{1}{4}$ Sud-Eſt, & ſont par conſéquent ſous des Méridiens qui ne ſont pas fort differents, ſont placez trop à l'Eſt. Goa de 7ᵈ. 15′. & Surate de 7ᵈ. 30′. ce qui les éloigne vers l'Orient de plus de 140. lieuës, de ſorte que toute cette côte doit être rapprochée d'autant vers l'Oueſt.

Pour ce qui eſt de la latitude de Surate elle s'accorde à dix minutes près, ainſi la difference eſt petite ; celle de Goa eſt exacte. On voit par-là qu'il faut rapprocher d'autant les Iſles Madives, dont la diſtance à la côte de Malabar eſt connuë, & que toutes les Iſles de ce grand Golphe des Indes terminé d'un côté par les côtes d'Affrique & d'Arabie ; de l'autre par la côte d'Ormus, lequel n'eſt pas ſi grand d'environ 100. lieuës qu'il eſt marqué ſur la Carte de Pieter-Gos ; toutes ces Iſles, dis-je, ſont mal placées pour la longitude ſur cette Carte : mais pour décider de combien, il faudroit y faire des obſervations Aſtronomiques, ce qui ſeroit très-utile aux Navigateurs que ces Iſles inquiettent avec raiſon.

11°. Par les obſervations faites à Malaca par les Peres Jeſuites allans à la Chine, & comparées avec celles qui furent faites en même-temps à Paris, la longitude de Malaca eſt moindre de 4ᵈ. 15′. que Pieter-Gos ne l'a fait ; c'eſt-à-dire que Malaca eſt plus occidental de 85. lieuës ; mais comme la longitude du Cap de Comorin eſt trop grande de 7ᵈ. 15′. il s'enſuit que Pieter-Gos étreſſit le grand golphe de Bengale, où ſont les Iſles de Ceylon, Sumatra, & même Bornes & Java, qui ne ſont pas dans ce Golphe de trois degrez ou 60. lieuës ; car ſi toutes ces côtes étoient placées proportionnellement ſur ſa Carte ; il faudroit que Malaca fut 7ᵈ. 15′. plus à l'Eſt qu'il n'eſt réellement ; au lieu qu'on ne trouve que 4ᵈ. 15′. Il ne faut donc pas s'étonner que des Navigateurs aïent manqué le Détroit de la Sonde, &

qu'ils se soient trouvez plûtôt qu'ils ne pensoient sur la côte ; alors les courans les ont manié si rudement, qu'ils les ont fait dériver sur Achem.

12°. L'erreur de la Carte pour la longitude de Siam est encore plus considerable que celle de Malaca ; elle est de 6ᵈ. 50′. dont Pieter-Gos la met trop à l'Est, c'est-à-dire qu'il faut rapprocher toute cette côte du golphe de Siam & Pegu, de 2ᵈ. 35′. plus que la côte de Malaca. Pour ce qui est de la latitude de Siam, elle ne differe que de 27. minutes ; aussi est-il bien plus aisé de trouver la latitude par la hauteur méridienne des Astres, que la longitude ; mais heureusement les Peres Jesuites François envoïez à Siam, y ont observé aussi-bien qu'à Louvo, qui n'en est qu'à quelques lieuës, des Eclipses de Lune, & du premier Satellite de Jupiter, lesquelles comparées avec les observations faites en même-temps à Paris & ailleurs, nous ont donné très-precisément la longitude de Siam.

13°. Macao & Canton sont aussi posez trop à l'Est sur la Carte de Pieter-Gos. Le premier de 4ᵈ. 12′. ou 84. lieuës ; Canton de 4ᵈ. 46′. ou 95. lieuës dont il faut les rapprocher de l'Europe : mais la distance de Malaca à Macao est assez exacte sur la Carte de Pieter-Gos ; cela paroît en ce que les erreurs en longitude sont égales, celle de Malaca étant de 4ᵈ. 15′. & celle de Macao de 4ᵈ. 12′. Pour ce qui est de Canton, il est posé trop oriental par rapport à Macao de 35. minutes. Cela conste par les observations faites à Canton par les Peres Thomas & de Fontenay Jesuites, comparées avec celles qui furent faites à Paris & à Londres. Ces deux Peres en aïant fait un grand nombre pendant leur séjour à Canton, où le Pere de Fontenay observa Mercure sur le Soleil au commencement de Novembre 1698. Je ne parle point ici des observations faites par les Peres Jesuites à Pekin ou autres lieux dans les terres de l'Empire de la Chine, parce que Pieter-Gos, avec raison, ne les a pas marquez sur sa Carte.

14°. Malaca est posé trop Nord de 18′. Macao trop Sud de 42′. mais l'erreur de Canton est excessive. Il y est posé 1ᵈ. 32′. trop Nord ; heureusement les gros Vaisseaux ne vont pas jusqu'à Canton ; mais tout cela fait voir qu'un Pilote qui va à la Chine, doit être attentif pour la latitude

& longitude de ces côtes, qui font fi mal placées fur cette Carte, qui eft pourtant une des plus eftimées & des plus en ufage.

15°. Refte à examiner la pofition de Manile, Capitale des Philippines. Cette ville eft feulement placée de dix minutes trop Nord; mais l'erreur en longitude eft de 3.d. 40'. dont Pieter-Gos la fait trop orientale, ou 71. lieuës ⅓ dont il faut la rapprocher d'Europe; & comme on connoît affez exactement la pofition des autres Ifles Philippines par rapport à l'Ifle de Luçon dont Manile eft la Capitale, on peut être affuré que toutes ces Ifles font trop à l'Êft de plus de trois degrez, & prendre des mefures là-deffus pour les aterrages.

Il s'en faut donc beaucoup que les Cartes de Pieter-Gos, & par conféquent celles de Van-Kulen, dont Pieter-Gos a pris la plûpart des pofitions, (les Hydrographes fe contentant fouvent de fe copier les uns les autres,) foient auffi correctes qu'il le faudroit. Pour y parvenir il faudroit faire des obfervations fur les côtes où on n'en a pas fait encore. Il faut pour cela que les Princes & leurs Miniftres aïent du goût pour la navigation, & qu'ils ne plaignent pas la dépenfe. Tel étoit le feu Roi Louis le Grand, qui a envoïé des Aftronomes dans tous les endroits dont nous venons de faire des comparaifons; la navigation lui fera éternellement redevable du progrès extraordinaire qu'elle a fait fous fon glorieux Regne.

REFLEXIONS

Sur le mouvement d'un Vaiffeau fur fes côtez.

DAns le cours de ce Journal au 24. & 26. Mars pag. 9. & 12. on a fait quelques reflexions qui peuvent être utiles pour la navigation; mais pour ne pas interrompre la fuite de ce Journal par une longue digreffion, on s'eft abftenu d'apporter des preuves Géometriques de ce qu'on avance dans ces reflexions, & elles ont été courtes. On en a ufé de même fur les vents & la variation; il eft donc à propos de traiter à prefent plus en détail une matiere

tiere fur laquelle il importe aux gens de Mer de faire réflexion pour l'avantage de la Marine. On tachera de le faire clairement.

Nous difons qu'un Vaiffeau porte bien la voile, lorfque le vent, qu'on fuppofe ne pas venir de l'arriere, donnant fur la voile ne le fait point pancher fur le côté, en forte que le mât refte perpendiculaire à l'horifon malgré l'effort du vent. Cela fe doit entendre quand il n'y a pas groffe Mer ; car on conçoit aifément que la houle ou le flot doit faire coucher le Vaiffeau tantôt à tribord, tantôt à basbord ; & ce mouvement s'appelle le roulis. Il y a donc deux chofes à confiderer ici, l'effort du vent fur la voile & fur le mât, & la refiftance de la Mer ou l'effort qu'elle fait contre le mouvement du Vaiffeau fur le côté. La figure du Vaiffeau contribuë fort à ces deux chofes, ainfi que la longueur des mâts & le poids du Vaiffeau.

Je m'attacherai ici à ce qui arrive au Vaiffeau en état de fe coucher par l'effort du vent fur le grand mât, & fur le grand mât de hune, fans confiderer l'effort du vent fur les autres mâts, qui ne differe qu'en ce qu'étant moins longs, cet effort n'a pas tant d'effet. Pour cela je confidere le grand mâts comme un levier, dont le mouvement fe fait au tour d'un point que j'appelle centre du mouvement, ou centre de la figure du Vaiffeau.

Des puiffances qui agiffent fur ce levier, l'une eft le vent fouflant contre la voile, à quoi il faut joindre le poids des mâts, des vergues, des voiles & des cordages ; & pour traiter ceci géometriquement, je confidererai toutes ces chofes comme réünies en un certain point de ce levier ; comme fi lui feul étoit chargé de l'effort du vent, du poids des mâts, des vergues, des cordages & des voiles.

Je regarderai le centre du mouvement comme le point d'appui fur lequel agiffent les deux puiffances, ou fur lequel les deux puiffances oppofées feroient équilibre, fi chacune à fon tour ne l'emportoit fur fon antagonifte.

L'autre puiffance eft le poids de la partie du Vaiffeau, & de tout ce qu'il contient dans la partie du levier qui eft depuis le centre du mouvement en allant vers la quille. Comme ce poids a un centre de pefanteur, il doit neceffairement être dans un des points de ce levier ; & ce point

M m

chargé de tout ce poids peut être regardé comme l'autre
puiſſance, oppoſée à la premiere, qui agit ſur le même
point d'appui que j'ai dit être le centre du mouvement.

Le R. P. Hoſte Jeſuite grand Géometre, qui ſçavoit la
Marine & la conſtruction par ſpéculation & par pratique,
a donné dans le chapitre ſecond de ſon excellent Traité de
la Théorie de la conſtruction des Vaiſſeaux, diverſes démonſtrations que je ſuppoſerai ici ſans les rappeller. De ſes
principes je vais tirer des conſéquences qui tendront à la
pratique pour la navigation ; car puiſque c'eſt à la Mer, &
ſur un Vaiſſeau que je travaille ſur ces matieres, je ne puis
rien faire de mieux que de profiter du temps & de la vûë
des mouvemens des Vaiſſeaux, pour donner aux Marins des
connoiſſances qui puiſſent leur être utiles.

Il ſuit des démonſtrations du P. Hoſte, que la force d'un
Vaiſſeau pour bien porter la voile, ſera d'autant plus grande,
que le centre du mouvement ſera plus élevé au deſſus de
la flotaiſon. La preuve en eſt évidente ; car par-là on allon-
ge le bras du levier du côté du centre de peſanteur, &
on l'accourcit du côté où le vent qui eſt l'autre puiſſance
agit ; or les puiſſances ſont entr'elles en raiſon réciproque
de leur diſtance au centre du mouvement qui eſt le point
d'appui ; donc en allongeant ce bras du levier, la puiſſance
qui y eſt appliquée a plus de force contre le vent agiſſant
ſur le mât, qui ne la ſoulevera pas ; ainſi le Vaiſſeau ne
panchera pas.

Il eſt donc inutile de donner au Vaiſſeau plus de largeur dans la vûë de lui faire bien porter la voile, à moins
qu'en même temps on n'éleve le centre de la figure. Cela
ſuit de ce qu'on vient de prouver ; d'autant plus qu'on ne
doit pas croire que le Vaiſſeau bien conſtruit ſe couche
juſqu'à ce qu'il ait trouvé ſon fort, ou le plan qui paſſe
par ſa plus grande largeur. Il faudroit pour cela qu'il eût
une mâture exceſſivement longue, & il ſeroit en danger
de virer.

Figure 1. Pour rendre ceci plus ſenſible, ſoit F L. la ligne qui paſſe
par des points oppoſez de la flotaiſon du Vaiſſeau dans le
plan vertical A B F L O D. ſoit A D la ligne qui paſſe par
C centre du mouvement parallele à F L. la ligne B O qui
paſſe par la plus grande largeur du Vaiſſeau ſera la ligne

de son fort, qui ne doit être élevée au-deſſus de celle de la flotaiſon F L que de deux pieds, puiſque le Vaiſſeau ne ſe couche jamais tant, que l'eau monte deux pieds au-deſſus de la flotaiſon ordinaire. Or de ce qu'on vient de prouver ci-deſſus, il ſuit que plus on élevera la ligne A C D du centre du mouvement, mieux le Vaiſſeau portera la voile.

Cependant pour donner plus de jour à cette Démonſ-tration, ſoit F L la ligne de la flotaiſon; qui paſſe par C centre du mouvement, & G le centre de peſanteur. Si on fait incliner le Vaiſſeau en ſorte que le centre G ne ſe trouve plus dans la ligne à plomb A C G, mais dans le point D de quelque ligne inclinée H C D, il eſt clair que lorſque le vent aura fait pancher le Vaiſſeau par la ligne H C, à cauſe de l'équilibre qui doit être entre les deux puiſſances, le centre de peſanteur retournera du point D au point G par l'arc D G, & que la ligne H C B ſera in-finiment proche de A C G, quand l'angle G C D & l'arc G D feront infiniment petits. Il eſt donc impoſſible qu'il y ait d'autre centre C, qui ſoit le centre de la figure ou du mouvement. Car ſoit quelqu'autre point B qu'on ſup-poſe être le centre du mouvement: donc puiſque le centre de peſanteur G décrit un arc, il faudra qu'étant monté en D, il ne revienne pas en G, puiſque B D ne peut être égale à B G, mais en quelque point plus proche de C, ce qui eſt contre la ſuppoſition, & feroit remonter le cen-tre de peſanteur contre la proprieté des corps peſants. Le Vaiſſeau ne peut donc ſe relever que par un mouvement dont le centre ſoit au point C.

Si le Vaiſſeau étoit ſpherïque, & qu'il n'eut pas de mât, le liquide dans lequel il nage ne lui feroit aucune reſiſtance, ni quand il ſe couche, ni quand il ſe releve, parce qu'au-cune des parties du liquide ne feroit deplacée par le mou-vement du Vaiſſeau; ainſi il ne feroit que rouler fort vîte & rudement. Et c'eſt ſans doute pour cela que lorſqu'un Vaiſſeau a demâté il roule furieuſément, & eſt en grand danger de virer; ſur-tout ſi ſon gabari approche de la figure circulaire, n'y aïant plus de puiſſance qui faſſe équilibre avec celle du centre G.

Mais comme un Vaiſſeau pour être bon ne doit pas être ſpherique, en ſe redreſſant il doit neceſſairement déplacer

Figure 2.

M m ij.

l'eau qui l'environne ; car la partie D du Vaisseau ne sçauroit revenir en G, ou le point M ne peut revenir en N,
sans déplacer l'eau qui est entre les points M & N ; &
comme il a de la peine à la déplacer, de-là vient que le
roulis est lent, & d'autant plus lent que le Vaisseau par sa
figure aura plus de peine à la déplacer ; car enfin si la puissance G ne l'emportoit pas à la fin sur la puissance du vent
appliquée au mât, & si elle ne revenoit au point G de la
verticale B G, il faudroit que le Vaisseau virât, ce qui arriveroit si l'arrimage du Vaisseau se dérangeoit, ou si les
canons de la batterie du côté de D, où le centre de pesanteur a été élevé venoient à se détacher ; car alors le centre de pesanteur changeroit de place : c'est pourquoi on a
grand soin de bien amarrer les canons des batteries.

Figure 3.　　Il est donc clair que si le point C centre du mouvement
est plus élevé, & que le Vaisseau s'incline de quelqu'angle, le point G s'éloignera plus du point D, où on peut
supposer que le centre de pesanteur est descendu, que si
le centre du mouvement étoit dans quelque point plus bas
A plus proche de D, car l'arc G D est bien plus grand
que l'arc E D, qui exprime le mouvement du Vaisseau dont
le centre est A, & l'arc G D le mouvement du Vaisseau
dont le centre est C. Cet arc G D étant plus grand, il
s'ensuit que la partie O D du Vaisseau déplacera plus d'eau
que la partie E D ; ainsi le Vaisseau roulera plus lentement,
resistera plus au vent, & son mât sera droit quand le roulis aura passé, parce que le point G se trouvera dans la
verticale C D, malgré l'effort du vent, jusqu'à ce que la
partie opposée de la même houle qui l'avoit fait coucher,
& sur laquelle il est, le fasse rouler de l'autre côté ; car le
vent ne peut faire carguer ou pancher le Vaisseau du côté
d'où il soufle, mais seulement du côté opposé.

Or les Vaisseaux qui ne portent pas bien la voile, ne
sont pas droits quand ils sont au haut de la houle, lorsqu'ils
courent vent largue, & moins encore lorsqu'ils vont au
plus près. Leurs mâts s'inclinent ou carguent du côté op-
Figure 2.　posé à celui du vent ; à cause que le point C étant trop près
de G, la puissance G ne peut faire équilibre avec la puissance H. On a vû des Fregates, qui, étant obligées de se
battre au vent, avoient peine d'avancer leur canon en bat-

teric, & dont le recul étoit violent quand il tiroit. Si elles se battoient sous le vent, leur batterie étoit noïée, le Vaisseau carguant de ce côté-là ; ainsi elle devenoit inutile, ou mettoit la Fregate en danger de couler à fond.

Il est donc évident que plus le centre C du mouvement est élevé, plus les parties inferieures du Vaisseau trouvent de resistance quand il se couche ou quand il se redresse, & moins les parties superieures en trouvent. Ce qui est aisé à concevoir par tout ce qu'on a dit ci-devant ; car les parties superieures du Vaisseau ne trouvent que de l'air, dont la resistance est bien moindre que celle de l'eau, qui est un milieu bien plus difficile à déplacer parce qu'il est plus épais. De sorte que plus on éleve le centre du mouvement, plus le Vaisseau trouve de résistance dans le mouvement par lequel il tend à s'incliner & à se redresser sur la houle. Ce mouvement sera donc moins rude & plus lent. Or c'est ce qu'on demande encore, outre la qualité de bien porter la voile.

Mais il ne s'ensuit pas de-là qu'il faille placer plus bas le centre de pesanteur, plûtôt que d'élever le centre de la figure pour moderer le roulis d'un Bâtiment sujet à rouler beaucoup. Quelques-uns pour avoir mis plusieurs pieces de canon à fond de cale s'en sont mal fort trouvez, & ont demâté. La Mer donne pour lors de si terribles secousses au corps du Vaisseau, & il se tourmente si fort que ses mâts ne sçauroient tenir. Il faut au contraire élever le centre du mouvement sans faire descendre le centre de pesanteur. Par ce moïen on retarde le mouvement du Vaisseau, qui se fait par de plus grands arcs de cercle, en déplaçant plus d'eau, & on augmente la force de la puissance ou du centre de pesanteur, qui balance celle des mâts, vergues, cordages & voiles sur lesquelles le vent agit.

On m'objectera que nous sommes tombez dans ce cas, même dans ce voïage, aïant fait mettre au fond de cale quelques pieces de canon & affuts de la batterie basse dans ce mois d'Octobre. Mais bien au contraire, comme nous avions déchargé beaucoup de vivres à la Louisiane, & que nous n'avions pû mettre en place que du sable, qui pese peu, & occupe beaucoup de place, le centre de pesanteur de nôtre Vaisseau s'étoit approché du centre du mouvement ;

ainſi pour l'éloigner, nous avons mis à fond de cale un grand poids qui étoit trop voiſin du centre de la figure, & par-là abaiſſé le centre de peſanteur qui étoit monté trop haut.

De tout ceci il ſuit que ſi un Vaiſſeau déja fait a le centre de la figure, ou du mouvement trop près de la ligne de la flotaiſon, il faudra pour le faire mieux porter la voile & diminuer le roulis, retrancher de la longueur des deux grands mâts, pour mettre, autant qu'il ſe pourra la puiſ-ſance G lorſqu'elle ſera montée en D, en état de faire équi-libre avec le bras C H du levier ſur lequel agit le vent au point H, pour que la ligne H C D revienne ſur A C G.

Figure 2.

On voit donc bien que ſi on fait les mâts trop longs, on augmente beaucoup la puiſſance du vent ſur le mât, & que par conſéquent le Vaiſſeau roulera plus & plus promp-tement, ce qui l'expoſe à démâter, & qu'il ne ſe relevera pas ſi aiſément. Auſſi avons nous vû quelquefois des Vaiſ-ſeaux qui avoient peine à ſe relever, & que la houle man-geoit, ce qui eſt bien dangereux. Pour lors on eſt quel-quefois obligé de larguer tout-à-fait les écoutes, ou de les couper ſi on n'en a pas le temps. Si on ne le fait, il faut que le mât ſe rompe, ou que le vent défonce la voile, ce qui eſt le moindre malheur, ou que le Vaiſſeau vire.

Je ſçai bien que dès que le vent eſt un peu frais, on amene les mâts de perroquet pour ne pas démâter par le moïen d'un ſi long levier : je ſçai auſſi que quand le vent fraîchit encore, on amene les vergues & même les mâts de hune ; mais malgré toutes ces manœuvres, un Vaiſſeau qui a ſes deux grands mâts trop longs, court toûjours de grands riſques, & tombe dans les inconveniens qu'on vient de dé-montrer.

Si le Roïal-Louis n'eut pas été un excellent Vaiſſeau pour porter la voile, n'auroit-il pas couru riſque de ſe perdre dans le golphe de Speſſia ? puiſque pour le tirer d'affaire, il fallut hiſſer les huniers après y avoir pris un ris avec un temps où les autres Vaiſſeaux de l'armée étoient à la cape, tant il étoit mauvais. Heureux d'avoir eu de bons mâts & de bons haubans. Sans cette manœuvre, & ſi les mâts n'a-voient pas tenu, il n'auroit jamais pû ſe tirer de cette côte ſur laquelle il ſe trouvoit affalé.

On dira peut-être qu'en diminuant la mâture, les voiles étant plus petites ne prennent plus affez de vent ; mais on a déja répondu à cette objection pag. 16. du Journal. De beau temps on a des voiles de reste. De gros temps la grand voile n'est que trop grande, soit qu'on aille au plus près, soit qu'on mette à la cape. Au contraire on en dérivera moins, & on se foutiendra mieux contre la houle. Le Vaisseau le Content étoit un très-bon voilier, & portoit bien la voile avec moins de mâture & d'envergure. On voulut lui donner dans la suite de plus grands mâts & plus d'envergure ; il n'alla plus si bien, & il rouloit plus rudement par les raifons qu'on a donné ci-dessus.

On fait aussi communément les haubans & les autres manœuvres des mâts superieurs trop grosses, & on pourroit les diminuer d'un quart ; ce qui va à plusieurs quintaux plus ou moins, fuivant le rang des Vaisseaux. Or plusieurs quintaux à ces mats superieurs augmentent fort la puissance appliquée fur ces leviers, lesquels, comme disent les Marins, *appellent de loin*. De forte que quand le Vaisseau est incliné, le vent appliqué fur des mâts si longs, fur des voiles & des cordages si pesans, augmente étrangement sa force, soit pour faire pancher le Vaisseau, soit pour l'empêcher de se relever. On pourroit donc se servir d'un chanvre plus fin, & emploïer tout le meilleur pour les manœuvres, soit dormantes, soit courantes des mâts de hune & de perroquet, & faire ces cordages moins gros.

On me dira que les Mâteurs & les Cordiers ont leurs proportions marquées dans des Tarifs : mais c'est à la Géometrie de redresser ces proportions, auxquelles il ne faut pas moins d'attention qu'à celles qu'on observe pour la construction du corps du Vaisseau. Il faut d'autant plus redresser ces régles, qu'elles font établies fur les proportions du corps d'anciens Vaisseaux, qui n'étoient pas si parfaits que ceux qu'on construit aujourd'hui ; l'experience méchanique qu'on peut avoir fur quelques Vaisseaux faits il y a trente ans, ne peut servir de preuve pour les mâts & cordages de ceux qu'on fait à present : c'est comme si on n'avoit qu'une felle pour toute forte de chevaux.

Dieu nous a fait la grace de n'avoir pas befoin du mât de hune que nous avons fait à l'Ifle Dauphine, en place

de celui que la foudre nous fcia dans le Golphe du Mexique ; car étant d'un bois très-pefant, comme je l'ai dit dans
le Journal, je fuis perfuadé que fi nous euffions été dans la
neceffité de nous en fervir ; par fon grand poids il nous auroit fait étrangement rouler, & dans un gros temps nous
aurions couru rifque de démâter. Le bois le plus fin & le
plus leger eft celui qu'il faut emploïer pour les mâts de
hune & de perroquet.

La trop grande longueur des mâts ne contribuë à un
plus grand tangage du Vaiffeau, qu'autant que le tangage
eft pour l'ordinaire lié avec le roulis. Car la figure du Vaif.
feau de l'avant à l'arriere étant fort differente de celle qu'il
a par fes côtez. Les mâts ne font pas fonction de levier en
ce fens-là, ne confiderant précifément que le tangage. Et
la direction des deux puiffances ne porte le Vaiffeau à tanguer que quand il va vent arriere ; auffi c'eft pour lors qu'il
tangue davantage : mais comme pour l'ordinaire en tan-
guant, le Vaiffeau roule, fur-tout quand le vent eft largue
ou au plus près ; alors la longueur exceffive des mâts augmente le tangage, en ce qu'ils aident, fur-tout le mât de
mifene, à déplacer plus vîte l'eau dans laquelle l'avant du
Vaiffeau fe plonge ; mais auffi ils contribuent à ce que le
Vaiffeau fe releve plus lentement, ce qui rend le tangage
plus doux, fur-tout quand la lame eft longue.

La voile d'autre part foutient extrêmement le Vaiffeau ;
car la direction du vent fur la voile tend toûjours à l'élever en le pouffant de l'avant. Ainfi elle diminuë le tangage
& aide fort à faire relever le Bâtiment, qui feroit gour-
mandé par la Mer s'il n'avoit pas de voile. Auffi le roulis
& le tangage font bien plus rudes & plus forts à l'ancre
que fous voile, quand il y a groffe Mer : de forte que la
voile dédommage bien l'avant du poids dont elle le charge :
mais, fi cette voile eft trop grande, le mât court rifque de
fe rompre dans un gros tems, & fait faire un violent effort au corps du Bâtiment que la force du vent fur la voile
engage dans la houle, & fait tanguer beaucoup.

Pour obvier à cet inconvenient on prend un ris generalement à toutes les voiles, ainfi on donne moins de prife au vent.
Quelquefois ferrant toutes les autres voiles, on fe contente
de la voile d'artimon avec un ris pris, pour que le Vaiffeau
venant

venant mieux au vent soit moins exposé à la houle, qu'il tangue & roule moins, & resiste plus à la fougue du vent & à la fureur de la Mer.

Mais ce qui contribuë le plus à diminuer le tangage du Vaisseau & à le rendre plus doux, c'est la grosseur & rondeur de la prouë, à cause qu'en s'enfonçant elle doit déplacer une plus grande quantité d'eau, qu'elle ne feroit si elle étoit maigre, & par-là l'eau lui fait plus de resistance. De même l'eau frappant une plus grande surface de la prouë, lorsqu'elle n'est pas maigre, la fait relever plus vîte & plus facilement, à moins que le Vaisseau ne se trouve engagé entre deux houles courtes, alors il tangueroit davantage, ce qui arrive quelquefois. Ces houles passées il se relève à l'ordinaire.

Comme le Touloufe étoit trop maigre de l'avant dans les campagnes qu'il a faites avant celle-ci, il tanguoit beaucoup. Mais en le doublant pour celle-ci, on l'a élargi de quatre pouces à son avant, c'est-à-dire, de deux pouces plus à l'avant que par les côtez ; c'est pourquoi par la raison qu'on vient de dire, il tangue moins & moins rudement qu'il ne faisoit, ce qui ne l'empêche pas d'être également bon voilier ; car chacun sçait que ce n'est pas la rondeur de la prouë qui rend un Vaisseau mauvais voilier.

Mais comme je n'ai pas entrepris de donner ici un Traité de Construction, ceux qui voudront en sçavoir la théorie pourront lire le Traité du R. P. Hofte, où ils trouveront de la plus fine Géometrie. Pour la pratique on ne peut l'apprendre qu'en voïant travailler avec des yeux attentifs, & par les reflexions qu'on fera sur ce qu'on aura vû ; encore aura-t'on bien à faire par les difficultez qui se presentent souvent, qui donnent à penser aux meilleurs Constructeurs. J'ajoûterai ici un mot pour éclaircir un fait dont le P. Hofte parle dans le Chapitre que j'ai cité, parce qu'il sert de preuve à cette matiere.

Ce R. P. rapporte ce fait autrement qu'il n'est arrivé, sans doute parce qu'il a été trompé ; c'est au sujet du naufrage du Vaisseau nommé la Lune. Voici comme me l'a souvent raconté un des Chirurgiens entretenus de la Marine qui étoit sur ce Vaisseau, & qui fut assez heureux pour se sauver. Ce sont évenemens qu'on n'oublie jamais. Je pense qu'il faut avoir bien envie de vivre pour faire, comme celui-ci, quarante & tant de campagnes après avoir debutté par un si grand danger de perdre la vie ; car il n'esperoit pas de parvenir aux honneurs Militaires. Cette pensée paroitra bisarre ; cependant un Capitaine de Vaisseau homme de condition & de mérite, m'a dit autrefois sur le Vaisseau l'Eole, qu'il n'alloit à la Mer que pour vivre. Il est vrai que nul n'y va pour mourir ; il y en a pourtant beaucoup, qui, cessant d'y vivre, ne parviennent pas à la fin proposée. Mais revenons.

Ce Chirurgien m'a donc dit que le Vaisseau la Lune revenant de Gigeri chargé de Troupes en 1664. & non en 1678. comme on l'a dit au P. Hoste, entra dans la rade de Toulon : mais comme la peste étoit pour lors à Toulon, les Commandants ne pouvant donner des vivres & des rafraîchissemens à ce Vaisseau, qu'on vouloit mettre en quarantaine, sans l'exposer à prendre la peste, lui ordonnerent d'aller faire sa quarantaine dans la rade des Isles d'Hieres, où il seroit secouru. En attendant de recevoir les ordres sur la quarantaine, on avoit ôté l'étoupe qui avoit servi pour calfater les sabords de la batterie basse, & ouvert les sabords pour prendre l'air, à cause du grand monde qui étoit entre deux ponts, & que d'ailleurs le Vaisseau étant dans la grande rade ne craignoit plus rien.

Ce Vaisseau partit donc par un vent assez frais de Sud-Ouest, pour entrer par la passe du Langoûtier dans la rade des Isles d'Hieres. Quand il fut par le travers du Cap d'Escampe-Bariou, il trouva une grosse Mer & bien du vent. On abatit les matelets des sabords ; mais il s'en falloit beaucoup qu'ils fermassent l'ouverture des sabords ; en sorte qu'à plusieurs on y auroit pû passer le point. Le Vaisseau couché sur le côté par le vent frais & la grosse Mer, qui est toûjours rude & patouilleuse vers ce Cap, ne pouvant se relever, prit tout à coup tant d'eau par ces ouvertures, qu'il coula à fond dans très-peu de temps, & que de mille hommes qu'il y avoit sur le Vaisseau, il ne s'en sauva pas quarante, dont le Chirurgien en fut un. Il passa par un sabord au vent, & étant jeune & vigoureux, il se tira d'affaire à la nage. Ainsi le Vaisseau ne perit pas par sa seconde batterie, comme on l'a dit au P. Hoste.

Il eſt pourtant vrai qu'il n'auroit pas péri s'il eut bien porté la voile, parce qu'il ſe ſeroit relevé bien-tôt pour ſe coucher lentement ſur l'autre côté, qui n'auroit pas pris de l'eau par les ſabords, le Vaiſſeau ne panchant jamais ſi fort du côté du vent que ſous le vent ; de ſorte qu'avant que de remplir ſon entre-pont d'eau, il auroit eu le temps de gagner la paſſe du Langoûtier, dont il étoit voiſin, où il n'auroit plus trouvé de Mer. Le pis qui lui fut arrivé, auroit été de s'échouer près de l'Iſle de Pourqueroles, où tout le monde auroit pû ſe ſauver.

REFLEXIONS

Sur le mouvement d'un Vaiſſeau produit par le Gouvernail.

COMME j'ai parlé aſſez ſuccintement dans le cours de ce Journal de ce qui pouvoit regarder le mouvement du gouvernail & de l'eau qui court le long du Vaiſſeau, qui ſert à le faire gouverner, il ſemble que ma profeſſion m'engage à expliquer plus en détail une matiere où la Géometrie & la Phyſique ont beaucoup de part. C'eſt pourquoi je vais ſatisfaire le plus clairement que je pourrai à ce qu'on pourroit exiger de moi.

On dit qu'un Vaiſſeau gouverne lorſqu'il eſt ſenſible au mouvement du gouvernail, ou, ce qui eſt le même, qu'il tourne aiſément au tour d'un certain point par un mouvement horiſontal ; ce qui eſt fort important pour conduire un Vaiſſeau à la Mer. Celui qui ne gouverne pas peut être comparé à un cheval qui n'a point de bouche, qui ne ſentant ni mords ni frein, ne peut qu'expoſer celui qui le monte à de très-grands dangers. De même un Vaiſſeau peu ſenſible au gouvernail ne ſçauroit ſuivre ſa route, tenir le vent, arriver, venir au lof quand il faut, ſe tenir en ligne dans une armée : il va par élans, fatigue les Pilotes & Timoniers ; enfin il expoſe à de grands périls ceux qui le montent.

Le R. P. Hoſte a démontré Ch. 5. Liv. 1. de la Théorie de la conſtruction des Vaiſſeaux. 1°. Que le contour convexe d'un Vaiſſeau ne diminuë point l'effort de l'eau

contre le gouvernail , suppofant que le Vaiſſeau ait du mouvement. 2°. Il a donné dans les §. 2. & 3. les regles du mouvement du Vaiſſeau au tour d'un point ſur lequel il doit
venir au vent, ou arriver. Il détermine enfin dans la propoſition 225. quel changement peuvent apporter aux regles qu'il a données, les differentes figures du Vaiſſeau. De
ſes principes, qu'il a donné aſſez briévement, je vais tirer
des conféquences convenables au ſujet preſent.

La premiere conféquence qui ſuit de ces principes, c'eſt
qu'un Vaiſſeau doit tourner autour de ſon fort, ou de ſa
plus grande largeur ; ſoit qu'il y ſoit déterminé par le gouvernail ou par la voile d'artimon pour le faire venir au vent ;
ſoit qu'il ſoit déterminé à ce mouvement par les voiles de
l'avant, & par une poſition contraire du gouvernail pour
le faire arriver. Ce n'eſt pas qu'un Vaiſſeau ait toûjours beſoin de l'artimon pour venir au vent, de la miſene pour
arriver : on veut ſeulement indiquer ici les cauſes de ce
mouvement de pirouette ; car le plus ſouvent le gouvernail
ſeul ſuffit pour ces deux mouvemens : mais lorſqu'un Vaiſſeau eſt difficile à venir au vent par le gouvernail, on borde
l'artimon pour l'aider, comme on eſt obligé de faire ſervir
la miſene quand il eſt dur à arriver.

Or on conçoit aiſément que la difficulté que le Vaiſſeau
peut avoir à faire ces deux mouvemens, vient de la peine
qu'il peut avoir à déplacer l'eau qui ſe trouve à ſes côtez ;
c'eſt pourquoi, s'il étoit de la figure d'une demi ſphere,
il n'auroit aucune peine à gouverner, puiſqu'il ne déplaceroit point d'eau en tournant autour de ſon axe, à l'extrémité duquel ſeroit ſon point d'appui. C'eſt donc la longueur du Vaiſſeau qui lui rend difficile ce mouvement horiſontal, & il aura d'autant plus de peine à déplacer l'eau
qui eſt à ſes côtez, qu'il aura plus de longueur ; ce qu'il
faut remarquer.

Il paroît que le Vaiſſeau devroit tourner plûtôt autour
du milieu de la quille que de quelqu'autre point, puiſque
c'eſt ſur ce point qu'il devroit avoir moins de difficulté à
tourner, aïant moins d'eau à déplacer, & deux fois moins
que s'il tournoit par une de ſes extrémitez ; mais la figure
qu'on donne au Vaiſſeau, groſſe en avant & maigre en arriere, change le lieu de ce point,

S'il n'y avoit que la quille du Vaisseau qui plongeât dans l'eau, laquelle eut un gouvernail à l'une de ses extrémitez, le P. Holte a démontré que l'eau frappant le gouvernail lors qu'il feroit un angle avec la quille, auroit plus de force pour la faire tourner sur un point à deux tiers en avant, que pour la faire tourner par son milieu. D'où il suit que la voile de misene aura aussi plus de force pour faire tourner cette quille à deux tiers en arriere que par son milieu; il suit encore de-là, que puisque le Vaisseau tourne autour de son fort, comme on l'a dit ci-devant, il faudroit mettre le fort du Vaisseau à deux tiers de la quille en avant, pour que le gouvernail eût plus de force pour le faire tourner; & qu'il faudroit mettre ce fort à deux tiers en arriere pour que la voile de misene eût plus de force pour le faire tourner. Il y a donc ici un milieu à garder pour faire gouverner le Vaisseau, puisqu'on ne peut autrement concilier ces deux choses.

Pour trouver ce milieu, voici les reflexions que je fais. 1°. Puisque le Vaisseau est beaucoup plus plongé dans l'eau que de sa quille, qu'il s'y enfonce de plusieurs pieds, que ses divers plans horisontaux, ou ses diverses figures convexes déplacent plus d'eau à mesure que le Vaisseau plonge davantage, parce que ces plans deviennent toûjours plus convexes; & qu'outre cela il prend plus d'eau par l'arriere que par l'avant. Par toutes ces raisons, il est clair qu'il ne faut pas porter le fort du Vaisseau, ou le point sur lequel il doit tourner à deux tiers en avant, parce que le levier depuis l'arriere jusqu'à ce point sur lequel se fait le mouvement auroit trop de force, & feroit venir le Vaisseau toûjours au vent. A quoi il feroit encore aidé par la hauteur de la poupe, laquelle servant de voile contraindroit encore plus le Vaisseau de venir au vent; ainsi il ne pourroit arriver. On en a une preuve dans le Journal pag. 2. Comme il y avoit beaucoup de foin sur la dunette de notre Vaisseau, & bien d'autres choses qu'on n'avoit pû encore arranger lorsque nous sortîmes de la rade de Toulon, le Toulouse ne pouvoit arriver quand l'ancre fut levée, quoiqu'on eût entierement mis la barre à arriver, & nous aurions échoué si on n'eût fait servir la misene.

On dira peut-être que ce seroit un grand avantage si le

N n iij

Vaiſſeau venoit facilement au vent lorſqu'on veut revirer vent devant, ce qui donne quelquefois bien de la peine quand le vent eſt foible. Cela ſeroit bon ſi quand on a mis le vent ſur les voiles, & qu'on les braſſe pour faire arriver le Vaiſſeau, il obéiſſoit ; mais au contraire il reſteroit toûjours le nez au vent & ne feroit que culer ; ainſi il n'eſt pas avantageux que le Vaiſſeau ſoit trop ardent à venir au vent.

2°. L'élancement de l'étrave fait que l'avant ne prenant pas tant d'eau, cette partie du Vaiſſeau ne trouve pas tant de reſiſtance de la part de la Mer ; de ſorte que le levier de l'arriere auroit trop de force : donc pour allonger le levier de l'avant, il faut reculer le fort du Vaiſſeau un peu plus en arriere. Car ſi pour empêcher le Vaiſſeau de venir trop aiſément au vent, on s'aviſoit de placer les mâts plus en avant, on augmenteroit beaucoup le tangage du Vaiſſeau.

Peut-être eſt-il à propos d'avertir que je conſidere ici le Vaiſſeau diviſé en deux parties. La premiere, qui eſt celle de l'arriere, ſe termine au point ſur lequel elle agit pour faire mouvoir le Vaiſſeau à droit & à gauche. La ſeconde, commence à ce point & finit à l'extrémité de l'avant. C'eſt donc ſur ce point centre du mouvement que ces deux leviers ſe balancent ; & je réunis à l'extrémité de chacun de ces leviers tout ce qu'ils peuvent avoir dans toute leur longueur, de forces ou d'obſtacles pour agir, ce qui eſt toûjours permis en Géometrie, pour ne pas partager l'eſprit & l'imagination à tant de diverſes cauſes partielles, qui forment par leur concours la puiſſance appliquée ſur ces leviers.

Par les raiſons que nous venons de donner, la plûpart des Conſtructeurs diviſant la quille portant ſur terre en douze parties égales, prennent ſept de ces parties, ou une douziéme moins que les deux tiers depuis le talon, ou l'extrémité de la quille vers la poupe pour placer la maîtreſſe varangue, qui détermine la plus grande largeur, ou le fort du Vaiſſeau.

Mais comme il peut arriver que les diverſes figures ou plans horiſontaux du Vaiſſeau pourroient faire que les ſept douziémes donnaſſent un point ou un peu trop en avant, ou un peu trop en arriere, pour que le Navire gouverne bien ; c'est aux Constructeurs à faire reflexion sur cela au retour de la premiere campagne qu'aura fait le Vaisseau. Alors suivant qu'on leur aura dit que le Navire aura bien ou mal gouverné, ils remedieront aux autres Vaisseaux qu'ils feront sur les mêmes plans. Car si le Vaisseau est trop vif à venir au vent, c'est une marque que son fort est trop de l'avant : s'il a trop de peine à venir au vent, c'est une marque que son fort est trop de l'arriere. Voilà, ce me semble, ce qu'on peut dire sur le corps du Vaisseau en soi, sans considerer la puissance qui sert à le faire gouverner.

Maintenant pour examiner cette puissance, ou force qui agit sur le gouvernail qui est appliqué à l'extrémité du levier, cette force n'est autre que l'eau. Or c'est une chose étonnante qu'un gouvernail dont la largeur n'est que d'un pied & demi au plus, quoiqu'il ait toute la longueur de l'estambot depuis la Sainte-Barbe, puisse produire un effet si considerable. L'Apôtre S. Jacques en paroît surpris : *Ecce naves cum magnæ sint, & à ventis validis minentur, circumferuntur à modico gubernaculo, ubi impetus dirigentis voluerit.* C'est ce qu'il faut tâcher d'expliquer.

Ep. Cath. Jac. c. 3. v. 4.

Lorsqu'un Vaisseau est en calme, quand on dit qu'il ne gouverne pas ; on n'entend pas par-là qu'il n'ait pas la puissance de gouverner ; mais comme l'eau qui est autour du Vaisseau n'a pour lors aucun mouvement, elle ne fait aucune impression sur le gouvernail. C'est donc uniquement l'eau mise en mouvement qui est la puissance qui donne au gouvernail le mouvement requis pour tourner le Vaisseau à droit & à gauche. Le mouvement que le vent imprime au Vaisseau, fait qu'il déplace l'eau qui est devant lui ; de-là il s'ensuit que plus l'avant du Vaisseau aura de surface, plus il déplacera d'eau. Les colomnes d'eau déplacée en grand nombre, & par leur poids & par le mouvement qui leur est imprimé, courront le long des côtez du Vaisseau pour remplir le vuide qu'il laisse de l'arriere, & comme jusqu'au fort du Vaisseau ces colomnes trouvent de nouveaux obstacles, elles augmenteront leur impétuosité, étant pressées par les nouvelles parties d'eau que le Vaisseau déplace successivement par sa prouë, à mesure qu'il avance.

Mais depuis le fort du Vaisseau, coulant le long de ses

côtez, qui par leur figure ne font plus d'obstacle à l'impetuosité; d'ailleurs les côtez du Vaisseau étant fort glissans
par les matieres visqueuses dont on les enduit, ces colomnes d'eau imprimeront toute leur impétuosité sur la face
du gouvernail qu'elles frappent, & cela plus ou moins, suivant que la face s'opposera plus ou moins à leur cours;
ainsi elles feront tourner le Vaisseau sur le point de son
fort vers la partie opposée, c'est-à-dire, que si elles pous-
sent la face du gouvernail à droite, elles feront tourner la
prouë à gauche : si cette face du gouvernail est poussée à
gauche, elles feront tourner la prouë à droite, en portant
la poupe en la partie opposée selon leur direction; & cela
pour se faire passage à l'arriere du Vaisseau où il y a moins
d'eau, à cause du vuide qu'y laisse le Vaisseau; car les corps
pesans, liquides ou fluides tendent toûjours vers les lieux
les plus bas, & y coulent autant qu'ils le peuvent.

De-là, il s'ensuit que plus le vent agissant sur les voiles donnera de l'erre ou du mouvement au Vaisseau, plus
l'eau choquée par la prouë courra avec rapidité le long de
ses côtez, & le Vaisseau en gouvernera mieux : c'est pourquoi il ne sera pas toûjours necessaire de pousser la barre
du gouvernail autant qu'il se peut pour maintenir le Vaisseau
sur l'air de vent requis; afin que l'eau frappe plus directement la face du gouvernail, & qu'elle la frappe en plus grande
quantité; cela feroit venir le Vaisseau trop au vent, & l'ex-
poseroit à faire chapelle, c'est-à-dire, à faire la pirouette sur
le point du fort, qui est le centre de ce mouvement. C'est
pourquoi les Pilotes crient alors aux Timoniers, *pas plus
au vent*, ou *arrive*. Si au contraire le gouvernail n'est pas
frappé par une assez grande quantité d'eau, ils ne manquent
pas de crier *plus près du vent*, ou *au lof*, pour marquer
aux Timoniers qu'il faut pousser la barre du gouvernail
plus sous le vent, pour que le Vaisseau tienne sa route en
venant au vent. Que si la barre étoit à arriver, souvent le
Vaisseau arriveroit trop, si on poussoit la barre autant qu'il
se peut, par la même raison.

Il suit encore que si l'avant du Vaisseau étoit maigre,
ou s'il étoit fait en triangle, comme aux Barques de riviere,
comme il auroit moins de surface, il déplaceroit une moindre quantité d'eau; ainsi elle n'auroit pas assez d'impétuosité

fité pour faire bien gouverner le Vaiſſeau. Auſſi eſt-on bien
revenu dans la Marine de cette erreur, qu'il faut amaigrir
la proüe des Vaiſſeaux pour leur faire mieux fendre l'eau.
Elle n'eſt pas un ſolide dans lequel il faille que le Vaiſſeau agiſſe comme un coin. Le vent communique toûjours
aſſez de force & de viteſſe au Vaiſſeau pour déplacer les
parties extrémement mobiles de l'eau qui s'oppoſe à ſon
chemin, il n'iroit, ni ne gouverneroit pas ſi bien comme on l'a dit. De tous les Poiſſons, ceux qui vont le plus
vîte à la Mer, & qui ſe tournent le plus promptement,
ſont ceux qui ſont plus ronds de l'avant, & dont l'arriere
va plus en diminuant ; de ſorte que pour peu qu'ils pre-
ſentent à l'eau leur queuë & leurs aîlerons d'un côté, les
voila ſur la ligne de l'autre côté où ils veulent aller.

On peut juger par l'inſpection de cette ſorte de Poiſſons,
de quelle maniere les varangues de l'arriere doivent diminuer pour que l'eau coule le plus avantageuſement qu'il ſe
pourra afin de rendre le Vaiſſeau meilleur voilier, & qu'il
gouverne le mieux qu'il ſera poſſible. Mais je ne m'arrêterai pas à apporter des preuves de tout ceci ; outre ce que
la nature & l'experience nous en apprennent, on les peut
voir dans le premier Chapitre du Livre de la Théorie de
la Conſtruction des Vaiſſeaux.

Mais il reſte une difficulté qu'il faut expliquer à fond,
parce que je ne ſçache pas qu'on l'ait fait juſqu'à preſent.
Cela ſervira auſſi pour déterminer la figure de l'arriere du
Vaiſſeau qui donnera plus d'eau au gouvernail. J'ai eu ſouvent occaſion de reflechir ſur ce point, aïant long-temps
conſideré le mouvement de l'eau qui paſſoit ſous un pont,
& examiné ſur Mer l'eau qui vient à l'arriere du Vaiſſeau.

Soit imaginée la pile A G H B d'un pont contre laquelle
l'eau D E F d'une riviere choque, & ſe diviſant de part &
d'autre, elle s'éleve ſelon A G & H B, & coule plus rapidement par les lignes A C & B C, & forme derriere la
pile un triangle A C B. On peut appeller ce triangle le remoux de la pile. Cette eau qui eſt renfermée par la pile &
les lignes A C & B C, non ſeulement ne coule pas autant
que l'eau qui paſſe ſous l'arche ; mais preſſée par l'eau des
colomnes A C & B C, qui ont beaucoup plus de viteſſe

Figure 4.

O o

que l'eau qui est derriere la pile A B, celle-ci reste en repos, & même remonte plûtôt vers la pile A B.

Il est clair que si l'eau A D E F B ne rencontroit pas la pile A B, allant toûjours son train, elle n'augmenteroit pas son impétuosité ; mais comme elle est obligée de couler par les lignes obliques A C & B C, à cause qu'elle est repoussée par la pile qui est un obstacle invincible, & qu'elle est serrée par l'eau du milieu de l'arche, elle s'éleve davantage & acquiert plus de mouvement ; de sorte qu'elle resserre l'eau qui se trouve dans le triangle A C B, & l'empêche de couler ; ainsi elle fait le remoux.

Plus la pile aura de longueur de A en B, & plus l'eau courra avec vîtesse ; plus la quantité d'eau du triangle A C B sera grande, parce qu'à mesure que l'eau A C & B C augmentent en mouvement, elle doit arrêter une plus grande quantité d'eau. Aussi voïois-je que quand la Riviere étoit grosse, l'eau, qui étoit derriere la pile, formoit un triangle bien plus long, & elle remontoit bien plus vîte vers la pile, que quand la Riviere étoit basse : ce que je connoissois bien sensiblement par des Bateaux, qui se trouvant dans les colomnes A C & B C, entroient dans l'eau A C B, & étoient emportez contre la pile, mais par un mouvement plus lent ; de sorte qu'ils avoient peine de regagner le fil de l'eau, en étant empêchez par la rapidité de l'eau des colomnes A C & B C. J'y remarquois aussi grand nombre de tournans d'eau quand ces bateaux s'y trouvoient engagez, ils faisoient aussi-tôt la pirouette : mais quand la Riviere étoit basse rien de tout cela n'arrivoit, le poids des eaux, & le courant étant beaucoup moindres, mais l'eau A C B étoit dormante.

Maintenant si nous supposons l'eau immobile, & qu'au lieu de la Pile nous supposions un Vaisseau, qui allant de A B en D F dans l'eau A D E F B, y soit porté avec autant de vîtesse que j'en ai supposé à l'eau de la Riviere : or cette vîtesse du Vaisseau peut être encore plus grande, puisqu'un Vaisseau sans tempête fait quelquefois trois lieuës & même plus par heure ; il est clair que la même chose arrivera. C'est-à-dire, que le Vaisseau déplaçant l'eau de la colomne A D F B, qu'il écarte avec violence, elle courra vers l'arriere par les lignes A C & B C. Ces colomnes A C

& B C prefferont tellement l'eau du triangle A C B, qui eft à la poupe du Vaiffeau, qu'elles la contraindront de fuivre le Vaiffeau, comme fi elle lui étoit attachée : or cette eau fait ce qu'on appelle le remoux du Vaiffeau.

On connoît donc aifément que fi le gouvernail du Vaiffeau fe trouve dans ce remoux, cette eau n'aïant point de viteffe, ou en aïant une contraire à celle des colomnes A C & B C, elle ne peut fervir à le faire gouverner, au contraire elle lui nuit. De-là il fuit 1°. Que plus le Vaiffeau fera large vers fon fort, plus il y aura de remoux. 2°. Que plus le fort du Vaiffeau fera éloigné du gouvernail, moins il y aura de remoux vers le gouvernail ; & même fi le gouvernail fe trouvoit au point C extrémité du remoux, il n'y en auroit du tout point. 3°. Qu'il ne faut point que la partie de la poupe qui plonge dans l'eau foit quarrée, comme on faifoit autrefois ; mais l'arrondir comme on fait à prefent pour diminuer le remoux.

C'eft fans doute par cette raifon que nos grands Bateaux de Riviere fe fervent d'une longue rame pour gouverner. Ils vont ainfi chercher l'eau au-delà du remoux ; car, comme ils font larges & quarrez comme des coffres, ils traînent après eux un grand remoux, qui les empêcheroit de gouverner, fi leur gouvernail étoit plongé dans cette eau. Mais on ne peut fe fervir fur les Vaiffeaux de pareils gouvernails. Si on emploïe quelquefois des rames, c'eft pour aider au gouvernail dans le calme à prefenter la proüe d'un certain côté. Mais on avance bien plus en mettant la Chaloupe & le Canot à la Mer, lefquels avec une amarre attachée à la proüe, tirent le Vaiffeau & le font tourner de ce côté-là.

Plus donc le fort du Vaiffeau fera en avant, moins il y aura de remoux vers le gouvernail, & moins il diminuera fa force, puifqu'il viendra prefqu'à l'extrémité du remoux, fi la figure du Vaiffeau eft bien conduite ; mais fi on donne au Vaiffeau trop de largeur depuis fon fort jufqu'à l'arriere, on agmentera fon remoux ; au contraire plus il diminuera en pointe depuis fon fort jufqu'à l'arriere au-deffous de la flotaifon, fur-tout depuis les façons, moins le remoux diminuera la force du gouvernail. Ainfi s'il fe terminoit en piramide, le remoux lui nuiroit le moins qu'il fe peut.

Aussi les Constructeurs ont grand soin de diminuer tellement l'arriere de leurs Vaisseaux au-dessous des estains, qu'ils aïent, autant qu'il se peut, depuis les façons de l'arriere une figure qui approche de la piramide, dont la base oblongue seroit sur un plan incliné au plan des façons de l'arriere.

J'ai cru devoir éclaircir ces matieres sur le mouvement d'un Vaisseau, d'une maniere qui ne fut pas seche & qu'on put lire avec plaisir. Je souhaite d'y avoir réussi ; mais je ne vois rien autre à dire sur ce sujet ; car d'aller donner de nouveau des démonstrations sur la plus avantageuse situation du gouvernail, afin qu'il ait plus de force pour faire tourner le Vaisseau, cela me paroît inutile. Le P. Hoste l'a fait, & l'a déterminée d'un angle de 54. degrez 44. minutes, que la barre du gouvernail doit faire avec la quille ; il en donne deux démonstrations dans son Traité de la Manœuvre des Vaisseaux, imprimé chez Anisson en 1692. M. Renaud l'avoit précedé dans cette détermination à quelques minutes près dans sa Théorie de la manœuvre, quoiqu'il s'en soit retracté dans une Réponse qu'il fit à M. Huguens ; mais à tort, dit M. Bernoulli dans le chap. 5. pag. 52. de son Traité, intitulé Essai d'une nouvelle Théorie de la Manœuvre des Vaisseaux, où il donne une troisième Démonstration par une méthode differente de celle du P. Hoste ; mais la résolution est la même. Cet ouvrage a été imprimé à Bâle en 1714. vingt-deux ans après celui du P. Hoste, à qui il auroit pû faire l'honneur de le citer, étant très-probable que M. Bernoulli a vû ce Livre, quand ce ne seroit que pour se mettre en état de répondre à un Marin tel que M. Renaud qui vivoit pour lors.

Il ne pouvoit consulter aucun Auteur qui sçût mieux la Marine que ce Reverend Pere, & qui fut en même-temps meilleur Géometre. La mode de faire honneur aux sçavans morts seroit-elle passée ? je le pense quelquefois en voïant des Auteurs qui en copient d'autres sans les citer. Mais elle devroit subsister au moins parmi les Géometres, qui font profession de sincerité. On me dira que j'en ai trop ; mais je n'ai pû m'empêcher de finir ce Memoire par cette reflexion.

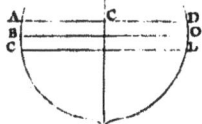

Fig. 1

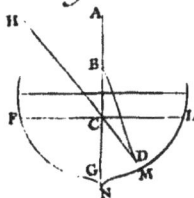

Fig. 2

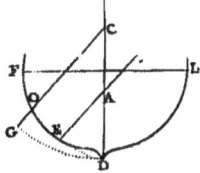

Fig. 3

Fig. 4

DETERMINATION

De la groffeur des Mâts inferieurs d'un Vaiffeau.

NOus avons fait voir ci-devant comme la trop grande longueur des mâts inferieurs d'un Vaiffeau lui eft nuifible. Il femble qu'il eft à propos de traiter en peu de mots de la proportion qu'il y a à obferver pour leur grof-feur, & comment on peut la déterminer géometriquement. Cette groffeur doit être proportionnée aux efforts caufez par le poids de leurs vergues, de leurs voiles, qui font fort grandes, des mâts fuperieurs, de leurs manœuvres, de leurs vergues, voiles, & du vent fur toutes ces voiles. Toutes ces chofes font autant de puiffances appliquées à l'extrémité fuperieure des mâts inferieurs ; & tout cela à des effets bien plus confiderables dans les grands Vaiffeaux que dans les moindres, à caufe du plus grand poids de toutes ces chofes, & que la force du vent augmente beau-coup fur de fi grandes voiles.

Comme le mâts d'artimon n'eft pas fi long que les mâts d'avant, que la vergue d'artimon eft petite par rapport aux deux grandes vergues, que la voile triangulaire attachée à cette vergue eft moins grande, qu'il n'y a au-deffus de ce mât que celui du perroquet de fougue, qui n'eft pas fort gros & dont la voile eft petite, & toutes les manœuvres moins pefantes en comparaifon des huniers & de toutes les manœuvres : ordinairement on le fait d'un feul arbre. Par les mêmes raifons les Vaiffeaux médiocres ont leurs mâts inferieurs d'une feule piece, parce que ne devant pas être d'un grand diametre, il n'eft pas fi mal-aifé de trouver dans les Forêts des arbres qui aïent la groffeur neceffaire, même après leur avoir ôté l'aubier, & ce qu'il faut de furplus pour les travailler à huit faces, ou à fix faces avant que de les ar-rondir. Mais pour les Vaiffeaux de guerre du premier, fe-cond & troifiéme rang, on ne fçauroit trouver des arbres d'un affez grand diametre pour faire le grand mât, le mât de Mifene, & le mât de Beaupré, c'eft pourquoi on les fait de plufieurs pieces. Nous allons examiner dans ce Memoire, quels doivent être les raïons des arbres qui doivent fervir pour ces pieces, & les déterminer géometriquement ; cela pouvant être utile au fervice du Roi pour épargner le bois autant qu'il fe pourra. Cela peut auffi fervir aux Mâteurs & à la conftruction.

Il faut d'abord remarquer que les mâts doivent être d'un bois pliant, qui ne fe rompe pas aifément, & qui foit en même-temps leger pour fa groffeur. Or le fapin feul a ces deux qualitez ; mais celui de ces Païs, qui a le grain trop gros, ou les fibres trop groffes, & qui n'eft pas affez refineux, ne vaut pas le fapin du Nord, lequel par les mêmes raifons dure beaucoup plus long-temps. Ainfi quoiqu'il coûte davantage à caufe du tranfport, il y a beaucoup à gagner en s'en fervant. On ne peut même faire de bons mâts de hune, ou de perroquet d'aucun autre fapin. Celui-là étant plus pliant, ne rompt pas aifément quand l'hunier fe trouve chargé d'un vent frais. D'ailleurs étant moins pefant il augmente moins le poids ou la puiffance de ce mât ; ainfi le Vaiffeau fe releve plus aifément quand il eft couché fur le côté dans le roulis, comme on l'a dit ci-devant, C'eft pour cela que nous n'emploïâmes pas le mât de hune que nous fîmes à la Louifiane. Il en eft de même des vergues, & le mât inferieur fe trouve moins chargé.

Il n'y a dans les gros Vaiffeaux, comme on l'a dit, au plus que le mât d'artimon qui foit d'une piece ; pour tous les autres on les fait de plufieurs pieces. Ordinairement on les fait de cinq pieces, fçavoir la méche & quatre jumelles. La méche eft dans le milieu du mât, elle doit être d'une piece dans fa longueur : on pourroit pourtant, faute de bois affez long la faire de deux pieces, qui feroient jointes par une longue empature avec les dents neceffaires ; mais elle ne feroit pas fi bonne. Les quatre jumelles doivent être d'une piece en longueur : on les endente exactement les unes avec les autres, & avec la meche, pour éviter le jeu. Si on faifoit les jumelles de deux pieces en longueur, on affoibliroit extrémement le mât, & il ne pourroit refifter aux efforts qu'il a à foutenir. On le fait pourtant faute de bois.

REMARQUE.

En faifant la méche à fix faces, entourée de fix jumelles,

il y auroit encore moins de bois à perdre, comme on le démontrera plus bas ; mais il fera plus difficile de trouver des arbres affez gros pour la méche. Il eft de l'habileté des Mâteurs de voir les arbres qu'ils ont, & comment il y aura moins de bois à perdre en les emploïant.

Quand toutes les pieces font faites avec leurs endentures, qui doivent entrer très-exactement les unes dans les autres, on enduit de goudron les faces interieures qui doivent être appliquées les unes fur les autres : on met chaque jumelle à fa place, puis on arrondit le mât ; on l'environne d'efpace en efpace de cercles de fer, le plus fin qu'on peut avoir ; on les chauffe pour qu'ils entrent jufte chacun à fa place fans fe caffer : on paffe les plus grands les premiers, car le mât va en diminuant par le haut en cone tronqué, quoique peu fenfiblement.

Entre ces efpaces on fait des roffetures, c'eft-à-dire, qu'on lie le mât avec une corde goudronée qui fait plufieurs tours ; on la ferre fortement contre le mât avec des leviers, de maniere que les roffetures lient mieux les jumelles contre la méche, que les cloux ou les cercles même.

PROPOSITION PREMIERE. THEOREME.

Pour faire un mât d'un feul arbre, il faut lui ôter le quart du bois.

Démonftration. Pour faire un mât d'un feul arbre, il faut l'équarrir pour le moins à 6 faces. Soit donc (*fig. 1.*) le raïon de l'arbre $AC = a$; foit tirée du centre A du cercle fervant de bafe à l'arbre, la perpendiculaire A B, fur l'un des côtez D B C du polygone. Donc le côté A B du triangle rectangle A B C fera $\sqrt{aa - \frac{aa}{4}}$ à caufe que $\overline{AB^2} + \overline{BC^2} = \overline{AC^2}$, & que $BC = \frac{1}{2} AC$. Si on quarre A B, on aura $\frac{3aa}{4}$, qui eft moindre d'un quart que le quarré de $AC = aa$. Or les cercles font comme les quarrez bâtis fur les raïons de ces cercles ; & le mât étant fait fe trouve réduit au cercle infcrit dans l'exagone. Donc pour faire &c. ce qu'il F D, on auroit pû démontrer cette propofition, comme plufieurs des fuivantes, par la fynthefe ; on a preferê l'analyfe comme plus courte.

Figure 1.

COROLLAIRE.

Il est clair que puisqu'il faut tant ôter de bois d'un arbre pour en faire un grand mât, ou un mât de misene, on ne sçauroit trouver dans les Forêts, ni transporter dans les lieux difficiles des montagnes, où croissent les sapins, des arbres tels qu'il faudroit pour faire ces mâts d'une piece. Il faut donc les faire de plusieurs pieces : nous allons voir quelles proportions elles doivent avoir.

PROPOSITION DEUXIE'ME. PROBLEME.

Trouver le raïon des jumelles, les raïons de la méche & du mât étant donnez.

Puisque les mâts de plusieurs pieces sont ordinairement composez d'une méche qui est un prisme quadrilatere & de quatre jumélles, je vais chercher dans les trois propositions suivantes, les raïons des arbres qui doivent servir pour faire les jumelles, la méche & le mât.

Figure 2. Soit donné le raïon de la méche AB $=$ a, & celui qu'on veut qu'ait le mât, quand il sera fait AC $=$ b. Je dis qu'on aura DC pour raïon des arbres des jumelles dans cette expression analytique $\sqrt{\frac{aa}{4} + bb} - ab$. Cela est aisé à démontrer, ainsi je ne m'y arrête pas.

REMARQUE.

Il est clair que réduisant les quantitez generales *a* & *b* à quelque grandeur particuliere, on a dans cette expression le raïon des arbres qu'il faut emploïer pour les jumelles. On pourroit avoir encore ce raïon de cette maniere.

Soit toujours le raïon de la méche AB $=$ a, & AC raïon du mât $=\sqrt{2aa}$, on aura le raïon des jumelles DC $=\sqrt{2aa - a^2\sqrt{2a^4}}$. Cette expression n'est pas si simple que la précedente, mais elle est également démontrée.

PROPOSITION TROISIE'ME. PROBLEME.

Trouver le raïon de la méche, les raïons du mât & des jumelles étant donnez.

Figure 3. *Construction.* Soit A C le raïon du mât, & D C le raïon
des

des jumelles, il faut trouver le raïon A B de la méche. Faisons C E perpendiculaire sur A C, & qui lui soit égale & le raïon du mat. Du point C à la distance C D égale au raïon donné des jumelles décrivons un arc qui coupe l'hypothenuse A E, du triangle A C E. Au point D d'intersection soit tirée B D perpendiculaire sur la ligne A E. Le point B, où la ligne D B coupe A C, nous donnera A B pour raïon de la méche. Cette proposition suit de la précedente, & n'est pas plus mal-aisée à démontrer.

PROPOSITION QUATRIE'ME. PROBLEME.

Trouver le raïon du mât, les raïons de la méche & des jumelles étant donnez.

Construction. Soit A B le raïon de la méche, & D C le raïon des jumelles donnez, il faut trouver A C raïon du mât. Au point A soit élevée la perpendiculaire E A égale à A B. On divisera également en D l'hypothenuse E B du triangle B A E. Du point D comme centre prenant D C pour raïon, on décrira l'arc de cercle qui coupe le côté A B prolongé indéfiniment au point C ; je dis que la ligne A C sera le raïon du mât qu'on demandoit. C'est encore une suite de la seconde proposition. *Figure 4.*

COROLLAIRE.

Il suit évidemment de ces propositions, que le raïon du mât qu'on veut faire étant donné, on déterminera les raïons de la méche & des jumelles ; pour choisir des arbres, où on perde le moins de bois qu'il se pourra, dans la supposition que le mât doit avoir une méche & quatre jumelles. Nous le démontrerons bien-tôt d'une maniere generale, quelque nombre de faces qu'ait la méche, qui a été supposée quarrée dans ces trois problêmes.

PROPOSITION CINQUIE'ME. PROBLEME.

Déterminer le raïon de l'arbre pour la méche pentagone, le raïon du mât & celui des jumelles étant donnez.

Construction. Soit donnée la ligne A B pour raïon du mât, dont la méche doit être un prisme pentagone. Sur *Figure 5.*

P p

ce raïon AB soit décrit un cercle BCLM, on divisera
le perimetre en cinq parties. Soit BC un côté du pentagone divisé en deux parties égales au point F. De ce point
F soit tirée la ligne FA. Du point B & de l'intervalle BD,
égal au raïon donné des jumelles, soit fait un arc qui coupe la ligne AF au point D. Par ce point D soit menée
DE parallele à FB; on aura AE pour raïon de la méche
qu'on demandoit, déterminé par l'intersection des lignes
DE & AB.

PROPOSITION SIXIE'ME. PROBLEME.

*Déterminer le raïon des jumelles, le raïon du mât, & celui
de la méche pentagone étant donnez.*

Figure 5.   *Construction.* Tout étant comme dans la proposition cinquiéme, après avoir tiré la ligne FA. Par l'extrémité du
raïon AE, qui est donné, soit tirée ED parallele à BF.
La ligne BD tirée du point B au point où ED coupe la
ligne FA, sera le raïon des jumelles qu'on demandoit.

PROPOSITION SEPTIE'ME. PROBLEME.

*Déterminer le raïon du mât, le raïon de la méche pentagone,
& celui des jumelles étant donnez.*

Figure 5.   *Construction.* Soit AE le raïon donné de la méche, &
BD le raïon des jumelles aussi donné. Soit décrit le cercle GNE sur le raïon de la méche. Soit GE un côté du
pentagone. Soit prolongée la ligne AE indéfiniment. Soit
divisé le côté GE en deux parties égales au point D. De
ce point comme centre, & de l'intervalle BD du raïon
des jumelles, soit tracé un arc de cercle qui coupe en B
le raïon de la méche prolongé AEB. Je dis que la ligne
AB sera le raïon du mât qu'on demandoit.

REMARQUE.

La méthode de ces trois propositions est la même qu'on
a emploïée dans les précedentes; elle pourra servir pour quelque poligone qu'on suppose être la base de la méche, qui
est toûjours un prisme.

COROLLAIRE.

On voit que plus il y a de côtez, moins il y aura de bois à perdre à la méche, mais on aura de la peine à trouver du bois affez gros pour la méche, & les jumelles deviendroient trop petites, & par conféquent elles fortifieroient peu la méche. C'eft pourquoi on fait plûtôt la méche à quatre faces, parce que les jumelles font plus fortes de bois. Il peut pourtant y avoir des occafions où on pourroit fe fervir de ces trois derniers problêmes, fi on n'avoit que peu de gros arbres, & beaucoup dont le diamètre feroit petit, fuffifant pourtant pour faire des jumelles à la méche qui feroit de plus de quatre faces. On va rendre ces propofitions plus generales par l'analyfe.

PROPOSITION HUITIE'ME. PROBLEME.

Le rapport du raïon d'un mât au côté du poligone de la méche de ce mât étant déterminé, déterminer la proportion du raïon de la méche.

Conftruction. Soit A B le raïon du mât ; A E le raïon de la méche ; B C le raïon des jumelles, comme dans les propofitions précedentes : Suppofons la proportion du raïon A B du mât au côté du polygone de la méche en general comme a eft à b : foit donc $AB = a$ & $AE = z$, qu'il faut déterminer. Figure 6.

Puifque par l'hypotefe le raïon du mât $AB = a$, eft au côté du polygone de la méche, comme a eft à b : donc nous aurons C E moitié du côté du polygone $= \frac{bz}{2a}$, & par confequent dans le triangle rectangle CAE, l'autre côté $CA = \sqrt{zz - \frac{bbzz}{4aa}}$: mais à caufe des triangles femblables ACE, & ACD, nous aurons AE : CE :: CA : CD ; ou en termes analytiques $z : \frac{bz}{2a} :: \sqrt{zz - \frac{bbzz}{4aa}} ; CD = \sqrt{\frac{bbzz}{4aa} + \frac{b^4zz}{16a^4}}$. On aura donc auffi la valeur de $AD = \sqrt{zz - \frac{bbzz}{2aa} + \frac{b^4zz}{16a^4}}$; ou en tirant la racine $AD = z - \frac{bbz}{4aa}$ De-là il s'enfuit que $DB = a - z + \frac{bbz}{4aa}$, & quarrant DB on aura la quantité $aa - 2az + \frac{bbz}{2a} - \frac{bbzz}{2aa} + zz$

$-\dfrac{b^4zz}{16a^4}$; Si à $\overline{DB}$ on ajoute le quarré de CD $=-\dfrac{bbzz}{4aa}+\dfrac{b^4zz}{16a^4}$, on

aura le quarré de l'hypothenuse CB $=aa-2az+\dfrac{bbzz}{2a}-\dfrac{bbzz}{4aa}+zz$,

pour la quantité des raïons des jumelles. Mais il est clair que le quarré des raïons des jumelles multiplié par la moitié du nombre des côtez du polygone, qui sert de base à la méche, peut exprimer le bois emploïé aux jumelles. Comme le quarré du raïon de la méche peut exprimer le bois de la méche, parce que ces deux quantitez doivent être multipliées par une même quantité qui ait la longueur du mât : donc en faisant la moitié des côtez du polygone $=d$, on aura cette quantité-cy pour exprimer tout le bois qui compose le mât $daa-2daz+\dfrac{dbbz}{2a}-\dfrac{dbbzz}{4aa}+dzz+zz$.

d Ne signific point ici un infiniment petit. Il n'en est pas question.

Or si on multiplie cette quantité par quelque nombre que ce soit, elle observera toujours la même proportion ; à cause que les équimultiples sont comme les simples : il s'ensuit que le nouveau produit exprimera encore la quantité du bois emploïée au mat : multiplions-la donc par $4aa$, on aura $4da^4-8da^3z+2adbbz-dbbzz+4aadzz+4aazz$ pour la quantité du bois.

Maintenant puisque l'on suppose que le raïon AE $=z$ est le plus petit que puisse avoir la méche sans l'affoiblir, on pourra former cette équation $4da^4-8da^3z-8da^3y+2adbbz+2adbby-dbbzz-dbbzy+4aadzz+8aadzy+4aazz+8aazy=4da^4-8da^3z+2adbbz-dbbzz+4aadzz+4aazz$. Otant des membres de cette équation tout ce qui est commun; passant la quantité z d'un côté pour la dégager, & divisant tout par 4, on aura cette nouvelle équation $4aazy-dbbzy+4aadzy=4da^3y-adbby$. Et divisant tout par $4aay-dbby$,

on aura $z=\dfrac{4da^3-adbb}{4aad-dbb+4aa}$, ce qui fournit la valeur du raïon de la méche, quel que soit le polygone qui lui sert de base, en épargnant le bois autant qu'il est possible ; ce qu'il falloit trouver.

COROLLAIRE.

Pour appliquer cette résolution generale à quelque cas particulier, suppofant que la méche ait quatre côtez, qui est le cas le plus ordinaire : il fuit de la réfolution de ce Problême , que le raïon de la mèche doit être la moitié du raïon du mât : car *d* qui exprime la moitié des côtez du polygone, fera $= 2$, & le quarré $bb = 2aa$, parce que *b* eft l'hypothenufe d'un triangle rectangle dont le raïon *a* eft le côté ; & fubftituant ces valeurs dans l'équation précédente , on aura

$$\frac{4da^3 - adbb}{4aad - dbb + 4aa} = \frac{8a^3 - 4a^3}{8aa - 4aa + 4aa} = \frac{4a^3}{8aa} = \tfrac{1}{2}a = z ,$$

ce qu'il falloit trouver.

REMARQUE PREMIERE.

On a donc ici une expreffion générale qu'on peut appliquer aux autres polygones dans le befoin. Mais on ne s'arrête pas davantage fur ce fujet. La réfolution de ce problême peut être utile dans la pratique pour chercher les arbres les plus convenables, & où il y aura le moins de bois à perdre pour faire la mèche & les jumelles du grand mât, du mât de mifene, & du mât de beaupré des Vaiffeaux de divers rangs.

REMARQUE SECONDE.

Pour ce qui eft des vergues du grand mât & du mât de mifene , on ne les fait pas de deux pieces dans toute leur longueur, beaucoup moins les autres ; & on n'y met des jumelles que dans la neceffité., quand il arrive qu'une vergue fe rompt à la Mer. Pour cela on porte des jumelles toutes faites. Mais lorfque les vergues font groffes & fort longues, comme dans les Vaiffeaux du premier rang, fi on n'a pas de gros arbres affez longs pour les faire d'une piece, ou parce qu'ils diminuent trop en allant vers le petit bout, on peut les faire de deux pieces égales dans leur longueur. On fait à chaque piece une longue empature avec les dents neceffaires. Il faut que cette empature ait au moins la moitié de la longueur de chaque bois. On goudronne les joints, on les place l'un fur l'autre, puis on arrondit la vergue à la maniere ordinaire ; & on les lie enfemble par plufieurs cercles de fer le plus doux, & par plufieurs bonnes roffetures faites avec les mêmes précautions qu'on apporte à celles des mâts, dont on a parlé ci-devant.

Les vergues doivent être de sapin du Nord, & du meilleur pour qu'elles ne rompent pas ; car l'effort du vent sur
les voiles qui leur font attachées est très-grand en certaines occasions. L'experience a appris que la meilleure figure
qu'on puisse donner aux vergues est à fort peu près de deux
cones tronquez, qui ont une base commune. Il y auroit
sur cela des recherches géometriques à faire, mais comme
elles seroient plus curieuses qu'utiles, & qu'on n'épargneroit pas le bois, ni qu'on n'en diminueroit pas le poids,
on s'abstiendra d'entamer ces matieres.

Il en est de même de la courbe qu'on pourroit donner
au mât dans sa longueur, pour qu'il fut d'une plus grande
force ; car dans la pratique cela est inutile, & même impossible à exécuter, à cause des cercles de fer dont il faut
entourer les mâts, en faisant passer les plus grands les premiers, parce qu'ils doivent être placez plus près de son
gros bout ; il suffit donc de leur donner une figure conique avec les proportions qu'observent les Mâteurs, dont
on ne parlera pas ici. La force des mâts ne dépend pas de
cette figure, à mon avis, mais bien de la grandeur de leur
diametre, & de la bonté du sapin qu'on y emploïe. Il ne
me paroît pas que de fines démonstrations de Géometrie,
plus satisfaisantes pour les Sçavans, qu'utiles pour la Marine & pour la construction, doivent occuper l'esprit des
Géometres destinez à la Marine. Ils trouveront assez de quoi
s'occuper sur la construction, la manœuvre & la méchanique des Vaisseaux, & il en reviendra plus d'utilité pour la
Marine.

Si on supposoit, par exemple, que la coupe verticale du
grand mât par son grand axe, ou de quelqu'autre mât que ce
soit, fût un espace parabolique, & que l'équation generale
à la parabole fût a $x^{n-m} = y^m$. Si on fait faire une demie révolution à cet espace parabolique, à l'entour d'une ordonnée qui
seroit l'axe du mât, on pourroit démontrer par le calcul inte-
gral, & par le chemin que décrit le centre de pesanteur de
chacune des paraboles pendant leur rotation, que si la parabole se réduit à une des cubiques, faisant l'abscisse $x = r$ raïon
de rotation, $c =$ circonference qu'il décrit pendant la rota-

cion, & l'ordonne $y = b =$ l'axe; fuppofant $n = 3$ & $m = 1$ pour

les expofans de l'équation generale , le mât feroit $\dfrac{9cxxy}{28r}$

$= \dfrac{9crb}{28}$. Si la parabole eft du quatriéme degré , le mât fe-

ra $\dfrac{16cxxy}{45r} = \dfrac{16crb}{45}$. Si elle eft du cinquiéme degré , le mât

fera $\dfrac{25cxxy}{66r} = \dfrac{25crb}{66}$. Enfin fi cette parabole eft du fi-

xiéme degré , le mât feroit $\dfrac{36cxxy}{91r} = \dfrac{36crb}{91}$. Et ainfi du

refte à l'infini : enforte que le nombre du numerateur de la
fraction fera toujours le quarré de l'expofant de la puiffance
de la parabole, & le dénominateur un rectangle fait fous le
dénominateur du chemin de rotation du centre de pefanteur
par le dénominateur du plan de la parabole qui a produit le
folide par fa rotation.

Cela eft curieux il eft vrai, & j'en envoïai les démonftrations au R. P. Hofte, grand Géometre & mon ami particulier, à la fin de l'an 1699. peu de temps avant fa derniere maladie ; le voifinage de Marfeille où j'étois, & de
Toulon où il étoit, me donnant occafion de le confulter
affez fouvent. Il me répondit que cette figure étoit une des
paraboles cubiques, & m'en envoïa deux démonftrations
par l'analife ordinaire que je trouvai très-belles, quoique
longues & difficiles. Mais à quoi tout cela aboutit-il pour
la conftruction des mâts, après ce que nous venons de dire ?
ou pour trouver leur plus grande force, ou à quel point
il viendra à rompre, puifque les differentes courbes qu'on
peut lui donner ne l'empêcheront pas de rompre, qu'il eft
impoffible que le mât foit également fort par-tout, & que
ces courbes n'empêcheront pas feulement qu'il ne rompe
un pied plus haut ou un pied plus bas.

Il faudroit pouvoir comparer l'effort des vergues, des
voiles, des cordages, tant de ceux qui favorifent au mât,

que de ceux qui lui nuifent ; & outre cela les differents efforts du vent, qui eft quelquefois furieux, mais qui n'eft pas fufceptible de rapports exacts, comme l'exigent les démonftrations géometriques. Comment faire des hypothéfes pour tous les dégrez de vîteffe du vent ? & puis quel eft le Géometre qui puiffe prouver par experience que le vent fuit ces hypothefes ? ou qui étant à la Mer dans le temps d'un vent furieux, s'amufe à examiner les divers degrez de vîteffe du vent, lorfque le mât va rompre, & qu'une infinité de poulies, caps de moutons, menus cordages des mâts fupe.rieurs, vont tomber fur le pont comme la grêle. On a bien d'autres chofes en tête pour lors ; on penfe, fi le corps du Vaiffeau eft bon, on penfe à avoir des haches prêtes pour couper les haubans, quand le mât fera rompu, afin que flotant à la Mer il ne heurte contre le Vaiffeau comme un Bellier, & ne le créve. On examine fi on a de l'eau à courre pour ne pas aller fe brifer à la côte ; & comment on pourra redreffer quelque petit mât après la tempête, pour que le Vaiffeau gouverne & aille de l'avant ; & quand on n'efpere plus rien on penfe à fa confcience, ce qu'il auroit fallu faire plûtôt.

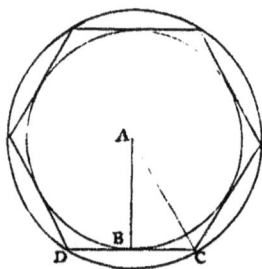

fig. 1

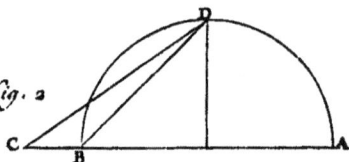

fig. 2

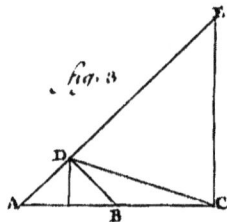

fig. 3

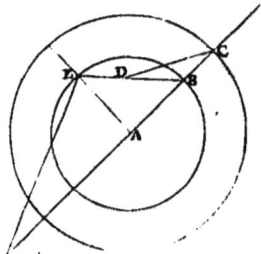

fig. 4

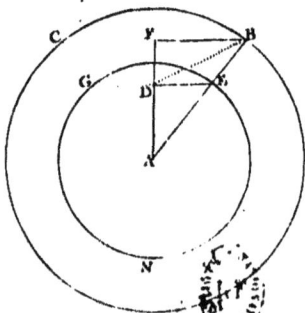

fig. 5

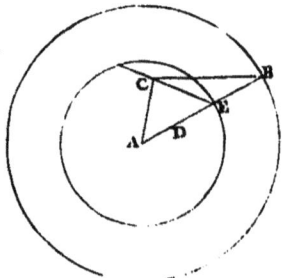

fig. 6

l'axe de la lisne passe

OBSERVATIONS

SUR LA REFRACTION,

FAITES A MARSEILLE.

Avec des Réflexions sur ces Observations.

ARTICLE PREMIER.

Préliminaires neceffaires à l'intelligence de ce fujet.

LA variation continuelle que j'ai obfervée pendant plufieurs années dans la baffeffe de l'horifon de la Mer,
que j'ai la commodité de voir de mon Obfervatoire,
m'a paru un fujet de méditation digne d'un homme appliqué à l'Aftronomie. En effet l'augmentation ou la diminution de la réfraction des raïons de lumiere qui tendent à
l'objet, ou qui en reviennent à l'œil de l'Obfervateur, étant
fi confiderable à l'horifon, il ne fe peut faire qu'il n'y ait
auffi de la variation dans la réfraction des raïons par lefquels on voit les autres objets, quoique plus élevez au-deffus
de l'horifon, & par conféquent les Aftres fuivant qu'ils feront plus ou moins élevez, donneront des hauteurs plus ou
moins grandes avec variation, felon que la matiere réfractive fera plus ou moins confiderable. La variation fera moindre, il eft vrai, lorfque les Aftres feront plus élevez fur l'horifon; mais un Aftronome de ce fiécle, où l'on a porté l'Aftronomie à un fi haut point de perfection, doit mettre tout
à profit; ainfi la connoiffance qu'il aura de la variation de
la réfraction horifontale dans les objets terreftres, lui fervira pour connoître celle qui peut être dans les hauteurs
des Aftres qu'il obferve, felon les diverfes conftitutions de
l'air qu'il remarquera aux jours auxquels il obfervera; &

de-là outre l'avantage qui en revient aux autres élemens d'aftronomie, il aura avec plus de précifion la déclinaifon de ces Aftres.

Ce fujet eft difficile à traiter, quoiqu'il appartienne à l'optique, la géometrie ne le peut faifir, parce qu'il eft mêlé de tant d'obfervations phyfiques qui traînent après foi quelqu'incertitude, que ce qui en réfultera n'aura pas l'évidence géometrique; mais il ne s'enfuit pas qu'il faille le negliger. Quelles pertes pour la nouvelle phyfique fi on eut fuivi de nos jours cette conféquence! Plus un fujet eft difficile, plus il faut s'attacher à le pénetrer. La nature nous cache fes fecrets, elle veut être preffée & importunée pour nous les découvrir, encore ne le fait-elle qu'avec mefure; plus on l'approfondira, plus de connoiffances on en tirera. Une telle conduite obfervée dans les fiécles paffez, nous mettroit aujourd'hui en état de tirer de fon fein de nouveaux tréfors que nos neveux ne trouveroient pas épuifez.

Sans recourir à d'autres fujets, il n'y a guere que deux fiécles qu'on ne connoiffoit de réfraction que dans les milieux groffierement heterogenes, parce qu'on les voïoit à l'œil; de-là par analogie on comprit qu'il pouvoit y en avoir dans l'air. On vit enfuite qu'il n'étoit pas d'une égale denfité à l'horifon, & à des hauteurs de 40. degrez on détermina que la réfraction avoit lieu jufqu'à 45. degrez de hauteur; & on en donna des tables qui fe reffentoient de la foibleffe des connoiffances acquifes.

Monfieur Caffini, qui a pouffé fi loin l'aftronomie, découvrit que la réfraction s'étendoit jufqu'au zenith exclufivement, il en donna de très-bonnes Tables, dont les Aftronomes fe fervent avec utilité & beaucoup d'applaudiffement. On trouve cependant que dans les hauteurs méridiennes des Aftres moins élevez au-deffus de l'horifon, ces Tables auroient encore befoin de quelque correction; car quel ouvrage eft parfait fur la terre?

Enfuite on s'eft apperçû que par divers temps & divers vens ces réfractions n'étoient pas les mêmes, qu'elles augmentoient ou abbaffoient les hauteurs des Aftres de quelques feconds; de forte qu'on n'avoit point avec le même Inftrument les mêmes hauteurs méridiennes des Etoiles fixes, quoique prifes à des jours fort voifins: on a rejetté

ces petites erreurs fur les Inftruments, qui ne pouvoient fe
défendre que par leur exactitude, ou à la differente difpofition de l'œil de l'Obfervateur ; mais la differente élevation de l'horifon de la Mer a fait voir qu'il y avoit auffi
d'autres caufes de ces variations.

Le même point d'une montagne ou d'une tour, vû avec
la lunette du quart de cercle en pofition, ne donne point
la même hauteur, lorfqu'il eft regardé en divers temps pendant qu'il vente ou qu'il fait calme. La variation de la
baffefle de l'horifon de la Mer n'eft pas fi grande, lorfqu'on l'obferve d'une montagne élevée, que lorfqu'on la
voit d'un lieu plus bas ; les obfervations faites fur les montagnes de la Sainte Baume le démontrent, lorfqu'on les
compare avec celles qu'on a fait à Marfeille. Quel champ
fertile en réflexions! Mais combien d'épines en ce champ?
Ne nous rebutons point, nôtre travail donnera encore à
d'autres plus induftrieux, de quoi travailler plus heureufement.

Pour l'ordre, je mettrai d'abord fous les yeux, une Table
qui renfermera les obfervations faites en diverfes années fur
les baff:ff:s apparentes de l'horifon de la Mer, avec les circonftances que j'ai cru neceffaires ; d'où je tâcherai de tirer
diverfes reflexions fur ces matieres, qui puiffent être de
quelqu'utilité, après avoir raconté le fait en peu de mots.

Dès l'année 1705. aïant pofé mon quart de cercle fur
l'épaiffeur d'un mur, l'aïant bien calé, & apporté toutes les
autres précautions dont on ufe dans l'aftronomie; (je ne les
rapporterai point ici, cela n'étant pas neceffaire pour ceux
qui la pratiquent, & inutile à ceux qui n'en ont pas l'ufage ;) je pointai la lunette de trois pieds qui eft fixe fur le
quart de cercle, & parallele à la ligne fiducielle, à l'horifon de la Mer, en forte que le fil horifontal rafat exactement la furface de la Mer, là où elle paroît couper le Ciel.
J'obfervai l'angle de la baffeffe de cet horifon le matin avant
le lever du Soleil ; je l'obfervai à diverfes heures du jour,
& après le coucher du Soleil ; quelquefois même je pointois la lunette au difque du Soleil, là où il paroiffoit fe
plonger dans les eaux de la Mer.

Aïant trouvé une pointe d'un rocher le plus Sud de l'Ifle
de Pommegues, qui s'élevoit tant foit peu au-deffus de l'ho-

rifon de la Mer, qu'il me laiſſoit voir de part & d'autre,
j'y pointai la lunette, en ſorte que le fil horiſontal qui paſſe
par le centre raſoit la Mer des deux côtez du rocher ; j'ai
pris la baſſeſſe de l'horiſon de la Mer, & enſuite celle du
ſommet de ce rocher plus bas que l'horiſon de l'Obſervatoire. Voici ces obſervations telles que je les ai faites à
divers temps & à diverſes heures du jour, avec une exactitude ſcrupuleuſe, que j'ai portée quelquefois juſqu'à l'ennui.

J'ai mis dans la premiere colomne de cette Table, l'année & les jours du mois auxquels les obſervations ont été
faites : dans la ſeconde, la baſſeſſe de l'horiſon de la Mer
obſervée au jour correſpondant : dans la troiſiéme, le vent
qu'il faiſoit : dans la quatriéme, la diſpoſition de l'air : dans
la cinquiéme, la hauteur du mercure dans le Baromètre
ſimple. Je n'ai point mis dans la premiere Table la hauteur
de la liqueur dans le Thermometre, pour les raiſons qu'on
dira ci-après. Ainſi on aura ſous les yeux toutes ces obſervations en abregé, & il ſera plus aiſé de les conſulter pour
faire les réflexions convenables.

Au mois d'Avril de l'année 1706. on meſura avec exactitude par deux méthodes differentes, la hauteur de la Sale
de l'Obſervatoire. Par les deux diverſes manieres de nivellement, dont l'une donna 144. pieds 7. pouces, & l'autre
143. pieds 6. pouces, la hauteur du cercle compriſe, on
détermina en prenant un milieu cette élevation au-deſſus de
la ſurface de la Mer, de 144. pieds ou 24 toiſes.

Si on fait le ſinus total ou le raïon de 20000000, la
ſécante 20000144. qui contiendra le nombre des pieds de
l'élevation de l'Obſervatoire par-deſſus le niveau de la Mer,
qui eſt l'extrémité du raïon, donnera pour angle de la vé-
ritable baſſeſſe de l'horiſon de la Mer, 0 . 13'. 0″. Comme
cet angle eſt preſque moïen entre tous ceux de la premiere
Table de ces obſervations de la baſſeſſe de la Mer ; il s'enſuit de-là, que la réfraction n'éleve pas toûjours cet horiſon
de la Mer comme elle éleve les Aſtres ; elle l'éleve lorſque
l'angle de la baſſeſſe eſt moindre de 13. minutes, mais elle
abbaiſſe l'horiſon de la Mer lorſque cet angle eſt plus grand
de 13. minutes.

Comme ceci paroîtra ſans doute extraordinaire, on le
prouvera dans la ſuite par bien des obſervations qu'on rap-

rapportera : on le fera avec d'autant plus de foin, qu'il merite une attention confiderable. En attendant, les obfervations fuivantes ferviront à juftifier cette maniere de réfraction des raïons de lumiere que j'appellerai convergeante, qui eft oppofée à la réfraction ordinaire que j'appellerai divergeante.

Je me fers de ces termes, parce que je confidere ces deux raïons de lumiere, comme deux lignes qui, fouffrant une continuelle réfraction dans un milieu continuellement heterogene, peuvent être confidcrées comme deux lignes courbes qui touchent de part & d'autre la ligne droite qui iroit à l'objet fans fouffrir de réfraction ; en forte que le point d'attouchement de ces deux courbes feroit à l'œil même de l'Obfervateur.

Voici une de ces obfervations. Le 2. Mars 1705. travaillant fur ces matieres, on vit le difque du Soleil à fon coucher, élevé fur la furface de la Mer de fept à huit minutes, s'étendre tout à coup jufqu'à la furface de la Mer ; il étoit d'un rouge affez foncé, plus par le bas, moins par le haut ; le bord du Soleil paroiffoit tout au tour comme déchiré, & à mefure que le difque du Soleil parut s'enfoncer dans la Mer, il fe fit de part & d'autre un refoulement de lumiere fur la Mer, qui faifoit paroître ce difque comme un bonnet, qui auroit été ferré par le bas, & auroit laiffé un bord de trois travers de doigt tout au tour. Dans cette occafion le Soleil paroiffoit elliptique, comme en beaucoup d'autres, où on a vû fon bord dechiré ; mais fans ce bord de lumiere, le grand diametre de l'ellipfe étoit parallele à l'horifon.

L'air étoit pour lors fort embrumé, mais fans nuages, ce que la couleur rouge foncé marquoit affez, la vapeur étant encore p us forte vers l'horifon ; car la partie fuperieure du difque du Soleil n'étoit pas d'un rouge fi foncé. Lorfque le bord du Soleil a paru entrer dans ce lit de vapeurs plus fortes par le bas, les raïons de lumiere qui venoient de ce bord, font devenus tout à coup plus convergeans à la furface de la Mer, ce qui a fait paroître ce bord du Soleil s'allonger tout à coup, & s'étendre fur la furface de la Mer tant d'une part que de l'autre ; tandis que d'autres raïons de lumiere devenans divergeans par rapport au raïon di-

rect qu’on fuppoferoit venir du centre du Soleil au centre
de l’œil & partir de tous les points du difque du Soleil,
& fur-tout de fon bord, l’ont fait paroître elliptique &
même déchiré felon que la vapeur étoit plus ou moins é-
paiffe, & en plus grand mouvement caufé par la préfence
du Soleil, par l’action de fes raïons & par un peu de vent.
Comme la vapeur étoit moins épaiffe vers la partie fuperieure du difque du Soleil, la réfraction n’y étant pas fi
grande, le diametre perpendiculaire du Soleil a dû paroître plus petit que le diametre horifontal, ainfi il a paru
de figure elliptique.

On pourroit donc confiderer tous ces raïons, comme for-
mans un cone elliptique dont la bafe feroit le difque du
Soleil, la pointe du cone à l’œil de l’Obfervateur, l’axe de
ce cone feroit la droite tirée de l’œil de l’Obfervateur au
centre du Soleil, & toutes les courbes qui partent des points
du bord du Soleil tangentes à cet axe au fommet du cone;
& concevoir que la furface de ce cone feroit cenfée non
droite, mais concave, puifqu’elle eft toute compofée de lignes courbes, dont la concavité forme la furface du cone:
mais il n’eft pas aifé de déterminer géometriquement la
nature de ces courbes, parce qu’il ne paroît pas poffible
de déterminer leur foutangente & leur tangente, qui eft
l’axe du cone qui fe forme dans les vapeurs de l’atmofphere.
On peut dire feulement que les courbes feront d’autant plus
ou moins concaves que les raïons fe rompront plus ou moins
fréquemment, & fous des angles plus ou moins obtus.

On conçoit aifément que cette vapeur qui caufe cette réfraction extraordinaire ne fe termine pas à l’horifon fenfible, mais que s’étendant bien avant au-delà fur la furface
de la Mer, elle forme une partie de l’atmofphere, c’eft
pourquoi il n’eft pas poffible de déterminer la longueur de
ce raïon direct, qu’on regarde comme l’axe du cone elliptique dont on vient de parler.

On trouve encore dans le Regiftre une obfervation fort
femblable à celle qu’on vient de rapporter, qui doit s’expliquer de la même maniere. La voici, elle fervira à confirmer ces faits & l’explication qu’on en a donné.

Le 25 Février 1706. la lunette fixe du quart de cercle
aïant été pointée à l’horifon, en forte que le fil horifontal rafat

la furface de la Mer, où elle paroît s'unir avec le Ciel, &
que la pointe des flots paroiſſoit par-deſſous ce fil dans la
lunette qui renverſe les objets. La Mer étoit baſſe de 1 3′. 45″.

Le Soleil étant dans la lunette, & ſon bord inferieur
au-deſſus de la Mer d'environ ſix minutes, la Mer a paru
briller dans l'endroit où elle devoit cacher le Soleil, lequel aïant baiſſé de près de deux minutes, & ſon bord inferieur paroiſſant encore loin d'environ quatre minutes de
la furface de la Mer, il a paru ſe faire une effuſion de ſa lumiere, qui a promptement atteint la ſurface de la Mer ; enſuite lorſque le bord inferieur a touché la Mer, cette lumiere s'eſt étenduë au tour du Soleil qui paroiſſoit alors
comme un bonnet ſerré par le bas, & qui auroit laiſſé un
bord horiſontal de trois doigs tout au tour. Après que le
centre du Soleil a paru immergé, ce bord s'eſt diſſipé ; enfin on ne voïoit plus qu'une petite partie du Soleil, laquelle
a diſparu en commençant par le bas, de ſorte qu'il ne paroiſſoit plus à la ligne horiſontale de la lunette, & paroiſſoit encore un peu par-deſſous cette ligne dans la lunette,
qui, comme on a dit, renverſe les objets, & alors la Mer
étoit encore baſſe de   1 3′. 45″.

Sur ces réflexions on ſera moins étonné que les Aſtronomes du feu Roi de Suede aïent vû en Bothnie le Soleil
au deſſus de l'horiſon ſans ſe coucher au ſolſtice d'Eté,
quoique cette Province de Suede ſoit au-deçà du cercle
polaire arctique, car il eſt aiſé de concevoir que dans ces
Païs fort ſeptentrionaux, les vapeurs qui s'élevent de la
terre ne peuvent pas être miſes en auſſi grand mouvement
que vers la ligne, & qu'ainſi quoique l'air y paroiſſe ſerein,
il eſt pourtant mêlé de plus de parties heterogenes, d'où
il ſuit que les raïons de lumiere s'y rompent plus ſouvent,
& ſous des angles moins obtus, ce qui donne à la courbe
plus de convexité, & par conſéquent l'angle que la corde
de cette courbe, par laquelle il paroît que ſe fait la viſion,
fait avec la tangente, doit être plus grand. C'eſt en cela
que conſiſte cette plus grande puiſſance réfractive qu'on
ſuppoſe à l'air des Païs ſeptentrionaux.

Par la même raiſon, nous ne voïons pas en Eté au coucher ou au lever du Soleil, des phenomenes ſemblables à
ceux qu'on vient de rapporter, mais ſeulement au commen-

cement du Printems, ou fur la fin de l'Automne, auquel
temps la chaleur refpective du Soleil n'a pas autant de force
pour animer ces vapeurs, les mettre en plus grand mouvement & les élever dans l'atmofphere ; alors dans la même
quantité, elles occuperoient un efpace beaucoup plus grand ;
ainfi les raïons de lumiere s'y romproient moins fouvent,
& fous des angles plus obtus, & la réfraction feroit moindre.

ARTICLE SECOND.

Reflexions generales fur la variation de la Réfraction.

ON voit d'abord que la plus grande différence des baffeffes apparentes de l'horifon de la Mer, eft celle qui
fe trouvent entre les obfervations du 7 Mars 1705. & du
9. Juin 1708. (On verra dans les obfervations de 1716.
qu'elle a été encore plus grande, mais on fe referve d'en
traiter, quand il fera queftion de ces obfervations.) Cette
différence fe trouve de 3'. 25". toutes celles qui ont été
obfervées dans les années marquées dans la premiere Table, fe trouvent renfermees entre ces deux là. Le 7. Mars
1705. à midi, le vent étant Sud-Eft frais & l'air embrumé,
la baffeffe fut de 14'. 25". Le 9 Juin au matin 1708. le
vent étant Eft-Nord-Eft foible, l'air un peu embrumé, le
barometre étant à 27. pouces 6. lignes, la baffeffe fut de
11'. 0". la différence eft donc de 3'. 25".

Il paroît que la brume, quand elle n'eft qu'à l'horifon,
n'augmente pas la réfraction, puifque ces deux jours-là l'air
étoit également embrumé ; il paroît encore que le plus ou
le moins de pefanteur de l'atmofphere n'influe en rien à la
réfraction, puifque le 9. Juin cette pefanteur étoit moindre
de 5. lignes de mercure que le matin du 29 Decembre 1706.
auquel jour le Baromettre étoit à 27. pouces 11. lignes, la
baffeffe de l'horifon de la Mer fut de 11'. 45". plus grande
feulement de 45". que le 9 Juin ; le vent étoit Nord-Eft
foible, l'air fort ferein.

Si on compare la baffeffe de l'horifon de la Mer du 29.
Decembre 1706. au Soleil couchant, avec la même du 9.
Juin 1708. on trouve une grande différence. Le 29. De-
cembre la baffeffe apparente de l'horifon étoit   14'. 30".

Le

Le vent Nord-Ouest foible, l'air ferein, le Barometre étoit à 27. pouces 11. lignes. Le 9 Juin au matin, le vent étoit Est Nord-Est foible, la baffeffe de l'horifon étoit 11′. 0″.

Il y avoit de la brume à l'horifon, le Barometre étoit à 27. pouces 6. lignes ; la difference entre ces baffeffes eft de 3. minutes 30. fecondes : la pefanteur de l'atmofphere étoit plus grande le 29. Decembre 1706. que le 9. Juin 1708. puifqu'il y avoit ce jour-là 5. lignes de mercure de plus pour faire équillibre avec la colomne d'air qui pefoit fur le mercure.

La lunette étoit pointée au difque même du Soleil fe plongeant dans la Mer, là où elle paroiffoit le couper ; ainfi on ne pouvoit fe tromper : le vent étoit également foible ces deux jours, il fembleroit donc par ces deux obfervations, que plus l'air eft pefant, plus la réfraction abaiffe le raïon vifuel, qui eft la corde de la courbe au-deffous du raïon direct qui eft, comme on l'a démontré ci-devant, incliné de 13. minutes, & que quand la pefanteur de l'air eft moindre, la réfraction éleve le raïon vifuel qui eft la corde d'une autre courbe au-deffus du raïon direct toûjours incliné de 13. minutes ; ce raïon direct fe trouve être la tangente de ces deux courbes, dont la premiere eft convergeante à la furface de la Mer, l'autre divergeante. Néanmoins on va voir bien-tôt que cette réflexion n'a pas toûjours lieu ; & qu'il s'en faut bien qu'il faille compter fur un petit nombre d'obfervations pour établir une hypothefe. Avant cela on va faire quelques autres réflexions fur l'obfervation du 9. Juin 1708. pour cela il eft bon de rapporter les termes du Regiftre. Les voici.

Le 8. Juin 1708. au coucher du Soleil, pointant la lunette au même endroit de la pointe Sud de l'Ifle de Pommegues, la Mer à fon horifon a été trouvée baffe de 12′. 30″. après beaucoup de foins. Le vent étoit Sud-Sud-Est foible, un peu de brume à l'horifon. Le Barometre étoit à 27. pouces 6. lignes un tiers, & le rocher par lequel on pointoit à la Mer, étoit un peu élevé fur l'horifon de la Mer à fon ordinaire.

Le 9. Juin 1708. à 5. heures du matin, la Mer étoit baffe au même endroit, car on avoit laiffé toute la nuit le quart de cercle en pofition, elle étoit baffe, dis-je, de 11′. 0″.

B

Il y avoit de la brume à l'horifon, le vent étoit Eſt-Nord-Eſt foible, le Barometre à 27. pouces 6. lignes : mais le ſommet du rocher paroiſſoit plus bas que l'horifon de la Mer, & ne raſoit pas toût-à-fait le fil horifontal de la lunette : ce fil pourtant raſoit exactement des deux côtez du rocher la ligne de la Mer qui paroît couper le Ciel.

A une heure 30'. après midi, le quart de cercle étant toûjours reſté en poſition, la Mer étoit baſſe de 12'. 15″. La brume répanduë par-tout l'air, le vent Oueſt-Sud-Oueſt médiocre. Le Barometre étoit à 27. pouces 6. lignes, & le ſommet du rocher paroiſſoit un peu au-deſſus de l'horifon de la Mer.

Puiſque la baſſeſſe de la Mer étant 12. minutes 15. ſecondes, le ſommet du rocher paroiſſoit au-deſſus de l'horifon de la Mer : on voit bien que le 8. Juin la Mer étant baſſe à l'horifon de 12. minutes 30. ſecondes, ce ſommet paroiſſoit encore plus au-deſſus. Mais le 9. Juin au matin la baſſeſſe de la Mer étant 11. minutes, le ſommet du rocher paroiſſoit au-deſſous de l'horifon de la Mer ; il faut donc que la réfraction élevât cet horifon par rapport au ſommet de ce rocher, à la hauteur duquel on n'avoit pas encore obſervé de variation, & que la différence de la réfraction ne ſoit pas auſſi ſenſible par rapport à ce rocher, qui n'eſt éloigné de l'Obſervatoire que de 3512. toiſes, qu'elle l'eſt par rapport à l'horifon apparent de la Mer qui en eſt éloigné de 12605. toiſes.

C'eſt la ſeconde fois qu'on s'étoit apperçû de cette variation à l'élevation de ce rocher, par le ſommet duquel on pointoit la lunette du quart de cercle à l'horifon de la Mer, car dès le 5. Juin 1707. on y avoit pris garde. Voici les termes du Regiſtre.

Le 4. Juin 1707. à 6. heures 30. minutes du matin, pointant toûjours au même endroit, l'horifon apparent de la Mer s'eſt trouvé bas de   12'. 0″.

Le vent Sud-Eſt foible, l'horifon un peu embrumé, le Barometre étoit à 27. pouces 7. lignes.

Le 5. Juin 1707. à 5. heures du matin, la Mer étoit baſſe à ſon horifon apparent de   12'. 30.

L'horifon un peu embrumé, le vent Sud-Oueſt très-foible, le Barometre étoit à 27. pouces 6. lignes ; ce qui m'a ſurpris, c'eſt que le ſommet du petit rocher de la pointe Sud de Pommegues qui me paroiſſoit les autres fois plus haut que l'horiſon de la Mer, ne m'a pas paru plus haut aujourd'hui ; en ſorte que le plan partant de la lunette au centre des ſoïes par le fil horiſontal, paſſoit préciſément par le ſommet de ce rocher, & aboutiſſoit à l'horiſon de la Mer.

Le 8. Juin à 7. heures 30. minutes du matin, la baſſeſſe apparente de l'horiſon de la Mer étoit de   13′. 15″.

Petit vent de Nord-Oueſt, fort beau Ciel & bel horiſon, le Barometre étoit à 27. pouces 8. lignes & un quart. Le petit rocher paroiſſoit aujourd'hui, comme à l'ordinaire, un peu élevé ſur l'horiſon de la Mer.

On voit que le 4. Juin la Mer étant baſſe ſeulement de 12. minutes, le ſommet du rocher étoit pourtant plus haut que le fil horiſontal, ou que l'horiſon de la Mer, & que le 5. Juin la Mer étant baſſe de 12. minutes 30. ſecondes, le ſommet de ce rocher raſoit le fil horiſontal, quoique la baſſeſſe de la Mer fut plus grande de 30. ſecondes ; il y a donc évidemment de la variation au moins de 40. ſecondes dans l'apparence de la hauteur de ce rocher : on le connoît encore par cette réflexion. Le 9. Juin 1708. la Mer étant baſſe de 12. minutes 15. ſecondes, le ſommet du rocher paroiſſoit un peu au-deſſus de l'horiſon de la Mer, & le 5. Juin 1707. la Mer étant baſſe de 12. minutes 30. ſecondes, ce rocher paroiſſoit ſeulement raſer le fil horiſontal, quoique la baſſeſſe fut plus grande de 15. ſecondes ; il reſulte donc évidemment qu'il y a de la variation dans l'apparence de la hauteur de ce rocher, ce qui ne peut être attribué qu'à la réfraction ; mais comme ce point-ci eſt important à la matiere que nous traitons, on en parlera plus en détail dans les obſervations faites exprès en Juin & en Juillet 1716.

On voit encore que toutes les obſervations faites en Juin 1707. 1708. & 1709. ne donnent point les baſſeſſes de la Mer ſi grandes que dans les autres ſaiſons, & qu'outre cela elles ne les donnent jamais au-deſſous de 13. minutes, qui eſt l'inclinaiſon du raïon direct déterminée ci-devant ; il faut excepter le 8. Juin 1707. au matin, où cette inclinaiſon fut de   13′. 15″.

De ſorte que toutes les fois que la baſſeſſe de l'horiſon

a été de 13. minutes o. secondes, le raïon visuel tendant à l'horison ne souffroit point de réfraction ; toutes les fois qu'elle a été plus grande, il y a eu réfraction par une courbe convergeante à la surface de la Mer, & le raïon visuel paroissoit être la corde de cette courbe ; toutes les fois qu'elle a été moins grande que 13. minutes, il y a eu réfraction du raïon visuel par une courbe divergeante à la surface de la Mer, & la corde de cette courbe est la droite par laquelle on croit voir l'objet.

ARTICLE TROISIE'ME.

Réflexions sur la variation de la Réfraction en Hyver.

Voyez la 1. Table.

FAISANT attention aux observations du mois de Decembre 1706. on trouve qu'il y a une grande variation dans les basses de l'horison de la Mer ; & qu'excepté le 18. Decembre, la bassesse de l'horison étant assez grande, puisqu'elle étoit le plus souvent au dessous de l'angle de 13. minutes du raïon direct ; la pesanteur de l'atmosphere étoit aussi plus grande, le Barometre n'aïant jamais donné moins de 27. pouces 8. lignes, & étant monté jusqu'à 27. pouces 11. lignes, en sorte qu'il sembleroit, comme on l'a dit ci-devant, que quand la pesanteur de l'air est plus grande, la réfraction l'est aussi. Mais il s'en faut bien que la nature ait suivi exactement cette regle ; il vaut autant que je fasse cette réflexion que d'autres qui pourroient lire ces Memoires, quand ce ne seroit que pour leur en épargner la peine.

Car 1°. en réflechissant sur les observations du 18. Decembre, on voit que la Mer fut basse le matin à 8. heures 30. minutes, de 13. minutes 30. secondes. Le vent de Nord-Ouest étant très-frais, le Barometre étoit alors à 27. pouces 2. lignes & demi ; & qu'à midi & demi on trouva la même bassesse de l'horison de la Mer, l'air continuant d'être fort serein, le vent toûjours Nord-Ouest très-frais, & le Barometre étoit monté à 27. pouces 3. lignes, une demi ligne plus que le matin. De sorte que la pesanteur de l'atmosphere étoit moins grande de 8, lignes & un quart

de mercure, par rapport à l'état du Baromètre, que le 29.
Décembre, auquel jour la basseffe de l'horifon fut encore
de 13. minutes 30. fecondes; ce qui eft fort confiderable,
& femble prouver que la pefanteur de l'atmofphere n'influë pas à la réfraction, ce qu'on aura fouvent lieu de remarquer dans la fuite de cet ouvrage : il faut pourtant confiderer que le 18. Décembre le vent de Nord-Oueft étoit
très-frais, & au contraire fort foible le 29. Décembre, &
qu'ainfi l'agitation violente de l'air en a pû diminuer la
pefanteur fans changer la réfraction.

2°. Confiderant les obfervations du 29. Décembre 1706.
on trouve une grande variation dans la basseffe apparente
de l'horifon de la Mer, & fort peu dans la pefanteur de
l'air. Le matin la basseffe fut de   11'. 45".
le vent étant Nord-Eft foible, l'air ferein & le Baromètre
à 27. pouces 11. lignes : ce qui eft une des plus grandes
élevations où l'on ait trouvé le mercure à l'Obfervatoire,
& par conféquent une des plus grandes pefanteurs de l'atmofphere ; cependant la réfraction élevoit pour lors le raïon
vifuel au-deffus du direct d'une minute 15. fecondes.

Le foir à 3. heures la basseffe de l'horifon de la Mer étoit
de 13. minutes 30. fecondes, le vent étant Nord-Oueft
foible, l'air ferein, le Baromètre à 27. pouces 10. lignes
3. quarts. La réfraction abaiffoit donc de 30. fecondes le
raïon vifuel au-deffous du raïon direct ; cependant la pefanteur de l'atmofphere n'étoit moindre que le matin, que
d'un quart de ligne de mercure, ce qui eft peu de chofe,
& qui devoit plûtôt obliger le raïon vifuel à s'élever plus
que le matin ; cependant la réfraction avoit changé en fens
contraire depuis le matin d'une minute 45. fecondes, ce
qui eft fort confiderable.

Le foir après le Soleil couché, la Mer fut trouvée baffe
à l'horifon apparent de 14. minutes 30. fecondes : cela fut
examiné avec foin, à caufe de la repugnance qu'on avoit
à croire une fi grande variation en fi peu de temps. Le vent
étoit toûjours Nord-Oueft foible, l'air ferein, le Baromètre étoit remonté à 27. pouces 11. lignes : la réfraction
abaiffoit donc alors le raïon vifuel d'une minute 30. fecondes au-deffous du raïon direct ; & cependant la pefanteur de l'air étoit la même que le matin, auquel temps la

B iij

réfraction l'élevoit d'une minute 15. secondes au-deſſus du
raïon direct. La même cauſe neceſſaire n'a pas pû procu:re
deux effets contraires : cette peſanteur de l'air n'étoit augmentée que d'un quart de ligne dans l'intervalle d'une heure & demi, quoique la réfraction ait abaiſſé le raïon viſuel d'une minute depuis l'obſervation faite à trois heures.
Une ſi petite augmentation dans le poids de l'atmoſphere
n'a pû en produire une ſi grande dans la réfraction. On n'a
point d'exemple qui puiſſe appuïer un pareil ſentiment.

Voilà donc dans le même jour deux raïons viſuels que
la réfraction fait courber en deux ſens oppoſez, l'un convergeant & concave à la ſurface de la Mer, dont la corde par
laquelle la viſion eſt cenſée ſe faire, forme avec la tangente
de cette courbe un angle d'une minute 30. ſecondes. L'autre divergeant & convexe par rapport à la ſurface de la
Mer, dont la corde par laquelle on croit voir, fait avec la
tangente de cette courbe un angle d'une minute 15. ſecondes ; en ſorte que le raïon direct eſt preſque moïen entre
ces deux raïons viſuels, & l'angle que les deux cordes forment au point d'attouchement des courbes à la tangente, ſe
trouve de 2. min. 45. ſec. La peſanteur de l'air eſt la même
dans le temps des deux obſervations, on n'y trouve d'autre difference, ſi ce n'eſt que le matin le vent étoit Nord-
Eſt foible, & le ſoir Nord-Oueſt foible ; car pour ce qui
eſt de la temperature de l'air, elle étoit à fort peu près la
même, le Thermometre de M. Amontons étant le matin
à 53. pouces 4. lignes, & le ſoir à 53. pouces 6. lignes ;
& ſi elle avoit dû introduire quelque difference, ç'auroit
p'ûtôt été en élevant le ſoir le raïon viſuel plus que le matin, puiſque, comme on le verra dans la ſuite, la chaleur
de l'Eté produit aſſez ordinairement cet effet de diminuer
la réfraction convergeante, ou de la rendre divergeante par
rapport à la ſurface de la Mer.

On ne peut aiſément ſe perſuader que le changement du
vent ait introduit une ſi grande variation, puiſqu'on n'en
a point remarqué de ſemblable dans tout le cours de ces
obſervations. On aime donc mieux avoüer qu'on n'en penetre pas la cauſe ; peut-être que d'autres obſervations ac-
compagnées des réflexions convenables, la découvriront dans
la ſuite. Avant de continuer ces réflexions ſur ces obſerva-

tions du mois de Decembre, il fera bon de rapporter les termes du Regiftre, ils feront voir la méthode qu'on a obfervée.

Le 30. Novembre 1706. à 4. heures 30. minutes du foir, j'ai pointé la lunette fixe du quart de cercle au même point des balluftres les plus hauts du phare du fort S. Jean, que j'avois ci-devant trouvé être de niveau avec le quart de cercle placé à fon lieu ordinaire, j'ai trouvé que le cheveu qui foutient le poids couvroit la ligne de 90. degrez, ainfi j'ai conclu que le quart de cercle n'avoit ni hauffé ni baiffé.

Aïant pointé enfuite la lunette fixe du quart de cercle à la pointe la plus Sud de l'Ifle de Pommegues, en forte que la foïe horifontale rafoit la Mer, là où elle s'unit avec le Ciel, & que je voïois par-deffous la foïe horifontale la pointe des flots de la Mer agitée par un vent de Nord-Oueft médiocre ; la Mer s'eft trouvée baffe de   13′. 30″.

L'obfervation a été réïterée trois fois : j'ai pointé la lunette à un petit rocher qui entrecoupoit un peu l'horifon, pour voir fi la foïe convenoit bien des deux côtez avec la furface de la Mer à fon extrémité : ce qui a réuffi. Le Barometre marquoit 27. pouces 8. lignes ; le Ciel couvert à l'Oueft étoit rouge à l'horifon où l'on a pointé la lunette.

Le premier Decembre 1706. à 7. heures du matin, aïant pointé la lunette fixe du quart de cercle à la même pointe de l'Ifle de Pommegues qu'hier au foir, le vent de Nord-Oueft agitant fort peu la Mer, elle étoit baffe de   13′.0″.

A midi aïant regardé par la lunette qui étoit reftée fixe depuis le matin, le plomb marquant toûjours 13. minutes, la Mer s'eft trouvée baiffée, en forte que la foïe horifontale donnoit dans le Ciel : on a donc baiffé la lunette juf-qu'à la furface de la Mer, elle étoit baffe pour lors de 13′. 30′.

Le matin le Barometre étoit à 27. pouces 9. lignes. A midi il étoit à 27. pouces 8. lignes 3. quarts, le Nord-Oueft encore plus foible que le matin.

Telle eft la méthode que j'ai fuivi dans le cours de cette forte d'obfervations, qui fait connoître l'application qu'on y a apportée. On voit par ces obfervations que le premier Decembre au matin le raïon vifuel ne fouffroit point de réfraction, puifque l'angle d'inclinaifon à l'horifon de la Mer étoit de 13. minutes ; que dans les autres temps de ces deux jours, il étoit convergeant de 30. secondes, avec un vent à peu près égal, & la pesanteur de l'air un peu plus grande, lorsque le vent de Nord-Ouest étoit plus foible : mais ce qui décide pour cette variation de la réfraction, c'est le soin qu'on prit de laisser le quart de cercle en position fixe.

Le 2. Decembre que le vent de Nord-Ouest fut assez frais, la Mer fut trouvée basse à 7. heures 15. minutes du matin, de   14′. 20″.

L'observation fut réiterée. Le Ciel étoit serein, le Barometre étoit à 27. pouces 8. lignes & demi. Surquoi on fera les mêmes réflexions que ci-devant pour la situation de la courbe, qui presque tout ce mois a été convergeante à la Mer, avec une grande pesanteur de l'atmosphere, au lieu qu'en Eté, comme on le verra bien-tôt, elle a presque toûjours été divergeante avec une moindre pesanteur de l'atmosphere.

Il est bon de remarquer que les observations du mois de Février 1708. & de Janvier 1711. donnent comme celles de Decembre 1706. les bassesses de la Mer plus grandes, quoique le vent ait été médiocre, & la pesanteur de l'atmosphere assez grande ; de sorte que la courbe a toûjours été convergeante à la Mer, quelquefois plus, quelquefois moins ; mais que quand elle a été plus convergeante, la pesanteur de l'air a été plus grande : on n'a qu'à consulter les observations rapportées dans la Table pour s'en convaincre.

Surquoi on peut conclure en general, 1°. Que la réfraction se fait le plus souvent en Hiver par une courbe concave & convergeante à la surface de la Mer. 2°. Qu'alors pour l'ordinaire la pesanteur de l'atmosphere est aussi plus grande, mais qu'il ne s'ensuit pas qu'elle en soit la cause efficiente. 3°. Que la réfraction n'est pas si grande lorsque le vent est très-violent, que lorsqu'il est médiocre ou foible. Ces conséquences souffrent des exceptions, comme on l'a vû ci-devant, & comme on le verra encore ci-après. : on peut pourtant s'en tenir à ces regles generales, qui sont le fruit qu'on doit tirer de ces observations Physiques, qui ne comportent pas l'évidence géometrique.

Avant que de passer aux observations du Printems, il est à propos de faire quelques réflexions sur des observations

SUR LA REFRACTION. 17

tions faites en Janvier 1711. Voici les termes du Regiſtre.

Le 20. Janvier 1711. à 4. heures 40. minutes du ſoir, le Soleil étant dans le vertical de la tour de Pommegues, le bord ſuperieur du Soleil, qui n'étoit pas bien terminé, & le haut du parapet de cette tour étoient élevez au-deſſus de l'horiſon, de   0ˡ. 28ʹ. 30ʺ.

La vapeur faiſoit paroître le Soleil elliptique, le grand diametre parallele à l'horiſon, ſon bord paroiſſoit tout déchiré. La baſſeſſe de l'horiſon de la Mer après le Soleil couché, étoit de   13ʹ. 15ʺ.

Le vent Nord-Oueſt médiocre, bien de la vapeur à l'horiſon.

Le 22. Janvier à 9. heures 45. minutes du matin, la tour de Pommegues a été trouvée haute de   0ˡ, 28ʹ. 15ʺ. pointant au même endroit que le 20.

La Mer à l'horiſon étoit baſſe alors de   14ʹ. 0ʺ. Le vent Nord-Oueſt aſſez foible : le Barometre étoit à 27. pouces 11. lignes.

Le 23. Janvier d'abord après midi, la ſoïe horiſontale raſant toûjours le haut du parapet de la tour de Pommegues, elle a été trouvée haute de   0ᵈ. 27ʹ. 30ʺ.

La baſſeſſe de l'horiſon de la Mer fut pour lors de 14. 20. Le vent étoit Nord-Oueſt foible : le Barometre étoit à 28. pouces.

On voit par ces obſervations, outre la confirmation de ce qu'on vient de dire, ſur la correſpondance de l'augmentation de la réfraction & de la peſanteur de l'air, 1°. Qu'il y a correſpondance entre la réfraction du raïon viſuel à l'horiſon de la Mer & celui de la tour ; car le 20. Janvier la tour fut trouvée plus haute, & la Mer plus haute, ou moins baſſe que le 22. Janvier au matin ; & le 22. Janvier la tour fut trouvée plus haute que le 23. Janvier à midi, & la Mer auſſi.

2°. On conclud de la vapeur qu'il y avoit à l'horiſon le ſoir du 20. Janvier, que la tour devoit paroître plus haute & la Mer moins baſſe. 3°. Que le matin du 22. Janvier, la vapeur n'étant pas ſi grande, le raion viſuel tendant à la tour a dû s'abaiſſer, & l'abaiſſer auſſi à l'horiſon de la Mer, & c'eſt ce qui eſt arrivé. 4°. Qu'à midi du 23. le raïon viſuel tendant à la tour s'étant encore abaiſſé plus que le 22.

C

à 9. heures, & d'une minute plus que le 20. au foir ; le
raïon vifuel tendant à l'horifon de la Mer, s'est auffi abaiffé
plus que le 22. & d'une minute cinq fecondes plus que
le 20. au foir. Les loix de la nature font uniformes, elle
ne s'en écarte pas, & lorfqu'il nous paroît qu'elle s'en écarte,
elle en fuit quelqu'autre que nous ne connoiffons pas.

5°. Qu'il faut prendre garde à la difpofition de l'air, lorfqu'on obferve pour la géometrie pratique des hauteurs de
montagnes, ou autres hauteurs un peu éloignées, une difference, telle que l'est ici celle d'une minute, étant confiderable. 6°. Que ceux qui prennent des hauteurs terreftres
après d'autres, ne doivent pas toûjours attribuer à défaut
d'exactitude, la difference des angles de hauteur qu'ils ont
pris, avec les angles de ceux qui ont travaillé avant eux : la
réfraction peut y avoir fa part comme on le voit ici.

ARTICLE QUATRIE'ME.

Réflexions fur la Réfraction du Printems.

ON commencera les réflexions fur la réfraction obfervée au Printems par celle-ci. Le 8. Mars 1706. à 7.
heures du matin, le vent étant Eft-Nord-Eft foible, un gros
banc de brume s'étendoit du Sud Oueft à l'Oueft en de-
gradation, c'est-à-dire, qu'elle étoit épaiffe au Sud-Oueft,
& qu'elle diminuoit en denfité en venant vers l'Oueft. Je
juge ici cette occafion propre à connoître la difference de
la réfraction à l'horifon de la Mer. Aïant donc pointé la
lunette à l'Oueft, où la brume étoit moindre, il y en avoit
fort peu, la baffeffe de l'horifon apparent de la Mer, fut
trouvée de   13′. 10.

Aïant pointé tout de fuite la lunette à l'Oueft-Sud-Oueft,
où la brume plus épaiffe n'empêchoit pas de voir l'horifon
de la Mer, il n'étoit bas que de   12′. 45.

De forte que la difference de réfraction caufée par le plus
de brume, étoit de   25″.

La brume étant fort épaiffe au Sud-Oueft, on n'a pas
pû diftinguer l'horifon de la Mer. Il réfulte de cette obfervation, que le raïon vifuel qui étoit convergeant à l'Oueft

feulement de dix fecondes par rapport au raïon direct, dont l'inclinaifon eft de 13. minutes, eft devenu divergeant de 15. fecondes à l'Oueft-Sud-Oueft, où la brume étoit plus épaifle, par rapport au même raïon direct. Un peu plus près de l'Oueft, où la brume étoit un peu moindre, le raïon direct auroit été moïen entre ces deux raïons vifuels, & les deux courbes d'une égale convexité, mais en fens oppofé, & tangentes au raïon direct à l'œil même de l'Obfervateur; en telle maniere que leur plus grande inflexion commençoit là où elles rencontroient l'air plus embrumé, à environ 8000. toifes loin de l'œil de l'Obfervateur, puifque la brume paroiffoit bien au-delà des Ifles qui forment la rade de Marfeille.

Si on examine les baffeffes de l'horifon apparent de la Mer au mois de Mars & Avril 1705. on voit qu'elles donnent toutes l'abaiffement du raïon vifuel au-deffous du raïon direct, qu'on a démontré être de 13. minutes, excepté le 22. Mars au foir, auquel temps le vent de Nord-Oueft étoit frais & l'air ferein, & la baffeffe de l'horifon apparent étoit de 13. minutes égale à l'inclinaifon du raïon direct; auffi a-t'on remarqué fouvent que quand le vent eft frais avec un air ferein, le raïon vifuel n'eft pas fi convergeant; mais cette regle n'eft pas generale.

De plus, le 7. Mars à midi, la réfraction abaiffa le raïon vifuel au-deffous du direct, d'une minute 25. fecondes, par un vent de Sud-Eft qui étoit accompagné de brume, comme il l'eft fort fouvent en ces Mers; ce qui fait voir que le raïon de lumiere fe rompant plus fréquemment, & fous des angles moins obtus, forma une courbe fort convergeante à la furface de la Mer, par la corde de laquelle il paroît qu'on voit l'extrémité de fa furface. On a déja affez expliqué ce point, ainfi on ne s'y arrêtera pas davantage. Comparant ces obfervations avec celles qui furent faites au mois d'Octobre 1705. on voit que la réfraction a été de même nature en Automne qu'elle avoit été au Printems.

Le premier Mars 1706. à midi le vent étant Nord-Oueft foible, l'air ferein, la baffeffe de la Mer fut fort grande, puifqu'elle fut trouvée de   14′. 10″.

Le matin du 2. Mars, le Nord-Oueft commençant à être fort frais, mais l'air ferein, la baffeffe fut   14′. 15″.

Mais à midi que le vent de Nord-Ouest fut plus frais & l'air fort embrumé, la bassesse apparente de l'horison de la Mer ne fut plus que de   13′. 20″.

Et le soir le vent de Nord-Ouest continuant d'être très-frais, & l'air toûjours embrumé, la bassesse du même horison fut seulement de   12′. 20″.

D'où on conclud qu'à mesure que le vent a augmenté, & que l'air a été plus rempli de parties heterogenes, la réfraction a diminué en convergeance, en sorte que la corde de la courbe faisoit le soir un angle different de celui du matin d'une minute 55. secondes, ce qui est fort considerable, & la courbe est devenuë divergeante d'un angle de 40. secondes, par rapport à la surface de la Mer, s'étant trouvée élevée d'autant au-dessus du raïon direct.

Le 3. Mars le vent de Nord-Ouest étant devenu foible, la réfraction a augmenté de nouveau, puisque la bassesse de l'horison de la Mer s'est trouvée de   14′. 0″.

Mais l'air s'étant purifié à midi, elle est diminuée, & la bassesse de l'horison de la Mer n'a été que de   12′. 45″.

Le soir cette bassesse a augmentée de nouveau, jusqu'à 13. minutes 45. secondes.

Le 4. & le 5. Mars on voit le même jeu de la nature, suivant que les vens ont été foibles, & l'air plus ou moins mêlé de parties heterogenes. On a déja parlé des observations du 8. Mars. Le 14. Mars on remarque le même effet que les jours précedens, car le temps aïant été calme le 13. Mars, le matin du 14. le Ciel étant serein, & le vent de Nord-Ouest commençant à fraîchir, la Mer à l'horison étoit basse de   13′. 40″.

Mais à midi le vent de Nord-Ouest aïant encore fraîchi, & l'air étant resté médiocrement serein, la bassesse de la Mer à l'horison ne s'est trouvée que de   13′. 30″. le vent & la brume diminuant la convergeance du raïon visuel, de la maniere qu'on a dit ci-devant.

Les deux observations d'Avril 1706. font voir que le vent de Nord-Ouest, quand il est frais, éleve le raïon visuel par une courbe divergeante à la surface de la Mer, ce qui est contraire à ce qu'on a vû ci-devant; mais il ne faut pas s'attendre dans cette sorte d'observations, à une regularité & une proportion géométriques; tant de causes

concourent à la réfraction , & elles font fi diverfement combinées , que la fagacité la plus fine & la plus pénetrante ,
trouvera de l'exercice pour bien du temps.

Les obfervations du mois de Mars 1707. fourniffent à
peu près les mêmes réflexions. D'abord en general elles s'accordent affez avec celles qui ont été faites en Mars 1705.
& 1706. car prefque toûjours la courbe fe trouve convergeante à la Mer, la baffeffe de l'horifon de la Mer étant
au-deffous de 13. minutes que nous avons établie pour celle
du raïon direct. De même la pefanteur de l'atmofphere fe
trouve affez grande , & toûjours au-deffus de la médiocre ,
ce que la colomne des obfervations du Barometre fait affez
connoître.

On voit par les obfervations du 14. Mars, que la réfraction a toûjours diminué jufqu'au foir ; car le matin par
un vent d'Eft foible & une brume déliée, la baffeffe de
l'horifon de la Mer fut de   13′. 15″.
la courbe du raïon vifuel étant feulement convergeante à
la furface de la Mer de 15. fecondes. A midi le Ciel étant
affez ferein, le vent Oueft foible, le Barometre au même
état que le matin, à 27. pouces 8. lignes trois quarts, la
baffeffe de la Mer étoit de   12′. 45″.
De forte que la courbe eft devenuë divergeante de 15. fecondes ; & le foir pointant au difque même du Soleil fe
couchant, le vent étant Nord Oueft foible, avec des nuages déliez dans l'air, le Barometre par cette raifon aïant un
peu baiffé, la baffeffe de l'horifon de la Mer a été de 12′. 40″.
moindres feulement de 5. fecondes qu'à midi.

Les obfervations du 26. Mars 1707. fourniffent encore
de plus curieufes réflexions : le matin le vent de Nord-Oueft
étant frais, avec de la brume déliée dans l'air, le Barometre étant à 27. pouces 7. lignes un quart, la baffeffe de
l'horifon de la Mer étoit de   13′. 30″.

A midi elle ne s'eft plus trouvée que de   11. 20.

Auffi le vent de Nord-Oueft avoit-il augmenté, ainfi que
la brume qui étoit très-grande ; & on verra dans la fuite
de cette ouvrage, combien elle influë à la réfraction. Le Barometre avoit baiffé à 27. pouces 6. lignes 2. tiers : il y a
donc eu une différence de 2. minutes 10. fecondes entre
ces deux obfervations ; la pefanteur de l'atmofphere qui a un

peu diminué, n'a pû feule produire cet effet & changer la
réfraction, de maniere que le raïon vifuel, de convergeant
qu'il étoit le matin, foit devenu divergeant à midi ; mais
le vent de Nord-Oueft avoit confiderablement fraîchi, &
il avoit rempli l'air d'une grande quantité de parties heterogenes : elles ont donc rompu plus fréquemment, & fous
des angles moins obtus, le raïon de lumiere, & lui ont
fait prendre peu à peu une détermination contraire à celle
du matin.

Mais comment accorder tout ceci avec les obfervations
du 27. Mars ? le vent de Nord-Oueft étoit encore très-frais,
la brume fort grande ; & cependant la baffeffe de l'horifon
a été de　　　　　　　　　　　　　　　　　　13′. 30″.
C'eft-à-dire, qu'elle a augmenté depuis le midi précedent
de 2. minutes 10. fecondes, quoique le vent & la brume
aïent été les mêmes. Ici on ne voit point d'autre caufe que
la grande & fubite augmentation, même contre les regles
ordinaires, du poids de l'atmofphere, laquelle on reconnoît
par la hauteur du mercure dans le Barometre, qui fe trouva
de 27. pouces 10. lignes, differente de 3. lignes un tiers
plus que le jour précedent.

On pourroit donc foupçonner que ce poids fubit & extraordinaire de l'atmofphere, a contraint le raïon vifuel de
fe plier en fens contraire, malgré la grande brume qui tendoit à l'élever, aidée par la violence du vent qui la mettoit
en grand mouvement, ce qui a été fouvent obfervé. Ce raïon
vifuel eft donc devenu convergeant, mais comme la brume
& le vent s'oppofoient à fa convergeance, elle n'a été que
de 30. fecondes.

On a dit ci-deffus que l'augmentation du poids de l'atmofphere en cette occafion, étoit contre les regles ordinaires ; car on a toûjours remarqué que quand il vente bon
frais, le mercure defcend dans le Barometre, l'air ne pefant
pas tant fur le mercure de la boëtte du Barometre. Outre
cela la grande brume devoit aider à faire defcendre le mercure, au moins eft-il fûr que les nuages produifent cet effet.
Ce font-là de ces évenemens finguliers qui embaraffent les
Philofophes, la nature fe plaifant à mettre leurs efprits à
la torture, peut-être pour fe vanger de ce qu'ils cherchent
trop curieufement à penetrer fes mifteres ; peut-être auffi

pour qu'ils eſtiment plus les découvertes qu'elle leur per-
met de faire, ou qu'elle ſe laiſſe arracher.

En effet la voilà revenuë dans les regles ordinaires le 28.
Mars, au moins ſelon les idées que j'en ai ; car la baſſeſſe
apparente de l'horiſon de la Mer fut le matin de 13. minutes 15. ſecondes, le vent étant Nord-Eſt foible, l'air ſerein, & le Barometre à 27. pouces 10. lignes & demi, le
vent étant foible, l'air purgé de vapeurs, la peſanteur de
l'atmoſphere fort grande, le raïon viſuel a dû s'abaiſſer au-
deſſous du raïon direct, & ſi la baſſeſſe diminua à midi de
5. ſecondes, quoique la peſanteur de l'atmoſphere augmenta
d'une demi ligne de mercure : on comprend aiſément que
cela a dû arriver ainſi, eu égard à la grande ſerenité de l'air,
& à ſon plus de chaleur à cette heure-là, qui ont bien pû
diminuer cette baſſeſſe apparente de 5. ſecondes, malgré le
peu d'augmentation de peſanteur de l'atmoſphere ; auſſi verrons nous dans la ſuite, que la peſanteur de l'atmoſphere
eſt la moindre cauſe qui influë à la réfraction, ſuppoſé même
qu'elle y ait quelque part, ce que les obſervations ne prouvent pas fort.

Les obſervations du 29. Mars s'accordent aſſez avec les
raiſonnemens qu'on vient de faire, & ſemblent les confirmer ; ainſi on ne s'arrête pas à les détailler. Mais celle du
30. & du 31. Mars ne s'y accordent point.

A midi du 29. le vent de Nord-Oueſt étant médiocre,
avec une brume déliée dans l'air, la baſſeſſe de l'horiſon
apparent de la Mer, a été de   13′. 0″.

En ſorte que le raïon viſuel s'accordoit avec le raïon direct, & qu'il n'y avoit pas de réfraction. Mais le 30. Mars
au matin le vent de Nord-Oueſt aïant fraîchi conſiderablement, le Barometre ne donna de hauteur de mercure que
27. pouces 6. lignes & demi ; il étoit donc deux lignes &
demi plus bas que le 29. comme il arrive ordinairement, &
ſelon que nous l'avons vû arriver ci-devant, la baſſeſſe de
l'horiſon devoit être moindre de 13. minutes ; cependant elle
a augmenté & s'eſt trouvée de   14′. 0″.
quoique l'air parut ſerein. Mais j'ai remarqué qu'il arrive
ſouvent, que lorſque le vent de Nord-Oueſt devient très-frais
tout à coup, ſans que l'air ſoit embrumé, la tendance du
raïon viſuel ſe fait plûtôt par une courbe convergeante à la

furface de la Mer, que par une divergeante : on peut confulter la Table fur cela.

Il peut fort bien arriver d'ailleurs, que quoique l'air ne
foit pas embrumé, le vent violent introduife dans l'air quantité de parties nitreufes, qui lui étant heterogenes, augmentent la réfraction, comme elles augmentent la violence
du vent, dont elles font la caufe efficiente. La lumiere cho-
quant continuellement ces parties nitreufes, doit fe détourner de fon chemin, & faire former au raïon vifuel beaucoup d'angles moins obtus qui compofent le poligone de
la courbe, par la corde de laquelle il paroît que fe fait la
vifion.

Les obfervations du 31. Mars au foir, femblent confirmer ce raifonnement ; car le vent de Nord-Oueft étant encore plus frais, l'air affez ferein ; quoique le Barometre n'eût
hauffé que d'une demi ligne, la baffeffe de l'horifon apparent de la Mer augmenta, & fut de　　　　　14'.25".

De forte que le raïon vifuel fut alors au deffous du raïon
direct d'une minute 25. fecondes. Comme il s'étoit introduit dans l'air une plus grande quantité de parties nitreufes & heterogenes, la courbure du raïon vifuel a dû augmenter. C'eft pourtant-là une exception aux regles generales dont on a parlé ci-devant, il faut l'avoüer ; mais on leur
a donné des reftrictions, même en cet endroit-là : & ce
qu'on vient de dire peut fervir à les juftifier ou à les expliquer, & à donner plus de lumiere à un fujet affez obfcur,
qui ne comporte point la lumineufe évidence de la géometrie : on aura encore fouvent occafion de le faire dans la
fuite.

Les obfervations des trois premiers jours de Mars 1708.
vont leur train ordinaire, elles ne fourniffent aucune réflexion particuliere ; mais celles du 28. Mars nous donnent
occafion à diverfes réflexions.

Le matin le vent étant Nord-Nord-Oueft médiocre, le
Barometre à fon moïen état, à 27. pouces 6. lignes, l'air
étant legerement embrumé, la baffeffe apparente de l'horifon de la Mer fut fort grande, elle étoit de　　　14'.0".

A midi le vent s'étant rangé au Nord-Oueft, l'air ferein,
le Barometre étant au même état, cette baffeffe ne fut plus
que de　　　　　　　　　　　　　　　　13'.0".

Et

Et le foir le vent de Nord-Oueft étant foible, l'air encore ferein, le Barometre au même état, cette baffeffe de l'horifon apparent fut feulement de   12′. 30″.

On voit d'abord que la vapeur qui étoit dans l'air, mais fur-tout vers l'horifon, a fait incliner le raïon vifuel au-deffous du raïon direct, & que la convergeance de la courbe a été d'une minute. Vers le midi le vent de Nord-Oueft foufflant médiocrement, l'air n'étant plus mêlé de tant de parties heterogenes, la courbe a dû fe redreffer, & fe confondre avec le raïon direct, le raïon de lumiere ne fouffrant plus de réfraction extraordinaire de la part des vapeurs; & comme le foir ces vapeurs chaffées par le vent ne s'oppofoient plus tant au paffage du raïon, il a dû devenir divergeant, felon les loix ordinaires, comme on le prouvera bien-tôt par les obfervations faites en Eté. La pefanteur de l'atmofphere n'a rien influé dans la variation de ces baffeffes; elle a été la même tout le jour, comme il paroît par la hauteur du mercure dans le Barometre.

Les obfervations du mois d'Avril 1706. 1708. & du 31. Mars 1716. font voir qu'à mefure qu'on approche de l'Eté, l'air n'étant plus tant mêlé de parties heterogenes, le raïon vifuel s'eft toûjours rompu par une courbe divergeante à la furface de la Mer; mais cette courbe a été plus ou moins divergeante, fuivant que les vents ont été ou Sud-Oueft ou à l'Eft, n'y aïant pas dans l'air beaucoup de brume : mais quand le vent a été à l'Eft, comme il a introduit dans l'air plus de parties nitreufes, la divergeance a dû être moindre; en forte que felon les obfervations précedentes, le raïon feroit même devenu convergeant, fi le vent d'Eft eût été violent. Pour ce qui eft de la pefanteur de l'atmofphere, elle a été à peu près la même dans le temps de ces obfervations; elle a été au-deffus de l'état moïen, & la variation de la baffeffe de l'horifon n'a pas été fort confiderable.

ARTICLE CINQUIE′ME.

Réflexions fur la Réfraction de l'Eté.

LEs obfervations faites en Eté nous fourniffent une ample matiere à des réflexions. En general elles ne nous donnent jamais le raïon vifuel plus incliné que le raïon

direct, fi on en excepte le matin du 8. Juin 1707. Par-tout
ailleurs, ou il s'eft confondu avec le raïon direct, ou il a
été divergeant par rapport à la furface de la Mer. Ainfi on
voit que l'air étant moins mêlé de parties heterogenes en
Eté qu'en Hiver, & fon agitation, caufée par la chaleur,
étant plus grande, la réfraction ne s'eft plus faite par une
courbe convergeante à la Mer, mais bien par une courbe
divergeante. Il eft à propos d'examiner ceci dans un plus
grand détail. Commençons par le mois de Juin 1707.

Le 4. Juin au matin le vent fut Sud-Eft, la brume legere, le Barometre à 27. pouces 7. lignes, la baffeffe apparente de l'horifon de la Mer fut de　　　　　12'. 0".

Le 5. Juin au matin cette baffeffe fut de　　　1 2'. 30".

Le vent avoit fauté au Sud-Oueft foible, la brume étoit
legere, comme le jour précedent ; on ne voit donc pas d'autre raifon pourquoi la baffeffe de la Mer étoit moindre le
4. Juin, que l'augmentation de la pefanteur de l'atmofphere,
laquelle parut par l'élevation d'une ligne de mercure dans
le Barometre le 4. Juin ; il s'étoit donc mêlé dans l'air par
le moïen du vent de Sud-Eft, une matiere heterogene qui
avoit augmenté la pefanteur de l'atmofphere, & augmenté
la divergeance du raïon vifuel. Le 5. Juin le vent de Sud-
Oueft aïant chaffé cette matiere heterogene, la pefanteur
de l'air a diminué & la réfraction auffi ; en forte que le
raïon a été moins divergeant de 30. fecondes qu'il ne l'é-
toit le jour précedent, & cela en fuivant toûjours affez exactement l'hypothefe qu'on a expliqué ci-devant.

L'obfervation du 13. Juin n'a rien de fingulier ; mais fi
l'on compare les obfervations du 18. & du 20. Juin 1707.
on trouve de quoi réflechir. Le 18. Juin au matin le vent
de Nord-Oueft fut très-frais, il y eut de la brume dans l'air;
le mercure defcendu dans le Barometre à 27. pouces 6. lignes un quart, marquoit que le poids de l'atmofphere étoit
diminué, & la baffeffe de la Mer fut de　　　13'. 0'.

Le 20. au matin cette baffeffe apparente de l'horifon de
la Mer ne fut trouvée que de　　　　　11'.45'.

Il y eut donc une diminution d'une minute 15. fecondes.

Le vent étoit à l'Eft foible ; il y avoit dans l'air une brume déliée, & le mercure remonté dans le Barometre à 27.
pouces 7. lignes, étoit plus haut de trois quarts de ligne.

Il paroît que le Nord-Ouest qui tendoit à rendre le raïon convergeant le 18. Juin, à quoi il étoit aidé par la vapeur grossiere qui étoit répanduë dans l'air, ne l'a pourtant point abaissé au-dessous du raïon direct, à cause que la matiere heterogene mêlée dans l'air s'opposoit à cette convergeance. De sorte que dès que le vent eut cessé, pour se ranger en un petit vent d'Est, & qu'il n'y a eu dans l'air qu'une vapeur fort déliée, le raïon a eu la liberté de tendre par une courbe divergeante à la surface de la Mer. Cette divergeance a été d'une minute 15. secondes. –

Les observations du 22. Juin le prouvent aussi ; car l'état du vent & de l'air étant le même, la courbe a été encore plus divergeante de 35. secondes, la bassesse de l'horison n'aiant été ce jour-là que de   11'. 10".

Il paroît donc que ce raïon visuel, trop pressé par le vent violent de Nord-Ouest, étoit contraint de se tenir en ligne droite, comme un ressort qui étant attaché par son extrémité sur un plan à l'égard duquel il seroit divergeant, s'il étoit pressé par un poids, dont il seroit chargé, se trouveroit obligé de s'adapter à ce plan ; mais le vent aïant cessé, ce raïon s'est aussi-tôt porté à reprendre la divergeance qu'on a remarqué le 20. & 22. Juin, comme ce même ressort reprendroit sa divergeance par rapport au plan où il seroit attaché, à mesure qu'on le déchargeroit du poids qui le contraignoit.

La pesanteur de l'atmosphere qui a augmenté le 22. le mercure étant remonté à 27. pouces 8. lignes, a pû contribuer à augmenter cette divergeance du raïon visuel ; rien n'empêchant qu'elle ne produise cet effet en Eté, quoiqu'elle en produise un contraire en Hiver ; comme un poids selon qu'il seroit placé sur un ressort fixe par une de ses extrémitez, pourroit forcer ce ressort à une courbure, tantôt convexe, tantôt concave par rapport à un plan moïen qu'on imagineroit passer par le point où ce ressort est attaché.

On doit cependant attribuer le principal effet de la variation de la réfraction à la pression du vent, & au plus ou moins de parties heterogenes qui se trouvent dans l'air : les observations précedentes le prouvent assez, on le connoîtra encore par les suivantes. Mais en fait d'observations Physiques, il faut fe fervir de tout, & le mettre à profit du mieux qu'on peut.

Le 8. Juin 1708. au matin le vent étoit à l'Eſt foible, il y avoit une brume déliée dans l'air ; le mercure étoit à 27. pouces 6. lignes trois quarts dans le Barometre, la baf-feſſe apparente de l'horiſon de la Mer fut de   12'. 10".

A midi de ce jour-là, cette baſſeſſe ne fut plus trouvée que de 11. minutes 20. ſecondes ; le vent étoit pour lors Sud-Oueſt fort frais, l'air ſerein, & le mercure deſcendu ſeulement à 27. pouces 6. lignes deux tiers dans le Baro-metre, ne donnoit pas une peſanteur de l'atmoſphere fort differente de celle du matin.

Cependant on voit que le raïon viſuel étoit élevé de 50. ſecondes plus que le matin ; de ſorte qu'à midi il étoit élevé d'une minute 40. ſecondes au-deſſus du raïon direct. On ne peut donc attribuer cette augmentation relative à celle du matin, qu'au vent violent de Sud-Oueſt qui ſouffloit à midi ; & celle du matin pardeſſus celle du raïon direct, qu'à la brume déliée répanduë dans l'air, laquelle annon-çoit le vent ; l'un & l'autre ont déterminé le raïon viſuel à ſe rompre plus ſouvent & ſous des angles moins obtus. Car dès que le ſoir le vent eut changé, & fut devenu Sud-Sud-Eſt foible, quoiqu'il reſta encore de la brume dans l'air, le Barometre aïant ſeulement baiſſé d'un tiers de ligne, la baſſeſſe apparente de l'horiſon de la Mer, fut de   12'. 30". C'eſt-à-dire, que le raïon viſuel devint moins courbé & moins divergeant à la ſurface de la Mer d'une minute 10. ſecon-des depuis midi, & avoit même baiſſé de 20. ſecondes par rapport à l'état où il étoit le matin ; ce qu'on ne peut attri-buer qu'à la ceſſation du vent ; les autres cauſes, qui ſont la peſanteur de l'atmoſphere, & la vapeur répanduë dans l'air étant peu differentes de l'état où elles étoient le matin.

Cependant le lendemain 9. Juin au matin, la baſſeſſe apparente de l'horiſon de la Mer, ne fut que de   11'. 0". la moindre qu'on eut encore obſervée, le vent étant Eſt-Nord-Eſt foible & l'air fort embrumé, le mercure à 27. pouces 6. lignes dans le Barometre, marquoit que la peſanteur de l'atmoſphere étoit mediocre ; elle n'étoit donc pas la cauſe de la plus grande divergeance du raïon viſuel, laquelle étoit de deux minutes par rapport au raïon direct ; le vent d'Est-Nord-Est, tout foible qu'il étoit, avoit pourtant introduit dans l'air beaucoup de parties heterogenes, qui ont contribué à la plus grande courbure qu'on eût encore apperçû du raïon visuel, selon l'hypothese qu'on a tâché d'expliquer ci-devant.

A une heure après midi, comme si la nature se plaisoit à l'inconstance, & à nous donner de l'exercice, le vent étant Ouest-Sud-Ouest médiocre, la brume égale au matin, le Barometre au même état, la divergeance du raïon visuel a diminué d'une minute 15. secondes, puisque la bassesse apparente de l'horison de la Mer, fut de   12'. 15ᵈ. sans qu'on puisse s'appercevoir d'aucune raison d'un changement si considerable & si brusque ; car on n'oseroit soupçonner le vent d'Ouest-Sud-Ouest de nous avoir joué ce tour. Auroit-il plus de pouvoir que son frere voisin, le vent de Sud-Ouest ? qui 24. heures plûtôt avoit élevé le raïon visuel, à 11. min. 20. secondes. Seroit-ce par pique contre le vent d'Est-Nord-Est son antagoniste ? qui ce matin avoit produit un effet contraire. Ils devroient ces vens se contenter de causer tant de fracas & de tempêtes à la Mer, & ne pas déranger nos sistêmes, où ils introduisent cette même inconstance qu'ils ont en partage.

Je n'en vois pourtant pas d'autre raison ; car la chaleur de l'air auroit dû plûtôt augmenter la divergeance du raïon visuel que la diminuer, comme il étoit arrivé le jour précedent ; ce sera donc le vent d'Ouest-Sud-Ouest qui aura produit ce jour-là l'effet surprenant de la variation de la réfraction dont il a été parlé pag. 10. de cet Ouvrage, où on a détaillé tous ces changemens ; car il faut que la matiere refractive fut fort grande à l'horison le 9. Juin au matin, & qu'elle ne fut pas si abondante au-deçà de l'horison, puisque la surface de la Mer étoit plus élevée que le sommet du petit rocher le 9. Juin au matin : il falloit donc qu'il y eut alors plus de matiere réfractive à l'horison qu'en deçà ; c'est pourquoi il se peut faire que le vent d'Ouest-Sud-Ouest aïant dissipé cette matiere réfractive au Sud-Ouest, qui étoit le lieu de l'horison où l'on regardoit la bassesse apparente de la Mer, il ait remis l'air dans la situation où il devoit être, & où il étoit en effet le 8. Juin au soir ;

de forte qu'il y a eu moins d'inégalité dans la variation de la réfraction, lorfque le vent eut diffipé la plûpart de ces parties heterogenes, qui compofent cette matiere refractive ; ainfi il a rapproché le raïon vifuel à 45. fecondes près du raïon direct.

Je ne fçai fi la nature ne fe mocque point des efforts que je fais ici, mais je ne vois pas d'autre raifon qui explique ce qu'elle cache avec tant de précautions. En attendant que nous puiffions l'épier de plus près par de plus fréquentes obfervations ; il faudra fe contenter de celles-ci, d'autant plus que nous aurons bien-tôt lieu d'examiner plus à fond ce point ci qui me paroît le plus épineux de tout cet ou-vrage.

Le 14. Juin 1709. au matin, la baffeffe apparente de l'horifon de la Mer, fut obfervée de   13'. 0".
Le vent Sud-Oueft foible, l'air ferein. Le mercure monté dans le tube du Barometre à 27. pouces 8. lignes, mar-quoit que la pefanteur de l'atmofphere étoit au-deffus de la mediocre, néanmoins le raïon vifuel ne fut point courbé en aucun fens, & ne fouffrant point de réfraction, il fe confondit avec le raïon direct; auffi le vent de Sud-Oueft, quoique foible, avoit-il diffipé cette matiere heterogene qui caufe plus de réfraction, puifque l'air étoit fort ferein. On fera encore dans les articles fuivans bien des réflexions fur la réfraction de l'Eté, c'eft pourquoi on ne s'étendra pas ici davantage.

ARTICLE SIXIE'ME.

Réflexions generales fur la comparaifon de la réfraction du raïon tendant à l'horifon, & du raïon tendant au fommet du rocher.

ME voici arrivé à la partie de cet ouvrage la plus cu-rieufe, mais auffi la plus difficile à traiter. J'avois remarqué, comme il eft rapporté page 10. que la Mer à fon horifon paroiffoit quelquefois plus haute que le fommet du petit rocher, qui eft à la pointe Sud de l'Ifle de Pommegues : comme de part & d'autre de ce rocher, qui eft au Sud-Oueft $\frac{1}{4}$ Oueft de l'Obfervatoire, on voit l'horifon de la Mer ; je m'en fuis fervi comme d'un point fixe qui pouvoit m'être utile ; mais je ne prévoïois pas qu'il dût me donner autant d'exercice qu'il a fait ; néanmoins puifque cet exercice peut être utile aux fciences que je traite, je ne regreterai pas ma peine. C'eft ici où l'on peut dire vraiement *in tenui labor*, car combien de minutes dans les obfervations que je vais donner ? ou, pour mieux dire, combien font elles menuës & delicates ? mais quelle précifion ne demandent-elles point ? quelle exactitude fcrupuleufe ? que d'attention ? quelle penetration n'exigeroient point les reflexions délicates qu'il y auroit à faire ? Je ne puis atteindre à cette gloire. *At tennis non gloria.*

Je vais pourtant tenter fortune ; c'eft un trefor que j'ai trouvé dans mon fond, il faut en tirer quelque profit. Si je n'en tire pas autant que d'autres, ce fera faute d'induftrie de ma part, & non la faute du trefor. J'avois long-tems abandonné ce fujet, dégouté par la difficulté du travail, rebuté par la peine qu'il y auroit à en tirer rien de bon, & occupé à d'autres études qui me paroiffoient plus aifées & plus attraïantes ; lorfqu'au mois de Juin paffé je voulus voir fi je trouverois quelqu'uniformité entre les obfervations que je ferois, & celles que j'avois faites aux mois de Juin de 1707. & de 1708. & comme on s'engage infenfiblement dans le travail, & que la méthode & l'exactitude fe perfectionnent par l'ufage & les réflexions, je refolus de comparer les baffeffes apparentes du fommet du rocher, avec les baffeffes apparentes de l'horifon de la Mer.

J'ai fait pendant 21. jours des mois de Juin, Juillet & Aouft 1716. diverfes obfervations, que j'ai rangées dans une Table qui contient fept colomnes ; la premiere eft pour les jours du mois & le tems auquel ont été faites les obfervations. Dans la feconde, font les baffeffes apparentes de l'horifon de la Mer. Dans la troifiéme, les baffeffes apparentes du fommet du rocher. Le vent qui foufloit eft marqué à la quatriéme. A la cinquiéme, la difpofition de l'air. La fixiéme eft pour les hauteurs du mercure dans le Barometre. Enfin, la feptiéme contient la hauteur de l'efprit de vin dans un Thermometre de feu M. Amontons, pour connoître ce que je n'avois pas reconnu jufqu'à prefent, fi la grande chaleur de l'air contribuë à la réfraction.

Nous ferons, penſois-je, joüer tant de machines, nous dreſſerons tant de batteries, que peut-être la nature accordera quelque choſe à notre importunité, & fera avec nous quelque capitulation. Il eſt toûjours bon d'eſſaïer ; après tout ce ne ſera jamais qu'un peu de temps & de peine perduë, & on ne les perd pas toûjours ſi heureuſement.

Il y a des jours où j'ai obſervé à trois divers temps, il y en a pluſieurs où j'ai ſeulement obſervé à deux divers temps, & les autres je n'ai obſervé qu'une fois. D'abord je m'aſſurai du quart de cercle par diverſes verifications ; ce qui m'importoit non ſeulement pour ces obſervations, mais pour bien d'autres que je faiſois dans le Ciel. Je trouvai qu'il ne hauſſoit ni ne baiſſoit ; je l'ai reconnu auſſi depuis par les obſervations que j'ai faites ce mois de Decembre 1716. La ſoïe horiſontale s'adaptoit parfaitement à l'horiſon de la Mer ; le quart de cercle étant bien calé ſur un mur de trois pieds d'épaiſſeur, le plomb raſoit librement le limbe de l'inſtrument, methode que j'ai toûjours regulierement obſervée dans cette ſorte d'obſervations.

D'abord, en jettant les yeux ſur la colomne des baſſeſſes de l'horiſon de la Mer, on voit que non ſeulement le raïon viſuel tendant à l'horiſon, n'a jamais été convergeant à la ſurface de la Mer, comme il l'eſt ſouvent pendant l'Hiver, au Printems, & en Automne, ſuivant les obſervations rapportées ci-devant, & comme on le verra encore dans les obſervations du mois de Decembre 1716. mais on voit de plus que ce raïon viſuel ne s'eſt jamais réüni avec le raïon direct, dont l'inclinaiſon, comme on l'a dit, eſt de 13. minutes, quoique cela ſoit arrivé quelquefois en Juin 1707. & en Juin 1709. mais jamais en Juin 1708. De ſorte que ce raïon viſuel a toûjours été divergeant par rapport à la ſurface de la Mer, qu'il a toûjours élevée au-deſſus de ſa ſituation naturelle, tantôt plus, tantôt moins, ſelon la variation des cauſes qui produiſoient cette réfraction.

Mais ce qui m'a extrêmement ſurpris, c'eſt que cette divergeance a été fort conſiderable ; telle eſt celle du 24. Juin à midi, auquel temps la baſſeſſe apparente de l'horiſon de la Mer, fut de   6'. 15''.
ſeulement; la plus grande baſſeſſe a été le 12. Juillet de 12. 10.

La difference de ces baſſeſſes ſe trouve être de   5. 55.

Les

Les autres baſſeſſes varient entre ces deux termes avec une grande irrégularité; le plus ſouvent elles approchent davantage du plus haut terme, quelquefois auſſi elles approchent du plus petit.

Les Etés précedens on n'avoit jamais obſervé cette baſſeſſe apparente de l'horiſon de la Mer, moindre de   11′. 0″.

Voilà donc une variation dans la réfraction d'un Eté à un autre, de 4. minutes 45. ſecondes, ce qui eſt très-conſiderable.

En conſiderant la colomne des baſſeſſes apparentes du ſommet du rocher, on trouve auſſi une grande variation dans la réfraction du raïon viſuel. La plus grande baſſeſſe a été veritablement le même jour que le fut celle de la Mer; le ſommet du rocher qui ne paroiſſoit pas plus bas que l'horiſon de la Mer, le 12. Juillet au matin, ni plus haut auſſi, fut trouvé bas de   12′. 10″.

Mais la moindre baſſeſſe du ſommet du rocher ne ſe trouve pas le même jour, auquel fut la moindre baſſeſſe de l'horiſon de la Mer, qui étoit le 24. Juin, comme on l'a dit, mais elle ſe trouve cette moindre baſſeſſe du ſommet du rocher le 3. Juillet au ſoir, auquel temps elle ne fut trouvée que de 7. minutes 30. ſecondes. Il y a donc une variation dans la réfraction du raïon viſuel de 4. minutes 40. ſecondes, qui differe d'une minute 15. ſecondes de la variation de la réfraction du raïon viſuel tendant à l'horiſon apparent de la Mer, ci-deſſus trouvée de 5. minutes 55. ſecondes.

Il ſeroit très-commode, pour expliquer la réfraction, qu'il y eut un accord entre les baſſeſſes de la Mer, & les baſſeſſes du ſommet du rocher; mais puiſque cela ne ſe trouve point, il faudra nous contenter, malgré nous, de ce que la nature nous donne, & en tirer le meilleur parti que nous pourrons.

Toutes les fois que la baſſeſſe du ſommet du rocher a été plus grande que la baſſeſſe de l'horiſon apparent de la Mer, on conçoit aiſément qu'il faut que cet horiſon aïe paru dans la lunette au-deſſus du rocher, & qu'on ait vû comme une liſiere de la Mer, qui joignoit cet horiſon avec ce qu'on en voïoit de part & d'autre du rocher. On trouve dans cette colomne ſept de ces obſervations, qui ſont mar-

E

quées du figne plus ⊣ pour faire connoître que la baſſeſſe du rocher étoit plus grande.

Lorſqu'il eſt arrivé que le raïon viſuel raſant le ſommet de ce rocher, alloit atteindre l'horiſon de la Mer, la baſ-ſeſſe de l'un étant égale à la baſſeſſe de l'autre, on l'a mar-qué du ſigne d'égalité ⚌. Il ſe trouve trois de ces obſer-vations. Dans toutes les autres la baſſeſſe du rocher eſt moin-dre que celle de la Mer, ce qui devroit toûjours arriver, ſi la réfraction obſervoit des loix conſtantes.

ARTICLE SEPTIE´ME.

Réflexions ſur la Réfraction, tant de l'horiſon de la Mer que du ſommet du rocher au mois de Juin 1716.

EN examinant les obſervations du 16. Juin, on voit d'abord que le matin la baſſeſſe apparente de l'horiſon de la Mer, fut trouvée de 11. minutes 30. ſecondes : mais à 10. heures 20. minutes du même matin, elle avoit di-minué d'une minute 30. ſecondes, & depuis ce temps-là juſqu'au ſoir, elle diminua plus que de 40. ſecondes; du matin au ſoir la difference ſe trouve être de 2. minu-tes 10. ſecondes ; le raïon viſuel étoit moins divergeant le matin, puiſqu'il n'étoit élevé au-deſſus du raïon direct que d'une minute 30. ſecondes ; la peſanteur de l'atmoſphere aïant été à peu près la même, n'a pû influer à ce change-ment, puiſqu'en 24. heures elle ne diminua que de ce qui correſpond à deux tiers de ligne de mercure dans le Baro-metre; & il y a des jours où la baſſeſſe de la Mer étant la même que le 16. Juin, le mercure eſt deſcendu de deux & même de trois lignes, ce qui marquoit moins de peſan-teur dans l'atmoſphere. On ne peut donc attribuer la dif-ference de la divergeance du raïon viſuel préciſément au plus grand ou moindre poids de l'atmoſphere.

La chaleur de l'air ne paroît point auſſi y avoir contri-bué, elle fut fort moderée tout le jour, le Thermometre n'étant qu'à 55. pouces 1. ligne ; d'ailleurs il y a eu des jours où la chaleur a été plus grande, auxquels bien loin que la divergeance du raïon viſuel ait augmenté, comme en ce jour, elle a diminué. On ne peut donc attribuer cette plus grande divergeance trouvée à·10. heures 20. minutes, d'une minute 30. secondes, qu'au vent & à la disposition de l'air.

Le matin l'air étant encore pur, le froid de la nuit aïant condensé cette brume à l'Ouest, où elle avoit été poussée par un vent de terre, la divergeance a dû être moindre; mais le vent d'Ouest, tout foible qu'il étoit, aïant peu à peu mis ces vapeurs en mouvement, aidé par l'action du Soleil, elles ont dû s'étendre davantage, étant chassées vers l'Est, & le raïon visuel a dû se rompre plus souvent, & sous des angles moins obtus; c'est pourquoi la divergeance a dû être plus grande à 10. heures; & parce que le même vent d'Ouest a duré jusqu'au soir, la vapeur s'étant encore plus étenduë, la divergeance a dû augmenter.

Mais, dira-t'on, la bassesse du sommet du rocher paroît détruire ce raisonnement; car étant moindre le matin, elle a augmenté à dix heures d'une minute. A cela il est aisé de répondre que la vapeur ne s'étendant point encore à cette heure-là au-deçà du rocher, le raïon visuel tendant à son sommet, n'a pas pû souffrir tant de réfraction; ainsi il a dû paroître plus bas: cela est si vrai, que lorsque le vent foible d'Ouest a eu le loisir de pousser la vapeur depuis le rocher jusqu'à l'Observatoire, alors il a paru plus haut, puisque le soir cette bassesse du sommet du rocher a diminué d'une minute 10. secondes.

Ces observations du 16. Juin prouvent donc que suivant que les vapeurs sont répanduës dans l'air, soit que ce soit diversement en differentes parties de l'air, soit que ce soit en plusieurs lits & couches l'une sur l'autre, la réfraction doit être differente; aussi paroît-il clair & évident que le raïon de lumiere ne sçauroit passer par divers milieux d'une densité heterogene, sans qu'il souffre diverses réfractions, suivant le plus ou moins de densité de la matiere heterogene. La nature a ses loix qu'elle suit constamment, quoi-qu'elle nous paroisse inconstante, parce que nous ne connoissons pas les differentes combinaisons de ces loix.

On voit encore qu'à 10. heures l'inclinaison du raïon vi-suel tendant à l'horison de la Mer n'étant que de 10. mi-nutes, & l'inclinaison du raïon visuel au sommet du rocher étant de 11. minutes 30. fecondes, il a dû paroître une lifiere de la Mer au-deffus du fommet du rocher, correfpondante à l'angle d'une minute 30. fecondes, qui faifoit la difference de ces deux inclinaifons, & que comme le foir l'inclinaifon du raïon vifuel à l'horifon de la Mer a encore diminué de 40. fecondes, quoique le raïon vifuel tendant au fommet du rocher fe foit élevé, puifque fon inclinaifon n'étoit plus de 10. minutes 20. fecondes, cependant la Mer a dû encore paroître par-deffus le fommet du rocher ; mais la lifiere de la Mer n'étoit plus fi large, puifqu'elle n'étoit plus que de l'intervalle correfpondant à un angle d'une minute que formoient ces deux raïons vifuels.

Le matin du 17. Juin, fans avoir égard au Barometre & au Thermometre, puifque leur état, qui marquoit celui de la pefanteur & de la chaleur de l'air, n'étoit pas fort different du jour précedent, l'élevation du raïon vifuel a été affez grande, puifque l'inclinaifon du raïon vifuel à l'horifon n'a été que de 10. minutes, il étoit donc élevé plus que le raïon direct de 3. minutes. On conçoit fort aifément que le vent d'Eft, quoique foible, a rempli l'air de plus de parties heterogenes, que le matin du 16. Juin, lefquelles ont contribué à une plus grande courbure divergeante du raïon vifuel ; & c'eft par la corde de cette courbe qu'on croit voir ; de forte que cette même matiere heterogene a élevé le raïon vifuel tendant au fommet du rocher, puifque fon inclinaifon n'étoit plus que de 9. minutes 10. fecondes, quoique le foir précedent elle fut de 10. minutes 20. fecondes, c'eft-à-dire, une minute 10. fecondes plus grande qu'à ce jour.

Mais le foir à 5. heures le vent d'Eft aïant peu à peu chaffé cette matiere heterogene vers l'Oueft, alors le fommet du rocher qu'on voïoit par un milieu plus purgé de parties heterogenes ; a dû paroître bas de 10. minutes, qui eft fon inclinaifon moïenne, & la plus approchante du raïon direct tendant à ce rocher ; mais comme cette matiere heterogene chaffée par le vent d'Eft étoit en plus grande abondance à l'horifon vers l'Oueft, l'inclinaifon du raïon vifuel à l'horifon de la Mer a dû être moindre, auffi n'a-t'elle été que de   9ʹ. 40ʺ.

parce que le raïon visuel se rompant encore plus, il s'est élevé par une courbe plus forte encore que celle du matin de 20. secondes ; & comme alors l'inclinaison du raïon visuel au sommet du rocher étoit de 10. minutes plus grande que celle du raïon tendant à l'horison de la Mer d'un angle de 20. secondes, on a vû une petite lisiere de l'horison de la Mer au-dessus du sommet du rocher, correspondante à cet angle de 20. secondes.

Le soir du 18. Juin, l'inclinaison du raïon visuel tendant à l'horison de la Mer, a été égale à celle du 16. Juin au matin, sçavoir de 11'. 30". mais par une raison differente. Nous avons remarqué ci-devant que quand les vens sont frais, ils diminuent la divergeance du raïon visuel, comme un poids appliqué sur un ressort courbe, diminueroit sa courbure. C'est l'effet qu'a produit le vent frais de Sud-Est qui souffloit ce jour-là ; & cette courbure du raïon visuel auroit été encore moindre, si la brume, qui étoit répanduë dans l'air par ce vent, qu'il amene avec lui, n'avoit pas fait un effort contraire pour l'augmenter. Et comme le raïon visuel tendant au sommet du rocher, qui n'est éloigné que de 3512. toises, est beaucoup plus court que l'autre tendant à l'horison de la Mer, qui se trouve être de 12605. toises, il a été plus difficile au vent de le courber ; de sorte que la brume aïant prévalu, ce raïon s'est élevé plus qu'hier de 30. secondes. Ce jour ci le poids de l'atmosphere étoit fort au-dessus du mediocre, le mercure étant monté à 27. pouces 9. lignes deux tiers dans le Barometre ; néanmoins comme en d'autres jours ce poids a été moindre, & la courbure du raïon visuel égale à celle de ce jour, & même moindre, il ne paroît pas qu'il ait influé à cette réfraction.

Le 19. Juin à trois heures du soir, la bassesse apparente de l'horison de la Mer ne fut pas si grande, elle étoit de 10'. 30". De sorte que la divergeance du raïon visuel avoit augmenté d'une minute ; l'air étoit serein, le vent de Sud-Est étoit veritablement encore assez frais ; mais comme il étoit sur sa fin, puisque dès la nuit il calma entierement, il paroît que n'aïant plus assez de force pour empêcher la divergeance du raïon visuel tendant à l'horison de la Mer, il a dû remonter

E iij

par une courbe dont l'angle de la tangente & de la corde
a été plus grand d'une minute. Cela devroit d'autant plus
arriver que les parties de la matiere heterogene s'étant répanduës dans une plus grande étenduë d'air, elles ont contribué à cette plus grande courbure ; mais comme il n'y avoit
pas affez de cette matiere heterogene jufqu'au rocher
trop peu éloigné, l'air ferein le marquant affez, le raïon
direct & le raïon vifuel tendant l'un & l'autre au fommet
de ce rocher, ont dû prefque fe confondre.

Le poids de l'atmofphere a été fort grand ce jour-là, puifque le mercure étoit monté dans le tube du Barometre à
27. pouces & prefque 10. lignes. Pour la chaleur de l'air
elle a été moindre qu'hier, puifque le Thermometre n'étoit
monté qu'à 55. pouces 2. lignes. Ces deux jours la roche
paroiffoit à l'ordinaire au-deffus de la furface de l'horifon
de la Mer, mais moins haute le 19. que le 18. auffi y avoit-
il d'un jour à l'autre une difference de 30. fecondes.

Le 20. Juin à 7. heures 30. minutes du foir, la baffeffe
apparente de l'horifon de la Mer fut trouvée de 10'. 45".
plus forte qu'hier de 15. fecondes. Il ne faifoit pas de vent
& l'air étoit ferein. La baffeffe du fommet du rocher fut
auffi plus grande qu'hier de 30. fecondes, elle fut de 10'. 30".
La divergeance du raïon vifuel de la Mer n'a donc diminué que de 15. fecondes, tandis que la divergeance du raïon
vifuel tendant au fommet du rocher a diminué de 30. fecondes. Comme le raïon tendant à l'horifon de la Mer a
bien plus de chemin à faire que celui qui va au fommet du
rocher, il a trouvé plus de matiere heterogene, qui l'a empêché de fe redreffer autant à proportion que celui du rocher. Il ne fe préfente rien autre à dire pour les obfervations de ce jour.

Les obfervations du 21. Juin fourniffent encore bien des
réflexions. On obferva en trois differens temps. Le matin à 5. heures 35. minutes, la baffeffe de l'horifon apparent de la Mer, fut la moindre qu'on eut encore trouvée
de   9'. 15".
& par conféquent la divergeance du raïon vifuel la plus
grande qu'on eut remarquée ; elle étoit au-deffus du raïon
direct de 3. minutes 45. fecondes. Comme il ne faifoit pas
de vent, & que le Ciel étoit ferein, le raïon vifuel traver-

fant le milieu, a trouvé la matiere heterogene plus répanduë uniment, laquelle l'a déterminé à une plus grande courbure divergeante à la furface de la Mer. La même caufe a
agi fur le raïon vifuel tendant au fommet du rocher, de
forte qu'au lieu que le foir précedent fon inclinaifon étoit
de 10. minutes 30. fecondes, elle ne s'eft plus trouvée que
de 9. minutes 30. fecondes, c'eft-à-dire, une minute moindre.

Mais comme l'inclinaifon du raïon vifuel tendant au fommet du rocher, étoit plus grande de 15. fecondes que celle du raïon vifuel tendant à l'horifon de la Mer, on a vû
par-deffus ce fommet une lifiere étroite de cet horifon qui
correfpond à l'angle de 15. fecondes que formoient ces
deux raïons vifuels. La pefanteur de l'atmofphere étoit affez
grande, puifque le mercure étoit à 27. pouces 8. lignes un
quart dans le Barometre; & la chaleur de l'air plus grande
qu'elle n'avoit encore été, le Thermometre aïant monté à
55. pouces 5. lignes.

A midi la baffeffe apparente de l'horifon de la Mer augmenta de 15. fecondes, & fut trouvée pour lors de   9'. 30".
La baffeffe du fommet du rocher fut comme le matin. 9. 30.

Il paroît donc par-là, qu'au de-là du rocher la matiere
heterogene qui caufe la réfraction étant un peu plus diffi-
pée que le matin, la divergeance du raïon vifuel tendant à
l'horifon a diminué, tandis que cette matiere étant de même
denfité au-deçà du rocher, le raïon vifuel tendant à fon
fommet n'a point paru plus abaiffé, comme il feroit arrivé, fi la matiere heterogene eut été auffi rare qu'elle l'étoit
au-delà du rocher.

Alors l'inclinaifon du raïon vifuel tendant à l'horifon,
& celle du raïon tendant au fommet du rocher étant égales, ces deux raïons fe font confondus, & on a vû l'extrémité de la Mer à l'horifon, & le fommet du rocher dans
la même ligne; ce qui eft encore arrivé deux autres fois,
comme on le dira plus bas, mais fous des inclinaifons differentes; tant la nature eft fertile en combinaifons. A les
fuivre toutes, il y auroit de quoi épuifer la patience des
Philofophes les plus flegmatiques & les plus fubtils.

Le foir à trois heures, la baffeffe apparente de l'horifon
de la Mer fut comme à midi, de   9'. 30".

mais la baſſeſſe apparent: du ſommet du rocher diminua de
20. ſecondes, & ne fut plus trouvée que de   9′. 10″.
Il faiſoit le même temps calme & ſerein. Alors le ſommet
du rocher paroiſſoit au-deſſus de l’horiſon de la Mer de 20.
ſecondes. Quelle cauſe de la variation de la réfraction au
ſommet du rocher, tandis qu’il n’y en a point à l’horiſon
de la Mer ? Si les Géometres étoient faiſeurs de Romans,
on pourroit croire que j’ai mis ici un épiſode pour égaïer
mon ſujet : mais outre que ces deux profeſſions ne s’accordent pas, les épiſodes ſeroient ici ſi fréquens, qu’ils ſur-
paſſeroient le fond de la piece.

Quelle cauſe, dis-je, de cette variation ? peut-être que la
chaleur de l’air, qui étoit la plus grande qu’on eut obſervé
de cet Eté, aïant mis la matiere heterogene qui cauſe la réfraction, en plus grand mouvement ſur la ſurface de la terre,
que ſur la ſurface de la Mer, a cauſé plus de courbure au
raïon viſuel tendant au ſommet du rocher qui eſt plus près
des terres, qu’à celui qui tendoit à l’horiſon de la Mer qui
en eſt plus loin ; c’eſt pourquoi ce rocher a paru plus haut
qu’il n’avoit paru le matin. On ne donne pas ceci pour
des démonſtrations géometriques, mais par les effets, il eſt
toûjours permis au Phyſicien de chercher les cauſes, ſauf à
lui de bien rencontrer. Il paroît de la biſarrerie que la baſſeſſe de la Mer ait été la même à midi & le ſoir, que celle
du ſommet du rocher ait été la même le matin & à midi,
& ait changé le ſoir. Foibles & bornez dans nos connoiſſances, nous aimons mieux accuſer la nature de biſarrerie,
que d’avouer que nous ne connoiſſons pas ce qu’elle ne nous
développe que lentement & avec reſerve.

Voici de nouvelles preuves du pouvoir du vent pour la
réfraction, dans les obſervations du 23. Juin, qu’on fit encore en trois divers temps. Le matin à 5. heures 30. minutes, le vent étant Sud-Eſt aſſez frais, la baſſeſſe apparente
de l’horiſon de la Mer, fut trouvée de   11′. 30″.

Il y avoit dans l’air une brume déliée que ce vent mene
preſque toûjours avec ſoi. La baſſeſſe apparente du ſommet
du rocher fut trouvée de   10′. 15″.
moindre que celle de la Mer ſeulement d’une minute 15.
ſecondes ; la peſanteur de l’atmoſphere étoit un peu au-deſſus
de la moïenne.   On

On voit que le raïon visuel tendant à l'horison de la Mer s'étoit approché du raïon direct, dont il n'étoit plus éloigné que d'une minute 30. secondes, tandis que le matin du 21. il en étoit éloigné en divergeance de 3. minutes 45. secondes ; il semble au surplus que la brume déliée, dont l'air étoit plein, devoit faire rompre ce raïon plus que le 21. au matin lorsque l'air étoit serein & le vent calme. Le contraire, comme on voit, est arrivé, ce qui ne peut être attribué qu'à la force du vent, lequel, comme on a déja dit, tend à faire plier ce raïon en sens contraire ; il a même réussi à produire cet effet au raïon qui tend au rocher, puisqu'il étoit de quelques secondes plus bas que le raïon direct qui va à son sommet, dont nous avons dit que l'inclinaison n'est que de 10. minutes & environ 10. secondes. La pesanteur de l'atmosphere étant moindre que les jours précédens, puisque le mercure n'étoit monté dans le tube qu'à 27. pouces 7. lignes & demi, n'a pas pû aider à diminuer la réfraction ; & s'il n'y avoit pas eu de la brume dans l'air, cette inclinaison du raïon visuel auroit monté à 12. minutes, comme en d'autres occasions.

A midi le vent de Sud-Est n'étant plus si frais, le raïon visuel tendant à l'horison de la Mer ne s'est plus trouvé incliné que de 10. minutes 30. secondes ; & le raïon tendant au sommet du rocher étoit seulement incliné de 9'. 30". L'inclinaison du premier a donc diminué d'une minute, & l'inclinaison du second de 45. secondes ; de sorte que la réfraction a gagné d'autant. La divergeance de ces raïons étant donc plus grande, on diroit qu'ils se sont sentis soulagez du poids du vent, de sorte que passant plus librement par la matiere heterogene dont l'air étoit plein, ils se sont rompus plus souvent & sous des angles moins obtus, pour former une courbe plus convexe, & plus divergeante à la surface de la Mer, sans que le poids de l'atmosphere presque le même que le matin y ait eu aucune part.

L'observation du soir confirme ce raisonnement, car sur les 7. heures le vent de Sud-Est étant foible, & la vapeur plus fine, la bassesse apparente de l'horison de la Mer n'a plus été que de 9'. 15". & celle du sommet du rocher n'a été que de 9. 15.

Le vent ne formant plus d'obstacles, ces deux raïons

F

viſuels ſe ſont rompus encore plus fréquemment, & ſous des angles moins obtus, pour former chacun une courbe plus divergeante d'une minute 15. ſecondes à l'égard de l'horiſon de la Mer, & de 15. ſecondes à l'égard du ſommet du rocher.

On s'apperçoit ici de l'uniformité des loix de la nature; car les deux raïons viſuels tendans l'un à l'horiſon de la Mer, l'autre au ſommet du rocher, ont obſervé quelque proportion à s'élever, à meſure que le vent a diminué, & que la brume eſt devenuë plus fine.

Le raïon viſuel tendant à l'horiſon n'étant pas plus incliné que celui qui tendoit au ſommet du rocher, on a vû cet horiſon de la Mer auſſi haut que le ſommet du rocher, ce qu'on avoit déja obſervé le 21. à midi, mais ſous une inclinaiſon differente.

Le 24. Juin on obſerva en deux divers temps, le matin à 5. heures la baſſeſſe apparente de l'horiſon fut de   10'. 45".
celle du ſommet du rocher fut ſeulement de   8. 45.
la moindre qu'on eut encore trouvée; le vent étoit calme & l'air ſerein. Le poids de l'atmoſphere étoit un peu augmenté, puiſque le mercure étoit monté à 27. pouces 8. lignes, la réfraction, comme on voit, élevoit le raïon viſuel au-deſſus du raïon direct de 2. minutes 15. ſecondes, mais elle l'élevoit moins qu'hier au ſoir de 30. ſecondes; ce qu'on pourroit attribuer à une moindre quantité de matiere heterogene, qui manquant dans l'air devoit moins rompre le raïon viſuel, & l'approcher un peu plus du raïon direct: cependant voici une nouvelle contrarieté de la part du raïon viſuel tendant au ſommet du rocher. Il auroit dû par ces mêmes loix, où par celles que la nature parut obſerver le 23. remonter à 9. minutes 30. ſecondes; mais bien loin de-là, l'inclinaiſon de ce raïon n'étant aujourd'hui que de 8. minutes 45. ſecondes, la réfraction de ce raïon a été plus grande qu'elle n'avoit encore paru, puiſqu'elle a augmenté depuis le ſoir précedent de 30. ſecondes.

L'air auroit-il été plus rempli de parties heterogenes au-deçà du rocher, qu'il ne l'étoit au-delà? Si cela eſt, on conçoit que le raïon viſuel tendant à ce rocher, a dû être plus divergeant à proportion, que ne l'a été le raïon tendant à l'horiſon apparent de la Mer. L'œil ne s'eſt point

apperçû de cette difference dans la pureté de l'air, mais il
est si mauvais juge en la plûpart des effets physiques, qu'on
ne peut guere compter sur lui. On ne trouve pas d'autre
raison de la contrarieté de ces réfractions. Ne seroit-il point
plus à propos de laisser la nature en paix, comme faisoient
nos Peres, que de se tourmenter à connoître ce qu'elle nous
découvre si difficilement ?

Mais voici une nouvelle contrarieté, on diroit que la
nature se plaît à nous embarrasser ; à midi de ce même
jour, la bassesse apparente de l'horison de la Mer fut la
moindre qu'on eut encore observé, elle ne fut que de 6'. 15".
& la bassesse apparente du rocher remontant tout-à-coup,
se trouva augmentée & être de   10'. o".
enforte que l'horison de la Mer paroissoit fort au-dessus de
ce sommet, qui laissoit voir par-dessus lui une lisiere considerable de l'horison, correspondante à l'angle que formoient les deux raïons visuels, lequel étoit de 3. minutes
45. secondes ; tandis que le matin le sommet de ce rocher
étoit plus haut de 2. minutes que l'horison de la Mer,
comme il arrive ordinairement.

La pesanteur de l'atmosphere étoit la même que le matin,
le Barometre au même état le prouve évidemment. La chaleur de l'air, il est vrai, étoit plus grande, puisque le Thermometre étoit monté à midi à 55. pouces 11. lignes & demi ; mais elle auroit agi également sur l'un & sur l'autre
de ces raïons, ainsi elle n'auroit pas produit en même-temps
deux effets contraires. On ne peut donc accuser que le vent
de ce changement subit & contraire.

Il étoit Sud-Ouest médiocre à midi, & il ne faisoit que
de se lever ; il commençoit donc à chasser devant lui bien
de la matiere heterogene, le raïon visuel tendant à l'horison à 12600. toises, a rencontré cette matiere en chemin,
il s'y est donc rompu fréquemment & sous des angles moins
obtus, ainsi il est devenu fort divergeant à la surface de la
Mer, & a formé une courbe dont la corde faisoit un angle
de 6. minutes 45. secondes, avec le raïon direct tangente
de cette courbe. Mais le vent n'aïant pas eu encore le loisir d'ammener cette matiere heterogene jusqu'au rocher, le
raïon visuel tendant à son sommet n'a pas dû souffrir tant
& de si fréquentes réfractions ; de sorte que ce raïon visuel

F ij

a dû presque se confondre avec le raïon direct, dont il n'étoit éloigné que de peu de secondes.

Voilà, dira-t'on, une matiere heterogene qui vient bien à propos pour vous tirer de peine? Je conviens qu'elle vient bien à propos; mais si elle n'étoit pas venuë, nous ne serions pas en peine; car la nature étant la même, produiroit toûjours les mêmes effets; ainsi nous aurions en tout temps, & les mêmes bassesses & les mêmes réfractions. Contens & tranquilles, les observations d'un jour nous assureroient de celles du lendemain; & nous chercherions ailleurs de nouveaux objets propres à occuper notre curiosité philosophique.

Le 27. Juin à 5. heures 45. minutes du matin, la bassesse apparente de l'horison de la Mer, fut de   11′. 30″.

    Celle du sommet du rocher fut de   9. 15.

Le vent de Sud-Ouest, qui duroit depuis près de quatre jours, étoit sur sa fin, & fit place peu d heures après au vent de Sud-Est; ainsi l'air étoit aſſéz purgé de parties heterogenes à l'horison vers l'Ouest; c'est pourquoi le raïon de lumiere tendant à cet horison où l'air étoit plus pur, ne s'éleva pas tant; mais au-deçà du rocher où l'air commençoit à être impregné des parties heterogenes qui étoient les avant coureurs du vent de Sud-Est, qui suivit de près, la réfraction fut tant soit peu plus forte. Le même vent commença à charier des nuages très-déliez à son ordinaire, mais ces nuages n'avoient point encore gagné la partie occidentale du Ciel, le Sud-Ouest s'y opposant encore, ce qui contribua aussi à diminuer la réfraction à l'horison, en sorte que le raïon visuel ne fut élevé au-dessus du raïon direct que d'une minute 30. secondes, réfraction aſſez ordinaire en Eté.

La pesanteur de l'atmosphere fut peu au-dessus de la médiocre, le mercure étant à 27. pouces 7. lignes dans le tube du Barometre. La chaleur de l'air fut plus grande qu'elle n'avoit été le matin de cet Eté, puisque le Thermometre étoit à 55. pouces 9. lignes, néanmoins ni l'une ni l'autre de ces deux causes ne paroiſſent pas avoir influé à la réfraction.

Le 29. Juin à 5. heures 30. minutes du matin, la bassesse apparente de l'horison de la mer fut de   10′. 30″.

La baſſeſſe du ſommet du rocher fut de   9'. 30".

Le vent de Sud-Eſt qui duroit depuis le 27. porte toû-jours bien des vapeurs, & par conſéquent bien de la ma-tiere heterogene, dans laquelle le raïon viſuel ſe rompant plus ſouvent, & ſous des angles moins obtus, la courbe divergeante à la ſurface de la Mer s'eſt plus élevée d'une minute que le 27. d'ailleurs le poids de l'atmoſphere étant conſiderablement diminué, puiſque le mercure deſcendu dans le Barometre à 27. pouces 4. lignes & 5. ſixiéme, le marquoit aſſez, il a encore aidé à la réfraction, à quoi la chaleur de l'air plus grande que les jours précedents, puiſ-que le Thermometre marquoit 55. pouces 11. lignes, pour-roit auſſi avoir contribué. Mais le raïon viſuel tendant au ſommet du rocher, ne fut divergeant que de 30. à 40. ſe-condes, apparemment parce que ces cauſes n'avoient pas tant d'action ſur lui par rapport à ſa moindre longueur.

ARTICLE HUITIE'ME.

Réflexions ſur la Réfraction, tant de l'horiſon de la Mer que du ſommet du rocher au mois de Juillet 1716.

ON ne doit pas s'étonner qu'on ſoit obligé quelquefois à des redites ; ce ſont des obſervations fort ſemblables dans ces deux mois, qui ne peuvent s'expliquer que par les mêmes cauſes, quoique diverſement combinées ; d'ailleurs ce qu'on dira ſur les obſervations de ce mois, ſervira de confirmation pour les précedentes ; il ſe preſentera auſſi aſſez d'autres nouveaux phenomenes pour deſennuïer le Lecteur, qui pourra ſauter ce que bon lui ſemblera, & même le tout s'il le veut ainſi, ſans que j'aïe lieu de m'en fâcher.

Le mois de Juillet commença par un vent de Nord-Oueſt frais, qui fit un grand changement dans la réfraction, car la baſſeſſe de l'horiſon de la Mer fut de   12'. 0".

Le premier Juillet à 6. heures du matin, la baſſeſſe du ſommet du rocher fut de 9. minutes 45. ſecondes. On a ſouvent remarqué ci-devant, que quand le vent, ſur-tout celui de Nord-Oueſt, devient frais, il abaiſſe conſiderable-ment le raïon viſuel ; en voici une confirmation, car le raïon viſuel tendant à l'horiſon de la Mer n'avoit point encore été ſi bas de cet Eté. Il l'auroit été ſans doute davantage, ſi la brume déliée qui étoit répanduë dans l'air en ce temps-là, n'avoit produit un effet contraire; de ſorte que le poids du vent n'a pû ſe faire ſi fort ſentir. D'ailleurs le poids de l'atmoſphere n'étoit pas conſiderable, il n'avoit augmenté depuis le 29. Juin que de peu, puiſque le mercure n'étoit remonté dans le Barometre que d'une ſixiéme partie de ligne.

Le vent produiſit le même effet ſur le raïon viſuel tendant au ſommet du rocher, puiſqu'il n'étoit élevé au-deſſus du raïon direct que de 20. ſecondes. Ainſi dans cette occaſion la nature a agi uniformément, au moins nous avons lieu de le conclure de ces deux obſervations, & auſſi de celles qui furent faites le ſoir ; car à 7. heures le vent aïant molli & ſauté à l'Oueſt médiocre, la baſſeſſe apparente de l'horiſon de la Mer ne fut plus que de   11'. 0'. & la baſſeſſe apparente du ſommet du rocher   9. 0.

On voit que le vent n'étant plus ſi frais, le raïon viſuel tendant à l'extrémité de la Mer, s'eſt relevé par une courbe plus divergeante d'une minute que le matin, n'aïant plus ce poids qui le preſſoit, & la matiere heterogene s'étant répanduë plus uniment dans l'air, il s'eſt rompu plus ſouvent, & ſous des angles moins obtus. La même choſe eſt arrivée au raïon viſuel tendant au ſommet du rocher ; ils ont obſervé l'un & l'autre une proportion aſſez exacte dans l'augmentation de leur réfraction ; ſans doute parce que l'air étant aſſez ſerein, & le vent moderé, la matiere heterogene répanduë également, a également contribué à leur réfraction.

Le 2. Juillet à 9. heures du matin le vent étoit Sud-Oueſt foible, il y avoit de la brume à l'Oueſt, auſſi la baſſeſſe apparente de l'horiſon de la Mer fut trouvée moindre que le premier Juillet, étant ſeulement de   10'. 15'.

Celle du ſommet du rocher remonta à   9. 30.

Il paroît par la baſſeſſe de la Mer que le raïon viſuel tendant à l'horiſon, ſouffroit plus de réfraction en paſſant par la matiere heterogene qui étoit répanduë vers l'horiſon, ce qui a fait paroître la Mer plus élevée que le premier Juillet. Cette divergeance du raïon viſuel étoit de 2. minutes

45. secondes par rapport au raïon direct incliné de 13. minutes.

Mais comme il n'y avoit pas tant de matiere heterogene au-deçà du rocher, le raïon visuel tendant à son sommet ne s'est plus tant élevé, puisqu'il n'étoit au-dessus du raïon direct que de 35. secondes. La pesanteur de l'atmosphere étoit médiocre, le mercure n'étant monté qu'à 27. pouces 6. lignes, & on ne voit pas, par les raisons qu'on a dit ci-devant, qu'elle ait pû contribuer à ce changement dans la réfraction. La chaleur de l'air avoit diminué, puisque l'esprit de vin du Thermometre n'étoit qu'à 55. pouces 3. lignes, ainsi elle ne paroît point aussi y avoir influé.

Mais voici un grand changement au sistême que la nature paroît avoir suivi, arrivé en dix heures de temps, intervalle fort court, sans qu'on en voïe aucune cause évidente. Le soir à 7. heures 35. minutes, la bassesse apparente de l'horison de la Mer, fut de   11'. 30". & la bassesse apparente du sommet du rocher aïant aussi augmentée de son côté, fut trouvée de   10'. 45".

Le vent étoit foible & l'air assez serein ; d'où peut venir cette augmentation subite d'une minute 15. secondes dans l'inclinaison du raïon visuel tendant à l'horison ? & une augmentation égale d'une minute 15. secondes dans l'inclinaison du raïon qui alloit au sommet du rocher ? le poids de l'atmosphere avoit augmenté de fort peu, de même que la chaleur de l'air. Ainsi ces causes n'y ont pas contribué.

On ne peut attribuer cet effet surprenant qu'à l'état de l'air, qui étant tout-à-fait purgé de la brume qu'il y avoit le matin à l'horison, la matiere heterogene n'y étant plus répanduë en si grande quantité, le raïon visuel tendant à cet horison ne s'est plus rompu si fréquemment ; il s'est même rompu sous des angles plus obtus ; de sorte qu'il a été moins divergeant qu'il ne l'étoit le matin. De même le raïon visuel tendant au sommet du rocher, non seulement n'a plus été divergeant, mais il est devenu convergeant de quelques secondes, par rapport à la surface de la Mer, & s'est plié en sens contraire, la même cause produisant ces divers effets à l'égard de ces deux raïons visuels.

Plus on fera d'attention à la varieté infinie des phenomenes que la nature nous presente continuellement, plus on fera furpris de la fécondité merveilleufe qu'elle fait paroître. On diroit qu'elle reffemble à une vafte prairie qui renferme des millions de fleurs; à l'aide du Soleil le Philofophe les cueille; elles font fermées à tout autre qui ne fçait pas profiter de la préfence du Soleil. C'eft une mine d'or qui renferme dans fon fein des trefors immenfes; faute de trouver la veine on ne peut profiter de ces trefors.

Le 3. Juillet à 5. heures 45. minutes du matin, la baffeffe apparente de l'horifon de la Mer fut trouvée de 10′. 45″.

La baffeffe du fommet du rocher fut de　　　　10. 0.

Le calme duroit encore, & l'air étoit fort ferein. Le poids de l'atmofphere étoit augmenté, puifque le mercure étoit monté d'une ligne trois quarts dans le tube du Barometre, il étoit à 27. pouces 7. lignes trois quarts. La chaleur de l'air étoit augmentée de deux lignes au Thermometre depuis le jour précedent; il marquoit 55. pouces 5. lignes.

Il y a lieu de croire que de ces trois caufes, celle qui a le plus influé à la réfraction, c'eft la conftitution de l'air. L'inclinaifon du raïon vifuel tendant à l'horifon de la Mer aïant diminué depuis le 2. au foir de 45. fecondes; la réfraction a augmenté d'autant. Or comme il ne faifoit pas de vent, & que l'air étoit ferein, la matiere heterogene étant répanduë plus également, a donné un libre paffage au raïon de lumiere pour fe rompre encore plus qu'hier au foir. Un indice que la matiere heterogene étoit répanduë plus également, c'eft que l'inclinaifon du raïon tendant au fommet du rocher, a également diminué de 45. fecondes; & par conféquent la réfraction a autant élevé le fommet de ce rocher, qu'elle a élevé l'horifon fenfible de la Mer. C'eft donc principalement à la difpofition de l'air qu'il faut attribuer cette augmentation de la réfraction.

Le foir à 7. heures la baffeffe de l'horifon, fut de　9′. 0″.

La baffeffe apparente du fommet du rocher, fut de 7. 30.

Voilà encore une augmentation confiderable dans la réfraction de ces deux raïons vifuels, celui de l'horifon de la Mer fe trouve plus élevé que le matin, d'une minute 45. fecondes. Le raïon vifuel du fommet du rocher eft plus élevé que le matin de 2. minutes 30. fecondes, & beaucoup plus que l'autre. Comment accorder ces variations de réfractions? Comment en deviner la caufe? Le vent étoit
encore

encore calme & l'air serein. Ici on pourroit dire, *Davus sum non Oedippus.*

On peut pourtant à force de réflexion deviner cette enigme ; si on fait attention au vent frais de Sud-Est qui souffla le lendemain, quoiqu'il ne se fit point encore sentir le 3. Juillet au soir, néanmoins il étoit à nos portes, & les vapeurs ses avant-coureurs, quoiqu'imperceptibles à l'œil, avoient déja fait bien du chemin dans l'air de notre horison. Suivons les s'il est possible. Comme elles étoient fort répanduës depuis l'Observatoire jusqu'au rocher qui est à l'Ouest, la matiere heterogene étant en plus grande quantité que le matin en cet endroit-là, le raïon visuel tendant au sommet du rocher a souffert de plus fréquentes réfractions sous des angles moins obtus ; il s'est donc élevé en courbe plus. divergeante de 2. minutes 30. secondes, ce qui est fort considerable, & c'est la plus grande réfraction que nous aïons observé à ce rocher : mais comme ces vapeurs ou cette matiere heterogene n'étoit pas encore arrivée en si grande quantité depuis le rocher jusqu'à l'horison de la Mer à l'Ouest-Sud-Ouest, puisqu'elles alloient de l'Est à l'Ouest, & qu'elles rencontroient des obstacles en leur chemin, que le vent qui étoit encore un peu éloigné, ne pouvoit leur faire si-tôt surmonter, le raïon visuel tendant à l'horison de la Mer ne s'est point rompu si souvent, & les angles ont été plus obtus ; comme il est arrivé au raïon qui tendoit au rocher. C'est pourquoi la courbe n'a pas été si divergeante, & sa courbure n'a augmenté sur celle du matin, que d'un angle plus grand d'une minute 45. secondes, que celui que faisoit le matin la tangente avec la corde de chacune de ces deux courbes.

Voilà, me dira-t'on encore, un vent d'Est venu bien à propos ; je conviens qu'il est favorable, puisque si je ne l'avois pas observé le lendemain, je ne sçaurois comment expliquer une si grande, si prompte & si differente variation de réfraction. Mais enfin il est venu, & on ne sçauroit apporter d'autre cause raisonnable ; car la difference du poids de l'atmosphere & de la chaleur de l'air étoient trop peu differentes de celle du matin, pour leur attribuer un si subit & si grand changement. C'est ici un procès à soûtenir contre la nature ; elle est chicanneuse, on ne sçauroit trop

G

produire de pieces contr'elle, celles qui paroissent les moins importantes, contribuent quelquefois le plus au gain de ce procès.

Le 4. Juillet à 10. heures 20. minutes du matin, le vent étant Sud-Est frais, la bassesse apparente de l'horison de la Mer, fut de   11′. 0″.

La bassesse apparente du sommet du rocher, fut de 9. 45.

Voilà donc l'inclinaison du raïon visuel tendant à l'horison de la Mer, augmentée de 2. minutes depuis hier au soir : c'est autant de diminué à la réfraction de ce raïon visuel, qui étant hier au soir élevé de 4. minutes au-dessus du raïon direct, ne se trouve plus élevé que de deux minutes. On en a souvent dit la raison ci-devant ; lorsque le vent est frais, la matiere heterogene a beau s'y opposer, les efforts du vent encore plus grands, comme un poids sur un ressort, tendent toûjours à diminuer sa divergeance ; & si la matiere heterogene ne s'y opposoit, non seulement le vent par son poids ôteroit au raïon visuel sa divergeance, mais il le rendroit même convergeant à la surface de la Mer, comme on l'a fait voir ci-devant, & comme il arrive souvent en hiver.

L'inclinaison du raïon visuel tendant au sommet du rocher a encore plus augmenté, puisque cette augmentation est allée à 2. minutes 15. secondes ; le même raisonnement qu'on vient de faire doit être applique ici ; ainsi ce raïon visuel aïant presque perdu sa divergeance, n'étoit plus éloigné du raïon direct que d'un angle de 20. secondes, & je ne doute pas, comme je le ferai voir ci-après, que si la matiere heterogene ne s'y fut opposée, de divergeant qu'il étoit, il ne fut devenu convergeant à la surface de la Mer, tant le vent a de force pour produire toutes ces variations.

Le Ciel étoit couvert de nuages déliez chassez par le vent frais de Sud-Est ; la pesanteur de l'atmosphere étoit diminuée, car le Barometre n'étoit qu'à 27. pouces 6. lignes ; cela arrive toûjours lorsque le vent est frais ; le vent ôtant quelque chose de la pesanteur de l'air sur le mercure. La chaleur de l'air étoit un peu plus grande que le 3. Juillet, le Thermometre étant monté à 55. pouces 6. lignes & demi ; mais il ne paroît pas que ni l'une ni l'autre de ces causes aïent eu part à la diminution de la réfraction, leur effet étant plûtôt de l'augmenter.

Le 5. Juillet à 5. heures 30. minutes du matin, la baſſeſſe apparente de l'horiſon de la Mer, fut de   10′. 30″.
& celle du ſommet du rocher, fut de   9. 0.

Le vent étoit à l'Eſt foible, l'air paroiſſoit aſſez ſerein, mais il y avoit un peu de brume à l'Oueſt. Le poids de l'atmoſphere avoit diminué, puiſque le Barometre n'étoit qu'à 27. pouces 5. lignes ; la chaleur de l'air avoit auſſi un peu diminué, le Thermometre n'étant monté qu'à 55. pouces 5. lignes & demi.

Il eſt clair par les raiſonnemens précedents, que le vent aïant beaucoup diminué de force, le raïon viſuel incliné à l'horiſon a dû ſe relever ; auſſi étoit-il plus élevé que le 4. Juillet de 30. ſecondes. La matiere heterogene aïant plus de force, parce qu'elle n'étoit pas tant agitée par le vent, le raïon viſuel s'y eſt plus ſouvent rompu ; c'eſt pourquoi la courbe a été plus divergeante à la ſurface de la Mer d'un angle de 30. ſecondes.

De même le raïon viſuel tendant au ſommet du rocher a dû par la même raiſon ſe relever par une courbe plus divergeante, auſſi étoit-il plus élevé qu'hier d'un angle de 45. ſecondes. Il a même plus augmenté que le raïon viſuel tendant à l'horiſon, apparemment parce que la matiere heterogene répanduë dans l'air au-deçà du rocher y étoit un peu plus épaiſſe. Selon les loix ordinaires, cet angle devoit être un peu moindre ; mais cela dépend de la maniere dont ſont combinées ces couches, ou ces lits de la vapeur qui ſe trouve dans l'air. Il ne paroît pas que la peſanteur de l'atmoſphere, ni la chaleur de l'air aïent eu aucune part à cette augmentation de la réfraction, l'une & l'autre étant moindres qu'hier.

Le 6. Juillet à 5. heures 25. minutes du matin, la baſſeſſe apparente de l'horiſon de la Mer, fut de   11′. 45″.
La baſſeſſe du Sommet du rocher, fut de   9. 20.

Le poids de l'atmoſphere ſe trouva augmenté, puiſque le mercure étoit remonté dans le tube du Barometre à 27. pouces 6. lignes ; mais la chaleur de l'air avoit un peu diminué, puiſque l'eſprit-de-vin du Thermometre étoit deſcendu à 55. pouces 3. lignes, ce qu'il faut attribuer au vent de Nord-Oueſt qui s'étoit levé cette nuit-là, & étoit médiocrement frais, qui par ſon poids & ſa force a fait baiſſer le raïon viſuel tendant à l'horiſon de la Mer d'une minute 15. ſecondes plus que le 4. Juillet, de ſorte que la réfraction fut moindre d'autant, quoiqu'il y eut des nuages ; l'air étoit pourtant aſſez pur, ainſi ce raïon viſuel ne s'eſt pas tant & ſi ſouvent rompu.

Le raïon viſuel tendant au ſommet du rocher s'abaiſſa auſſi, mais non pas ſi conſiderablement, puiſque ce ne fut que de 20. ſecondes ; comme la matiere heterogene étoit chaſſée de l'Oueſt vers l'Eſt par le vent, il ſe peut fort bien faire qu'étant en plus grande abondance entre le rocher & l'Obſervatoire, que depuis l'Oueſt, où l'on voit l'horiſon juſqu'au rocher, elle a plus élevé le raïon viſuel tendant au rocher, malgré l'effort du vent, que depuis le rocher juſqu'à l'horiſon.

On verra par les obſervations ſuivantes que le poids de l'atmoſphere n'a pas contribué à la réfraction, non plus que la chaleur de l'air, puiſque ni l'un ni l'autre n'aïant pas changé conſiderablement, la variation dans la réfraction a été pourtant fort grande. On n'a qu'à jetter les yeux ſur la Table pour s'en convaincre.

Le 11. Juillet à 6. heures du matin, la baſſeſſe apparente de l'horiſon de la Mer, fut trouvée de   11'. 0".

La baſſeſſe apparente du ſommet du rocher, fut de 9. 0.

Le poids de l'atmoſphere n'avoit preſque pas augmenté depuis le 6. Juillet, puiſque le Barometre n'étoit qu'à 27. pouces 6. lignes une cinquiéme. La chaleur de l'air avoit diminué, le Thermometre marquant 54. pouces 8. lignes & demi ; ainſi je ne vois pas qu'aucune de ces deux cauſes ait contribué à la variation de la réfraction.

Mais le vent de Nord-Oueſt étant frais, a abaiſſé le raïon viſuel tendant à l'horiſon de la Mer ; de ſorte que l'angle qu'il faiſoit avec le raïon direct n'a été que de 2. minutes ; & comme il a produit le même effet ſur le raïon tendant au ſommet du rocher, l'angle fait par le raïon viſuel & le raïon direct n'a été que d'une minute 10. ſecondes. L'air étoit ſerein, & par conſequent la matiere heterogene également diſperſée dans l'air, a eu aſſez de force pour élever ces deux raïons viſuels beaucoup plus qu'ils ne l'auroient été, eu égard au grand effort du vent qui tendoit à les abaiſſer.

En effet à midi que le vent de Nord-Ouest fut encore frais, le raïon visuel tendant à l'horifon apparent de la Mer, n'a plus été incliné que de 9'. 30".
& celui qui tendoit au fommet du rocher, de 8. 45.

Ainfi on voit que la matiere heterogene aïant repris le deffus, le raïon visuel tendant à l'horifon de la Mer, s'est élevé plus que le matin d'un angle d'une minute 30. fecondes, la corde de la courbe divergeante formée par ce raïon, faifant alors avec le raïon direct un angle de 3. minutes 30. fecondes.

Le raïon visuel tendant au fommet du rocher s'est auffi élevé, mais non pas tant, puifque la réfraction n'a augmenté que de 15. fecondes depuis le matin ; la même caufe a produit cette plus grande élévation, mais de dire pourquoi elle a été fix fois plus grande dans le raïon tendant à la Mer, qu'elle ne l'a été dans le raïon tendant au fommet du rocher, c'est ce qui ne me paroît pas poffible, fi on ne recourt à la matiere heterogene, qui étoit apparemment plus forte vers l'horifon à l'heure du midi, que vers le rocher, où l'air agité par la chaleur que la furface de la terre augmente beaucoup plus que la furface de l'eau, fe formant fur celle-là beaucoup plus de points brûlans par la réünion fréquente des raïons du Soleil, que fur celle-ci, qui en abforbe une partie, & renvoie les autres prefque paralleles pour la plûpart ; de forte que la chaleur de la furface terreftre tenoit cette matiere heterogene en plus grand mouvement, & plus feparée au-deçà du rocher.

Mais c'est ce que l'œil ne pouvoit appercevoir, beaucoup moins diftinguer. La nature a bien des replis difficiles à développer. Obferver toutes les diverfes formes que prend ce protée, n'est pas un travail aifé.

Le 12. Juillet à midi, la nature nous donna un nouveau fpectacle, fort different de tout ce que nous avions vû dans les precedentes obfervations. Jamais le raïon visuel tendant à l'horifon de la Mer n'avoit été fi bas cet Eté, fon inclinaifon fut de 12'. 10".

Mais ce qu'il y a de plus étonnant, c'est que le fommet du rocher, comme s'il fe fut abaiffé, ou que la roche fe fut écrafée, parut fous la même inclinaifon de 12'. 10". en forte que le raïon visuel qui paffoit par le fommet de

G iij

ce rocher, alloit précifément aboutir à l'horifon de la Mer, là où elle fe confond avec le Ciel. Le vent étoit Nord-Oueft médiocre, l'air ferein. Comment le vent étant médiocre a-t'il pû avoir fa revanche fur la matiere heterogene? car enfin jamais la réfraction n'a été moindre, puifque le raïon vifuel tendant à l'horifon n'étoit plus élevé au-deffus du raïon direct que de 50. fecondes, qui donnent la valeur de l'angle divergeant de la réfraction.

Mais ce qui eft de plus fingulier, c'eft que le raïon tendant au fommet du rocher non feulement n'étoit plus divergeant par rapport à la furface de la Mer, mais il étoit convergeant, & d'une quantité très-confiderable relativement à ce que nous avons obfervé jufqu'à prefent, puifqu'elle étoit de 2. minutes, dont la réfraction abaiffoit au-deffous du raïon direct, le raïon vifuel tendant au fommet de ce rocher.

Voilà un changement de notre protée des plus difficiles à expliquer. Quelle fubite variation en 24. heures! on n'en voit pas d'autre raifon, fi ce n'eft que l'air étant fort purgé de la matiere heterogene par le vent de Nord-Oueft qui avoit été frais tout le 11. Juillet, & qui étoit encore médiocre, le raïon vifuel tendant à l'horifon de la Mer, ne s'y eft prefque pas rompu, & n'a formé par fa corde avec la tangente qu'un angle de 50. fecondes; & le raïon direct qui tendoit au fommet du rocher ne trouvant de la matiere heterogene qu'en petite quantité dans un fi petit intervalle, n'a pû fe rompre comme auparavant, & de plus il a été plié par le vent en fens contraire, de forte que de divergeant qu'il auroit été, il eft devenu convergeant.

C'eft ici la troifiéme fois qu'on a vû le fommet du rocher & l'extrémité de la Mer fous la même inclinaifon du raïon vifuel, mais en cette occafion ci on auroit dit que la roche s'étant écrafée, avoit groffi de part & d'autre, & s'étoit abaiffée vers l'horifon de la Mer; au lieu que dans les deux autres occafions, le rocher n'aïant pas fort changé de figure, on auroit cru que la furface de la Mer s'étoit élevée; auffi en l'une de ces rencontres, l'inclinaifon du raïon vifuel étoit feulement de 9. minutes 30. fecondes, & dans l'autre de 9. minutes 15. fecondes.

Il y a eu des occafions où le fommet du rocher paroiffant

beaucoup au-deſſus de l'horiſon de la Mer, la roche paroiſſoit s'être allongée, & plus même par le haut, comme le
3. Juillet, où ſon inclinaiſon ne fut que de 7. minutes 30.
ſecondes. Tout cela eſt une ſuite de la variation de la réfraction du raïon viſuel.

On voit bien que dans cette rencontre la peſanteur de
l'atmoſphere n'a du tout point influé, puiſqu'elle étoit fort
peu au-deſſus de la médiocre, le mercure n'étant monté
dans le Barometre qu'à 27. pouces 6. lignes & demi, c'eſt-
à-dire, trois dixiémes plus haut que le jour précedent, auquel la réfraction avoit été bien plus forte ; la chaleur de
l'air étoit auſſi fort peu augmentée, puiſque le Thermometre n'étoit qu'à 54. pouces 9. lignes, une demi ligne plus
haut que le jour précedent ; elle n'a donc point auſſi cauſé
ce changement ſi grand & ſi ſubit dans la réfraction.

D'ailleurs en combien d'autres occaſions la peſanteur &
la chaleur de l'air n'ont-elles pas été ou plus grandes ou moindres, ſans que cela ait fait varier la réfraction, ſoit pour
l'augmenter, ſoit pour la diminuer ? il ſemble donc qu'on
ne doit point les admettre parmi les cauſes qui produiſent
la réfraction, qu'avec de très-grandes précautions, lorſqu'elles
ont fort conſiderablement & ſubitement augmenté.

Le ſoir du 12. Juillet à 7. heures l'inclinaiſon du raïon
viſuel diminua beaucoup, puiſque la baſſeſſe de l'horiſon
apparent de la Mer fut ſeulement de   9′. 0″.

La baſſeſſe apparente du ſommet du rocher fut de   11. 0.

Le vent étoit Nord-Oueſt foible, l'air fort ſerein ; le Barometre marquoit 27. pouces 7. lignes, une demi ligne
plus que le matin, ainſi le poids de l'atmoſphere avoit peu
augmenté ; mais il n'a pas cauſé un ſi grand changement dans
la réfraction, lequel ſe trouve par rapport au matin de 3.
minutes 10. ſecondes ; on n'en doit chercher la cauſe que
dans la conſtitution de l'air.

Le vent étant foible n'a plus eu aſſez de force pour faire
plier le raïon viſuel, & au contraire la matiere heterogene
étant répanduë en plus grande quantité dans l'air, ſur-tout
vers l'horiſon, a tellement rompu ce raïon, qu'il s'eſt élevé
par une courbe divergeante à la ſurface de la Mer, dont
la corde faiſoit avec le raïon direct un angle de quatre minutes.

Mais comme la matiere heterogene n'étoit pas en si grande
quantité entre l'Obfervatoire & le rocher, & que d'ailleurs
l'intervalle eft plus court de plus des deux tiers, que ne l'eft
celui qui fe trouve entre l'Obfervatoire & l'horifon de la
Mer ; elle n'a pû faire fi fort remonter le raïon vifuel tendant au fommet du rocher ; elle ne l'a élevé par rapport au
matin que d'un angle d'une minute 10. fecondes, en forte
qu'il n'étoit point encore réüni avec le raïon direct, & faifoit encore un angle convergeant à la Mer de 50. fecondes.

Aufli comme l'inclinaifon du raïon vifuel tendant au fommet du rocher étoit plus grande de deux minutes que celle du raïon vifuel tendant à l'horifon de la Mer, on en
voïoit une lifiere par-deffus le fommet du rocher, correfpondante à l'angle de deux minutes que formoient ces deux
raïons vifuels.

Quel jeu merveilleux de la nature ! le matin l'horifon de
la Mer & le fommet du rocher fe voïoient par le même
angle d'inclinaifon, avec une grande baffeffe du rocher ; le
foir du même jour, comme fi la Mer fe fut relevée, on
la voit par-deffus le fommet du rocher avec une moindre
baffeffe ! Il fe pourroit faire qu'on traitera ceci de Roman,
j'aurois peine moi-même à le croire, fi je ne l'avois fi fouvent obfervé. Quel fond doit-on faire fur les obfervations
par les tangentes à la Mer, pour trouver le diametre de la
terre, après avoir remarqué tant de variation dans ces tangentes ?

Le 13. Juillet au matin la baffeffe apparente de l'horifon
de la Mer, fe trouva être de　　　　　　　　　11′. 0″.

Celle du fommet du rocher étoit de　　　　　10. 0.

Le vent étoit à l'Oueft foible, l'air ferein ; le mercure
étoit monté dans le tube du Barometre à 27. pouces 7. lignes cinq fixiémes, ce qui marquoit que le poids de l'atmofphere étoit tant foit peu augmenté. La chaleur de l'air
étoit aufli un peu plus grande, puifque le Thermometre
étoit à 54. pouces 11. lignes. Il paroît par la conftitution
de l'air que la matiere heterogene aïant perdu de fon mouvement pendant la nuit, n'étoit plus tant répanduë & di-
latée dans l'air ; c'eft pourquoi la réfraction n'a pas été fi
grande ; en forte que le raïon vifuel n'étant plus fi fouvent
rompu, & les angles étant plus obtus, la courbe s'eft rap-
　　　　　　　　　　　　　　　　　　　　　　　proche

prochée du raïon direct avec lequel fa corde ne faifoit plus qu'un angle de deux minutes, mais divergeant à la furface de la Mer.

Il s'en fuivroit de-là, dira-t'on, que le raïon tendant au rocher devroit aufli s'être abaifſé au moins de quelques ſecondes, au lieu qu'il s'eft relevé d'une minute depuis le 12. au foir. Mais ſi on fait réflexion que la matiere heterogene tend toûjours, autant qu'elle le peut, à rendre ce raïon divergeant; on ne fera pas furpris qu'il foit retourné dans fa fituation naturelle, quoique peu à peu, de forte qu'il n'étoit divergeant & éloigné du raïon direct que d'un angle de 10. fecondes.

Les obſervations fuivantes font des garants certains du progrès que la matiere heterogene a fait pour rendre peu à peu ce raïon tendant au fommet du rocher p'us divergeant. On voit encore dans les unes & les autres, combien peu la pefanteur & la chaleur de l'air ont contribué à cette augmentation de la réfraction.

Le 19. Juillet au matin, on trouva la baſſeſſe apparente de l'horifon de la Mer de   10′. 0″.

& celle du fommet du rocher fut de   9. 30.

Le vent étoit à l'Oueſt foible, l'air ferein. Le mercure étant fort peu defcendu dans le tube du Barometre depuis le 13. marquoit que le poids de l'atmofphere étoit fort peu diminué. La chaleur de l'air étoit un peu augmentée, puifque le Thermometre étoit en ce temps-là à 55. pouces 2. lignes. Le vent d'Oueſt tout foible qu'il étoit a dilaté la matiere heterogene, de forte que le raïon vifuel fe rompant plus fouvent & fous des angles moins obtus, fon inclinaifon a diminué d'une minute depuis le 13. Juillet, & ce raïon s'eft trouvé plus élevé que le raïon direct de 3. minutes, dont la corde de la courbe étoit élevée fur la furface de la Mer.

De même le raïon vifuel tendant au fommet du rocher, s'eft aufli élevé au-deffus du raïon direct d'un angle de 40. fecondes; ainfi on voit que fa divergeance a toûjours augmenté depuis le 13. auquel jour il commença à devenir divergeant de convergeant qu'il avoit été le 12. au matin. Il ne fe prefente rien autre à dire fur cette obfervation.

Le 4. Aouft à midi, la baſſeſſe apparente de l'horifon de

H

la Mer fut obfervée une des plus petites, elle fut feulement de　　　　　　　　　　　　　　　　　　7′. 30″.

La baffeffe apparente du fommet du rocher fut auffi une
des plus petites, elle fut de　　　　　　　　　8′. 30″.

Le vent étoit Nord-Oueft mediocre, l'air fort ferein ;
comme ce vent avoit regné depuis 5. jours, & qu'il avoit
été frais les trois premiers jours, il avoit fort difperfé la
matiere heterogene, elle étoit en grand mouvement, foit
qu'il lui fut communiqué par le vent, foit qu'il le fut auffi
par la chaleur de l'air, qui fut plus grande qu'elle n'avoit
été depuis plus d'un mois, le Thermometre étant monté à
55. pouces 9. lignes.

Le raïon vifuel tendant à l'horifon de la Mer s'eft rompu fous des angles moins obtus, & plus fouvent qu'il n'a-
voit fait les jours precedens, & même depuis le 24. Juin
à midi, où la conftitution de l'air & fa chaleur avoient été
femblables à celle de ce jour ; ce qui avoit auffi ce jour-là
fait élever le raïon vifuel encore plus qu'aujourd'hui. De
forte que le raïon vifuel a fait avec le raïon direct un angle de 5. minutes 30. fecondes, le plus grand qu'on ait
obfervé, fi on excepte celui du 24. Juin à midi.

Le raïon vifuel tendant au fommet du rocher s'eft auffi
beaucoup élevé au-deffus du raïon direct, mais non pas tant
que le raïon tendant à l'horifon, puifque l'angle qu'il faifoit avec le raïon direct n'a été que d'une minute 40. fecondes.

Mais comme l'inclinaifon du raïon vifuel tendant à l'horifon étoit moindre que l'inclinaifon du raïon tendant au
fommet du rocher, il eft arrivé ce qu'on avoit déja obfervé
fix fois cet Eté, que l'horifon de la Mer a paru par-deffus
le fommet du rocher, en forte qu'on voïoit une lifiere de
la Mer qui correfpondoit à l'angle d'une minute que formoient ces deux raïons vifuels. Il eft bon de remarquer que
cette élevation apparente du raïon vifuel de l'horifon de
la Mer par-deffus le raïon tendant au rocher, n'a jamais
été faite fous les mêmes angles, en aucune des fept occafions, où on l'a obfervée, & que les inclinaifons de ces
raïons, tant de celui qui tendoit à l'horifon de la Mer,
que de celui qui tendoit au fommet du rocher, ont toü-
jours été differentes, tant la nature eft fertile en combi-

naifons : mais cette abondance embaraffe plus que la difette, puifqu'elle fournit toûjours quelque difficulté au fiftême qu'on pourroit plus aifément former fur un moindre nombre de combinaifons.

En effet, qu'on examine tant qu'on voudra les colomnes de cette derniere Table, on n'y trouvera rien, à mon avis, non plus que dans la premiere, qui puiffe être faifi par la Géometrie ; on n'y verra aucune proportion reglée : on n'aura pas plûtôt formé une hipothefe, que des obfervations incommodes fe prefenteront pour la déranger. Elle auroit été charmante cette hipothefe, pleine d'efprit, & accompagnée de conféquences gracieufes, fi elle eût été fondée fur un petit nombre d'obfervations ; tout cela eft détruit par de nouvelles qui la fappent par les fondemens. De forte que le Philofophe peut dire alors avec verité & avec chagrin, *inopem me copia fecit.*

Mais quoi donc ? la nature agit-elle fans ordre ? non. Mais nous n'avons pas l'œil affez fin pour pénetrer dans tous fes fecrets. Elle eft conftante & ferme dans les loix qu'elle fuit, je l'avouë, mais elles ont befoin de plus de commentaires qu'on n'en a fait pour le Code. Le Jurifconfulte penetrera plûtôt les divers replis du cœur de l'homme pour le réduire par des loix, (il n'a qu'à bien étudier le fien pour cela, & le fuppofer plus mauvais qu'il ne le trouve,) que le Philofophe ne developpera tant de replis de la nature, qu'il faut fouiller dans un fond étranger, à travers mille fâcheux préjugez, dont il fe trouve très-fouvent prévenu ; au milieu de mille contradictions apparentes qu'il ne peut aifément concilier.

ARTICLE NEUVIE'ME.

Réflexions fur la Réfraction, tant de l'horifon de la Mer que du fommet du rocher, en Decembre 1716.

IL nous refte à examiner les obfervations du mois de Decembre 1716. lefquelles naturellement devroient être jointes à celles des autres Hivers dont on a parlé ci-devant, mais comme on y compare auffi la réfraction de l'horifon avec celle du rocher, il paroît qu'elles feront mieux placées ; c'est pourquoi on les y mettra de fuite.

En jettant les yeux fur la colomne des baffeffes apparentes de l'horifon de la Mer ; on voit 1°. qu'elles s'accordent avec celles du mois de Decembre 1706. 2°. Qu'elles font toutes plus grandes que celles de l'Eté. 3°. Que la réfraction à l'horifon de la Mer n'est pas fi confiderable qu'en Eté ; ce qui doit paroître furprenant.

En examinant la colomne des baffeffes apparentes du fommet du rocher, on voit 1°. qu'elles font toutes convergeantes, fi on excepte celle du 17. au foir. 2°. Qu'elles ne s'éloignent pas à beaucoup près tant les unes des autres que celles de l'Eté ; en forte que leur variation n'est pas fi confiderable. Voïons les un peu plus en détail.

Le 10. & 11. Decembre il n'y eut point de réfraction, puifque le raïon tendant à l'horifon de la Mer, & le raïon direct étoient unis fous l'angle de 13. minutes, qui est, comme on l'a dit au commencement de cet Ouvrage, l'angle d'inclinaifon du raïon ou de la tangente à l'horifon. Cependant la conftitution de l'air fut fort differente, ainfi que le poids de l'atmofphere ; car le foir du 10. le vent étoit au Nord-Ouest mediocre, l'air ferein, la pefanteur de l'atmofphere plus grande, puifque le mercure étoit deux lignes plus haut dans le Barometre. Il femble donc que tout concouroit à tenir le raïon vifuel dans cette inclinaifon, & à l'empêcher de s'élever, & que la matiere heterogene étant plus denfe & plus unie, n'a pû faire rompre ce raïon vifuel ; ainfi il s'est confondu avec le raïon direct.

Mais le 11. au matin le vent de Nord-Ouest étant frais, faifoit effort pour faire plier le raïon vifuel & le rendre convergeant à la furface de la Mer, comme il arriva le 13. mais d'autre part la matiere heterogene s'oppofoit à l'effort du vent, foit par fa plus grande quantité, ce que les nuages indiquoient affez, foit parce qu'elle étoit en plus grand mouvement, par l'agitation que lui caufoit le vent qui la foulevoit ; de forte que ces deux puiffances étant comme en équilibre, le raïon vifuel a été contraint de refter dans une fituation moïenne. On ne croit pas que le poids de l'atmofphere y ait fort contribué, par les raifons qu'on détaillera bien-tôt. D'ailleurs il a été beaucoup plus inégal

& varié, que la réfraction ne l'a été dans les observations de ce mois.

Ces deux jours on n'observa pas la bassesse apparente du rocher par inadvertance.

Le 13. au soir, la bassesse apparente de l'horison de la Mer fut considerable, elle étoit de   14′. 30″.

La bassesse du sommet du rocher fut de   11. 30.

Le vent étoit Nord-Ouest assez frais, l'air étoit fort embrumé. Le mercure remonté d'une ligne dans le Barometre, faisoit connoître que la pesanteur de l'atmosphere étoit un peu augmentée, & que l'air avoit plus de ressort. Le vent de Nord-Ouest étant frais & la brume fort grande, ont déterminé le raïon visuel à se rompre plus fréquemment & sous des angles moins obtus ; & comme le poids du vent le pressoit, il est necessairement devenu convergeant à la surface de la Mer, & l'angle de cette convergeance a été d'une minute 30. secondes, un des plus grands qu'on ait observé.

De même le raïon visuel tendant au sommet du rocher a été déterminé par les mêmes causes à devenir convergeant, & il l'a été d'un angle d'une minute 20. secondes ; ainsi on voit que ces deux raïons se font presqu'également pliez, quoique celui-ci soit plus court d'un peu plus des deux tiers que celui qui tend à l'horison de la Mer. On voit encore que malgré la convergeance du raïon tendant au sommet du rocher, ce sommet étoit plus haut que l'horison de la Mer de trois minutes, par la raison que celui-ci étoit fort abaissé.

Le 15. à midi, la bassesse apparente de l'horison de la Mer fut de   12′. 50″.

La bassesse du sommet du rocher fut de   11. 0.

Le vent de Nord-Ouest étoit mediocre, le mercure remonté à 27. pouces 6. lignes & demi dans le Barometre marquoit que le poids de l'atmosphere étoit un peu augmenté & plus que mediocre. Le vent n'aïant plus la même force que le 13. l'air étant serein, la matiere heterogene plus au large, le raïon visuel tendant à l'horison a dû se redresser, ainsi de convergeant qu'il étoit, il est devenu divergeant, quoique seulement de dix secondes ; mais la difference est toûjours fort grande, puisqu'elle est d'un an-

gle d'une minute 40. fecondes. Il s'en faut bien que le
raïon vifuel tendant au rocher fe foit redreffé d'autant, il
ne s'eft élevé plus que le 13. que d'un peu moins du tiers,
& feulement de 30. fecondes. En cela il obferveroit quelque proportion avec le raïon vifuel tendant à l'extrémité
de la Mer, puifqu'il eft un-peu moindre que le tiers de
celui-ci.

Le 15. au foir le Soleil fe couchant, la baffeffe de l'horifon de la Mer augmenta, & fut de　　　　13'. 30".

　La baffeffe du fommet du rocher fut de　　　12. 0.

Le vent de Nord-Oueft étoit très-frais, & il y avoit une
grande brume dans l'air, fur-tout à l'horifon. Le mercure
defcendu d'une ligne & demi, marquoit que le poids de
l'atmofphere étoit diminué, auffi-bien que le reffort de l'air.

On voit ici que les mêmes caufes qui avoient agit pour
la réfraction le 13. au foir, ont agit aujourd'hui, mais diverfement ; le raïon vifuel tendant à l'horifon eft veritablement devenu convergeant, mais feulement d'un angle de
30. fecondes, c'eft-à-dire, les deux tiers moins que le 13.
au foir ; & malgré la force du vent, ce raïon n'a changé
du midi au foir que de 40. fecondes dans fon inclinaifon.
Mais on trouvera que c'eft beaucoup, fi on confidere que
la matiere heterogene qui étoit en grande quantité, & que
le vent mettoit en très-grand mouvement, faifoit de fon
côté un grand effort pour relever ce raïon. C'eft pourquoi
le vent tendant à l'abaiffer n'a pû le rendre convergeant
que de 30. fecondes.

Au contraire, le raïon vifuel tendant au fommet du rocher a bien plus fentit l'effort du vent, puifque fon inclinaifon a augmenté d'une minute. Comme la matiere heterogene n'étoit pas en fi grande quantité depuis l'Obfervatoire jufqu'au rocher, l'intervalle étant plus court des deux
tiers pour le moins, que depuis l'obfervatoire jufqu'à l'horifon, où la brume paroiffoit d'ailleurs bien plus épaiffe,
le raïon n'a pû s'y rompre dans un fens oppofé à celui auquel le vent très-frais le déterminoit ; ce qui auroit pû com-
penfer l'effet du vent, comme il eft arrivé d'autrefois.

Le poids de l'atmofphere étant moindre, les deux raïons
vifuels auroient dû fe relever plûtôt que de s'abaiffer, c'eft
ce qui fait voir qu'il n'a pas de part, au moins pour l'or-

dinaire, à la variation de la réfraction. Il paroît aussi que la chaleur de l'air n'y a eu aucune part, puisqu'elle étoit fort au-dessous de la temperée. Le Thermometre étant à 52. pouces 2. lignes, c'est-à-dire, 8. lignes plus bas qu'il ne faut pour qu'il gele en ce climat. Elle n'y a d'autre part qu'autant qu'en Hiver le raïon visuel approche toûjours plus du raïon direct qu'en Eté; ce qui arrive également au Primtems, comme on l'a dit ci-devant : ainsi cette cause ne détermine point à une telle réfraction, mais seulement à la rendre moindre en general.

Le 16. à 11. heures du matin la bassesse apparente de l'horison de la Mer se trouva être de   12′. 20″.

   Celle du sommet du rocher fut de   10. 40.

Le vent de Nord-Ouest étoit encore frais, mais comme il y avoit dans l'air une brume legere, elle a prévalu sur l'effort du vent, qui étoit d'ailleurs sur ses fins. Ainsi l'inclinaison du raïon visuel aïant diminué, la réfraction a augmentée ; elle n'a pourtant été que de 40. secondes, dont le raïon visuel a été élevé sur le raïon direct.

L'inclinaison du raïon visuel tendant au sommet du rocher a beaucoup diminué; la matiere heterogene faisant un continuel effort contraire à celui du vent, ce raïon s'y est plus brisé, & sous des angles plus obtus : ainsi depuis hier au soir il s'est relevé d'une minute 20. secondes, & n'étoit plus éloigné du raïon direct que d'un angle de 30. secondes. Le poids de l'atmosphere étoit considerablement diminué, puisque le mercure étoit descendu à 27. pouces 3. lignes trois quarts, ce qui annonçoit le changement du vent qui arriva le lendemain ; mais il ne paroit pas avoir contribué à la variation de la réfraction non plus que la chaleur de l'air, quoique l'esprit-de-vin ait monté de près d'un pouce dans le Thermometre.

Le vent de Sud-Est qui étoit au voisinage chassoit devant lui la matiere heterogene, laquelle étant en plus grande quantité, a fait augmenter la réfraction, de la maniere qu'on l'a dit ci-devant dans une occasion semblable : c'est pourquoi on ne s'y arrêtera pas plus long-temps.

Le 17. à 4. heures 15. minutes du soir, la bassesse de l'horison de la Mer, ne fut plus que de   12′. 0″.

   Celle du sommet du rocher fut seulement de   10. 0.

Le vent étoit Sud-Est assez frais, l'air impregné d'une brume legere; il y avoit donc plus de matiere heterogene qui a fait rompre ces deux raïons visuels plus fréquemment & sous des angles moins obtus, ainsi l'inclinaison du raïon tendant à l'horison a encore diminué de 20. secondes, & la réfraction est accruë d'autant; de sorte qu'elle élevoit le raïon visuel sur le raïon direct d'une minute. Le raïon tendant au rocher s'est élevé de 40. secondes depuis le 16. à 11. heures, le tout par la même méchanique.

Le poids de l'atmosphere n'avoit jamais été moindre depuis long-temps, le mercure étant resté à 27. pouces 2. lignes dans le tube du Barometre. La chaleur de l'air étoit tant soit peu moindre qu'hier, le Thermometre étant à 52. pouces 11. lignes; mais par les raisons qu'on a déja dit, ni l'une ni l'autre de ces causes n'ont contribué à ce changement de réfraction.

Le 25. Decembre à 4. heures 30. minutes du soir, la bassesse de l'horison de la Mer fut de   13′. 0″.
    Celle du sommet du rocher de   11. 20.

Le vent d'Ouest foible, l'air serein, le mercure remonté le plus haut qu'on l'eût vû depuis fort long-temps, puisqu'il étoit à 27. pouces 10. lignes & un tiers, indiquoit que le poids de l'atmosphere avoit fort augmenté. La chaleur de l'air l'étoit aussi, le Thermometre étant remonté à 53. pouces 7. lignes.

Le raïon visuel s'accordant avec le raïon direct ne souffroit point de réfraction; mais le raïon visuel tendant au sommet du rocher devenu convergeant en souffroit une assez considerable, puisqu'elle abaissoit le sommet du rocher au-dessous de son élevation ordinaire d'une minute 10. secondes; aussi paroissoit-il plus gros & plus émoussé, ce qui arrive toûjours lorsque son inclinaison est plus grande d'une minute ou deux qu'elle n'est ordinairement. Comme on a ci-devant parlé de ces divers effets de la réfraction, on ne repetera point ici ce qu'on a dit peut-être trop souvent.

Le 28. Decembre à une heure après-midi, la bassesse apparente de l'horison de la Mer, fut de   12′. 0″.
    La bassesse du sommet du rocher fut de   10. 30.

Le vent étoit Nord-Ouest foible, l'air serein; le mercure descendu dans le Barometre à 27. pouces 8. lignes & un
quart

quart, refta tout le jour à cette hauteur ; ainfi la pefanteur de l'atmofphere qui étoit diminuée depuis le 25. ne changea point ce jour-là. La chaleur de l'air fut au-deffous du temperé, le Thermometre étant à 53. pouces 8. lignes.

La difpofition du vent & de l'air font voir que la matiere heterogene étoit affez rare & affez également répanduë, de forte que le raïon vifuel tendant à l'horifon ne s'eft élevé que d'une minute, le raïon tendant au fommet du rocher s'eft abaiffé de 20. fecondes ; le vent aïant eu plus de force fur ce raïon pour le faire un peu plier ; car le foir le vent étant encore plus foible, ce raïon fe redreffa, quoique celui qui tendoit à l'horifon refta à la même inclinaifon.

Les obfervations du 5. & 7. Janvier 1717. doivent s'expliquer comme les precedentes, elles font de nouvelles preuves des raifonnemens qu'on a fait ; mais comme elles ne renferment rien fur quoi on n'aïe déja fait diverfes réflexions, on n'en fera pas de nouvelles, pour donner des bornes à cet Ouvrage qui n'eft déja peut-être que trop long.

OBSERVATIONS
SUR LA REFRACTION,
FAITES A TOULON.

Avec des Réflexions sur ces Observations.

SECONDE PARTIE.

AU commencement de l'année 1718. je fus envoïé à Toulon pour y profeffer les Mathématiques : je refolus auffi-tôt de m'y appliquer avec encore plus de foin à l'Aftronomie, ce que je pouvois faire plus commodement y aïant bien moins de diftraction : mais comme il n'y avoit point d'Obfervatoire, l'aïant reprefenté à Monfeigneur le Comte de Touloufe, ce Prince conjointement avec le refte du Confeil de Marine, m'en fit conftruire un qui fut fini au mois de Decembre 1718. ainfi je me vis en état par les bienfaits du Roi, de travailler dans ce nouvel Obfervatoire dans le même mois auquel j'avois commencé de travailler en 1702. dans l'Obfervatoire de Marfeille, qui avoit auffi été conftruit par les bienfaits de Louis le Grand fon Bifaïeul, dont le long & glorieux Regne n'a pas été moins illuftre par la protection qu'il a donné aux Sçavans, & par les grands fecours qu'il leur a genereufement fourni, qu'il l'a été & dans la guerre & dans la paix.

Ce Regne de Louis le Grand fera fans doute une des plus brillantes parties de l'Hiftoire de France ; les Sçavans de toute efpece n'immortaliferont pas moins ce grand Roi, que les plus hauts faits dont fon Regne a été illuftré.

Je commençai auffi-tôt de nouvelles obfervations fur la réfraction dans mon nouvel Obfervatoire : on les verra à la

fin de cet Ouvrage. Je vais d'abord rapporter la méthode
que j'y ai obfervée, pour fuivre l'ordre que je me fuis pref-
crit dans la premiere partie de cet Ouvrage.

ARTICLE PREMIER.

préliminaires contenans la Méthode qu'on a fuivie dans ces
Obfervations.

J'AI emploïé la même méthode dans ce genre d'obfervations que j'avois fuivi à Marfeille ; je l'ai fort détaillée
dans la premiere partie de cet Ouvrage : Voici ce que la
diverfe fituation des lieux y a apporté de différence

Je n'ai pas à Toulon la commodité de voir coucher le
Soleil à l'horifon de la Mer, comme je l'avois à Marfeille
plus de la moitié de l'année ; mais j'en ai été dédommagé
par les diverfes comparaifons que j'ai eu la commodité d'y
faire avec divers points peu élevez au-deffus de l'horifon de
la Mer.

A'iant pointé la lunette fixe du même quart de cercle dont
je m'étois fervi à Marfeille au Sud-Sud-Oueft à l'horifon
de la Mer : après l'avoir bien calé & établi fermement fur
l'épaiffeur d'un mur d'une fenêtre, à laquelle répond un
grand balcon de fer ; j'ai pris garde que je voïois dans l'ouverture de la lunette la tour de Balaguier, dont le fommet
étoit tant foi peu élevé au-deffus de l'horifon de la Mer.
Je jugeai que cette tour feroit très-propre pour comparer
la variation de fa baffeffe au-deffous de l'horifon de l'Obfervatoire , avec la baffeffe de l'horifon de la Mer au-deffous
du même horifon de l'Obfervatoire ; ainfi cette tour me tient
lieu du petit rocher qui me fervoit pour les mêmes fins à
Marfeille.

Ces deux baffeffes font les deux premieres colomnes des
obfervations rapportées dans la Table qui eft à la fin.

Il y a dans la grande Mer au-delà de la rade de Toulon
deux rochers, qu'on appelle les Freres, au Sud-Oueft quart
de Sud ; ils font ifolez & fort roides, ils ne font feparez
l'un de l'autre à leur bafe que par un petit canal, dans lequel peut paffer un bateau de Pêcheur. Le plus à l'Oueft

de ces deux rochers eſt aſſez irrégulier dans ſa configuration. Il eſt à pointe émouſſée, & tant ſoit peu plus haut
que le rocher qui eſt à l'Eſt de lui. Celui-ci eſt fait en
cone droit fort eſcarpé, & ſa pointe eſt aſſez fine. Mettant
cette pointe au fil horiſontal de la lunette, on voit la Mer
à l'Eſt de ce ſecond rocher, un peu élevée à cauſe que les
lunettes renverſent.

On a donc encore comparé l'horiſon de la Mer avec la
pointe de ce rocher : on voit les diverſes hauteurs de ce
ſecond rocher dans la troiſiéme colomne. On l'a trouvé
aſſez ſouvent de même niveau, ou hauteur que l'Obſervatoire, la hauteur du quart de cercle compriſe; c'eſt-à-dire,
que la hauteur de ce rocher étoit o^d. o'. o". mais ſouvent
auſſi on l'a trouvé au-deſſus de l'horiſon de l'Obſervatoire,
ce qui nous donnera lieu à bien des réflexions ſur la variation de la réfraction. Il a été au-deſſous de l'horiſon deux
fois.

Il eſt heureux & commode d'avoir trouvé la pointe de
ce rocher, qui eſt très-remarquable, & qui, ſelon toutes
les apparences, ſubſiſtera long-temps au lieu où il eſt, éloigné de près de 5500. toiſes, à niveau de l'Obſervatoire;
cela ſervira à verifier le quart de cercle dans le beſoin, ſuppoſé que la lunette s'écarta conſiderablement du paralleliſ-
me à la ligne fiducielle; car pour un petit écart on ne le
ſçauroit reconnoître par-là, puiſqu'on a diverſes obſervations qui élevent cette pointe de rocher, tantôt de 30".
tantôt de 45". tantôt d'une minute & même d'une minute
& demi, ſuivant que la réfraction a varié lorſqu'on les a
faites. Mais quand le temps eſt fort ſerein & que la variation de la réfraction à l'horiſon de la Mer n'eſt pas conſiderable, on ne ſçauroit s'y tromper, en cherchant l'un &
l'autre ſuivant qu'on le trouve dans la table. Outre cela il
déterminera le lieu d'où ont été faites les obſervations, n'y
aïant point d'autre bâtiment; & peut-être même d'autre
lieu d'où on puiſſe voir le rocher, qui ſoit de niveau avec
la pointe de ce rocher.

Le plus haut de ces deux rochers appellez les Freres, a
été trouvé le 26. Decembre 1718. à dix heures du matin
élevé d'une minute 15. ſecondes au-deſſus de l'horiſon de
l'Obſervatoire; & ainſi il eſt élevé d'une minute 15. ſecon-

des au-deſſus de l'autre rocher, dont l'élevation fut trouvée en même-temps nulle, ou 0ˡ. 0ˡ. 0ˡˡ.

En pointant au rocher des deux Freres, il y a ſur la co-
line à l'Eſt de ces rochers, une petite maiſon dont le bas
du toict eſt ſouvent dans le plan, qui partant de la lunette
va aboutir à l'horiſon de la Mer; mais quand cet horiſon
eſt plus haut que Balaguier, alors il eſt auſſi plus haut non
ſeulement que le bas du toit, mais même que le faîte; mais
comme cette maiſon peut être plûtôt détruite que le fort
& la tour de Balaguier, on ne s'eſt pas attaché à la comparer avec l'horiſon de la Mer.

Lorſqu'on a pointé la lunette à l'horiſon de la Mer, en
quelque endroit que ce ſoit de l'horiſon, on a toûjours fait
raſer le fil horiſontal à la ligne de la Mer qui paroît couper
le Ciel; en ſorte que quand elle étoit agitée, la pointe des
flots paroiſſoit tant ſoit peu au-deſſous de ce fil-là; de même
pointant à la tour de Balaguier, ce qui ſe faiſoit ſans tourner le quart de cercle à droit ni à gauche, puiſque je voïois
la Mer par la tour de Balaguier, on a toûjours fait raſer
le fil horiſontal à l'extrémité du parapet de cette tour. De
même auſſi quand on a pointé au rocher, le fil horiſontal
paroiſſoit toucher le ſommet du rocher, & cela le plus près
du centre des ſoïes qu'il ſe pouvoit.

Après avoir pris la baſſeſſe de l'horiſon de la Mer en
pointant la lunette par la tour de Balaguier, ordinairement on la pointoit encore dans l'endroit où elle entoure
les deux Freres, avant que de prendre la hauteur du plus
bas des deux, pour voir ſi ces baſſeſſes de la Mer s'accordoient; car l'aïant priſe un moment auparavant par la tour
de Balaguier, il ne devoit pas y avoir de la variation entre
ces deux baſſeſſes: on l'a toûjours trouvé la même, comme
cela devoit être, de ſorte que quand le fil horiſontal ne
touchoit pas l'horiſon de la Mer, on l'y remettoit: alors
on trouvoit toûjours la même baſſeſſe dans les deux endroits où on l'avoit obſervée; enſuite on hauſſoit le quart
de cercle pour prendre la hauteur de la pointe du rocher
le plus à l'Eſt, lequel, comme on l'a déja dit, eſt plus bas
que le rocher le plus à l'Oueſt d'une minute & 15. ſecondes.

On a été exact juſqu'au ſcrupule dans toutes ces obſer-

I iij

vations, parce qu'elles ont paru importantes pour le ſujet qu'on traite ici, & que la mauvaiſe foi, par-tout déteſtable, l'eſt encore plus en géometrie : je n'ai d'ailleurs aucun interêt à tromper le Public. Si ces obſervations-ci ne s'accordoient pas avec celles que j'ai fait à Marſeille, j'aurois deux partis à prendre ; celui de le déclarer, & c'eſt celui que je prendrois ; ou bien je pourrois les ſupprimer, c'eſt celui que je croirois ne devoir pas prendre en honneur géometrique. De ſorte que quiconque le jugera à propos, peut s'en fier aux obſervations que je donne ici. Si je me ſuis trompé, c'eſt la miſere humaine qui en eſt la cauſe, mais ce n'a pas été de deſſein prémedité : j'y ſuis allé de bonne foi, & j'ai emploïé tout ce qu'une experience de 15. ans m'a pû procurer d'habileté en ce genre d'obſervations.

Les quatre colomnes qui ſuivent nous donnent le vent qui ſouffloit, la conſtitution de l'air, la hauteur du Thermometre & du Barometre au temps des obſervations, comme nous en avons uſé à Marſeille, pour connoître quelle part peuvent avoir toutes ces cauſes dans la variation de la réfraction.

Pour ce qui eſt des réflexions je les donne telles qu'elles me ſont venuës à l'eſprit, après avoir bien penſé ſur ces matieres ; de meilleurs eſprits en feront de plus judicieuſes & de plus ſçavantes : je les adopterai très-volontiers, ſi cela ne fait pas tort à leurs Auteurs, & qu'ils veuillent me le permettre. Au fond c'eſt ici mon champ, je ne puis empêcher aux autres d'y glaner ; peut-être leurs ai-je laiſſé plus que je n'ai recueilli ; ce ſera pourtant toûjours dans mon champ, j'aurai droit d'y glaner après eux.

On n'a pas marqué tous les jours auxquels on a trouvé la baſſeſſe de la Mer égale à celle de Balaguier ; c'eſt-à-dire, auxquels la réfraction a élevé l'horiſon de la Mer plus qu'il n'eſt réellement, & qu'il n'eſt ordinairement ; cela auroit été ennuïeux & la Table trop longue.

Mais on n'eſt jamais monté à l'Obſervatoire, ce qui eſt arrivé au moins une fois le jour, qu'on n'ait pointé une lunette de huit pieds deſtinée à cet uſage, à la tour de Balaguier & à la Mer ; quand on a vû la Mer plus baſſe que Balaguier, ou également baſſe : s'il n'y avoit rien de parti-

culier on n'y pointoit pas la lunette du quart de cercle ;
mais quand on a vû la Mer plus haute que Balaguier, on
a ordinairement observé ces basseffes, à moins que l'horison
ne fut si gras, qu'on ne put pas bien distinguer la ligne de
l'extrémité de la Mer qui paroît toucher le Ciel.

ARTICLE SECOND.

*Détermination de l'inclinaison réelle de l'horison de la Mer,
sous l'horison de l'Observatoire de Toulon.*

ON ne rapportera point ici en détail les précautions
qu'on prit pour déterminer la hauteur de la tour qui
sert maintenant d'Observatoire au-deffus de la surface de
la Mer : on les peut voir dans un Traité que j'ai composé,
intitulé Voïage de la Sainte Baume, qui se trouve dans les
Journaux de Trevoux de 1708. Je dirai seulement que la
hauteur du quart de cercle comprise, cette hauteur fut trouvée de douze toises cinq pieds deux pouces ; & comme mon
quart de cercle est plus haut que celui dont on s'est servi,
qui n'étoit que de 18. pouces de raïon, au lieu que le
mien est de 36. pouces ; j'établirai la hauteur de l'Observatoire de treize toises précisément, en ajoûtant dix pouces
à la hauteur ci-deffus pour la facilité des calculs ; il ne peut
y avoir qu'un pouce de plus ou de moins, ce qui ne diminuë en rien la juftesse & précision des observations.

Suppofant, comme on l'a fait dans l'article premier de
la premiere partie de cet Ouvrage, le raïon ou finus total
de 10000000. le prenant double de ce qu'il est dans les
Tables de finus, la fecante 10000078. contiendra outre le
raïon les 78. pieds ou 13. toises dont l'Observatoire est
élevé au-deffus de la surface de la Mer, ce qui donne l'angle d'inclinaison du raïon visuel direct & non rompu, ou
la basseffe réelle de l'horison de la Mer ; laquelle est de 9'.
37". 30'''.

Car prenant la différence entre 84. parties qui font ici
des pieds, lesquelles font l'excès de la fecante de 10. minutes sur le raïon, & 68. parties excès de la fecante de
9. minutes sur le même raïon, cette différence est 16. La

différence entre 84. & 78. excès de la fecante mo'ienne fur le raïon eft 6. On fera donc cette analogie pour avoir les fecondes & tierces qui répondent à ces 6. pieds, & on dira $16 : 60'' :: 6 : 22'' \frac{8}{16} = 22''$. 30'''. Si on retranche ces 22''. 30'''. de 10. minutes, il refte pour l'angle d'incli-naifon, ou de la baffeffe de la Mer 9'. 37''. 30'''.

De forte que toute différence qui fera obfervée avec cet angle de 9'. 37''. 30'''. foit par excès, foit par défaut, appartiendra à la réfraction du raïon tendant à l'horifon de la Mer, comme nous l'avons fait voir dans la premiere partie de cet Ouvrage. Le raïon vifuel fera donc convergeant à la furface de la Mer, lorfque l'angle de la baffeffe fera obfervé plus grand. Il fera divergeant à la furface de la Mer, lorfqu'il fera trouvé moindre de 9'. 37''. 30'''. ce qui eft le cas de la réfraction ordinaire. On ne s'étendra pas davantage à prouver ce point, qui l'a été fort au long dans la premiere partie, & que les obfervations de la Table confirmeront encore.

La tangente qui correfpond à la fecante de 9'. 37''. 30'''. eft de 55996. pieds & un quart ; car la tangente de 10'. eft 58188. La tangente de 9'. eft 52360. leur différence eft 5818. Pour 60''. on fera donc cette analogie.

120. demi fecondes : 5818. pieds :: 45. demi fecondes : 2181. pieds $\frac{90}{120} = \frac{1}{4}$ & ôtant 2181. pieds $\frac{1}{4}$ de 58178. tangente de 10. minutes, il refte 55996. pieds $\frac{1}{4}$ pour la tangente 9'. 37''. 30'''. ce qu'il falloit trouver pour fçavoir combien on voit loin à l'horifon, c'eft-à-dire à 9332. toifes 4. pieds 3. pouces ; ou fimplement 9332. toifes, n'aïant point égard aux fractions de la toife dans une fi grande diftance.

Le Pere de Chales dans fon Traité de la Navigation, qui eft un Ouvrage excellent & original, détermine l'angle d'inclinaifon du raïon vifuel tendant à l'horifon de la Mer à diverfes hauteurs, dont il donne une Table. Il prend pour mefure le pied terreftre qu'il dit être le même que le pied de Boulogne. Il ajoûte que le pied terreftre eft au pied de Paris, comme 1686. eft à 1440. Sur ces élemens j'ai examiné fi fon angle d'inclinaifon convenoit avec celui que j'ai déterminé ci-deffus par une autre méthode : je me fuis fervi pour cela de deux différentes analogies. Voici la premiere.

1686:

1686 : 1440 : : 78. pieds de la hauteur de l'Obfervatoire : 67. pieds terreftres un peu moins.

Il dit que 1170. pieds de Paris font 1000. pieds terreftres,
d'où je tire cette feconde analogie.

1170 : 78. pieds d'hauteur de l'Obfervatoire : : 1000 :
67. pieds terreftres & un peu moins. Mais felon fa Table
67. pieds terreftres valants 78. pieds de Paris, l'angle d'inclinaifon qui correfpond, eft 9'. 36". qui diffère feulement
d'une feconde 30. tierces de celui que j'ai déterminé ci-
deffus, fçavoir 9'. 37". 30"'. ce qui s'accorde mieux que
je ne penfois, eu égard au demi diametre de la terre que
le Pere de Chales établit un peu moindre qu'il n'eft. Quoique je n'aïe pas emploïé la méthode du demi diametre pour
trouver cet angle d'inclinaifon, comme il eft aifé de voir
par ce que j'ai dit ci-devant, à caufe de l'incertitude où
l'on eft encore fur le vrai diametre de la terre, laquelle felon ce qui a été démontré par M. Caffini, n'eft pas tout-
à-fait fpherique.

Il réfulte de tout ce qui a été prouvé ci-devant, qui le
fera encore dans la fuite, que puifque l'angle d'inclinaifon
direct & réel s'accorde fi rarement avec l'angle d'inclinaifon obfervé, à caufe de la variation continuelle de la réfraction qu'on croit avoir démontré dans ce Traité ; les Navigateurs qui fe fervent de cette ligne inclinée, comme du
raïon de l'horifon en prenant hauteur, foit avec l'arbalef-
trille, foit avec le quartier Anglois, les autres inftrumens
ne pouvant fervir à la Mer, doivent augmenter ou diminuer l'angle donné dans la Table du P. de Chales, fuivant
qu'il fait plus ou moins de vent, que l'air eft plus ou moins
pur, & fuivant la faifon dans laquelle on eft ; doivent,
dis-je, augmenter cet angle d'une minute & même de deux,
s'ils veulent avoir une hauteur plus précife, & en conclure
plus exactement la latitude du lieu où il font à la Mer ; ce
qui n'eft pas indifférent, puifqu'une minute donne un mille
de ceux dont 60. font le degré, & deux minutes deux mille
pas de ceux dont cinq pieds font le pas terreftre, fuivant
que l'établit le P. de Chales dans l'endroit ci-deffus cité ;
de forte que 3000. pas ou 15000. pieds terreftres font une
lieuë fur un meridien ou un autre grand cercle, & 20. de
ces lieuës font un degré.

K

Pour éclaircir ceci par quelques exemples, l'inclinaison du raïon visuel où la bassesse de la Mer a été trouvée le 27. Février 1719. à midi, (je prends les observations faites à cette heure-là, parce que c'est le temps auquel les Pilotes prennent hauteur à la Mer,) cette inclinaison, dis-je, a été trouvée de 10'. 45". étant élevé au-dessus de la Mer de 67. pieds terrestres ; mais par la Table du P. de Chales, cette inclinaison est seulement de 9'. 36". moindre d'une minute 9". que l'observée ; si un Pilote qui a pris hauteur ce jour-là à midi à pareille élevation, par exemple dans la hune tournant le dos au Soleil, n'ajoûte que 9'. 36". à la hauteur qu'il a trouvée par le quartier Anglois, ou par l'arbalestrille, il n'ajoûte point assez, & il s'en faudra d'une minute 9". que sa hauteur ne soit juste, & il sera d'autant plus Nord dans la latitude concluë.

Au contraire le 25. Janvier 1719. à midi, la bassesse de la Mer ou l'inclinaison du raïon visuel fut de 7'. 45". moindre de près de deux minutes que celle de la Table du P. de Chales ; de sorte que le Pilote qui aura pris hauteur ce jour-là à midi à pareille élevation, tournant le dos au Soleil ajoûtant à la hauteur trouvée 9'. 36". se trouve avoir une hauteur trop forte de deux minutes, ce qui le fait plus Sud dans son point de 2000. pas géometriques qu'il ne l'est réellement. Et si la bassesse se trouve encore moindre, comme en certains autres jours marquez dans la Table, ou comme il peut arriver en d'autres climats, où la puissance réfractive augmente, suivant ce qu'on a dit dans le cours de ce Traité, il est visible que l'erreur de ce Pilote sera encore plus grande ; pareilles erreurs souvent répetées en feront une considerable, soit qu'il porte au Sud, soit qu'il porte au Nord, laquelle regnera aussi dans les vens collateraux, selon qu'ils sont plus voisins du Nord & du Sud.

Lorsque le Pilote se trouvera à terre, s'en croïant encore bien éloigné, il attribuera cette erreur aux courans qui auront porté au Sud sur ces côtes, mais les pauvres courans n'y auront seulement pas pensé ; s'ils avoient le don de la parole, las de se voir continuellement chargez des erreurs des Pilotes, ils leur diroient qu'ils devroient s'en prendre à leur ignorance sur la variation continuelle de la

réfraction horifontale. Il n'eft pas neceffaire d'être à 67.
pieds de haut pour avoir une variation dans la réfraction
horifontale; elle regnera auffi à de moindres élevations,
comme de 30. à 40. pieds, qui font les plus ordinaires quand
on prend hauteur dans de grands Vaiffeaux, & generalement à toute hauteur au-deffus de la furface de la Mer.

On ne fçauroit porter trop loin l'exactitude quand on
eft fur Mer; car comme il n'y a déja que trop de chofes
incertaines dans les élemens qui fervent à établir la latitude & longitude de l'arrivée, foit auffi par les inftrumens
dont on fe fert, foit arbaleftrilles, foit quartiers Anglois,
foit par la détermination de l'ombre, par les bouffoles &
le refte; il importe extrêmement de diminuer le nombre de
ces chofes incertaines de peur de fe brifer à la côte, de
naviguer fur les terres s'en faifant proche lorfqu'on en eft
encore bien éloigné; ou d'être obligé d'apporter l'excufe des
courans ordinaire aux Pilotes ignorans ou negligens; ou,
ce qui eft déteftable, d'accorder la latitude à fon point;
les premiers doivent être renvoïez aux Ecoles, & les feconds méritent chatiment.

On voit encore par tout ce qui a été dit, combien peuvent être utiles ces obfervations fur la réfraction horifontale, non feulement à l'Aftronomie, mais bien plus encore
à la Navigation, puifqu'on voit par les Tables que nous
avons donné, ce qu'on doit ajoûter à l'inclinaifon du raïon
vifuel, ou ce qu'on en doit diminuer fuivant les diverfes
faifons dans lefquelles on navigue, ou fuivant le plus ou
le moins de vent qu'il fait; le plus ou le moins de pureté
de l'air, lorfqu'on prend hauteur fur un Vaiffeau : je ne dois
donc pas plaindre le temps que j'ai emploïé à ces obfervations, ni les foins que je puis avoir apporté à mediter fur
ce fujet.

ARTICLE TROISIE'ME.

*Réflexions fur les Obfervations des mois de Decembre 1718.
Janvier, Février & Mars 1719.*

QUOIQUE les loix que le Créateur a fuivi dans la
compofition de l'Univers foient fimples, & la méchanique uniforme, quelle attention ne faut-il point pourtant pour les reconnoître ? Le Philofophe ne fçauroit trop
méditer pour les découvrir : l'incertitude de la phifique en
bien des chofes, les diverfes hipothefes inventées pour expliquer ces loix & cette mechanique ; les variations dans
chaque hipothefe, font connoître clairement qu'il ne les
connoît pas encore. Combien eft admirable la fublimité des
ouvrages du Créateur, combien eft bornée la foibleffe de
l'efprit humain, quoiqu'il paroiffe les contempler de fi près
& fi fouvent.

Que faire ? abandonner l'étude de ces ouvrages ? point du
tout. Dieu veut que nous nous y appliquions, que nous
l'admirions, & que nous le cherchions en fes ouvrages.
Semblables à des Tableaux d'un excellent Peintre, lorfque
nous les confiderons nous fommes frappez de la difpofition, de
l'ordonnance, de l'art merveilleux qui y regne, nous en
fommes ébloüis. Faut-il confiderer en détail chaque partie
du Tableau, novices en peinture, nous n'avons pas affez
d'habileté pour reconnoître les regles qu'il a fuivi.

Tout ce que je puis avoir médité & obfervé fur la réfraction, me fait chaque jour mieux comprendre la verité
de cette penfée. Je vois, il eft vrai, que les obfervations
faites à Toulon s'accordent avec celles que j'ai fait à Marfeille, que les loix en font uniformes ; mais quand j'entre
dans le détail, je les trouve enveloppées de tant de diverfes circonftances, que je ne fçaurois les debroüiller autant
qu'il le faudroit. En effet, je vois le plus fouvent la baffeffe de la Mer plus grande que celle de Balaguier ; comme
à Marfeille cette baffeffe étoit plus grande que celle du
petit rocher avec lequel je la comparois, mais je ne l'y avois
jamais trouvé égale en Hiver ; & à Toulon dans ces quatre

mois je l'ai obſervée pluſieurs fois ; ſçavoir le 21. Decembre, le 22. du même mois de 1718, le 9. 11. 16. 17. Janvier, le 6. & 24. Février 1719. & preſque toûjours ſous des angles differens ; de maniere que le plus ſouvent ç'a été ſous des angles divergeans à la ſurface de la Mer, tantôt d'une minute, tantôt de 30″. tantôt de 15″. & une ſeule fois ſous un angle convergeant de près d'une minute. Ce fut le 16. Janvier à midi, alors la pointe du rocher des Freres baiſſoit auſſi au-deſſous du niveau de l'Obſervatoire de 30″.

D'autrefois le raïon tendant à l'horiſon étoit divergeant, tandis que celui qui tendoit à Balaguier ne ſouffroit point de réfraction, ou du moins très-peu. Le Sommet de Balaguier eſt pourtant ordinairement plus haut d'une minute que la ligne de la ſurface de la Mer qui coupe le Ciel : il eſt donc bas par rapport à l'horiſon de l'Obſervatoire de 8′. 37″. n'aïant point égard aux tierces. Il ſuit de là, que le raïon viſuel tendant au ſommet de Balaguier ne s'eſt point rompu le 21. Decembre & le 11. Janvier. Il ſuit qu'il a été divergeant le 22. Decembre, & que les autres jours il a été convergeant, tandis que le raïon tendant à l'horiſon a été divergeant, ſi on en excepte le 16. Janvier à midi, où les deux raïons ont été convergeans ; mais celui qui tendoit à la Mer ne l'étant que d'une minute, & celui qui tendoit à Balaguier l'étant de deux minutes, il y a eu égalité dans les baſſeſſes.

Mais ces égalitez dans les baſſeſſes des raïons viſuels ſont arrivées avec des vents fort differens, & une diverſe conſtitution de l'air. Le 21. Decembre le vent de Nord-Oueſt étoit très-frais avec des nuages déliez. Le 22. le vent Nord-Nord-Oueſt étoit médiocre, & il y avoit des nuages. Le 11. Janvier le Sud-Oueſt étoit frais, & il y avoit à l'horiſon de la brume. Le 16. Janvier le Nord-Oueſt étoit frais & on voïoit à l'horiſon une brume fine. Auſſi ce jour-là ces deux raïons viſuels étoient-ils convergeans, auſſi-bien que celui qui tendoit au rocher des Freres. Le 17. Janvier le raïon tendant à l'horiſon étoit divergeant de 37″. tandis que les raïons viſuels tendans à Balaguier & au ſommet du rocher étoient convergeans ; le premier de 17″. & enſuite de 58′. Le ſecond de 15″. le vent de Nord-Oueſt étoit

frais, & il y avoit de la brume à l'horifon. Le 6. Février
le vent étoit foible, mais il y avoit une brume déliée ; le
24. Février au contraire le vent étoit frais au Nord-Oueft
& l'air fort ferein.

Le Thermometre en tous ces jours a toûjours été à peu
près à 54. pouces, quelques lignes de plus ou de moins,
n'influant en rien à ceci ; mais le Barometre a fort varié,
comme on le peut voir dans la Table. Il eft donc clair que
le plus ou moins de pefanteur de l'air ne contribuë en rien
à la variation de la réfraction qui a formé ces égalitez. Il
ne paroît pas auffi que la chaleur de l'air y ait influé ; car
nous trouverons bien-tôt de pareilles égalitez d'inclinaifon
des raïons vifuels avec une bien plus grande chaleur de l'air.
On ne peut donc s'en prendre qu'au vent & à la conftitution de l'air : mais, me dira-t'on, tantôt le vent a été frais,
tantôt foible ; quelquefois Nord-Oueft, d'autres fois Sud-
Oueft. Il femble que je ne pourrois que repeter les mêmes
raifons qu'on a donné fort au long dans la premiere partie, pour répondre à cette objection. Je puis pourtant ajoûter qu'il y a eu de la brume tous ces jours, quelquefois
plus déliée, quelquefois moins ; & qu'il a fallu un vent
tantôt plus frais, tantôt plus foible, pour mettre la vapeur
ou matiere heterogene, tantôt en plus grand mouvement,
tantôt dans un moindre, pour varier la réfraction au point
que nous l'avons vû. Je croirois donc que la diverfe combinaifon du vent & de la vapeur qui fe trouve répanduë
dans l'air, quelquefois plus, quelquefois moins, eft l'unique caufe de l'augmentation ou de la diminution de la
puiffance réfractive.

Je trouve encore quelque chofe de plus fingulier dans
les obfervations du 23. & 25. Janvier & du 4. Février.
Ces jours-là la Mer fe trouva plus haute que le fommet du
parapet de Balaguier, ce qui n'eft point arrivé à Marfeille
en Hiver, & les angles de la baffeffe ont été fort differens ;
car le 23. Janvier la baffeffe de la Mer fut de 9'. 0". & par
conféquent le raïon fut divergeant de 37". au contraire la
baffeffe de Balaguier fut de 9'. 15". & par conféquent le
raïon vifuel fut convergeant de 38". la courbe du premier
raïon a donc été convexe par rapport à la furface de la Mer, &
la courbe du fecond raïon concave par rapport à la même furface de la Mer.

Mais le 25. Janvier ces deux courbes ont été divergeantes ou convexes par rapport à la furface de la Mer La courbe
du raïon vifuel tendant à l'horifon l'a été beaucoup, fçavoir de 1'. 52''. tandis que la courbe du raïon qui tendoit
à Balaguier n'a été divergeante que de 37''. L'obfervation
du 4. Février eft femblable à celle du 23. Janvier, & les
angles ne different que de 15''. dont l'angle à Balaguier
eft moindre ; & la divergeance de celui de l'horifon de la
Mer a augmenté d'autant. Le 23. Janvier le vent de Nord-
Oueft étoit frais, & il y avoit une brume déliée à l'horifon. Le 25. le vent étoit Sud-Sud-Oueft, & la brume legere du côté d'où venoit le vent. Le 4. Février le vent étoit
Nord-Nord-Eft foible, & il y avoit un peu de brume. La
pefanteur de l'atmofphere, qui avoit été à 28. pouces de
hauteur de mercure dans le Barometre les 21. & 22. Janvier, diminua le 23. de forte qu'au temps de l'obfervation elle n'étoit que de 27. pouces 8. lignes & demi ; mais
elle augmenta de nouveau dès que le vent ceffa d'être fi
frais, de forte que le 25. Janvier elle fut à 28. pouces une
ligne, la plus grande qu'on ait obfervé cette année ; & le
4. Février elle étoit encore affez grande, puifque le Barometre étoit à 27. pouces 10. lignes ; mais ce qui prouve
décifivement que la pefanteur de l'atmofphere ne fait rien
à la réfraction, c'eft que nous verrons bien-tôt un très-
grand nombre de pareilles obfervations avec une moindre
pefanteur de l'atmofphere. On voit à l'œil par le Thermometre, que la chaleur de l'air n'y contribuë en rien, & on
le verra bien mieux dans la fuite.

Le raïon tendant au fommet du rocher a fuivi les mêmes
loix ; car le 23. Janvier à quatre heures du foir, l'angle qu'il
faifoit avec l'horifon a été de 30''. d'élevation, & vers le
le midi il avoit eté d'une minute. Alors l'angle des deux
autres raïons étoit égal & tous deux divergeans ; mais l'angle de ces deux raïons eft augmenté, tandis que celui du
rocher a diminué de 30''. Quelle prodigieufe variation en
tout ceci ! elle ne peut certainement venir que de la diverfe
combinaifon de la matiere heterogene plus abondante en
certains endroits de l'air, moins abondante dans d'autres ;
quelquefois plus abondante au-delà de Balaguier, quelquefois au-deçà ; il en eft de même du côté du rocher ; & le

vent agittant plus ou moins cette matiere heterogene, nous donne encore de nouvelles combinaisons de réfractions toutes differentes, comme il est aisé de le voir dans la Table. Je ne sçai s'il y en a plus dans les airs des visages.

· Combien l'auteur d'un si merveilleux ouvrage que l'Univers est-il admirable! Que de magnificence dans sa simplicité! Combien d'uniformité dans la variation infinie des combinaisons de ses loix! Il n'est pas toûjours necessaire de considerer ces vastes masses qui roulent sur nos têtes avec tant d'ordre; nous trouvons auprès de nous, & dans nous même, de quoi méditer long-temps sur ces loix; de quoi admirer l'Ouvrier dans ses moindres ouvrages; de quoi être poussé à bout dans la recherche des ressorts qu'il emploïe avec la méchanique la plus simple & la plus sublime en même temps. Combien d'aveugles sur la terre qui ne voïent pas tout cela, je ne dis pas des Païsans, mais des gens qui se picquent d'esprit & d'éducation? On s'étonneroit de voir ces gens-là dans la Salle d'un magnifique Opera, s'entretenir de bagatelles pendant une representation, où la beauté du chant, de la simphonie, du spectacle devroit les enchanter; & on ne s'étonne pas de les voir au milieu du monde sans faire aucune attention à un Spectacle d'autant plus beau, qu'il est donné par un Etre d'une sagesse & d'une puissance infinie, lequel à tout moment fait changer la scene de l'Univers sans changer ses loix!

Revenons. Dans toutes les autres observations de ces quatre mois, on voit une variation continuelle dans l'angle d'inclinaison du raïon visuel tendant, soit à l'horison de la Mer, soit à Balaguier, on n'en voit pas tant dans le raïon tendant au sommet du rocher. Je serois d'une longueur excessive, je poussois mes réflexions autant que je l'ai fait dans les deux cas précedents. Dans celui-ci la bassesse de la Mer est toûjours plus grande que celle de Balaguier; c'est-à-dire, que son sommet paroît constamment au-dessus de l'horison de la Mer, mais ces angles sont toûjours differens. Comme on s'est fort étendu sur ces matieres dans les articles 3. & 9. de la premiere partie de cet Ouvrage, il paroît inutile de s'y arrêter plus long-temps, de peur de tomber dans des répétitions continuelles.

On ajoûtera seulement qu'il n'y a point tant de variation

tion dans la réfraction du raïon tendant au fommet de Balaguier, & qu'elle n'eft pas fi confiderable, parce que la
diftance de l'Obfervatoire à Balaguier, n'eft pas le quart de
celle de l'Obfervatoire à l'horifon ; il y a donc moins de
matiere heterogene qui fait rompre le raïon. Au contraire à
Marfeille, où les diftances tant du rocher que de l'horifon
étoient bien plus grandes, la réfraction l'étoit auffi davantage.

Jettant les yeux fur les colomnes du Thermometre & du
Barometre, on s'apperçoit aifément qu'ils ne peuvent avoir
contribué à une plus grande ou moindre réfraction, par les
raifons que l'on a déja dit ci-devant. On y voit en effet
que malgré la difference d'un pouce de mercure, on a les
mêmes angles de baffeffe à fort peu près, quoique la pefanteur de l'atmofphere foit très-differente. Il faut dire le même
pour la chaleur de l'air ; ce ne font donc point là les caufes de la réfraction, & l'on voit clairement que la variation continuelle de la réfraction dépend uniquement du
plus ou moins de vent qu'il a fait, & du plus ou moins de
matiere heterogene qui fe trouvoit répanduë dans l'air quand
le vent fouffloit, comme il a été dit fort au long ci-devant.

Mais d'où vient qu'on ne trouve point tant de variation
dans la réfraction du raïon horifontal qui tend au fommet
du rocher des Freres, qui eft éloigné de 5500. toifes ; &
que fouvent il ne fe fait point d'angle dans le raïon qui va
au rocher, ou qu'il eft peu confiderable, tandis que les
deux raïons tendans à Balaguier & à l'horifon de la Mer
en font de fi differens? D'où vient encore que ce raïon a
été rarement convergeant quoiqu'il foit de 5500. toifes,
quoique le raïon qui tend à Balaguier l'aïe été fi fouvent,
qui n'eft que de 2000. toifes? A ces queftions je réponds
qu'il fuffit que j'aïe montré qu'il y a auffi de la variation
dans la réfraction de ce raïon, & que même elle a lieu à
des hauteurs au-deffus de l'horifon ; comme on l'a prouvé
dans la premiere Partie article 3. On a fait voir de même
article 8. que le petit rocher à Marfeille paroiffoit quelquefois comme écrafé, qu'il paroiffoit d'autrefois comme allongé. Il en arrive autant au rocher des Freres, il ne peut
avoir paru plus haut que l'horifon de l'Obfervatoire d'une
minute, & même de deux fans paroître s'être allongé ; il

L

ne peut avoir paru plus bas que ce même horifon d'une minute 30". fans paroître s'être écrafé.

Mais demander pourquoi cela n'arrive pas auffi fouvent
qu'aux baffeffes de l'horifon de la Mer, ou à celles de Balaguier, c'eft à quoi on ne peut répondre qu'en difant que
les vapeurs ne font pas fi épaiffes à une certaine élevation
au-deffus de l'horifon, qu'elles le font à l'horifon; que les
parties heterogenes fe précipitant par leur poids, il y en
doit avoir une plus grande quantité vers la furface de la
Mer, qu'à 15. ou 20. toifes au-deffus, & qu'ainfi la réfraction doit plus fouvent vàrier en bas qu'en haut, puifqu'on ne peut juger de la vàriation dans les caufes, que
par la variation dans les effets; car une caufe demeurant la
même doit produire le même effet. Or cette propofition
converfe doit avoir lieu en Phyfique comme en Mathema-
tique, un même effet doit avoir une même caufe : de forte
que fi les effets font divers, les caufes le feront auffi. Il eft
ici queftion des caufes neceffaires, aïant traité cette matiere fort au long dans l'article 8. il femble qu'on ne doit
pas s'y arrêter à prefent.

Que d'épines en tout ceci! Quand on veut foüiller dans
les fecrets de la nature, on diroit qu'elle fe heriffe pour
nous prefenter des piquants de toute part. Il faut avec patience les écarter à droit & à gauche ; on n'y parvient pas
fans fentir leurs pointes ; mais qu'importe pourvû qu'on y
parvienne? Les connoiffances de la nature prifes en gros,
nous apprennent moins qu'on ne penfe. Quand avec elle
on vient au détail on apprend beaucoup, mais il en coute
de lui arracher fes fecrets.

ARTICLE QUATRIE'ME.

Réflexions fur les Obfervations des mois d'Avril, May & Juin.

JETTANT les yeux fur la Table, on voit d'abord que
le raïon tendant à l'horifon de la Mer ne s'eft jamais
rompu par une courbe convergeante à la furface de la Mer,
ce qui eft arrivé plufieurs fois dans les mois précedens qui

étoient de l'Hiver ; car le raïon direct tendant à cet horifon par un angle de 9'. 37''. tous les angles plus grands nous donnent un raïon qui fe brife continuellement, & fait une courbe dont la concavité eft tournée vers la furface de la Mer, comme on l'a dit fort fouvent en divers endroits de cet Ouvrage. Tous les angles moindres que 9'. 37''. appartiennent à un raïon qui fe brife continuellement, & forme une courbe dont la convexité eft tournée du côté de la furface de la Mer : or dans ces trois moisci cet angle a toûjours été moindre de 9'. 37''. mais d'une différence, laquelle pour l'ordinaire n'étoit pas confiderable, autant du moins que celle que nous trouverons en Juillet & Aouft ; de forte que la convexité du raïon vifuel n'a pas été fort grande, fur-tout dans les mois d'Avril & de May ; il faut en excepter le 30. May, auquel la différence des angles du raïon direct & du raïon rompu a été de 2'. 37''. de forte que la matiere heterogene n'a point été affez denfe pour brifer le raïon & le faire plier en courbe convergeante ; mais elle ne l'a point auffi été affez peu pour brifer le raïon & le faire plier en courbe fort divergeante, hors le 30. de May.

Je remarque au contraire que le raïon tendant au fommet de Balaguier, a été le plus fouvent direct, ou au plus éloigné du direct d'un angle de 37''. ce qui n'eft pas arrivé fouvent. Il faut pourtant excepter le premier & le 9. Avril jours auxquels ce raïon fut convergeant. De forte que l'efpace d'air qu'il y a de l'Obfervatoire à Balaguier n'étant pas affez long, puifqu'il n'eft que de 2000. toifes, il n'y a point eu affez de matiere heterogene répanduë dans cet air, pour faire brifer le raïon confiderablement, excepté le premier, 9. & 13. Avril ; de forte que fi dans ces trois mois il y a eu fi fouvent de l'égalité entre l'inclinaifon du raïon vifuel tendant à Balaguier, & le raïon vifuel tendant à l'horifon de la Mer, cela vient fur-tout de la plus grande variation qui eft arrivée à celui-ci par la réfraction qui l'a élevé jufqu'au plan où fe trouvoit le raïon tendant à Balaguier. Mais de combien de differentes manieres cela eft-il arrivé ? cette égalité a rarement été fous les mêmes angles. Le premier & 9. Avril le raïon tendant à l'horifon de la Mer étoit fort peu divergeant, & le raïon qui tendoit à Balalaguier étoit convergeant jufqu'à 37″. & 53″. Dans les autres jours le raïon de la Mer a augmenté en divergeance, tantôt plus, tantôt moins; quelquefois d'une minute, quelquefois de deux & même plus; les autres obfervations roulent entre ces termes; & cela avec une variation furprenante, tandis que le raïon tendant à Balaguier, faifant un angle fort petit avec le raïon direct, c'étoit une neceffité que les deux raïons de la Mer & de Balaguier fe confondiffent, & ne fiffent plus qu'une même ligne.

Il y a plus. Je trouve qu'en huit differents jours, fçavoir le 15. Avril, le 5. 24. 26. & 30. May, & le 2. 8. & 21. Juin, le raïon tendant à l'horifon de la Mer étant fort divergeant, a élevé cet horifon au-deffus du parapet de Balaguier, de forte que je voïois une lifiere de la Mer le long du haut du parapet, tantôt plus large, tantôt moins, fuivant la grandeur de l'excès de l'angle de baffeffe du raïon tendant à Balaguier fur l'angle de Baffeffe du raïon tendant à l'horifon de la Mer : cet excès eft monté le 30. May jufqu'à un angle d'une minute 30. fecondes, dont l'horifon de la Mer furpaffoit le fommet de Balaguier ; cet excès a été moindre les autres jours, mais il a été confiderable comme on le peut voir dans la Table.

Voici encore quelques remarques que je trouve dans mon Regiftre fur ce fujet. Le 28. May le vent étant Nord foible, la Mer étoit plus haute que Balaguier de 30. fecondes à midi. Enfuite à deux heures du foir elle étoit égale avec le parapet de Balaguier. Le 30. May non feulement la Mer étoit plus haute que le parapet de Balaguier, mais elle étoit même plus haute que le fommet des Guerittes à dix heures du matin. A midi elle baiffa au-deffous des Guerittes; & à deux heures 25. minutes elle étoit égale avec le parapet ; de forte qu'à mefure que le vent ou la brife a fraichi, la réfraction a diminué. Le foir le vent aïant ceffé la Mer a hauffé à la hauteur de la moitié des Guerittes, c'eft-à dire, un peu moins qu'à 10. heures du matin.

Le 2. Juin à midi la Mer étoit un peu plus baffe que le parapet, elle étoit plus haute le matin, auffi le vent d'Eft a-t'il fraichi confiderablement depuis neuf heures du matin. Le foir à 5. heures 30. minutes l'horifon de la Mer paroiffoit rafer le parapet de la tour de la Mer de Balaguier.

Le 5. Juin tout le jour la Mer a été plus baſſe d'une minute que le haut du parapet de Balaguier. Point de vent
le matin, enſuite Sud-Sud-Oueſt foible.

Ici il me vient une penſée : la voici. Ceux qui ſe donneront la peine de lire cet Ouvrage, s'ils ſont du metier,
pourront peut-être croire que je me ſuis trompé dans la
poſition de mon quart de cercle ; que la lunette fixe peut
avoir varié ; que je n'ai pas bien vû ſur le limbe les minutes & ſecondes ; que le cheveu qui ſoutient le plomb portoit trop & n'étoit pas aſſez libre : je les aſſure que j'ai pris
toutes les précautions poſſibles pour éviter tous ces défauts.
S'ils ne le croïent pas, je ne les y contraindrai pas ; mais
ils me feront peut-être bien la grace de croire qu'avec une
bonne lunette & de bons yeux, j'ai pû voir ſi la Mer paroiſſoit au-deſſus de Balaguier au plus haut du parapet ; pour
me convaincre moi-même, ſouvent je me ſuis ſervi de lunettes de huit pieds, & quelquefois de 18. pieds. Après
ces précautions, s'ils ne me croïent pas, je ne m'en fâche-
rai point. Eh ! pourquoi m'en fâcherois-je ? Il ſe trouve bien
des gens en Angleterre & ailleurs qui conteſtent les faits
des Divines Ecritures : par ces faits, je n'entens pas les mi-
racles, car ces gens-là n'en croïent gueres, j'entens les faits
purement hiſtoriques.

Le Lecteur me pardonnera cette petite digreſſion & quelques autres mêlées dans cet Ouvrage. Ce ſujet eſt ſi ſec,
le détail en eſt ſi menu, qu'il m'a ſemblé bon de l'égaïer
quelquefois ; quand ce ne ſeroit que pour qu'on ne diſe pas
qu'on ne ſçauroit lire les ouvrages de Géometrie & de
Phyſique, tant ils ſont deſſechez. Revenons, de peur qu'on
ne ſe fâche.

On reconnoît encore ici évidemment en conſiderant les
colomnes du Thermometre & du Barometre, que ni la
chaleur de l'air, ni la peſanteur de l'atmoſphere n'influent
en rien à la variation de la réfraction. En effet, bien que
l'horiſon s'étoit trouvé plus bas ou plus haut que le ſommet du parapet de la tour de Balaguier, ou qu'il ait été
d'une égale hauteur, on voit que la chaleur de l'air, où la
peſanteur de l'atmoſphere a été tantôt plus grande, tantôt
moindre, quelquefois de peu, quelquefois conſiderablement ; ſoit que la réfraction ait varié, ou n'ait pas varié ;

L iij

ainſi ſans s'arrêter à comparer jour par jour ces deux colomnes, ce qui ſeroit d'un détail exceſſif & ennuïeux, on
peut conclurre ſûrement que ni l'une ni l'autre ne contribuent en rien à la variation continuelle de la réfraction
des raïons viſuels.

Au reſte, quoiqu'on n'ait pas marqué tous les jours tout
ce qui appartient aux diverſes colomnes de cette Table,
ce n'eſt pas qu'on ne l'aïe obſervé regulierement ; mais lorſqu'il n'y avoit rien de particulier, ou que la baſſeſſe de
l'horiſon étoit la même, auſſi-bien que celle de Balaguier,
on ne l'écrivoit pas pour éviter une trop grande longueur
dans la Table.

On voit au contraire en réflechiſſant ſur les colomnes du
vent & de l'air, que c'eſt à ces deux cauſes qu'il faut attribuer cette variation continuelle. On voit que chaque
jour où la baſſeſſe de l'horiſon & celle de Balaguier étoient
égales, ou auxquels celles de la Mer étoient moindres, il
y avoit du vent plus ou moins frais avec de la brume à
l'horiſon, que le vent tenoit en mouvement ; & que quand
ce n'étoit point le jour même, ç'avoit été le jour précedent.
Surquoi on doit faire les mêmes raiſonnemens qu'on a fait
dans tout le cours de cet Ouvrage.

Il eſt vrai que depuis le 9. May juſqu'à la fin de Juin,
quelquefois la brume n'a pas été ſi ſenſible, mais auſſi le
raïon viſuel tendant à l'horiſon a-t'il été ces jours-là fort
divergeant. Mais demander qu'il le fut également tous les
jours, c'eſt demander que la matiere heterogene fut tous
les jours d'une égale rareté, ou d'une égale denſité, & le
vent de la même force : or ce ſeroit-là exiger l'impoſſible.
D'ailleurs quand il a fait calme à Toulon, ne pouvoit-il
point arriver qu'à 20. ou 30. lieuës d'ici il fit un vent d'Eſt,
ou d'Oueſt qui pouſſa vers nous la matiere heterogene, ſans
qu'il vint juſqu'à nous ? & par-là la réfraction a dû augmenter. Or tout homme qui a été à la Mer ſçait que cela
arrive aſſez ſouvent. Deux Vaiſſeaux en vûë l'un de l'autre
vont quelquefois avec des vents oppoſez ; quelquefois l'un
a bon vent, l'autre eſt calme.

Je ſuis d'ailleurs perſuadé que l'Auteur de la nature, qui
agit toûjours par des voïes ſimples & uniformes, a preſcrit
les mêmes loix pour tous les fluides ; ainſi comme il y a des

courans reglez pour la Mer differens entre les tropiques &
au-delà des tropiques ; il y a aussi des courans d'air & de
vent qui courent vers les mêmes parties du monde que ceux
de l'eau ; & que les exceptions que cette loy generale peut
souffrir, ne viennent que des divers parages des terres &
des montagnes, qui varient ces courans d'eau & de vent
par une autre loi de méchanique qu'on ne peut maintenant
révoquer en doute.

C'est ici une matiere hors de mon sujet, qui me meneroit loin, il faut remettre la partie à mon retour des Indes, où le Conseil de Marine juge à propos que j'aille. Les
observations & les réflexions que je pourrai faire dans le
voïage, me donneront lieu ne traiter plus amplement cette
matiere. Je n'ajoûterai plus rien à ce qui concerne les observations & de ces trois mois : ce qu'il peut y avoir de
particulier doit s'expliquer comme on l'a fait ci-devant en
pareilles rencontres. S'y arrêter plus long-temps, ce seroit
abuser de la patience du Lecteur, que je crois déja ennuïé
de tout ceci. Eh ! Comment ne le seroit-il pas ? Quoique
tout Auteur soit prévenu pour ses ouvrages, je commence
moi-même à m'en ennuïer. Passons vîte aux observations
de l'Eté.

ARTICLE CINQUIE'ME.

Réflexions sur les Observations des mois de Juillet & Aoust 1719.

ON voit dans ces deux mois une aussi grande variation
dans la réfraction que dans les mois précedens ; quoique la chaleur ait été grande, comme le marque la colomne du Thermometre, & qu'il n'aïe pas plû de cet Eté,
ce qui devroit avoir moins fourni de matiere heterogene.
La pesanteur de l'atmosphere a été plus grande pour l'ordinaire que les mois précedens : ce qui confirme ce que
nous avons dit ci-devant, que ni la chaleur de l'air, ni la
pesanteur de l'atmosphere n'ont aucune part à la variation
de la réfraction.

Nous en avons encore une preuve bien convaincante dans

l'obfervation du 16. Août à midi. La baffeffe de l'horifon de la Mer fut de 10. minutes plus grande qu'elle n'avoit été depuis l'Hiver ; cependant l'air étoit fort chaud , puifque le Thermometre monta à 56. pouces 9. lignes, & la pefanteur de l'atmofphere étoit médiocre ; le mercure dans le Barometre n'étant monté ce jour-là qu'à 27. pouces 7. lignes. Au contraire le 19. Août la chaleur de l'air étant un peu moindre auffi vers le midi, puifque le Thermometre monta deux lignes de moins ; & la pefanteur de l'atmofphere étant moindre d'une demi ligne de mercure, la baffeffe de l'horifon , & par conféquent la réfraction a été moindre qu'aucune qui ait été obfervée de toute cette année , n'aïant été que de 6'. 45″ c'eſt-à-dire, que l'angle du raïon viſuel tendant à l'horifon a été moindre de près de trois minutes que le raïon direct. Il reſte donc démontré, autant que les matieres de Phyfique peuvent l'être, que ni la chaleur de l'air, ni la pefanteur de l'atmofphere n'ont aucune part à la réfraction ; car le 16. Août le raïon viſuel tendant à l'horifon auroit dû être plus divergeant que le 19. Août, au moins de quelques fecondes ; & bien loin de-là, non feulement il n'a pas été divergeant, mais même il a été convergeant de 23. fecondes.

Ainfi je puis dès à prefent fans fcrupule mettre la chaleur de l'air & la pefanteur de l'atmofphere hors de cour & de procès, & chercher d'autres complices de cette variation extraordinaire de la réfraction des raïons viſuels. J'efpere que nous les trouverons bien-tôt ces complices. Plus d'habileté, d'adreffe & de fagacité au rapporteur de ce procès, l'auroit mis en état de le terminer. Que d'incidents ! que de chicannes ! tâchons de développer tout cela pour mettre le Lecteur en état de décider.

Les colomnes des baffeffes de l'horifon & de Balaguier, nous font voir ces deux mois une variation femblable à celle des mois précedents. Nous y trouvons en huit divers jours la baffeffe de la Mer moindre que celle de Balaguier, mais toûjours fous des angles differents ; & pour l'ordinaire ces jours-là le raïon du rocher s'eſt élevé au-deſſus de l'horifon, ce qui doit neceffairement arriver, puifque la matiere heterogene élevant le raïon tendant à l'horifon par une courbe divergeante, doit auffi élever ceux de Balaguier

&

& du rocher ; & c'est aussi ce qui arrive régulierement : mais la divergeance du raïon tendant à Balaguier n'a pas été considerable, non plus que dans les trois mois précedents, tandis que celle du raïon tendant à l'horison l'a été souvent, aussi·bien que celle du raïon tendant au sommet du rocher.

Nous avons dit que le raïon tendant à l'horison a 9332. toises, celui qui tend au rocher a 5500. toises, celui qui tend à Balaguier a 2000. toises ; il y a donc dans l'intervalle du premier beaucoup plus de matiere heterogene répanduë dans un plus grand espace d'air ; il y en a moins dans le second, l'espace d'air étant moindre de plus d'un tiers ; & moins encore dans le troisième, l'espace d'air n'étant pas le quart du premier ; la réfraction du raïon qui se forme en courbe divergeante doit être plus grande au raïon de l'horison, moindre au raïon du rocher, & moindre encore au raïon de Balaguier ; & cela dans une espece de proportion avec la longueur de la tangente de ces courbes ; proportion qui n'observe pourtant pas exactement les loix de la Géometrie. Eh! comment pourroit-elle les observer ? la matiere heterogene affecte-t'elle dans son arrangement une proportion de Géometrie ? la brise qui s'est levée ces jours-là, l'a-t'elle observée ? Exiger pareilles choses, c'est demander que des Païsans & Païsannes qui auroient de la voix sans méthode, chantassent tous ensemble aussi juste qu'on chante à l'Opera. Les beautez naturelles ne peuvent s'accorder avec tant d'art, lequel est d'autant moins beau qu'il s'éloigne plus de la nature.

On voit aussi dans les colomnes du vent & de l'air, que leur constitution s'accorde assez juste avec cette variation. Tantôt ce sont des vents foibles & un air serein, ce qui augmente la divergeance, les côtez du poligone inscrits dans la courbe, & les angles en étant plus grands à cause de la rareté de la matiere heterogene dans laquelle les raïons ne souffrent pas tant de réfraction ; tantôt sans vent c'est une brume legere répanduë dans l'air, où par conséquent il y a plus de matiere heterogene, qui fait que quoique le raïon se brise souvent, les angles en sont moins obtus, & les côtez moins longs, ce qui rend la divergeance de la courbe moins grande, & cela avec assez de proportion dans les trois raïons, comme on l'a dit.

M

Il en eſt de même aux jours où il y a eu égalité entre la
baſſeſſe du raïon tendant à l'horiſon, & celui qui tend au
ſommet de Balaguier ; c'eſt pourquoi on peut faire ſur ceux-
ci les mêmes raiſonnemens, & en tirer les mêmes conſéquences ; car ce n'eſt pour l'ordinaire qu'un peu moins de
divergeance au raïon tendant à l'horiſon qui produit cet
effet. Les principes ſont les mêmes, la diverſe combinai-
ſon de ces principes introduit la différence qu'on y obſerve. Le 12. Juillet on obſerva en trois divers temps ; le
matin le raïon tendant à l'horiſon fut le plus divergeant
qu'il eut jamais été, puiſque l'angle de la baſſeſſe n'étoit
que de 6′. 30″. & par conſéquent la réfraction étoit de 3′.
7″. Le raïon tendant au ſommet du rocher fut divergeant
de 2′. celui qui va à Balaguier d'une minute. Ce qui s'accorde aſſez avec la proportion des trois raïons établie ci-
deſſus. Le vent étoit à l'Eſt foible & l'air ſerein. A midi
la divergeance de ces trois raïons diminua à meſure que le
vent augmenta, quoique l'air reſta également ſerein. Or on
a fait voir dans la premiere Partie qu'à meſure que le vent
augmente, le raïon devient moins divergeant, & que quelquefois même il devient convergeant. Le ſoir au coucher
du Soleil la divergeance du raïon tendant à l'horiſon augmenta un peu, ainſi que celle du raïon tendant à Balaguier ;
mais celle du raïon du rocher reſta la même. Le vent tourna au Sud, mais il étoit très-foible, & l'air également ſerein. Il paroît donc évident autant, & peut-être plus que
les matieres de Phiſique ne le comportent, que les com-
binaiſons du vent & de la matiere heterogene ſont les cauſes
de la variation dans la réfraction des raïons tendans à des
objets éloignez.

On pourroit en donner de nouvelles preuves dans un plus
grand nombre de comparaiſons ; mais, outre que cela allongeroit extrémement ce Traité par les répétitions qu'on
feroit obligé de faire, cela ne paroit pas fort neceſſaire après
tant de preuves qu'on en a déja apporté. Les nouvelles preuves ne feront pas d'autre nature que celles-ci ; le ſujet ne le
comporte pas. Mais ceux qui voudront s'en donner la peine
pourront conſiderer la table avec attention, & ils ſe con-
vaincront aiſément de ce que j'avance ; ils pourront auſſi plus
approfondir dans les preuves apportées. Telle eſt la condi-

tion des méditations d'un Philofophe fur la nature, il peut toûjours plus creufer, avancer dans fes recherches, mais il n'en verra pas le fond, & n'épuifera pas le fujet de fes méditations.

Le Seigneur a établi des termes que nous ne pouvons pafler; un meilleur efprit ira plus loin qu'un moins bon; il s'en pourra trouver un autre qui aille plus loin que celui-là. D'autres efprits furpafferont encore ce dernier en pénetration; mais comme enfin la portée de l'entendement humain a des bornes, & que les combinaifons des caufes & des loix par lefquelles la nature agit, font prefqu'infinies, l'efprit humain reftera toûjours bien au-deçà du terme qu'il fe propofe; ainfi il n'épuifera pas le fujet fur lequel il médite: mais il lui en reviendra un grand bien, il aura lieu de fe connoître, & par cette connoiffance il pourra refrener l'orgueil qui ne lui eft que trop ordinaire.

On n'ajoûtera plus aux réflexions fur les Obfervations de ces deux mois que ceci. Le 14. Juillet tout le jour, l'horifon de la Mer fut plus bas que le fommet de Balaguier; le vent étoit au Sud-Sud-Oueft très-foible, il y avoît dans l'air une brume fort deliée. Le 15. au contraire tout le jour l'horifon de la Mer fut plus haut que le fommet de Balaguier, par un petit vent d'Oueft-Sud-Oueft, avec une brume auffi déliée que le 14. Le 16. tout le jour, l'horifon de la Mer fut plus bas que Balaguier par un vent d'Oueft affez frais, & une brume auffi déliée que le 15. Le 17. au contraire, tout le jour l'horifon de la Mer fut un peu plus haut que Balaguier par un vent d'Oueft foible & une brume affez épaiffe. Le 18. l'horifon de la Mer fut un peu plus bas que le parapet de Balaguier, le vent étant au Sud Sud-Oueft foible avec moins de brume qu'il n'y en avoit le 17. Voilà une alternative continuelle qui ne peut s'expliquer dans ces cinq jours que par les divers vents qui fouffloient par leur force plus ou moins grande, & par la plus grande ou moindre quantité de matiere heterogene qui fe trouvoit dans l'air. Car pour ce qui eft de la chaleur de l'air & la pefanteur de l'atmofphere, elles ont été les mêmes tous ces jours, quoique les baffeffes aïent été differentes. Auffi les avions nous déja mis hors de cour & de procès; mais ceci fait toûjours mieux connoître que nous ne devons pas nous en repentir.

Il ne se presente plus rien sur les observations de ces mois de l'Eté, que nous n'aïons déja dit souvent. Passons donc aux observations de l'Automne.

ARTICLE SIXIE'ME.

Réflexions sur les Observations des mois de Septembre, Octobre & Novembre 1719.

DEPUIS la fin d'Août jusqu'à la fin de Septembre, j'ai resté à la Mer par ordre du Conseil de Marine pour réformer la Carte de la côte de Provence ; à mon retour j'ai repris mes observations. Les trois derniers jours du mois de Septembre, les bassesses de l'horison de la Mer furent toûjours plus grandes que celles de Balaguier, avec une variation continuelle pour la réfraction des deux raïons, lesquels furent divergeans le 28. convergeans le 29. de nouveau divergeans le 30. au contraire le raïon tendant au sommet du rocher resta constamment dans le plan de l'horison de l'Observatoire. La constitution de l'air fut la même ces trois jours, ainsi que le vent qui étoit au Nord-Ouest médiocre. Pour ce qui est de la chaleur de l'air & de la pesanteur de l'atmosphere, qui nous sont connuës par le Thermometre & le Barometre, nous n'en parlerons plus, comme n'influant en rien à cette variation. Mais on voit que la convergeance des raïons visuels n'a pas été fort grande, non plus que la divergeance, l'air aïant toûjours resté fort serein, & le vent médiocre ; de maniere que le raïon tendant au rocher n'a point du tout varié ; & on ne peut attribuer la variation médiocre des deux autres raïons qu'à un peu plus de matiere heterogene qui étoit poussée vers la surface de la Mer par le vent, qui ne lui imprimoit pas un grand mouvement, parce qu'il étoit lui-même médiocre : de sorte que ces raïons visuels se sont rompus sous des angles fort obtus, & les courbes qu'ils formoient ne

fe font pas fort éloignées du raïon direct qui eft la tangente de ces deux courbes.

Pendant le mois d'Octobre il a fouvent plû ou fait des
temps couverts, de forte qu'on ne pouvoit bien diftinguer
l'horifon ; mais toutes les fois qu'on a pû obferver, on a
toûjours trouvé la baffeffe de l'horifon de la Mer plus grande
que celle de Balaguier ; les vents ont toûjours foufflé de l'Eft
ou du Sud-Eft, & ils étoient affez frais. On ne remarqua
rien de confiderable que les derniers jours du mois. Le 26.
le vent étant Nord-Oueft très-frais avec une brume legere
& des nuages à l'horifon, le raïon tendant à l'horifon de
la Mer fut convergeant de 23. fecondes, & celui de Balaguier de près d'une minute ; ce qui fait voir que la matiere heterogene, qui étoit pouffée du large par le vent,
étoit en plus grande quantité dans la rade que hors de la
rade ; de forte que le raïon vifuel tendant à Balaguier a
fouffert plus de réfraction que celui qui tendoit à l'horifon.
Mais ce qui fait connoître que cette matiere étoit répanduë dans la rade & pouffée en bas par le vent ; c'eft que
comme le raïon tendant à l'horifon de la Mer fouffroit peu
de réfraction, le raïon tendant au fommet du rocher n'en
fouffroit aucune, & étoit toûjours dans le plan de l'horifon de l'Obfervatoire ; de forte que la matiere heterogene
étoit voifine de la furface de la Mer, & en bien plus grande
quantité en deçà de Balaguier.

Le 31. Octobre le raïon tendant à l'horifon étoit prefque
direct, ne fouffrant que 7. fecondes de réfraction, mais le
raïon tendant à Balaguier en fouffroit une de près d'une
minute dont il étoit convergeant ; de forte que ces deux
raïons fe trouvant confondus, & dans le même plan, la
Mer fe trouva auffi haute que le parapet de Balaguier, le
vent étoit Sud-Sud-Oueft très-foible, & il y avoit des nuages & de la brume à l'horifon ; la matiere heterogene étoit
donc comme le 26. en plus grande abondance au-deçà de
Balaguier, qu'au-delà ; ce qui a augmenté la courbure du
raïon tendant à Balaguier, & en a fait abaiffer le parapet
jufqu'à l'horifon de la Mer ; auffi cette tour paroiffoit-elle
plus groffe ce jour-là dans la lunette ; ce qu'on a toûjours
remarqué quand le raïon vifuel a été confiderablement convergeant. Au contraire, elle a paru plus menuë lorfque le

M iij

raïon étant fort divergeant, elle paroiſſoit plus élevée au-
deſſus de l'horiſon de la Mer.

Reſtent les obſervations du mois de Novembre, ſur leſquelles il y a peu de choſes à remarquer que nous n'aïons
déja dites. La baſſeſſe de Balaguier a été égale à celle de
l'horiſon de la Mer en cinq divers jours. Le 6. & le 9.
ces baſſeſſes ont été de 8′. 30″. c'eſt-à-dire, que le raïon
qui tendoit à l'horiſon ſouffroit une réfraction d'une minute 7″. en divergeance, tandis que le raïon tendant à Balaguier étoit preſque direct, ne s'en écartant que de 7″. Le
6. le vent étoit à l'Eſt-Nord-Eſt très-frais ; il y avoit des
nuages & l'horiſon étoit fort embrumé. Le 9. le vent étoit
à l'Eſt médiocre, mais il y avoit une grande brume à l'horiſon. Il eſt viſible que les vents portant à l'Oueſt la matiere heterogene, laquelle étoit arrêtée par le vent de Sud-
Oueſt qui ſouffloit au large, ce que la Mer fort groſſe de
Sud-Oueſt nous indiquoit aſſez ; cette matiere étoit donc
vers l'horiſon bien au-delà de la rade en plus grande abondance qu'en deçà ; c'eſt pourquoi le raïon viſuel tendant à
l'horiſon a dû le rompre plus fréquemment & ſous des angles plus aigus ou moins obtus que le raïon tendant à Balaguier, ce qui a cauſé cette égalité apparente de ces deux
baſſeſſes.

Le 14. le 19. & le 20. il y a encore eu égalité entre ces
baſſeſſes, mais toûjours ſous des angles differens. Le vent
d'Oueſt aïant pris le deſſus a repouſſé du large cette brume ;
mais comme elle étoit moins épaiſſe, ce que l'horiſon aſſez
net nous indiquoit, la matiere heterogene étant plus rare
ſur-tout au-delà de la rade, les deux courbes des raïons ont
été plus divergeantes : au contraire la brume étant revenuë
le 19. & le 20. quoique le 19. il n'y eut pas de vent (car
il ne devint frais à l'Eſt que le lendemain) il chaſſoit
pourtant la brume devant lui ; la courbure de ces deux raïons
a été moindre, en telle ſorte même que celle du raïon de
Balaguier étoit convergeante de 8″. le 20. tandis que celle
du raïon tendant à l'horiſon reſtoit encore divergeante de
52″. ce qui a produit l'égalité apparente dans la baſſeſſe de
ces deux raïons.

Les trois autres jours on a obſervé les baſſeſſes, celles
de la Mer ont été plus grandes que celles de Balaguier, &

cela plus ou moins, fuivant que le vent étoit frais ou foible, & l'horifon plus ou moins net ; c'eſt-à-dire, que l'air
étoit plus ou moins dépoüillé de matiere heterogene ; mais
comme tout ceci a été fouvent expliqué dans ce Traité, il
paroit inutile de s'y arrêter plus long-temps.

On peut donc conclurre que les obfervations de quinze
ans nous ont enfin découvert, fi je ne me trompe, la caufe
de la variation continuelle qu'on obferve dans les raïons
vifuels qui tendent aux objets voifins de l'horifon. On a
parlé ci-devant des ufages qu'on peut faire de cette découverte dans la Navigation. On voit affez que cela peut auffi
être utile à l'Aftronomie, & que jufqu'à ce qu'on trouve
l'obliquité de l'écliptique moindre de plufieurs minutes, ce
que je ne crois pas devoir arriver, on aura toûjours lieu
d'attribuer à la variation dans la réfraction, les differences
de 40". 50". & même d'une minute ; car enfin les Tables
données par feu M. Caffini, & dont M. Caffini le fils a expliqué la methode dans l'Hiftoire de l'Académie de 1715.
ont été calculées pour la conftitution de l'air du jour auquel ont été prifes les hauteurs qui fervent de bafe aux calculs de ces Tables ; mais, comme l'on voit par-tout cet
Ouvrage, il s'en faut bien que la conftitution de l'air, &
par conféquent la réfraction, foit toûjours la même. Il faut
donc neceffairement que fuivant les diverfes conftitutions
de l'air, il y ait quelque variation dans les minutes & fecondes données dans leur Table pour les degrez de hauteur, fur tout pour celles qui font plus voifines de l'horifon. Car toutes les analogies font fondées fur un certain
nombre d'hauteurs obfervées qui peuvent varier, fuivant
qu'il y a eu plus ou moins de matiere heterogene dans l'air,
& plus ou moins de vent au temps auquel on a pris ces
hauteurs.

Je ne prétends pas conclurre de-là, que ces Tables ne
foient fort bonnes ; il fera difficile d'en faire de meilleures : mais je dis qu'un Aftronome qui aura fait des réflexions fur ce qui eſt contenu dans cet Ouvrage, jugera avec
adreffe de ce qu'il doit ajoûter aux minutes & fecondes de
ces Tables, ou de ce qu'il en doit retrancher, fuivant la
conftitution de l'air dans le temps auquel il obfervera, pour
avoir avec plus de précifion les hauteurs des Aftres qui font

les Elemens dont il doit se servir pour déterminer leur déclinaison & leur latitude.

Mais, me dira-t'on, par cet Ouvrage vous introduisez
de l'incertitude dans l'Astronomie. Ce n'est pas moi qui l'y
introduit, c'est la constitution de l'air. Nous n'observons
pas dans le Ciel. Nous sommes sur la terre enveloppez d'une
atmosphere, dont la densité n'est pas toûjours égale, même
à d'égales hauteurs ; ainsi bien loin d'introduire de l'incertitude dans les matieres astronomiques ; j'ai prétendu la diminuer, & je crois y avoir reussi. Ceux qui se donneront
la peine de voir les Tables de mes observations pourront
faire quelque chose de mieux ; mais je leurs donne le can-
nevas sur lequel ils peuvent travailler ; s'ils le trouvent trop
grossier, ils peuvent en prendre un plus fin ; ils y mettront
moins de temps, plus de dexterité & de sagacité ; mais ils
n'y mettront ni plus de patience ni plus de sincerité.

J'ai fait voir fort au long la méthode que j'ai suivi dans
le cours de ces observations ; quoique je n'aïe pas épuisé
les réflexions, je ne sçai pourtant pas si le nombre n'en est
point trop grand. Mais j'ai cru devoir un peu étendre ces
matieres que je ne sçache pas avoir été traitées par d'autres. Je souhaite qu'au moins les Lecteurs de cet Ouvrage
puissent agréer l'effort que j'ai fait, & dire après l'avoir lû,
Laudo conatum.

F I N.

PREMIERE TABLE.

MARS 1705. Jours du Mois.	Baſſeſſes de la Mer.		VENT.	AIR.	BAROMETRE.
1 ſoir	13′	30″			
2 matin	13	45			
ſoir	13	30			
6 midi	14	20			
ſoir	13	35			
7 midi	14	25	Sud-Eſt.	Brume	
ſoir	13	35	Sud-Eſt.	Brume	
8 ſoir	13	25	Sud-Eſt.	Brume	
22 ſoir	13	0	N. O. frais.	Serein	
23 matin	14	0			
AVRIL 1705.					
9 matin	13	10			
13 matin	13	10	N. O. frais.	Serein	
midi	13	45	calme.		
OCTO-BRE 1705					
13 midi	14	0			
15 ſoir	13	20		Serein	
FEVRIER 1706.					
21 matin	13	45			
25 ſoir	13	45			
MARS 1706.					
1 midi	14	10	N. O. foible.	Serein	
2 matin	14	15	N. O. frais.	Serein	
midi	13	20	N. O. très-frais.	Brume	
ſoir	12	20	N. O. très-frais.	Brume	
3 matin	14	0	N. O. foible.		
midi	12	45			
ſoir	19	45			
4 matin	14	10	N. O. mediocre.	Brume legere	
midi	13	15			
ſoir	13	45			
5 matin	14	0	Eſt foible.	Brume legere	
midi	13	30			
ſoir	14	0		Brume legere	
8 mati à l'O	13	10	E. N. E. foible.		
S. C	12	45	lifference 25″		
14 mati	13	40	N. O. frais.	Serein	27 pouc. 6 lig.
midi	13	30	N. O. très-frais.	Serein & Nuages	
AVRIL 1706.					
18 midi	11	45	N. O. frais.		
ſoir	12	35	N. O. frais.		

Phenomene remarquable.

SUITE DE LA I. TABLE.

Novembre 1706. Jours du mois	Bassesses de la Mer.		Vent.	Air.	Barometre.		
30 soir	13′	30″	N. O. mediocre.	Serein	27 pouc.	8 lig.	
Decembre 1706.							
1 matin	13	0	Nord-Ouest foib.	.	27	9	
midi	13	30			27	8	3/4
2 matin	14	20	Nord-Ouest frais.	Serein	27	8	1/2
3 matin	13	0	Sud-Est foible.	Brume	27	8	
midi	13	45	Sud-Est.		27	7	1/3
7 matin	12	30	Est foible.	grande Brume	27	10	
midi	14	10	N. O. mediocre.	assez serein	27	9	
18 matin	13	30	Nord-Ouest frais.	Serein	27	2	1/2
midi	13	30	Nord-Ouest frais.	Serein	27	3	
29 matin	11	45	Nord-Est foible.	Serein	27	11	
soir	13	30	Nord-Ouest foib.	Serein	27	10	3/4
☉ con.	14	30	Nord-Ouest foibl.	Serein	27	11	
30 matin	12	45	Sud-Est foible.	Nuages au Soleil.	27	10	3/4
Mars 1707							
14 matin	13	15	Est foible.	Brume déliée	27	8	3/4
midi	12	45	Ouest foible.	assez serein.	27	8	3/4
soir	12	40	Nord-Ouest foibl.	Nuages déliez	27	8	2/3
26 matin	13	30	Nord-Ouest frais.	Brume déliée	27	7	3/4
midi	12	20	N. O. très-frais.	grande Brume	27	6	2/3
27 midi	13	30	N. O. très-frais.	très grande Brume	27	10	
28 matin	13	15	Nord-Est foible.	Serein	27	10	1/2
midi	13	10	Nord-Ouest foib.	Serein	27	11	
29 matin	13	30	N. O. assez frais.	Brume déliée	27	10	
midi	13	0	N. O. mediocre.	Brume déliée	27	9	
30 matin	14	0	Nord-Ouest frais.	Serein	27	6	1/2
31 soir	14	25	N. O. très-frais.	assez serein	27	7	
Juin 1707.							
4 matin	12	0	Sud-Est foible.	Brume legere	27	7	
5 matin	12	30	Sud-Ouest foible.	Brume legere	27	6	
8 matin	13	15	Nord-Ouest foibl.	Serein	27	8	1/4
13 matin	13	0	Sud-Ouest med.	Serein	27	7	1/2
18 matin	13	0	N. O. très-frais.	Brume	27	6	1/4
20 matin	11	45	Est foible.	Brume déliée	27	7	
22 matin	11	10	Est foible.	Brume déliée	27	8	

SUITE DE LA I. TABLE.

FEVRIER 1708. Jours du mois	Basseſſes de la Mer.		VENT.	AIR.	BAROMETRE.		
9 matin	13′	30″	N. O. mediocre	Serein	27 pouc.	8 lig.	
ſoir	13	30	N. O. mediocre.	Serein	27	8	$\frac{1}{2}$
23 matin	13	10	Eſt frais.	Brume	27	9	
ſoir	13	45	Sud-Eſt foible.	Brume	27	9	
au diſo. du ☉	13	35					
MARS 1708.							
1 matin	13	15	Nord-Oueſt med.	aſſez ſerein	27	4	$\frac{2}{3}$
2 matin	12	45	N. O. mediocre.	Serein	27	6	
3 matin	13	15	Eſt frais.	Brume	27	4	
28 matin	14	0	N. N. O.	Brume legere	27	6	
midi	13	0	N. O. mediocre.	Serein	27	6	
ſoir	12	30	Nord-Oueſt foibl.	Serein	27	6	
AVRIL 1708.							
23 matin	12	30	Eſt foible.	Brume	27	7	$\frac{1}{2}$
ſoir	12	0	Sud-Oueſt foibl.	Brume	27	7	
JUIN 1708.							
8 matin	12	10	Eſt foible.	Brume déliée	27	6	$\frac{1}{4}$
midi	11	20	Sud - Oueſt frais.	Serein	27	6	$\frac{1}{2}$
ſoir	12	30	Sud-Sud-Eſt foib.	Brume	27	6	$\frac{1}{3}$
9 matin	11	0	E. N. E. foible.	Brume	27	6	
midi	12	15	O. S. O. medioc.	Brume	27	6	
JUIN 1709.							
14 matin	13	0	Sud-Oueſt foible.	Serein	27	8	
JANVIER 1711.							
20 ſoir	13	15	Nord-Oueſt med.	Brume			
22 matin	14	0	Nord-Oueſt foib.		27	11	
23 midi	14	20	Nord-Oueſt foib.	Serein	27	11	$\frac{12}{13}$
MARS 1716.							
31 matin	12	45	E. N. E. foible.	Serein	27	8	$\frac{1}{2}$
midi	12	30	Sud-Oueſt foible.	Serein			

SECONDE TABLE.

JUIN 1716. Jour du Mois.		Basseffes de la Mer.		Basseffe du sommet du Roch.		VENT.	AIR.	BAROMETRE.		THERMOMETRE.	
16	matin	11′	30″	10′	30″	Oueſt foible.	Brume O.	27 p. 9 l.		55	1
10 h 20′		10	0	11 + 30		Oueſt foible.					
7	ſoir	9	20	10 + 20		Oueſt foible.					
17 5	matin	10	0	9	10	Eſt foible.	Serein	27	8 ⅓	55	2
5 35	ſoir	9	40	10 + 0							
18	ſoir	11	30	9	30	Sud-Eſt frais	Brume déliée	27	9 ⅔	55	3
19 3	ſoir	10	30	10	0	Sud-Eſt frais	Serein	27	9 ⅔	55	2
20 7 30	ſoir	10	45	10	30	Calme	Serein				
21 5 35	matir	9	15	9 + 30		Calme	Serein				
	midi	9	30	9 = 30		Calme	Serein	27	8 ¼	55	5
3	ſoir	9	30	9	10	Calme	Serein				
23 5 30	matin	11	30	10	15	Sud-Eſt	Brume déliée	27	7 ½	55	6
	midi	10	30	9	30	Sud-Eſt	Brume déliée				
7	ſoir	9	15	9 = 15		Sud-Eſt foible					
24 5	matin	10	45	8	45	Calme	Serein	27	8	55	6
	midi	6	15	10 + 0		Sud-Oueſt med.	Serein	27	8	55	11 ½
27 5 45	matin	11	30	9	15	Sud-Oueſt med.	Nuages déliez	27	7	55	9
29 5 30	matin	10	30	9	30	Sud-Eſt mediocr.	Nuages	27	4 ⅚	55	11
JUILLET 1716											
1 6	matin	12	0	9	45	N. O. frais.	Nuag. dél. brum.	27	5	55	2
7	ſoir	11	0	9	0	Oueſt mediocre	allez ſerein				
2 9	matin	10	15	9	30	Sud-Oueſt foibl.	Nuages. Brume	27	6	55	3
7 35	ſoir	11	30	10	45	Calme	à l'Oueſt				
3 5 45	matin	10	45	10	0	Calme	Serein	27	7 ¼	55	5
7	ſoir	9	0	7	30	Calme					
4 10 20	matir	11	0	9	45	Sud-Eſt frais	Nuages déliez	27	6	55	6 ½
5 5 30	matin	10	30	9	0	Eſt foible	Serein, Brume O.	27	5	55	5 ½
6 5 25	matir	11	45	9	20	N. O. mediocre	Nuages	27	6	55	3
11 6	matir	11	0	9	0	N. O. frais.	Serein	27	6 ⅓	54	8 ⅓
	midi	9	30	8	45	N. O. frais.					
12	midi	12	10	12 = 0		N. O. mediocre.	Serein	27	6 ½	54	9
7 9	ſoir	9		11 + 0		N. O. foible.					
13	matir	11	0	10	0	Oueſt foible	Serein	27	7 ⅚	54	11
19	matir	10	0	9	30	Oueſt foible	Serein	27	7 ¼	55	2
AOUST 1716.											
4	midi	7	30	8 + 30		N. O. mediocre.	Serein	27	7 ½	55	9

TROISIE'ME TABLE.

DECEMBRE 1716. Jours du Mois.		Basseffes de la Mer.		Baffeffe du fommet du Rocher		VENT.	AIR.	BAROME-TRE.		THERMO-METRE.	
10	foir	13′	0″			N. O. frais.	Serein	27 p. 6 l.		53 p. 9 l.	
11	matin	13	0			N. O. frais.	Nuages	27	4	53	9
13	foir	14	30	11′	30″	N. O. affez frais	Brume	27	5	52	9
15	midi	12	50	11	0	N. O. mediocre.	Serein	27	6 ½	52	6
	foir										
	cou. du ☉	13	30	12	0	N. O. très-frais.	grande Brume	27	5	52	2
16 11ʰ	matin	12	20	10	40	Nord-Oueft frais	Brume affez leg.	27	3 ¾	53	1 ½
17 4 15′	foir	12	0	10	0	S. E. affez frais.	Brume legere.	27	2	51	11
25 4 30	foir										
	couc. du ☉	13	0	11	20	Oueft foible	Serein	27	10 ⅓	53	7
28 1	foir	12	0	10	30	N. O. foible.	Serein	27	8 ½	53	8
Le Soleil couché		12	0	10	0	N. O. foible.	Serein	27	8 ¼	53	6
JANVIER 1717.											
5 9	matin	13	0	10	0	N. O. très-frais.	grande Brume.	27	10	52	10 ½
4 30	foir	13	20	9	30	N. O. très-frais.	grande Brume.	27	9 ½	52	11
7	midi	13	10	12	20	O. N. O. frais.	Brume	27	7	52	11

DÉCEMBRE 1718. Jours du Mois.		BASSESSE DE LA MER.	BASSESSE DE BALA-GUIER.	HAUTEUR DU ROCHER DES FRÈRES.	VENT.	AIR.	THERMO-METRE.	BAROME-TRE.
17	matin	10′ 0″	8′ 50″		N. O. mediocre	Serein	53 p. 9 l.	27 p. 10 l.
1h	foir	9 30	8 30		N. O. affez frais. Le foir très-frais.			
18	midi	9 0	8 45		Le matin Nord-Ouest très-frais. à midi Nord petit	Serein	53 11	17 9 ¼
19	matin	8 0 au S. S. E.	Brume.		E. N. E. foible.	{ Br. med. S. S. E. { Br. gr. au S. S. O.	52 8 ½	17 11 ½
	midi	10 0	9 45		N. O. mediocre.	Nuages.		
10 10	matin	9 30	8 30		N. O. frais.	Nuages déliez.	53 7	27 11 ½
2	foir	9 30	8 45		Nord-Ouest frais	Nuages déliez.		
11 10	matin	8 30 au S. E. où le O brill.	8 30		N. O. très-frais.	Nuages déliez.	53 9	27 10
	midi	8 45 ☰	8 45	od o′ 45″			54 1	17 9
22 8	matin	8 45	8 30	0 0	Nord frais.	Nu. horiz. clair.	54 1 ½	17 7 ½
4 45′ foir		8 0 ☰	8 0		N. N. O. medio.	Nuages.	54 2	17 6 ½
23 8	matin	9 30	8 45	0 0	N. N. O. mediocre.	Serein.	53 7	27 5 ½
10	midi	9 15	9 0	0 30	N. N. O. medio.	Nu. épais horiz.	53 8	
2 20	foir	9 30	9 0	0 0	N. O. mediocre.	affez Serein.		
24 9	matin	10 30	9 10	0 0	N. O. mediocre.	Nu. dél. Brume.	52 11	17 4
10 30		9 45	9 15	0 30	N. O. petit.	Nu. épais horiz.	53 7	17 4
4 10	foir	10 0	9 30	0 0	N. O. petit.	Nuages épais.	53 5	17 4
26 10	matin	10 0	8 30	0 0	N. O. petit.	Serein.	52 6	17 1 ½
27 9 30	matin	11 0	9 0	0 0	N. O. petit.	Serein.	52 7	17 5
	midi	10 0	9 0	0 30	N. O. mediocre.	Serein. Nu. dél.	53 0	17 5
2 15	foir	10 30	9 0	0 0			53 1	17 5 ½
30	midi	9 30	8 40	0 0	Sud-Est frais	Nuages épais.	53 7	17 6
4	foir	9 15	8 15	0 15	Sud-Est très-frais	Nu. épais. Pluie.	53 10	17 6
JANVIER 1719.								
2	matin	10 0	9 0	0 0	Nord-Ouest frais	Nuages horiz.	52 9	27 4 ½
	midi	10 0	8 50	0 30	N. O. mediocre.	Nuages épais.	52 11	
2 20	foir	9 40	9 15	0 15	N. O. mediocre.	affez Serein.	52 11	17 5
3	midi	9 15	8 45	0 15	N. O. très-frais.	Ser. br. leg. à l'hor	52 11	17 6
2 15	foir	9 45	9 15	0 0	N. O. très-frais.	Ser. Br. à l'horiz.	52 11	17 6
4	midi	9 15	8 30	0 30	N. O. frais.	Nu. Ser. à l'hor.	53 1	17 7
6 2	foir	9 40	8 45	0 15	Est foible.	Ser. Le mat. Br.	53 3	17 10 ½
couch. du ⊙		10 0	9 0	0 0	Est foible	affez Serein.	53 0	17 10 ½
7	midi	10 0	9 0	0 15	N. O. petit.	Brume déliée. Le mat. gr. Bru.	53 3	17 8 ½
couch. du ⊙		10 15	9 15	0 0	N. O. mediocre.	Nu. au S. S. O.	53 1	
8	midi	9 15	8 30	0 30	Est foible.	Nuages épais.	53 0	27 7 ½
9	midi	9 0 égalité.	9 0	0 15	Sud-Ouest foible	Nu. épais. Br. à peine voit-on les objets.	53 7	17 4 ½
11	midi	8 30 ☰	8 30	0 30	Sud-Ouest frais.	Nu. dél. Br. hor.	53 11	17 4
13 10 30	matin	9 20	8 45	0 15	Sud-Est frais.	Nu. ép. Br. horiz.	53 6	17 1 ½
14 1	foir	10 15	9 45	0 15	N. O. affez frais.	Horizon Serein.	53 6 ½	17 1 ½

OBSERVATIONS POUR LA REFRACTION. (2)

JANVIER 1719. Jours du Mois.	BASSESSE DE LA MER.	BASSESSE DE BALAGUIER.	HAUTEUR DU ROCH. DES FRERES.	VENT.	AIR.	THEMO-METRE.	BAROME-TRE.
15 3h40' foir	9' 45"	9' 30"	. 0' 0"	Nord-Oueft me.	Horizon Serein.	53p. 7l.	27p. 6l. ½
16 midi	10 30 ☰	10 30	Baff.0 30	Nord - Oueft fr.	Nu. dél. Br. finc.	54 0	27 7 ½
17 midi	9 0 ☰	9 0	Hau.0 15	N. O. frais.	Nu. dél. Br. hor.	54 3 ½	27 7
4 30 foir	9 15 ☰	9 15	Baff.0 15	N. O. frais.	Nr. horiz.Brume	54 1	27 6
18 7 50 matin	10 0	9 30	0 0	N. O. très-frais.	Serein horiz. net.	53 4 ½	27 8 ½
midi couch.	9 15	8 30	Hau.0 15	N. O. foible.	Nuages dél. Brume très-déliée.	53 8	27 9
du ☉	10 0	9 30	0 15	N. O. mediocre	Serein à l'horiz.	53 4	27 9
19 11 30 matin	10 0	8 30	0 0	N. N. O. medio.	Nu. Br. horiz.	53 4 ½	27 10
4 30 foir	9 30 .	9 0	0 0	N. N. O. med.	Nu. horiz. Serein	53 4. ½	27 9 ½
20 10 45 matin	9 15	8 45	0 0	Eft foible.	Serein	53 9	27 10 ½
2 45 foir	10 0	8 45	0 0	Nord-Oueft foi.	Serein	53 11	27 11
21 11 45 matin couch.	9 0	8 30	0 0	Eft petit.	Serein.Brume legere horizon.	53 8	23 0
du ☉	9 15	8 45	0 0	Eft foible.	Ser. Br. leg. hor.	53 8	18 0
22 11 45 matin	9 0	8 45	0 45	Eft foible.	Brume leg. hor.	53 11	18 0
4 30 foir	9 30	9 0	0 0	N. O. petit.	Serein	53 9	18
23 11 45 matin	8 0 ☰	8 0	1 0	N. N. O. très-fr.	Nu. Brume leg.	54 4	27 10
4 0 foir	9 0 plus bas.	9 15	0 30	N. O. frais.	Ser. Br. leg. hor.	54 3	27 8 ½
24 9 0 matin	9 15	9 0	0 0	Eft mediocre	Brume horizon.	53 3	27 11
midi	9 0 .	8 45	0 0	Oueft petit.	Serein	53 9	27 11
25 midi	7 45 plus bas.	8 0	2 15	Le matin grande Brume S. S. O.	Serein.Brume legere au S. S. O.	53 8	28 1
3 20 foir	9 0	8 45	0. 0	O. N. O. foible.	Serein	53 8	18 1
26 matin	10 0	9 15	0'. 0	Eft mediocre.	Ser. Br. horizon.	52 11	27 11
30 midi	9 15	9 0	0 15	Eft foib. qui a fauté au S. O. foibl.	Serein	53 4	27 11
27 midi	9 30	9 0	0 0	Sud-Oueft foible	affez Serein.	53 2	27 9
29 midi	10 0	9 0	. 0 0	O. N. O. med.	affez Serein.	53 8	27 7
30 4 20 foir	10 0	8 45	.0 0	N. O. petit.	fort Serein.	53 7	27 6
FEVRIER 1719							
1 midi	8 30	8 15	0 0	Nord très-foible.	Serein	53 7	27 8
4 2 30 foir	8 45 plus bas.	9 0	0 0	N. N. E. foible.	un peu de Brume.	53 10	27 10
6 11 45 matin	8 30 ☰	8 30	0 30	Oueft très-foibl.	Brume déliée.	54 7	27 7
7 15 midi	9 30	8 30	0 45	Eft petit.	Brume déliée.	54 2	27 7
8 midi	9 15	8 45	0 15	Eft affez frais.	Nuages épais.	54 2	27 9
18 10 matin	9 0	8 45	0 0	N. O. mediocre.	Serein	54 4	27 9
21 1 foir	9 15	8 45	0 0	S. S. O. petit.	affez Serein.	54 6	27 1 ½
22 11 30 matin	9 0	8 30	0 0	N. O. mediocre	affez Serein.	54 2	27 4
24 11 matin	8 30 ☰	8 30	1 0	N. O. affez frais.	Serein	53 5	27 3
27 midi	10 45	9 0	0 0	N. O. me.hier pl.	Serein	54 0	27 5 ½
MARS 1719.							
2 9 matin	10 45	9 0	0 0	Nord-Eft foible.	Sere'n.	53 3	17 6 ½
6 10 18 matin	7 30	8 30	1 0	S. foi. hier O.t.fr.	affez Ser. Br. leg.	54 6	17 10 ½
2 foir	8 30 ☰	8 30	0 0	Eft foible.	affez Serein.	54 5	17 10 ½
10 midi	8 15 plus bas.	8 30	0 30	S. E.me.hier N.O.fr.	Brume très-dél.	54 7	17 11 ½
11 9 34 matin	9 15	8 45	0 15	O. N. O. medio.	Brume dél. Nua.	54 5	27 11
17 10 20 matin	8 45	8 15	0 0	E. S. E. foible.	Serein.	54 3	28 0
18 10 20 matin	9 30	8 15	0 0	Nord-Oueft me.	Serein.	54 4	28 1

AVRIL 1719. Jours du Mois.	BASSESSE DE LA MER.	BASSESSE DE BALAGUIER.	HAUTEUR DU ROCHER.	VENT.	AIR.	THERMOMETRE.	BAROMETRE.
1 4ʰ foir	9′ 15″ ⚌	9′ 15″	0′ 0″	N. O. mediocre	Ser. pluie le mat.	54 p. 61.	27 p. 51.
9 midi	9 30 ⚌	9 30		N. O. mediocre.	Ser. Br. horizon.	54 6	27 5 ½
13 10 matin	8 30 ⚌	8 30	0 0	Eſt mediocre.	Brume horizon.	54 6	27 4 ½
2 foir	9 0 ⚌	9 0		Eſt mediocre.	Brume horizon.	54 6	27 4 ½
15 midi	7 50 ⚌	8 45	1 0	Sud-Oueſt foible	Nu. dél. Br. leg.	54 10	27 2 ½
22 10 matin	8 30 ⚌	8 30	0 30	Eſt foible.	aſſ. Ser. Br. S. O.	54 6	27 10 ½
2 10′ foir	9 0	8 0		Sud mediocre.	Serein horiz. net.	54 6	27 10 ½
MAY.							
5 7 40 matin	7 40 ✛	8 15	1 30	E. N. E. t. foible. hier E. aſſez frais.	Serein. hier Brume dél.	54 8	27 9
11 30 matin	8 30	8 0	0 30	Eſt aſſez foible.	très Serein.	55 0 ½	27 9
6 15 foir	8 15 ⚌	8 15	1 0	N. N. E. foible.	Serein.	55 2	27 9
9 ☉ le. matin	8 30 ⚌	8 30	1 0	Eſt foible	Serein.	54 3	27 9
4 30 foir	8 30 ⚌	8 30	0 30	N. O. mediocre.	Serein.	55 4	27 9
18 ☉ couchât ſo.	8 0 ⚌	8 0		N. O. foible.	Serein.	55 3	27 8 ½
24 ☉ couché foir	7 0 ✛	8 15	0 30	Calme.	Serein.	55 8	27 8
25 7 matin	8 15 ⚌	8 15		Calme.	Brume horizon.	55 4	27 8 ½
26 7 matin	7 20 ✛	8 15	1 0	N. O. medio.	Serein.	55 6	27 9
midi & foir	8 30 ⚌	8 30		N. O. frais.	Br. déliée horiz.	55 11	27 9
30 10 matin	7 0 ✛	8 30	1 0	Sud Sʳd foible.	Serein.	55 3	27 9 ½
2 25 foir	8 30 ⚌	8 30		S. S. O. medio.	Serein.	55 6	27 9 ½
JUIN.							
2 7 35 matin	7 45 ✛	8 15	0 45	Eſt aſſez frais.	aſſez Serein.	55 7	27 8
7 8 matin	8 30 ⚌	8 30	0 0	Sud petit.	Serein.	55 10 ½	27 9 ½
midi	8 45	8 30		S. E. mediocre.	aſſez Serein.	56 7	27 9 ½
8 le ☉ couché.	7 45 ✛	8 30		E. fo precedd d'O. t. fr	Brume déliée.	56 9	27 5
10 7 30 matin	8 40	8 0	0 30	Calme.	Serein.	55 6	27 7 ¼
15 10 matin	8 30 ⚌	8 30	0 30	Eſt frais matin, puis Sud - Oueſt foible.	aſſez Serein.	55 6	27 6
Tout le jour de même							
20 10 matin	8 30 ⚌	8 30	0 0	O. N. O. aſſez fr.	aſſez Serein.	55 5	27 5 ½
foir	Pour reconn. ſi le vent contribuë à la variation de réfraction.			N. O. très-frais.	Nu. Brume dél.	55 6	27 5 ½
21 7 40 matin	8 30 ⚌	8 30	0 15	N. N. O. frais.	Serein.	54 11	27 5
midi	7 50 ✛	8 30	0 15	N. N. E. frais.	Nuag. horiz. net.	55 2	27 5
23 8 matin	8 45 ⚌	8 45	0 30	Oueſt mediocre	Serein.	55 4	27 7
26 2 foir	9 0	8 30	0 0	Nord-Oueſt frais	Serein.	55 7	27 6
30 7 30 matin	8 30 ⚌	8 30	1 0	Calme.	Brume leg. hor.	55 7	27 8 ½
JUILLET.							
5 midi	8 0 ⚌	8 0	0 30	Nord-Oueſt frais	Serein.	56 11	27 5 ¾
7 midi	7 45 ✛	8 30		N. O. aſſez frais.	aſſez Serein.	56 10	27 7 ½
10 midi	7 30 ✛	8 0	1 0	Sud-Oueſt foibl.	Serein.	56 5	27 8
11 8 matin	7 45 ✛	8 15	1 0	Sud-Eſt mediocre.	Serein.	56 10	27 7 ½
12 4 45 matin	6 30 ✛	7 30	2 0	Eſt foible.	Serein.	55 6	27 9
midi	8 45 ⚌	8 45	0 30	Eſt mediocre.	Serein.	56 4	27 10
☉ couchant le foir	8 0 ✛	8 30	0 30	Sud foible.	Serein.	56 5	27 10
13 4 20 foir	9 15	8 45		S. S. O. foible.	horiz. Ser. Ciel.	56 11	27 10

JUILLET 1719. Jours du Mois.	BASSESSE DE LA MER.	BASSESSE DE BALAGUIER.	HAUTEUR DU ROCHER.	VENT.	AIR.	THERMO-METRE.	BAROME-TRE.
14 Tout le jour Mer plus baffe que Balaguier.				S. S. O. foible.	Brume déliée. Brumes déliées.	56p. 5l.	27p. 10l.
15 Tout le jour Mer plus haute que Balaguier.				O. S. O.	Brume déliée.	56 5	27 10 $\frac{1}{2}$
16 Tout le jour Mer plus baffe que Balaguier.				Oueft.	Brume déliée.	56 7	27 10
17 Tout le jour Mer un peu plus haute que Balag.				Oueft foible.	Bru. affez épaiffe.	56 8	27 9 $\frac{1}{4}$
18 un peu plus baffe que Balaguier.				S. S. O. foible.	moindre Brume.	56 8	27 9 $\frac{1}{2}$
28 6h20' matin	7' 45" =	7' 45"	1' 30"	Serein calme.		55 9	27 8 $\frac{3}{4}$
midi	8 45	7 45	0 30	Oueft petit.	Serein	56 0	27 8 $\frac{1}{2}$
AOUST							
14 6 50 matin	8 0 →	8 15	0 0	Sud très-foible.	Brume legere.	56 3	27 8
3 foir	8 0 →	8 30		O. S. O. medic.	affez Serein.	56 11	27 8
16 midi	10 0	8 45	0 0	O. S.O. très-foi.	Br. legere horiz.	56 9	27 7
19 11 matin	6 45 →	8 0	0 0	S. S.O. foible.	Brume legere.	56 7	27 6 $\frac{1}{2}$
20 6 20 matin	8 30	8 15	0 15	S. S. E. foible.	Serein	56 0 $\frac{1}{2}$	27 8
21 Tout le jour Mer plus baffe que Balaguier à l'ordinaire.							
SEPTEMBRE.							
28 2 45 foir	8 45	8 15	0 0	N. O. mediocre.	Serein.	55 4	27 8
29 2 40 foir	9 45	9 0	0 0	N. O. mediocre.	Serein.	55 4	27 8
30 8 30 matin	8 30	8 0	0 0	N. O. mediocre.	Serein.	54 6	27 7 $\frac{1}{2}$

Tout le Mois d'Octobre la Mer a été plus baffe que Balaguier, comme dans ces derniers jours de Septembre; les Vents ont toujours été à l'Eft ou au Sud-Eft.

OCTOBRE.							
26 8 matin	10 0	9 30	0 0	N. O. très-frais.	Brume legere & Nuages horizon.	55 3	27 9 $\frac{1}{2}$
31 1 foir	9 30 =	9 30		S. S. O. tr. foibl.	Nu. Brume hor.	55 9 $\frac{1}{2}$	27 8
NOVEMBRE.							
6 midi	8 30 =	8 30		E. N. E. tr. frais.	Nuag. horiz. Br.	55 2	27 7
8 midi	8 45	8 30		Eft affez frais.	Brume déliée.	54 11	27 8
9 8 matin	8 30 =	8 30	1 30	Eft mediocre.	Brume gr. horiz.	54 2	27 9 $\frac{1}{2}$
10 midi	8 0	7 45	0 0	Eft foible.	Brume legere.	54 9	27 9 $\frac{1}{2}$
13 midi	9 0	8 30	0 30	N. O. frais.	Horizon Serein.	54 9	27 6
14 8 matin	8 0 =	8 0	0 15	Oueft affez frais.	Horiz. affez ner.	54 4	27 4 $\frac{1}{2}$
19 midi	8 15 =	8 15		Calme.	Brume affez grof.	54 0	27 10
20 midi	8 45 =	8 45	0 30	Eft frais.	Brume.	55 6	27 9
28 midi	9 0	8 45	Baf. 15	Nord-Oueft frais	Serein.	54 8	27 11
DECEMBRE 1720.							
30 midi	7 30 =	7 30		Nord-Oueft frais	Serein.	54 0	
31 matin	9 30	8 30		N. O. très-frais.	Serein.	53 10	

RECUEIL

DE

DIVERS VOYAGES

FAITS A LA SAINTE BAUME,
au Pilon du Roi, au Mont Ventoux, au
Cap Sicier, fur la Côte de la baffe Provence,
pour la correction de la Carte de la Côte
de Provence depuis l'embouchure du Rhône
jufqu'à Monaco.

Par le Pere L A V A L *, de la Compagnie de Jefus ,*
Profeffeur Roïal de Mathematiques.

M. DCC. XXVII.

AVERTISSEMENT.

CE Recueil contient quelques Ouvrages qui ont été faits suivant la datte des Voïages dont ils donnent la Relation. Ils renferment diverses choses de Phyfique , Geometrie , Aftronomie & Geographie , dont plufieurs font neuves & pourront faire plaifir aux lecteurs initiez dans ces Sciences. Pour ceux qui n'y font point verfez, peut-être n'y trouveront-ils pas leur compte. Je fuis d'autant plus obligé d'en avertir, que le premier Ouvrage pourroit tromper quelqu'un. Car qui ne croiroit, voïant le titre *Voïage de la Sainte Baume* , que c'eft un livre de devotion ? Ce n'eft pourtant rien moins que cela. Auffi les gens de notre Profeffion ne fe donnent-ils pas pour Afcetiques. Leurs livres auroient fans doute plus de débit , s'ils étoient faits pour les perfonnes devotes , mais malheureufement cela ne fe peut. Et puis il y a déja tant de livres de devotion : il en faut bien auffi qui puiffent être utiles à la vie civile , aux Arts & aux Sciences naturelles. Si celui-ci parvient à cette fin , c'eft tout ce qu'on a prétendu.

On a jugé à propos d'en ôter les calculs de Trigonometrie , pour ne pas faire languir le difcours. Si quelqu'un ne fe fioit pas au refultat de ces calculs , il pourra fe donner la peine de les réfondre fur les mefures qu'on donne : mais je lui confeillerois de ne la pas prendre : car ils ont été vûs & revûs plufieurs fois. On en a laiffé quelques-uns d'Aftronomie, parce qu'ils font en petit nombre.

Quelques-uns de ces Ouvrages ont été imprimez dans les Journaux de Trevoux; mais outre qu'ils n'y font pas tous, & qu'ils font mélez en divers Volumes, fuivant qu'il convenoit aux Journaliftes, l'Auteur en les communiquant n'a pas perdu fon droit de proprieté : c'eft une épreuve qu'il a faite du goût du Public, pour lui donner le tout plus hardiment. Nul Auteur, beaucoup moins un Géometre, ne doit demander grace aux Lecteurs : c'eft le moïen de ne la pas avoir; mais je crois que je ferai reçû à prier qu'on ne me faffe ni tort ni grace Les gens de notre Profeffion m'accorderont fans doute cette demande; & cela me fuffit.

OBSERVATIONS
PHYSIQUES,
ASTRONOMIQUES,
ET GEOGRAPHIQUES,
FAITES SUR LES MONTAGNES
de la Sainte Baume & du Pilon du Roi.

Avec des Reflexions sur ces Observations.

LES Observations qui avoient été faites sur la bassesse apparente de l'horizon de la Mer vüe de l'Observatoire de Marseille, ont donné occasion à ce Voyage. J'avois trouvé une variation continuelle dans la bassesse apparente de l'horizon de la Mer observée par la lunette fixe d'un excellent quart de cercle : j'avois eu l'honneur d'envoïer ce que j'avois fait de reflexions sur cette matiere, à Monseigneur le Comte de Pontchartrain ; & ce Ministre les aïant communiqué à Messieurs de l'Academie Roïale des Sciences, il s'en suivit bien des reflexions de part & d'autre, & quelques contestations, comme il arrive souvent en fait de Sciences. Sur quoi je proposai à Monseigneur le Comte de Pontchartrain le Voïage de la Sainte Baume, comme utile à éclaircir ce qui concernoit les Réfractions, & à en tirer beaucoup d'autres avantages pour la Physique, l'Astronomie & la Geographie. Ce Ministre y fit attention, & m'ordonna de partir lorsque je jugerois que la saison seroit propre pour les Observations que j'avois projettées.

Je partis le dix-huitiéme Juin 1708. avec M. Royere, Pilote

A iij

Hauturier des Galeres, fort exercé en toutes ces fortes d'Obfervations, aïant accompagné Monfieur Caffini & les autres Aftronomes de l'Academie Roïale des Sciences, dans
le Voïage de la Meridienne; & nous arrivâmes à la Sainte
Baume le dix-neuviéme Juin avec tous les inftrumens neceffaires pour les diverfes Obfervations que nous avions projetté de faire fur cette Montagne & fur les voifines. Ces inftrumens étoient un quart de cercle de trois pieds de raïon,
fait à Paris par le fieur le Febvre, & parfaitement exact; une
pendule aftronomique dont nous connoiffions la jufteffe &
le mouvement, aïant été long-temps reglée dans l'Obfervatoire de Marfeille; une lunette de dix-huit pieds pour obferver Jupiter; plufieurs autres petites lunettes; une bouffole de
cuivre de fix pouces de diametre; des tubes de verre & du
vif-argent, pour faire les experiences du barometre; un thermometre de M. Amontons, & toutes les autres chofes neceffaires pour n'avoir befoin de recourir à perfonne, & ne
manquer aucunes des Obfervations que nous nous étions propofé de faire.

Nous fûmes reçûs avec toute l'honnêteté poffible par les
RR. PP. Dominicains, & ils ont eu la bonté de nous la continuer pendant le féjour que nous avons fait dans un defert &
un païs fort rude, que leurs civilitez & nos occupations pouvoient feules rendre fupportable. A notre arrivée le R. P.
Superieur nous donna la clef de la Chapelle du Saint Pilon,
& nous y montâmes auffi-tôt.

Defcrip-tion du S. Pilon. Cette Chapelle qui eft fur le haut d'un Rocher efcarpé à
plomb, dont nous donnerons la hauteur dans la fuite, eft
toute revêtuë de marbre avec un ordre d'architecture dori-
que. Elle a treize pieds de long dans œuvre, fur neuf pieds
de large; elle reçoit du jour par deux fenêtres qui font dans
une petite coupole, au haut de la voute de pierre de taille
de califiane, dont les ogives font fculptées, & par la porte
qui eft une grille de fer fort épais.

Au-deffus de l'autel de marbre blanc eft pofée dans une ni-
che de marbre noir, une fort belle figure de Sainte Made-
laine foutenuë par un groupe d'Anges, le tout d'un feul bloc
de marbre blanc fort beau, qui peut avoir fix pieds de haut.
La Chapelle eft couverte de plomb, & a un petit veftibule
lequel nous a été fort utile. Dans ce pofte fi élevé nous pla-

çâmes auffi-tôt l'horloge , & nous la mîmes en mouvement. Nous montâmes le quart de cercle qui avoit été porté avec bien de la peine & des précautions fur le dos des Mulets par des précipices & des rochers la plufpart de marbre , qui feroient peur fi on les regardoit de trop près. Après avoir difpofé nos inftrumens, comme le vent du Nord-Oueft étoit frais , & qu'il étoit déja tard , nous nous contentâmes de reconnoître le Païs.

Toute cette Montagne eft fans aucun arbre, il n'y croît que de la lavande , du thim , du ferpolet & autres herbes de bonne odeur. Les Montagnes inferieures font la plufpart couvertes de bois de Pin , qui croît affez bien furces Rochers , & rend aux proprietaires beaucoup de gaudron fi neceffaire pour la Marine. Nous découvrîmes la Mer fort au large depuis l'Oueft jufqu'à l'Eft-Sud-Eft , & toute la Côte , dont nous donnerons dans la fuite le gifement par rapport au S. Pilon. Du côté de l'Eft & à l'Eft-Nord-Eft nous découvrîmes les Montagnes de Tende & de Barcelonnette ; au Nord-Eft le Mont Genevre , & autres Montagnes du haut Dauphiné ; vers le Nord les Montagnes de Chartreufe. Le haut de toutes ces Montagnes étoit couvert de neiges. Au Nord-Oueft les Montagnes des Cevennes , & quelques-unes d'Auvergne. A l'Oueft-Nord-Oueft & vers l'Oueft , les Montagnes de Languedoc & de Carcaffonne , & quelques-unes qu'on nous dit être des Pyrénées.

Plus près de nous nous découvrîmes les Montagnes de Salon , de faint Remy , le Mont Ventoux , les Montagnes de Leberon le long de la Durance , celles de la haute Provence, & à environ fix lieuës au Nord de nous , la Montagne de Sainte Victoire , ou Sainte Venture. Voilà en general le Païs que nous avons vû du S. Pilon, & dont nous déterminerons la pofition d'une partie dans la fuite plus exactement. La brume qui étoit à l'horizon de la Mer , & le vent très-frais de Nord-Oueft ne nous permettant pas d'obferver la baffeffe de l'horizon de la Mer , nous defcendîmes à la Sainte Baume.

Cette Grotte élevée de plus de cent toifes au-deffus d'une petite plaine , qu'on appelle le Plan d'Aups , eft dans un rocher coupé à plomb , qui s'éleve par-deffus la Grotte environ foixante toifes. Il n'y a auprès de la Grotte fur cette roche qu'autant d'efpace qu'il en falloit pour bâtir le Convent des

Defcription de la fainte Baume.

RR. PP. Dominicains, & un Logis, qui paroiſſent collez contre le rocher, & ſont tournez au Nord & au Nord-Oueſt. Au-deſſous de ce peu de Maiſons, eſt un Bois de chêne & de hêtre, & autres arbres dont on ne voit que les têtes, tant cette Forêt eſt baſſe par rapport à ces bâtimens.

La vûë depuis l'Eſt-Nord-Eſt juſqu'à l'Oueſt-Nord-Oueſt, eſt à peu près la même que celle du Saint Pilon, mais moins étenduë. Le Soleil qui vers le Solſtice & pendant l'Eſté ne donne contre cette roche que depuis une heure après midi juſqu'au ſoir, ne l'éclaire du tout point depuis le dix-huit Octobre juſqu'au vingt-deux Février ; ce qui fait comprendre quelle doit être la fraîcheur de ce lieu en Eſté, & le froid en Hyver ; auſſi avons-nous remarqué peu d'Oiſeaux dans le Bois, quoiqu'il ſoit fort vert & fort beau, & qu'il y ait des fontaines en deux endroits aſſez éloignez.

Pour tirer plus d'avantage des Obſervations faites au Saint Pilon, il étoit neceſſaire d'aller au Pilon du Roi, ſoit pour continuer les Obſervations du barometre, ſoit parce que la pluſpart des triangles formez au Saint Pilon aboutiſſent au Pilon du Roi comme à un point fort remarquable, & que les triangles formez à l'Obſervatoire de Marſeille, aboutiſſent auſſi au même Pilon du Roi : heureuſement un de mes amis m'aïant invité d'aller à ſa Maiſon de Campagne qui eſt près du Village de Gardanne à près de cinq licuës d'une heure de chemin de Marſeille, & qui n'eſt éloignée du Pilon du Roi que d'une lieuë, je me déterminai à profiter de cette occaſion pour achever ce travail. Je portai donc des tubes, du mercure pour faire les experiences du barometre, & mon quart de cercle de trois pieds de raïon, & partis le vingt Aouſt avec le même M. Royere, qui m'avoit accompagné au voïage de la Sainte Baume.

Deſcrip-tion de Gardanne. Le Village de Gardanne eſt dans un vallon aſſez large, qui eſt ſeparé du territoire de Marſeille par cette chaîne de Montagnes qui ſont au N. & au N. E. de cette Ville-là, parmi leſquelles eſt la Montagne du Pilon du Roi. Le terroir de ce Village eſt aſſez fertile & aſſez découvert, excepté le long du ruiſſeau qui le traverſe, qui eſt couvert de peupliers. Il eſt éloigné de la Ville d'Aix, qui lui reſte au Nord, d'une bonne lieuë de chemin.

Deſcrip- Le vingt-deux Août 1708. nous partîmes de très-grand matin

matin pour aller au Pilon du Roi, après avoir chargé sur des Mulets le quart de cercle & tout ce qui nous étoit necessaire pour les Obfervations que nous avions refolu de faire fur cette Montagne ; nous n'arrivâmes pourtant fur le haut de la Montagne qu'à cinq heures & demi , parce que nous nous étions beaucoup écartez pour trouver un chemin praticable ; de forte que pour aller chercher le Pilon du Roi , qui étoit affez éloigné de nous à l'Oueft, nous marchâmes trois heures fur le haut de ces Montagnes rudes & affreufes, nous égarant fouvent parmi des rochers efcarpez.

Enfin comme il n'étoit pas poffible que nos Mulets montaffent dans un païs où les Chévres avoient peine à fe tenir, nous fifmes porter nos inftrumens fur le dos des Hommes , & les plaçâmes fur un rocher qui eft tout contre le rocher qu'on appelle le Pilon du Roi. Ce rocher qui eft fait comme un cilindre , s'éleve au-deffus de la Montagne d'environ douze à treize toifes , fur une bafe d'environ dix toifes de diametre ; il eft tellement efcarpé de tous côtez, qu'à moins d'avoir des aîles , il n'eft pas poffible d'y aller.

Le vent étoit Sud-Oueft frais, & la mer fi chargée de nuages & de brume , qu'il ne fut pas poffible de voir l'horizon de la mer ; ainfi nous ne pûmes point prendre la baffeffe de l'horizon apparent de la mer , ce qui nous mortifia un peu ; nous ne pûmes pas même voir l'Ifle & la Tour de Planier , qui devoient être bien au-deçà de l'horizon. Nous découvrîmes trèsbien le terroir & la ville de Marfeille, le terroir & la ville d'Aix, les Montagnes de la Sainte Baume , celles de Mouftier, de Leberon , & le mont Ventoux, que nous avions d'abord peine à voir à caufe des nuages ; à l'Oueft de nous nous ne pûmes rien découvrir à caufe d'une Montagne voifine qui nous en déroboit la vûë.

Pour donner quelque ordre à ce Memoire , je le diviferai en plufieurs articles qui renfermeront toutes les Obfervations faites fur ces deux Montagnes. Le premier article fera fur les Obfervations phyfiques du barometre ; le fecond renfermera les Obfervations aftronomiques ; le troifiéme les Obfervations géometriques ; & le dernier les Obfervations géographiques ; le tout fera accompagné des Reflexions que je jugerai les plus convenables au fujet.

B

ARTICLE PREMIER.

Observations Physiques du Barometre.

DEZ le 20 Juin nous commençâmes à faire l'experience du barometre dans le logis de la Sainte Baume, & nous la fîmes auffi le même jour au Saint Pilon. Je donnerai, pour abreger, une table des hauteurs du mercure pour tous les jours auxquels nous avons laiffé les barometres en experience, après avoir expliqué la methode dont nous avons ufé pour les charger.

Nous avons nétoié foigneufement le mercure, en le faifant paffer plufieurs fois par un linge double, jufqu'à ce qu'il n'y reftât plus de faleté. Les tubes de verre qui ont 36 pouces, étoient neufs & fort fecs, n'ayant fervi qu'à deux ou trois experiences; ils furent chargez avec un antonnoir de verre, & après les avoir vuidé d'air exactement fans y en laiffer aucune ampoulle, & avoir achevé de les remplir, ils ont été plongez dans des bouteilles de verre les deux tiers pleines de mercure; alors le vuide s'eft fait à l'ordinaire, & aïant lié & affermi les barometres contre un appui, nous avons pris avec des buches de chanvre la hauteur du vif-argent dans le tube depuis la furface du vif-argent contenu dans les phioles.

Nous avons ufé de la même methode dans l'experience que nous avons faite fur la Montagne du Pilon du Roi, & à Gardanne. J'ajouterai dans la table la hauteur du mercure du barometre refté en experience dans l'Obfervatoire de Marfeille, & la hauteur du thermometre placé au Saint Pilon, pour abreger & mettre tout d'un coup fous les yeux toutes ces Obfervations, fur lefquelles doivent porter toutes les Reflexions que nous avons à faire fur la methode de mefurer les Montagnes par la hauteur du mercure dans le tube du barometre.

TABLE

Pour les hauteurs du Barometre au mois de Juin 1708.

Jours du Mois. Juin 1708.	Hauteurs du mercure à l'Observatoire de Marseille.	Hauteurs du mercure à la Sainte Baume.	Hauteurs du mercure au S. Pilon.	Thermometre de M. Amontons au Saint Pilon.
20 matin	$27^p\ 4^l\ \frac{1}{2}$	$24^p\ 10^l\ \frac{1}{2}$	$24^p\ 6^l\ \frac{1}{2}$	$53^p\ 9^l$
soir	27 4			
21 matin	27 4 $\frac{1}{4}$	24 10	24 6	53 8 $\frac{1}{2}$
soir	27 4 $\frac{1}{4}$	24 10	24 6	53 10 $\frac{1}{2}$
22 matin	27 5 $\frac{1}{2}$	24 10 $\frac{3}{4}$	24 6 $\frac{1}{2}$	53 8
soir	27 6		24 7 $\frac{1}{3}$	53 10 $\frac{1}{2}$
23 matin	27 6 $\frac{1}{4}$	25 0	24 7	53 8
soir	27 5 $\frac{1}{2}$	On ne put observer à cause de la pluye.		
24 matin				
soir	27 4	24 10	24 5 $\frac{3}{4}$	53 8
25 matin	27 5 $\frac{1}{4}$	24 11	24 7	53 7
soir	27 6	24 11 $\frac{1}{2}$	24 7 $\frac{1}{2}$	53 8
26 matin	27 6	24 11 $\frac{1}{2}$	24 7 $\frac{1}{2}$	53 8
soir	27 5 $\frac{1}{2}$	24 11	24 7	53 9 $\frac{1}{2}$
27 matin	27 3 $\frac{1}{2}$	24 9 $\frac{2}{3}$	pluye, on n'est pas monté	
soir	27 4	24 10	24 6	53 9
28 matin	27 3 $\frac{1}{2}$	24 10	24 6	53 9
soir	27 3 $\frac{1}{2}$	24 10	24 6	53 9
29 matin	27 4	24 10	24 6	On l'a ôté.
soir	27 4 $\frac{1}{4}$	24 10	On l'a ôté.	

Le vingt-septiéme Juin on fit l'experience du barometre au bas du rocher, là où il cesse d'être à plomb, & où il s'unit avec le talu de la montagne. Le mercure est monté à 24$^{pouc.}$ 10$^{lig.}$ $\frac{1}{2}$.

Cette hauteur du rocher qui avoit été mesurée avec un cordeau, se trouva de 63 toises depuis le Saint Pilon jusqu'au bas où le rocher s'unit avec le talu de la montagne.

B ij

Le vingt-neuf Juin au matin on fit l'expérience du baromètre sur la hauteur de la montagne des Beguines, qui reste à l'Est du Saint Pilon ; le mercure monta à   24ᵖ. 1ˡ.

Le même jour après midi on fit la même expérience dans la plaine au-dessous de la Sainte Baume, qu'on appelle le Plan d'Aups, le mercure monta à   25ᵖ. 6ˡ.

A notre arrivée à Gardanne nous mîmes un baromètre en expérience de la même manière qu'au Saint Pilon, le mercure monta dans le tube à   27ᵖ. 1ˡ. & resta constamment à cette hauteur jusqu'au 24 d'Août que nous revînmes à Marseille, quoique le 20. & le 21. il ait fait de très-grandes chaleurs, que le soir du 22. il ait plu, & que le 23. Août le vent de N. O. ait été très-frais, comme il arrive en ce païs lorsqu'il a peu plu. Cependant le baromètre qui étoit en expérience dans la salle de l'Observatoire de Marseille, varia assez considerablement ces jours-là, comme on le verra ci-après.

Au Pilon du Roi nous eumes assez de peine à charger le tube de vif-argent, il fallut recommencer quatre fois, parce que le vent de S. O. aïant un peu humecté le tube, on avoit peine à le purger d'air ; & quelque diligence que nous y aïons apporté, il y est toujours resté quelques petites ampoules d'air : enfin aïant plongé le tube dans le vif-argent, le mercure resta à   25 pouces 7 lignes.

Réflexions sur ces diverses hauteurs du baromètre comparées ensemble pour connoître les hauteurs des Montagnes.

Dans les Memoires de l'Academie Roïale des Sciences de l'année 1703. p. 229. M. Maraldi donne une methode très-ingenieuse pour connoître la hauteur des Montagnes par les diverses hauteurs du mercure dans l'experience qu'on fait sur ces montagnes ; & M. Cassini le fils a donné dans les Memoires de la même Academie de l'année 1705 p. 72. une table pour les hauteurs de l'air & du mercure, correspondantes. Nous allons appliquer ici cette methode, & voir quel usage on en peut faire, & s'il y auroit encore quelque chose à perfectionner : car ce sont-là les avantages qu'on tire des experiences & des observations, lorsqu'elles ont été faites avec soin.

Par les observations du baromètre rapportées dans la table precedente, on voit que le mercure étoit constamment plus

haut de 4 lignes à la Sainte Baume, qu'au Saint Pilon ; il n'y a
que les obſervations du 22 & 24 Juin qui donnent 4 lignes &
$\frac{1}{4}$, auxquelles nous n'aurons pas égard, parce que ce quart
augmenteroit encore la hauteur du Saint Pilon. Ces 4 lignes
de mercure, en ſe ſervant de la proportion que donne M.
Maraldi, (car je ne me ſouvenois pas d'avoir vû la table de
M. Caſſini le fils, qui eſt faite ſur la même proportion) ces
4 lignes, dis-je, font équilibre avec 402 pieds d'air ou 67 toiſes, dont le Saint Pilon ſeroit plus haut que la chambre du
logis de la Sainte Baume, où le ſecond barometre étoit en experience : cependant aiant meſuré la hauteur de ce rocher
méchaniquement, juſqu'à un endroit plus bas que la chambre
au moins de dix toiſes, il ne s'eſt trouvé que 63 toiſes : ainſi
cette hypotheſe ne s'accorderoit pas bien avec les experiences.

On pourroit dire que le barometre devenant thermometre,
auroit pû faire hauſſer un peu le mercure à la Sainte Baume,
& baiſſer au Saint Pilon, où l'air étoit plus froid ; mais ſi on
fait reflexion que l'élevation du mercure dans le tube a été
meſurée d'abord après que le vuide s'eſt fait, le chaud ni le
froid n'ont pas eu le loiſir d'agir ſur le mercure. D'ailleurs le
froid du Saint Pilon n'obſervant pas la même proportion avec
la chaleur de l'air de la chambre de la Sainte Baume, il devroit
y avoir eu une irregularité conſtante entre ces denx barometres, & cependant on y remarque une regularité conſtante,
excepté le 22 & le 24 Juin, qui donnent quatre lignes & un
quart de difference, ce qui eſt encore plus contraire à l'hypotheſe de M. Maraldi. Nous l'allons juſtifier par les experiences
ſuivantes.

Le barometre du Saint Pilon s'étant conſtamment tenu 4
lignes plus bas que celui de la Sainte Baume, il s'enſuit que le
27 Juin, auquel la pluye qui avoit long-temps duré le matin,
empêcha de monter au Saint Pilon, le barometre y devoit être
à 24 pouces 5 lignes $\frac{1}{3}$, puiſqu'il étoit à la Sainte Baume à 11
heures du matin à 24 pouces 9 lignes $\frac{1}{3}$. M. Maraldi dit lui-
mème dans les Memoires de l'Academie, qu'on a obſervé que
le mercure monte & deſcend preſque toujours dans le même
temps, même dans des païs fort éloignez l'un de l'autre, quoique la conſtitution de l'air ne ſoit pas la même dans ces differens païs : & c'eſt ſur ce principe que porte la table qu'il en a
donné ; mais ayant mis en ce temps un barometre en expe-

perience au bas du rocher, qu'on a trouvé avoir 63 toises de hauteur, comme il a été dit ci-dessus, le mercure est monté à 24 pouces 10 lignes $\frac{1}{2}$, de sorte que le mercure étoit plus haut de 4 lignes $\frac{5}{6}$ au bas du rocher, qu'au Saint Pilon; ces 4 lignes $\frac{5}{6}$ font, selon cette hypothese, équilibre avec 102, 101, 100, 99, 89 pieds d'air, ou 80 toises 2 pieds; c'est-à-dire avec 17 toises de plus que nous n'en avons trouvé par la mesure actuelle que nous avons faite de ce rocher, les $\frac{5}{6}$ de ligne de difference entre le barometre en experience dans la chambre du logis, & celui qui fut mis au bas du rocher, donneroient 82 pieds ou 13 toises 4 pieds de difference de hauteur de ces deux lieux. Elle ne paroît pas si grande, quoique nous ne l'aïons pas mesuré mechaniquement, parce que cela n'en valloit pas la peine.

Le 29 Juin au matin le barometre donnoit au Saint Pilon 24 pouces 6 lignes. Ensuite étant monté le même matin sur la hauteur des Beguines, & y ayant fait l'experience du barometre, le mercure est monté dans le tube à 24 poucee 1 ligne. La difference est 5 lignes dont le mercure étoit plus haut au Saint Pilon, lesquelles, selon la même hypothese, font équilibre avec 102, 103, 104, 105, 106 pieds d'air, ou 500 pieds ou 86 toises $\frac{2}{3}$, dont la pointe des Beguines seroit plus haute que le Saint Pilon; ce qu'on examinera dans la suite de ce memoire par les angles des hauteurs qu'on a pris de ces deux montagnes depuis la plaine d'Aups.

Le 29 Juin le barometre de la Sainte Baume se tint tout le jour à 24 pouces 10 lignes; étant descendus l'après midi au plan d'Aups, & y ayant fait l'experience du barometre, le mercure monta dans le tube à 25 pouces 6 lignes. La difference est 8 lignes dont le mercure étoit plus bas a la Sainte Baume, lesquelles, selon la même hypothese, font équilibre avec 98, 97, 96, 95, 94, 93, 92, 91 pieds d'air; c'est-à-dire, avec 756 pieds, ou 126 toises dont la Sainte Baume seroit plus haute que le plan d'Aups: & ajoutant à cela les 4 lignes de mercure depuis la sainte Baume au saint Pilon, qui font équilibre avec 402 pieds d'air, la hauteur du saint Pilon pardessus le plan d'Aups seroit de 1158 pieds, ou 193 toises; ce qu'on examinera encore ci-après.

Si on ajoute encore à cette somme 520 pieds d'air qui font équilibre avec les 5 lignes de mercure dont le barometre étoit plus haut au faint Pilon qu'à la pointe des Beguines, les 17 lign. de différence de hauteur du mercure entre le plan d'Aups & la pointe des Beguines, donneront 1678 pieds, ou 279 toifes ⅓ dont la pointe des Beguines feroit plus haute que le plan d'Aups : ce qu'il faudra encore verifier par des triangles dont on connoît les angles & la bafe.

Suivant encore la même hypothefe les 42 lignes de mercure depuis 28 pouces que l'on fuppofe être la hauteur du mercure au bord de la mer, jufqu'à 24 pouces 6 lignes, où le mercure eft defcendu au faint Pilon, donneroient pour hauteur du faint Pilon au-deffus de la mer 3414 pieds d'air, qui font en équilibre avec ces 42 lignes de mercure, ou 569 toifes de de hauteur de cette montagne au-deffus de la furface de la mer : & fi on ajoute les 520 pieds qui conviennent à la hauteur des Beguines par-deffus le faint Pilon, la hauteur des Beguines fera de 3954 pieds, ou 655 toifes dont la pointe des Beguines feroit plus haute que la furface de la mer, pour 47 lignes de mercure d'abaiffement aux Beguines.

Mais fi on fait reflexion qu'à l'Obfervatoire de Marfeille le mercure ne s'eft jamais tenu plus haut dans le barometre que 27 pouces 6 lignes au temps de ces obfervations, il s'enfuit qu'au bord de la mer en ce temps-là le mercure ne feroit monté qu'à 27 pouces 8 lignes & demi, puifque nous avons trouvé en Avril de 1706 que la différence des hauteurs du mercure à l'Obfervatoire de Marfeille & au bord de la mer, étoit un peu plus de deux lignes & demi, qui répondent à 24 toifes de hauteur de l'Obfervatoire fur la mer, lefquelles nous avons mefuré par le nivellement que nous en fifmes pour lors par deux métodes différentes que M. Caffini a rapportées dans les Mémoires de l'Academie Roïale des Sciences de 1707. Il y auroit donc à déduire 34 toifes de hauteurs de ce dernier article, quand il n'y auroit pas d'autre correction à faire.

A Gardanne le mercure monta à 27 pouces une ligne le 20 Août 1708. De cette hauteur il s'enfuit, felon l'hypothefe de M. Maraldi que le lieu où le barometre étoit en experience, étoit élevé de 109 toifes au-deffus de la mer ; mais parce que le mercure n'eft pas monté de 28 pouces au bord de la mer, puifqu'à l'Obfervatoire il n'eft monté ce jour-là qu'à 27 pouces 6 lignes au plus ; il s'enfuit qu'il n'étoit au bord de la mer qu'à 27 pouces 8 lignes ⅓ : ainfi il faut rabattre 26 toifes de cette hauteur, & établir l'élevation de Gardanne par-deſſus la mer de 83 toiſes.

Au Pilon du Roi le mercure monta dans le tube du baro-metre à 25 pouces 7 lignes : ainſi ſelon l'hypotheſe de M. Ma-raldi, & ſelon la table de M. Caſſini le fils, cette hauteur du vif-argent donneroit 362 toiſes 3 pieds au deſſus de la ſurface de la mer, à laquelle ſi on ajoute 13 toiſes pour la hauteur du rocher, il feroit élevé au-deſſus de la mer de 375 toiſes trois pieds. Par le calcul que je donnerai ci-aprés, ce rocher eſt éle-vé de 387 toiſes, ce qui donne une difference d'onze toiſes & demi.

On voit par la table de M. Caſſini le fils citée ci-devant, qu'il ſuppoſe, comme moi, la hauteur du vif-argent au bord de la mer de 28 pouces, & je l'ai en effet trouvé telle, & mê-me quelquefois de 28 pouces 2 lignes, dans le mois de No-vembre de cette année 1709. Mais il arrive le plus ſouvent que le barometre de la ſalle de l'Obſervatoire ne monte pas à 27 pouces 9 lignes ⅖, qui eſt la hauteur où il devroit être pour qu'il fût au bord de la mer préciſément à 28 pou. de ſorte que par cette hypotheſe, les hauteurs dés montagnes viennent un peu plus grandes que je ne les ai trouvé en les meſurant géome-triquement ou mechaniquement, comme on le verra ci-après, excepté dans cette derniere hauteur du Pilon du Roi : mais prenant pour point fixe les hauteurs du barometre de l'Obſer-vatoire, avec les corrections qu'on vient d'employer, on a par le barometre les hauteurs des lieux où on a fait l'experience avec autant de préciſion qu'on le peut ſouhaiter de cette ſorte d'obſervations.

Il eſt donc avantageux d'avoir trouvé cette maniere de me-ſurer la hauteur des montagnes, étant beaucoup plus aiſé d'y porter un barometre, que les inſtrumens neceſſaires pour me-ſurer ces hauteurs géometriquement ; le calcul en eſt auſſi beau-coup plus facile, quoique, comme dit M. Maraldi, il y ait de la difficulté à rencontrer toujours juſte dans des experiences auſſi délicates ; & que cette methode ſoit ſujette à bien des in-conveniens, tels que ſont la difficulté de bien purger le mer-cure, d'avoir des tubes toujours bien ſecs, de chaſſer toutes les ampoules d'air qui ſe meſlent avec le mercure quand on rem-plit le tube, d'eſtimer au juſte juſqu'à un quart de ligne ; ce qui eſt toujours neceſſaire, mais plus encore à meſure qu'on eſt

eſt dans des lieux plus élevez, où un quart de ligne, par exemple à 24 pouces de hauteur de vif-argent, qui répondent à 676 toiſes d'hauteur de l'air ſur la ſurface de la mer, vaut 4 toiſes & demi.

On s'appercevra donc aiſément en reflechiſſant ſur cette matiere, combien il faut de ſoin & de délicateſſe dans cette ſorte d'obſervations. D'ailleurs il faut auſſi avoir égard à la conſtitution de l'air qui n'eſt pas d'une égale denſité, ou, ſi on veut, d'une denſité proportionnelle en divers lieux dans le même temps, comme on le prouvera bientôt; ce qui introduit par conſequent quelque variation dans le rapport des colomnes de mercure & d'air correſpondantes. C'eſt pourquoi il ſemble neceſſaire pour conclure avec plus de juſteſſe les hauteurs des montagnes par cette methode, qu'aïant deux barometres en experience en des lieux de diverſe élevation, on prenne le milieu entre la variation de la hauteur du mercure dans un lieu, & encore le milieu entre la variation de la hauteur du mercure dans l'autre lieu, ou au bord de la mer; alors on pourra conclure avec moins de danger & plus de ſûreté, la diverſe hauteur de ces lieux par cette méthode.

En effet, jettant les yeux ſur la table des obſervations du barometre, on trouve beaucoup plus de variation dans le barometre de l'Obſervatoire de Marſeille, que dans ceux de la Sainte Baume & du Saint Pilon : car à Marſeille dans ce temslà il a varié depuis 27 pouces 6 lignes, juſqu'à 27 pouces 3 lignes $\frac{1}{2}$, & il n'a jamais été un jour entier à la même hauteur; au lieu qu'à la Sainte Baume & au S. Pilon les hauteurs du barometre ſe ſont accordées conſtamment, & la variation n'eſt montée qu'à deux lign. c'eſt-à-dire à une ligne & demi moins qu'à Marſeille, & il a reſté juſqu'à deux jours à la même hauteur; ce qu'on peut, ce me ſemble, attribuer à deux cauſes.

La premiere que la chaleur de l'air a été plus conſtamment la même à la Sainte Baume & au Saint Pilon, ce qui ſe prouve par les hauteurs du thermometre placé au Saint Pilon, qui eſt toujours reſté au-deſſous de l'état de l'air des caves de l'Obſervatoire de Paris, qui n'a varié que depuis 53 pouces 7 lignes, juſqu'à 53 pouc. 10 lignes $\frac{1}{2}$, & qui s'eſt tenu pour l'ordinaire à 53 pou. 8 lig. ou 53 pou. 9 lig. au lieu qu'à Marſeille en quelque temps de l'année que ce ſoit, il varie au moins de 4 lignes par jour, ſouvent de 6 lignes, quelquefois de 8, &

même de 10 lignes ; ainſi le barometre devenant thermometre, il a dû varier plus ſenſiblement à Marſeille qu'à la Sainte
Baume : d'où l'on voit encore que le mercure eſt plus ſenſible
à la chaleur qu'à la froideur de l'air , & qu'il ne faut pas attribuer uniquement à la plus grande ou à la moindre peſanteur
de l'armoſphere, la variation journaliere du barometre ; comme il a déja été remarqué par feu M. Amontons.

La ſeconde cauſe eſt, que plus on eſt élevé , moins l'air eſt
denſe ; ainſi étant moins mêlé de matiere heterogene, & plus
rare , il eſt moins ſujet à diverſes alterations qui contribuent
à ſa peſanteur , ou à ſa legereté , ſuivant qu'il y a plus ou moins
de cette matiere heterogene. Ainſi quoique nous aïons eu ſouvent des broüillards ou des temps nubileux, comme les 23 ,
27 , 28 & 29 Juin ; cependant la hauteur du mercure n'a point
varié , ou n'a varié que d'une ligne dans les barometres de la
Sainte Baume & du Saint Pilon ; au lieu que dans ces mêmes
jours elle a varié de deux lignes & demi à Marſeille. Cependant les vents de N. O ou de S. E. ont été pour le moins auſſi
frais au Saint Pilon , qu'ils l'ont été à Marſeille ; ce qui prouve que , tout le reſte étant égal , l'air des montagnes doit être
meilleur pour la ſanté & pour la vie des hommes , dans leſquels l'air circule continuellement avec le ſang.

Après avoir écrit ceci , j'ai reçû les reflexions que Monſieur
Caſſini a faites ſur ce que je lui avois envoïé en cette matiere
touchant les obſervations du barometre; ſur quoi je dirai avec
toute la déference que je dois au ſentiment d'un ſi habile & ſi
ſçavant homme , que comme il prend pour la hauteur du mercure dans le barometre de l'Obſervatoire de Marſeille , rapportée dans la premiere colomne de la table , celle qui eſt la
moindre entre toutes celles qui ont été obſervées dans ce
temps-là , il lui en reſulte des hauteurs moindres que je ne les
ai trouvées par les obſervations géometriques que je rapporterai ci après , & que c'eſt ainſi qu'il détermine la hauteur de
la montagne des Beguines, de 559 toiſes, quoique je l'aie trouvée de 650 toiſes, comme on le rapportera ci-après ; dont la
difference eſt de 91 toiſes , fort conſiderable ; mais ſi au lieu
de prendre la hauteur du mercure de ce jour-là à Marſeille,
de 27 pouces 4 lignes , comme elle étoit effectivement, on
prenoit un milieu, ou qu'on s'en tînt à 27 pouces 5 lignes &
demi , à cauſe que le barometre n'aïant changé que d'une li-

gne à la *Sainte Baume* & au *Saint Pilon* dans tout cet intervalle de temps, il ne devroit pas avoir tant changé à Marseille comme il a fait, s'il n'y avoit quelque autre cause de la pesanteur de l'air (ce qu'on a examiné ci-dessus) & qu'on y ajoute encore les deux lignes & demi qui conviennent à la hauteur de l'Observatoire de Marseille, il s'ensuivroit qu'on auroit trois pouces 8 lignes d'abaissement du vif-argent, auxquelles il répond dans la table 605 toises, ce qui approche plus de l'observation géometrique : & c'est ce qu'il faut dire aussi des hauteurs qu'il donne, sur les mêmes principes, du Saint Pilon, de la Sainte Baume & du Plan d'Aups, lesquelles toutes s'accorderont mieux, comme je l'ai fait voir ci-devant, & comme je le montrerai encore en comparant ces hauteurs prises par cette méthode, avec les mêmes hauteurs prises géometriquement, dans l'article troisiéme de cet écrit.

Il me paroît par tout ce que j'ai dit jusqu'ici, qu'on ne peut apporter plus de soin & de précaution pour rendre cette méthode plus utile & plus universelle. Je le soumets pourtant volontiers aux lumieres des sçavans Hommes pui composent l'Academie Roïale des Sciences : il s'agit ici de peu de chose : *In tenui labor, at tenuis non gloria*, mais il en revient de grands avantages. En quoi certainement on ne sçauroit trop louer l'habileté & la sagacité de Messieurs Cassini & Maraldi, d'avoir formé une hypothese & une table qui approche tant des observations, & meilleure de beaucoup que celle de M. Mariotte, cet homme d'ailleurs si habile & si éclairé, qui a été un des plus grands ornemens de l'Academie Roïale des Sciences. Si les proportions de cette table ne s'accordent pas aux observations avec une plus grande justesse & précision, on peut dire que ce n'est pas toujours le défaut de la table, mais une espece de défaut de la nature, qui ne nous donne pas toujours dans l'air une densité proportionnée ; ou le défaut de l'œil, qui ne peut pas mesurer les hauteurs du mercure dans les tubes avec autant de justesse qu'il conviendroit ; ou quelqu'une des autres causes qu'on a rapportées ci-dessus. Mais tel est le sort des ouvrages les plus parfaits ; on voit bien qu'on pourroit, mais non pas comment on pourroit les porter encore plus loin. Dans ces ouvrages-là il en coûte souvent plus de faire un pas au de-là de certains points de perfection, qu'il n'en avoit coûté de faire les cent pas précedens.

ARTICLE II

Observations Aftronomiques faites au Saint Pilon.

JE rapporterai premierement les obfervations que j'ai faites fur cette Montagne, enfuite j'ajouterai les reflexions
neceffaires.

Le 20 Juin 1708.

On ne put point prendre ce jour-là des hauteurs correfpondantes du Soleil pour regler l'horloge : il y avoit beaucoup de
nuages par intervalles, & le vent de N. O. étoit fi frais, que
le plomb du quart de cercle ne put jamais s'arrêter. On prit
pourtant une hauteur meridienne du Soleil que voici.

Hauteur meridienne apparente du bord fupe- rieur du Soleil,	70°	23′	50″
D'où on a la latitude comme s'enfuit. Demi diametre du Soleil,		15	49
Hauteur apparente du centre du Soleil,	70	8	1
Refraction fouftractive,			21
Veritable hauteur du centre du Soleil,	70	7	40
Declinaifon feptentrionale du Soleil, fouftra- ctive,	23	29	0
Hauteur de l'équinoxial,	46	38	40
Latitude & hauteur du pole du Saint Pilon & de la Sainte Baume,	43	21	20

On a mis ici le calcul tout au long pour faire voir les élemens dont on s'eft fervi. Dans la fuite pour abreger, on ne
mettra que le refultat du calcul.

Tout ce jour-là le vent de N. O. fut fi frais, & l'horizon de
la mer fi embrumé, qu'il ne fut pas poffible d'obferver la baffeffe apparente de l'horizon, qu'on ne diftinguoit pas ; d'ailleurs le quart de cercle étoit dans une agitation continuelle.

Le 21. Juin 1708.

Hauteurs correspondantes du Soleil pour regler l'Horloge.

Matin.	Bord fup. du Soleil.	Soir.	
9ʰ 22′ 0″	51ᵒ 0′	2ʰ 52′ 45″	La déclinaifon ne chan-
24 51	51 30	49 49	geant pas confiderable-
30 35	52 30	44 3	ment vers le folftice , il
33 28	53 0	41 7	n'y a pas de correction à
			faire.

Prenant un milieu ou a eu midi vrai le 21 à   0ʰ 7′ 20″.

Pour approcher l'horloge du temps vrai, on a   7
reculé l'aiguille de

Ainfi on a eu midi vrai ce jour-là à   0 0 20

Le quart de cercle étoit pofé à l'Eft de la Chapelle du S. Pilon auprès de la muraille pour être à l'abri du vent de N. O.
On pointa la lunette fixe du quart de cercle au S.E. là où l'horifon paroiffoit plus net, un peu à l'Eft de la plus orientale des
Ifles d'Hyeres, le fil horifontal de la lunette rafant exactement
la mer , là où elle femble s'unir avec le ciel, la mer
fut trouvée baffe de   57′ 30″.

L'horifon étoit tellement embrumé par tout ailleurs, qu'on
ne pouvoit diftinguer la mer d'avec le ciel.
Hauteur meridienne apparente du bord fuperieur du Soleil,   70ᵒ 23′ 30″.

D'où on a conclu par la même méthode que le
20 la hauteur de l'équinoxial étoit de   46 38 20
Et la latitude de   43 21 40

Le 22 Juin 1708.

Hauteurs correspondantes du Soleil pour l'horloge.

Matin.	Bord fup. du Soleil.	Soir.	
9ʰ 3′ 56″	49ᵒ 0′	2ʰ 57′ 32″.	Il n'y a pas de corre-
9 42	50 0	51 51	ction à faire.
12 33	50 30	48 54	
15 25	51 0	56 5	

Prenant un milieu on a eu midi vrai le 22 Juin à   0ʰ 0′ 45″.
On a eu midi vrai le 21 à   0 0 20

Donc l'horloge a avancé en un jour de   25
Pour être reglée au temps moïen , elle auroit
dû avancer feulement de   13

Donc elle avance trop fur le temps moyen en
24 heures, de   12"

Hauteur meridienne apparente du bord fuperieur du Soleil, prife quand il a efté midi à
l'horloge,   70º 24' 0"

    D'où on a conclu la hauteur de l'équinoxial   46 38 50
    Et la latitude de   43 21 10

Aiant remis vers les trois heures le quart de cercle dans le
meridien par le moïen d'un point qu'on avoit remarqué, &
dont on parlera dans la fuite, fur la hauteur trouvée de l'é-
quinoxial, on mit l'inftrument à la hauteur meridienne de
Venus pour ce jour-là, & on fit l'obfervation fuivante.

Temps vrai.

à 3ʰ 10' 58" Venus paffa par le meridien.

Sa hauteur meridienne apparente étoit de   64º 5' 0"
à 4ʰ 15' aïant pointé la lunette fixe du quart de cercle à l'horifon de la mer au Sud Sud-Oueft, où l'horifon étoit plus net,
la mer fut trouvée bafle de   57' 15"

Le vent Nord-Oueft mediocre, brume legere, l'obfervation fut faite avec exactitude.

Le 23 Juin 1708.

Le ciel couvert & le vent d'Oueft très-frais empêcherent
ce jour-là de faire aucune Obfervation Aftronomique.

Le 24 Juin 1708.

Le mauvais temps empêcha de monter le matin au Saint Pilon; l'après midi le vent de Nord-Oueft aïant beaucoup fraichi après la pluye, on ne put point découvrir l'horifon de la
mer, & on ne fit aucune Obfervation Aftronomique. La mer
vûë du Saint Pilon, paroiffoit fort groffe, & fort mouton-
née, on defcendit à la Sainte Baume fans avoir rien fait.

Le 25 Juin 1708.

A 6ʰ 15' du matin aïant pointé la lunette fixe du quart
de cercle au Sud-Eft à l'horifon de la mer, par la plus orientale des Ifles d'Hieres, la mer étoit bafle de   56' 30"

Le vent de Nord-Oueft étoit affez frais, la brumé délice.

Hauteurs correspondantes du Soleil pour l'Horloge.

Matin.	Bord sup. du Soleil.	Soir.	
9ʰ 23′ 26″	50° 10′	2ʰ 40′ 24″	Il n'y a point de cor-
26 56	52 46	36 36	rection à faire.
30 18	53 20	33 28	

Prenant un milieu on a midi vrai le 25 Juin à	0ʰ 2′ 0″
Le 22 Juin on a eu midi vrai à	0 0 45
Donc l'horloge a avancé en trois jours de	1 15
Pour être reglée au temps moyen, elle devoit avancer de	39
Donc elle a trop avancée en trois jours de	36
Et par jour, ce qu'il falloit connoître exacte- ment,	12

A 0ʰ 2′ 0″ hauteur meridienne apparente du bord superieur du Soleil,	70° 21′ 15″
D'où on a conclu la hauteur de l'équinoxial, de	46 39 5
Et la latitude de	43 20 55

Observation de Venus.

Par la méthode dont on s'étoit servi le vingt-deux on observa Venus.

Temps vrai.

A 3ʰ 11′ 45″ Venus suivant le paralelle passa par le meridien.

Sa hauteur meridienne apparente étoit de   63° 3′ 45″

A 3ʰ 30′ aïant pointé la lunette fixe du quart de cercle au même point de l'horison que le matin, la mer fut trouvée basse de   57′ 45″

Le vent Nord-Ouest mediocre, l'horison fort embrumé, le barometre étoit à 27 pouces 7 lignes ¼, le thermometre à 53 pouces 9 lignes.

Le soir à 7ʰ 30′ aïant pointé au même endroit la lunette fixe du quart de cercle, la mer s'est trouvée basse seulement de   56′ 30″

L'observation fut réïterée plusieurs fois ; le vent étoit N. O. foible, beaucoup plus de brume à l'horison, le barometre étoit alors à 24 pouces 7 lignes ½, & le thermometre étoit descendu à 53 pouces 8 lignes.

Observation du premier Satellite de Jupiter.

Temps vrai.

A 8ʰ 56′ 25″ Emerfion du premier Satellite de Jupiter ; elle eft arrivée à un tiers de diametre de Jupiter, vers le bord occidental apparent de cette Planete. Le broüillard dont nous avions été environnez pendant près d'une heure, fe diffipa heureufement un quart d'heure avant l'obfervation.

Le 26 Juin 1708.

A 8ʰ 15′ du matin aïant pointé la lunette fixe du quart de cercle au même point de l'horifon qu'hier, la mer fut trouvée baffe feulement de   56′ 0′

L'horifon étoit mediocrement net, le vent S. O. foible.

A 11ʰ 45′ ayant pointé au Sud, où l'horifon étoit le plus net, la mer fut trouvée baffe de   56′ 30′

L'horifon un peu embrumé, le vent Sud-Oueft mediocre, le barometre étoit à 24 pouces 7 lignes ½, le thermometre à 53 pouces 9 lignes.

Hauteurs correfpondantes du Soleil pour l'horloge.

Matin.	Bord fup. du Soleil.	Soir.	
9ʰ 2′ 59″	48° 30′ 0″	3ʰ 1′ 34″	Il n'y a point en-
5 50	49 0	2 58 45	core de correction à
8 37	49 30	55 59	faire.
11 29	50 0	53 4	

Prenant un milieu on a midi vrai le vingt-fix
Juin à   0ʰ 2′ 17′

On a eu midi vrai le vingt-deux Juin à   0 0 45

Donc l'horloge a avancé en quatre jours de   1 32
Elle devoit avancer pour être au tems moïen de   52

Donc elle avance trop en quatre jours de   40
Et par jour, ce qu'il falloit fçavoir pour l'obfervation de Jupiter,   10
Par les obfervations précedentes elle avançoit
trop par jour de   12
Prenant un milieu on a établi fon avancement
journalier de   11
Pour déterminer exactement le temps de l'Emerfion du
premier

premier satellite de Jupiter d'hier au soir.

Hauteur meridienne apparente du bord superieur du Soleil, douteuse à cause des nuages qui sont survenus en ce
temps-là.   70° 19′ 30″
D'où on a conclu la hauteur de l'équinoxial de 46 39 20
Et la latitude de   43 20 40

Sur le soir aïant pointé la lunette fixe du quart de cercle au même point à l'Est des Isles d'Hieres, la Mer fut
trouvée basse de   0° 57′ 30″.
L'air & l'horison embrumé, le vent de Sud-Ouest frais.

Le Ciel couvert le 27 & le 28 nous a empêché de faire aucune observation astronomique ces jours-là. Nous nous en
sommes consolez, sur ce que celles qu'on vient de rapporter
suffisoient pour déterminer la latitude & la longitude du S.
Pilon & de la Sainte Baume.

REFLEXIONS SUR CES OBSERVATIONS.

Pour le Meridien du S. Pilon.

Lorsque nous avons pris les hauteurs meridiennes du Soleil rapportées ci-dessus, nous avons laissé quelque temps le
quart de cercle dans le meridien, & aïant après chaque observation bornoïé le long du limbe du quart de cercle M.
Royere & moi, & réïteré souvent cette observation pour
trouver quelque point éloigné qui fut remarquable, & qui
se trouvât dans le meridien, nous avons déterminé la position du meridien du S. Pilon par le milieu d'un petit écueil
à fleur-d'eau qui est placé entre la grande & la petite Isle des
Ambiez, & à moitié chemin de ces deux Isles. Nous n'avons
point trouvé de point plus remarquable. Cet écueil est éloigné d'environ dix-huit milles, & ainsi à une distance assez
grande pour avoir un point de la meridienne avec autant de
précision que nous en pouvions souhaiter.

Nous avons pris les hauteurs meridiennes lorsqu'il étoit
midi à l'horloge, ainsi nous sommes sûrs du midi à deux secondes près, comme il compte par les hauteurs correspondantes du Soleil que nous avons rapporté expressément. Toutes les fois que nous avons bornoïé l'un & l'autre, nous avons
toûjours trouvé le milieu de cet écueil dans le plan du limbe
du quart de cercle. Nous n'avons pû trouver le meridien par

D

les amplitudes ortives & occases du Soleil, parce qu'outre qu'il ne nous a pas paru que cette méthode allât à une si grande précision que celle que nous avons emploïée, les nuages qui étoient à l'horison ou le matin ou le soir, nous ont empêché de voir lever & coucher le Soleil derriere les montagnes, auroit été necessaire.

Sur la latitude du S. Pilon.

Ne nous servant pas de la hauteur meridienne du 26. Juin qui est douteuse, & prenant un milieu entre la latitude la plus forte, qui est celle observée le 21. Juin de   43° 21′ 40″
& la plus foible qui fut observée le 25. Juin de   43 20 55
on aura la latitude du S. Pilon, de   43 21 22
ou pour faire un compte rond, comme elle fut trouvée le 20.   43 21 20

Et si on vouloit s'attacher à prendre un milieu entre toutes les observations qu'on a rapporté, la latitude du Saint Pilon seroit de   3° 21′ 10″
comme elle fut trouvée par les observations du 22 Juin. Il y a plus de lieu pourtant de s'en tenir à celle du 21 Juin, qui se trouve confirmée par les observations géometriques, comme nous le dirons dans l'article quatriéme.

Sur la longitude du Saint Pilon.

Emersion du premier satellite de Jupiter, observée au Saint Pilon le 25 Juin à   8ʰ 56′ 25″
La même observée à
Difference des meridiens dont le Saint Pilon est plus
Comme jusques à present nous n'avons point eu d'observation correspondante de cette émersion du premier satellite, ni même de voisine, nous n'avons pas pû déterminer la longitude du Saint Pilon ; mais nous la déterminerons dans l'article suivant par des observations & calculs géometriques, ce qui est encore plus sûr que les observations astronomiques.

REFLEXIONS SUR CES OBSERVATIONS,
Pour la Refraction.

Observations sur la baffeffe apparente de l'horifon de la Mer.

POUR mettre ces obfervations tout d'un coup fous les yeux, voici une Table qui contient les mêmes colomnes que les autres que nous avons communiqué à l'Academie.

Jou's du nou. de Jui 1708.	bafeff. appa ent. de l'ho de la Mer.		Etat de l'Air	Vent.	Barometre fimple.	Thermome tre de M. A montons.
21 matir	57′	30″	Brume.	N. o. frais	24$^{pou.}$ 6^{l}	53$^{pou.}$ 8^{l} $\frac{1}{2}$
22 foir	57	15	Br. legere	N. o. med.	24 7 $\frac{1}{3}$	53 10 $\frac{1}{2}$
25 matin	56	30	Br. déliée	N.o. af. fr.	24 7	53 7
3 foir	57	45	Brume.	N. o. med.	24 7 $\frac{1}{4}$	53 9
foir	56	30	groffe Br	N. o. foib.	24 7 $\frac{1}{2}$	53 8
26 matn	56	0	tf. ferein	s. o. foibl.	24 7 $\frac{1}{2}$	53 8
midi	56	30	Br. legere	s. o. med.	24 7 $\frac{1}{4}$	53 9 $\frac{1}{2}$
foir	57	30	Brume.	s. o. frais.	24 7	53 9

C'eft ici le principal point qui m'avoit fait propofer le voïage de la Sainte Baume à Monfeigneur le Comte de Pontchartrain, voïage que l'Académie des Sciences jugea propre pour décider, fi à de plus grandes hauteurs que celles de l'Obfervatoire de Marfeille, où j'avois obfervé, ou que celle de Nôtre-Dame de la Garde près de Toulon beaucoup plus élevée que l'Obfervatoire de Marfeille, & où M. Caffini avoit obfervé, il y auroit encore de la variation dans la réfraction, comme je l'ai cru & dit dans le Memoire que j'ai eu l'honneur d'envoïer à Monfeigneur le Comte de Pontchartrain, & qui fut communiqué à l'Académie Roïale des Sciences au mois de Janvier de l'année 1708.

Il paroit donc par les obfervations rapportées dans la Table, qu'à la hauteur de près de 600 toifes au-deffus de la

furface de la Mer, il y a encore de la variation dans la réfraction, mais que cette variation n'est pas auſſi conſiderable que dans les endroits plus bas ; car dans toutes les obſervations que le temps a permis de faire ſur le Saint Pilon,
cette variation n'est montée qu'à une minute 45 ſecondes,
au lieu qu'à l'Obſervatoire de Marſeille elle est montée à
3′ 20″, comme il paroît par les obſervations que j'ai envoïé
à l'Académie ; c'est-à-dire, que la réfraction varie de moitié plus dans un lieu qui n'est élevé que de 24 toiſes au-
deſſus de la ſurface de la Mer, que dans un lieu qui est
élevé de 600 toiſes ; en ſorte que la ſubstance de l'air étant
plus pure à peu près dans la proportion de 24 à 600 toiſes,
doit faire moins rompre les raïons viſuels & rendre cette
variation moins ſenſible ; on ne doit pourtant pas s'attendre
ici à l'évidence des démonstrations géometriques, la matiere
phiſique ne le comporte pas.

Ces obſervations confirment encore ce que j'ai remarqué
dans les Memoires que j'ai envoïé à l'Académie, que lorſqu'il
y a eu de la brume à l'horiſon cauſée par le vent de Nord-
Ouest, la réfraction a été plus grande, & cela plus ou moins
ſelon que le vent a été plus ou moins frais, & qu'au contraire la Mer n'a jamais paru moins baſſe que le 26 Juin au
matin, auquel le vent étoit Sud-Ouest foible, & l'horiſon
aſſez ſerein ; & que le ſoir de ce même jour auquel le vent
de Sud-Ouest étoit frais & la brume grande, la réfraction
a augmenté d'une minute 30″, c'est-à-dire, à 15″ près, autant qu'elle aïe augmenté dans tout l'intervalle de temps
auquel on a continué ces obſervations.

On voit encore que la peſanteur & la chaleur de l'air ne
contribuent en rien à la réfraction qui ſe fait dans l'air,
puiſque le 25 & le 26 Juin le Barometre & le Thermometre ſe ſont tenus à la même hauteur à fort peu près, &
cependant la variation de la réfraction a été très-conſidérable,
& auſſi grande qu'elle l'ait pû être dans toutes ces obſervations. On remarque encore que quoiqu'il y ait eu de la
brume à l'horiſon, cependant lorſque le vent n'étoit pas
frais, la Mer paroiſſoit plus haute que lorſque le vent étoit
plus frais ; c'est ce que les obſervations du 25 Juin font
connoître, & qu'à meſure que le vent a diminué, la Mer
a paru s'élever.

Tout ceci se trouve encore confirmé par les observations des hauteurs du Soleil prises à midi le 22 & le 23 Juin de l'année 1710. Le 22 Juin le vent étant Nord-Ouest assez frais, le plomb du quart de cercle étant libre & en repos, ne donna pour hauteur meridienne du bord superieur du Soleil, que 70d 25′ 50″, & aïant mis le 23 Juin le quart de cercle à la même hauteur, le Ciel étant fort serein, le vent Sud-Ouest foible, le quart de cercle étant resté ces deux jours dans le plan du meridien, on s'attendoit que le bord superieur du Soleil ne raseroit pas le fil parallele de la lunette fixe du quart de cercle, mais qu'il le mordroit un peu, à cause que le 23 Juin le Soleil s'étoit un peu éloigné du tropique, puisqu'il s'étoit écoulé 36 heures depuis le moment du solstice; cependant bien loin que le bord du Soleil ait mordu ce parallele, il a fallu hausser tant soit peu le quart de cercle, pour que le bord du Soleil rasat le fil parallele & horisontal, & la hauteur s'est trouvée de 70d 26′ 0″, ce qui m'a fait connoître de nouveau, que (comme je l'avois déja observé, tant dans les observations faites au Saint Pilon, que dans celles que j'ai souvent fait à l'Observatoire de Marseille de la bassesse apparente de l'horison de la Mer) lorsque le vent est frais, sur-tout le Nord-Ouest, la réfraction est moins grande, ou les objets ne sont pas tant relevez que lorsqu'il ne fait pas de vent, & que l'air est fort calme & en repos. J'ai fait un si grand nombre de cette sorte d'observations dans toutes les saisons de l'année, que je n'ai pas lieu de m'en défier.

Mais de déterminer dans quelle proportion cette réfraction augmente & diminuë, c'est ce qui ne me paroît pas facile; tant de differentes causes influent à ces variations, & elles y influent si diversement, que la sagacité du meilleur Philosophe en sera poussée à bout. Il reste seulement constant que dans un air plus élevé au-dessus de la terre, les lits d'air voisins de l'Observateur étant plus purs, la réfraction y est moins grande, & ne devient plus grande que quand le raïon de la lumiere passant à des lits d'airs plus voisins de la terre, se rompt davantage dans une matiere heterogene, & continuellement heterogene; il faut penser le contraire lorsque le raïon de lumiere passe en montant à des lits d'airs toûjours plus déliez : ce qui devroit, ce semble,

faire naturellement conclurre que dans une matiere homogene, & également fluide, il ne devroit pas y avoir de réfraction. Mais ce qui ne se connoissoit autrefois que lorsque le raïon de lumiere passoit par des milieux grossiere-
ment heterogenes, tels que font l'air & l'eau ; cela même devient par les observations & experiences fort sensible en
des matieres dont on n'apperçoit pas à l'œil la différence ;
& c'est l'utilité qu'on tire des observations souvent réite-
rées, & suivies de réflexions convenables ; la nature nous
cache ses secrets, elle veut être pressée, importunée, & mise,
pour ainsi dire, à la torture pour les découvrir, encore ne
le fait-elle qu'avec mesure.

J'ajoûterai encore ici que le temps ne nous permit pas
de faire un plus grand nombre de cette sorte d'observations,
ni de pointer la lunette du quart de cercle à des points
plus élevez que le Saint Pilon, pour observer s'il y auroit
quelque variation dans leurs hauteurs apparentes, & de
quelle quantité elle pourroit être ; ce qui feroit encore un
sujet de méditation pour connoître quelle variation regne-
roit dans des objets voisins de la terre vûs par la lunette
d'un quart de cercle, & celle qui se trouveroit dans des
objets plus élevez considerablement, vûs encore par la même lunette du même quart de cercle. Je suis persuadé qu'il
y auroit en tout cela bien des recherches curieuses à faire
pour éclaircir davantage cette matiere.

On connoît aussi par ces observations, que pour faire
la recherche du diametre de la terre, plus on sera élevé sur
des montagnes au-dessus de l'horison de la Mer, plus les
observations seront exactes, puisque la réfraction devenant
moins considerable, il y aura moins de sujet de craindre
l'erreur que le raïon rompu introduiroit, s'il étoit pris pour
la tangente même, necessaire pour cette recherche, mettant
à part les autres avantages qui viennent d'une plus grande
hauteur ; & qu'ainsi la meilleure observation qui se puisse
faire en cette matiere, feroit celle qui se feroit du plus
haut du pic de l'Isle de Teneriffe, si on y pouvoit rester
quelques jours pour y observer les bassesses de l'horison, &
prendre un milieu entre toutes ces bassesses observées.

Réflexions sur les Observations de Venus.

Le 22 Juin la hauteur meridienne apparente de Venus étoit de 64^d 5' 0"

Réfraction souftractive,   28

Veritable hauteur meridienne de Venus,   64 4 32

Hauteur de l'équinoxial au Saint Pilon trouvée ci-devant,   46 38 40

Reste pour la déclinaison septentrionale de Venus,   17 25 52

Veritable hauteur meridienne du centre du Soleil,   70 7 50

Venus éloignée du Soleil,   6 3 18

Afcenfion droite de Venus occidentale, ou son éloignement du Soleil en temps, 3^h 10' 58"

qu'il faut ajoûter à l'afcenfion droite du Soleil pour avoir l'afcenfion droite de Venus, & enfuite par les calculs ordinaires la longitude & la latitude de Venus,

Le 25 Juin 1708, hauteur meridienne apparente de Venus, 63^d 3' 45"

Réfraction souftractive,   30

Veritable hauteur meridienne de Venus,   63 3 15

Hauteur de l'équinoxial au Saint Pilon,   46 38 40

Déclinaison septentrionale de Venus,   16 24 35

Différence dont la déclinaison de Venus a diminué en trois jours,   1 17

Veritable hauteur meridienne du centre du Soleil,   70 5 5

Venus éloignée du Soleil,   7 1 50

Eloignement de Venus au Soleil en trois jours,   0 58 32

Eloignement de Venus au Soleil en afcenfion droite en temps, 3^h 11' 45"

qu'il faut ajoûter à l'afcenfion droite du Soleil pour avoir l'afcenfion droite de Venus, & enfuite la longitude & la latitude de cette planette.

ARTICLE III.

Observations géometriques pour connoître la distance de divers points importans pour la Géographie.

LE 30 Juin au matin étant descendus dans la plaine qui est au-dessous de la Sainte Baume, qu'on appelle le plan d'Aups, nous prîmes avec le quart de cercle de trois pieds de raïon les angles necessaires pour déterminer la hauteur du Saint Pilon & de la pointe des Beguines, & la distance de ces deux points qui devoit nous servir à mesurer d'autres triangles.

Nous avions remarqué que la lunette de l'allidade n'étoit pas parfaitement parallele à la lunette fixe du quart de cercle, mais qu'elle augmentoit l'angle d'une minute & 30 secondes, car aïant pointé les deux lunettes à la tour de Nôtre-Dame de la Garde près de Toulon, la lunette de l'allidade donnant précisément le même point de l'objet que la lunette fixe, le cheveu n'étoit point précisément à zero degré, mais donnoit un angle d'une minute 30 secondes que nous avons ôté de toutes les observations qu'on rapportera dans la suite.

Nous avions eu soin de mettre un signal à trois toises du milieu de la Chapelle du Saint Pilon que nous pussioins facilement reconnoître dans la plaine, où nous mesurâmes une base de 155 toises qui nous parut suffisante pour des hauteurs qui n'étoient pas considerables, & les angles furent trouvez comme il s'ensuit.

Premiere Station.

Etant à la gauche de la base près de la cense des RR. PP. Dominiquains, des Beguines au signal du S. Pilon, angle d'intervalle,   44° 34′ 0″

Des Beguines à l'autre extrémité de la base,   110ᵈ 36 0

Du signal du Saint Pilon à la même extrémité de la base,   66 0 0

Aïant ôté l'allidade du quart de cercle, & mis le porte cheveu au centre avec le plomb, l'angle de hauteur des Beguines s'est trouvé de   12° 34′ 0″

L'angle

L'angle de hauteur du rocher du Saint Pilon, au signal qui paroissoit un peu pardessus le parapet, étoit   16° 21′

Seconde Station.

Etant à la droite de la base près du bois de la Sainte Baume à 155 toises de la premiere Station, l'angle de hauteur des Beguines s'est trouvé de   11° 53′ 0″

L'angle de hauteur du Saint Pilon de   17 45 0

Aïant ôté le porte cheveu & le plomb, & remis l'allidade, l'angle de l'extrémité à gauche de la base aux Beguines,   62 53 0

De la même extrémité de la base au Saint Pilon   100 16

Par tous ces angles connus & cette base mesurée, nous avons eu la hauteur du Saint Pilon & des Beguines, & la distance des Beguines au Saint Pilon, comme il s'ensuit.

ANALYSE DES TRIANGLES POUR LE S. PILON.

Triangle obliquangle.

Angle obtus à la droite de la base,   100° 16′
Angle aigu à la gauche de la base,   66 0
Donc angle au sommet,   13 44
Base 155 toises.

Analogie pour le petit côté.

Sin : 13° 44′ | Sin : 66° || 155 T. 596 T. pour le petit côté.

Triangle rectangle.

Hypotenuse trouvée par l'analyse du triangle obliquan-gle,   596 T.
Angle de hauteur,   17° 45′

Analogie pour la hauteur du Saint Pilon.

Sin : tot: | Sin : 17° 45′ || 596 T. | 181 Toises.

ANALYSE DES TRIANGLES POUR LA HAUTEUR DES BEGUINES.

Triangle obliquangle.

Angle obtus à la gauche de la base,   110° 36′

E

Angle aigu à la droite de la base,　　　　　　　　　$62^o 53'$

Donc angle au sommet,　　　　　　　　　　　　　　$6\quad 31$

Base 155 Toises.

Analogie pour le petit côté.

Sin : $6^o 31'$ | Sin : $62^o 53'$ || 155 T. | 1215 Toises.

Analogie pour le grand côté.

Sin : $6^o. 31'$ | Sin : $69^o 24'$ | 155 T. | 1279 Toises.

Triangle rectangle, analysé pour la hauteur des Begines.

Hypothenuse qu'on vient de trouver,　　　　　　　1215 T.

Angle de hauteur,　　　　　　　　　　　　　　　$12^o 34'$

Sin : tot : | Sin : $12^o 34'$ || 1215 T. | 264 Toises.

　　Par les analogies qu'on ne mettra pas ici pour être court
& ne pas ennuïer, on a pour petit côté d'un triangle obliquangle pour le Saint Pilon,　　　　　　　　　　596 T.

Et pour hauteur du Saint Pilon au-dessus du plan
　　d'Aups,　　　　　　　　　　　　　　　　　　181

Pour le petit côté du triangle obliquangle pour les
　　Beguines,　　　　　　　　　　　　　　　　　1215

Et pour la hauteur des Beguines au-dessus du plan
　　d'Aups,　　　　　　　　　　　　　　　　　　264

Reste la hauteur des Beguines par-dessus le S. Pilon　83
　　　　　　　　　　　　　　　　　　　　　　　──────

·Hauteur du Saint Pilon,　　　　　　　　　　　　181

Hauteur du rocher jusqu'au bucher des RR. PP.
　　Dominiquains, mesurée actuellement,　　　　　63
　　　　　　　　　　　　　　　　　　　　　　　──────

·Reste la hauteur de la Sainte Baume au-
　　dessus du plan d'Aups,　　　　　　　　118 }
A laquelle on peut ajoûter,　　　　　　　　12 } 130 T.
　　　　　　　　　　　　　　　　　　　──────

Dont le rocher est plus bas que la grotte.

　　La hauteur des Beguines par-dessus le Saint Pilon, a été
trouvée par le Baromettre de 86 toises $\frac{2}{3}$; mais par la mesure
qu'on vient d'en donner elle est de 83 toises : ainsi il n'y
auroit que 3 toises $\frac{2}{3}$ de différence, ce qui n'est pas considerable.

　　La hauteur de la Sainte Baume par-dessus le plan d'Aups a
été trouvée par le Baromettre de 126 toises ; par la mesure

qu'on vient de donner, la grotte & la chambre du logis qui font de même hauteur, font élevées de 130 toifes, ce qui s'accorde à 4 toifes près.

Par le Barometre la hauteur du Saint Pilon au-deffus
du plan d'Aups, eft de .... 193 T.
Par les mefures qu'on vient de donner, elle eft de 181

La difference encore plus confiderable, eft de 12

Par le Barometre, la hauteur des Beguines au-deffus
du plan d'Aups, eft de 279
Par les mefures qu'on vient de donner, elle a été
trouvée de 264

La difference qui eft plus confiderable, eft de 15

Sur ces differences on peut appliquer les réflexions & les corrections marquées dans l'article premier de ce Memoire, pag. 12 & fuivantes.

La diftance du Saint Pilon à la pointe des Beguines nous étoit neceffaire pour connoître la diftance des Beguines au Pilon du Roi & à Marfeille, & de Marfeille au Pilon du Roi; c'eft pourquoi nous avons cette diftance de cette maniere.

Analyfe du Triangle pour la diftance du Saint Pilon aux Beguines.

Angle d'intervalle du Saint Pilon aux Beguines, 44° 34′
Grand côté du triangle du Saint Pilon, 642 T.
Petit côté du triangle des Beguines, 1215 T.

Pour trouver les angles faits aux Beguines & au Saint Pilon. Analogie.

1857 Toifes. Somme des côtez | 573 Toifes. Difference des côtez || Tangente de la moitié des angles inconnus = 67° 43′ | Tangente de la moitié de la difference = 36° 59′.

573 Toifes.   L. 2.   7581546.
67° 43′   L. 10. 3874385.

                 L. 13. 1455931.
1857 Toifes.   L. 3.   2688119.

36° 59′   L. 9.   8767812 Tangente.

E ij

Somme de la moitié des angles inconnus,   67° 43′

Moitié de la différence additive,   36 59

Plus, grand angle,   104 42

Moitié des angles inconnus,   67 43

Moitié de la différence souftractive,   36 59

Plus, petit angle du triangle,   30 44

Analogie pour connoître cette distance.

Sin : 104° 42′| Sin : 44° 34′|| 1215 Toifes| 882 Toifes.

44° 34′   L. 9. 8461754.

1215 Toifes   L. 3. 0847948.

L. 12. 9309705.

75°. 18′   L. 9. 9855467.

882 Toifes.   L. 2. 9454232. qui eft le logarithme de 882 Toifes, qui eft la diftance du Saint Pilon aux Beguines, qu'il falloit trouver pour l'analyfe des triangles fuivants.

Le 28 & le 29 Juin nous prîmes au Saint Pilon & aux Beguines plufieurs angles que nous rapporterons dans la fuite. Voici ceux qui nous font neceffaires maintenant, étant au S. Pilon en pointant au Pilon du Roi & aux Beguines, l'angle étoit de   140° 15′

Etant aux Beguines & pointant au Pilon du Roi & au Saint Pilon, l'angle étoit de   37 45

Donc l'angle formé au Pilon du Roi, étoit de   2 0

ANALYSE DU TRIANGLE POUR LA DISTANCE DU S. PILON AU PILON DU ROI, ET DES BEGUINES AU PILON DU ROI.

Analogie pour la diftance des Beguines au Pilon du Roi.

Sin : 2° 0′| Sin : 39° 45′|| 882 Toifes| 16160 Toifes.
Sup. de 140 15.

Analogie pour la diftance du Saint Pilon au Pilon du Roi.

Sin : 2° 0′| Sin : 37°. 45′|| 882 Toifes| 15472 Toifes.
On a donc par l'analyfe des triangles pour diftance du S. Pilon aux Beguines,   882 Toifes.

Pour la diftance du S. Pilon au Pilon du Roi, 15472

Pour la diftance des Beguines au Pilon du Roi, 16160

Le 29 Juin étant aux Beguines & pointant au Pilon du Roi
& à l'Obfervatoire de Marfeille, l'angle fut trouvé de   24° 0'

Etant à l'Obfervatoire de Marfeille, & pointant au
Pilon du Roi & aux Beguines, l'angle a été trou-
vé de   48 10
                                                                 ─────

Somme de ces deux angles,   72 10

Donc l'angle formé au Pilon du Roi pointant à
l'Obfervatoire & aux Beguines,   107 50

La diftance des Beguines au Pilon du Roi qui fert de bafe à
ce triangle, vient d'être trouvée de 16160 toifes : fur ces élemens on refoudra le triangle fuivant.

ANALYSE DU TRIANGLE POUR LA DISTANCE DE MARSEILLE AU PILON DU ROI.

Analogie.

Sin : 48° 10' | Sin : 24° || 16160 Toifes | 8822 Toifes.

ANALYSE DU TRIANGLE POUR LA DISTANCE DE MARSEILLE AUX BEGUINES.

Analogie.

Sin : 48° 10' | Sin : 72° 10 || 16160 Toifes | 20650 Toifes.

Qui donne pour diftance de Marfeille au Pi-
lon du Roi,   8822 Toifes.

Et pour diftance de Marfeille aux Beguines,   20650

Le broüillard & la pluïe qui furvinrent tandis que nous
étions aux Beguines, nous empêcherent de continuer à prendre les angles formez aux Beguines, avec les mêmes points
que nous avions obfervé au Saint Pilon ; mais le voïage du
Pilon du Roi fupplée à ce défaut, & nous met en état de pouvoir déterminer divers points importants pour la Geographie,
qui pourront être liez avec ceux que M. Caffini a déterminé
dans la prolongation de la meridienne, depuis Paris jufqu'à
la mer Mediterranée ; & par la contribuer à la perfection de
la Carte des Provinces les plus meridionales de France, c'eft
dans ces vûës qu'on donnera auffi les angles divers qu'on a
pris, bien qu'on n'aïe pas pris les correfpondans, que quelque Geometre aura peut-être un jour la commodité d'ob-

ferver : en attendant. nous allons donner ceux que nous avons pris au Pilon du Roi.

Nous étant placez avec le quart de cercle au pied de ce rocher qui est fait comme une quille, ou comme un cilindre un peu elliptique, qui peut avoir 12 à 13 toiſes de hauteur, comme il a été dit ci-devant ; nous étant, dis-je, placez dans un petit eſpace que nous laiſſoit une roche eſcarpée du côté du Sud & du Sud-Eſt, nous prîmes les angles ſuivans, dont nous avons ôté 70′, ou 1° 10′, à cauſe qu'aïant pointé la lunette fixe & la lunette de l'allidade à un même point fort éloigné du côté du Sud-Oueſt, ſçavoir au clocher de Nôtre-Dame de la Garde près Marſeille, & du côté du Nord-Eſt au côté à plomb de la montagne de Mouſtier, la lunette de l'allidade faiſoit un angle de 1° 10′, quoiqu'elle n'en dû point faire, ainſi elle défailloit d'autant du parallelifme par excès.

A droite

De la Chapelle du Saint Pilon, le fil vertical de la lunette fixe raſant le côté Nord de cette Chapelle, au cap Canaille près de Caſſis, l'angle étoit de　　　54° 31′ 0″

Du cap Canaille à Nôtre-Dame de la Garde de Marſeille,　　　48 0 0

Du cap Canaille à l'Obſervatoire de Marſeille,　52 5

Du cap Canaille à la pointe de S. Tronc, un peu douteux à cauſe des terres,　　30 45 30

Du cap Canaille au point du rocher qui eſt dans la meridienne de l'Obſervatoire de Marſeille, 36 0

Du Saint Pilon à la tour de Nôtre-Dame de la Garde près de Toulon,　　　35 12

A gauche

Du Saint Pilon au Pouſſe le plus à l'Oueſt de la montagne de Sainte Victoire,　　74 48

On appelle Pouſſe une petite roche en forme de mammelle qui eſt élevée au-deſſus d'une montagne, qui ſert de point plus aiſé à remarquer.

De ce Pouſſe au Pouſſe le plus haut du Mont-Ventoux,　　　43° 36′

De Nôtre-Dame de la Garde de Marſeille à la tour de l'Iſle de Pommegues,　　12 50

Voilà les angles que la ſituation du lieu & le temps qui com-

mençoit à fe couvrir de tous côtez, nous permirent d'obferver ; par ces angles & ceux qu'on a pris au Saint Pilon ou
à l'Obfervatoire, on a les diftances fuivantes.

Analyfe du Triangle pour la diftance du Pilon du Roi au Mont-
Ventoux , & du Saint Pilon au Mont-Ventoux.

Côté du Saint Pilon au Pilon du Roi, qui fert de bafe à
ce triangle,   15472 Toifes.

Angle au Saint Pilon ,	47° 54'
Angle au Pilon du Roi,	118 24
Donc angle au Mont-Ventoux,	13 42

Analogie pour la diftance du Pilon du Roi au Mont-Ventoux.

Sin : 13° 42' | Sin : 47° 54' || 15472 Toifes | 48473 Toifes.

Analogie pour la diftance du S. Pilon au Mont-Ventoux.

Sin : 13° 42' | Sin : 118° 24' || 15472 Toifes | 57469 Toifes.
Sup. 61 36.

Analyfe du Triangle pour la diftance du S. Pilon à l'Obfervatoire
de Marfeille.

Côté du Pilon du Roi au S. Pilon ,	15472 T.
Du Pilon du Roi à l'Obfervatoire ,	8822
Angle compris,	106° 36'

Analogie pour les angles inconnus.

24294 Toifes. Somme des côtez | 6650 Toifes. Différence
des côtez =. || 36° 42' moitié des angles inconnus | 11° 32'
moitié de la différence.

Analogie pour la diftance du Saint Pilon à l'Obfervatoire
de Marfeille.

Sin : 48° 14' | Sin : 106° 36' || 15472 Toifes | 19880 Toifes.
Sup. 73 24.

Sçavoir du Pilon du Roi au Mont-Ventoux,	48473 T.
Du Saint Pilon au Mont-Ventoux,	57469

Pour la diftance du Saint Pilon à l'Obfervatoire
de Marfeille,   19880

Ce qui eft auffi la diftance de la Sainte Baume, puifque le
Saint Pilon eft immédiatement au-deffus.

Analyse du Triangle pour la distance du Pilon du Roi à Nôtre-Dame de la Garde près de Toulon, & du Saint Pilon à Nôtre-Dame de la Garde.

Au Saint Pilon angle formé du Pilon du Roi,
à Nôtre-Dame de la Garde,   121ᵈ 1′

Angle formé au Pilon du Roi du Saint Pilon à
Nôtre-Dame de la Garde,   35 12

Donc angle à Nôtre-Dame de la Garde,   23 47

Base de   15472 T.

Analogie pour la distance du Pilon du Roi à N. D. de la Garde.

Sin : 23° 47′ | Sin : 88° 59′ || 15472 Toises | 32878 Toises.
       Sup. 121   1.

Analogie pour la distance du S. Pilon à Nôtre-Dame de la Garde près de Toulon.

Sin : 23° 47′ | Sin : 35° 12′ || 15472 Toises | 22115 Toises.

Analyse du Triangle pour la distance du Pilon du Roi à Sainte Venture, autrement Sainte Victoire, & du Saint Pilon à Sainte Venture.

Angle formé au S. Pilon,   47° 0′

Angle formé au Pilon du Roi,   75 0

Donc angle à Sainte Venture,   58 0

Base de   15472 T.

Analogie pour la distance du S. Pilon à Sainte Venture.

Sin : 58° | Sin : 75° || 15472 Toises | 17623 Toises.

Analogie pour la distance du Pilon du Roi à Sainte Venture.

Sin : 58° | Sin : 47° || 15472 Toises | 13343 Toises.

On a de même par la résolution des triangles la distance du Pilon du Roi à Nôtre-Dame de la Garde près de Toulon, de   32878 T.

Celle du Saint Pilon à N. D. de la Garde près de Toulon, de   22115

La distance du S. Pilon à Sainte Venture, de   17623

Celle du Pilon du Roi à Sainte Venture, de   13343

Etant sur la terrasse de l'Observatoire de Marseille, on a
pris

pris avec le même quart de cercle de 3 pieds de raïon, les angles qui étoient necessaires pour trouver les distances sui-vantes, aïant déja donné ci-devant les angles qu'on a pris tant au Pilon du Roi qu'au Saint Pilon.

Du Pilon du Roi au pousse-à-pic au-dessus du village de S. Marcel à l'hermitage, l'angle après avoir été corrigé, s'est trouvé de   69° 34′ 30″

Du pousse de S. Marcel au milieu du clocher de N. D. de la Garde près de Marseille,   64 26   o

Du pousse de S. Marcel à la roche qui est dans la meridienne de l'Observatoire de Marseille, l'angle a été trouvé de   77   8   o

Du pousse de Saint Marcel à la Chapelle de S. Tronc sur la Montagne de ce nom,   17 42

Du milieu du clocher de N. D. de la Garde au milieu de la tour de l'Isle de S. Jean, ou de Pom-megues, qui est l'Isle la plus Sud des trois qui sont dans la rade de Marseille,   74 26

Ces angles ont tous été verifiez par deux fois, & se sont trouvez d'accord à fort peu près, le peu de difference qui s'est trouvée, venant des points où l'on pointe, qui ne sont pas toûjours précisément les mêmes. Par ces angles & ceux qui ont été observez au Pilon du Roi rapportez ci-devant, & par les côtez qu'on a déja trouvé ci-dessus, on a les distances sui-vantes pour la Géographie.

Analyse du Triangle pour la distance du Pilon du Roi à N. D. de la Garde de Marseille, & de l'Observatoire à N. D. de la Garde près de Marseille.

Angle au Pilon du Roy.
Du cap Canaille à l'Observatoire,   52° 5′
De ce cap à N. D. de la Garde,   48   o

Reste de N. D. de la Garde à l'Observatoire,   4   5

Angle à l'Observatoire.
Du Pilon du Roi au pousse S. Marcel,   69 34
De ce pousse à N. D. de la Garde,   64 26

Somme du Pilon du Roi à N. D. de la Garde,   134   o

Donc angle formé à N. D. de la Garde,

E

Complement de ces deux-là à deux droits ,   41° 55'
_____

Bafe connuë ci-devant ,   8822 T.

Analogie pour la diftance du Pilon du Roi à N. D. de la Garde.

Sin. 41° 55' | Sin. 134° || 8822 Toifes | 9499 Toifes.
        Sup. 46.

Analogie pour la diftance de l'Obfervatoire à N. D. de la Garde.

Sin. 41° 55' | Sin. 4° 5' || 8822 Toifes | 940 Toifes ½.

Analyfe du Triangle pour la diftance du Pilon du Roi au rocher
qui eft dans la meridienne de l'Obfervatoire, & de
l'Obfervatoire au même rocher.

Angle formé au Pilon du Roi.
Du cap Canaille à l'Obfervatoire,   52° 5'
De ce cap au rocher de la meridienne ,   36   0
                                                             _____
Refte l'angle de la meridienne à l'Obfervatoire ,   16   5
                                                             _____
        Angle formé à l'Obfervatoire.
Du Pilon du Roi à S. Marcel ,   69 34
De S. Marcel au rocher de la meridienne ,   77   8
Somme angle à l'Obfervatoire,   .   .   146 42
                                                             _____
Donc angle formé à la meridienne ,   17 13.
Côté connu ci-devant ,   8822 T.
qui eft la diftance du Pilon du Roi à l'Obfervatoire.

Analogie pour la diftance du Pilon du Roi au rocher de
la meridienne.

Sin : 17° 13' | Sin : 146° 42' || 8822 Toifes | 16343 Toifes,
        Sup. 33 18.

Analogie pour la diftance de l'Obfervatoire au rocher de
la meridienne.

Sin : 17° 13' | Sin : 16° 5' || 8822 Toifes | 8257 Toifes.

Analyfe du Triangle pour la diftance du Pilon du Roi à Saint
Tronc, & de l'Obfervatoire à Saint Tronc.

Angle au Pilon du Roi   .   21° 20'

Angle à l'Obfervatoire,   87° 18′

Donc angle à S. Tronc,   71 22

Bafe 8822 Toifes.

Analogie pour la diftance du Pilon du Roi à S. Tronc.

Sin : 71° 22′ | Sin : 87° 18′ || 8822 Toifes| 9299 Toifes.

Analogie pour la diftance de l'Obfervatoire à S. Tronc.

Sin : 71° 22′ | Sin : 21° 20′ || 8822 Toifes| 3386 Toifes.

Analyfe pour la diftance du Pilon du Roi à Pommegues, & de l'Obfervatoire à la même Ifle de Pommegues.

Angle au Pilon du Roi.

De N. D. de la Garde à Pommegues,   12° 50′

De N. D. de la Garde à l'Obfervatoire,   4 45

Donc de l'Obfervatoire à Pommegues,   8 5

Angle à l'Obfervatoire.

On avoit pris autrefois les angles fuivans qui doivent main-tenant fervir à la réfolution de ce triangle.

De la tour de Planier au pouffe par-deffus le village de Carri,   74° 13′ 30″,

De Planier à la tour de Pommegues, angle fouf-tractif,   16 28 30

Refte de Pommegues à Carri,   57 45,

De Carri au Pilon du Roi,   93 29

Donc de Pommegues au Pilon du Roi,   151 14

Donc angle à Pommegues,   20 41

Bafe 8822 Toifes.

Analogie pour la diftance du Pilon du Roi à Pommegues.

Sin : 20° 41′ | Sin : 151° 14′ || 8822 Toifes | 12019 Toifes.

Pour la diftance de l'Obfervatoire à Pommegues.

Sin : 20° 41′ | Sin : 8° 5′ || 8822 Toifes | 3512 Toifes.

Du Pilon du Roi à Nôtre-Dame de la Garde près de Marfeille,   9499 Toifes.

De l'Obfervatoire de Marfeille à Nôtre-Dame de la Garde,   940 T. ½

Du Pilon du Roi au rocher de la meridienne de l'Obfervatoire, 16343 Toifes

De l'Obfervatoire au rocher qui eft dans la meridienne, 8257

Du Pilon du Roi au fommet de S. Tronc, 9299

De l'Obfervatoire au même fommet de Saint
Tronc, 3386

Du Pilon du Roi à l'Ifle de Pommegues, 12019

De l'Obfervatoire à Pommegues, 3512

Recherche de la diftance de l'horifon apparent du Saint Pilon
à la Mer.

Dans un Memoire que M. Caffini m'a envoïé, il marque
que *la mefure moïenne d'un degré de la circonference de la terre*
eft 57100 *toifes*, *laquelle a été établie par les obfervations fai-*
tes le long de la meridienne de Paris, *depuis l'Obfervatoire juf-*
qu'à la montagne de Canigou dans les Pyrennées. Sur cette mefure nous allons déterminer à quelle diftance eft l'horifon apparent de la Mer vuë du S. Pilon, ou, ce qui eft le même,
combien on voit loin de deffus cette montagne.

Plus grande baffeffe de la Mer,	57' 45"
Plus petite baffeffe,	56 0
Difference,	1 45
Moitié de cette difference,	0 57 $\frac{1}{2}$
Donc moïenne baffeffe,	56 57 $\frac{1}{2}$
Nous n'aurons pas égard à ces	30"'

Premiere analogie.

Par la moïenne baffeffe.

60' = 3600" | 56' 57" = 3417" || 57100 T. | 54200 T. qui
eft la diftance à laquelle on voit du S. Pilon à la Mer felon
cette mefure, la réfraction étant moïenne.

Seconde analogie.

Par la plus grande baffeffe.

60' = 3600" | 57' 45" = 3465" || 57100 T. | 54960 T.
qui eft la plus grande diftance à laquelle on voïe du S. Pilon
felon cette mefure, lorfque la réfraction eft la plus grande.

Troisiéme analogie.

Par la plus petite bassesse.

60′ = 3600″ | 56′ 0″ = 3360″ || 57100 T. | 53290 Toises, qui est la plus petite distance à laquelle on voie du S. Pilon selon cette mesure, la réfraction étant la moindre.

On voit par-là, que toutes choses étant égales d'ailleurs, lorsque la réfraction est plus grande, on doit voir de la Mer un objet élevé autant que le Saint Pilon de 1670 toises plus loin, que lorsque la réfraction est de 1′ 45″ de moins ; car autant que la réfraction abaisse la Mer vûë d'en haut, autant éleve-t'elle une montagne vûë d'en bas. Que la difference entre la plus grande bassesse & la moïenne ne donne pas tout-à-fait la moitié de la difference en éloignement, puisqu'elle n'est que de 760 toises, & que la difference entre la moïenne & la plus petite bassesse donne 910 toises, & qu'ainsi plus un objet sera élevé, moins il y aura de variation dans la réfraction. Ce qui avoit déja été confirmé par les comparaisons des bassesses de l'horison de Marseille & de l'horison du S. Pilon.

On voit encore combien il est difficile de déterminer par la tangente à l'horison de la Mer, quand on n'est que sur des hauteurs médiocres, le diametre de la terre, puisque la difference d'une minute 45 secondes, qui vient de la réfraction, donne une difference de 1670 toises à cette tangente ; car, à cause de la petitesse de l'arc, on peut prendre la courbe par la tangente même : or si la réfraction seule peut introduire une difference dans la tangente, qui est plus d'une trente-deuxiéme partie de la tangente même ; quelles seront les autres erreurs qui pourront y être introduites par la difficulté de cette sorte d'observations si délicates, & par plusieurs autres endroits ? & qu'ainsi on a lieu de se défier des observations qui ont été faites ci-devant sans toutes ces précautions. Tout cela cause beaucoup de variation & d'incertitude dans toutes les autres recherches dans lesquelles on emploïe la connoissance du diametre de la terre. Ces réflexions feront agir avec plus de précautions ceux qui s'attachent à des recherches d'ailleurs si necessaires.

F iij

Recherche de la hauteur de la montagne du S. Pilon par-deſſus la ſurface de la Mer.

Monſieur Caſſini donnant à un degré d'un grand cercle de la terre 57100 toiſes, comme on vient de le dire, il s'enſuit que la circonference de ce grand cercle ſera de 20556000 toiſes, & faiſant l'analogie ordinaire 355 | 113 || 20556000 | 6543177 $\frac{161}{355}$ ſera le diametre de ce grand cercle de la terre, & prenant l'angle d'inclinaiſon moïenne que nous avons trouvé de 56' 57", on trouvera par la ſecante de cet angle la hauteur du S. Pilon par cette analogie. Sin : tot : | ſecante de 56' 57" || 3271588 T. | 3272037 toiſes de la ſecante, qui excede le demi diametre de la terre de 449 toiſes, qui ſeroient la hauteur du Saint Pilon par-deſſus la ſurface de la Mer, qui eſt une hauteur moins grande que ne nous a donné la hauteur du mercure dans le Barometre de 120 toiſes, puiſqu'elle a été trouvée de 569 toiſes dans l'article premier.

Et ſi au lieu de la ſecante de 56' 57", on emploïe celle de 57' 30", on aura cette analogie ſin : tot : | ſecante de 57' 30" || 3271588 toiſes | 3272045 toiſes de la ſecante qui excede le demi diametre de la terre de 457 toiſes ; ainſi l'augmentation de 33" dans la ſecante, n'a augmenté la hauteur de la montagne que de 8 toiſes, & nous laiſſe la montagne plus baſſe de 112 toiſes que nous ne l'avons trouvée par le Barometre. Comme nous ſommes fort ſûrs de la baſſeſſe de l'horiſon de la Mer, que nous avons ſouvent obſervée avec ſoin, & que d'ailleurs on voit que l'augmentation de plus d'une demi minute n'introduit qu'une petite difference dans la hauteur de la montagne calculée par cette méthode ; il eſt plus à propos d'emploïer la méthode ſuivante à la recherche de cette hauteur de la montagne du Saint Pilon, pour la déterminer avec plus de juſteſſe. Nous l'emploïerons auſſi pour la meſure de diverſes autres hauteurs ; & on pourra les comparer avec les hauteurs trouvées par l'abaiſſement du mercure dans le Barometre, dont nous avons parlé dans le premier article de cet Ecrit.

La pointe de la montagne des Beguines qu'on voit très-diſtinctement de la terraſſe de l'Obſervatoire de Marſeille, a été trouvée élevée au-deſſus de l'horiſon de 1^d. 40'

par diverses observations que j'en ai fait avec soin. Comme
on ne voit pas le Saint Pilon de l'Observatoire, parce qu'une
grosse montagne qui est au Nord du village d'Aubagne en
dérobe la vûë, il faut de la hauteur des Beguines conclurre
celle du Saint Pilon. Voici la méthode qu'on a suivi.

Dans le triangle BOC, le côté BO est la distance de l'Observatoire à la pointe des Beguines trouvée ci-devant de
2,0650 toises.   1. Figure.

Le côté OC est la distance du centre de la terre à la terrasse de l'Observatoire, c'est-à-dire 3271592 toises pour le
demi diametre de la terre ; plus 27 toises pour la hauteur de
la terrasse de l'Observatoire au-dessus de la surface, connuë
par deux diverses méthodes, donc OC || 3271619 toises.

L'angle BOC de 91ᵈ 40′ composé d'un droit ; plus l'angle
de hauteur des Beguines trouvé ci-devant de 1ᵈ 40′. Cela
étant, pour connoître les angles OBC & OCB, on a fait
cette analogie OC + OB = 3292269 toises | OC — OB =
3250969 toises || tangente de 44ᵢ 10′ moitié des angles in-
connus | tangente de 43ᵈ 49′ moitié de la difference.

Moitié des angles inconnus,	44ᵈ 10′
Moitié de la difference additive,	43 49
Plus grand angle OBC,	87 59
Moitié des angles inconnus,	44 10
Moitié de la difference soustractive,	43 49
Plus petit angle OCB,	0 21

Analogie pour trouver CB.

Sin : 87° 59′ | Sin : 91° 40′ || 3271619 T. | 3272240 Toises.

On trouve donc BC en faisant les calculs ordinaires qu'on
ne met pas ici pour abreger de   3272240 toises, Otant de
cette somme   3271592 demi diametre de

la terre, reste   648 T. pour la hauteur des Beguines par-dessus la Mer.

Et parce que la fraction qui restoit, la division faite, vaut
une toise à très-peu près, on a la hauteur des Beguines au-

deſſus de la ſurface de la Mer, de 	649 T.

Le Saint Pilon a été trouvé plus bas que les Beguines, de 	83

Donc hauteur du Saint Pilon par-deſſus la ſurface de la Mer, 	566

Hauteur du rocher depuis le Saint Pilon juſqu'à la Sainte Baume, 	53

Donc hauteur de la Sainte Baume par-deſſus la ſurface de la Mer, 	513

Hauteur de la Sainte Baume par-deſſus le plan d'Aups, 	118

Reſte la hauteur du plan d'Aups par-deſſus la ſurface de la Mer, 	395

Par le Barometre on a trouvé (article premier) la hauteur des Beguines de 655 toiſes, qui s'accorderoit à 6 toiſes près avec celle que nous venons de déterminer ; mais comme par le Barometre qui étoit en ce temps-là en experience dans la Sale de l'Obſervatoire, on connoît que le mercure ne pouvoit être monté plus haut au bord de la Mer que 27 pouces 8 lignes & demi, il y auroit une difference ſouſtractive de 34 toiſes : donc par le Barometre l'on s'écarteroit de 28 toiſes par défaut de la hauteur qu'on vient de trouver géometriquement.

Il faut faire le même raiſonnement pour la hauteur du Saint Pilon, trouvée (article premier) de 569 toiſes par la hauteur du mercure, d'où ſi on ôte 34 toiſes, comme pour les Beguines, on s'écarteroit de 31 toiſes par défaut, de celle qu'on vient de déterminer géometriquement.

De même pour la Sainte Baume par le barometre qui y étoit en experience, on en a la hauteur de 487 toiſes, deſquelles ôtant 34 toiſes pour les raiſons rapportées ci-deſſus, reſte 453 toiſes ; mais on vient de la déterminer de 513 toiſes, il y auroit donc une difference défective de 60 toiſes ; & quand on n'auroit pas égard à la correction des 34 toiſes, il y auroit toûjours à dire de 26 toiſes.

N'aïant point égard auſſi à cette correction par rapport à la hauteur du plan d'Aups par-deſſus la ſurface de la Mer, trouvée par le barometre de 370 toiſes, il y auroit une difference
défective

défective de 25 toifes d'avec la hauteur qu'on vient de déterminer par le calcul géométrique : il s'enfuit de tout ceci, & de ce qui a été dit dans ce même article premier, que quoique l'on puiffe emploïer la méthode de mefurer la hauteur du mercure dans le barometre, lorfqu'on n'a pas befoin d'une grande précifion, on ne doit pas s'en fervir quand il s'agit d'établir fur cette hauteur trouvée quelque point important à l'Aftronomie ou à la Géographie, ce qui va encore être confirmé par la hauteur du Pilon du Roi.

Recherche de la hauteur du Pilon du Roi par-deffus la furface de la Mer.

L'angle de hauteur de la pointe du rocher fait en cilindre, du Pilon du Roi, par-deffus la terraffe de l'Obfervatoire, a été trouvé de $\qquad$ 2° 30′

Le côté PO diftance de l'Obfervatoire au Pilon du Roi, de $\qquad$ 8822 T.

Le côté OC le même que ci-devant, eft de $\qquad$ 3271619

L'angle O du triangle PCO eft de 92ᵈ 30′, c'eft pourquoi pour trouver les angles OPC & PCO, on fera cette analogie.

OC + OP = 3280441 T. | OC — OP = 3262797 T. || tangente 43° 45′ moitié des angles inconnus | tangente 43° 36′ moitié de la différence.

Moitié des angles inconnus,	43° 45′
Moitié de la différence additive,	43 36
Plus grand angle OPC,	87 21
Moitié des angles inconnus,	43 45
Moitié de la différence fouftractive,	43 36
Plus petit angle OCP,	0ᵈ 9′

Analogie pour trouver PC.

$\qquad$ OC $\qquad$ PC

Sin : 87ᵈ 21′ | Sin : 92ᵈ 30′ || 3271619 T. | 3271979 T. ||

En faifant le calcul on trouve le côté PC de $\qquad$ 3271979 T.

ôtant de cette fomme $\qquad$ 3271592

du demi diametre de la terre, refte $\qquad$ 387

pour la hauteur du Pilon du Roi par-deſſus la ſurface de la
Mer qu'on demandoit.

Mais par le barometre (article premier) on a eu cette hauteur de 375 toiſes & demi, il y auroit donc une difference
de 11 toiſes $\frac{1}{2}$. Ce qui fait encore voir qu'il y a bien de la
variation dans la meſure des montagnes par le barometre.
Mais nous ne nous arrêterons pas plus long-temps ſur ce ſujet, ce que nous avons dit ſuffiſant, ſans en faire de nouvelles experiences. ·

Recherche de la hauteur de Nôtre-Dame de la Garde près
de Marſeille.

Figure 3. De la Sale de l'Obſervatoire, l'angle de hauteur du parapet du fort de Nôtre-Dame de la Garde, a été trouvé de
4ᵈ 18′ ; cela étant, l'angle COG eſt de 94ᵈ 18′, le côté OC
depuis le centre de la terre juſqu'à la hauteur de l'œil, eſt
de 3271616 ; le côté OG a été trouvé ci-devant de 940 T.
d'où on a l'angle OGC de 85ᵈ 41′ & OCG de 1′ ; & faiſant
cette analogie Sin : 85ᵈ 41′ | Sin : 94ᵈ 18′ || OC = 3271616
toiſes | 3271681 toiſes = CG. D'où ôtant le demi diametre
de la terre, on a 89 $\frac{1}{3}$ toiſes pour la hauteur de N. D. de
la Garde par-deſſus la ſurface de la Mer, ce qu'il falloit
trouver. On ne donne pas ici les calculs pour être plus court.

ARTICLE IV,

Détermination de la latitude & longitude des points principaux
obſervez du Saint Pilon & du Pilon du Roi, & diverſes
obſervations Géographiques faites au Saint Pilon, aux Be-
guines & au Pilon du Roi.

DEs obſervations Géometriques rapportées dans l'article
précedent, & des diſtances qui en ont réſulté ſuivant
les calculs qu'on en a donné, on trouve la latitude & la longitude des points principaux des triangles qu'on a formé.
Voici la méthode qu'on a ſuivi pour venir à cette connoiſſance.

Recherche pour la latitude & la longitude du Mont-Ventoux.

L'angle LEC formé au Pilon du Roi pointant au Mont-   *Figure 4.*
Ventoux L & au S. Pilon C, a été trouvé de   118° 24′   *des trian-*
                                                              gles.
L'angle HEC formé au Pilon du Roi pointant au
S. Pilon C & à l'Obſervatoire H, a été trouvé de   106 36

Somme de ces deux angles,   225 0
Otant cette ſomme de   360

Reſte pour l'angle HEL, en pointant au Mont-
Ventoux L, & à l'Obſervatoire H,   135

Le côté EL du Pilon du Roi au Mont-Ventoux, a été trouvé de   48473 T.

Le côté HE de l'Obſervatoire au Pilon du Roi, a
été trouvé de   8822

Donc pour trouver les angles inconnus du triangle HEL,
on fera cette analogie.

LE + HE = 57295 toiſes | EL — HE = 39651 toiſes ||
tangente de 22ᵈ 30′ moitié des angles inconnus | tangente de
16 0′ moitié de la différence.

Moitié des angles inconnus,   22ᵈ 30′
Moitié de la différence additive,   16 0

Plus grand angle EHL,   38 30
Moitié des angles inconnus,   22 30
Moitié de la différence ſouſtractive,   16 0

Plus petit angle HLE,   6   30

Pour trouver LH diſtance du Mont-Ventoux à l'Obſervatoire
de Marſeille.

Sin : 38ᵈ 30′ | Sin : 135 || 48473 T. | 55058 T. = LH.
  EHL.   HEL.   EL.

Maintenant pour trouver la différence en latitude & en
longitude du Mont-Ventoux, il faut réſoudre le triangle
rectangle LMH, dont on vient de trouver l'hypotenuſe.

Dans l'article précédent on a trouvé l'angle AHE que le
Pilon du Roi fait avec le rocher qui eſt dans la méridienne de
l'Obſervatoire de 146: 42′, dont le ſupplement EHM eſt
33: 18′, cet angle étant retranché de l'angle EHL, qu'on

vient de trouver de 38ᵈ 30′, reſte pour l'angle aigu LHM 5ᵈ 12′, d'où on forme cette analogie.

Pour trouver LM diſtance du Mont-Ventoux au meridien de Marſeille.

Sin : tot :| Sin : 5ᵈ 12′ || 55058 toiſes | 4990 toiſes.
    LHM.   HL.   LM.

Analogie pour trouver HM, diſtance du parallele du Mont-Ventoux à l'Obſervatoire de Marſeille.

Sin : tot :| Sin : 84ᵈ 48′ || 55058 T. | 54831 T. = HM.
    HLM.

Par l'analiſe du triangle ELH, on a la diſtance du Mont-Ventoux à l'Obſervatoire de Marſeille, de   55058 T.

Par l'analiſe du triangle LHM, on a la diſtance du Mont-Ventoux au meridien de Marſeille, de   4990

Et pour HM, diſtance des paralleles du Mont-Ventoux & de l'Obſervatoire de Marſeille,   54831

La valeur d'un degré du meridien étant de 57100 toiſes, une minute vaudra dans un grand cercle 952 toiſes, & diviſant 54831 toiſes diſtance des paralleles du Mont-Ventoux & de l'Obſervatoire de Marſeille, on a pour leur difference en latitude dont le Mont-Ventoux eſt plus ſeptentrional,   0ᵈ 57′ 35″

Mais la latitude de l'Obſervatoire de Marſeille a été trouvée par une très-grande quantité d'obſervations, tant des Etoiles que du Soleil, de   43 19 0

Donc la latitude & hauteur de pole du Mont-Ventoux,   44 16 35

Par les analogies ordinaires, on a la valeur d'une minute du parallele du Mont-Ventoux égale à 681 toiſes ; c'eſt pourquoi diviſant les 4990 toiſes qu'on vient de trouver pour la difference des meridiens de Marſeille & du Mont-Ventoux par 681, on a 7′ 19″ dont le Mont-Ventoux eſt plus occidental que Marſeille.

Parmi un grand nombre d'obſervations Aſtronomiques faites en même-temps à Paris & à Marſeille, ſoit d'Eclipſes de Lune, ſoit d'Eclipſes de Soleil, ſoit d'Eclipſes des ſatellites de Jupiter & des Etoiles par la Lune, dont pluſieurs ſont rapportées en divers volumes de l'Histoire de l'Académie Roïale des Sciences, nous avons beaucoup d'observations qui donnent la différence des meridiens de Paris & de Marseille de 12′ 20″ de temps, plusieurs qui vont à 12′ 12″, & quelques unes vont à 12′ 28″ de temps ; c'est pourquoi prenant un milieu entre toutes ces différences de meridiens, on peut établir la différence des meridiens de Marseille & de Paris, dont Marseille est plus oriental de 12′ 20″ de temps, lesquelles reduites en minutes de degré, valent   3ᵈ 5′ 0″

Mais le Mont-Ventoux est plus occidental que Marseille, de   7 19

Donc le Mont-Ventoux est plus occidental que Paris à l'Observatoire, de   2 57 19
ce qui met le Mont-Ventoux dans la même minute en longitude que Monsieur Cassini a déterminé dans le bel ouvrage de la Prolongation de la meridienne de Paris ; car M. Cassini établit la différence des meridiens de Paris & du Mont-Ventoux de 120124 toises, lesquelles étant divisées par 681 toises que valent les minutes du parallele du Mont-Ventoux, donnent   2ᵈ 56′ 23″
pour différence des meridiens de Paris & du Mont-Ventoux.

Avignon est plus oriental que Paris à l'Observatoire, de   2 26 0

Donc le Mont-Ventoux est plus oriental qu'Avignon, de   31 41

Dans le dernier voïage que j'ai fait à Saint-Paul-Trois-Châteaux, qui est la ville du Bas-Dauphiné la plus meridionale, j'ai trouvé la latitude de 44ᵈ 20′ 0″, comme on le dira ci-après, tirée des hauteurs du Soleil prises au mois de Juin avec le quart de cercle de trois pieds de raïon. J'ai trouvé en 1701 la différence en longitude entre Paris & S. Paul, par trois immersions du premier satellite de Jupiter, de 10′ 20″ de temps, ou de 2ᵈ 35′ dont S. Paul est plus oriental que Paris.

La latitude du Mont-Ventoux vient d'être trouvée de   44° 16′ 35″
Latitude de Saint-Paul-Trois-Châteaux   44 20 0

Difference dont Saint-Paul-Trois-Châteaux est plus sep-
tentrional, 3' 25"

Longitude du Mont-Ventoux par rapport à
Paris, 2° 57 19

Longitude de Saint-Paul par rapport à Paris, 2 35 0

Difference dont le Mont-Ventoux est plus
oriental que Saint-Paul, 22 19

Recherche de la longitude du Mont de Sainte Venture ou Sainte Victoire.

Figure 4.
des trian-
gles.

La difference en latitude entre le Pilon du Roi & le Mont Sainte Venture étant de 11' 45", il s'ensuit que ET est de 11186 toises. On ne peut pas la déterminer comme on a fait celle du Mont-Ventoux, faute d'un angle qu'on n'a pas pû observer.

Maintenant dans le triangle TEV, le côté EV a été trouvé par les angles & calculs rapportez dans l'article troisiéme, de 13343 toises ; l'angle en T est droit, on fera donc cette analogie pour trouver les angles TVE & TEV.

EV = 13343 toises | ET = 11186 toises || Sin : tot :| Sin : 56^d 58' pour l'angle TVE.

Analogie pour trouver TV.

Sin : tot :| Sin : 33° 2' || 13343 toises | 7273 = TV.
TEV.

Et le côté TV se trouve de. 7273 toises.

Car le sinus tot :| Sin : 33^d 2' || 13343 toises | 7273 toises pour TV.

Mais OE difference des meridiens de Marseille & du Pilon du Roi est de 4843 toises, comme on le verra ci-après : donc OE + TV = 12116 toises pour la difference des meridiens de Marseille & du Mont Sainte Venture.

Maintenant pour trouver les toises qu'il faut pour une mi-nute du parallele de Sainte Venture, qui est 43^d 38', on fera cette analogie.

Sin : tot :| Sin : 46^d 22" comp. || 952 T. | 689 T. pour cha-
de 43 38 que minute de ce
parallele.

Et divifant 12116 toifes qu'on vient de trouver pour la difference des meridiens de Marfeille & du Mont Sainte Venture par 689 toifes, on aura 17′ 35″ dont le Mont Sainte
Venture eft plus oriental que Marfeille.

Longitude de Marfeille par rapport à Paris,   3° 5′ 0″

Sainte Venture plus oriental que Marfeille, de   17 35

Donc longitude de Sainte Venture par rapport à Paris,   3 22 35

Ce qu'il falloit déterminer.

Recherche de la latitude & de la longitude du Pilon du Roi.

L'angle EHA pointant au Pilon du Roi & au rocher qui *Même Fi-*
eft dans la meridienne de l'Obfervatoire, a été trouvé fur la *gure.*
terraffe de l'Obfervatoire de 146ᵈ 42′, comme il a été dit
dans l'article troifiéme ; c'eft pourquoi fon fupplement OHE
fera de 33ᵈ 18′, & l'autre angle HEO du triangle rectangle
OHE, fera de 56ᵈ 42′ ; l'hypotenufe HE eft de 8822 toifes,
comme il a été dit ci-devant ; c'eft pourquoi pour avoir HO
difference en latitude du Pilon du Roi à l'Obfervatoire de
Marfeille, on fera cette analogie.

Sin : tot :| Sin : 56ᵈ 42′|| 8822 toifes | 7373 toifes.
            HE.   HO.

Analogie pour OE difference en longitude.

Sin : tot :| Sin : 33° 18′|| 8822 toifes | 4843 toifes = OE.
            HE.

On a donc HO difference en latitude, de   7373 T.

Et OE difference en longitude, de   4843

La latitude de l'Obfervatoire de Marfeille eft de 43ᵈ 19′ 0″.

Difference en latitude dont le Pilon du Roi
eft plus feptentrional,   7 44

Donc latitude du Pilon du Roi,   43 26 44

On a cette difference de 7′ 44″ en divifant 7373 toifes par
952 toifes qu'il faut pour une minute de degré d'un grand
cercle. Pour avoir les minutes du parallele du Pilon du Roi,
on fera cette analogie.

Sin : tot :| Sin : complement de 43° 26′|| 952 toifes |691
toifes pour une minute de ce parallele.

Et divifant 4843 toifes difference des meridiens de l'Obfer-

vatoire & du Pilon du Roi par 691 toifes, on a précifément
7′ de degré dont le Pilon du Roi eft plus oriental : c'eft
pourquoi la longitude de Marfeille par rapport à Paris étant
de　　　　　　　　　　　　　　　　　　　　　　　3º 5′ 0″

& le Pilon du Roi étant plus oriental que Marfeille de　　　　　　　　　　　　　　　　　　　　　7 0

on a la longitude du Pilon du Roi, de　　　　　　　3 12 0

ce qu'il falloit encore trouver.

Recherche de la latitude & de la longitude du Saint Pilon & de la Sainte Baume.

Figure 4.
des triangles. On a trouvé ci-devant l'angle EHO de 33ᵈ 18′. Cet angle
eft le même que EHN, l'angle EHC a été trouvé ci-deflus
(article troifiéme) de 48ᵈ 14′. Donc l'angle total CHN du
triangle rectangle CNH, fera de 81ᵈ 32′, & l'angle NCH
du même triangle fera de 8ᵈ 28′ ; l'hypotenufe HC a été trouvée de 19880 toifes. De ces principes on aura la latitude &
la longitude du S. Pilon comme s'en fuit.

Analogie pour trouver HN, différence en latitude.

Sin : tot : | Sin : 8ᵈ 28′ || 19880 toifes | 2927 toifes.
　　NCH.　　　　HC.　　　　HN.

Analogie pour trouver CN, différence en longitude.

Sin : tot : | Sin : 81ᵈ 32′ || 19880 toifes | 19663 toifes.
　　NHC.　　　　HC.　　　　CN.

La difference en latitude HN réfulte donc de　　　2927 T.
Et la difference en longitude CN, de　　　　　　　19663
Les 2927 toifes de difference en latitude étant divifées par
952 toifes qui conviennent à une minute de degré d'un grand
cercle, la difference en latitude vaut　　　　　　　3′ 4″

Mais la latitude de l'Obfervatoire de Marfeille,
eft de　　　　　　　　　　　　　　　　　　　43ᵈ 19′ 0″

Donc la latitude du Saint Pilon, & par confequent de la Sainte Baume, eft de　　　　　　　43 22 4

Par les obfervations rapportées ci-devant article fecond, on
a trouvé la latitude par trois diverfes hauteurs meridiennes
du Soleil entre 43º 21′ 10″ & 43º 21′ 40″. Celle-ci ne s'écarte
que

que de 24ᵗ de l'obſervation géometrique ; c'eſt pourquoi pour faire un compte rond, on déterminera la latitude du Saint Pilon, de 　　　　　　　　　　　　　　　　43ᵈ 22′ 0″

Pour ce qui eſt de la différence en longitude, on fera cette analogie pour avoir les toiſes d'une minute de ce parallele.

Sin : tot : | Sin : compl. de 43ᵈ 22′ || 952 T. | 692. T. par minute de ce parallele.

46° 38′	L. 9. 8615190.	
952 T.	L. 2. 9786369.	

Somme　　L. 2. 8401559. | Retranchant le logarithme du Sinus total, on a le logarithme de 692 toiſes pour une minute de ce parallele, & diviſant 19663 toiſes de différence en longitude par 692 toiſes, on a pour différence entre le Saint Pilon & Marſeille qui reſte plus occidental, 　　　　　　　　　　28′ 24″

Mais Marſeille eſt plus oriental que Paris de　　3° 5 0

Donc longitude du Saint Pilon, dont il reſte plus oriental que Paris, de　　　　　　　3 33 24

Il s'enſuit de-là, qu'aïant trouvé (article ſecond) les Iſles des Ambiez dans le meridien du S. Pilon, ces Iſles & le port du Bruſc qui en eſt très-voiſin, ont la même longitude.

Il ſuit encore que la longitude de Toulon eſt de pluſieurs minutes plus grande que de 3ᵈ 35′, quoiqu'elle ſoit marquée telle dans le livre de la Connoiſſance des Temps ; car Toulon eſt beaucoup plus oriental que le Saint Pilon & les Ambiez, comme on le fera voir plus en détail dans la détermination qu'on va donner de la longitude de Nôtre-Dame de la Garde près de Toulon.

Recherche de la longitude de Nôtre-Dame de la Garde près de Toulon.

On ne peut à preſent déterminer la latitude de N. D. de la Garde près de Toulon, avec toute la rigueur géometrique, on tâchera de le faire dans la ſuite : on va maintenant s'attacher à déterminer ſa longitude.

H

4. Figure des trian-gles.

Suppofant ER parallele à OA, qui eft la meridienne de l'Obfervatoire de Marfeille, ER fera le meridien du Pilon. HO difference en latitude, a été trouvée ci-devant (pag. 55) de 7373 toifes. OE difference en longitude du Pilon du Roi au même Obfervatoire, a été trouvée de 4843 toifes. HP difference en latitude de l'Obfervatoire de Marfeille & de N. D. de la Garde de Toulon, eft fuppofée felon la figure des triangles de 19′ 30″ : or une minute du meridien vaut 952 toifes, donc HP 18564 toifes. Le côté EF du triangle ECF a été trouvé (article troifiéme pag. 40) de 32878 toifes. De ces élements on réfoudra le triangle RFE.

Analogie pour trouver l'angle REF.

EF = 32878 toifes | ER = 25937 toifes || Sin : total Sin : 52° 5′ de FER.

Analogie pour trouver RF.

Sin : tot : | Sin : 37° 55′ || 32878 toifes | 20198 toifes.
FER.   EF.   RF.

L'angle FER eft donc de 52ᵈ 5′, & le côté FR de 20198 T.

Dans le rectangle EOPR, le côté PR eft égal au côté OE ; ajoûtant PR à FR, on aura 4843 toifes + 20198 = 25041 toifes égales à PF pour la difference en longitude entre l'Obfervatoire de Marfeille & N. D. de la Garde près de Toulon. Maintenant pour avoir le nombre des toifes qu'il faut pour une minute du parallele de N. D. de la Garde, on fera cette analogie.

Sin : tot : | Sin : 42° 58′ || 952 toifes | 696 toifes.
comp. 47   2.

On a donc 696 toifes par minute de ce parallele, ce qu'il falloit fçavoir pour trouver la longitude de N. D. de la Garde de Toulon de cette maniere.

Divifant PF = 25041 toifes par 696 toifes, on a pour difference des meridiens de Marfeille & de N. D. de la Garde près de Toulon plus oriental,   35′ 58″
Mais Marfeille eft par rapport à Paris, à   3° 5 0

Donc N. D. de la Garde de Toulon eft plus oriental que Paris de   3 40 58

Mais Toulon est encore plus oriental que N. D. de la Garde, comme on le verra ci-après, il y a donc encore à corriger pour la longitude de cette ville ; mais avant d'en venir-là, il est à propos de chercher la latitude & longitude de Nôtre-Dame de la Garde par une autre méthode qui soit géometrique.

Recherche de la latitude & longitude de Nôtre-Dame de la Garde près de Toulon.

Comme on n'étoit pas content de ce qu'on supposoit dans la recherche précedente, la difference en latitude entre Marseille & N. D. de la Garde de Toulon de 19′ 30″, on s'attacha à considerer attentivement la figure des triangles, pour voir si on ne pourroit point trouver l'angle AEF, formé au Pilon du Roi en pointant au rocher qui est dans la meridienne de Marseille, & à N. D. de la Garde près de Toulon, parce qu'on n'avoit point pris cet angle lorsqu'on étoit au Pilon du Roi : mais on conclud la valeur de cet angle par cette méthode.

Etant au Pilon du Roi, en pointant au Saint Pilon & au cap Canaille qui est près de Cassis, l'angle a été trouvé de $\qquad$ 54° 31′ 0″

Du cap Canaille au point du rocher qui est dans la meridienne, $\qquad$ 36 0 0

Donc angle total AEC formé au Pilon du Roi en pointant au rocher de la meridienne & au Saint Pilon, $\qquad$ 90 31 0

Mais l'angle CEF formé au Pilon du Roi en pointant au Saint Pilon, & à N. D. de la Garde près de Toulon, a été trouvé de $\qquad$ 35 12

Otant cet angle de l'angle total, reste l'angle AEF formé au Pilon du Roi, & terminé au rocher de la meridienne, & à N. D. de la Garde près de Toulon, de $\qquad$ 55 19 0

Le côté EF du triangle AEF a été trouvé (article troisiéme pag. 40) de $\qquad$ 32878 T.

Le côté AE du Pilon du Roi au rocher de la meridienne, a été trouvé (article troisiéme pag. 42) de $\qquad$ 16343 T.

H ij

Reste à trouver les angles EAF & AFE, & le côté AF du triangle AEF, l'angle compris AEF est de   55° 19′

            179 60

Somme des angles inconnus,	124 41
Moitié des angles inconnus,	62° 20′ 30″
Moitié de la difference,	32 39
Plus grand angle FAE,	94 59 30
Moitié des angles inconnus,	62 20 30
Moitié de la difference,	32 39
Plus petit angle AFE,	29 41 30

EF + AE = 49221 toiſes.
EF − AE = 16535 toiſes.

Analogie pour les angles inconnus A & F.

49221 T. Somme des côtez | 16535 Toiſes. Difference des côtez || Tangente 62° 20′ | Tangente 32° 39′.
    Moitié des ang. incon.   Diff. des ang. inconn.

Analogie pour trouver AF diſtance du rocher de la meridienne à
N. D. de la Garde près de Toulon.

Sin : 29° 41′ 30″ | Sin : 55° 19′ || 16343 T. | 27134 T.
  AFE.   AEF.   AE.   AF.

On a donc pour AF diſtance du rocher de la meridienne à l'Obſervatoire de Marſeille, à N. D. de la Garde près de Toulon,   27134 toiſes.

Le côté du triangle AEF étant connu, nous facilitera la réſolution du triangle AHF qui nous eſt neceſſaire pour déterminer la latitude & la longitude de N. D. de la Garde près de Toulon.

Analyſe du triangle AHF pour la diſtance de l'Obſervatoire à
N. D. de la Garde près de Toulon.

L'angle EAF vient d'être trouvé de   94° 59′ 30″
L'angle HAE formé au rocher de la meridienne pointant à l'Obſervatoire & au Pilon du Roi,

a été trouvé (article 3. pag. 42.) .   17 13

Donc l'angle total HAF pointant à l'Obfervatoire & à N. D. de la Garde près de Toulon, fera
de   112 12 30

Le côté AF diftance du rocher de la meridienne à N. D. de
la Garde près de Toulon a été trouvé dans la réfolution du
triangle précedent, de   27134 T.
Le côté HA diftance de l'Obfervatoire au rocher de la me-
ridienne, a été trouvé (art. 3. pag. 42.) de   8257 T.
Sur ces élements on réfout le triangle AFH.
AF + HA = 35391 T. fomme des côtez.
AF — HA = 18877 T. difference des côtez.
Angle HAF,   112° 12′ 30″
                                                         179 59 60

Sommes des angles inconnus,   67 47 30
Moitié des angles inconnus,   33 53 45
Moitié de la difference,   19 43 0

Plus grand angle AHF,   53 36 45

Moitié des angles inconnus,   33 53 45
Moitié de la difference,   19 43 0

Plus petit angle AFH,   14 10 45

Analogie pour les angles inconnus H & F.

35391 T. fomme des côtez.| 18877 T. difference des cô-
tez.|| 33° 53′ 45″ tangente de la moitié des angles | 19° 43′
tangente de la difference.
Dont l'analyfe donne le plus grand angle AHF,
de   53ᵈ 36′ 45″
Le plus petit AFH, de   14 10 45

Analogie pour trouver HF du triangle AHF.

Sin. 14° 10′ 45″| Sin. 112° 12′ 30″ HAF|| 8257 T.|31229T.
    AFH.   Sup. 67 47 30   HA.   HF.
On a donc pour HF diftance de l'Obfervatoire de Marfeille
à N. D. de la Garde près de Toulon,   31229 T.

Reſte à réſoudre le triangle rectangle HFP , pour détermi-
ner la longitude & la latitude de N. D. de la Garde près de
Toulon , en les comparant avec la longitude & latitude de
Marſeille.

On vient de trouver l'hypotenuſe HF , de　　　31229 T.
L'angle AHF ou PHF a été trouvé de　　　53° 36′ 45″
Donc l'angle PFH , eſt de　　　36 23 15

*Premiere analogie pour trouver PH , difference en latitude de
Marſeille à N. D. de la Garde près de Toulon.*

Sin : tot : | Sin : 36° 23′ 15 || 31229 T. | 18528 T.
　　　　PFH.　　　　　HF.　　　PH.

Donc PH difference en latitude de Marſeille à N. D. de la
Garde près de Toulon , eſt de　　　18528 T

*Seconde analogie pour trouver PF , difference en longitude de
ces deux lieux.*

Sin : tot : | Sin : 53° 36′ 45″ || 31229 T. | 25136 Toiſes.
　　　PHF.　　　　　HF.　　　PF.

On a PF difference en longitude de ces deux lieux,
de　　　25136 T

Maintenant en diviſant les 18528 toiſes de la difference en
latitude par 952 toiſes qui conviennent à une minute d'un
grand cercle, on a 19 minutes 32 ſecondes pour difference
en latitude　　　19′ 32″

Latitude de Marſeille qui eſt plus Nord　　　43° 19 0

Donc latitude de Nôtre-Dame de la Garde
près de Toulon ,　　　42 59 28

qu'il falloit premierement déterminer. La même à deux ſecondes près de celle qu'on avoit ſuppoſé dans la recherche
précedente.

Diviſant les 25136 toiſes de la difference en longitude,
par 696 toiſes qui conviennent au parallele de 43d, on a pour
difference en longitude,　　　36′ 0″

Mais par rapport à Paris, Marſeille eſt à　　　3° 5 0

Donc N. D. de la Garde eſt plus oriental que
Paris à l'Obſervatoire, de　　　3 41 0

à deux secondes près de la longitude qui a été déterminée par la premiere méthode. L'accord de ces deux méthodes fondées sur des calculs & des angles différents, fait voir que les côtez & les angles sur lesquels ont été résolus les triangles necessaires pour cette détermination, sont exacts.

Réflexions sur la longitude de Toulon.

De la détermination de la longitude du Saint Pilon & de N. D. de la Garde près de Toulon, il s'ensuit que Toulon est plus oriental qu'il n'est marqué sur les Cartes, & même dans le livre de la Connoissance des temps, de quelques minutes; car il est plus oriental que le S. Pilon que nous avons trouvé ci-devant de 3ᵈ 33′ 24″, au lieu qu'il se trouveroit presque sous le même meridien, étant marqué à 3ᵈ 35′ cependant c'est le milieu des Isles des Ambiez qui est dans le meridien du S. Pilon; comme on l'a fait voir dans l'article second, & Toulon reste à l'Orient de ces Isles; Nôtre-Dame de la Garde est encore à l'occident de Toulon, comme on le fera voir bientôt. Mais on vient de déterminer la longitude de N. D. de la Garde à 3° 41′ 0″; il s'ensuit donc que Toulon est plus oriental de quelques minutes. Comme la difference en longitude de cette ville & de Paris à l'Observatoire a été trouvée par une seule immersion du premier satellite de Jupiter, rapportée dans le livre des Voïages de l'Académie pag 87, il est aisé de s'y tromper de 20 à 30″, ce qui introduit une difference de cinq à sept minutes. Cette erreur n'est pas fort sensible dans les lieux fort éloignez, n'étant pas plus grande dans la comparaison des observations faites à mille licuës l'une de l'autre, que dans celles qui sont faites à vingt licuës, & même dans le même lieu, dans lesquels cette erreur devient très-sensible. Mais les meilleures observations ne sçauroient aller à une plus grande précision : c'est pourquoi dans les lieux qui sont à peu de distance l'un de l'autre, il faut toûjours préférer les observations géometriques aux astronomiques, quand même les unes & les autres seroient faites avec une égale justesse.

Recherche de la difference en latitude & en longitude de Toulon à N. D de la Garde près de Toulon.

Dans l'incertitude où j'étois si Toulon restoit précisément Nord & Sud avec Nôtre-Dame de la Garde près de Toulon, (car la recherche de ce dernier point est principalement utile pour la détermination de la longitude de Toulon) dans cette incertitude, dis-je, j'écrivis au Professeur Roïal des Mathematiques à Toulon. Je ne pensois pas qu'il se donna autant de soins qu'il en a pris pour cette recherche ; ce qu'il m'a communiqué sent si fort la précision & la justesse géometrique, que je ne ferai que transcrire sa lettre.

Figure 5. 1°. „ Vous ne serez pas surpris de mon retardement à vous „ répondre, quand vous aurez achevé la lecture de cette „ lettre.

„ D'abord j'ai fait toiser une base AP sur le bord de la Mer „ entre le Port neuf & la poudriere de Micaud, à l'endroit „ qu'on nomme l'Atterrissement ; on l'a toisée trois fois dif- „ ferentes, & soit en allant, soit en revenant on a trouvé „ le même nombre de toises, de pieds, & même de pouces. „ On s'allignoit toûjours avec six perches à distances égales ; „ avec ces précautions & d'autres encore que j'omets, la base „ AP a été prise de 650 toises juste.

2°. „ Avec un quart de cercle de deux pieds de raïon, sur „ les divisions duquel on distingue aisément 15″, & on peut „ en distinguer jusqu'à 10″. On a pris d'abord les angles du „ triangle APG. Pour cela on a mis le quart de cercle exacte- „ ment dans le plan de ce triangle, & l'on n'a point cru qu'il y „ fut que quand six personnes, & entr'autres le P. Thioly, sont „ sont convenuës qu'il y étoit, après y avoir plusieurs fois & „ soigneusement pris garde ; on a eu ainsi l'angle APG & „ l'angle PAG. Les deux angles GPB & GAB ont été pris „ après avoir mis avec un scrupule infini le cheveu du plomb „ sur la ligne de foi. J'oubliois à vous dire que l'angle APG „ étant obtus, on le partagea en deux, qui se terminoient „ à trois points, outre le sommet P ; ces trois points sont, „ le sommet de la tour de N. D. de la Garde, la Croix des „ Signaux qui est au-dessus du cap Sepet, & le point A qui „ est vers le bout de l'atterrissement du côté du Port neuf, où

nous

nous avions un homme avec une longue perche, au bout "
de laquelle étoit un signal blanc. Cela fut fait afin de n'ê- "
tre pas obligé de renverser le quart de cercle, & aussi afin "
de demeurer plus exactement & plus sûrement dans le plan "
du triangle APG. "

3°. G. Nôtre-Dame de la Garde. " *Même Fi-*
O. Pavillon des Jesuites servant d'Observatoire. " *gure.*
AB. Alignement du corps-de-logis sur la ruë. "
A. Commencement de la base prise sur l'atterrissement. "
P. Fin de la base sur le même atterrissement vers la Pou- "
driere. "
E. Clocher de la grande Eglise. "
H. Horloge du pavillon du parc. "

Longueurs connuës.

AP.	650 T.	0 Pieds.	"
OE.	232	3	"
OH.	136	3	"

4°. Voici donc les angles qui ont été "
trouvez,

	APG de	139ᵈ.	8′ "
Nous avons observé & pris ces an-	PAG	35	42 "
gles deux fois differentes à divers jours,	GPB	2	30 "
toûjours de beau temps.	GAB	2	12 "

Les trois triangles résolus nous ont | GP de 4212 T. "
donné | AG 4723 "

& GB une fois de 183 toises 3 pieds : l'autrefois de 181 "
toises 2 pieds. "
La hauteur de GB moïenne entre 183 toises 3 pieds, & "
181 toises 2 pieds, est de 182 T. 2 pieds. "
Le lieu où nous observions "
étoit au-dessus de la Mer, ⎰ au point A de 8 pieds 3 pouc. "
comptant la hauteur du sol & ⎱ au point P de 7 pieds. "
celle de l'instrument. "
Ainsi la hauteur moïenne de l'instrument "
au-dessus de la Mer, 7 pieds 7 pouc. "
ajoûtant les deux hauteurs moïennes, "
vient pour GB, 183 T. 4 pieds 4 pouc. "

I

5°. „ De la plus haute fale de nôtre pavillon , qui nous a
„ fervi d'Obfervatoire , nous avons pris l'élevation du fommet
„ de la tour de N. D. de la Garde pardeſſus cet Obfervatoire ,
„ qui a été trouvée plus de vingt fois avec ce même quart de
„ cercle de 1° 53'. J'avois fait niveler avec foin depuis le bord
„ de la Mer pris vers le Chantier de conſtruction , juſqu'au
„ pied de nôtre maifon , & de-là juſqu'au pavé de nôtre cour ,
„ enfuite avec un cordeau bien travaillé , gaudronné , & divifé
„ en toifes , nous avons toifé la hauteur du fol de cette fale au-
„ deſſus du pavé de nôtre cour , à laquelle nous avons ajoûté
„ la hauteur de l'inſtrument , & toutes ces hauteurs ajoûtées
„ enfemble nous ont donné la hauteur de nôtre Obfervatoire
„ au-deſſus de la Mer , de　　　　　　　　12 T. 5 pieds 2 pouc.
„ leſquelles ôtées de GB　　　　183　　4　　　4
„ laiſſent pour la hauteur de Nôtre-Dame de la Garde au-
„ deſſus de l'Obfervatoire ,　　　　　　170 T. 5 pieds 2 pouc.

„ Mais afin que la hauteur de N. D. de la Garde par-deſſus
„ l'Obfervatoire étant fuppofée un peu plus grande , la diſtan-
„ ce le fut auſſi , afin auſſi que le calcul en fut plus net , j'ai
„ fuppofé cette hauteur de 171 toifes juſtes; & fuppofant telle
„ cette hauteur , il m'eſt venu pour la diſtance horifontale de
„ nôtre Obfervatoire à N. D. de la Garde , c'eſt-à-dire pour
„ la ligne OB ,　　　　　　　　5200 T. 3 pieds 3 pouc.

6°. „ Nous avons pris dans nôtre Obfervatoire une meri-
„ dienne en nous fervant d'un gnomon de 6 pieds de hauteur :
„ on n'a épargné ni le foin ni la peine pour avoir cette meri-
„ dienne juſte. On a enfuite établi dans fon plan 2. filets bien
„ verticaux , & c'eſt avec cette meridienne marquée d'un trait
„ plus fort fur la figure,qu'on a pris l'angle IOB , l'angle FOE ,
„ & l'angle LOH. (IO , FO , LO , font trois fegments de
„ la meridienne , faits par les trois perpendiculaires IB , FE ,
„ LH tirées fur la meridienne des trois points. 1°. De Nôtre-
„ Dame de la Garde. 2°. Du clocher de la grande Eglife de
„ Toulon , & 3°. de l'horloge du Parc.) Ces trois angles pris
„ & repris juſqu'à fe laſſer , fe font trouvez ,
„　　　　　IOB de 40ᵈ 7'. ainſi IBO de 49ᵈ 53'.
„　　　　FOE　45　11.　　FEO　44　49.
„　　　　LOH　40　34.　　LHO　49　26.

7°. „ La ligne OB de 5200 toifes 2 pieds 3 pouces, avec les

angles connus IOB & IBO, nous ont donné pour la diffe- "
rence en latitude de nôtre Obſervatoire à Nôtre-Dame de "
la Garde IO,   3977 T. "
pour la difference en longitude de l'Obſervatoire   "
à N. D. de la Garde BI ,   3351 "
cela a été trouvé par les logarithmes, & verifié par les ſom- "
mes des quarrez de IO & de BI , qui ont été trouvées égales "
au quarré de OB, autant que la nature des racines non exac- "
tes le peut ſouffrir.   "

Les 3977 toiſes diviſées par 952 toiſes nous ont donné "
4′ 10″, & des tierces que j'ai negligées. Ainſi nôtre Obſer- "
vatoire eſt plus Nord que N. D. de la Garde de   4′ 10″. "

Les 3351 toiſes de difference en longitude réduites ſur le "
parallele de 43ᵈ 3′, nous ont donné 4′ 48″ dont nôtre Ob- "
ſervatoire eſt plus à l'Eſt que N. D. de la Garde.   "

8⁰. Sur un plan de Toulon à grand point, levé par ordre "
de Monſieur de Seguelay, où toutes les ruës, les places & le "
contour de l'ancienne ville avoient été marqués fort exacte- "
ment, & ſur lequel après y avoir tracé nôtre meridienne que "
nous avions pris avec tant de ſoin, les angles qu'elle fait "
avec le clocher de la grande Egliſe, & avec l'horloge du "
Parc, ſe ſont trouvez les mêmes que nous les avions déter- "
minez. Sur ce plan, dis-je, la diſtance de nôtre Obſerva- "
tion juſqu'au clocher de la grande Egliſe de Toulon, eſt "
de   232 T. 3 pieds. "
avec cette diſtance & l'angle FEO de 44ᵈ 49′, nous avons "
trouvé OF de 163 T. qui réduites en ſecondes de latitude, "
nous ont donné 10″ & des tierces que j'ai negligé. Donc le "
clocher de la grande Egliſe eſt plus Nord que N. D. de la "
Garde, de   4′ "
Or Monſieur de la Hire met Toulon à 43ᵈ 6′ 40″ de lati- "
tude, & les obſervations ont été rapportées à la grande Egli- "
ſe : donc la grande Egliſe de Toulon étant par les 43ᵈ 6′ 40″, "
N. D. de la Garde ſera par les 43ᵈ 2′ 40″.   "
Nous avons de plus trouvé EF (difference en longitude "
de nôtre Obſervatoire & de la grande Egliſe) de 165 toiſes, "
qui réduites en ſecondes de longitude, nous ont donné 14″ "
& des tierces que nous avons negligées. Ajoûtons les deux "
differences en longitude de N. D. de la Garde à nôtre Ob- "

Voïages
de l'Aca-
demie.

„ fervatoire, & de nôtre Obfervatoire à la grande Eglife, cela
„ nous a donné 5′ 2″ dont la grande Eglife de Toulon eft plus
„ à l'Eft que N. D. de la Garde.

On ne peut apporter plus de précautions & plus de précifion qu'on en remarque dans la méthode dont on s'eft fervi
pour déterminer la pofition de N. D. de la Garde : Voici ce
qu'on en peut tirer pour la longitude de Toulon.

On a déterminé ci-deſſus la longitude de N. D. de la Garde
par rapport à Paris, de   3° 41′ 0′

Mais Toulon par les obfervations qu'on vient
de rapporter, eft plus oriental que Nôtre-Dame
de la Garde, de   5 2

Donc longitude de Toulon par rapport à Paris,   3 46 2
dont Toulon eft plus oriental. On ne doit pas
avoir égard à ces 2″ ; mais par la Connoiſſance des
Temps, cette longitude eft de   3 35

différence de ces longitudes,   1 1
qui répondent à 44 fecondes de temps.

Nous fommes en différence pour la latitude fuivant mes obfervations, & celles du Profeſſeur de Toulon touchant N. D.
de la Garde de 3′ 12″. Les nouvelles obfervations qu'on
pourra faire aifément à Toulon, tant pour la latitude que
pour la longitude, pourront aider à verifier ces deux points.
Monfieur Caſſini * établit la latitude de N. D. de la Garde
près de Toulon de 42d 58′ 30″ plus meridionale que moi
d'une minute, & de 4′ 10″ qu'elle ne l'eft par l'obfervation
& le calcul du Profeſſeur de Toulon.

* Voïages
de l'Aca-
démie, pag.
16.

Recherche de la latitude & longitude de l'Iſle de Pommegues ou de S. Jean.

Figure 4.
des trian-
gles.

Nous avons trouvé (article troiſiéme pag. 43.) IE diftance
du Pilon du Roi à la tour du fort de l'Iſle de Pommegues ou
de S. Jean de 12019 toifes. HO a été trouvée (article 4. pag.
55.) de 7373 toifes. HS eft de 1666 toifes. Donc la toute
OS eft de 9039 toifes : mais EQ eft égal à OS dans le rectangle OEQS : donc dans le triangle rectangle IQE, dont nous

avons l'hypotenuse & le côté QE, reste à trouver l'angle IEQ, & le côté QI.

Analogie pour trouver l'angle IEQ du triangle IQE.

IE = 12019 T. | EQ = 9039 T. || Sin : tot : | Sin : 48ᵈ 46′ pour l'angle EIQ.

Figure 4. des triangles.

Analogie pour trouver le côté IQ différence des meridiens du Pilon du Roi & de l'Isle de Pommegues.

Sin : tot : | Sin : 41° 14′ || 12019 T. = EI. | 7922 T. = IQ.

L'angle EIQ est donc de 48ᵈ 46′, & le côté IQ différence des meridiens du Pilon du Roi & de l'Isle de Pommegues, de   7922 T.

Comme on voit dans l'analogie suivante.

Retranchant de IQ, OE = SQ différence des meridiens du Pilon du Roi & de l'Observatoire de Marseille, reste pour la différence des meridiens de l'Isle de Pommegues & de l'Observatoire de Marseille, 3079 toises, lesquelles étant divisées par 693 toises qui conviennent à une minute du parallele de Pommegues, donnent 4′ 30″ dont l'Isle de Pommegues est plus occidentale que l'Observatoire de Marseille ; sa longitude par rapport à Paris,   3° 5′ 0″

Différence dont Pommegues est plus occidental,   4 30

Reste la longitude de l'Isle de Pommegues par rapport à Paris, de   3 0 30

ce qui peut servir en cas qu'on alla quelque jour faire des observations dans cette Isle qui seroit commode pour cela ; & parce que c'est la principale des trois Isles qui forment avec la côte la rade de Marseille, auprès desquelles les Vaisseaux ont de fort bons moüillages, où ils restent ordinairement à l'ancre avant que de mettre à la voile, ou lorsqu'ils reviennent de Levant pour faire quarantaine. HS = 1666 toises de différence en latitude entre l'Observatoire de Marseille & l'Isle de Pommegues étant divisée par 952 toises qui conviennent à une minute du meridien, on a 1′ 42″ dont Pommegues est plus Sud que l'Observatoire de Marseille, donc la latitude de Pommegues sera de   43ᵈ 17′ 18″

On ne donne pas la détermination de la latitude & longi-

tude des autres points dont on a donné ci-devant les diftances, parce qu'ils ne font pas importants pour la géographie.

Il refte maintenant à donner l'air de vent de divers points
obfervez du Saint Pilon avec la bouffole, & divers angles obfervez ou au S. Pilon, ou aux Beguines, ou au Pilon du Roi,
qui pourront fervir un jour, lorfqu'allant à quelqu'un de ces
endroits remarquables, on y pourra prendre d'autres angles pour former de nouveaux triangles & perfectionner les
Cartes de Géographie.

*Divers points au bord de la Mer, relevez du S. Pilon avec la
bouffole pour avoir leur gifement.*

Etant au Saint Pilon le 21 Juin 1708 au matin, le Ciel
étant fort ferein, nous relevâmes divers points remarquables
avec une bouffole de léton très-bien graduée de fix pouces de
diametre, dont la variation de 10ᵈ Nord-Oueft nous étoit
connuë, à laquelle nous avons eu égard dans les obfervations
fuivantes.

La pointe la plus à l'Eft de l'Ifle de Levant la plus orientale
des Ifles d'Hieres, nous eft reftée à   E. S. E 5ᵈ. au S.

On ne voit pas du Saint Pilon les autres Ifles couvertes par
les montagnes de Toulon.

La pointe la plus haute de Coudon,	S. E 4ᵈ au Sud.
Nôtre-Dame de la Garde près de Toulon,	S. 9ᵈ à l'Eft.
Milieu de la montagne de Toulon,	S. E. ¼ Sud.
La plus occidentale des Ifles des Ambiez,	S. 2ᵈ à l'O.
Pointe à l'Eft du golphe de la Ciotat,	S. S. O.
Cap de l'aigle à l'Oueft de la ville de la Ciotat,	S. O 6ᵈ au S.
Cap Canaille près de Caffis,	S. O. 10ᵈ à l'O.
Cap de la Couronne au-deça de l'embouchure du Rhône,	O.

Tous ces points ont été relevez près la porte de la Chapelle
du Saint Pilon.

Le 25 Juin 1708 à 5 heures du foir, le vent étant Nord-
Oueft médiocre, nous avons vû les Tignes & l'embouchure
du Rhône, qui couroit Nord & Sud dans un affez grand intervalle de terrain bas; nous avons vû auffi les tours de Tam-
pan, que nous n'avons pas pû affez diftinguer à caufe de la
brume, & trois étangs qui font à l'Oueft du Rhône. La
pointe la plus Sud des Tignes nous eft reftée à O. 2ᵈ au Nord.

par la pointe la plus Sud du cap Couronne, avec laquelle la pointe des Tignes couroit dans la même ligne.

Observations de divers angles formez au Saint Pilon par divers points remarquables, pris avec le quart de cercle de trois pieds de raïon.

Nous avons rapporté dans l'article troisiéme la méthode que nous avons emploïé pour déterminer un point éloigné dans la meridienne du Saint Pilon; tournant toûjours à droite voici les angles que nous avons déterminé.

De l'écueil entre les Isles des Ambiez qui est dans la meridienne du Saint Pilon, au Pilon du Roi, l'angle a été trouvé de	111^d 10′	0″	
Du Pilon du Roi à un Poussc qui est le plus haut de la montagne de Sainte Victoire du côté de l'Est, l'angle étoit de	48	0	0
De ce Pousse de Sainte Victoire au Pousse de Saint Cassien à environ mille toises du S. Pilon, l'angle étoit de	89	44	0
Du Pousse de Saint Cassien à Coudon près de Toulon, de	65° 53′	45″	
De Coudon au point ci-dessus de la meridienne, de	45	12	15
Somme de tous ces angles,	360	0	0

Tous ces angles qui font le tour de l'horison étant ajoûtez ensemble, font précisément 360 degrez, comme il étoit necessaire, les angles aïant été pris exactement deux differentes fois, & aïant eu égard à la correction de 1′ 30″ par chaque angle, que l'allidade donnoit de trop, comme on l'a dit dans l'article troisiéme.

Autres Observations de divers angles pris du Saint Pilon.

Du point de la meridienne à Nôtre-Dame de la Garde près de Toulon,	10^d 51′	30″
De Nôtre-Dame de la Garde à la plus Est des Isles d'Hieres,	50 58	31

De Nôtre-Dame de la Garde à des montagnes qui ont
paru à l'Eſt-Sud·Eſt dans l'horiſon de la Mer, & que nous
croïons être des montagnes de Corſe,   55ᵈ 17′ 15′

Nous n'avons pas pû à cauſe de la brume qui étoit à l'horiſon, diſtinguer aſſez ces montagnes, pour les relever toutes
ſéparément & les reconnoître par leurs noms. Mais nous
ſommes bien ſûrs que ce n'étoit pas des montagnes de la côte,
qui ne court pas par cet air de vent, mais bien à l'Eſt, ce qu'il
eſt aiſé de conclurre par les angles qu'on a donné ci-devant.

Prenant pour point fixe le Pilon du Roi qui eſt fort remarquable.

A gauche,
Du Pilon du Roi au cap Coronne,   19ᵈ 41′ 15′
Du Pilon du Roi à l'embouchure du Rhône,   19 38 30

On voit qu'il ne s'en faut que de 2′ 45″ que le cap Coronne & l'embouchure du Rhône vûs du S. Pilon, ne ſoient
ſur la même ligne ; & que la pointe des Tignes eſt d'autant
plus enfoncée que le cap Coronne.

Du Pilon du Roi dans l'enfoncement du golphe de Sainte
Marie,   11ᵈ 13′ 30′

Du Pilon du Roi à un Pouſſe qui nous parut
être des montagnes de Carcaſſonne & fort éloigné,   1 17 45

A droite,
Du Pilon du Roi à une montagne que nous
croïons être la montagne noire, l'angle étoit de   0 24 30

Du Pilon du Roi à un pouſſe vers Salon, &
une autre montagne fort éloignée en Langue-
doc, qui nous ont paru l'une par l'autre de   9 28 30

Du Pilon du Roi à une montagne fort élevée
dans le Languedoc, qui nous a paru une des
plus hautes, vers Uſez, ou peut-être même la
montagne de Lauzere,   14 39   0

Du Pilon du Roi au côté Oueſt d'une montagne en forme de table, qui paroît être des Cevennes, de   19 49 30

Du Pilon du Roi au pouſſe le plus haut du
Mont-Ventoux, de   47 54   0

Ce

Ce dernier angle étoit très-important, aussi a-t'il été obfervé avec soin par deux fois.

Angles obfervez des Beguines, pour la correfpondance de ceux qu'on a pris au Saint Pilon.

Le 29 Juin 1708, nous fûmes le matin à la hauteur des Beguines, & nous y prîmes les angles suivants, mais la pluïe & les broüillards étant survenus, nous fûmes obligez d'abandonner ce lieu, & de laiffer beaucoup d'autres obfervations qui nous auroient été utiles.

Nous n'avons point pû voir Canigou ni du Saint Pilon ni des Beguines, une montagne voifine du Saint Pilon qui refte à l'Ouest-Sud-Ouest, nous ôtoit la vûë de la Mer en cet endroit-là, & nous déroboit cette montagne des Pyrennées la plus voifine de la Mer ; lorfque nous fûmes aux Beguines, la brume nous ôta la vûë de la Mer.

A gauche,
Du Pilon du Roi à l'Obfervatoire de Marfeille, l'angle étoit de   24ᐟ 0ᐟ 0ᐟᐟ

Du Pilon du Roi au S. Pilon, au-deffus de la Sainte Baume,   37 45 0

A droite,
Du Pilon du Roi au Mont-Ventoux,   49° 5ᐟ 30ᐟ
Du Mont-Ventoux au Mont-Genevre dans les Alpes,   59 57 15
Du Mont-Genevre à Cap-Roux près de Frejus,   52 36 45
De Cap-Roux à Coudon près de Toulon,   54 36 30
De Coudon à Nôtre-Dame de la Garde à l'Ouest de Toulon,   34 30 0

On a rapporté dans l'article troifiéme les angles pris du Pilon du Roi & de la terraffe de l'Obfervatoire de Marfeille, qui peuvent fervir ou pour la correfpondance de ceux-ci, ou pour former de nouveaux triangles par le moïen des angles qu'on pourra prendre, ou au Mont-Ventoux, fi quelqu'un fe donne la peine d'y aller, ou à quelqu'une des autres montagnes dont nous venons de donner les angles pour continuer à déterminer par la Trigonometrie, la diftance de ces montagnes, & la configuration de la côte.

K

Formant fur quelqu'une des Cartes d'Hydrographie ou de Géographie, des angles égaux à ceux que nous venons de donner, on reconnoitra ce qu'il y aura à changer dans la pofition de ces points, pour porter ces Cartes à une plus grande perfection qu'elles ne font encore. J'ai lieu de croire que les Auteurs de ces Cartes, s'ils vivent encore, me fçauront bon gré d'avoir par ces obfervations confirmé la bonté de leurs Cartes, ou peut-être de leurs avoir donné occafion de les corriger. Je n'entrerai pas maintenant dans le détail de ces corrections.

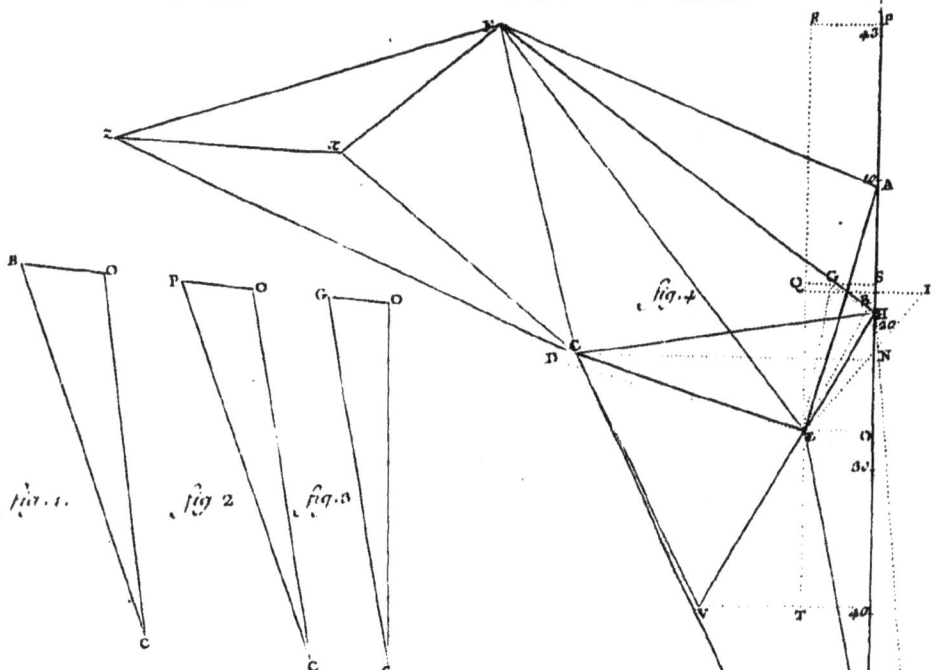

fig. 4

fig. 1. *fig. 2* *fig. 3*

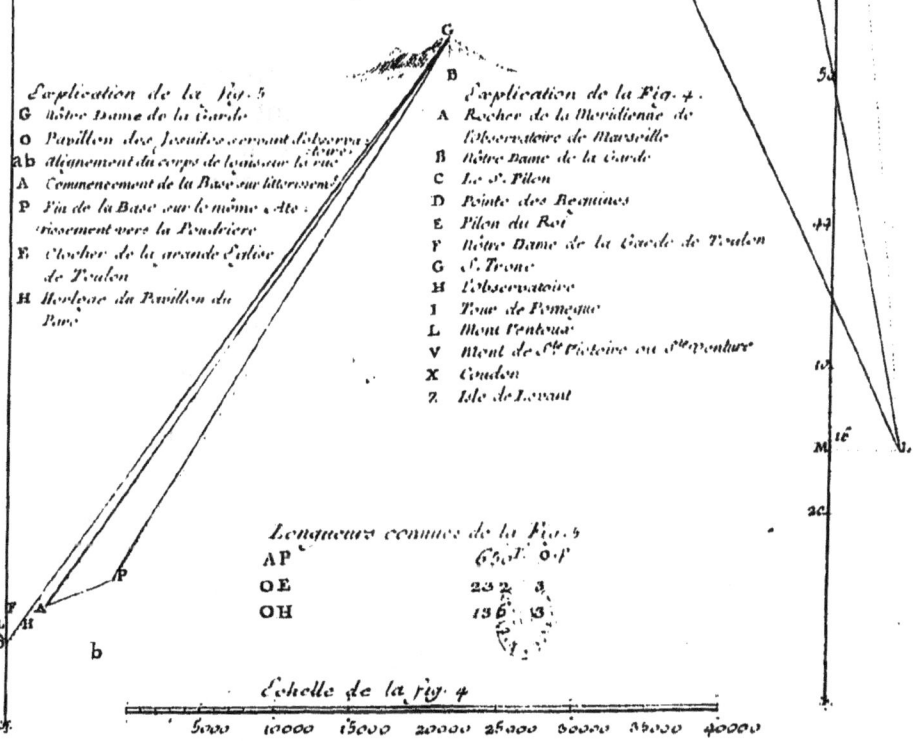

Explication de la fig. 5

G Nôtre Dame de la Garde
O Pavillon des Jesuites servant d'observatoire
ab Alignement du corps de bâtisseur la rue
A Commencement de la Base sur l'atterrissement
P Fin de la Base sur le même Atterrissement vers la Poudrière
F Clocher de la grande Eglise de Toulon
H Horloge du Pavillon du Parc

Explication de la Fig. 4.

A Rocher de la Méridienne de l'observatoire de Marseille
B Nôtre Dame de la Garde
C Le S.t Pilon
D Pointe des Bequines
E Pilon du Roi
F Nôtre Dame de la Garde de Toulon
G S.t Trone
H l'observatoire
I Tour de Pomegue
L Mont Ventoux
V Mont de S.te Victoire ou S.te Venture
X Coudon
Z Isle de Levant

Longueurs connues de la Fig. 5

AP   650.t 0.t
OE   232   3
OH   136   3

Echelle de la fig. 4

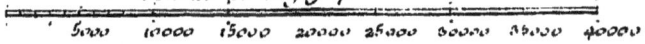

5000   10000   15000   20000   25000   30000   35000   40000

Voy. de Provence pag. 74

VOYAGE
DU MONT-VENTOUX,

Pour déterminer la hauteur & la latitude de cette Montagne.

P ARMI divers triangles que j'avois formé à la Sainte Baume, dont j'ai donné les dimensions dans le Traité que j'ai composé sur les observations faites dans le voïage de la Sainte Baume, il y en avoit un qui aboutissoit au Mont-Ventoux : la longueur des côtez de ce triangle me faisoit toûjours craindre que je ne me fusse trompé pour la latitude de cette montagne, que j'ai concluë par mes triangles de 44° 16′ 35″, comme on le peut voir dans l'ouvrage cité ci-dessus : J'avois d'autant plus sujet de craindre de m'être trompé, que je ne me trouvois pas tout-à-fait d'accord avec M. Cassini, homme si sçavant & si habile, & qui a porté l'Astronomie à un très-grand point de perfection. Cette juste crainte m'a déterminé à entreprendre ce voïage, quoique je visse qu'il y auroit bien de la fatigue & de la dépense à essuïer : mais ce point me paroissant important, j'estimai qu'il falloit passer par-dessus ces considerations, & m'assurer une bonne fois pour toutes, quel fond je devois faire sur les observations faites au Saint Pilon & au Pilon du Roi.

En effet ce triangle étant lié avec les autres, il suit necessairement que s'il est juste, les autres le doivent être aussi ; & que s'il est faux, les autres le doivent être aussi, comme on le peut voir en jettant les yeux sur la figure de mes triangles rapportée dans le traité cité ci-devant.

Je jugeai qu'il falloit aussi passer à Saint Paul-Trois-Châteaux, aïant lieu de me defier des observations pour la latitude, que j'y avois fait en 1701, avec un anneau Astronomique qui n'avoit que 8 pouces 9 lignes de raïon, puisque

K ij.

la pofition de Saint-Paul devoit me fervir pour m'éclaircir
fur celle du Mont-Ventoux. Je partis donc pour Saint-Paul
le 13 Juin 1711, avec mon quart de cercle de trois pieds
de raïon, diverfes lunettes, des tubes & du mercure pour
faire l'experience du Barometre en divers lieux.

Obfervations faites à Saint-Paul Trois-Châteaux, le dix-fept Juin 1711.

Pour déterminer exactement une ligne meridienne, je
pris fur la terraffe de l'Evêché de Saint-Paul, qui eft vou-
tée & pavée de pierres de taille, diverfes hauteurs correfpondantes du Soleil avec le quart de cercle ; j'avois auparavant élevé à plomb un ftile de quatre pieds, & à chaque
hauteur je marquai des points d'ombre le matin & le foir ;
la déclinaifon n'étant pas fenfible vers le folftice, je tirai
furement par les points correfpondants des lignes qui fe
trouverent paralleles, j'en divifai une en deux parties égales & aïant tiré une ligne perpendiculaire, laquelle paffa
par le milieu des autres lignes, je traçai une ligne meridienne exacte à caufe que la difference de déclinaifon eft
très-petite en ce temps-là. Je la prolongeai fur le pavé &
fur le terrain, autant qu'il étoit neceffaire pour voir le
Mont-Ventoux, le quart de cercle étant pofé fur cette meridienne, & avoir l'angle qu'elle faifoit avec cette montagne,

Le 18 Juin à quatre heures du matin.

Aïant pofé le quart de cercle fur la meridienne, on pointa
la lunette fixe & la lunette de l'allidade à un même point
éloigné, qui eft le côté à plomb d'une cenfe dans les montagnes du Languedoc qui font au bord du Rhône & près
de la ville du Saint-Efprit ; il s'eft trouvé que le cheveu de
l'allidade au lieu d'être à zero degré, faifoit un angle de 7′
20″ qu'il faut ôter de l'obfervation fuivante.

Enfuite on pointa la lunette fixe du quart de cercle au
fommet le plus haut du Mont-Ventoux, qui fe termine en
une pointe affez aiguë ; on mit la lunette de l'allidade fur
la meridienne tracée le jour précedent, & on examina avec
foin fi elle y étoit exactement : l'angle que le Mont-Ventoux
fait avec cette meridienne, fut trouvé de 62° 18′ 30″, def-

quels ôtant 7′ 20″ de défaut de parallelifme, refte pour l'angle de la meridienne & du Mont-Ventoux fur la terraffe de l'Evêché 62⁰ 11′ 10″. Donc le Mont-Ventoux gît par rapport à cette meridienne Eft-Sud-Eft, 5ᵈ 18′ 50″ vers le Sud

Experience du Barometre.

Sur les dix heures du matin on purgea avec foin le mercure qu'on avoit porté, en le faifant paffer à travers un linge en quatre doubles, on en remplit un tube neuf de 32 pouces, on vuida avec foin les ampoules d'air reftées dans le tube ; l'experience faite par trois fois, le mercure eft monté à Saint-Paul dans le Palais Epifcopal à 27 pouces 2 lignes & demi. Il étoit pour lors à l'Obfervatoire de Marfeille à 27 pouces 6 lignes & un tiers.

A midi de ce jour-là on prit la hauteur du Soleil que voici.

Hauteur meridienne apparente du bord fuperieur du Soleil,	69⁰	22′	10″
Demi diametre apparent du Soleil,		15	49
Hauteur meridienne apparente du centre du Soleil,	69	6	21
Réfraction fouftractive,			23
Veritable hauteur meridienne du centre du Soleil,	69	5	58
Déclinaifon feptentrionale du Soleil fouftractive,	23	26	0
Hauteur de l'équinoxial,	45	39	58
Latitude de Saint-Paul-Trois-Châteaux,	44	20	2

Le 21 Juin 1711 à midi.

Hauteur meridienne apparente du bord fuperieur du Soleil,	69	24	50

La déclinaifon feptentrionale étant 23⁰ 28′ 43″, on a par les mêmes elements, la hauteur de l'équinoxial,

45	39	56

& la latitude de Saint-Paul-Trois-Châteaux, 44 20 4 la même que la precedente à 2″ près.

K iij

Le 22 Juin il y eut des nuages qui empêchèrent de prendre la hauteur du Soleil à midi.

Le 23 Juin 1711 à midi.

Hauteur méridienne apparente du bord supérieur du Soleil,   69° 24′ 45″

La déclinaison septentrionale du Soleil étant 23° 28′ 34″, on a par les mêmes éléments, la hauteur de l'équinoxial,   45   40   0

& la latitude de Saint-Paul-Trois-Châteaux,   44   20 . 0

Ce n'est pas la peine de prendre un milieu entre ces trois latitudes concluës des hauteurs du Soleil, qui ne diffèrent que de 4 secondes; c'est pourquoi on s'en tiendra à la dernière de 44° 20′ 0″. On n'a pas rapporté tout le calcul des deux dernières observations, pour être plus court.

En 1701, on avoit pris à Saint-Paul des hauteurs du Soleil avec un anneau astronomique de 8 pouces 9 lignes de raïon, parce qu'on n'avoit point encore reçû le quart de cercle, desquelles on avoit conclu la latitude 44° 14′ 0″, différente de celle-ci de 6 minutes, dont elle donnoit Saint-Paul plus méridional ; mais un si petit instrument, quoique bien gradué, ne donnant les minutes que par estime & par le moïen d'un compas de proportion, il est aisé de s'y tromper même de 10 minutes ; c'est pourquoi il faut se tenir aux hauteurs prises avec le quart de cercle très-exact, qui donne très-distinctement un quart de minute aïant trois pieds de raïon.

Le 24 Juin je partis de Saint-Paul après avoir fait charger mon quart de cercle sur un cheval qu'on menoit par la bride dans les pas dangereux ; j'arrivai le soir de ce jour-là à Bedoüin, après avoir fait neuf lieuës, quoiqu'il n'y aïe que six lieuës au plus de Saint-Paul au Mont-Ventoux, mais il fallut beaucoup se détourner pour passer par des chemins praticables à une chaise de poste, & faire le tour d'une longue chaîne de montagnes.

Bedoüin est un gros village du Contat-Venaissin au pied du Mont-Ventoux, ce lieu est déja assez élevé, comme on le connoîtra par les hauteurs du mercure dans le Baromètre ; le Païs est assez bon & bien cultivé ; il y a du bled,

de toutes fortes de grains, des vignes & même des pi.i-
ries. Un ruiſſeau qui vient du Mont-Ventoux paſſe au pied
des murailles de Bedouin, quoique ce ruiſſeau ſoit aſſez
petit, il fait ſouvent bien du ravage dans le Païs, quand
il y a des pluïes & tempêtes ſur la montagne, comme il
avoit fait le 21 de Juin, trois jours avant que j'y arrivaſſe.

Les RR. PP. Dominicains de la Réforme du P. Antoine
qui ont un Convent à Bedoüin, me firent beaucoup d'honnêtetez, & ne ſouffrirent pas que je reſtaſſe au cabaret,
ils voulurent abſolument me loger chez eux ; & le R. P.
Prieur avec un autre de ces Peres eut la complaiſance de
m'accompagner au Mont-Ventoux. Je reçûs auſſi beaucoup
de ſecours & d'honnêtetez de M. le Curé du lieu & de
Meſſieurs les Eccleſiaſtiques qui demeurent à Bedoüin, dont
un voulut auſſi m'accompagner ſur la montagne.

Le 25 Juin au matin je fis l'experience du Barometre en
preſence de toute la compagnie dont je viens de parler,
dont quelques-uns m'aiderent à charger le Barometre. Aïant
nétoïé le mercure à l'ordinaire, le tube fut chargé & vuidé
exactement des ampoules d'air, qui reſte toûjours mêlé avec
le mercure quand on le charge : on plongea le tube dans
le mercure qui étoit dans un vaſe, le vuide ſe fit à l'ordinaire ; & aïant meſuré la hauteur du mercure dans le tube,
la premiere experience donna pour hauteur 26 pouces 10
lignes & demi. La ſeconde experience dans laquelle on vuida
encore plus exactement les ampoules d'air qui étoient mêlées dans le tube avec le mercure, donna ſeulement 26 pouc.
10 lig. de hauteur du mercure.

Je pris des mulets du Païs qui montent ſouvent le Mont-
Ventoux pour aller chercher de la neige, qu'ils portent enſuite dans le Comtat ; nous chargeâmes ſur ces mulets les
inſtruments & proviſions neceſſaires dans un lieu où nous
ne devions rien trouver, & où nous ſçavions que l'appetit
ne nous manqueroit pas. Nous montâmes ſur d'autres mulets, & partîmes de Bedoüin le 25 Juin à deux heures &
demi l'après midi. Au ſortir de ce lieu on commence à
monter, & on monte trois lieuës ſans trouver une toiſe de
plain païs. La premiere lieuë le chemin eſt aſſez beau, mais
comme il n'eſt couvert d'aucun arbre, nous y ſouffrîmes beaucoup de la chaleur, ſur-tout en paſſant dans des ravines &

fondrieres couvertes de rocailles, qui réflechiſſant vivement les raïons du Soleil, nous donnoient une très-grande cha-leur.

Nous arrivâmes à quatre heures à l'entrée d'un bois de hêtres, où nous fîmes alte pendant trois quarts d'heure ; là, nous fîmes ce qu'on fait quand on eſt à l'alte : après quoi remontans nos mulets, nous montâmes pendant une grande lieuë dans ce bois par un chemin beaucoup plus rude & plus droit que celui que nous avions fait avant l'alte : de ſorte qu'il en fallut faire une partie à pied, mais la cha-leur ne nous incommodoit plus, les arbres & les collines qui nous environnoient nous garantiſſoient des raïons du Soleil, & d'ailleurs nous étions dans un climat bien plus froid ; nous trouvions de temps en temps quelques petits champs d'avoine encore verte, quoiqu'au bas de la monta-gne elles fuſſent déja moiſſonnées. Nous ne trouvâmes point de hêtres de grande hauteur, comme j'en ai vû dans les mon-tagnes des Alpes, ils ſont ſeulement aſſez gros & touflus. Regardant derriere nous, nous voïons par des gorges la plaine du Comtat, & le Rhône qui ſerpentoit à l'extré-mité de cette plaine, & paroiſſoit comme une toile d'ar-gent couchée ſur la terre.

Après avoir bien monté nous arrivâmes vers les huit heu-res du ſoir à un endroit qu'on appelle le Jas ; là, nous trou-vâmes un climat très-différent, au lieu du grand chaud que nous avions ſenti au pied de la montagne, nous reſſenti-mes un air froid ; nous vîmes le haut de la montagne cou-vert de nuages & de broüillards, ce qui nous détermina à nous arrêter en ce lieu, où nous fîmes un grand feu. Le bois n'y manquoit pas, & on ne l'alloit pas chercher bien loin : au lieu d'eau qui nous manqua abſolument, nous envoïâmes chercher de la neige dans une grande fondriere qui étoit à trente pas de nous, & nous nous en ſervîmes utilement. Nous reſtâmes environ trois heures dans ce poſte qui conſiſtoit en un bâtiment voûté, étroit, aſſez long & fort fumé, les Pâtres qui s'y retirent, y faiſant du feu lorſ-qu'ils menent leurs Troupeaux ſur la montagne. Les nua-ges & le broüillard s'étant diſſipez dans cet intervalle, nous reſolûmes d'achever de monter la montagne : nous partîmes donc à environ onze heures du ſoir, après avoir chargé un

de

de nos mulets du bois que nous prévoïons nous être neceſſaire ſur le ſommet de cette montagne, & nous continuâmes de monter à pied, le chemin étant beaucoup plus roide ; au ſortir du bois nous ne trouvâmes plus que roches & roccailles, ſans aucune herbe ni plante ; & nous arrivâmes après bien des tours & détours, pour rendre la route moins difficile, vers la minuit & demi au plus haut de la montagne.

La Lune dont la lumiere nous avoit ſervi pour monter, ſe coucha dès que nous fûmes arrivez au ſommet du Mont-Ventoux ; il paroiſſoit beaucoup de vapeurs à l'horiſon, ſurtout à l'endroit où la Lune ſe coucha ; l'air froid nous obligea de faire bon feu, dès que nous eûmes déchargé nos mulets, qu'on laiſſa enſuite aller où ils voulurent, perſuadez qu'ils n'iroient pas bien loin, tant le Païs eſt rude.

Il n'y a au ſommet de cette montagne qu'une Chapelle qui peut avoir dix toiſes de longueur ſur quatre toiſes de large ; elle eſt voûtée, ſans aucunes fenêtres, & ne reçoit du jour que par la porte, & par une petite fenêtre qui eſt au-deſſus de la porte, ce qui eſt cauſe qu'on y ſent le relant, odeur fade & déſagréable, cauſee auſſi par l'humidité des murailles & de la voûte toûjours couvertes d'eau, qui diſtille en pluſieurs endroits, quoiqu'il n'y aïe pas de neige ſur le toit, qui eſt de pierre platte. Cette humidité peut venir du broüillard très-epais dont le ſommet de cette montagne eſt ſouvent couvert ; lequel ſe convertit en eau contre la voûte & les murailles. Quoique le Ciel fut ſerein, nous fûmes pourtant moüillez dans le temps que nous montions la montagne, & la toile cirée qui couvroit le quart de cercle étoit entierement couverte d'eau.

Dans ce lieu les uns ſe jetterent ſur la porte de la Chapelle qui étoit renverſée, pour dormir & ſe refaire de la fatigue ; les autres reſterent auprès du feu : pour moi il fut queſtion de monter mon quart de cercle, après l'avoir développé des liſieres de drap dont il étoit entortillé. Je le trouvai en bon état : l'inſtrument monté, je traçai ſur le

L

terrain une ligne meridienne par le moïen d'une bouſſole
de cuivre de ſix pouces de diametre, dont la variation avoit
été trouvée à Saint-Paul de onze degrez Nord-Oueſt.

Avant que de rapporter les obſervations que je fis pendant la nuit, j'acheverai de donner la deſcription de cette
montagne, & du Païs qu'on voit d'un lieu ſi élevé. Il n'y
a de païs plein ſur le ſommet que l'eſpace qu'occupe la
Chapelle, & ſix pas en quarré devant la porte qui eſt tournée au Sud-Oueſt. A l'Eſt, au Sud & au Sud-Oueſt la
montagne eſt d'une pente aſſez roide, par laquelle pourtant on peut monter : on n'y voit que roches & roccailles,
leſquelles étant de couleur d'un gris clair, paroiſſent de loin
comme de la neige, lorſque le Soleil donne deſſus. Au Nord-
Eſt, au Nord & au Nord-Oueſt, la montagne couverte de
même roccaille eſt tellement eſcarpée, qu'il eſt abſolument
impoſſible d'y monter ; ce ne ſont qu'affreux précipices qui
aboutiſſent à de profondes vallées, qu'on n'oſeroit regarder
long-temps fixement.

Les Païſans du païs qui montent le 14 Septembre pour
venir en dévotion à la Chapelle qui eſt dediée à Dieu ſous
le titre de la Sainte-Croix, deſcendent par cet endroit de
la montagne qui eſt ſi eſcarpé, aſſis ſur des planches de deux
pieds en quarré avec un gros baton à la main, qu'ils plan-
tent en terre devant leur planche, pour s'arrêter quand ils
vont trop vîte ; il leur ſert encore pour détourner leur planche des précipices qu'ils trouvent à droite & à gauche, &
arrivent ainſi dans un bon quart-d'heure au bas de la montagne.

Au point du jour je commençai à découvrir autour de
moi le Païs dont voici la deſcription. On voit à l'Eſt &
au Sud-Eſt diverſes baſſes montagnes & riches vallées de
Provence, le Comté de Saut, les montagnes de l'Eberon ;
au Sud & au Sud-Oueſt Carpentras, Avignon & diverſes
petites Villes & Villages répendus dans la plaine du Comtat, terminée d'une part au Sud par des montagnes médiocres, au Sud-Oueſt par la Durance, qui coule preſqu'à

l'extrémité de cette plaine, ſes eaux paroiſſent d'une couleur griſe, & par le Rhône qu'on voit depuis le Sud-Sud-
Oueſt juſqu'à l'Oueſt. On l'auroit vû juſqu'à ſon embouchure auſſi-bien qu'une partie du golphe de Lyon, Agde
& Montpellier, ſans une groſſe brume dont l'horiſon fut
couvert tout ce jour-là. Plus loin au Sud-Oueſt & à l'Oueſt-
Sud-Oueſt, on voit les montagnes des Pirennées & du
Languedoc. A l'Oueſt & Oueſt-Nord-Oueſt les montagnes
d'Alais, de Lauſere & des Cevennes. Au Nord-Oueſt &
au Nord-Nord-Oueſt les montagnes d'Auvergne. Au Nord
les montagnes de Chartreuſe. Au Nord-Nord-Eſt les hautes montagnes des Alpes, le grand & le petit S. Bernard
qui étoient encore tout couverts de neiges. Au Nord-Eſt
& à l'Eſt, les montagnes de Briançon & de Barcelonnette
terminent l'horiſon.

Plus près au Nord-Oueſt, au Nord & au Nord-Eſt, on
voit diverſes rangées de montagnes qui forment pluſieurs
Vallées, dans leſquelles coulent pluſieurs petites rivieres.
Ces montagnes qui paroiſſent hautes de la plaine, paroiſſent ſi baſſes du Mont-Ventoux, & tellement formées en
dos d'âne l'une près de l'autre, qu'on croiroit y pouvoir
ſauter de l'une à l'autre. L'air étant fort ſerein à l'Eſt, au
Nord & à l'Oueſt, la vûë en étoit très-diſtincte, quelque
vaſte qu'elle fut : mais la brume qui étoit répanduë à l'horiſon, depuis l'Eſt par le Sud juſqu'à l'Oueſt, rendoit la
vûë tellement confuſe, qu'on ne put voir qu'avec peine le
Saint Pilon & les montagnes de la Sainte Baume : on ne
put du tout point voir le Pilon du Roi ni la Mer, ce qui
m'empêcha de prendre la baſſeſſe de l'horiſon de la Mer,
de laquelle j'ai vû autrefois le Mont-Ventoux revenant de
Catalogne. Auſſi eſt-ce la premiere reconnoiſſance de la côte
lorſqu'on vient d'Eſpagne à la côte de Provence. La perte
de cette obſervation me fâcha un peu.

Obſervations Phyſiques & Aſtronomiques.

A'iant pointé la lunette fixe du quart de cercle au point
de l'horiſon où le Soleil s'eſt levé, les montagnes ont paru

hautes de 18 minutes. Ce font les montagnes du Brian-connois en venant vers Barcelonnette : on n'a point ici égard à la réfraction qui les éleve fans doute confiderablement.

L'ombre du Mont-Ventoux pour lors projetté en trian-gle, laiffoit à gauche Avignon, à droite la ville du Saint-Efprit, & paffant dans le Languedoc, elle s'étendoit bien au-delà de Nôtre-Dame de Roquefort. On voïoit cette om-bre diminuer rapidement & tourner du côté de l'Oueft, à mefure que le Soleil s'élevoit fur l'horifon. Ce fpectacle faifoit plaifir.

On pointa la lunette fixe du quart de cercle au Mont Saint Bernard, & quoiqu'il foit éloigné de plus de 50 lieuës du Mont-Ventoux, il parut élevé au-deffus de l'horifon de 22 minutes, fauf la correction de la réfraction : c'eft la mon-tagne la plus haute qu'on aïe vû au-deffus de l'horifon du Mont-Ventoux ; celles du Briançonnois, qui ne font au plus qu'à 20 ou 25 lieuës du Mont-Ventoux, n'aïant paru élevées que de 18 minutes, comme on l'a dit ci-deffus.

On a commencé à huit heures du matin à faire les ex-periences du Barometre, avec les mêmes précautions & l'exactitude qu'on a rapporté ci-devant ; elles ont été faites près de la Chapelle, vis-à-vis la porte. A la premiere ex-perience qui eft la moins fûre, le mercure eft monté à 22 pouces 5 lignes dans le tube affez bien purgé d'air. A la feconde experience, le mercure eft feulement monté à 22 pouces 4 lignes dans le tube qui étoit très-bien purgé d'air, perfonne n'y aïant apperçû aucune ampoulle. L'air étoit temperé : il ne faifoit alors ni chaud ni froid. ·

Hauteurs meridiennes, pour trouver la latitude du Mont-Ventoux.

Dès que le quart de cercle de trois pieds de raïon fut monté, ce que on fe hata de faire parce qu'on voïoit Aquila voifine du meridien, on le pofa fur la meridienne qu'on venoit de tracer, comme on l'a dit ci-devant ; on prit la hauteur de cette Etoile quand elle arriva au centre des Soïes.

Hauteur meridienne apparente d'Aquila,	53°	51'	45″
Réfraction fouftractive,			44
Veritable hauteur meridienne d'Aquila,	53	51	1
Déclinaifon feptentrionale d'Aquila en 1711 , fouftractive,	8	7	50
Hauteur de l'equinoxial,	45	43	11
Latitude du Mont-Ventoux,	44	16	49

qui approche fort de celle qu'on a tiré des obfervations du voïage de la Sainte Baume, qui eft de

44 16 35

la différence n'étant que de 14″.

Hauteur meridienne apparente du Pho-maham,	14	38	30
Réfraction fouftractive,		3	42
Veritable hauteur meridienne de Phomaham,	14	34	48
Déclinaifon meridionale de Phomaham (en 1711) additive,	31	8	14
Hauteur de l'equinoxial,	45	43	2
Latitude du Mont-Ventoux,	44	16	58

On ne prit pas la hauteur de la Polaire parce qu'elle n'étoit pas dans le meridien pendant la nuit : on fe contenta de la hauteur de ces deux Etoiles, dans le deffein qu'on avoit de prendre la hauteur meridienne du Soleil.

Après avoir de nouveau verifié la ligne meridienne qui étoit tirée devant la porte de la Chapelle, le quart de cercle qu'on avoit ôté de fa place pour les obfervations du lever du Soleil, que la Chapelle auroit empêché de voir, y aïant été remis, calé & affermi avec foin, le plomb rafant exactement le limbe, j'attendois que le Soleil arriva au meridien ; mais des nuages qui paffoient fréquemment & fort vîte, me firent craindre de ne pas l'obferver à midi, ce qui m'auroit fâché, parce qu'il s'agiffoit de connoître fi les obfervations de la nuit étoient bonnes ; mais enfin le Soleil parut à travers des nuages déliez, & on l'obferva fans verre fumé.

Hauteur meridienne apparente du bord fuperieur du Soleil,	69°	24'	0"
Demi diametre apparent du Soleil,		15	49
Hauteur meridienne apparente du centre du Soleil,	69	8	11
Réfraction fouftractive,			22
Veritable hauteur meridienne du centre du Soleil,	69	7	49
Déclinaifon feptentrionale du Soleil fouftractive,	23	25	0
Hauteur de l'équinoxial,	45	42	46
Latitude du Mont-Ventoux,	44	17	11

La différence de ces trois latitudes concluës des hauteurs du Soleil & des Etoiles, eft de 22 fecondes, c'eft pourquoi prenant un milieu entre ces trois obfervations, on a la latitude du Mont-Ventoux, de 44° 17' 0' à deux fecondes près de celle qui a été trouvée par la hauteur de Phomaham.

Cette latitude ne s'éloignant que de 25 fecondes de celle qui a été déterminée par les obfervations géometriques faites à la Sainte Baume & au Pilon du Roi, rapportées dans le Traité intitulé *Voïage de la Sainte Baume*, on a lieu d'être fatisfait de la peine qu'on a eu au voïage du Mont-Ventoux, & de n'en pas plaindre la dépenfe, puifque par-là toutes les obfervations qui font rapportées dans ce premier voïage fe trouvent confirmées, & qu'on a une pofition exacte du Mont-Ventoux, qui fépare le Comtat, de la Province du Dauphiné, & eft d'ailleurs un point fixe fort remarquable des Provinces de Dauphiné, Provence & Languedoc.

Le Ciel n'étant pas net non plus que l'horifon, on ne pût point prendre d'angles de pofition pour divers points importants à la Géographie. Les divers triangles qu'on avoit formé au Saint Pilon & au Pilon du Roi, dont les

dimenſions viennent d'être confirmées par les obſervations
faites au Mont-Ventoux, nous fourniſſoient un moïen de
travailler à la poſition exacte des lieux du Dauphiné, Provence & Languedoc qu'on peut voir de-là; il falloit donc
encore y reſter un jour; mais outre qu'il n'y avoit pas apparence d'un plus beau temps pour le lendemain, ce qui fut
confirmé par l'experience : la proviſion étoit courte, les lits
fort durs, c'étoient des rochers; la compagnie fatiguée, &
ainſi peu diſpoſée à paſſer encore une mauvaiſe nuit, tout
cela me détermina à partir, & comme il eſt aiſé de deſcendre, en trois bonnes heures de marche nous fûmes de
retour à Bedoüin, vers les ſix heures du ſoir.

Réflexions ſur les obſervations des hauteurs du mercure dans le Barometre, au Voïage du Mont-Ventoux.

J'avois écrit de Saint-Paul à Marſeille pour prier un de
mes amis de marquer avec ſoin la hauteur du mercure dans
le Barometre qui eſt en experience depuis quatre ans dans
la Sale de l'Obſervatoire. Il l'a fait, par-là nous pourrons
connoître aiſément la hauteur des lieux où j'ai fait l'experience du Barometre.

A Saint-Paul-Trois-Châteaux, le 18 Juin le mercure eſt
monté dans le Barometre à 27 pouces 2 lignes, leſquelles
donnent, ſelon la Table que M. Caſſini le Fils a donné
dans les Memoires de l'Académie Roïale des Sciences de
1705, pag. 72. donnent, dis-je, 109 toiſes un pied dont
Saint-Paul ſeroit élevé au-deſſus de la ſurface de la Mer;
mais parce que le Barometre de l'Obſervatoire de Marſeille
n'étoit alors qu'à 27 pouces 6 lignes & un tiers, & que la
difference d'élevation du mercure de la Sale de l'Obſervatoire à la Mer eſt deux lignes & deux tiers, ce qui a été
verifié par les obſervations faites en Avril 1705, il s'enſuit
qu'au bord de la Mer le Barometre auroit donné ce jour-
là 27 pouces 9 lignes; il faut donc ôter 31 toiſes pour les
3 lignes de mercure qui manquent juſqu'à 28 pouces, qui
eſt le terme que M. Caſſini prend pour la hauteur du mercure au bord de la Mer; reſte donc pour la hauteur de Saint-
Paul au-deſſus de la Mer, 78 T. 1 Pied.

A Bedoüin le mercure s'eſt tenu dans le Barometre à 26 pouces 10 lignes, leſquelles ſelon la même Table, répondent à 157 toiſes 3 pieds, dont il faut encore ôter 31 toiſes, parce que le Barometre de l'Obſervatoire de Marſeille étoit à la même hauteur le vingt-cinq Juin : reſte donc pour la hauteur de Bedoüin au-deſſus de la ſurface de la Mer,   126 T. 3 Pieds.

Au Mont-Ventoux le mercure monta dans le Barometre à 22 pouces 4 lignes, qui donnent, ſelon la même Table, 1071 toiſes de hauteur du Mont-Ventoux par-deſſus la ſurface de la Mer ; mais parce que le Barometre de l'Obſervatoire de Marſeille étoit encore le 26 Juin à 27 pouces 6 lignes un tier, il faut ôter encore 31 toiſes : reſte donc pour la hauteur du Mont-Ventoux ſur la Mer,   1040 T.

Il s'enſuit de-là que le Mont-Ventoux eſt plus élevé que Saint-Paul-Trois-Châteaux, de   962 T.
que le village de Bedoüin auprès du ruiſ-ſeau, de   914 T.
que le Pilon du Roi, de   678 T.
que le S. Pilon au-deſſus de la Sainte Bau-me, de   474 T.
que la montagne des Beguines, de   390 T. 2. Pieds.

On le peut encore comparer à diverſes autres montagnes dont on connoît la hauteur ; mais cela ſuffit pour voir quelle eſt l'utilité de la méthode, de meſurer la hauteur des montagnes par la hauteur du mercure dans le Barometre, aïant pourtant égard aux corrections & aux reſtrictions qu'on a donné dans l'article premier du Voïage de la Sainte Baume qu'on peut conſulter.

Réflexions ſur la latitude de Saint-Paul-Trois-Châteaux & du Mont-Ventoux.

Il eſt aiſé de voir par les obſervations faites à Saint-Paul avec un quart de cercle de trois pieds de raïon, combien

il

il importe d'avoir de grands quarts de cercle pour faire des obfervations exactes, puifque la latitude qu'on avoit concluë en 1701 au mois de Juillet, eft différente de celle qu'on vient de déterminer de fix minutes. Comme mon quart de cercle étoit encore à Paris en ce temps-là, je me fervis d'un anneau aftronomique de 8 pouces 9 lignes de raïon ; quoiqu'il foit bien divifé & bien fufpendu, cependant l'image du Soleil qui donne les degrez de hauteur fur l'épaiffeur de l'anneau, étant fort petite, il n'eft pas facile d'eftimer avec précifion, de combien il s'en faut que le bord du Soleil ne touche au degré dont il eft près, ou fur lequel il mord un peu ; il y a d'ailleurs un peu de pénombre difficile à reconnoître. Les élements qu'on emploïa alors, & dont on vient auffi de fe fervir étant les mêmes, la faute ne peut venir que de la petiteffe de l'anneau, & des raifons qu'on vient d'apporter.

On voit encore par les obfervations d'Aquila, de Phomaham & du Soleil, defquelles on a conclu la latitude du Mont-Ventoux à 22 fecondes de différence ; de laquelle prenant la moitié, on a la latitude du Mont-Ventoux de 44° 17' 0″, laquelle s'accorde à 25 fecondes près avec celle que j'avois déterminée par les operations géometriques rapportées dans l'article quatriéme du voïage de la Sainte Baume, de 44° 16' 35″ : on voit, dis-je, que toutes les obfervations & calculs qui ont fuivi, font verifiez, & s'accordent avec autant de précifion qu'on pouvoit raifonnablement efperer : de forte qu'on n'a pas lieu de regretter ni la fatigue, ni la dépenfe qu'il a fallu fupporter dans ce voïage du Mont-Ventoux.

Il arrivera de-là bien des avantages pour la Géographie, car les côtez des triangles que j'ai donné étant exacts, & le Mont-Ventoux fort remarquable de plufieurs montagnes où l'on peut aller ; ce Mont étant ifolé & auffi haut qu'on vient de le faire voir, on pourra continuer ces triangles, & déterminer la pofition des montagnes du Dauphiné, Languedoc & Provence, & celle des Villes voifines ; & par celles-là perfectionner les Cartes Géographiques des autres Provinces de France, en déterminant, à peu de toifes près,

M

leur longitude & latitude ; ce qui est une précision à laquelle il n'y avoit pas lieu de croire il y a trente ans que la Géographie pût arriver.

Monsieur Cassini a trouvé dans le voïage de la Meridienne la hauteur du Mont-Ventoux de 1039 toises, suivant les calculs qu'il eut la bonté de me communiquer, & que je ne rapporte pas ici. Je fus fort surpris de me trouver d'accord avec lui, à une toise près, ne m'étant servi que de la hauteur du mercure dans le Barometre, pour avoir la hauteur de cette montagne au-dessus de la Mer.

VOYAGE

DU CAP SICIER,

OU

DE NOTRE-DAME DE LA GARDE

PRE'S DE TOULON.

Contenant diverses Observations Physiques & Astro-
nomiques, faites au mois de May de l'année 1718.

IL m'a paru important de déterminer bien exactement
la latitude & longitude du cap Sicier. C'est là que commence du côté de l'Est le golphe de Lyon si dangereux
& si fameux en naufrages, comme il se termine au cap
Creoux du côté de l'Ouest. Le cap Sicier est d'ailleurs fort
voisin du Port de Toulon si celebre par sa situation, son
étenduë, sa sûreté, par les Magasins, les grandes Flotes
que Sa Majesté y a entretenuës, qui l'ont renduë respec-
table & formidable à toutes les Puissances de l'Europe,
la plûpart liguées contr'Elle pendant un long espace d'années dans les deux plus fameuses guerres que la France ait
soutenu contre ces Puissances.

Le Roi entretient dans ce Port un nombre considerable
de très-bons Officiers, qui ont fait voir dans ces guerres
à quel point la Nation Françoise a porté son habileté dans
la Navigation, la Manœuvre, la Construction, & son courage dans les combats. Cela est si connu de toute l'Europe,
que je ne crois pas qu'on m'accuse de passer les bornes de
la sincerité la plus géometrique ; si quelqu'un en doutoit,
sans remonter à des années plus reculées, il n'a qu'à rappeller le souvenir du combat de Malaga, où Monseigneur

M ij

l'Amiral avec une Flote fort inferieure en nombre de Vaiſ
ſeaux, défit avec tant de valeur & de conduite la Flote
des Alliez. Il importe à ces Officiers d'avoir des connoiſ
ſances toûjours plus exactes des atterrages de Provence ; accoûtumez à obéïr à un grand Roi, ils ſont en tout temps
à la Mer, & arrivent ſouvent ſur ces côtes avec des vents
forcez ou de la brume, après avoir traverſé un Golphe où
les vents furieux de Nord-Oueſt, de Sud-Eſt & de Sud
-Oueſt, ſemblent avoir établi principalement leur domicile.

En particulier il m'importoit de verifier la latitude & la
longitude de ce Cap que j'avois déterminée, comme on l'a
vû dans les voïages de la Sainte Baume & du Pilon du
Roi. En effet le dernier triangle que j'avois formé à ces
deux montagnes, aboutiſſoit à la tour de Nôtre-Dame de
la Garde, qui eſt au plus haut du cap Sicier ; de ſorte que
ſi la latitude & longitude que je trouverois en ce lieu, ne
s'accordoit pas avec celle que j'avois concluë de mes triangles, tout mon ouvrage, ſappé par les fondemens, tomboit neceſſairement en ruine. J'avois verifié ces triangles du
côté du Nord dans le voïage que je fis exprès au Mont-
Ventoux ; il reſtoit à les verifier du côté du Sud en allant
au plus haut du cap Sicier.

Pour cela je portai à cette montagne une Pendule à ſecondes, un quart de cercle de trois pieds de raïon, une
lunette de 18 pieds, d'autres lunettes, des tubes de verre
& du mercure pour faire diverſes experiences ſur la peſanteur de l'atmoſphere. Je fus accompagné par pluſieurs jeunes Meſſieurs de cette Ville amateurs des Mathématiques,
qui déſiroient fort d'être témoins de cette ſorte d'obſervations, & de m'y aider ; quoique je leurs euſſe prédit qu'ils
auroient à ſouffrir dans ce voïage, & qu'ils paſſeroient une
mauvaiſe nuit, ne pouvant avoir dans ce poſte d'autre lit
que la platte-terre ; ils s'y réſolurent pourtant, & nous partimes le 17 May par un vent d'Oueſt aſſez frais ; comme
il nous étoit contraire, & la Mer aſſez groſſe, il nous
fallut ſix bordées pour nous rendre à la Seyne, gros Bourg
ſitué au fond de la rade de Toulon à l'Oueſt. Là nous commençâmes nos obſervations, dont voici le détail.

A la Seyne le 17 May 1718.

A 7 heures 4 minutes du soir, étant à 70 pieds du bord de la Mer, & quatre pieds au-deſſus de ſa ſurface dans une Sale de la maiſon de M. de Lery, nous nétoïâmes avec ſoin le mercure, en le faiſant paſſer à travers une peau de chamois paſſée à l'huile, & ôtant ce qui pouvoit reſter de ſaleté ſur ſa ſurface avec un linge blanc. Je remarquai que ce linge ſe noircit beaucoup. Nous remplîmes de ce mercure un tube de deux lignes d'ouverture, & de 36 pouces de long ; & après en avoir vuidé avec ſoin les ampoulles d'air, qui étoit reſté en chargeant le tube, il fut plongé dans le vif-argent qui étoit dans une Porcelaine à la hauteur d'un pouce & demi ; le vuide s'étant fait, le mercure reſta dans le tube élevé ſeulement de 26 pouces 7 lignes, ce qui m'aïant beaucoup ſurpris, on fit une ſeconde expérience avec les mêmes précautions, le mercure monta dans le tube à 26 pouces 8 lignes, c'eſt-à-dire une ligne plus haut que dans la précédente.

Il s'étoit levé ſur les cinq heures un vent d'Eſt fort frais, qui fut accompagné d'un grain de pluïe à l'Eſt de nous, & il y avoit des nuages dans l'air. Après avoir rapporté toutes les obſervations, je ferai quelques réflexions convenables à ces obſervations, je dirai ſeulement à préſent, qu'en partant de Toulon à trois heures du ſoir, le Barometre qui eſt en expérience dans ma chambre, étoit à 27 pouces 8 lignes, c'eſt-à-dire un pouce plus haut qu'à la Seyne, quoiqu'il y dû être une ligne plus bas, puiſqu'à la Seyne nous n'étions qu'à quatre pieds de la ſurface de la Mer.

Le 18 May 1718 *au cap Sicier.*

Aïant chargé ſur des mulets les inſtrumens, nous partîmes de bon matin pour nous rendre au haut de la montagne. On rencontre d'abord pendant trois quarts de lieuës des côteaux couverts de vignes bien cultivées, & des collines plus hautes remplies de Pins ; le reſte du chemin juſqu'au haut de la montagne eſt un Païs fort ſec, découvert & difficile à monter. Nous arrivâmes ſur les 7 heures & demi. On trouve au plus haut une tour de garde, & à 20 pieds à l'Oueſt une Chapelle aſſez ſpatieuſe, qui a un veſtibule

devant la porte, laquelle eſt tournée à l'Eſt. Il y a au Sud
de la Chapelle une maiſon attenante pour un Hermite qui
y demeure ; elle eſt fort étroite & mal entenduë. Il reſte
peu d'eſpace au tour de ces Edifices, & la montagne qui
eſt fort roide du côté du Nord, de l'Eſt & l'Oueſt, l'eſt
incomparablement plus du côté du Sud qui regarde la grande
Mer.

A l'Eſt il y a une grande anſe où ſont les rochers des
deux Freres, laquelle ſe termine à une plage qui la ſépare
de la grande rade de Toulon. A l'Oueſt il y a une autre
anſe, au fond de laquelle eſt le village de S. Nazaire, & tout
près du cap Sicier à l'entrée de cette anſe, ſont les Iſlots des
Ambiez, celui des Iſlots qui eſt au milieu, ſe trouve dans
le meridien du Saint Pilon, comme on l'a dit dans l'Ouvrage
ſur les obſervations qu'on y a faites ; ainſi nous étions à l'Eſt
de ce meridien.

Obſervations faites à Nôtre-Dame de la Garde le dix-huit
May 1718.

Après avoir placé la Pendule dans le veſtibule de la Chapelle, & l'avoir miſe en mouvement ſur l'heure que nous
donnoient nos montres, on prit des hauteurs correſpondantes du ſoleil pour regler l'horloge.

Matin.	Hauteurs du Soleil.	Soir.	
9^h 15' 45"	49^d 33' 45"	2^h 31' 53"	⎫
20 24	50 24 0	25 56	⎬ Correction fouſtractive 6".
26 5	51 19 30	21 26	⎬
28 32	51 44 0	2 18 54	⎭

Prenant un milieu entre les trois calculs qui s'accordent le
plus, on a midi vrai le 18 May à   11ʰ 53' 43"
De ſorte que l'horloge tardoit ſur le temps
vrai, de   6 17
On a avancé de ſix minutes l'aiguille des minutes pour
s'approcher du temps vrai, ainſi elle tardoit ſeulement de 17ᵗ
L'horloge avoit été reglée au temps moïen par une longue ſuite d'obſervations pendant deux mois.

A 9ʰ 57' du matin on trouva l'inclinaiſon de la tangente à
l'horiſon de la Mer en pointant la lunette fixe du quart de
cercle au Sud, préciſément où la Mer paroiſſoit s'unir avec
le Ciel, de   0ᵈ 30' 0"

A 10ʰ 30′ on fit l'experience de la pesanteur de l'atmosphere avec la même exactitude que les précedentes ; dans le tube de 2 lignes de diametre, le mercure monta à 25ᵖᵒᵘᶜ. 9ˡⁱᵍⁿ.

On refit l'experience avec le même tube & les mêmes précautions, le mercure se tint à 25ᵖᵒᵘᶜ. 8ˡⁱᵍⁿ. ½

On fit une troisiéme experience avec un tube de trois lignes de diametre, & de 32 pouces de long, le mercure ne monta qu'à 25ᵖᵒᵘᶜ. 7ˡⁱᵍⁿ.

A midi.

Hauteur meridienne apparente du bord superieur du Soleil, 66ᵈ 48′ 30″

Demi diametre apparent du Soleil, 15 52

Hauteur meridienne apparente du centre 66 32 38
On n'a pas égard à la parallaxe. Réfraction soustractive, 26

Vraïe hauteur meridienne du centre du Soleil, 66 32 12
Déclinaison septentrionale du Soleil soustractive, 19 32 0
Hauteur de l'équinoxial, 47 0 12
Latitude du cap Sicier, 42 59 48
Si on a égard à la parallaxe du Soleil qui est de 3′ 42 59 45

Le soir.

A 4ʰ 30′ hauteur meridienne apparente du bord inferieur de Jupiter, 68 2 0
Demi diametre de Jupiter additif, 6

Hauteur apparente du centre de Jupiter au meridien, 68 2 6
Réfraction soustractive, 24

Vraïe hauteur meridienne de Jupiter, 68 1 42
Déclinaison septentrionale de Jupiter soustractive, 21 1 0

Hauteur de l'équinoxial, 47 0 42
Latitude du cap Sicier, 42 59 18
Prenant un milieu entre les latitudes concluës de la hauteur du Soleil & de la hauteur de Jupiter, qui est fort sûre,

parce qu'aïant été prife de jour, fes raïons n'incommodoient
point la latitude moïenne du cap Sicier,   42ᵈ 59′ 33″

Obfervations de quelques angles de diftances pris de N. D. de la Garde.

Aïant pointé la lunette de l'allidade, & la lunette fixe
du quart de cercle à un même point fort éloigné, qui eft
la Chapelle du Saint Pilon, on les a trouvé exactement paralleles, en forte que le cheveu de l'allidade s'ajuftoit parfaitement fur la ligne qui paffe par zero degré ; il en a
couté des foins & du temps, après quoi on a pris les angles de diftance fuivants.

Du Saint Pilon à un pouffe à pic au Nord-Nord-Oueft
de Toulon, qui eft une montagne au-delà du reveft, l'angle étoit de   31ᵈ 8′ ⎫
De ce pouffe à pic à Coudon venant à   ⎬ 66ᵈ 38
l'Eft,   35 30 ⎭
De Coudon au cap Benat, plus à l'Eft que
les Ifles d'Hieres,   36 5 30
On n'a pas vû d'autres points remarquables qui puiffent
fervir à former de nouveaux triangles pour la defcription
de la côte.

A 5ʰ 50′ du foir, le vent Nord-Oueft qui s'étoit levé fur
les deux heures aïant beaucoup fraîchi, arrêta la pendule
qu'on avoit placé dans un lieu évident, de peur que quelque curieux ne la touchat fi elle étoit trop cachée : on ne
s'attendoit pas d'ailleurs qu'il s'éleva un vent fi frais, le
temps étant ferein & calme le matin. On tâcha de la remettre au temps vrai, tel qu'il avoit été déterminé après
les hauteurs correfpondantes : on fe fervit pour cela d'une
montre à minutes qui avoit été mife fur le temps vrai par
précaution.

L'horloge fe trouva avoir été arrêtée pendant fept minutes.

A 7ʰ 10′ on pointa la lunette fixe du quart de cercle,
qu'on avoit calé avec foin, à l'horifon de la Mer à l'Oueft ;
le Soleil étant prêt à fe coucher, l'horifon étoit fort rouge,
ainfi très-facile à diftinguer d'avec l'extrémité de la furface
de la Mer, où elle paroît s'unir avec le Ciel. La baffeffe
                                            apparente

apparente de l'horifon de la Mer fut trouvée feulement
de   0' 28' 0"

On réitera trois fois l'obfervation.

Je m'étois déterminé à paffer la nuit du 18 May fur le
cap Sicier, parce qu'il devoit arriver ce foir·là une émerfion du premier fatellite de Jupiter, que j'efperois de pouvoir obferver, & avoir dans la fuite quelque obfervation
correfpondante ou voifine, qui put fervir à déterminer la
longitude de ce cap.

L'émerfion du premier fatellite de Jupiter arriva le foir
à   10ʰ 46' 0"

Mais l'horloge tardoit pour lors fur le temps
vrai de   7 10

Donc émerfion du premier fatellite de Jupiter le 18 May à   10 53 10

On ne la donne pas pourtant pour très-fûre, à caufe de
l'accident arrivé à l'horloge.

On n'eftima pas qu'il fut neceffaire de prendre d'autres
hauteurs meridiennes des Etoiles pendant cette nuit; le vent
étoit fi frais qu'on n'auroit jamais pû conferver à l'air de la
lumiere pour éclairer l'objectif de la lunette du quart de
cercle.

Le 19 May 1718 au matin.

Comme j'étois furpris d'un auffi grand abaiffement du mercure dans le Barometre au bord de la Mer, que celui que
nous avions obfervé le 17 au foir, je refolus étant de retour à la Seyne de réiterer les obfervations du Barometre.
Nous apportâmes toutes les mêmes précautions pour les
faire avec exactitude, foit pour bien nétoïer le mercure,
foit pour vuider les ampoules d'air qui fe trouve mêlé avec
le mercure quand on charge le tube, de peur que cet air
montant vers la partie fuperieure du tube, quand on le
renverfe, & s'y dilatant, ne fit defcendre le vif-argent plus
qu'il ne convient; aïant plongé le tube dont l'ouverture

N

eſt de deux lignes dans le même vaſe où il y avoit un pou‑
ce & demi de mercure ; le vuide étant fait, le mercure a
reſté 26 pouces 11 lignes depuis la ſurface du mercure con‑
tenu dans le vaſe. L'experience a été faite au même endroit
que celles du 17 au ſoir.

On prit enſuite le tube de trois lignes qui a 32 pouces
de long, dont on s'étoit ſervi ſur la montagne ; on refit l'ex‑
perience avec les mêmes ſoins & toute l'attention poſſible
pour qu'il ne reſta point d'ampoules : le mercure reſta en‑
core préciſément comme à l'experience préce‑
dente, à   26ᵖᵒᵘᶜ. 11ˡⁱᵍⁿ.

Réflexions ſur les Obſervations Aſtronomiques.

On vient de déterminer la latitude du cap Sicier,
de   42ᵈ 59′ 33″
moïenne entre celles qui réſultent des hauteurs meridien‑
nes du Soleil & de Jupiter. Mais par la réſolution des trian‑
gles formez au Saint Pilon & au Pilon du Roi, la lati‑
tude du cap Sicier, ou de Nôtre-Dame de la Garde, a été
trouvée (voïage de la Sainte Baume) de 42ᵈ 59′ 28″, la dif‑
ference n'eſt que de 5 ſecondes. Il s'enſuit de-là que les
triangles ſont exacts, auſſi bien que les calculs, & qu'on
peut compter ſur les obſervations faites du côté du Sud,
comme ſur celles du côté du Nord, qui furent verifiées au
Mont-Ventoux.

On peut pourtant pour faire un compte rond, & pour
les gens de Mer qui ne peuvent avoir l'évidence d'une demi
minute, ni ſur leurs Cartes, ni ſur leurs inſtrumens, dé‑
terminer la latitude du cap Sicier, comme je la ſuppoſai
pour trouver Jupiter au meridien, de   43ᵈ 0′ 0″

Le Profeſſeur des Mathématiques de Toulon cité dans
le voïage de la Sainte Baume, met la latitude du cap Si‑
cier 2′ 40″ plus Nord que moi, & 4′ 10″ plus Nord que
M. Caſſini (voïages de l'Académie page 16.) Appuïé ſur
les obſervations précedentes faites ſur les lieux, je dois m'en

tenir à la latitude que je viens de déterminer. On voit par tout ceci, & par tout ce qui suivra, combien on apporte aujourd'hui de précision en ce genre d'observations essentielles à la Géographie, & combien peu on en apportoit ci-devant. Que doit-on penser quand on entend dire qu'Homere étoit fort exact pour la Géographie, qu'on ne connoissoit presque pas plusieurs siécles après lui ? ou que Chiron Précepteur d'Achille étoit bon Astronome ?

C'est porter bien loin le respect pour les Anciens. Les grands Géometres de ce temps qui ont de pareils sentimens, pourroient sans se faire tort diminuer leurs préjugez pour les Anciens, déferer un peu plus aux Nouveaux. On louë quelquefois les Anciens, parce qu'on n'a pas de jalousie contr'eux ; on blâme les nouveaux parce que leurs observations détruisent des hypotheses formées dans un Cabinet, & appuïées seulement sur l'étenduë d'un génie qui se croit en droit, par la découverte d'une nouvelle analyse, de faire passer les hypotheses qu'il a révées, sur le pied des démonstrations geometriques.

Les gens du métier verront bien sur qui porte cette réflexion ; je n'ai pû voir avec flegme le Pere Feüillée, qui n'a pas toûjours resté à Londres dans un Cabinet, maltraité dans un livre, excellent d'ailleurs, réïmprimé à Amsterdam en 1714. Quand ces Messieurs se tiendront dans les bornes de la Géometrie, nous les admirerons ; quand ils en sortiront, nous ne ferons pas grand cas de leurs hypotheses. Ils ne peuvent se fâcher qu'on n'aïe pas pour eux plus de considération qu'ils en ont pour M. Descartes qui les valoit bien. La liberté qu'on se donne dans les Païs Etrangers en fait d'hypotheses, & ce qui est bien plus déplorable, en fait de Religion, m'a porté à faire cette réflexion, revenons à celles qui regardent mes observations.

Pour ce qui est de la longitude du cap Sicier, elle a été déterminée (voïage de la Sainte Baume) plus grande que celle de Marseille, de 0^d 36' 0", dont ce cap est plus oriental que Marseille, qui valent en temps,   0^h 2' 24$''$

Mais la longitude de Marseille par rapport au meridien de Paris à l'Observatoire, est de   0ʰ 12′ 28″

Donc le cap Sicier plus oriental que Paris, de   14 52

Maintenant il faut déterminer la longitude de Toulon, pour connoître la différence des meridiens de Toulon & du cap Sicier.

J'observai à Toulon le 19 Mars 1718, l'émersion du premier satellite de Jupiter, à   6ʰ 25′ 48″

Le R. P. Feüilléc m'a écrit du 6 May, qu'il ne put l'observer à cause d'un nuage, mais qu'il a observé le 17 Mars l'émersion du premier satellite de Jupiter, à   11 54 28

Ajoûtant à ce temps une révolution telle qu'il l'a supposé dans les corrections qu'il vient de faire des Tables du premier satellite de Jupiter, l'émersion du 19 Mars a dû arriver à Marseille, à   6ʰ 23′ 3″ 57‴

Donc difference des meridiens de Toulon & Marseille,   2 44
n'aïant point égard aux 3‴ qui manquent.

Mais Marseille est plus oriental que Paris à l'Observatoire, de   12 28

Donc Toulon est plus oriental que Paris, de   15 12

Mais la longitude du cap Sicier, qui est plus occidental que Toulon, est de   14 52

Donc le cap Sicier est plus occidental que Toulon, de   20
qui valent 5′ de degrez.

Par la Connoissance des Temps, la difference des meridiens de Paris & de Toulon, est seulement de   0 14 22

Difference dont elle donne Toulon trop occidental,   50
laquelle est considerable & vaut en degrez,   0ᵈ 12 30

ce que j'avois déja remarqué dans le voïage de la Sainte
Baume, où j'établis la longitude du cap
Sicier, de   3ᵈ 41′ 0″

   Mais Toulon est plus oriental que ce cap,
de   5   0

   Donc Toulon plus oriental que Paris, de 3 46   0

Cette détermination de la longitude de Toulon s'accorde
avec beaucoup de précision avec celle qui est marquée dans
le Traité qui a pour titre, *Voïage de la Sainte Baume*, où
après avoir rapporté en détail avec combien de précision le
Professeur à Toulon avoit recherché en 1712, temps auquel
cet Ouvrage-là fut mis dans l'ordre où il est, la différence
en longitude de Toulon & de N. D. de la Garde, ou du
cap Sicier, j'ajoûte ces termes.

   On a déterminé ci-dessus la longitude de N. D. de la "
Garde par rapport à Paris, de   3ᵈ 41′ 0″ "
   Mais Toulon par les observations qu'on vient   "
de rapporter, est plus oriental que N. D. de la   "
Garde, de   5 2 "
   Donc longitude de Toulon par rapport à Pa-   "
ris, de   3 46 2 "
dont Toulon est plus oriental.   "

   Par l'émersion du premier satellite de Jupiter observée
à Toulon & à Marseille le 19 Mars 1718, la différence
des meridiens de Paris & de Toulon vient d'être trouvée
de   0ʰ 15′ 12′
qui valent en degrez,   3ᵈ 48   0
qui ne diffère de la précedente, que de   1 58
qui valent en temps 7″ 52‴, en quoi il est aisé que deux
Observateurs diffèrent, l'un par excès, l'autre par défaut;
soit que cela vienne de la differente bonté ou portée des
lunettes, ou de leurs yeux, qui ne peuvent être également bons.

   L'industrie astronomique ne peut, ce me semble, être
portée plus loin : on voit au travers de tout ce détail, que

les obſervations Aſtronomiques & Géometriques ſe prêtent
la main & ſe ſoutiennent mutuellement ; en ſorte que cet
accord ſe tourne en démonſtration de la bonté des méthodes qu'on a ſuivi ; de l'exactitude des angles & des côtez
des triangles qui ont ſervi pour cela ; & des calculs qui en
ont réſulté. Il a donc été utile de faire le voïage du cap
Sicier, & je ne dois plaindre ni la peine ni la dépenſe.

Réflexions ſur la réfraction.

La hauteur de N. D. de la Garde au-deſſus de la ſurface de la Mer, fut déterminée géometriquement (voïage
de la Sainte Baume) de 183 toiſes 4 pieds 4 pouces ; laiſſant
là les pieds & pouces auxquels on peut n'avoir pas égard
pour le calcul ſuivant, & qui ne donneroient que peu de
tierces ; ces 183 toiſes valent 1098 pieds. Si on fait le raïon
de 20000000, la ſécante 20001096 donnera pour angle
de l'inclinaiſon du raïon direct qui tend du haut de N. D.
de la Garde à l'horiſon,

M. Caſſini l'a fait de 178 toiſes 2 pieds.

	0'	36'	0"
Mais cet angle n'a été trouvé le matin du 18 May, que de	0	30	0
La réfraction élevoit donc le raïon viſuel au-deſſus du vrai raïon direct, en ce temps-là de		6	0
Le ſoir cet angle fut trouvé ſeulement de		28	0
Elle l'élevoit donc le ſoir du même jour, de		8	0

La réfraction a donc été conſiderable, & la variation du
matin au ſoir de deux minutes. On ne s'étendra pas davantage ſur ce point-ci, qui a été fort détaillé dans l'Ouvrage ſur la variation de la réfraction des raïons de lumiere
tendants à l'horiſon de la Mer : on ne pourroit que répeter
les mêmes choſes.

Suppoſant le raïon de 20000000 comme ci-deſſus, la
tangente de l'angle de 36' eſt 209448, qui donne en pieds
la longueur de cette tangente. Ce nombre étant diviſé par
6 pieds, il s'enſuit que du haut du cap Sicier on voit loin
à la Mer, là où elle paroît s'unir avec le Ciel à 34908

toifes ; en forte que de l'extrémité de cette ligne on doit
commencer à découvrir le cap Sicier, & que l'arc de cercle qui refte à parcourir jufqu'à ce cap, qui eft irration-
nel avec la tangente, eft de 36' & environ deux tiers, ce
que l'on connoît en divifant 34908 toifes par 952 toifes
qui conviennent à une minute d'un grand cercle ; & mettant trois minutes par lieuës, on voit le cap Sicier de 12
lieuës au large ; ce qui peut être fort utile à ceux qui venant du large, & chargez en côte par un vent frais, fça-
vent combien ils ont de l'eau à courre avant d'atterrer à
Toulon.

Réflexions fur les hauteurs du mercure dans le Barometre.

J'ai dit ci-devant que l'abaiffement d'un pouce 3 lignes
du mercure dans les experiences que nous fîmes à la Seyne
le 17 May au bord de la Mer, me furprit extrémement.
J'avois laiffé mon Barometre à Toulon quatre heures auparavant à 27 pouces 8 lignes, à 6 toifes au-deffus de la
furface de la Mer, de forte que le Barometre à la Seyne
devoit être à 27 pouces 9 lignes. D'où peut venir un abaiffement fi extraordinaire ?

Les Phyficiens doivent mettre tout à profit ; comme les
Joüeurs, ils aiment mieux faute que bon jeu. Je n'ai garde
d'accufer la nature de faute ; conftante dans fes loix, elle
les fuit régulierement ; & fi elle paroît s'en écarter, c'eft
pour en fuivre d'autres que nous ne connoiffons pas. Je
n'ai garde auffi de croire que l'air de la Seyne foit privile-
gié, & que l'atmofphere y pefe moins d'une maniere fi
énorme qu'à Toulon, qui n'en eft qu'à une lieuë.

Je ne dois pas croire auffi qu'à Toulon dans l'intervalle
de quatre heures, le mercure fut defcendu d'un pouce &
une ligne ; car outre que cela n'eft jamais arrivé, au retour
le Barometre fe trouva à la Seyne, en deux experiences à
26 pouces 11 lignes ; & quatre heures après en arrivant à
Toulon, je trouvai le Barometre à 27 pouces 9 lignes &
demi : de forte qu'ils s'accordoient tous deux dans leur ir-

régularité. Reste à chercher la cause de cette irrégularité. Une variation de 3 lignes au Barometre à la Seyne ne m'auroit pas surpris. Le vent d'Est frais qui se leva subitement, suivi d'un grain de pluïe & de nuages, pourroit avoir diminué le poids de l'atmosphere d'une quantité correspondante à 3 lignes de mercure ; mais il y a un pouce d'abaissement du mercure dont on ne voit point d'autre cause que la difference du mercure qui a servi dans les experiences faites en ce voïage au cap Sicier, d'avec celui qui étoit en experience à Toulon, dont je m'étois servi à la Sainte Baume & ailleurs.

Je remarquai que ce mercure noirciffoit fort la peau de chamois au travers de laquelle il passoit, auffi-bien que le linge avec lequel on achevoit de le nétoïer, & beaucoup plus que celui que j'avois emploïé en d'autres occasions ; & quelques-uns des Messieurs qui m'accompagnerent dans ce voïage, s'apperçûrent après les experiences de quelques lignes d'une espece de crasse qui s'étendoient sur l'interieur des tubes dans toute leur longueur. Il paroît donc que ce mercure n'étoit pas assez purgé d'une matiere heterogene, grasse & onctueuse, qui l'empêchoit de monter dans le tube & faisoit qu'il résistoit davantage au poids de l'atmosphere par sa difficulté à se mouvoir dans le tube, puisqu'il a suivi constamment cette irrégularité dans toutes les experiences faites dans ce voïage, même dans des tubes de divers diametres, quelque précaution qu'on ait pû prendre.

Il ne paroît pas vrai-semblable que ce mercure fut d'un poids si énormément different du poids du mercure resté en experience à Toulon, qu'une moindre quantité fit équilibre avec le poids de l'atmosphere, ensorte que cette difference soit dans la raison d'un pouce de mercure placé dans deux tubes d'un égal diametre ; car quel corps étranger qui soit d'un poids plus grand que celui du mercure auroit pû être introduit dans le mercure du voïage ? On ne voit donc pas d'autre raison que celle qu'on vient de donner.

Il y a plus, le mercure se seroit tenu plus bas dans un tube de 3 lignes de diametre que dans un tube de 2 lignes,

ſi cette irrégularité venoit d'un poids intrinſeque, plus grand
dans ce mercure que dans d'autre. Cependant le 19 May à
la Seyne il ſe tint préciſément à la même hauteur ; & ſi
cette hauteur a varié d'une ligne à la montagne, cela ne
peut venir que de quelqu'ampoulle d'air, qui a'iant gagné
le haut du tube, quand le vuide s'eſt fait, s'eſt dilaté ; &
par le grand reſſort que cet air avoit alors, a fait deſcendre le mercure d'une ligne. Cela ſe prouve parce que dans
le tube du même diametre, il y a eu auſſi de la variation
de la premiere à la ſeconde experience.

Il ſuit de tout ceci 1°. Qu'il faut toûjours, quand on le
peut, faire cette experience au bord de la Mer, avant de
la faire ſur des montagnes, dont on veut ſçavoir la hauteur
par celle du mercure dans le Barometre, pour comparer ſûrement cette difference & en tirer au juſte la hauteur, faute
de quoi l'erreur ſeroit énorme, comme on le prouvera bien-
tôt. 2°. Qu'il eſt bon de comparer les divers mercures qu'on
peut emploïer, quand on ne les prend point de la même
maſſe, & qu'on ne les a pas éprouvé, ſi on veut faire quelque choſe de ſûr en cette matiere.

La hauteur du cap Sicier a été trouvée géometriquement,
comme on l'a déja dit, de 183 toiſes 4 pieds 4 pouces :
voïons celle qui réſulteroit de la hauteur du mercure dans
le Barometre, en ſuppoſant qu'il n'y auroit pas d'erreur
dans l'élevation du mercure.

Le mercure eſt monté dans la premiere experience faite
ſur le cap Sicier à 25 pouces 9 lignes. Il monta à la Seyne à 26
pouces 11 lignes dans les deux experiences du 19 May ; la difference eſt de 15 lignes qui correſpondent à 88, 87, 86, 85,
84, 83, 82, 81, 80, 79, 78, 77, 76, 75, 74 pieds d'air, qui
font la ſomme de 1215 pieds ; mais on a trouvé géometriquement cette hauteur ſeulement de 1098 pieds ; il y auroit donc
une difference conſiderable de 117 pieds, dont l'abaiſſement
du mercure dans le Barometre augmenteroit de trop la hauteur de la montagne.

Mais ſi on ſuppoſe la hauteur du mercure dans le Barometre

O

au bord de la Mer de 27 pouces 10 lignes, puifque je trouvai
mon Barometre à 27 pouc. 9 lign. & demi à 6 toifes au-deffus
de la furface de la Mer, auxquelles il répond une demi ligne
de mercure, on trouvera que la hauteur de la montagne qui
réfultera des 15 lignes de différence de la hauteur du mercure
en remontant à 26 pouc. 7 lign. où il auroit feulement defcendu à la montagne, fi le mercure des experiences eut été homogene avec celui du Barometre de Toulon ; on trouvera,
dis-je, que cette hauteur s'accorde beaucoup mieux avec la
hauteur trouvée géometriquement.

Car ces 15 lignes de mercure font équilibre avec 77, 76,
75, 74, 73, 72, 71, 70, 69, 68, 67, 66, 65, 64, 63
pieds d'air qui font 1054 pieds, auxquels fi on ajoûte encore
39 pieds pour une demi ligne de mercure dont il étoit plus
bas à la feconde experience faite fur la montagne, (& par-là
on fe rapproche un peu plus de la troifiéme experience) la
fomme fera 1093 pieds d'air, qui donne autant pour la hauteur de la montagne par-deffus la furface de la Mer, qui ne
s'écarte par défaut que de 5 pieds de la même hauteur de
la montagne trouvée géometriquement : au lieu que l'autre
hauteur trouvée par la plus baffe hauteur du mercure, en
y ajoûtant, comme il le faut, ces 39 pieds, s'en écarteroit
par excès de 156 pieds, qui font plus de la feptiéme partie de toute la hauteur de la montagne.

On voit par ce qu'on vient de dire combien de précautions il faut apporter, foit dans le choix du mercure, foit
à le bien nétoïer de toute faleté, autant qu'il fe peut ; foit
pour que les tubes foient bien nets, fecs & dégraiffez ; foit
auffi à eftimer à l'œil jufqu'à une demi ligne, & même un
quart de ligne de hauteur du mercure dans les tubes, pour
faire quelque chofe de bon en cette maniere de mefurer la
hauteur des montagnes par la hauteur du mercure dans le
Barometre.

Loin donc de me plaindre de ce mercure fi heterogene à
celui que j'ai emploïé jufqu'ici, & dont on fe fert ordinairement, je lui ai obligation, puifqu'il m'a donné lieu

de faire des réflexions qui me feront utiles, & qui peuvent l'être à ceux qui se serviront de cette ingenieuse méthode de Messieurs Cassini, & Maraldi. Ils pourront, s'il leur plaît, voir encore les autres réflexions que j'ai faites sur ce même sujet dans l'Ouvrage intitulé voïage de la Sainte Baume, pour proceder avec plus d'exactitude : je ne les repete pas ici.

Des observations si délicates demandent beaucoup de précision, on ira plus avant à mesure qu'on en apportera davantage ; mais il faut marcher légerement sur des charbons couverts de cendre. La Géometrie rend les Physiciens si délicats, qu'ils ne se contentent pas aisément dans ce temps-ci, & c'est-là un grand avantage pour la science naturelle, qu'elle n'avoit pas dans les Siecles passez. On n'y voïoit que Commentaires sur Aristote qui obscurcissoient son texte, on se païoit de termes qu'on n'entendoit pas, ou de vaines subtilitez; ces mauvaises modes ont passé, & tout au plus subsistent dans quelques Ecoles, dont les Sçavans ne font pas grand cas.

Resteroit à déterminer les côtez des triangles dont on a pris les angles depuis Nôtre-Dame de la Garde ; mais comme il n'y en a que trois qui aboutissent aux montagnes du Revet, de Coudon & du cap Benat, on attendra qu'on en aïe un plus grand nombre pour suivre un plus grand nombre de triangles le long de la côte de la Basse-Provence. On ne prit que trois points remarquables, parce qu'on n'en vit pas d'autres, si on excepte les Isles d'Hieres, qu'on observera plus commodément du cap Sepet ; d'ailleurs les cordons de la vis de la tige du quart de cercle s'étant mangez en travaillant, parce que cette vis n'étoit pas trempée, on ne pouvoit tenir les deux lunettes du quart de cercle dans une situation fixe.

En ces matieres, plus qu'en tout autre, il vaut mieux ne rien faire que de ne rien faire de bon. Le Public attend des Géometres plus que des autres, la justesse, la droiture & la sincerité ; quelque réputation qu'ils aïent, il ne leur fera pas grace s'ils veulent fubftituer des hypothefes qu'il leur plaît d'avoir revé ; ou s'ils manquent de fincerité ; bannie de prefque tout le refte du monde, elle a trouvé un afyle afluré chez les Géometres, le Public ne fouffriroit pas qu'on l'en chaflat, il y eft trop interefté.

VOYAGE

DE LA CÔTE DE PROVENCE,

OU

OBSERVATIONS ASTRONOMIQUES,

PHYSIQUES

ET

GEOGRAPHIQUES,

Faites le long de cette Côte.

AYANT eu ordre du Conseil de Marine d'aller faire des observations sur la côte orientale de Provence, comme j'en avois fait sur l'occidentale, pour perfectionner la Carte de la côte de Provence, j'embarquai sur un Bâtiment qui me fut équipé, mon quart de cercle de 3 pieds de raïon, diverses lunettes de 8 pieds & de 3 pieds, des compas de route & de variation, du mercure & des tubes pour les experiences du Barometre ; enfin tout ce que je jugeai necessaire pour faire diverses observations qui fussent utiles au Public, & executer avec soin les ordres du Conseil.

Je menai avec moi deux jeunes Ingenieurs à qui je pouvois me confier, soit pour le dessein, soit pour m'aider dans les observations auxquelles je les avois formé ; aussi me furent-ils d'un grand secours dans ce voïage. Nous partîmes de Toulon le 27 Août 1719, sur les 8 heures du matin, pour l'Isle de Porquerolles la plus occidentale des Isles qui forment la grande & belle rade des Isles d'Hieres.

O iij

Je jugeai à propos de commencer par cette Isle pour en déterminer bien précisément la latitude & la longitude, pour
que quand on vient du large on ne se trompa pas à l'atterrage de cette rade, qui est si sûre pour les Vaisseaux que
le mauvais temps oblige d'y relâcher.

Nous eûmes le vent à l'Ouest-Sud-Ouest foible, & par
le travers du cap Carkeiranne la Mer & les courants ve-
nants de l'Est, il fallut se servir de la rame pour les surmonter, le vent d'Ouest-Sud-Ouest enflant à peine nos
voiles.

Enfin nous arrivâmes sur les deux heures après-midi à
l'Isle de Porquerolles.

Observations astronomiques faites au Château de Porquerolles
en Août 1719.

J'établis mon Observatoire sur une Platte-forme du Château, où est une batterie de trois pieces de canon de 18
livres de balle, & plaçai mon horloge dans un logement
attenant destiné pour le Canonier.

Hauteurs correspondantes du Soleil pour l'horloge.

Matin.	Bord sup. du Soleil.	Soir.
9^h 35′ 55″	43^d 39′ 0″	2^h 38′ 32″
39 42	44 13 15	2 34 28
43 30	44 47 0	nuages.

La premiere de ces hauteurs donne midi vrai à 12^h 7′ 16^s,
La seconde, à   12 7 14
Prenant un milieu on a midi vrai le 28 Août, à   12 7 15
ce qu'il falloit connoître.

Hauteur meridienne apparente du bord superieur du
Soleil, 57^d 11′ 30″
Demi diametre apparent du Soleil soustractif,   15 55

Hauteur meridienne apparente du centre du
Soleil,   56 55 35
Réfraction moins la parallaxe,   32

Vraïe hauteur meridienne du centre du Soleil, 56 55   3
Déclinaison septentrionale du Soleil sous-
tractive,   9 53   0

Marginal notes:
1719.
Août.

Le 28 au
matin.

A midi.

Hauteur de l'équateur,   47ᵈ 2′ 3″
Latitude du Château de Porquerolles,   42 57 57   1719.
                                                                                    Août.

Hauteurs correspondantes du Soleil pour l'horloge.   Le 29 au
                                                                                        matin.

Matin.   Bord fup. du Soleil.   Soir.
9ʰ 33′ 2″   42ᵈ 57′ 30″   2ʰ 40′ 44″.
   36 30   43 28   0 ⎫
   39 40   43 56 45 ⎬ nuages.
                                     ⎭

Le calcul de cette hauteur donne midi vrai, à 12ʰ 6′ 58″
Hier 28 on eut midi vrai, à   12   7 15

L'horloge tarde donc en 24ʰ fur le temps vrai,
de   17

Pour être reglée au temps moïen, elle de-
vroit tarder de   18

Donc elle avance fur le temps moïen feulement, de   1
ce qu'il falloit connoître.

Hauteur meridienne apparente du bord fuperieur du So-   A midi.
leil,   56ᵈ 50′ 15″
     Demi diametre apparent du Soleil,   15 55

Hauteur meridienne apparente du centre,   56 34 20
Réfraction moins la parallaxe,   32

Vraïe hauteur meridienne du centre du So-
leil,   56 33 48
     Déclinaifon feptentrionale du Soleil,   9 32   0

Hauteur de l'équinoxial,   47   1 48
Latitude du Château de Porquerolles,   42 58 12

Obfervation de l'Eclipfe de Lune faite dans le Château de l'Ifle   Au foir.
de Porquerolles.

Le Ciel fut très-ferein & il ne fit pas de vent. L'ombre
de la Lune fut affez claire au commencement pour qu'on
put diftinguer les taches les plus brillantes au travers de
l'ombre ; mais elle fut plus obfcure dans la fuite, & d'un
gris-de-fer obfcur, comme il arrive ordinairement dans les
Eclipfes partiales, & on ne diftinguoit plus aucune tache.

Des deux compagnons de mon voïage, l'un compta à l'horloge, l'autre écrivit l'obfervation. La voici réduite au temps vrai.

Phafes de l'Eclipfe.

Temps vrai.

7ʰ 23′ 0″ Une fumée fe répand fur la partie de la Lune ou l'Eclipfe doit commencer.

     37   48   Commencement de l'Eclipfe.

     45   22   Le bord d'Heraclides touche l'ombre.

     48   10   Harpalus fur le bord de l'ombre.

     48   58   Harpalus tout dans l'ombre.

     50   18   Kepler fur le bord de l'ombre.

     52   32   Kepler tout dans l'ombre.

     53   46   Platon fur le bord de l'ombre.

     55   46   Platon tout à fait dans l'ombre.

8   3   53   Tymocharis fur le bord de l'ombre.

     6   24   Immerfion de Tymocharis. Ariftote fur le bord de l'ombre.

     8   22   Archimede fur le bord de l'ombre. Ariftote tout dans l'ombre.

    11   32   Mare Serenitatis touche l'ombre.

    14   56   Eudoxus touche l'ombre.

    16   22   Immerfion d'Eudoxus.

    24   46   Poffidonius fur le bord de l'ombre.

    26   22   Poffidonius tout dans l'ombre.

    28   18   Copernic fur le bord de l'ombre.

    29   18   Cleomede fur le bord de l'ombre.

    33   28   Le milieu de Mare Fœcunditatis dans l'ombre.

    37   58   Copernic n'avance pas dans l'ombre.

    39   26   Copernic s'éloigne de l'ombre.

    42   28   Manilius & Menelaus fur le bord de l'ombre.

    45   18   Menelaus à moitié dans l'ombre.

    45   54   Copernic s'éloigne plus de l'ombre ; elle n'a point avancé fur le difque de la Lune, ainfi il paroît que c'eft ici le milieu de l'Eclipfe.

    46   46   Immerfion de Manilius & de Menelaus. Milieu de l'Eclipfe.

    50   38   Pline fur le bord de l'ombre.

    54   4   Mare Crifium touche l'ombre.

    55   26   Manilius hors de l'ombre.

                 56′ 39″ Menelaus

Temps vrai.

56' 39″ Menelaus hors de l'ombre.

9ʰ 0 13 Kepler fort de l'ombre.

0 48 Emerfion de Kepler.

1 19 Pline fort de l'ombre.

7 39 Emerfion d'Erathoftene.

15 24 Cornes prefque parallèles à l'horifon.

18 9 Cornes tout à fait parallèles à l'horifon.

19 49 Emerfion d'Archimede.

25 39 Emerfion du bord de Mare Crifium qui ne s'eft point enfoncé dans l'ombre. Elle a refté auprès de ce bord 31' 35″ fans avancer.

35 44 Mare Serenitatis hors de l'ombre.

41 21 Ariftote & Eudoxus hors de l'ombre.

9 56 48 Fin de l'Eclipfe.

7 37 48 Commencement de l'Eclipfe.

2 19 0 Durée de l'Eclipfe.

1 9 30 Demi durée.

7 37 48 Commencement.

8 47 18 Milieu de l'Eclipfe, à 52″ près de ce qu'on avoit déterminé par l'avancement de l'ombre fur le difque de la Lune.

Les temps ci-deffus font ceux de l'arrivée des taches à l'ombre la plus épaiffe. On n'a rien obfervé de particulier fur la couleur de l'ombre de la terre : on n'en dira donc rien de plus que ce qu'on a remarqué en diverfes autres obfervations d'Eclipfe.

Hauteurs correfpondantes du Soleil pour l'Horloge.

Matin.	Bord fup. du Soleil.	Soir.
9ʰ 29' 39″	42° 7' 30″	2ʰ 43' 28″.
32 56	42 49 0	2 40 34.
37 0	43 16 30	2 36 34.

Prenant un milieu entre les trois calculs qui donnent midi vrai entre 0ʰ 6' 37″ & 0ʰ 6' 45″, on a midi vrai le 30 Août, à 0ʰ 6' 41″

Mais le 28 Août on eut midi vrai, à 0 7 15

P

Donc l'horloge a tardé fur le temps vrai en
deux jours, de   34″

1719.
Août.

ce qui donne encore pour retardement journalier,   17
& fait voir que l'horloge étoit bien reglée au temps moïen.
Ce qui a fervi pour la correction du temps de l'obfervation
de l'Eclipfe.

Le 30 à
midi.

Hauteur meridienne apparente du bord fuperieur du Soleil,   56° 28′ 30″
    Demi diametre apparent du Soleil,   15 55

Hauteur meridienne apparente du centre du
Soleil,   56 12 35
    Réfraction moins la parallaxe,   33

Vraïe hauteur meridienne du centre du Soleil,   56 12 2
    Déclinaifon feptentrionale du Soleil,   9 10 0

Hauteur de l'équateur,   47 2 2
Latitude du Château de Porquerolles,   42 57 58
La plus forte ci-devant a été,   42 58 12

Difference,   14
Ajoûtant la moitié de cette difference à la
plus petite, on a   42 58 5
    Pour la latitude moïenne, ou pour faire le
compte rond,   42 58 0
& c'eft ainfi qu'on l'a pofée fur la Carte corrigée de la
côte de Provence.

Obfervations aftronomiques faites au Château de l'Ifle de Portecros le premier Septembre 1719.

Le 31 Août 1719, nous partîmes de Porquerolles à 8
heures du matin avec le vent d'Eft affez frais qui nous étoit
contraire ; mais, comme l'Ifle de Porquerolles nous couvroit de la Mer, en huit bordées nous nous trouvâmes
Nord & Sud avec le cap des Meudes le plus oriental de
Porquerolles ; enfuite portant au Nord-Eft ¼ Eft, nous fimes
une longue bordée dans la rade qui nous porta au Port de
l'Eaube ; de-là en trois petites bordées nous nous mîmes
deux ou trois cables à l'Eft du fort de Brigançon, d'où

d'une feule bordée nous atterrâmes à Portecros ; nous y
trouvâmes les Barques du Roi commandées par Meſſieurs du Ligondez & de Marandé qui nous reçûrent très-bien ; nous en avions beſoin, nous étions fatiguez & moüillez de la Mer qui étoit groſſe.

Hauteur meridienne apparente du bord ſuperieur du So- Le pre-
leil,   55° 44′ 0″ mier à
    Demi diametre apparent du Soleil,   15 58 midi.

Hauteur meridienne apparente du centre du
Soleil,   55 28 2
    Réfraction moins la parallaxe,   35

Vraïe hauteur meridienne du centre du So-
leil,   55 27 27
    Déclinaiſon ſeptentrionale du Soleil,   8 27 0

Hauteur de l'équateur,   47 0 27
Latitude du Château de l'Iſle de Portecros,   42 59 33

Hauteur meridienne apparente de Venus,   35ᵈ 14⁰ 0″ Après-
Réfraction ſouſtractive,   1 23 midi.

Vraïe hauteur meridienne de Venus,   35 12 37
Déclinaiſon meridionale de Venus additive, 11 47 0

Hauteur de l'équateur,   46 59 37
Latitude du Château de Portecros,   43 0 23
    Mais par la hauteur meridienne du Soleil,
elle eſt,   42 59 33

Difference,   0 50
    Ajoûtant 25″ à la plus petite latitude, on a
une moïenne,   42° 59 58
ou pour faire un compte rond,   43 0 0
c'eſt ainſi qu'on la poſée dans la Carte corrigée.

Obſervations aſtronomiques faites près le cap Benat le 3 Septembre
1719.

Le 2 Septembre nous partîmes ſur les dix heures du matin de Portecros avec un vent de Sud-Sud-Oueſt foible, mais
les courans qui venoient de l'Eſt nous étoient contraires, ainſi
nous ne pûmes arriver à la plage, qui eſt au Nord du cap Benat, que ſur les 4 heures du ſoir ; nous ne pûmes rien faire

1719.
Septemb.

ce jour-là ; nous montâmes au Château qui est presque à un tiers de la montagne & fait face à l'Est, & nous y fûmes bien reçûs.

Le 3 à midi.

Hauteur meridienne apparente du bord superieur du Soleil,	54°	55′	30″
Demi diametre apparent du Soleil,		15	58
Hauteur meridienne apparente du centre du Soleil,	54	39	32
Réfraction moins la parallaxe,			38
Veritable hauteur meridienne du centre du Soleil,	54	38	54
Déclinaison septentrionale du Soleil,	7	43	0
Hauteur de l'équinoxial,	46	55	54
Latitude du lieu où est la Madrague près du cap Benat,	43	4	6

Observations astronomiques faites à la Citadelle de Saint Tropez, en Septembre 1719.

Le 3 Septembre nous partîmes à une heure après-midi de la Plage du cap Benat par un vent de Nord médiocre, nous fûmes par le travers du cap Taillat sur les quatre heures ; mais le vent aïant molli, & étant obligez de porter le cap au plus près, nous ne pûmes arriver à S. Tropez que sur les six heures du soir. Nous fûmes très-bien reçûs par le Commandant de la Citadelle qui nous logea. J'établis mon Observatoire sur la Plate-forme du Donjon, & plaçai mon horloge dans la Chapelle. J'y fis les observations suivantes pour avoir la latitude & la longitude de Saint Tropez.

Le 4 à midi.

Hauteur meridienne apparente du bord superieur du Soleil,	54°	22′	30″
Demi diametre apparent du Soleil,		15	58
Hauteur apparente du centre du Soleil à midi,	54	6	32
Réfraction moins la parallaxe,			39
Vraïe hauteur meridienne du centre du Soleil,	54	5	53

Déclinaison septentrionale du Soleil,   7° 21′ 0″

Hauteur de l'équateur,   46 44 53

Latitude de la Citadelle de Saint Tropez,   43 15 7

Le 5 au matin.

    Hier on ne put point prendre des hauteurs correspondantes du Soleil à cause des nuages : on en a pris aujourd'hui pour sçavoir l'état de l'horloge.

Hauteurs correspondantes du Soleil pour l'horloge.

Matin.	Bord sup. du Soleil.	Soir.
8ʰ 40′ 16″	33ᵈ 41′ 0″	3ʰ 18′ 16″.
44 4	34 10 0	3 14 36
47 2	34 47 30	3 11 34
50 24	35 20 30	3 8 14

    Les calculs de ces quatre hauteurs s'accordent à 4″ près, & donnent midi vrai entre 11ʰ 59′ 26″ & 11ʰ 59′ 22″, prenant un milieu on a midi vrai le 5 Septembre, à 11ʰ 59′ 24″ de sorte que l'horloge tardoit sur le temps vrai, de   36

Hauteur méridienne apparente du bord supérieur du Soleil,   54° 1′ 0″

A midi.

Demi diametre apparent du Soleil,   15 58

Hauteur méridienne apparente du centre du Soleil,   53 45 2

Réfraction moins la parallaxe,   39

Vraïe hauteur méridienne du centre du Soleil,   53 44 23

Déclinaison septentrionale du Soleil,   6 59 0

Hauteur de l'équateur,   46 45 23

Latitude de la Citadelle de Saint Tropez,   43 14 37

Temps vrai.

2ʰ 46′ 51″ Hauteur méridienne apparente de Venus,   33 14 30

Le soir.

Réfraction soustractive,   1 30

Vraïe hauteur méridienne de Venus,   33 13 0

Déclinaison méridionale de Venus,   13 32 18

Hauteur de l'équateur,   46° 45′ 13″

Latitude de la Citadelle de Saint Tropez,   43   14   42

Prenant un milieu entre ces trois latitudes,
on a   43   14′   52
pour la vraïe latitude de la Citadelle de Saint Tropez qui est
au bord de la Mer ; c'est ainsi qu'on l'a posée dans la Carte
corrigée.

On avoit reglé l'horloge pour observer l'Eclipse de l'Etoile
γ de la constellation des Hyades qui devoit arriver cette nuit ;
dans la pensée que quelque Astronome pourroit l'observer
ailleurs, ce qui donneroit la longitude de Saint Tropez, en
se servant de la méthode que M. Cassini a donnée dans l'Histoire de l'Académie Roïale des Sciences ; ainsi on aura un
autre point fixe pour la delinéation de la côte de Provence.

Temps vrai. Matin.

0h 33′ 46″   L'Etoile γ de la troisiéme grandeur dans les
                   Hyades est prête à s'éclipser ; elle est en li-
                   gne droite avec les taches de Kepler & Co-
                   pernic.

0   37   20   L'Etoile γ cachée par le bord éclairé de la Lune
                   dans l'endroit qu'on vient de marquer.

1   6   0   Il survient de gros nuages ; ils ont duré long-
temps, & ont empêché de voir l'émersion de cette Etoile.

Tout le matin il y a eu beaucoup de nuages à l'Ouest, ainsi
on n'a pas pû voir la conjonction de la Lune & d'Aldeba-
ram qui devoit arrriver vers les 11h, & qui peut-être auroit été écliptique.

Observations astronomiques faites à Cannes le 8 Septembre 1719.

Nous partîmes le 6 Septembre à midi de Saint Tropez
par un petit vent d'Ouest qui s'étant toûjours affoibli, nous
fûmes obligé de moüiller au port de Naguay. Nous fondâ-
mes à l'entrée du port sur une barre qu'il y a, nous trouvâmes dix brasses d'eau fond de roche dure. Cette barre gît
Est & Ouest tout à travers du port, & aboutit à l'Est à
des rochers qu'il ne faut pas ranger de près quand on vient
de l'Est ; il faut gouverner sur la tour de garde qui est à

l'Oueſt du port, juſqu'à ce qu'on voïe le fort qui reſte à
tribord en entrant.

Le 7 Septembre nous partîmes de Naguay à 5 heures &
demi du matin aïant le vent Nord-Oueſt aſſez frais, & nous
arrivâmes à Cannes à 9 heures fort vîte & fort heureuſement.

Hauteur meridienne apparente du bord ſuperieur du So-
leil,   52° 37′ 0″

Demi diametre apparent du Soleil,   16   0

Hauteur meridienne apparente du centre du
Soleil,   52   21   0
Réfraction moins la parallaxe,   39

Vraïe hauteur meridienne du centre du So-
leil,   52   20   21
Déclinaiſon ſeptentrionale du Soleil,   5   52   0

Hauteur de l'équateur,   46   28   21
Latitude de Cannes,   43   31   39

Cette obſervation a été faite ſur une petite hauteur au
bord de la Mer, contre la Chapelle de Saint Pierre qui reſte
à l'Oueſt en entrant dans le port de Cannes.

Le 8 Septembre 1719, nous partîmes de Cannes à trois
heures après-midi par un petit vent d'Oueſt, & nous arrivâmes à 5 heures à l'Iſle de Sainte Marguerite. M. le Commandant du Fort nous reçût très-bien & nous logea.

Le 9 Septembre comme j'étois à attendre le Soleil au
meridien, dont il étoit fort peu éloigné, il ſurvint de gros
nuages avec pluïe & tonnere, de ſorte que je ne pû point
prendre la hauteur du Soleil.

L'après-midi à 3 heures nous paſſâmes le bras de Mer qui
ſépare les Iſles de Sainte Marguerite & de Saint Honorat, autrement de Lerins.

*Obſervations aſtronomiques faites à l'Iſle de Saint Honorat ou de
Lerins, le 10 Septembre 1719.*

Hauteur meridienne apparente du bord ſuperieur du Soleil,   51° 54′ 30″
Demi diametre apparent du Soleil,   16   0

Hauteur meridienne apparente du centre du Soleil,	51º	38′	30″
Réfraction moins la Parallaxe,			41
Vraïe hauteur meridienne du centre du Soleil,	51	37	49
Déclinaison septentrionale du Soleil,	5	6	0
Hauteur de l'équateur,	46	31	49
Latitude de l'Isle de Lerins ou S. Honorat,	43	28	11

L'observation a été faite au bord de la Mer près la porte de la grande tour dans laquelle est l'Abbaïe de Lerins. Le milieu de l'Isle de Sainte Marguerite est tout au plus au Nord de 30 secondes, ainsi la latitude de Sainte Marguerite sera de 43ᵈ 28′ 41″

Le 10 Septembre 1719 nous partîmes à midi & demi du port de l'Isle de Lerins par le vent de Sud-Est assez frais, qui nous étoit contraire, pour aller à Antibes ; nous allâmes passer au Nord de Sainte Marguerite pour avoir moins de vent & de Mer ; nous fîmes une bordée sur la pointe du cap de la Coronne au Sud-Est de Cannes. En trois bordées nous nous trouvâmes par le travers du Château de Sainte Marguerite ; d'où nous fîmes un bord qui nous mena seulement à la Gabelle dans le fond de la rade du Gourjean, à cause que le vent se rangea à l'Est. De-là par plusieurs petites bordées nous doublâmes les quatre pointes du cap de la Garoupe portant toûjours au plus près & ramant toûjours de grande force, la Mer & les courans de l'Est nous étant contraires, & le vent à l'Est assez foible ; enfin nous arrivâmes à Antibes sur les six heures du soir.

Le 11 & 12 Septembre le Ciel a été fort couvert à Antibes, il a beaucoup plû à diverses reprises, & fait du tonnere : Je n'y ai pû faire aucune observation : je m'en suis consolé sur ce que feu M. Casini y en a fait de fort bonnes qui ont donné la latitude & longitude d'Antibes. Nous partîmes le 13 d'Antibes pour Monaco avec un vent frais de Nord-Ouest qui nous obligea de faire très-petite voile. La Mer du Sud-Ouest étoit fort grosse : en quatre heures de temps nous arrivâmes à Monaco à une heure & demi du soir après avoir couru risque de nous perdre, soit à cause du gros temps,

soit

foit parce qu'une rifée de vent nous penfa faire virer en entrant dans le port de Monaco.

Le 14 Septembre comme j'allois prendre une hauteur meridienne, un gros nuage qui furvint rendit mes peines inu-
tiles. Monfieur le Prince de Monaco aïant fouhaité que
nous l'allaffions voir à Menton, nous partimes à deux heures du foir pour nous y rendre. Le vent étoit affez frais
à l'Oueft, & la Mer du Sud-Oueft fort groffe; nous arrivâmes en moins de deux heures à la Plage, où nous dé-
barquâmes avec peine, pour avoir l'honneur de faluer M. le
Prince de Monaco qui étoit à fon beau jardin de Carnolet.
Nôtre Bateau alla au port de Menton où on le tira à terre
à caufe de la groffe Mer du Sud-Oueft qui eft le traverfier
de cette Plage, ouverte à tous les vents depuis l'Eft à l'Oueft
par le Sud.

Obfervations aftronomiques faites à Menton le 15 Septembre
1719.

N'aïant pû avoir la latitude de Monaco, comme on l'a
dit ci-deffus, il importoit d'avoir celle de Menton, ou bien
il falloit encore retourner à Monaco, ce qui auroit retardé
nôtre retour à Toulon; & nous auroit expofé aux mauvais
temps qui font furvenus. Heureufement le Ciel fut ferein
à midi, quoiqu'il y eut peu lieu de l'efperer.

Hauteur meridienne apparente du bord fuperieur du Soleil,	49°	43′	0″
Demi diametre apparent du Soleil,		16	0
Hauteur meridienne apparente du centre du Soleil,	49	27	0
Réfraction moins la Parallaxe,			43
Vraïe hauteur meridienne du centre du Soleil,	49	26	17
Déclinaifon feptentrionale du Soleil,	3	11	0
Hauteur de l'équateur,	46	15	17
Latitude de Menton,	43	44	43

Menton eft plus feptentrional que Monaco, au plus d'une
minute; c'eft pourquoi on peut fans aucune erreur fenfible
établir la latitude de Monaco, de   43′ 43′ 40″

Q

Retour à Toulon.

Le 16 Septembre 1719. nous mîmes le Bateau à l'eau &
partîmes de Menton à six heures, aïant un petit vent de
Nord-Est à la terre, qui calma par le travers de Monaco,
& sauta à l'Ouest-Sud-Ouest ; nous portâmes le cap sur la
pointe de Saint Auspice, de-là nous fîmes un bord au large
au Sud-Sud-Ouest. Les courants de l'Est étoient vifs, ils
nous servirent beaucoup ; de sorte que de ce bord nous nous
trouvâmes par le travers de Nice. De-là nous portâmes le
cap à l'Ouest ¼ Nord-Ouest pendant une heure. Le vent
aïant sauté au Sud-Ouest assez frais, nous portâmes le cap
à l'Ouest & doublâmes le cap de la Garoupe à trois heures
du soir ; mais le vent de Sud-Ouest aïant molli, nous ne
pûmes aller qu'à Cannes où nous moüillâmes à cinq heures
du soir. M. Riouffe nous y reçût très-bien, comme il avoit
fait à nôtre premier passage.

Le 17 Septembre nous partîmes de Cannes à cinq heures & demi du matin par un petit vent de Nord-Est à la
terre, qui aïant un peu fraîchi, nous mit à dix heures par
le travers de Nagay ; le vent sauta à l'Ouest assez foible,
ce qui nous obligea de faire diverses bordées, la plus grande
étant amuré à tribord, nous porta sous le vent d'un rocher appellé l'Ai. Là, le vent aïant presque cessé, nous
vinmes à la rame dans une grande anse qui est à l'Est-Nord-
Est du cap Taillat. Nous y moüillâmes & passâmes la nuit
sous nôtre tente, n'aïant pas voulu aller à Saint Tropez,
pour avancer chemin.

Le 18 Septembre nous partîmes de cette anse appellée
le Pamparon à trois heures du matin. Au sortir de l'anse
nous trouvâmes le vent au Nord-Est qui nous porta au
cap Taillat avant le jour. Le vent sauta à l'Est & fraîchit
beaucoup : Nous mîmes le cap sur l'Isle de Levant la plus
orientale des Isles d'Hieres, & avant neuf heures nous moüillâmes au petit port de Lavis, presqu'à l'extrémité occidentale de cette Isle.

Obſervations aſtronomiques faites à l'Iſle de Levant le dix-huit Septembre 1719.

Hauteur meridienne apparente du bord ſuperieur du Soleil,	49	18'	0
Demi diametre apparent du Soleil,		16	2
Hauteur meridienne apparente du centre du Soleil,	49	1	58
Réfraction moins la Parallaxe,			45
Vraïe hauteur meridienne du centre du So-leil,	49	1	13
Déclinaiſon ſeptentrionale du Soleil,	2	2	0
Hauteur de l'équateur,	46	59	13
Latitude de l'Iſle de Levant,	43	0	47

Cette obſervation a été faite ſur une colline à l'Oueſt du petit port de Lavis, dont j'ai établi la latitude ci-deſſus dans la Carte corrigée. Depuis ce port l'Iſle court Eſt-Nord-Eſt, en ſorte qu'au port il ſe forme un angle obtus dont le grand côté va à l'Eſt-Nord-Eſt, & le petit côté à l'Oueſt.

J'ai terminé à cette Iſle mes obſervations aſtronomiques. Nous en partîmes à deux heures du ſoir ; mais le vent d'Eſt aïant calmé, & nous trouvant ſans vent, nous vinmes à la rame à l'Iſle de Portecros où nous moüillâmes ſur les 6 heures du ſoir.

Le 19 Septembre 1719, nous partîmes de Portecros à cinq heures du matin ſans vent ; mais après avoir dépaſſé la petite Iſle de Bagueau, nous trouvâmes dans la grande paſſe, qui eſt entre Portecros & Porquerolles, le vent à l'Eſt aſſez foible, lequel aïant un peu plus fraîchi, nous arrivâmes à Porquerolles ſur les neuf heures du matin. J'y fis quelques obſervations dont je parlerai dans la ſuite.

Le 20 Septembre 1719, nous partîmes de Porquerolles à huit heures du matin avec le calme ; mais après avoir dé-paſſé la petite Iſle de Ribaudas qui eſt au Nord de la paſſe du Langouſtier, le vent ſe mit au Sud-Eſt d'abord aſſez foible ; mais il fraîchit peu à peu, de maniere que nous arrivâmes à Toulon à midi & demi. Là s'eſt terminé nôtre voïage.

Comparaisons des observations de l'Eclipse de Lune, faites à Boulogne par M. Manfredi, avec celles faites à Porquerolles.

M. Manfredi si connu par ses ouvrages & en particulier par ses excellentes Ephemérides, m'a envoïé l'observation qu'il a fait à Boulogne. J'ai comparé huit Phases qui ont été observées à Boulogne & à Porquerolles : voici les comparaisons, avec les différences des meridiens qui en résultent, pour determiner le meridien de Porquerolles, & en sçavoir la longitude.

Commencement. A Boulogne,	7^h	59′	24″
A Porquerolles,	7	37	48
Différence des meridiens dont Porquerolles est plus occidental,	0	21	36
Heraclides à Boulogne,	8	6	44
A Porquerolles,	7	45	22
Différence des meridiens,	0	21	22
Platon touche à Boulogne,	8	14	34
A Porquerolles,	7	53	46
Différence des meridiens,	0	20	48
Thymocharis touche à Boulogne,	8	25	42
A Porquerolles,	8	3	53
Différence des meridiens,		21	49
Immersion de Tymocharis. Boulogne,	8	26	44
Porquerolles,	8	6	24
Différence des meridiens,	0	20	20
Emersion de Mare Crisium. Boulogne,	9	46	20
Porquerolles,	9	25	39
Différence des meridiens,	0	20	41
Emersion de Mare Serenitatis. A Boulogne,	9	58	25
A Porquerolles,	9	35	44
Différence des meridiens,	0	22	41

Fin de l'Eclipfe. Boulogne,   10ʰ 18′ 10″
          Porquerolles,   9 56 48
                                              ───────────
Difference des meridiens,   0 21 22
                                              ───────────

Prenant un milieu entre toutes ces differences, on en a
une moienne qui fera la difference des meridiens de Boulogne & Porquerolles,   0ʰ 21′ 31″
dont Porquerolles fe trouve plus occidental ; ce qu'il falloit
fçavoir.

Les differences concluës des obfervations du commencement & de la fin de cette Eclipfe s'accordent à peu de fecondes près avec cette difference moïenne, ainfi que quelqu'autres : ce qui confirme cette détermination.

Monfieur le Marquis de Salvago fort connu parmi les
Sçavans, m'a fait l'honneur de me communiquer fon obfervation que je crois avoir été faite à fa belle maifon de
campagne a Carbonara, qui eft à l'Eft de Genes : j'en ai
comparé quelques Phafes, qui donnent pour difference des
meridiens,   0ʰ 10′ 47″
dont Porquerolles eft plus occidental : ce qui s'accorde affez
bien avec les differences ci-deffus déterminées.

*Comparaifons des obfervations de cette Eclipfe, faites à Marfeille
par le R. P. Feuillée, avec celles faites à Porquerolles.*

Les Phafes qui ont été obfervées en ces deux lieux qui
s'accordent le mieux, font les fuivantes.
Commencement. A Porquerolles,   7ʰ 37′ 48″
          A Marfeille,   7 34 31
                                              ───────────
Difference des meridiens dont Porquerolles eft
          plus oriental,   3 17
                                              ───────────
Harpalus. A Porquerolles,   48 10
          A Marfeille,   42 35
                                              ───────────
Difference des meridiens,   5 35
                                              ───────────
Heraclides. A Porquerolles,   46 22
          A Marfeille,   44 44
                                              ───────────
Difference des meridiens,   1 38
                                              ───────────

Platon. A Porquerolles,	7ʰ	53′	46″
A Marseille,		50	35
Difference des meridiens,		3	11
Immersion de Manilius. Porquerolles,	8	42	28
Marseille,	8	38	35
Difference des meridiens,		3	53
Emersion de Manilius. Porquerolles,		55	26
Marseille,		50	28
Difference des meridiens,		4	58
Emersion de Menelaus. Porquerolles,		56	39
Marseille,		53	23
Difference des meridiens,		3	16
La plus grande de ces differences donne pour difference des meridiens,		5	35
La moindre de ces differences donne,		1	38
Excès de la plus grande sur la moindre,		3	57
Moitié de cet excès,		1	59
L'ajoûtant à la moindre ci-dessus,		1	38

on a pour difference moïenne des meridiens
dont Porquerolles est plus oriental que Marseille,   3   37
laquelle s'accorde à quelques secondes près avec les Phases
qui paroissent avoir été les plus exactement observées de part
& d'autres. Ces 3′ 37″ en temps valent en minutes de degré,   0ᵈ 54′ 15″
qui est la difference des meridiens de Marseille & de Porquerolles.

Comparaison de l'observation de cette Eclipse faite à Constanti-nople, avec celle qui a été faite à Porquerolles.

Le P. Bayle Jesuite n'a observé que le commencement & la
fin de cette Eclipse ; il s'est servi d'une pendule à demi secondes, reglée par la ligne du midi les deux jours qui ont
suivi l'observation, dont voici la comparaison.

Commencement de l'Eclipse. A Conſtantinople,   9ʰ 9′ 0ʺ
A Porquerolles,   7 37 48

Difference des meridiens dont Conſtantinople
   eſt plus oriental,   1 31 12

Fin de l'Eclipſe. A Conſtantinople,   11 27 0
A Porquerolles,   9 56 48

Difference des meridiens dont Conſtantinople
   eſt plus oriental,   1 30 12

Milieu entre ces deux differences,   1 30 42
Mais Toulon a été trouvé plus occidental que
   C. P. par l'obſervation de l'Eclipſe de Lune
   du 9 Septembre 1718,   1 32 29

Donc difference dont Porquerolles eſt plus oriental que Toulon,   0 1 47
Ou en degrez de l'équateur,   0 26 46

& ſi on s'en tient à la premiere difference qui paroît la plus
ſûre, à cauſe qu'il a été plus aiſé au P. Bayle de diſtinguer
le commencement de l'Eclipſe que la fin, on aura entre Porquerolles & Toulon, pour difference des meridiens, 1′ 17ʺ
ou en minutes de degré,   0′ 19 15
qui eſt plus petite que celle que nous avons déterminé ſur
nôtre Carte de la Côte d'une minute; comme l'autre eſt
trop forte de ſix minutes de degré, ce qui vient ſans doute
de ce que le P. Bayle n'a pas donné les ſecondes de temps
dans ſon obſervation, ce qui pour de petites diſtances,
comme de Toulon à Porquerolles, eſt abſolument neceſſaire:
dans une grande diſtance quelques ſecondes plus ou moins y
ſont moins conſiderables, & ne cauſent pas d'erreur ſenſible. D'ailleurs le P. Bayle faute d'inſtrument a corrigé ſon
horloge par la ligne du midi, en quoi il eſt aiſé de ſe tromper de trente ſecondes dans la détermination préciſe de la
ligne meridienne, ou du temps auquel la pointe du ſtyle
la couvre parfaitement.

Comparaisons des observations de la même Eclipse , faites à Paris par M. Maraldi , & celles faites à Porquerolles.

Platon. Commencement à Porquerolles,	7ʰ	53′	46″
A Paris,	7	37	45
Difference des meridiens,		16	1
Tout Platon, à Porquerolles,	7	55	46
A Paris,	7	39	35
Differences des meridiens,		16	11
Timocharis touche, à Porquerolles,	8	3	53
A Paris,	7	47	35
Difference des meridiens,		16	18
Fin à Porquerolles,	9	56	48
A Paris,	9	41	0
Difference des meridiens ,		15	48
Plus grande difference des meridiens,		16	18
Moindre ,		15	48
La difference est,			30
Moitié,			15
Donc difference moïenne des meridiens,	0	16	3

qui est fort exacte, ce qui se confirme par cette comparaison.

Difference des meridiens de Marseille & de Paris, déterminée par un grand nombre d'observations d'Eclipses de Lune & des satellites de Jupiter,   0ʰ 12′ 28″

Difference des meridiens de Marseille & Porquerolles, trouvée ci-dessus par mon observation & celle du R. P. Feüillée,   0   3   37

Somme qui donne la difference des meridiens de Paris & Porquerolles,   16   5
qui s'accorde à deux secondes près avec la difference des meridiens qui vient d'être trouvée immédiatement dans la derniere comparaison.

Dans les comparaisons des Phases des Eclipses particielles

de

de Lune, il n'y a que celles qui font voisines du commencement & de la fin de l'Eclipse, qui puissent être utiles pour trouver les differences des meridiens bien exactement ; dans les autres phases l'ombre restant long-temps à couvrir les taches, lesquelles entrent fort obliquement dans l'ombre, ou bien à s'en détacher ; ceux qui observent ne peuvent estimer assez exactement le temps de l'arrivée de l'ombre à ces taches, ou celui auquel l'ombre les quitte, ce qui introduit une difference de deux ou trois minutes, & quelquefois plus dans les differences des meridiens résultantes de ces comparaisons.

OBSERVATIONS PHYSIQUES

Faites pendant le Voïage le long de la Côte de Provence, avec des Réflexions sur ces Observations.

A PORQUEROLLES.

LE vingt-huitiéme Août à dix heures du matin, on a fait l'experience du Barometre sur une Platte-forme du Château où est une batterie de trois pieces de canon ; après avoir bien purgé le mercure & vuidé les ampoulles d'air qui étoient restées en chargeant le tube, le mercure a resté à la hauteur de $\quad$ 27$^{pouc.}$ 7$^{lign.}$

On a réïteré l'experience après avoir de nouveau purgé le mercure, & rempli le tube de maniere qu'il n'y paroissoit aucune ampoulle : le mercure est resté à la même hauteur.

Le soir de ce jour-là on descendit au bord de la Mer, il faisoit trop chaud pour y aller au gros du jour. Là sur le sable tout près de la Mer, on chargea le tube avec du mercure : on apporta les mêmes précautions qu'on avoit fait le matin, le mercure resta à $\quad$ 27$^{pouc.}$ 9$^{lign.}$ 6$^{points.}$

Entre les hauteurs du mercure trouvées dans ces experiences, il y a deux lignes & demi de difference, qui donnent selon la table de M. Cassini, qui est dans les Memoires de l'Académie de 1705 pag. 72, depuis 27 pouc. 7 lig.

R

jufqu'à 27 pouces 9 lignes ½, pour les 2 lignes 21 toifes un pied, pour la demi ligne 5 toifes un pied, c'eſt-à-dire, que la Plate-forme feroit élevée au-deſſus de la Mer de 26 toiſes 2 pieds. Comme on s'eſt fort étendu ſur cette matiere, dans l'Ouvrage qui a pour titre Voïage de la Sainte Baume, on ne s'y arrêtera pas davantage ici; mais voïons ſi par une autre méthode nous trouverons la même hauteur.

Aïant pointé au lever du Soleil le 29 Août la lunette du quart de cercle à l'horiſon de la Mer, elle a été trouvée baſſe de   o^d 14′ o′
il ne faiſoit pas de vent, & l'air étoit fort ſerein.

Le même matin à 11^h 20′ le vent étant à l'Oueſt-Sud-Oueſt aſſez frais, l'horiſon fort ſerein, la Mer a été baſſe ſeulement de   o^d 13′ 30″

Le ſoir à 6^h 30′ aïant pointé la lunette au même endroit de l'horiſon de la Mer, qui eſt le Sud-Sud-Eſt, le vent étant au Sud-Sud-Oueſt médiocre, l'air ſerein, la Mer s'eſt trouvée baſſe de   o^d 14′ o″
comme le matin.

Le 30 Août à ſept heures trente minutes, la Mer s'eſt trouvée baſſe de   o^d 14′ o″
le vent Nord-Oueſt médiocre, le Ciel ſerein.

Il eſt clair que l'inclinaiſon du raïon viſuel, ou la baſſeſſe de l'horiſon de la Mer, qui fut obſervée le 29 à 11^h 20′ du matin, n'eſt moindre que les trois autres, qu'à cauſe que la chaleur de l'air & la force du vent étant plus grandes à cette heure-là, le raïon viſuel a dû s'élever des 30″ dont ces obſervations different : on ne s'arrête pas à le prouver, on l'a fait fort au long dans le Traité ſur les Réfractions horiſontales. On doit donc regarder l'inclinaiſon de 14 minutes, comme la veritable baſſeſſe de l'horiſon de la Mer, vûë de la Plate forme du Château de Porquerolles; & par conſéquent la hauteur de cet endroit eſt de 14 minutes ; mais en doublant le ſinus total ou le raïon, & le faiſant de 20000000, comme je l'ai pratiqué dans le Traité ſur la Réfraction, la ſécante de 14 minutes excede le raïon de 166 parties qui ſont autant de pieds; leſquels font 27 toiſes 4 pieds, deſquels il faut ôter la hauteur du quart de cercle qui eſt de 5 pieds 8 pouces, reſte donc pour la hauteur du pavé de la Plate-forme 26 toiſes 4 pieds 4 pouces au-deſſus de la furface de la Mer ; mais par les experiences du Barometre elle a été trouvée ci-deffus de 26 toifes 2 pieds, qui ne differe de la précedente que de 2 pieds 4 pouces, ce qui s'accorde avec bien plus de précifion qu'on n'avoit lieu de l'attendre des experiences du Barometre, où une douziéme de ligne n'eft pas facile à appercevoir, outre la difference que peut introduire le plus ou moins de bonté du mercure : heureufement celui que j'ai emploïé dans ce voïage s'eft trouvé des meilleurs ; car il laiffoit fort peu de noirceur fur le linge en quatre doubles à travers lequel on le faifoit paffer pour le purifier.

On mefura géometriquement la hauteur du Château : on pointa pour cela la lunette du quart de cercle à l'extrémité du parapet de la tour du Donjon, l'angle de la premiere ftation fut de $\qquad$ 12^d 32' 0"

L'angle de l'autre ftation fut de $\qquad$ 19 15

La longueur de la bafe fut prife de 45 toifes.

D'où on a par calcul trigonometrique la hauteur du parapet du Château de 26 toifes un pied 4 pouces, depuis la ftation la plus voifine ; mais par le nivellement on trouva cette ftation plus haute que le bord de la Mer, la hauteur du quart de cercle comprife, de 4 toifes, de forte que la hauteur du haut du parapet feroit de 30 toifes un pied 4 pouces ; mais d'autre part la Plate-forme, où on a fait les experiences, & qui a fervi d'Obfervatoire, fe trouve plus baffe que le parapet du Donjon de 4 toifes, ce qui réduit la hauteur de la Plate-forme à 26 toifes un pied 4 pouces, ce qui met une difference feulement de 8 pouces avec la même hauteur trouvée par le Barometre ; & une difference de 3 pieds avec cette même hauteur trouvée par la baffeffe de l'horifon de la Mer, que la réfraction aura pû aifément introduire.

On voit que ces trois diverfes méthodes pour obferver les hauteurs des lieux où l'on fe trouve, qui n'ont rien de commun, s'accordent beaucoup mieux qu'on n'avoit lieu d'efperer : de forte que pourvû qu'on opere avec précifion, on peut emploïer l'une au défaut de l'autre ; & quand on en emploïra plufieurs, l'une fervira à corriger l'autre, quand elles ne s'accorderont pas, & fervira à l'autre de confirmation, lorfqu'elles s'accorderont. Ici l'erreur eft fi petite qu'on ne fçait fur laquelle des trois il faut rejetter la difference.

R ij

Experiences pour la Dilatation de l'air.

Immédiatement après les experiences faites le 28 Août pour la pefanteur de l'atmofphere qu'on a rapporté ci-deffus, je jugeai à propos d'en faire pour la dilatation de l'air, me fervant du même tube qui a 36 pouces 4 lignes de longueur. On nétoïa foigneufement le mercure à chaque experience, & on eut foin d'ôter les ampoules qui fe trouvoient engagées dans le mercure en chargeant le tube, qui n'avoit fervi qu'à trois experiences depuis qu'on l'avoit nétoïé avec de la grenaille & de l'efprit-de-vin.

I. *Experience.* On a rempli le tube de mercure à la hauteur de 31 pouces 2 lignes, de forte qu'il reftoit 5 pouces 2 lignes d'air dans le tube du côté de l'orifice : on a enfuite plongé le tube, dont l'orifice étoit bouché avec le doigt, dans un vafe de porcelaine où il y avoit un pouce de mercure : il a refté dans le tube à la hauteur de   19$^{\text{pouc.}}$ 1$^{\text{lign.}}$

II. *Experience.* On a mis du mercure dans le tube à la hauteur de 24 pouces avec les mêmes précautions que ci-deffus ; enfuite on l'a plongé dans le vafe où il y avoit du mercure, bouchant l'orifice avec foin : ôtant le doigt, le mercure a refté à la hauteur de   12$^{\text{pouc.}}$ 5$^{\text{lign.}}$

Pour connoître quelle a dû être la dilatation de l'air dans ces deux experiences, nous nous fervirons de la même méthode dont plufieurs Auteurs fe font fervis avant nous.

La longueur du tube a été trouvée de   36$^{\text{pouc.}}$ 4$^{\text{lign.}}$

Par l'experience qu'on venoit de faire, la hauteur de l'atmofphere,   27   7

Refte une difference de   8   9
La moitié de cette difference, eft   4   4$\frac{1}{2}$

ou 52 lig. $\frac{1}{2}$, quarrant cette difference on a pour quarré   2756$^{\text{lign.}}$ $\frac{1}{4}$

La hauteur de l'atmofphere 27 pouc. 7 lig. vaut,   331$^{\text{lign.}}$
L'air introduit dans le tube 5 pouc. 2 lig. vaut,   62

Multipliant ces deux nombres l'un par l'autre, le produit eft,   20522$^{\text{lign.}}$

Auquel ajoûtant le quarré trouvé ci-dessus,   2756 $\frac{1}{4}$ lign.

on a pour produit du rectangle plus le quarré,   23278 $\frac{1}{4}$
dont il faut tirer la racine quarrée. La plus appro-
    chée est,   152
On lui ajoûtera la moitié de la différence ci-dessus,   52 $\frac{1}{2}$

On aura la somme de   204 $\frac{1}{2}$

Les divisant par 12, le quotient 17 pouces & demi ligne
sera la dilatation de l'air qui répond à 5 pouces 2 lig. d'air
qu'on avoit laissé dans le tube à la premiere experience;
mais par l'experience il étoit resté 19 pouces une ligne de
mercure; ainsi l'air occupoit 17 pouces 3 lig. dans le tube:
il y a donc une différence entre le calcul & l'experience
de 2 lignes $\frac{1}{2}$ dont l'air s'est plus dilaté dans le tube, que
ne le donne le calcul. On en dira plus bas la raison.

A la seconde experience il restoit dans le tube 12 pouc.
5 lign. ou   149 lign.
La hauteur de l'atmosphere est 27 pouc. 7 lig. ou 331

Les multipliant l'un par l'autre, le produit est   49319
auquel ajoûtant le quarré ci-dessus,   2756 $\frac{1}{4}$

la somme est de   52075 $\frac{1}{4}$
Tirant de cette somme la racine quarrée, elle est   228, c'est
la plus approchée. Il lui faut ajoûter la moitié de
    la différence,   52 $\frac{1}{2}$

leur somme est,   280 $\frac{1}{2}$
& divisant par 12, on a 23 pouces 4 lign. $\frac{1}{2}$ pour la dilatation de l'air qui correspond à 12 pouces 5 lign. d'air
qu'on avoit laissé dans le tube: mais par l'experience il étoit
resté 23 pouces 11 lignes d'air, il y a donc une différence
entre l'experience & le calcul de 6 lign. $\frac{1}{2}$: on peut ajoûter une demi ligne à ce qui est venu dans ces deux calculs,
à cause que les racines n'étoient pas précises, ce qui diminuë d'autant la différence entre l'experience & le calcul,
laquelle peut venir aussi des ampoules d'air imperceptibles
qui se trouvent mêlées entre le mercure & le paroi du tube,
de maniere qu'on ne peut les distinguer au travers du verre;
elles gagnent le haut du tube avec l'air qu'on a laissé dans
le tube, lorsqu'aïant plongé le tube dans le mercure, on

ôte le doigt qui bouchoit l'orifice ; alors ce qu'il y avoit de trop de mercure dans le tube tombe dans le vase, tandis que l'air qui étoit en bas monte au haut du tube, & emporte avec lui les ampoules imperceptibles qui se trouvoient engagées dans le mercure du tube.

Il est d'ailleurs difficile d'estimer juste une demi ligne ou un quart de ligne sur le tube, & pour peu qu'on s'y trompe, on voit en faisant le calcul que cela peut aller loin ; dans ce dernier aïant pris 148 pour 149 lignes de mercure qui resta dans le tube, cette erreur diminuoit la racine d'une ligne, & on a été obligé de refondre le calcul.

On voit que le poids de l'atmosphere a été moindre qu'il n'est ordinairement, aussi avoit-on eu le jour précédent des orages à diverses reprises & en divers lieux, quoiqu'ils ne parvinssent pas jusqu'à nous à Porquerolles, où nous eûmes toûjours beau Ciel, & seulement quelques nuages par intervalles : le poids de l'atmosphere ne laissoit pas d'être diminué, comme on le verra par les observations suivantes.

Observations Physiques faites à l'Isle de Portecros.

J'avois établi mon Observatoire dans une tenaille du Fort le plus voisin de la Mer, laquelle regarde le Sud-Ouest, auprès d'une batterie de 3 pieces de canon qui défend l'entrée du port & le canal qui est entre Portecros & la petite Isle de Bagueau. Cette Isle couvre le port de la Mer d'Ouest & Sud-Ouest qui sont les traversiers de ce port, ainsi il est à couvert de tout vent & de toute Mer ; seulement quand il fait des vents d'Est fort frais, il faut être sur ses gardes, ce vent passant dans un valon étroit & recourbé en devient encore plus frais, & feroit dérader les Bâtimens s'ils n'avoient de bonnes amarres à terre, & n'amenoient leurs vergues tout bas. Il y a deux autres Forts plus élevez que celui où j'ai observé, qui défendent encore le port : je n'entrerai point dans le détail des Fortifications de ces trois Forts, comme je n'ai pas parlé de ceux de Porquerolles, cela n'étant pas necessaire.

Après avoir calé exactement mon quart de cercle pour les observations que j'avois à faire, je commençai par prendre la bassesse de l'horison de la Mer pointant la lunette

au Sud-Ouest ; elle fut à sept heures du matin du premier
Septembre de 10′. Le soir de ce jour-là elle fut encore de 10′

Le matin du 2 Septembre la basseße fut encore de   10

Il n'y eut donc point de variation dans la réfraction.

Cette inclinaison donne pour hauteur de cette Plate-
forme au-deßus de la Mer, la hauteur du quart de cercle
comprise, 84 pieds, ou   13 Toises.

Le premier Septembre nous fîmes deux fois l'experience
du Barometre dans la Sale du Château, dont le pavé eſt
plus bas que la Plate-forme de 7 pieds. A la premiere experience le vif-argent monta à   27$^{pouc.}$ 8$^{lign.}$

A la seconde experience il monta seulement à 27   7 $\frac{1}{2}$

Dans toutes les experiences qu'on a fait pendant le voïage,
on a toûjours eu soin de bien nétoïer le vif-argent, & d'ôter
autant qu'il se pouvoit les ampoules d'air reſtées en rem-
pliſſant le tube.

On ne fit pas l'experience au bord de la Mer, soit parce
qu'on ne jugea pas cette hauteur aßez confiderable, soit que
par la grande chaleur qu'il faifoit, on ne put pas y descendre en lieu commode ; mais ôtant deux toises un pied,
soit pour la hauteur du quart de cercle, soit parce que le
pavé du Salon eſt plus bas de sept pieds, ce lieu eſt tout
au plus dix toises cinq pieds au-deßus de la furface de
la Mer. Le vif-argent feroit donc monté au bord de la Mer
à   27$^{pouc.}$ 8$^{lign.}$ $\frac{1}{2}$

Ce qui sera confirmé par l'experience qu'on fit au cap
Benat le 2 Septembre au bord de la Mer, comme on le
rapportera bien-tôt.

Je remarquai à l'Iſle de Portecros que les bancs ou lits
de roches dont l'Iſle eſt pleine, & qui se communiquent
à la petite Iſle de Bagueau, font differemment couchez &
d'une nature differente que ceux de l'Iſle de Porquerolles.
Ceux-ci font fort durs, & pofez parallelement à l'horifon,
mais ceux de Portecros & de Bagueau font d'une pierre
aßez molle, qui se fépare par feüilles, comme de l'ardoiſe,
dont elle a prefque la couleur ; elle n'eſt pourtant ni ſi noire, ni ſi dure. Outre cela ces lits font avec l'horifon un angle de 60 degrez incliné du côté de l'Eſt, & ils courent du
Sud-Eſt au Nord-Oueſt. Il y en a de plus épais les uns que
les autres, mais les plus épais n'ont pas plus de deux pieds.

Il y a dans l'Ifle de Bagueau une autre efpece de roche fort dure, d'un jaune clair, fur-tout dans la partie de l'Ifle qui regarde l'Eft, & on trouve fur le bord de la Mer fur quelques-uns de ces rochers, de petites pierres de la nature des criftaux, taillées en piramides & formant une pointe de diamant; quelques-unes font affez tranfparentes, les autres font brutes & grifes. On en a trouvé quelquefois d'affez groffes qui prenoient un beau poli & avoient une affez belle eau. Elles font affez dures pour couper le verre comme le diamant. Outre cela elles tiennent fi fortement à ces rochers, qu'on a peine à les détacher. Elles ont prefque toutes la figure de piramide octogone dont la bafe n'eft pas reguliere; ainfi toutes les faces ne font pas tout-à-fait égales. Il y a de ces roches qui en font femées près à près; dans d'autres elles font plus groffes & plus écartées les unes des autres. Il fe peut qu'en rompant ces roches avec la maffe, on en trouveroit d'autres, mais nous n'avions ni le temps ni les outils neceffaires pour cela.

Ces Ifles pourroient être mieux cultivées qu'elles ne font, fur-tout Porquerolles & l'Ifle de Levant, qui font de moïenne hauteur, & la terre y paroît meilleure qu'à Portecros qui eft plus élevée & plus rude. Il y a pourtant des Valons qu'on cultive, quelques vignes, & un Jardin où il refte encore quelques beaux orangers.

Au cap Benat.

Dès que nous fûmes arrivé à ce cap le 2 Septembre 1719, nous fîmes au bord de la Mer l'experience du Barometre, le mercure monta à   27^{ponc} 8$^{\text{lign.}}$
ce qui fait voir qu'il avoit tout au plus abbaiffé de demi ligne depuis l'experience qui avoit été faite à Portecros le jour précedent, puifqu'il n'y avoit pas de grands changements dans l'air, ce qui étoit aifé à reconnoître par le vent & la difpofition du Ciel qui étoit la même à fort peu près. Il nous parut inutile de faire l'experience au Château, ainfi nous laifsâmes tout ce qui nous fervoit pour cela dans le Bateau.

A la Citadelle de Saint Tropez.

Le 4 Septembre au foir on fit dans la Sale du Donjon l'experience du Barometre, le vif-argent monta à   27$^{pouc.}$ 7$^{lign.}$

Le 5 Septembre avant le lever du Soleil je pointai la
lunette fixe du quart de cercle bien calé, & placé fur la
Plate-forme du Donjon, où il a refté tout le temps que
j'y ai fejourné à la même place; je pointai, dis-je, à l'Eft-
Sud-Eft à l'horifon de la Mer, elle fe trouva baffe de   14′ 0″

Je tournai tout de fuite le quart à l'Eft-Nord-Eft, la
Mer fut baffe de   14 0
le fil horifontal rafoit parfaitement la ligne de la furface
de la Mer qui paroît couper le Ciel. Le vent étoit à l'Eft
médiocre; il y avoit un peu de brume déliée à l'horifon.
Le Soleil un peu après fon lever a paru elliptique, mais,
contre ce qui arrive ordinairement, le grand diametre étoit
perpendiculaire à l'horifon, auffi paroifloit-il y avoir moins
de vapeur vers l'horifon qu'au-deffus.

Le matin du 6 Septembre, la baffeffe de la Mer fut encore trouvée de   14′ 0″

L'inclinaifon du raïon vifuel étant la même dans ces trois
obfervations, il paroit que la matiere réfractive n'a pas été
plus grande un jour que l'autre; & puifque la pefanteur de
l'atmofphere a été la même à Saint Tropez qu'elle l'avoit
été au Château de Porquerolles, & que la baffeffe de l'horifon de la Mer y a auffi été précifément la même, il y a
lieu de conclurre que le Donjon de la Citadelle de Saint
Tropez eft autant élevé au-deffus de la Mer que le Château de Porquerolles, c'eft-à-dire de 26 toifes, ce qu'il
étoit bon de connoître : la hauteur du vif-argent étant la
même en deux differens lieux, auffi-bien que la baffeffe conftante de l'horifon de la Mer, on aura lieu de conclurre
que ces deux lieux font d'une égale hauteur, ce qui peut
fervir en bien des occafions, où l'on ne peut pas faire d'autres obfervations pour connoître la hauteur d'une colline
ou d'une montagne, d'où l'on pourra voir la Mer.

Les environs de Saint Tropez font fort bien cultivez,
les collines couvertes de vignes & les montagnes de bois
de Pin. Le petit golphe de S. Tropez feroit une affez bonne
retraite pour les Vaiffeaux, y aïant bon fond, s'il étoit plus

S

à couvert des vents d'Est & de Sud-Est qui en sont les traversiers qui y amenent une grosse Mer, laquelle vient de fort loin sans trouver quoique ce soit qui la rompe : on y est à l'abri de tous les autres vents. En sortant de ce golphe on laisse à bas bord des rochers qu'on appelle les Sardiniers ; il ne faut point aussi trop ranger la terre de tribord à cause que la côte est sale de plusieurs rangées de roches, jusqu'au cap Taillat. Cette côte court Nord & Sud pendant plus de deux lieuës & demi.

A Cannes.

On fit le 8 Septembre 1719 à 11 heures du matin, l'experience du Barometre, près de la Chapelle de Saint Pierre, qui est au bord de la Mer élevée d'environ trois toises au-dessus du niveau de la Mer, le vif-argent resta à la hauteur de   27$^{pouc.}$ 8$^{lign.}$

Au Fort de l'Isle Sainte Marguerite.

Le soir du même jour 8 Septembre, on fit au Donjon du Fort l'experience du Barometre, le mercure monta à la hauteur de   27$^{pouc.}$ 7$^{lign.}$ $\frac{1}{2}$

Il n'y a donc qu'une demi ligne de difference entre cette experience & celle du matin faite à Cannes, quoique le Château soit sur un rocher à pic assez élevé, qu'on va reconnoître par l'observation suivante.

Je plaçai mon quart de cercle sur une Plate-forme faisant partie du rempart tout auprès de la porte du Donjon, & après l'avoir bien calé, la bassesse de l'horison de la Mer fut trouvée de   11′ 0″

Le 9 Septembre au matin, on prit de nouveau l'angle de la bassesse de l'horison de la Mer, il fut encore trouvé de   11′ 0″

Le vent étoit au Nord fort foible, l'air serein, l'horison fin & net.

Par cet angle on a la hauteur du rocher sur lequel est bâti le Donjon du Fort de Sainte Marguerite qui est escarpé à plomb du côté du Nord & du côté de l'Est ; car faisant le raïon de 20000000, l'angle d'11 minutes a pour excès de la sécante sur le raïon 102, qui font autant de pieds & précisément 17 toises qui seroit la hauteur de

la Plate-forme au-deſſus du niveau de la Mer, la hauteur
du quart de cercle compriſe, laquelle, comme il a été dit,
eſt de 5 pieds 8 pouces, ou une toiſe moins 4 pouces.

Mais en comparant les hauteurs du vif-argent obſervées
à Cannes le matin de ce jour-là, & au Fort le ſoir de ce
même jour, il n'y auroit que 8 toiſes 3 pieds depuis le
niveau de la Mer, ce qui eſt préciſément la moitié moins
que nous ne venons de trouver par l'inclinaiſon du raïon
viſuel. On n'a d'ailleurs qu'à regarder ce rocher pour voir
qu'il a au moins 17 toiſes ; il faut donc conclurre que la
peſanteur de l'atmoſphere a beaucoup changé du matin au
ſoir, & qu'alors le mercure devoit être au bord de la Mer
à $27^{pouc.}\ 9^{lign.}\ \frac{1}{4}$

Mais le lendemain 9 Septembre elle varia encore bien davantage, comme on le va voir par l'experience ſuivante.

A l'Iſle de Lerins ou Saint Honorat.

Le 9 Septembre au ſoir à 5 pieds au-deſſus de la ſurface
de la Mer, on fit l'experience du Barometre, le vif argent
reſta à la hauteur de 27 pouces 7 lignes. On voit donc que
le poids de l'atmoſphere a diminué du 8 au 9 Septembre
de plus d'une ligne ; auſſi y eut-il le 9 un orage avec tonnerres & un grain de pluïe. Le vent ſauta à l'Eſt le 10,
& le 11 & 12 il plut beaucoup avec des tonnerres dans
preſque toute la baſſe Provence, comme nous l'avons appris
du depuis.

La baſſeſſe de l'horiſon de la Mer fut trouvée de 0ᵈ 3′ 30″
on meſura la hauteur qui fut trouvée, celle du quart de
cercle compriſe, de dix pieds & demi, & la ſécante de cet
angle donne auſſi dix pieds & demi ; ainſi on voit que le
calcul s'accorde avec le nivellement.

L'Iſle de Lerins eſt d'un fort petit contour, en moins d'une
heure on en peut faire le tour ; elle eſt fameuſe par les Saints
& les Sçavans qu'il y a eu autrefois dans cette celebre Abbaïe ; elle eſt d'un terrain fort bas qui court de l'Eſt à l'Oueſt,
aux deux extrémitez on voit un bois de Pin aſſez agréable,
le reſte ſont des terres enſemencées qui appartiennent à
l'Abbaïe, laquelle eſt renfermée dans une fort groſſe tour
quarrée, qui a pour garniſon un détachement de celle de
Sainte Marguerite, dont le terrain eſt tout-à-fait inculte,

quoiqu'elle foit beaucoup plus grande que l'Ifle de Saint Honorat; il y a feulement du côté du Sud un affez grand jardin près du bras de Mer qui la fepare de Saint Honorat, où il y a quelques Orangers en pleine terre. On ne remarqua rien de fort interreffant pour la Phyfique.

A Antibe.

Pendant les deux jours que nous féjournâmes à Antibe, nous eûmes toûjours le Ciel couvert & beaucoup de pluïe, nous n'eûmes que le temps d'aller à Nôtre-Dame de la Garde, mais nous n'y pûmes point porter le quart de cercle à caufe que le Ciel couvert nous menaçoit continuellement de la pluïe ; nous en eûmes en effet quand nous y fûmes arrivez, & à nôtre retour, de forte que nous ne voïons pas à une licuë de nous, tant l'horifon étoit embrumé & le temps chargé ; nous y fimes feulement les experiences fuivantes.

Le 11 Septembre 1719, à Antibe à deux heures après-midi nous fimes l'experience du Barometre, le mercure monta à 27$^{pouc.}$ 9$^{lign.}$

Nous pouvions être trois toifes au-deffus du niveau de la Mer, ainfi au bord de la Mer il auroit tout au plus monté à 27$^{pouc.}$ 9$^{lign.}$ $\frac{1}{3}$

Nous montâmes tout de fuite à la montagne de Nôtre-Dame de la Garde qui eft au Sud-Oueft d'Antibe à une demi licuë. Là, dans le veftibule d'une fort jolie Chapelle, qui eft affez grande & à deux nefs, nous fimes l'experience du Barometre dans le même tube ; le mercure monta à 27$^{pouc.}$ 6$^{lign.}$

Enfuite après avoir de nouveau nétoïé le vif-argent, nous prîmes un tube qui a une ligne de plus de diametre, l'aïant chargé de mercure, & vuidé les ampoules d'air, le vif-argent refta à 27$^{pouc.}$ 6$^{lign.}$ & demi.

Il fut donc trois lignes & un tiers plus bas qu'au bord de la Mer, ce qui donneroit pour la hauteur de la montagne de Nôtre-Dame de la Garde, 35 toifes, en prenant la plus petite hauteur du mercure au-deffus du niveau de la Mer. Cette hauteur paroît plus grande, ce que nous dirions plus fûrement, fi nous euffions pû faire quelqu'operation Géometrique.

A Menton.

Le 15 Septembre 1719, nous fîmes en présence de Madame la Princesse de Monaco, l'experience du Barometre dans le Château de Monsieur le Prince de Monaco, qui est élevé dans l'endroit où nous obfervions, de 10 toifes au-deffus du niveau de la Mer, le mercure monta dans le tube à la hauteur de $\qquad$ $27^{pouc.}$ $8^{lign.}$ $\frac{1}{2}$

Ainfi au bord de la Mer qui lave les murailles du Château, le mercure auroit monté une ligne de plus ou $\qquad$ $27^{pouc.}$ $9^{lign.}$ $\frac{1}{2}$

Nous ne pûmes prendre aucun angle d'inclinaifon de la Mer, faute de lieu commode à placer le quart de cercle, ainfi nous ne pouvons point fçavoir plus précifément la hauteur de la Chambre où fut faite l'experience.

On ne voit dans ce Païs qu'Orangers & Citronniers en pleine terre ; il y en a de toute efpece, & par leur hauteur & leur groffeur ils égalent les plus gros arbres fruitiers des meilleures Provinces de France. Ceux de Monfieur le Prince de Monaco font des plus beaux, & il nous fit la grace de nous faire promener en caroffe fous fes allées d'Orangers, à travers lefquels le Soleil avoit peine à percer. Jets-d'eau d'une grande hauteur, Cafcades tout y eft digne de la magnificence de ce Prince qui nous combla d'honneur pendant le féjour que nous fîmes chez lui.

Des montagnes fort hautes couvrent Menton & Monaco des vents de Nord-Oueft, de Nord & de Nord-Eft, qui font les feuls qui pourroient faire périr les Orangers, auffi font-ils fort cultivez par les Habitans du Païs qui en font leur principal commerce. Il y a auffi de très-beaux Oliviers, qui, non plus que la plûpart des Orangers, ñe fe fentirent point du grand froid de l'Hiver de 1709.

On voit par toutes les obfervations du Barometre qu'on a fait dans ce voïage, que le vif-argent n'eft jamais monté à 28 pouces, il n'eft pas même allé à 27 pouces 10 lignes, ainfi fi on prenoit 28 pouces pour premier terme de la progreffion, tel qu'il eft dans la Table de Monfieur Caffini pag. 72 de l'Hiftoire de l'academie de 1705, on auroit des hauteurs trop grandes ; il faut autant qu'on peut prendre la hauteur du vif-argent au bord de la Mer pour bafe de fes opérations, & que les opérations qu'on fera à di-

verses hauteurs ne soient pas à d's jours fort éloignez, si
on veut faire quelque chose de bon, & surquoi l'on puisse
compter, à cause de la variation de la hauteur du vif-argent
dans le Barometre.

Le long de la côte de Provence on trouve du corail, &
dans le voïage j'en ai vû d'assez belles plantes qui avoient
été pêchées depuis peu. Le fond de la Mer observant la
même figure que la côte, on doit se persuader qu'il y a des
collines, des valons, des rochers comme sur terre, c'est
dans ces valons, que les Pêcheurs connoissent, & où ils
jettent leurs filets, qu'ils trouvent les branches de corail
qu'ils tirent avec adresse. Il y a des endroits de la côte où
ils abonde plus; l'habileté des Pêcheurs les leur fait connoître plus que le hasard.

OBSERVATIONS

GEOMETRIQUES ET GEOGRAPHIQUES,

Faites le long de la Côte de Provence.

J'AI pris dans le cours du voïage avec mon quart de cercle de trois pieds de raïon divers angles, lesquels avec
ceux qui avoient été pris aux voïages de la Sainte Baume &
du cap Sicier, & les côtez des triangles qui avoient été connus,
pourroient servir à en trouver de nouveaux, comme on le
va voir ; & prenant dans la suite de nouveaux angles à
Coudon & aux autres points qui correspondent à ceux qu'on
a pris en divers Lieux dans ce voïage ; on pourra avoir une
suite de triangles liez ensemble depuis le Mont-Ventoux
jusqu'au col de Tende le long de la côte de Provence.

Il faudra pour cela partir plûtôt que je n'ai fait dans ce
voïage, pour ne pas tomber dans l'Automne pendant laquelle on a souvent de grands vents, de la pluïe & le
Ciel couvert ; tous obstacles qu'un Géometre ne peut surmonter.

A Porquerolles.

On prit au Château divers angles d'intervalle qui pourront fervir lorſqu'on aura les correſpondants pour avoir en toiſes les diſtances des points qu'on a obſervé, & qui vont être rapportez. Ces angles ſerviront auſſi pour la poſition de l'Iſle de Porquerolles, car ils ne ſçauroient convenir qu'au Château de cette Iſle. Ils ont été pris de la même Plate-forme qui a ſervi d'Obſervatoire pendant le ſéjour que j'y ai fait.

Avant de prendre ces angles on pointa la lunette fixe du quart de cercle & la lunette de l'Allidade, poſée de maniere que le fil couvroit la ligne fiducielle : on pointa, dis-je, ces deux lunettes à un même point éloigné de près de trois lieües, qui eſt le côté à plomb de la maiſon de l'Abbaïe des Dames d'Hieres que le Soleil éclairoit fort. On établit ces deux lunettes dans un parfait parallelifme. On mit enſuite les centres des deux objectifs de ces lunettes, qui s'écartoient aſſez, préciſément à un même point qui eſt le coin du toict de cette Abbaïe : on en vint à bout en pouſſant avec la clef deſtinée à cet uſage, les reſſorts qui aſſujettiſſent les objectifs ; tout cela ſe fit avec patience & exactitude le matin du 28 Août 1719.

Après quoi pointant la lunette fixe du quart de cercle au clocher de Nôtre-Dame de la Garde ſur le cap Sicier, & venant toûjours à la droite, car à la gauche on ne voïoit que la Mer, on pointa la lunette de l'Allidade au milieu du pouſſe le plus haut de Coudon, l'angle d'intervalle fut de

36º 26′ 30″

Du même pouſſe de Coudon au pouſſe le plus haut de la montagne d'Hieres, l'angle fut de   11   19   0

Du même pouſſe de la montagne d'Hieres, au côté à pic d'une montagne qui fait comme un demi cercle renverſé avec une autre montagne, laquelle eſt l'Oueſt de celle-là, l'angle d'intervalle a été de   17   33   0

Somme de ces trois angles,   65   18   30

De ce côté à pic au rocher ſur lequel eſt le fort de Brigançon, à l'extrémité orientale de la rade des Isles d'Hieres,   55° 47′ 0″

Du milieu du plus haut du pousse de la montagne d'Hieres au rocher qui est à l'extrémité du cap des Meudes, le plus oriental de l'Isle de Porquerolles,   75   15   30

Les gens du mêtier seuls sçavent quelle patience il faut pour mettre un grand quart de cercle dans des Plans si differens ; les uns hauts, les autres bas ; avec un Soleil ardent on en a assez pour suer.

A Portecros.

De la Plate-forme dont on a parlé ci-devant, on prit les angles suivans par la même méthode. Le cap des Meudes nous déroboit la vûë de Nôtre-Dame de la Garde.

Du plus haut de l'Isle de Porquerolles à la tour du fort de Brigançon, l'angle d'intervalle a été de   66° 36′ 0″

Du côté à pic de la montagne de la Sainte Baume, au plus haut du cap Benat,   28   14   30

Du cap Benat à l'extrémité à l'Est du Lavandou,   7   13   0

A l'Isle de Levant.

Dans l'endroit marqué dans les observations astronomiques, on pointa la lunette fixe au clocher de Nôtre-Dame de la Garde, & faisant courir à la droite la lunette de l'Allidade au plus haut de Coudon, l'angle fut de   18ᵈ 55′ 0″

Du même clocher de Nôtre Dame de la Garde à la Chapelle du S. Pilon qu'on voïoit distinctement,   38   45   30″

Ces deux angles sont importants, on s'en servira bien-tôt. De la Chapelle du S. Pilon à la montagne la plus haute de Tende dans les Alpes, l'angle fut de   75   52   30

On ne put pas prendre d'autres angles, faute de points remarquables.

Recherche de la distance de Nôtre-Dame de la Garde à Coudon,
& du Saint Pilon à Coudon.

Lorsqu'on fit le voïage de la Sainte Baume, on ne prit
pas du Saint Pilon l'angle d'intervalle de Coudon à Nôtre-
Dame de la Garde, parce qu'on ne distinguoit pas bien le
sommet de Coudon, qui paroît differemment du côté du
Nord & du côté du Sud, & ressemble assez à d'autres montagnes voisines, ainsi on craignit de se tromper ; mais étant
monté à la montagne des Beguines le 29 Juin 1708, on
le distingua mieux ; l'angle de Coudon à Nôtre-Dame de
la Garde, fut de   34° 30′ 0″

Au voïage du cap Sicier, on trouva le 18
May 1718, l'angle d'intervalle du Saint Pilon
à Coudon, de   66 38 0

Donc (Figure 4. des triangles, voïage de la Sainte Baume)
l'angle FDX est de 34ᵈ 30′, mais FCX n'en est pas sensiblement different, à cause que les côtez CF & DF sont fort
longs, & que la base DC est seulement de 882 toises ;
neanmoins comme FCX est un peu plus grand, on le sup-
posera de   35ᵈ 0′ 0″

Le côté CF distance du S. Pilon à Nôtre-Dame de la
Garde, a été trouvé (voïage de la Sainte Baume) de 22115 T.

On fera donc ces analogies.

L'angle XFC,   66ᵈ 38′
   XCF,   35   0
                                             _____
Somme,   101 38
Donc CXF,   78 22

Pour FX, distance de Nôtre-Dame de la Garde à Coudon.

Sin. 78° 22′ | Sin. 35° 0′ || 22115 Toises | 12947 Toises.

Pour CX, distance du S. Pilon à Coudon.

Sin. 78° 22′ | 66° 38′ || 22115 Toises | 20727 Toises.

On a donc pour FX distance de Nôtre-Dame de la Garde à
Coudon,   12947 T.

Et pour CX distance du S. Pilon à Coudon,   20727 T.

Il étoit important d'avoir ces deux distances en toises, à

                                              T

cauſe que Coudon eſt une montagne aſſez haute & fort
remarquable quand on vient de la Mer. D'ailleurs ces deux
côtez FX & CX pourront ſervir à d'autres triangles, lors
que de Coudon on aura pris des angles correſpondants à
ceux qu'on vient de donner, ou qu'on donnera bien-tôt.
Il reſte pourtant un peu d'incertitude pour la longueur de
ces côtez (à peu de toiſes près) à cauſe que l'angle XCF
n'a pas été pris immédiatement. Voici une autre détermination encore plus importante.

*Recherche de la diſtance de Nôtre-Dame de la Garde à l'Iſle de
Levant, & du Saint Pilon à l'Iſle de Levant.*

Etant au Saint Pilon en Juin 1708, l'angle d'intervalle
depuis Nôtre-Dame de la Garde à l'Iſle de Levant, fut
trouvé de   50" 58' 31"
On n'aura pas égard à la ſeconde au-delà des 30".

Etant à l'Iſle de Levant à peu près au même lieu où on
avoit pointé la lunette du quart de cercle, lorſqu'on étoit
au Saint Pilon, qui étoit vers le plus haut de l'Iſle, pointant à la Chapelle du Saint Pilon, & au clocher de N. D. de
la Garde, on trouva l'angle d'intervalle de   38° 45' 30"
La diſtance du Saint Pilon à Nôtre-Dame de la Garde eſt
de 2115 toiſes pour CF.

On fera donc ces analogies.

*Pour trouver FZ diſtance de Nôtre-Dame de la Garde à l'Iſle
de Levant.*

L'angle FCZ,	50°	58'	30"
FZC,	38	45	30
Somme,	89	44	0
Donc ZFC,	90	16	0

Sin. 38° 45' 30" | Sin. 50ᵈ 58' 30" || 22115 T. | 27436 T.

Pour trouver CZ diſtance du Saint Pilon à l'Iſle de Levant.

Sin. 38° 45' 30" | Sin. 90° 16' || 22115 T. | 35312 T.
                    Sup. 89 44.

D'où on conclud par l'analyſe du triangle CFZ, que FZ
diſtance de Nôtre-Dame de la Garde à l'Iſle de Levant, eſt
de   27436 T.

Et que CZ diftance du Saint Pilon à l'Ifle de Levant, eft de   35312 T.

Il étoit important d'avoir la diftance de Nôtre-Dame de la Garde à l'Ifle de Levant, pour déterminer la longitude de cette Ifle la plus orientale des Ifles d'Hières, comme nous avons la longitude de Porquerolles la plus occidentale de ces Ifles, par l'obfervation que nous y fîmes de l'Eclipfe de Lune.

L'Ifle de Levant eft à fort peu près fous le parallele de Nôtre-Dame de la Garde ; car la latitude de Nôtre-Dame de la Garde eft (voïage du cap Sicier)   42° 59′ 33″

La latitude de l'Ifle de Levant a été trouvé dans ce voïage de   43   ° 47

Difference entre ces deux latitudes,   0   1 14

dont l'Ifle de Levant eft plus au Nord. Ces deux points font donc cenfez être fous le même parallele, car 1′ 14″ eft dans ce fait une très-petite difference.

Nous en avons encore une plus parfaite connoiffance par voïe de Géometrie ; car nous avons montré (voïage de la Sainte Baume) que Nôtre-Dame de la Garde eft un peu plus Eft que le Saint Pilon, dont le meridien paffe par l'Ifle des Ambiez qui refte un peu à l'Oueft de Nôtre-Dame de la Garde ; mais nous venons de trouver que l'angle formé à N. D. de la Garde, & qui a pour termes le S. Pilon & l'Ifle de Levant, réfulte de 90ᵈ 16′. Si le Saint Pilon étoit Nord & Sud avec N. D. de la Garde, cet angle feroit précifément de 90ᵈ, pour que l'Ifle de Levant refta Eft & Oueft avec N. D. de la Garde. Les 16 minutes de furplus font donc la difference dont le S. Pilon refte à l'Oueft de N. D. de la Garde, outre une minute 14′ dont l'Ifle de Levant eft plus vers le Nord que N. D. de la Garde.

L'Ifle de Levant & N. D. de la Garde étant donc cenfez fous le même parallele, qui eft le 43ᵉ, il fera aifé de convertir les 27436 toifes de diftance de l'un à l'autre en minutes de degrez fous ce parallele ; car nous avons fait voir (voïage de la Sainte Baume) que fous le 43ᵉ parallele une minute de degré valoit 696 toifes ; divifant donc 27436 par 696, le quotient 39′ 25″ eft le nombre des minutes

T ij

dont l'Iſle de Levant eſt plus orientale que N. D. de la
Garde : donc ajoûtant   39′ 25″
à la difference en longitude dont N. D. de la
Garde a été trouvée plus orientale que Paris
(voïage de la Sainte Baume)   3ᵈ 41 0

on a l'Iſle de Levant plus orientale que Paris, de 4° 20 25
ce qu'il falloit déterminer avec préciſion ; & c'eſt ainſi qu'on
l'a placée ſur la Carte de la côte.

Quand je n'aurois tiré d'autre fruit de mon voïage penible & rempli de riſques , qu'une parfaite détermination
de la latitude & de la longitude des Iſles d'Hieres, j'aurois
ſujet d'être ſatisfait, puiſque c'en étoit le principal objet ;
mais on en a encore tiré bien d'autres avantages pour la
correction de la Carte de la côte.

*Recherche de la diſtance de Coudon à l'Iſle de Levant , & encore
de N. D. de la Garde à l'Iſle de Levant.*

Quoique ces diſtances ne nous ſoient pas maintenant fort
neceſſaires, comme elles pourroient le devenir un jour, lorſqu'on aura pris des angles à Coudon , il ſera bon de les con-
noitre.

Etant à l'Iſle de Levant & pointant à Coudon & au clocher
de N. D. de la Garde, l'angle d'intervalle FZX a été trouvé
de   18ᵈ 55′ 0′

Etant à N. D. de la Garde, du S. Pilon à Cou-
don l'angle fut de   66 38 0

Mais du S. Pilon à l'Iſle de Levant , l'angle
a reſulté ci-deſſus de   90 16 0

Donc ôtant celui-là de celui-ci, reſte pour
angle XFZ, pris de N. D. de la Garde, pointant à Coudon & à l'Iſle de Levant,   23 38 0

La diſtance de Coudon à N. D. de la Garde, a été trou-
vée de   12947 T.

De ces élements il ſuit que dans le triangle FZX, l'angle
à Coudon doit être de   137° 27′ 0″

On fera donc les analogies ſuivantes pour avoir ces diſtances.

Pour XZ distance de Coudon à l'Isle de Levant.

Sin. 18° 55′ | Sin. 23° 38′ || 12947 T. | 15796 Toises.

Pour FZ distance de l'Isle de Levant à N. D. de la Garde.

Sin. 18ᵈ 55′ | Sin. 157° 27′ || 12947 T. | 27009 Toises.
Sup. 42 33.

On a donc pour distance de Coudon à l'Isle de Levant, 15796 T.

Et pour distance de l'Isle de Levant à Nôtre-Dame de la Garde, 27009 T.

Cette dernière distance de N. D. de la Garde à l'Isle de Levant, diffère de celle qu'on a trouvé par le calcul précedent, de 427 toises dont elle est plus petite : on pourroit s'attacher à celle-ci, à cause que les angles qui ont servi dans le calcul précedent ont été pris directement, & qu'au premier calcul pour la distance de Coudon au S. Pilon & à N. D. de la Garde, on a été obligé de supposer (comme on l'a déja dit) l'angle XCF de 35ᵈ pour les raisons qu'on y a rapportées.

La différence qui en résulteroit en longitude seroit de 36 secondes, dont l'Isle de Levant seroit moins orientale.

J'ai mieux aimé me tenir à la détermination précedente de la longitude de cette Isle. On voit par tout ceci qu'on s'est attaché, jusqu'au scrupule, à déterminer la latitude & la longitude des lieux qu'on s'étoit proposé.

Faute d'autres angles correspondants, on ne peut déterminer aucune autre distance. On va donner les autres angles qu'on a pris dans le voïage, qui pourront un jour servir en prenant leurs correspondants, & mesurant vers Cannes une nouvelle base, ce que la saison avancée & le temps qui se gâtoit m'ont empêché de faire.

A la Citadelle de Saint Tropez.

Le quart de cercle étant sur la Plate-forme du Donjon, le 5 Septembre on pointa les deux lunettes au côté oriental du Château de Grimaud, & on les mit parallèles avec soin ; après quoi venant à la droite, la lunette fixe fut pointée au milieu de la tour du Château de Grimaud, la lu-

T iij

nette de l'Allidade à une montagne en forme de cone, qui nous reſtoit au Nord-Oueſt ; l'angle fut de   31º 14' 30"

On reconnoîtra cette montagne par une autre un peu plus baſſe qui en eſt voiſine & lui reſte à l'Eſt.

De Grimaud à une autre montagne plus à droite, qui eſt à peu près au Nord-Nord-Oueſt de Saint Tropez, dont le ſommet eſt rond, l'angle fut de   46º 40' 0"

De la pointe de la montagne conique ci-deſſus, dont l'angle avec la tour de Grimaud eſt de 31ᵈ 14' 30", à une montagne plus à l'Eſt & la plus élevée qu'on voïe de ce côté-là, & dont la pente venant à l'Oueſt eſt aſſez douce, & qui nous reſtoit au Nord - Nord - Eſt, l'angle fut de   66º 28' 30"

De cette derniere montagne à l'extrémité la plus Sud & la plus baſſe de Cap-Roux, qui nous reſtoit à l'Eſt-Nord-Eſt, l'angle fut de   39º 19' 30"

De ſorte que l'angle total d'intervalle formé au Donjon de la Citadelle de Saint Tropez, depuis Grimaud juſqu'au cap Roux, eſt de   137º 2' 30"

De la montagne conique ci-deſſus, venant à gauche & à l'Oueſt, pointant à la pente d'une montagne qui eſt vers le cap Taillat, à une roche quarrée qui eſt dans cette pente, l'angle fut de   72º 7' 30"

Cette montagne eſt coupée au Sud-Sud-Oueſt de Saint Tropez par une colline verte & toute couverte de Pins, laquelle eſt voiſine de Saint Tropez.

On ne put pas voir aſſez diſtinctement les Iſles de Sainte Marguerite & de Saint Honorat, pour prendre l'angle entre cap Roux & ces Iſles ; ce qui auroit ſervi à déterminer leur longitude par voïe de géometrie. On ne trouva pas auſſi d'autre angle à prendre.

Au Fort de l'Iſle Sainte Marguerite.

On poſa le quart de cercle ſur la voûte du paſſage de la Porte Roïale de ce Fort, & après les précautions ordinaires, on a pris les angles ſuivants.

Du haut du cap Roux à une montagne un peu à l'Eſt de la Napoule, l'angle d'intervalle a été de   37º 27' 30"

Carte de la Coste
de PROVENCE
Dressée par des observations
Geometriques &
Astronomiques

De cette montagne au cap de Saint Tropez à la gauche,
l'angle fut de   53° 54' 0"

De cette montagne au pousse le plus oriental d'une montagne qui est au Nord de Cannes, l'angle fut de   50° 50' 0"

De cette derniere montagne au côté meridional de la
tour de Nôtre-Dame de la Garde d'Antibe, l'angle fut trouvé de   91° 47' 30"

Voila tous les angles qu'on a pû prendre dans le voïage
pour avoir la position des points les plus remarquables de
la côte de Provence.

Le cap de la Garoupe qui fait l'extrémité de la rade du
Gourgean, gît à l'Est ¼ Nord-Est 5ᵈ vers le Nord, de la
Plate-forme du Donjon du fort de Sainte Marguerite. Ce
sont les deux extrémitez de la rade du Gourjean, qui est
fort bonne, quoi qu'elle ne soit ni si sûre, ni à beaucoup
près si spacieuse que la rade des Isles d'Hieres.

On pourroit s'étendre sur la description de la côte de
Provence, des Ports qui y sont en grand nombre, des rades de Marseille, de Toulon, des Isles d'Hieres, du Gourjean, & sur bien d'autres particularitez de cette côte; mais
outre qu'on ne feroit que repeter, ce qui a été dit par
d'autres; & que cet Ouvrage deviendroit excessif inutilement; l'inspection de la Carte de la côte expliquera beaucoup mieux le tout, qu'un plus long discours ne sçauroit
faire. Elle a été faite avec soin sur les corrections que ce
voïage m'a donné occasion d'y faire, & proprement dessi-
née par le Sieur Milet de Monville un de mes deux Compagnons de ce dernier voïage, fort habile en toutes les
parties des Mathématiques qui conviennent à un Ingenieur,
& de plus initié dans la fine Géometrie.

F I N.

TABLE

DES CARTES ET PLANS CONTENUS
En ce Volume.

F I N.

REFLEXIONS

SUR QUELQUES POINTS DU SISTEME
De Monſieur le Chevalier Newton,

*Inſerez en diverſes Lettres de Monſieur le Chevalier
de . . . . . . Capitaine de Vaiſſeau, à Monſieur
de . . . . . . auſſi Capitaine de Vaiſſeau.*

PREFACE.

CET Ouvrage ſur les ſentimens de Monſieur Newton
a été compoſé par occaſion. Monſieur de. . . . . en
diverſes Lettres écrites en 1718. à Monſieur de . . . .
ſon ami, les expoſoit de maniere à vouloir perſuader
que Monſieur Newton avoit *coulé à fond* Monſieur Deſcartes. Ces Lettres qui me furent communiquées de concert par ces deux Officiers, firent ſur moi l'effet que la lecture du Livre des *Principes Mathématiques de la Philoſophie
Naturelle* de Monſieur Newton n'avoit pû faire; & me dé-
terminerent à écrire quelques Reflexions que j'avois faites ſur
le Siſtême de ce fameux Philoſophe. Elles furent communiquées à Monſieur de . . . . par ſon ami. Cela amena des
réponſes qui attirerent de nouvelles explications : De tout
j'en ai fait un corps tel qu'il eſt ici, qui fut envoyé à cet
Officier en 1719. Je ne ſçavois point pour lors que l'optique de Monſieur Newton eut été traduite de l'Anglois;
ainſi pour mon malheur je ne l'avois pas lüe.

Le but de cet Ouvrage-ci n'eſt pas tant de défendre les
hypotheſes de Monſieur Deſcartes, que de faire voir que
les Principes de la Philoſophie Naturelle, quoique nom-
mez *Principes Mathématiques*, ne ſont pas tous des veritez
Mathématiques, qui ne ſouffrent aucune replique; & que
les Carteſiens peuvent expliquer auſſi-bien les Phénomenes de la nature ſelon leurs hypotheſes. On ne doit point
s'en étonner. Quoiqu'on ait perfectionné la Phiſique de nos

jours, on n'eſt pas parvenu a en bannir toute incertitude, comme dans la Géometrie. On n'y parviendra de long-temps, ſuppoſé qu'on y puiſſe arriver : ce qui pourtant ne doit pas détourner de l'étude de la nature. C'eſt un Protée qui change ſouvent de figure & de forme ; il faut le ſerrer de près pour découvrir la veritable, ſans s'impatienter de ce qu'on eſt long-temps à la découvrir.

La mode de ſe contenter de termes qui ne ſignifient rien, ou qui expriment des choſes qu'on ne conçoit point, eſt enfin paſſée, ou au moins releguée en quelques Ecoles. Elle y reſtera apparemment long-temps, & je ne conſeillerois pas aux nouveaux Phyſiciens de s'attacher à l'en chaſſer ; ils emploïeront mieux leur temps à de nouvelles découvertes, pourvû qu'ils ſoient précedez dans ces routes obſcures du flambleau de la raiſon ; qu'ils prennent garde à ne pas donner tête baiſſée dans des hypotheſes abſurdes, & qu'ils méditent, ſans ſe prevenir, ſur l'experience, qui eſt l'autre guide qu'ils doivent ſuivre. Les Academies des Sçavans établies en diverſes villes de l'Europe, contribuëront beaucoup à la perfection de cette ſcience.

On s'eſt apperçû que depuis qu'il eſt permis de penſer, & de ne pas ſuivre ſes Maîtres aveuglement, elle a pris une face gracieuſe; elle la deviendra toûjours davantage. Quelque lumineuſe que ſoit la nouvelle Phyſique, elle a, comme l'on voit, ſes obſcuritez. Je crois même qu'elle eſt d'autant plus lumineuſe, qu'on connoît mieux qu'elle a des obſcuritez. Cela me doit rendre plus retenu à prendre parti. Je loüe les hypotheſes de Meſſieurs Deſcartes & Newton, & les Ouvrages de pluſieurs habiles Phyſiciens de ce ſiecle; mais je ne dois prendre d'autre parti que celui de rechercher la verité.

Je ne penſe pas avoir manqué en ce que je puis avoir écrit des Auteurs dont il eſt parlé dans cet Ouvrage touchant les ſciences humaines. Je n'ai peut-être pas été ſi retenu lorſqu'il s'eſt agi de la Religion ; outre que ma profeſſion m'y engage, quand je ſerois de la Religion Anglicane, je ne croirois pas que la tolerance dût avoir lieu en fait de Religion, comme en fait de Phyſique. Mais venons aux Reflexions, il n'eſt pas ici queſtion de controverſe,

REFLEXIONS

Sur divers sentimens de Monsieur le Chevalier Nevvton.

MONSIEUR NEWTON est certainement un grand Géometre, & des plus habiles Philosophes que nous aïons eu jusqu'à present. Les deux premiers Livres de son Traité intitulé *Philosophiæ Naturalis Principia Mathematica*, sont d'une profondeur de Géometrie si grande, qu'il a raison de dire lui-même (a) qu'il y a beaucoup de propositions qui peuvent long-temps arrêter des Mathematiciens habiles.

(a) *Liv.* 3. *p.* 356. *Edition de* 1714.

Dans le troisiéme Livre il a voulu appliquer à la Physique les principes établis dans les deux premiers. Il l'a fait avec un ordre merveilleux, une sagacité étonnante. L'esprit humain ne peut guere porter plus loin la pénetration. On voit par tout ceci le cas que je fais de cet illustre Auteur. Mais quand on veut mêler la Physique avec la Géometrie, les conséquences qu'on tire se sentent assez souvent de l'incertitude de la Physique, & font démentir la Géometrie. Voïons-le en quelques points des sentimens de Monsieur Newton, que Monsieur le Chevalier a rapporté avec beaucoup de netteté d'esprit.

Il ne paroît pas que ce qu'il dit sur les Cometes, coule à fond les Principes de Monsieur Descartes. Il est vrai que Monsieur Newton à la fin de son troisiéme Livre, explique bien ce qui regarde la route des Cometes des années 1680. 1681. & 1683. dans les propositions 41. & 42e. qui sont précedées de lemmes très-subtils; qu'il donne sur ses hypotheses des calculs des mouvemens de ces Cometes qui s'accordent peut-être trop bien avec les Observations. Mais il reconnoît lui-même (b) qu'il ne faut pas s'attendre que la même Comete dans le même orbe paroisse dans les mêmes temps periodiques; ce qui détruit ce que Monsieur le Chevalier dit, que Monsieur Newton prétend avoir prédit le retour de plusieurs Cometes avec la même précision qu'un Astronome moderne nous annonceroit une Eclipse du Soleil ou de la Lune, après s'être donné la peine de la supputer; & que par les proprietez de la courbe qu'il donne

1. *Sur les Cometes.*

(') *Pag.* 480.

V ij

dans ſes principes, tout géometre, lorſqu'on lui aura donné trois points dans le Ciel par leſquels une Comete aura paſſé, peut prédire avec certitude le retour de cette même Comete, & en donner des Ephemerides. On n'a qu'à lire les pages 480. & 481. de ce Livre, pour ſentir ce qu'on doit penſer ſur tout ceci, & ſi les matieres qu'il y traite ſont démontrées géometriquement.

Quel eſt le Carteſien qui ne reconnoiſſe ſur les Cometes ce que Monſieur Clark dit dans le Livre de la Philoſophie de Rohault qu'il a fait imprimer avec des Notes de ſa façon, qui développent nettement, dit Monſieur le Chevalier, le ſiſtême de ſon maître? il en rapporte le paſſage ſuivant.

Pag. 340. Edition de 1708. à Amſterdam.

Quoniam Cometæ minus ſæpe apparent, eorumque natura, motus, diſtantia, caudæ &c, non niſi paucis ante annis ſatis accuratè obſervata ſunt; præcipua eorum Phænomena, ad quæ omnis hypotheſis exigenda eſt, paucis hic exponere operæ pretium videtur. Tous les Aſtronomes Géometres pourront bien expliquer ce qui regarde le mouvement & la diſtance des Cometes, quand elles ſont perihelies; mais appartient-il à la Géometrie de donner des démonſtrations de la nature des Cometes, ou ſur les cauſes efficiantes de leurs queuës? Les Deſcartes, les Newtons & leurs Sectateurs pourront bien nous debiter une bonne Phyſique, mais non pas des démonſtrations géometriques.

Par la courbe fameuſe que Monſieur Clark expoſe après ſon maître, en vertu des phenomenes obſervez, il pourra nous donner le principe & la propriété du mouvement des Cometes, & nous dire que *moventur in Ellipſibus umbilicos in centro ſolis habentibus, & radiis ad ſolem ductis,* (ce qui eſt la regle de Kepler) *arcûs temporibus proportionales deſcribunt.* Mais puiſque c'eſt par les temps proportionels aux arcs que décrivent les Cometes, qu'on doit reconnoître ces arcs elliptiques, ces Meſſieurs peuvent-ils aſſurer qu'ils ont un aſſez grand nombre de temps obſervez pour chaque Comete (car chacune décrit une ellipſe differente) pour déterminer les arcs des ellipſes, leſquels peuvent varier à l'infini? S'ils n'ont pas un aſſez grand nombre d'Obſervations pour déterminer préciſément la courbe elliptique de l'orbite des Cometes, comment pourront-ils aſſigner ſans heſiter le retour d'une fameuſe Comete pour l'an 1744?

C'eft ce qu'il faut pourtant pour donner des Ephemerides des Cometes, comme nous en avons des Planetes.

Ces Meſſieurs renvoïent à nos Neveux la verification de leurs Ephémerides ; c'eſt ſagement fait. Ils nous délivreront de la peine d'obſerver nous-mêmes, & du chagrin que nous aurions de leur dire que leurs Ephémerides ne ſont pas exactes. Monſieur le Chevalier a, dit-il, *actuellement devant les yeux une grande Carte où les traces & les orbites des Cometes qui ont paru depuis qu'on ſe mêle d'obſerver, ſont gravées, & leurs retours prédits ſuivant les calculs faits par Monſieur Halley fameux Aſtronome, dont il a donné un Catalogue ; il prédit avec la même aſſurance d'un Géometre qui eſt ſûr de ſa démonſtration, que les autres reviendront dans les temps qu'il a marqué ; mais il y en a telle dont la révolution eſt de ſept cens ans ; d'autres de cinq cens ans ; d'autres de trois cens ans, &c.* c'eſt dommage pour nous qu'aucune de ces révolutions ne s'acheve d'ici à vingt ans, nous pourrions eſperer de les verifier.

Pour ne laiſſer rien de ce que je viens de rapporter des Lettres de Monſieur le Chevalier, j'ajoûte qu'on peut graver ſur le cuivre, ou imprimer ſur le papier tout ce qu'on veut. Mais d'où vient que ces Meſſieurs remontant aux Cometes rapportées par les Hiſtoriens ne nous ont pas démontré que ce ſont les mêmes qu'on a revûës 300 ans, 500 ans, 700 ans après ? Ils nous auroient délivré du regret de ne pas vivre aſſez long-temps pour verifier le retour de celles qu'ils nous promettent, & cela ſe tourneroit en preuve démonſtrative de leurs hypotheſes.

Monſieur Jacques Bernoulli a été un grand Géometre, cela eſt reconnu par tous les Sçavans de ce ſiecle ; mais s'il avoit eu plus de connoiſſance des mouvemens du Ciel & des Cometes en particulier, il ne ſe ſeroit pas hâté de publier ſon premier Ouvrage, intitulé *Conamen novi ſyſtematis Cometarum pro motu eorum revocando ſub calculo, & apparitionibus prædicendis.* Je vas rapporter ce qu'en dit l'illuſtre & ſçavant Secrétaire de l'Académie Royale des Sciences, ſous la plume duquel naiſſent les penſées les plus naturelles & les plus gracieuſes. C'eſt dans l'éloge de Monſieur Jacques Bernoulli, * *il ſuppoſe*, dit-il, *que les Cometes ſont des ſatellites d'une même Planete ſi élevée au-deſſus de Saturne,*

* Pag. 140, Hiſt. 1705.

quoique placée dans le tourbillon du Soleil, qu'elle est toûjours invisible à nos yeux; & que ses Satellites ne deviennent visibles que quand ils sont par rapport à nous dans la partie la plus basse de leur cercle. De-là il conclut que les Cometes sont des corps éternels, & que leurs retours peuvent être prédits, ce qui est aussi la pensée de Monsieur Cassini. Je parlerai bientôt de ce que Monsieur Cassini en pense. Ce qui suit est remarquable, *la Comete de 1680. doit, selon le sistême & le calcul de Monsieur Bernoulli, reparoître en 1719. le 17 de May dans le premier degré 12 minutes de la Balance.* Monsieur de Fontenelle ajoûte, *voilà une prédiction bien hardie par l'exactitude de ses circonstances.*

Elle est sans doute hardie; elle se trouve même fausse, & la non apparition de la Comete, même en Septembre, temps auquel j'ai achevé cet Ecrit, prouve la fausseté du sistême & du calcul, mieux que je ne sçaurois faire en le prenant en détail, & confirme très-bien ce que j'ai dit ci-dessus, que j'aurai occasion de repeter dans la suite.

Monsieur Cassini avoit sans doute vû le Livre de Monsieur Bernoulli, lorsqu'il a parlé du retour des Cometes dans l'Histoire de l'Académie * de 1699. car pareils Ouvrages font grand bruit dans le monde sçavant, & ils étoient du même corps. Mais Monsieur Cassini incomparablement plus sçavant en Astronomie (car qui a porté plus loin les découvertes astronomiques ?) a été bien plus reservé en ce qu'il dit sur le retour des Cometes. Plus on sçait, plus on est retenu quand il s'agit de conjectures. Après avoir dit qu'Apollonius Myndien enseignoit que les Cometes sont des Astres particuliers qui se font voir lorsqu'ils approchent de la terre, & se dérobent à notre vûë en s'en éloignant; que ce Philosophe assuroit qu'il se trouveroit un jour quelqu'un qui détermineroit les traces du Ciel par où les Cometes marchent, & qui les distingueroit les unes des autres. Monsieur Cassini dit tout ce qui se peut dire de plus beau sur le retour des Cometes. On n'a qu'à lire l'endroit que je viens de citer; il y fait voir un vaste genie, & une connoissance très-parfaite de l'Astronomie. Il reconnoît cependant combien cette matiere est difficile, & il ajoûte. *Nous réduisons pourtant à une égalité le mouvement des Cometes pendant le temps de leur apparition;*

* Pag. 36. des Memoires.

que nous supposons être très-courte à l'égard du temps de leur periode entiere ; sans prétendre pourtant qu'il soit égal dans toute la révolution ; l'inégalité, qui ne paroît point dans un petit arc proche du perigée, pouvant être très-considerable dans une grande portion du cercle. (Il en est de même des ellipses, ou de quelqu'autre courbe qu'on puisse assigner pour l'orbite des Cometes.) *C'est pourquoi l'on ne sçauroit tirer le temps de toute la periode par des Observations faites pendant tout le temps de l'apparition d'une Comete.* Il continuë à donner de très-belles regles pour connoître le retour d'une même Comete ; & il ajoûte ce que j'ai dit ci-dessus en d'autres termes ; *comme il n'y a pas long-temps qu'on travaille à des Observations qui puissent contribuer à cette recherche, on n'en a pas encore assez pour pouvoir fonder une induction suffisante des retours visibles des mêmes Cometes pour le temps à venir. Il suffit presentement de les reconnoître à leur retour & de les distinguer des autres.*

Il donne ensuite * des regles pour cela sur diverses Cometes qui ont paru en diverses années, & il ajoûte : *A moins de trouver une regle de cette variation, ce qui est difficile pour n'avoir pas un détail exact des Observations qui en furent faites, on n'oseroit assurer qu'elles fussent une même Comete.* Il finit enfin ce beau Memoire par ces paroles remarquables : *Avant que l'on soit * persuadé par des indices suffisans, qu'une Comete qui paroît de nouveau est une de celles qui ont paru auparavant, & que l'on ne sçache qu'elle n'a fait qu'une révolution, ou, si elle en a fait plusieurs, qu'on n'en sçache le nombre, il est inutile d'entreprendre d'en chercher la révolution ; de même qu'il seroit inutile de tirer la révolution de Mercure de deux retours qu'on auroit observez sans avoir le nombre de ceux qu'il auroit fait entre une apparition & l'autre.*

* Pag. 41. 42. 43.

* Je crois qu'il faut, à moins que l'on ne soit.

Les Sçavans d'Angleterre, ou de quelqu'autre Nation que ce soit, doivent-ils trouver mauvais, qu'appuïé des raisons d'un si grand homme, je ne suive pas leur sentiment ? J'ai été bien-aise d'extraire cet endroit de l'Histoire de l'Académie de 1699, pour faire voir à Monsieur le Chevalier que je suis pas singulier dans mon opinion, que je ne fais que suivre les plus sçavans hommes de ce siecle. En des faits de cette nature il n'est pas aisé d'imposer aux

Aſtronomes. Auſſi ce que Monſieur Petit avoit dit là-deſſus dans ſa Diſſertation ſur les Cometes, imprimée en 1665. n'avoit pas fait grande impreſſion ſur l'eſprit des Aſtronomes, non plus que ce qu'a écrit Monſieur Hevelius. On reconnut bien-tôt que les preuves qu'ils apportoient pour leur révolution de 46. en 46. ans, n'étoient rien moins que ſolides ; & ils avoient raiſon de ne les pas donner pour ſûres.

Monſieur Clark dans le même Livre de Rohault expoſe l'hypotheſe de Monſieur Newton ; par cette hypotheſe il explique tous les Phénomenes, & il s'exprime ainſi. *Cometas in ellipſibus umbilicos in centro ſolis habentibus moveri debere &c. quia non ex uno vortice fictitio, in alium motu incerto vagantur ; ſed ad ſolis provinciam pertinentes, motu perpetuo ac conſtanti in orbem redeunt.*

Monſieur Deſcartes a-t'il dit que les Cometes ne ſe meuvent pas par des ellipſes ? Point du tout. Nul Géometre n'a mieux connu que lui les diverſes courbes qu'on peut emploïer pour expliquer le mouvement des Aſtres. Cela paroît par ſes Ouvrages ; mais nul Géometre n'a été plus retenu que lui à aſſigner une telle, ou une telle courbe ; il ne voïoit pas devant lui un aſſez grand nombre de points pour déterminer ces courbes ; je crois même qu'à préſent il n'y en a point encore aſſez, quoique nous en aïons beaucoup plus, & de plus ſûrs qu'on n'en avoit du temps de Monſieur Deſcartes. Les Aſtronomes connoiſſent ſans doute à préſent le mouvement du Soleil & des autres Planetes ; ils ont pourtant des ſentimens differens ſur la nature des ellipſes qu'elles décrivent. On n'a qu'à lire l'Hiſtoire de l'Académie Roïale des Sciences, & divers autres Auteurs, pour en être convaincu.

Deſcartes a-t'il prétendu que le mouvement des Cometes fut vague & incertain ? Non. Il avoit bien reflechi ſur les qualitez que doivent avoir les Ouvrages d'un Auteur infiniment ſage ; il reconnoît ſeulement que ce mouvement n'eſt pas aſſez connu. Ses hypotheſes, celles de Monſieur Newton ont chacune leur beauté. Il y a diverſes modes pour la Phyſique ; l'une peut plaire en Angleterre, l'autre en France ; les modes de France peuvent agréer autant, & être auſſi commodes que celles d'Angleterre. Quand ces
Meſſieurs

Meſſieurs, comme Ariſtote & Platon, ne ſeront plus à la mode, quelqu'autre prendra leur place, & trouvera quelque nouveau ſiſtême qu'il croira fondé ſur un plus grand nombre d'experiences, & faites ſans prévention.

L'endroit où Monſieur Newton preſſe le plus Monſieur Deſcartes, eſt ſon Scholie general, mais il ne le coule pas à fond. Car ſelon ſon hypoteſe (qu'il faut que celui-là adopte en d'autres termes, puiſqu'on ne peut concevoir, à mon avis, de mouvement centripete & centrifuge ſans tourbillon) les tourbillons des Planetes & des Etoiles fixes étant des ſpheroides oblongs ; on n'aura qu'à ſuppoſer que chaque Comete a ſon tourbillon en forme de ſpheroide fort oblong, qui ſe trouve engagé par une de ſes pointes entre le tourbillon du Soleil, & par l'autre pointe entre les tourbillons voiſins des Etoiles fixes, & cela en diverſes parties du Ciel, même hors du Zodiaque, pour expliquer comment elles paroiſſent, quand elles ſont perihelies, en differentes regions du Ciel ; & pourquoi elles ne paroiſſent point quand elles ſont ophelies, ſans que les Cometes ſortent de leurs tourbillons pour paſſer dans ceux des Etoiles fixes, puiſque cela fait tant de peine à nos nouveaux Philoſophes. Les tourbillons des Cometes, comme ceux des Planetes, ne peuvent-ils pas par une de leurs pointes être renfermez dans le tourbillon immenſe du Soleil, & de l'autre s'étendre juſqu'aux tourbillons des Etoiles fixes, entre leſquels cette pointe ſe trouve engagée ? Cela ne renferme pas de contradiction, ſi je ne me trompe.

Je crois avoir montré par tout ce que je viens de dire, que dans l'hypotheſe de Monſieur Deſcartes on peut auſſi bien expliquer les mouvemens des Cometes, que par l'hypotheſe de Monſieur Newton. Nous en avons encore une preuve *à poſteriori*. On ne voit pas en France que la déſertion ſoit grande chez les Carteſiens, & qu'ils prennent parti pour le ſiſtême de Monſieur Newton, qui eſt ſi fort à la mode en Angleterre, quoiqu'on y ait voulu traveſtir Monſieur Rohault ; c'eſt qu'ils ſont perſuadez, comme Monſieur le Chevalier, que l'hypotheſe des tourbillons eſt une des plus ſublimes penſées de l'eſprit humain ; mais qu'ils ne ſont pas perſuadez, comme lui, qu'elle ſoit contredite par une infinité d'experiences. Il n'en eſt aucune qu'ils ne

2. *Sur les Tourbillons.*

X

croïent pouvoir expliquer par leur fiſteme. Ils ſçavent s'aider pour cela des regles de la Géometrie, & d'une fine méchanique que leur Maître entendoit ſi bien, lui qui leur a donné un nouveau tour, & auparavant inconnu.

On ſe trouve, dit Monſieur le Chevalier, environné de grandes difficultez. Eh n'y en a-t'il point dans le fiſteme de Monſieur Newton? Nous le verrons dans la ſuite de ces Reflexions. La Phyſique, de quelque maniere qu'elle ſoit traitée en eſt pleine; eh qui en doute? C'eſt de quoi humilier le Philoſophe: quand à force de méditer il a arrangé un fiſteme du mieux qu'il a pû, il doit ſe reſoudre à dévorer ces difficultez, il en faut convenir, & Monſieur Deſcartes le ſçavoit bien. On n'a qu'à voir ce qu'il en dit, & s'il ne ſuppoſe pas avec modeſtie, qu'on peut prendre d'autres routes pour expliquer les divers Phénomenes que la nature preſente, quelquefois contraires en apparence les uns aux autres. Il ne ſe donne pas pour avoir aſſiſté au Conſeil du Créateur; nul eſprit créé n'y a eu part. Il ne prétend pas non plus qu'on le ſuive à l'aveugle; cela eſt contraire à ſes principes; mais, à mon avis, Monſieur Newton n'apporte pas des démonſtrations contre lui, ſi je ne ſuis trop prévenu. Car les experiences faites en Angleterre ne ſont pas démonſtratives & peuvent s'expliquer par les Carteſiens.

Les tourbillons ne doivent-ils pas peſer les uns à l'égard des autres, comme les Planetes & les Cometes peſent les unes ſur les autres dans l'hypotheſe de Monſieur Newton? Comment ſe maintiendroit l'équilibre ſans cela? Et implique-t'il contradiction dans les termes que des parties des tourbillons des Cometes ſe trouvent engagées entre les tourbillons des Planettes, les unes au-deſſus de Saturne, & quelqu'autres même au-deſſous du Soleil? Le peut-on démontrer?

Monſieur Deſcartes ignoroit-il que les corps ſont peſans à raiſon de leur maſſe, & non en raiſon de leur ſurface? A-t'il cru qu'un cube d'or d'un pouce de côté peut floter ſur l'eau, comme un cube de liege d'un pouce de côté? Il n'avoit pas beſoin d'un grand génie pour ſçavoir que cela n'eſt pas ainſi. Mais il ſuppoſoit que la matiere ſubtile, dont le monde eſt plein, avoit incomparablement plus de peine à paſſer à travers les pores de l'or, qu'à travers les pores du liege, ou, ce qui revient au même, que les parties inſenſibles, qui compoſent les corps peſans, étoient plus intimement liées que celles qui compoſent les corps moins peſans; il ſe fait donc une plus grande preſſion, une plus grande impulſion ſur ceux-là que ſur ceux-ci. Puiſqu'on diviſe bien plus difficilement l'or, un diamant, un bloc de marbre, qu'on ne diviſe du liege; pourquoi ne veut-on pas qu'une plus violente impulſion, une plus forte preſſion de la matiere ſubtile contre les corps de la premiere eſpece qu'elle penetre plus difficilement, à cauſe que leurs parties ſont mieux liées, rendent ces corps plus peſans? Le poids & la preſſion de l'air ne ſont-ils pas démontrez? L'air peut-il peſer, ou preſſer ſi d'autres matieres ne peſent ſur lui, ou ne le preſſent? Ces Meſſieurs nieront-ils ces conſéquences? Leur ſiſteme tomberoit en ruine. Il peut donc y avoir une autre matiere que l'air, qui preſſe & qui peſe; comme il y en a une plus ſubtile que l'eau, le plus groſſier de tous les fluides après le mercure, qui preſſe & qui peſe. Je ne crois pas que les Partiſans de Monſieur Newton puiſſent nier cette propoſition.

Je voudrois ſçavoir ſi la gravitation ſeparable de la ſubſtance de la matiere, qu'on dit que les Philoſophes Anglois viennent de remettre au monde, eſt quelque choſe de facile à expliquer, & même à concevoir? Les Peripateticiens ne ſe plaindront-ils point qu'on les vole; ou bien ne s'applaudiront-ils pas de ce qu'on revient enfin à eux? Combien faudra-t'il de claſſes de gravitation? Autant qu'il y a de corps plus ou moins peſans. *Quare opium facit dormire? quia habet virtutem dormitivam.* Pourquoi l'or peſe-t'il tant? C'eſt qu'il a une grande gravitation. N'eſt-ce pas la même réponſe? Ces Meſſieurs en termes nouveaux & magnifiques nous jettent de la poudre aux yeux; nous laiſſerons-nous aveugler? Et croirons-nous que leur Géometrie perce juſques au fond des matieres les plus obſcures de la Phyſique? Enforte qu'au moïen de quelques lemmes, ou théoremes ſubtilement démontrez, la gravitation & l'attraction ſeront auſſi évidemment prouvées que la quarante-ſeptiéme Propoſition d'Euclide? Ou enforte que (pour me ſervir de la comparaiſon que Monſieur le Chevalier a empruntée de Monfieur de Fontenelle *) il femble qu’on foit derriere le théatre d’un Opera d’où l’on voit tous les contrepoids qui font joüer la grande machine de l’Univers. Ces Meffieurs font grands Géometres & même Philofophes, mais ils ne font gueres plus avancez, puifque c’eft au fifteme des tourbillons que Monfieur de Fontenelle a appliqué cette comparaifon.

margin note: 4. *Sur l’Attraction.*

Je demanderois volontiers à Meffieurs Newton, Clark & Gregori, fi ce qu’ils difent de l’attraction du Soleil qui fait venir à lui les Planetes & les Cometes eft fi clair, fi bien expliqué, qu’il n’y ait pas de replique. Et fi Monfieur Defcartes & fes Sectateurs n’expliqueront pas dans leur fifteme les forces centrifuges & centripetes, en forte que leur hypothefe fe tienne toûjours fur l’eau, fans fe fervir du mot d’attraction, qui paroît fignifier le mouvement centripete qu’un Cartefien reconnoît fous un autre nom. On n’a qu’à voir comment Monfieur Defcartes explique tout ceci dans la troifiéme Partie de fes Principes.

Cependant pour donner plus de jour à ceci, voïons fi l’attraction explique plus heureufement le fifteme du monde. Je frote de l’ambre jaune, un autre corps électrique en prefence d’un jeune Ecolier, & un fetu qui en eft voifin s’y vient joindre auffi-tôt. Je demande à cet Eleve de Philofophie d’où vient que le fetu fe joint à ces corps ; il me répond, fans avoir été difciple de Monfieur Newton, qu’ils attirent à eux le fetu avec la vertu d’attraction qui refide dans les corps électriques, il en eft quitte ; & il eft démontré par Monfieur Newton, que je dois être content de fa réponfe. Je m’adreffe à un Cartefien, car il me refte quelque fcrupule ; il me dit que le monde eft plein d’une matiere très-fubtile que je ne vois pas, comme je ne vois pas même l’air, qui eft un fluide bien plus groffier ; & que cette matiere fubtile entrant & fortant de ces corps en grande abondance, fur tout depuis que par le frotement les pores fe trouvent plus ouverts, cette matiere tourne au tour d’eux en tourbillon, & que trouvant dans fa Sphere ce fetu, dont la refiftance n’égale pas le mouvement de la matiere, elle le pouffe & le porte contre ces corps.

J’infifte ; mais fi ce fetu eft à un pied de ces corps électriques, d’où vient qu’il n’y a plus d’attraction ? A cela l'Ecolier ne m'avoit rien répondu. Mais le Cartesien me dit, la matiere subtile sortant de ce corps électrique, communique son mouvement à d'autres parties de la même matiere à la ronde ; mais elle ne peut en communiquer sans en perdre ; de sorte qu'à un pied le mouvement étant moins fort que la resistance du fetu, il ne peut la vaincre, & il y a pour le moins équilibre ; le fetu ne peut donc être porté contre ce corps électrique. Je sens bien que je ne suis pas aussi satisfait de cette réponse que d'une démonstration de Géometrie ; mais je sens aussi que j'en suis plus content que de la réponse qui supposoit dans ces corps une vertu attractive.

Il est aisé d'appliquer tout ceci aux sistemes de Messieurs Descartes & Newton ; & on doit reconnoître que tout au plus celui-ci sous d'autres noms, rentre dans le sisteme de celui-là. Car qu'appelle-t'on force centripete, si ce n'est la force de la matiere qui revient des extremitez du tourbillon à son centre, & la force centrifuge, si ce n'est la force de la matiere qui va du centre à la circonference du tourbillon ? Et ces forces doivent augmenter ou diminuer selon les loix de la Méchanique, suivant leur plus grande, ou moindre distance du centre du tourbillon ; de sorte que les corps qui y sont placez doivent plus ou moins peser d'une pesanteur relative, suivant qu'ils sont plus ou moins voisins de ce centre. De-là il s'ensuit que cette attraction tant vantée ne nous rend pas plus sçavans ; puisque le Cartesien en explique aussi-bien la cause. Si cela n'est pas, il me semble avec Monsieur le Chevalier, que les forces centripetes de Monsieur Newton ne sont pas plus intelligibles que les formes substantielles des Péripateticiens ; & que la gravitation distinguée de la substance d'un corps ne l'est pas plus aussi que les qualitez introduites par ces anciens Philosophes. Quand il seroit vrai que l'hypothese de Monsieur Descartes a précédé les experiences, comme le veut Monsieur le Chevalier, ce que je n'accorde pas sans restriction ; il est heureux pour ce Philosophe, que les experiences posterieures prouvent son hypothese, & en démontrent la beauté.

La possibilité du mouvement dans le plein est une chose difficile à comprendre, dit Monsieur le Chevalier. Cela est

5. Sur le mouve-ment.

difficile, j'en conviens. Donc le mouvement eſt impoſſible, je le nie. Bien de nos nouveaux Philoſophes, comme
beaucoup d'anciens, ne peuvent concevoir la création de
la matiere ; ſur cela ils forment des raiſonnemens qu'ils
croïent invincibles, ils concluent que la matiere eſt éter-
nelle, & donnent tête baiſſée dans une affreuſe abſurdité.
Font-ils voir qu'il y a de la contradiction dans les termes
que Dieu puiſſe créer de la matiere ? point du tout ; ils n'en
ſçauroient venir à bout. Mais cela paſſe la force de leur
conception. Comme s'il n'y avoit pas mille choſes dans la
Nature qu'ils ne peuvent concevoir, qui ne renferment
pourtant point de contradiction, puiſqu'elles exiſtent réellement, & qu'ils les touchent au doigt. La puiſſance du
Créateur paſſe leurs idées ; elle ſeroit bien limitée ſi cela
n'étoit pas. Il peut donc faire plus que leurs idées ne comportent. L'étenduë de l'eſprit humain eſt trop bornée. Que
penſeroit-on des fourmis, leſquelles quittant des grains de
bled qu'elles portoient, feroient effort pour mouvoir un
rocher ? Il y a encore moins de proportion entre l'eſprit
humain & la puiſſance de Dieu. L'un eſt fini, l'autre eſt
infinie ; il n'y a donc aucune proportion.

Tout ceci peut-être appliqué au mouvement. Implique-
t'il contradiction que Dieu après avoir créé la matiere,
lui ait donné du mouvement ? L'un n'implique pas plus que
l'autre. Mais comment cette matiere cubique a-t'elle pû ſe
mouvoir ? Vous ne le concevez pas ? Mais cela paſſe-t'il le
pouvoir du Créateur ? Bien moins que la création de la
matiere ; en la créant ne peut-il pas lui avoir donné du
mouvement ? Les bornes de l'eſprit humain ſont trop étroites pour comprendre la puiſſance du Seigneur ; s'il l'a pouvoit comprendre, cette puiſſance ne ſeroit rien moins
qu'infinie. Dans la Phyſique nous rencontrons à tous pas
des difficultez inſurmontables ; mais pluſieurs ne le ſeroient
pas à des ſubſtances ſpirituelles plus parfaites que l'eſprit
humain. Et entre Dieu & l'eſprit humain il peut y avoir
une infinité d'eſpeces plus parfaites en connoiſſance. Ce
que nous avons de mieux à faire, c'eſt de nous tenir dans
les bornes que Dieu nous a preſcrites. En vouloir ſortir
c'eſt orgueil, c'eſt préſomption. C'eſt ce qui fait dans la
Phyſique tant de mauvais Philoſophes, & tant d'Heretiques
dans la Religion.

Monſieur le Chevalier dit encore que Monſieur Newton prétend faire voir que les loix generales du mouvement établies par l'Etre ſuprême, ou l'Etre original, quel qu'il ſoit, ne ſont pas toûjours les mêmes ; qu'elles varient très-ſouvent, & qu'elles ſe trouvent quelquefois en oppoſition. D'où il tire cette conſéquence que tout l'Univers étant gouverné par des volontez particulieres, il faut qu'il y ait un premier Etre dont l'exiſtence ſoit neceſſaire, & qui ſoit intelligent. Je ne ſçai ſi on a bien pris le ſens de Monſieur Newton ; car il n'eſt pas facile à entendre. Voici ce que je répond à ceci de qui que ce ſoit qu'il puiſſe être.

Cet Etre ſuprême, ou original, je l'appelle Dieu ; & dès qu'on ſuppoſe qu'il a établi des loix generales, il faut neceſſairement admettre qu'il eſt ſouverainement intelligent, ſouverainement ſage. De-là il ſuit que ces loix generales ne peuvent varier, beaucoup moins ſe trouver quelquefois en oppoſition. Cela ne ſçauroit s'accorder avec une ſageſſe & intelligence infinie. Cet Etre ſuprême peut quelquefois ſe diſpenſer des loix generales qu'il a établies, à certains égards ; mais ces loix generales dans tout le reſte vont toûjours leur train. Il peut arrêter le cours du Jourdain ; mais le Nil, l'Euphrate, le Rhône vont toûjours leur chemin. Il peut arrêter ceux-ci, mais il ne change pas ſa loi generale par laquelle les fluides tendent toûjours à ſe porter vers les lieux les plus bas, comme tous les corps peſans que rien ne retient.

De ces loix generales on en tire une démonſtration de l'exiſtence de cet Etre infiniment ſage, infiniment intelligent, ſans qu'il ſoit beſoin d'y venir par des volontez particulieres qui gouvernent tout l'Univers. Dans un Etre auſſi ſimple que Dieu, je ne conçois pas d'autre volonté, à l'égard de l'Univers, que celle par laquelle il a voulu, & veut toûjours créer l'Univers & toutes les parties qui le compoſent. Il a dit, & toutes choſes ont été faites ; & c'eſt par cette volonté conſtante qu'il conſerve l'Univers. Parmi bien des choſes que je ne comprend pas dans ce ſiſteme qu'on donne à Monſieur Newton, je trouverois d'autres Reflexions à faire pour penetrer ce qu'on entend par volontez particulieres. Cela nous engageroit à bien des rai-

fonnemens abſtraits, que j'effleurerai ſeulement pour examiner quelques points des Lettres de Monſieur le Chevalier
à ſon ami.

Il lui marque qu'*une des preuves rapportées par Monſieur
Nevvton pour les volontez particulieres de Dieu , & pour
démontrer ſon exiſtence eſt celle-ci. Monſieur Nevvton dans
ſon Optique page 341. rapporte des experiences qui prouvent
invinciblement que le mouvement perit & renaît. Il prétend
même que la peſanteur ne peut être une ſuite de l'impulſion,
d'autant que les effets de l'impulſion qui ſe fait dans un fluide,
ſont toûjours proportionnez à la quantité de la matiere propre. D'où l'on conclud que la peſanteur eſt une force qui penetre la ſubſtance ſolide du corps ; ce qui ne peut s'expliquer
par la matiere ſubtile. Mais ce n'eſt pas tout , voilà deux loix
bien differentes qu'on remarque dans la nature , qui ne peuvent être tout à la fois eſſentielles à la matiere , à moins
qu'elles ne lui ſoient impoſées par un Agent libre & tout-
puiſſant qui gouverne l'Univers par des volontez particulieres. Et voilà d'où les Anglois tirent leur preuve de l'exiſtence de Dieu.*

Voilà une Métaphyſique bien ſinguliere ! J'avouë que je
n'ai pas aſſez d'eſprit pour comprendre la force & la liai-
ſon de ces raiſonnemens ; peut-être que ſi j'avois lû l'Optique de Monſieur Newton, je les comprendrois mieux , car
je ſuppoſe qu'ils ſont tirez de l'Optique de ce Philoſophe ;
les volontez particulieres de Dieu ſont une preuve de ſon
exiſtence. J'en conviens , elle peut ſervir contre les Athées.
Mais celle qui reſulte des loix generales établies pour le
gouvernement de l'Univers, eſt aſſez forte pour convaincre
leur eſprit, quoiqu'elles ne le ſoit pas pour changer leur
erreur. *Dixit impius in corde ſuo non eſt Deus.*

L'exiſtence de Dieu eſt-elle bien prouvée par des choſes
auſſi obſcures & auſſi conteſtées que le doit être l'idée d'un
mouvement qui perit & renaît ? Comment un corps qui eſt
dans le *non mouvement* (pour me ſervir de cette expreſſion
Angloiſe) peut-il, n'aïant en ſoi aucun principe du mouvement , ſe remettre lui-même en mouvement ? On a raiſon
d'établir des volontez particulieres de Dieu pour cela. Sans
cet Agent libre & tout-puiſſant, le mouvement ne ſçauroit
être reproduit dans ce corps. Car apparemment Monſieur
Newton

Newton parle ici de la matiere. Ceci, à mon avis, eſt bien plus difficile à comprendre que le mouvement dans le plein.

Il eſt trop mal-aiſé de philoſopher en établiſſant des loix generales, ſelon leſquelles Dieu a imprimé aux diverſes portions de la matiere, le mouvement que ſa ſageſſe a déterminé, en vertu duquel tout a été produit, tout ſe conſerve, toute nouvelle generation eſt faite. Les Diſciples de Monſieur Newton pour chaque Phénomene établiſſent une volonté particuliere, ils ont trouvé une ſolution aiſée à toutes les difficultez qu'on pourroit former contre leur hypotheſe. Les Carteſiens ne ſont pas ſi habiles. Deſcartes, peu raffiné, alloit bonnement ſon droit chemin ; ſes Sectateurs l'ont ſuivi. Mais ce n'eſt pas la mode de ce ſiecle. Monſieur Newton en a trouvé une bien plus expeditive.

Examinons encore un peu ce qui concerne la peſanteur, quoique nous en aïons déja parlé ci-devant. Elle eſt donc une force diſtinguée de la ſubſtance du corps, laquelle fait la fonction que les Carteſiens donnent à la matiere ſubtile ? un mode de cette ſubſtance ? Mais, ce qui eſt merveilleux & tout nouveau, un mode ſéparable d'avec elle ? Voilà les qualitez remiſes en honneur. L'attraction, ou plûtôt la vertu attractive, en eſt une autre. Je puis donc concevoir toute ſubſtance materielle ſans aucune peſanteur. Car quand elle ſera ſans mouvement, & qu'il aura peri, il n'y aura plus de force appliquée à cette matiere ; ce ſera *materia iners,* diſent ces Meſſieurs. Autrement il y auroit du mouvement & il n'y en auroit point dans le même inſtant, ce qui eſt aſurde. Il y aura donc une matiere ſans peſanteur ; ce qui me paroît inconſéquent. Il ſuit encore, que ſelon la diverſe nature de ces ſubſtances, Dieu par une volonté particuliere, leur appliquera diverſes forces, qui leur donneront divers degrez de peſanteur ſous le même volume, moins au liege, plus à l'or. N'eſt-ce point là emploïer ſans neceſſité la toute-puiſſance de Dieu ? Il me ſemble que l'hypotheſe des Carteſiens eſt plus ſatisfaiſante & plus ſimple.

On voit aſſez ce que je penſe ; je m'expliquerai bien-tôt plus clairement ſur tant de nouvelles hypotheſes. Pour ſuivre ces matieres pied à pied, il faudroit un Traité complet de Métaphyſique & de Phyſique. Mais je renvoïe

7. Sur la Peſanteur.

Y

Monsieur le Chevalier à Monsieur Descartes & au P. Malbranche. Il me semble les entendre qui s'écrient : *Exoriare aliquis nostris ex ossibus ultor.* Je ne m'en crois pas capable, & je suis si fort dégouté de tant d'hypotheses, dont le monde fourmille, que je crois pouvoir emploïer ailleurs mon temps plus utilement, & en avoir assez dit sur les Cometes, l'Attraction & la Gravitation.

8. Sur la figure de la Terre.

Venons à d'autres points de la Physique de Monsieur Newton. Il s'en faut bien que son troisiéme livre de la Philosophie Naturelle soit démontré comme le sont les propositions du premier & du second Livre. En voici une preuve. Il prétend que la terre est un spheroide applati par les poles ; & que les axes de ce spheroide sont comme * 230.

* Proposition 20. l. 3.

à 229. en sorte qu'un degré du meridien qui ne contiendra que 55909. toises à zero degré de latitude, tant vers le Nord que vers le Sud, contiendra à 90. degrez de latitude 57697. toises. On n'a qu'à lire tout ce qu'il dit sur ce sujet page 382. & suivantes. Cependant Monsieur Cassini

* Hist. de l'Académie 1713. pag. 188. &c. des Memoires.

a prouvé * autant qu'il se peut en semblable matiere avec beaucoup de netteté, qu'un degré du meridien vaut à zero degré de latitude 57440. toises un pied, & à 90. degrez de latitude, il vaut 56785. toises 3. pieds ; ce qui est directement opposé au sentiment de Monsieur Newton ; de sorte que la terre se trouve un spheroide oblong par les poles ; ce qui paroît démontré par Monsieur Cassini, & le sera dans une plus grande étenduë dans l'Ouvrage qu'il doit donner au Public. Ainsi les axes de ce spheroide sont à peu près de même dimension que ceux de Monsieur Newton, mais en sens contraire.

De-là tombent tous les raisonnemens que celui-ci fait dans la Proposition 20. sur la spheroidité de la terre, sur la longueur des Pendules synchrones, & en partie ceux qu'il fait ailleurs sur le flux & le reflux de la Mer, sur la hauteur des eaux vers la ligne. Au moins il ne pourra pas dire que ces points-là soient démontrez géométriquement, jusqu'à ce qu'il ait détruit la preuve contraire de Monsieur Cassini, qui subsiste en son entier au moïen des Observations faites depuis Paris jusqu'à Colioure sur les bords de la Mediterranée, & qui viennent d'être poussées par Messieurs Cassini, Maraldi & de la Hire, depuis Paris jusqu'à

la Mer Oceane à Dunkerque, ce qui contient la longueur
de la France.

Monsieur Newton ne peut citer pour ses garans Messieurs
Picart & Cassini le Pere. Ce sont eux qui ont commencé
le grand Ouvrage de la prolongation de la meridienne de
l'Observatoire depuis la Méditerranée jusqu'à l'Ocean dans
l'écenduë de huit degrez & demi ; Ouvrage qui détruit le
sisteme de Monsieur Newton, que Monsieur Cassini a vû
finir du côté du Sud, & qui a été conduit par une suite
de triangles avec tant de précision.

Pour ce qui est du côté du Nord, voici ce que m'en
écrit Monsieur Maraldi, qui a travaillé des deux côtez
de la méridienne avec divers autres Académiciens. Sa lettre
est du 10 Septembre 1718. *La méridienne de l'Observatoire
est présentement prolongée depuis l'extrémité méridionale de
la France jusqu'à la septentrionale. Pour la prolonger depuis
Paris jusqu'à Dunkerque, nous nous sommes servis des operations que Monsieur Picart avoit faites pour la mesure de la
terre depuis Paris jusqu'à Mondidier un peu en deçà d'A-
miens. Là nous avons commencé les nôtres, & les avons continué jusqu'à Dunkerque, où nous avons mesuré une base de
plus de 5000 toises, qui est un côté de nos triangles, & qui
s'est trouvée conforme au calcul qui en résulte par les operations trigonométriques.*

Je ne sçache pas que Monsieur Halley & les autres dont
parle Monsieur le Chevalier pour justifier la figure de la
terre établie par Monsieur Newton, aïent rien fait de pareil. Monsieur Newton l'auroit rapporté dans l'endroit cité
ci-dessus. Il dit seulement un mot sur cela, & qu'on s'est
servi de chaînes pour les mesures. Les Messieurs de l'Académie Roïale qui ont été emploïez à cet ouvrage digne du
grand Roy qui en a fait faire la plus grande partie, digne de Monseigneur le Regent qui l'a fait finir, en donneront sans doute dans la suite tout le détail, & tous les
éclaircissemens que demande une recherche si curieuse &
si originale. C'est pourquoi je ne m'étendrai pas davantage
sur cette matiere.

De la fausseté des mesures de la terre établies par Monsieur Newton, on doit conclure que sa Table sur la longueur des Pendules isochrones, & sur la grandeur des di-

9. *Sur longueur des Pendules.*

vers degrez du meridien, se trouve fausse aussi. C'est que les matieres de Physique ne comportent pas l'évidence de la Géometrie ; & qu'il falloit à Monsieur Newton un plus grand nombre d'Observations qui s'accordassent mieux pour établir fermement les raisonnemens sur lesquels son sisteme est appuïé. Parmi les Observations qu'il rapporte sur la variation des longueurs des Pendules isochrones, il dit page 385. que le P. Feüillée trouva à Porto-bel en Amerique en 1704. la longueur du Pendule à secondes de 3. pieds de Paris 5. lignes & $\frac{7}{12}$; c'est à-dire que le Pendule étoit plus court de près de 3 lignes qu'à Paris, ce Pere aïant fait une erreur dans son Observation ; car ajoûte-t'il, le P. Feüillée allant ensuite à la Martinique, trouva la longueur du Pendule isochrone de 3 pieds 5 lignes & $\frac{10}{12}$, de forte que la difference de ces longueurs est de $\frac{1}{12}$.

Il est vrai que voilà $\frac{1}{12}$ de ligne au profit de Monsieur Newton, mais il est encore bien éloigné de son compte, puisque par sa Table il suppose qu'à la latitude de Portobel, qui est selon le P. Feüillée de 9$^\text{d}$ 35′ septentrionale, la longueur du Pendule y doit être de 3 pieds 7 lignes & $\frac{526}{1000}$, ce qui donne près de deux lignes de difference. Je ne m'arrête pas à chercher de combien est plus grande la raison de 7 à 12, que celle de 526 à 1000. Cela n'en vaut pas la peine. Et à la Martinique, dont la latitude est de 14$^\text{d}$ 43′ septentrionale, la longueur du Pendule isochrone doit être, selon Monsieur Newton, de 3 pieds 7 lignes & $\frac{526}{1000}$, quoique le P. Feüillée l'établisse encore de deux lignes plus courte, car il est inutile de chercher la difference de la raison de 10 à 12, d'avec celle de 596 à 1000. Cela n'en vaut pas la peine. Mais la difference de 5 lignes à 7 lignes étant considerable, incommode fort le sisteme de Monsieur Newton. Dans tout ce qu'il rapporte d'Observations sur ce sujet page 385. il n'y en a pas une qui s'accorde exactement avec les longueurs des Pendules calculées dans sa Table ; & il ne manque pas d'accuser de peu d'exactitude celles qui s'en éloignent le plus. Comme s'il falloit accorder les observations aux sistemes, & non pas les sistemes aux observations.

Les Observateurs ne doivent pas avoir cette complaisance. Quand un Géometre se tient dans les bornes de la

Géometrie, nous le fuivons ; quand il en fort, nous ne fommes pas plus obligez de fuivre fes hypothefes, qu'il fe croit lui-même obligé de fuivre celles des autres ; par la raifon que la Géometrie ne connoît d'autre autorité que celle de la démonftration.

N'eft-il pas aifé de voir fans fe fatiguer par de rudes calculs & de profondes méditations, que la petite difference que le même Obfervateur, ou divers Obfervateurs peuvent trouver dans le même climat aux longueurs du Pendule ifochrone, peut venir en partie de la diverfe difpofition de l'air en diverfes faifons ? Quoiqu'on fçache par obfervation que ces longueurs font moindres entre les tropiques, en a-t'on affez qui foient bien d'accord ? Dans cette incertitude de la caufe Phyfique de la variation de ces longueurs, peut-on réduire à des regles de Géometrie, & en Tables exactes une variation de longueurs de Pendules variable fuivant les faifons & les temps, indépendante de celle de la diverfité des Païs, & porter tout cela en preuve pour établir un fifteme ? La Nature refpectera-t'elle affez les Tables de M. Newton pour s'y conformer ; autant qu'elle s'eft affujetie aux courbes de Monfieur Halley, pour que la variation de l'aiman foit la même que fes courbes l'ont déterminée ? Ce font-là à la verité de beaux efforts, dignes des efprits du premier ordre ; mais il faut épier, fuivre plus long-temps la Nature, pour trouver les loix qu'elle fuit, & en donner des Tables qui ne fe démentent pas.

Les experiences de Monfieur Newton que Monfieur le Chevalier rapporte à fon ami font très-ingenieufes, & dignes d'un grand Phyficien. Mais les Cartefiens n'auront pas plus de peine que lui à les expliquer felon leurs principes. La regle de Kepler n'eft pas contraire à leur fifteme. Ils admettront fans peine que tous les corps celeftes pefent les uns fur les autres ; & que pour être maintenus dans leurs tourbillons, s'ils ont une force centrifuge, qui tende à les en écarter ; il faut bien que les efforts contraires de la matiere du tourbillon, les porte à fon centre & les y maintienne. Ce qui n'eft autre chofe que la force centripete pour les retenir dans leurs tourbillons. Ils en diront autant de tous les tourbillons fubalternes par rapport au grand tourbillon. On n'a qu'à lire les Ouvrages de M.

10. Sur divers[es] experiences Phyfiques.

Defcartes pour en être convaincu. Ce grand Philofophe entendoit auſſi-bien que qui que ce ſoit les loix de la Méchanique.

L'expérience de Monſieur Newton, que je vas rapporter d'après Monſieur le Chevalier, prouve auſſi-bien l'hypotheſe des tourbillons qu'aucune de celles des Carteſiens. Il veut qu'on prenne un balon de verre d'un pied, ou de 2 pieds de diametre, qui ſoit traverſé par un axe ; qu'au centre du balon, ou au milieu de l'axe, il y ait une petite boule toute couverte de bouts de ſoïe longs de deux pouces, ou deux pouces & demi, & qu'un des bouts de la ſoïe ſoit attaché à la boule, comme le poil eſt attaché au corps d'un Barbet. On met enſuite le balon en mouvement, & on le fait tourner très-vîte par le moïen d'une roüe à corde, on s'apperçoit que tous les bouts de ſoïe qui tendoient au centre de la terre avant qu'on imprimât un grand mouvement à ce balon, ſe redreſſent & paroiſſent partir du centre de la boule pour aller à la circonference du balon.

On voit bien que ſelon les loix du mouvement cela doit arriver ; car toutes les ſoïes tendent à s'écarter du centre du mouvement, & à ſe ſéparer de la boule à laquelle elles ſont attachées par les tangentes à cette boule. Mais comme elles ſont retenuës par une des extrémitez, & que le mouvement continuë toûjours, il faut qu'elles reſtent roides & heriſſées en lignes droites tendantes au centre de la boule. On en a un exemple en ce qui arrive à une boule d'yvoire qui eſt ſur un tour à roüe. Quand cette roüe eſt fort agitée, ce qui ſe ſepare par le ciſeau du Tourneur s'en va par la tangente. S'il ſe rencontre quelqu'obſtacle au moment de ſon départ, il s'écarte en ligne perpendiculaire à la boule.

On n'a qu'à conſiderer encore ce qui ſe paſſe quand un Coutelier affile un raſoir, & la route que tiennent les parties éteincellantes de l'acier, qui ſe ſeparent de la lame du raſoir ſur la meule cilindrique qui ſe meut fort vîte. On dira le même pour le reſte de l'experience. On met un grand cercle immobile autour du balon, comme un meridien, éloigné du balon de deux pieds ; ce cercle eſt couvert de bouts de ſoïe, comme la boule qui eſt dans le balon. Alors les bouts de ſoïe, dont le meridien eſt couvert,

tendent au centre du balon, lorſqu'on lui donne un grand
mouvement. Le balon ne ſçauroit tourner avec une ſi grande
rapidité, ſans donner une grande agitation à l'air qui l'environne ; car comment ces ſoïes changeroient-elles de ſituation, ſi cela n'etoit ? Il eſt donc contraint de tourner
dans le même ſens que le balon ; & comme toutes les parties de l'air environnant tendent à s'approcher du centre
du balon, ce qui ſe prouve par diverſes experiences que
font les Carteſiens ; car pourquoi n'arriveroit-il pas à ce
fluide ce qui arrive à l'eau ? Il eſt clair qu'elles doivent imprimer le même mouvement aux bouts de ſoïe, qu'elles
frappent continuellement, & ſi ces ſoïes pouvoient ſe ſéparer du cercle, elles iroient s'attacher au balon, après
avoir décrit au tour de lui diverſes volutes, ou ſpirales.
Les parties de l'air, avec leſquelles elles ſeroient emportées, les obligeroient ſans doute à faire un angle continuellement moindre que celui du raïon & de la tangente,
qui eſt droit, comme l'on ſçait ; c'eſt-à-dire, que le raïon
deviendroit continuellement plus petit, ce qui leur feroit
décrire des ſpirales en tournant autour du balon, auquel
enfin elles s'attacheroient.

Cela arriveroit encore plus infailliblement ſi à quelque
diſtance du premier balon on en ſuppoſoit un autre également agité en tourbillon par le moïen d'une roüe, je ſuis
aſſuré que les bouts de ſoïe détachez du méridien du premier balon, ne paſſeroient pas dans le tourbillon du ſecond balon. On ne peut pas dire, comme le veut Monſieur le Chevalier, que les balons, dont la ſurface eſt très-
polie, ne cauſent point d'agitation à l'air environnant ;
outre que, comme on l'a dit, ces ſoïes changent de ſituation
tion dès que le balon eſt agité. Monſieur le Chevalier,
qui s'eſt trouvé en divers combats, ſçait mieux que moi
combien l'air qui environne un boulet de canon qui tourne
en tourbillon, eſt lui-même agité ; ce qui ne ſeroit pas
s'il ne tournoit ſi violemment avec le boulet, qu'il renverſe quelquefois ceux qui ſe trouvent dans ce tourbillon
d'air, quoique la bale ne les touche pas. Il y a même des
ſoldats que le vent a étouffé, leur paſſant devant la bouche apparemment dans le temps de l'inſpiration.

Je n'ai pas d'autre réponſe plus plauſible à l'objection

qu'il me fait fur mon explication. On ne me perfuadera pas que l'air ne fe meuve en tourbillon autour du boulet, puifqu'il fait fiffler le boulet quand il s'y rencontre des creux ou des inégalitez ; qu'un foldat ferme fur fes pieds en eft renverfé ou étouffé. Plus fera grand le volume du boulet, plus le tourbillon fera grand, & violemment agité. Appliquons ceci aux balons. Un plus grand ou un moindre mouvement varié feulement la vîteffe de l'air environnant ; mais il n'empêche pas le mouvement de tourbillon. D'ailleurs on peut mettre les balons en un mouvement auffi grand que celui d'un boulet de canon, ou que les barres d'un cabeftan qui dévire lorfqu'on lance un Vaiffeau à la Mer ; on ne voit ni les uns ni les autres quand ils tournent, & cependant les barres ont au moins dix pieds de longueur, & font groffes à proportion. Il eft donc clair que l'air tourne en tourbillon autour du balon & avec lui.

Je crois ce raifonnement auffi concluant qu'une démonftration. Ainfi les foïes fuivroient à la verité des tangentes en fe détachant du méridien ; mais ces tangentes feroient infiniment petites, & les angles du polygone qu'elles feroient, diminuant continuellement d'une quantité infiniment petite, ces foïes décriroient neceffairement des fpirales, & fe rangeroient enfin au centre des fpirales, fi le balon qui l'occupe ne s'y oppofoit. Il faut donc qu'elles s'attachent au balon.

Il paroît qu'on peut expliquer de même l'experience fuivante. On prend un balon de verre de la même grandeur que le précedent. On en pompe l'air avec la machine pneumatique ; on met le balon dans un lieu obfcur, & on le fait tourner comme le précedent. On s'apperçoit dans peu de temps qu'au centre du balon il fe forme un petit tourbillon lumineux qui s'augmente peu à peu, & qui enfin occupe tout le balon. Quand on approche un mouchoir blanc du balon, il femble que le tourbillon lumineux communique fa lumiere au mouchoir, enforte qu'il le rend vifible pendant quelques momens. Cette experience femble faite pour prouver le fifteme de Monfieur Defcartes fur la lumiere.

On ne fçauroit tellement pomper l'air du balon qu'il n'en refte quelque partie outre la matiere fubtile. Cet air,

tout

tout dilaté qu'il eſt, eſt obligé de tourner en tourbillon
dans le même ſens que le balon ; en tournant il ramaſſe
& fait tourner avec lui les parties de la lumiere qui ſont
reſtées dans le balon, elles ſont donc obligées de tendre
au centre du balon, & de s'y réünir, ce qui doit le rendre lumineux ; & comme il s'y en amaſſe continuellement,
elle doit enfin par la force centrifuge s'écarter du centre,
occuper tout le balon & rendre le mouchoir viſible, parce
que cette matiere de la lumiere paſſe à travers les pores du
verre. Mais comme enfin elle paſſe la plus grande partie à
travers les pores du verre, le mouvement du balon continuant de lui imprimer une force centrifuge, il faut que
cette lumiere ne rende le mouchoir viſible que quelques
momens.

Tout ceci ne me paroît pas plus difficile à expliquer que
le mouvement des Toupies dont les enfans ſe ſervent pour
leur divertiſſement, mais qui peut occuper ſerieuſement un
Geometre. Sans m'arrêter à expliquer la cauſe très-connuë
du mouvement fort rapide qu'ils lui impriment avec la corde dont ils l'environnent de pluſieurs tours ; mouvement
qui eſt ſi vîte, qu'ils diſent que la Toupie dort lorſqu'ils
ne la voïent point tourner ; ſi dans ce temps là on jette peu
à peu de l'eau ſur le haut de la Toupie, on voit que cette
eau s'en écarte en gouttes très-menuës par les tangentes
des cercles ſur leſquels on l'a répanduë ; & s'en écarte d'autant plus loin, que la circonference du cercle ſur laquelle
l'eau tombe eſt plus grande. Mais ſi ces gouttes d'eau rencontroient un obſtacle qui les obligeât de tourner avec lui
dans le ſens de la Toupie, ces gouttes ſeroient obligées
de tourner en s'approchant du centre, & de revenir ſur
la Toupie, ce qui explique la force centripete.

Monſieur le Chevalier dit qu'il eſt de fait, que moins il
y a d'air dans le balon, plus la lumiere qu'on y apperçoit
eſt vive & brillante ; & que ſi-tôt qu'on laiſſe entrer un
peu d'air elle diminuë & s'évanoüit. Je n'ai pas de peine à le
croire ; on ne peut diſconvenir que l'air qui reſte dans le
balon ne ſoit en grand reſſort, & fort dilaté. D'où viendroit la peine extreme qu'on ſent aux derniers coups de
pompe s'il n'étoit ainſi ? Ne voit-on pas auſſi caſſer les balons ? Mais moins il y a d'air, plus la matiere de la lu-

Z

miere y abonde & eſt à ſon aiſe. Il doit donc en réſulter plus de clarté, & la lumiere doit briller davantage. Le contraire doit arriver lorſqu'on introduit de l'air dans le balon. Par tout ceci il paroit vrai-ſemblable que l'air dilaté, & la matiere de la lumiere renfermez dans le balon mis en grand mouvement, décrivent des ſpirales de la maniere expliquée ci-deſſus.

La troiſiéme experience de Monſieur Newton que Monſieur le Chevalier cite eſt fort curieuſe, & me paroît plus difficile à expliquer. On prend un Priſme de criſtal un peu plus grand que ceux qu'on voit communément à Paris; on le frotte avec un morceau de drap à peu près comme on frotte un baton de cire d'Eſpagne, lorſqu'on veut lui faire attirer un fetu. On prend enſuite une feüille d'or batu, qu'on preſente au Priſme, & le Priſme tient la feüille d'or ſuſpenduë en l'air à plus d'un pied de diſtance de lui. Lorſqu'on éleve le Priſme, la feüille d'or s'éleve pareillement; & avec ce Priſme on la feroit monter à un quatriéme étage. Quand on paſſe la main ſur le criſtal, on fait ceſſer la vertu du Priſme, & la feüille d'or s'y vient coler. Quand elle a été une fois jointe au verre, & qu'enſuite on l'ôte pour frotter le Priſme de nouveau; la feüille d'or ne ſe tient plus en l'air, comme elle faiſoit auparavant.

Voilà une attraction de la feüille d'or ſemblable à celle des fetus, à un corps électrique qui a été pareillement frotté. Mais comme la feüille d'or eſt d'un bien plus grand volume, la matiere ſubtile qui paſſe par les pores du Priſme qu'on a bien frotté, & qui ſe trouve directement entre le Priſme & la feüille, la repouſſe, tandis que le reſte de la matiere ſubtile qui ſort du Priſme, & paſſe de part & d'autre par les côtez de la feüille, ſe répand en tourbillon, la pouſſe pardeſſous, & tend à la faire approcher du Priſme. Ces deux forces tiennent donc la feüille en équilibre juſqu'à ce qu'aïant paſſé la main ſur le criſtal, cet équilibre étant rompu, la matiere ſubtile qui ſe meut en tourbillon au-delà de la feüille, la contraint de s'attacher au Priſme. Ce qui produit l'action appellée attraction, peut bien êtré appellé matiere ſubtile, à moins qu'on ne veuille que ce ſoit une qualité.

Mais pourquoi frottant de nouveau le Prifme, la feüille d'or ne fe tient-elle plus en l'air ? A cela je ne vois pas d'autre réponfe, fi ce n'eft que les parties les plus fubtiles de la feüille d'or emportées par la matiere fubtile, aïant bouché partie des pores du criftal, la matiere fubtile n'en peut fortir en affez grande quantité pour pouffer & repouffer la feüille d'or. Je n'en vois pas d'autre raifon ; car la même caufe demeurant la même, produit neceffairement le même effet. Je ne fuis pas affez témeraire pour donner tout ceci comme des démonftrations. Le fujet, ce me femble, ne le comporte pas. Il fuffit que j'apporte des raifons Phyfiques qui foient probables ; fauf aux Cartefiens & à nos grands Géometres promoteurs de l'attraction , d'en trouver de meilleures ; elles me feront auffi-tôt renoncer aux miennes.

Je n'ai point fait cette experience non plus que les autres rapportées ci devant ; je m'en rapporte à la bonne foi de ceux qui les produifent en preuve. Je ne fçai fi ceux qui ont fait la derniere fe font avifez de fubftituer une autre feüille d'or à celle qui avoit été emploïée la premiere ; & s'il ne lui fera point arrivé de refter fufpenduë en l'air comme la premiere. En ce cas on pourroit dire que la matiere fubtile aïant paffé long-temps à travers les pores de la premiere feüille, les auroit tellement ouverts, qu'elle en auroit détruit la ftructure ; comme il arrive à une aiguille aimantée qui eft affolée, dans laquelle la matiere magnetique paffe trop facilement ; de forte que la feüille d'or criblée par la matiere fubtile ne pourroit plus fe tenir fufpenduë en l'air. Quoiqu'il en foit, de cette experience, non plus que des autres rapportées ci-devant, non feulement elle n'eft point contraire au fifteme de Monfieur Defcartes, mais je les crois même très-propres à le prouver autant qu'aucune qu'on ait fait jufqu'à prefent.

Reftent quelqu'autres points des Lettres de Monfieur le Chevalier, à examiner fur les fentimens qu'on lui a rapporté de Monfieur Newton, qui panche affez vers l'hypothefe de Monfieur Halley fon Compatriote ; celui-ci fuppofe toutes les Planetes creufes dans leur milieu, avec un feu central qui remplit cet efpace ; que ce feu eft enveloppé de plufieurs croutes ou lits differens, entre lefquels il y en a quelques-uns qui ont des interftices affez vaftes

II. Sur une hypothefe de M. Halley.

Z ij

pour pouvoir se mouvoir différemment de la croute qui est
à la surface de la Planete. C'est par-là qu'il explique le
changement de direction de la matiere magnetique qui
fait varier les aiguilles aimantées tantôt vers l'Est, tantôt
vers l'Ouest.

N'y a t'il pas lieu de croire que le cœur ait plus de part
que l'esprit à l'approbation que Monsieur Newton donne
au sisteme de Monsieur Halley? Peut-on sur l'indice de la
variation de la matiere magnetique former une hypothese
si peu vrai-semblable? Que fait ce feu central? C'est sans
doute l'agent qui met en mouvement contraire ces diverses croutes concentriques par une méchanique nouvelle.
Apparemment ces croutes engrainent l'une dans l'autre,
comme les roües d'une horloge pour tourner en sens contraire. Ces fameux Géometres me permettront de dire que
ces preuves sont un peu foibles, aussi bien que celles qu'on
pourroit déduire des feux que les Volcans nous marquent
être enfermez dans la terre. Monsieur Newton ne croit pas
que les Planetes soient d'une matiere homogene. On n'a
qu'à voir comment il s'explique dans son troisiéme livre;
mais Messieurs Swinden & Wals autres Auteurs Anglois
pourront s'accommoder du sisteme de Monsieur Halley.

Je ne m'arrêterai point à examiner une suite de cette
hypothese qui fournit une explication de la maniere dont
s'est formé l'anneau de Saturne, qu'il suppose s'être fait
par un affaissement d'une premiere croute de Saturne, par
le milieu de la voûte, tandis que l'extrémité (que je regarde comme les coussinets de la voûte) s'est soutenuë &
ne s'est point démentie. Il peut fort bien arriver, au sentiment de ces Messieurs, qu'il soit resté des habitans sur
cette extrémité qui forme l'anneau de Saturne.

Bien leur en a pris d'être d'un temperamment flegmati-
que. Ils se feront aisément consolez dans un si grand fracas, & de n'avoir pas des nouvelles de ceux qui étoient
sur le dos de la voûte, qui ont apparemment peri dans ce
terrible tremblement de Saturne, qui a causé un effet si
triste & si lamentable; qui le sera bien plus si entre les deux
croutes de Saturne, comme entre les deux ponts d'un
Vaisseau, il s'est trouvé du monde. L'affaissement de cette
croute superieure ne peut qu'avoir été très-funeste aux uns

& aux autres. Dieu preferve nos Marins de pareil affaiffe-
ment du pont fuperieur, ce feroit une trifte avanture.

Mais que font devenuës les pieces de la voûte qui cor-
refpondoient au vuide que l'on obferve entre le Globe de
Saturne & fon anneau ? Peut-être qu'aïant erré çà & là
dans le tourbillon par la force centrifuge, la force centripete en a fait les cinq fatellites de Saturne. Je ferai auffi-
bien reçû à faire cette hypothefe que l'inventeur de l'autre.
La figure extraordinaire de Saturne donne affez de prife.
S'il n'y a qu'à forger des hypothefes fans preuve & fans
apparence de preuve, il ne fera pas neceffaire d'être grand
Géometre, ou grand Aftronome pour cela. Le monde en
fourmillera ; on les joindra à l'hiftoire d'Huon de Bourdeaux. L'avanture de l'Ifle de l'Aiman ne me paroît pas plus
extraordinaire ; & Huon tranfporté de cette Ifle par le Grif-
fon dans l'Ifle de Jouvence, vaut bien les habitans de Saturne fauvez malgré la ruine de la premiere croute de cette
Planete. Mais qu'ai-je dit ? Les Anglois frondent les hypothefes.

Parlons férieufement , nos lumieres font trop bornées
pour trouver l'hypothefe que Dieu a fuivi. Il ne nous a pas
appellez à fon Confeil. Infiniment fage il fçavoit feul les
loix qui devoient fervir pour la création de l'Univers ; infiniment puiffant , feul il pouvoit les mettre en œuvre. Il
n'appartient pas à un entendement auffi foible que le nôtre
de foüiller dans ces lumieres inacceffibles à tout entendement créé. L'orgueil de l'homme eft grand ! Il ne peut former une mouche ; il s'en confole fur la penfée qu'il en
connoit affez bien la ftructure pour démontrer les mouvemens de cette petite machine. Il pouffe plus loin & veut
démontrer ce qu'il y a de plus abftrus dans la conftruction
de l'Univers ; & les hypothefes qu'il invente lui paroiffent
les feules qu'on puiffe trouver pour l'explication des Phénomenes de la Nature.

Refteroit à parler au long fur la Chronologie que M.
le Chevalier affure à fon ami avoir été bien traitée par M.
Newton ; mais cela allongeroit fort ce Memoire, qui n'eft
déja que trop long. Il pourra voir Salien, Petau & divers autres Auteurs qui ont traité ces matieres pour avoir
un folide fiftemede Chronologie. Monfieur Newton n'a

12. Sur
la Chrono=
logie.

pas puifé en de meilleures fources que ces Auteurs. Depuis leur temps il ne s'en eſt pas découvert de nouvelles. Comme je n'ai point vû la Chronologie de cet Auteur, Monſieur le Chevalier me permettra de ne pas entamer une matiere qui ne peut ſe traiter briévement.

Les Livres ſur leſquels on appuïe aujourd'hui la Chronologie (càr on ne tire pas les faits de ſa tête, comme une démonſtration de Géometrie) ces Livres n'exiſtoient-ils pas du temps de ces fameux Auteurs que je viens de citer ? On ne ſçauroit le déſavoüer. Ils étoient connus puiſqu'ils ſont citez par ces Auteurs. C'étoient des gens d'eſprit, d'une profonde érudition, d'un bon jugement. Pourquoi n'ont-ils pas pris la route de nos nouveaux Critiques? C'eſt qu'apparemment elle leur a paru peu sûre, trop hardie, & qu'ils ne prétendoient pas inventer des ſiſtemes en choſes de fait. *Hac viâ tutus ibis*, ſe diſoient-ils à euxmêmes ; ils ont eu de la ſagacité, mais ils n'en ont pas abuſé ; leur Religion les retenoit. Ils étoient Chrétiens delicats, ils n'haſardoient pas des conjectures quand elles heurtoient de front les divines Ecritures.

Que peut-on penſer du Docteur dont Monſieur le Chevalier parle dans ſes Lettres ? Qui, tout Paſteur qu'il eſt, foule aux pieds l'autorité de l'Ecriture, des Conciles & des Peres, pour nier le Myſtere de la Trinité ? Un tel Paſteur bien loin de guerir les plaïes que ſes Oüailles reçoivent des Loups qui les environnent de toute part; bien loin de les conſolider, devenu lui-même un loup plus dangereux, plus furieux que les autres, leur fait encore de plus profondes bleſſures. Quel ſcandale ne cauſe pas cette effrenée liberté de tout penſer & tout dire ſous pretexte d'une fine critique ?

On va toûjours bien loin quand la Foi ne met point de bornes à une fougueuſe imagination ; quand l'orgueil humain n'eſt point captivé ſous le joug ſalutaire de cette Foi. Bien-tôt ſous pretexte que la charité doit faire tolerer toute Secte, le Mahometiſme s'introduira chez ces Peuples. Un Anti-Trinitaire n'en eſt pas fort éloigné ; il dépoſera bientôt un reſte de pudeur, qui l'empêche de faire encore cette démarche. Il n'a plus qu'un pas à faire pour être Muſulman. En quel endroit de l'Ecriture a-t'on vû que les

bornes de la charité doivent s'étendre à de si étranges extrémitez ? Ce seroit charité de nous les marquer. On ne
nous y recommande au contraire que l'union des sentimens &
des cœurs ; la subordination, la soumission, l'obéïssance à
nos Pasteurs ; d'éviter tout schisme & toute division ; d'ê-
tre unis avec Jesus-Christ comme il est un avec son Pere.
Quel plus parfait modele d'union !

La Religion fondée sur la Foi, sur l'autorité de Dieu,
qui ne peut tromper, ni être trompé, doit au moins joüir
du privilege de la Géometrie, qui n'admet pas de tolerance, & captiver notre entendement. A tout ce que je viens
de dire, j'ajoûterai encore un mot que je supplie les lecteurs Heterodoxes de bien prendre. Combien sont funes-
tes les préjugez de l'éducation ! Comment excuser autrement
d'aussi beaux esprits, d'aussi sçavans hommes qu'il y en a
parmi eux, qui ne voïent pas qu'ils sont dans le schisme
& dans l'erreur, dès qu'ils sont hors de l'Eglise Catholique. Versez autant qu'ils le sont dans la lecture des Auteurs Ecclesiastiques, comment peuvent-ils ne s'en être pas
apperçûs ? Sans ces malheureux préjugez à tout pas elle les
auroit redressé. L'homme sçavant peut être convaincu par
lui-même ; mais, ce qui est étonnant, plus difficilement
que celui qui ne l'est pas. Quelle solution à un si étrange
paradoxe ? Quoiqu'on en puisse donner d'autres, je n'ap-
porterai que celle-ci. *Non est volentis neque currentis, sed
miserentis Dei.* Il arrive assez souvent que l'indocilité de
l'esprit est suivie de l'indocilité du cœur. Je ne puis donc
souhaiter rien de mieux pour ces sçavans, que ce que demandoit Salomon, un cœur docile.

Monsieur le Chevalier & son ami me pardonneront la
longueur de ce Memoire, quoique j'en aïe resserré, &
peut-être même étranglé les matieres, pour ne les pas accabler d'un Volume qu'auroit exigée l'étenduë des divers
points renfermez dans les Lettres de M. le Chevalier.

J'ajoûterai qu'il eut très-bien pû être un des Défenseurs
de la Foi, si au lieu de prendre le parti de la Marine, où
il réüssit pourtant fort bien, il eut suivi les traces de Monsieur l'Evêque son frere. Si les Reflexions que j'ai fait à
l'occasion de ce qu'il a écrit à son ami sur les sentimens
de Monsieur Newton ne sont pas bonnes, je le prie de

croire que j'ai eu bonne intention, & que je ne me re-
tracte pas fur les loüanges que j'ai données à Monfieur
Newton. J'adhere fort volontiers à l'éloge qu'en fait Monfieur Loke dans fon Livre de l'Entendement humain ; il com-
prendra par-là que ce n'eft pas l'efprit de partialité qui
m'a guidé dans ces Reflexions.

REFLEXIONS

*Sur quelques endroits du Traité d'Optique de Monfieur le
Chevalier Nevvton.*

LEs Reflexions précedentes furent envoïées à Monfieur
le Chevalier de .... en 1719. comme on l'a dit. Depuis
foit à caufe du voïage de la Louifiane, foit à caufe de la
pefte que nous avons trouvée ici à notre retour ; foit parce
qu'il a lui-même été emploïé par le Roy, il n'a rien re-
pliqué à fon ami ; je crois cependant lui devoir communiquer les Reflexions fuivantes, parce qu'elles font liées avec
celles qu'il a reçües, & qu'il s'étoit expliqué fur les couleurs affez en détail à fon ami,

Tout ce que j'ai dit dans l'article 8. du Memoire précedent avoir été prouvé par Monfieur Caffini au fujet de
la figure de la Terre, que Monfieur Newton dit être un
fpheroide obtus, vient d'être démontré avec beaucoup plus
d'étenduë par le même Monfieur Caffini, dans le Livre de
la Grandeur & de la Figure de la Terre, qu'il m'a fait
l'honneur de m'envoïer depuis peu Il le fait d'une maniere
à ne laiffer aucun doute fur ce point-là. Il a porté cet
Ouvrage à une précifion étonnante & merveilleufe. On ne
verra rien de plus beau en ce genre. Aufli ne crois-je pas
que les Partifans de Monfieur Newton puiffent difconve-
nir que leur Maître ne fe foit trompé fur ce point-là.

Il falloit pour les convaincre joindre à une dépenfe digne des Princes qui ont fait executer ce magnifique Projet, autant d'exactitude, de fagacité géometrique, & d'experience qu'en ont fait paroître ceux qui ont travaillé à la
prolongation de la Méridienne. Ouvrage très-original qui
doit paffer à la pofterité la plus reculée pour la gloire du
grand

grand Roy Louis XIV. celle de Monseigneur le Regent, & faire connoître l'habileté de ceux qui y ont travaillé ; & combien la Nation a perfectionné l'Astronomie & la Géometrie depuis l'établissement de l'Académie Royale des Sciences par ce grand Prince, qui a si fort relevé sous son glorieux regne les Sciences & les beaux Arts. Je ne crains pas que Monsieur le Chevalier me replique sur cet article ; il n'en sera peut-être pas de même sur ce que je vas dire sur le Livre de l'Optique de Monsieur Newton, que je viens de recevoir ; c'est la seconde édition de la Traduction de Monsieur Coste imprimée en 1722. Je crois néanmoins qu'il sera content des marques d'estime que je vais lui donner de cet illustre & sçavant Auteur.

Monsieur le Chevalier avoit touché dans ses Lettres à son ami, ce qui regarde les couleurs qu'il avoit tiré de la lecture de la premiere édition de cet Optique donnée au Public par Monsieur Coste ; je n'avois rien répondu sur cela à Monsieur le Chevalier, n'aïant point vû cet Ouvrage que je fis chercher inutilement en 1 7 1 9. Je puis à présent le faire avec connoissance de cause. Je souscris d'abord volontiers à l'éloge magnifique, mais vrai, qu'en fait l'Approbateur Monsieur Varignon grand Géometre, dont nous ne sçaurions trop regreter la perte, que non seulement son illustre Corps, mais tous les Sçavans de l'Europe viennent de faire.

Les experiences & les raisonnemens renfermez dans les deux parties du premier Livre, sont quelque chose d'admirable. Quel malheur pour les Sciences que de si grands genies soient venus si tards ! Quels progrès n'auroient pas fait les Sciences naturelles, si elles eussent été traitées aussi habilement il y a mille ans ? Il en est de même de ce qui est contenu dans la premiere & seconde Partie du second Livre. Rien n'est plus subtil que les Observations que contient la premiere Partie, & que les Remarques qui font le sujet de la seconde. On ne sçauroit trop méditer sur d'aussi belles & aussi originales découvertes. Monsieur le Chevalier voit bien le cas que je fais d'un Auteur qu'il estime tant lui-même. Mais je le supplie de voir si la maniere dont il traite les couleurs permanentes, est aussi sû-

Aa

rement & folidement établie que tout ce qui a précédé ; &
fi le fiftème des Phyficiens qui l'ont devancé eft tellement
ruiné, qu'ils n'aïent rien à repliquer.

D'ailleurs tout n'eft pas aifé à entendre dans ce bel Ouvrage ; je prie Monfieur le Chevalier de jetter les yeux
fur les endroits de cette feconde édition que je vais citer.
Je traiterai briévement les matieres pour ne pas l'accabler
d'un volume qu'il ne liroit pas auffi volontiers & avec autant de plaifir, que le Livre dont il eft ici queftion.
Monfieur Newton dit page 132. & tout le monde fera
d'accord avec lui, qu'*à proprement parler les raïons ne
font point colorez, n'y aïant autre chofe en eux qu'une
certaine puiffance, ou difpofition à exciter une fenfation de
telle ou telle couleur, &c.* Cependant page 284. il parle
ainfi. *J'ai dit que les corps naturels paroiffent de differentes
couleurs, felon qu'ils font difpofez à reflechir en plus grande
abondance les raïons* (du Soleil) *qui font originairement
doüez de ces couleurs.* Ces deux endroits ne me paroiffent
pas faciles à concilier.

Il s'applique enfuite dans cette troifiéme Partie, *à découvrir quelle eft la conftitution qui fait que ces corps reflechif-
fent certains raïons en plus grande quantité que d'autres.* Il
emploïe à cela vingt propofitions, où les raifonnemens Mathématiques mêlez avec les Phyfiques font merveilleux ; il
appuïe le tout de treize Obfervations que contient la quatriéme Partie, qui font d'une délicateffe & d'une fubtilité
étonnante. Mais à la fin mon efprit n'eft pas pleinement
convaincu ; & je ne peux comprendre comment dans un Tableau où il y a un très-grand nombre de figures colorées de
tant de diverfes couleurs fi voifines les unes des autres, fur
lefquelles il tombe un nombre prodigieux de raïons de toutes fortes de couleurs, ou au moins qui en font *originairement doüez* ; d'un endroit il ne fe réflechit que les raïons
rouges, d'un autre que les bleus, d'un autre les verds,
d'un autre les jaunes, &c. Ce qui me fatigue encore plus
ce font, par exemple, ceux qui tombent fur les demi
teintes, defquelles il doit partir certain nombre de raïons,
les uns jaunes, les autres bleus, les autres rouges, les autres blancs, (or ceux-ci étant, felon Monfieur Newton,

un mélange de toute forte de raïons, ou de toute efpece, l'objet devroit paroître très-blanc) ou il en devroit partir un plus grand nombre, ce qui produiroit de la confufion, fuivant que les Peintres mêleroient les couleurs materielles, ce qui n'arrive pas.

Après avoir tâché de prouver, propofition 8. page 307. & fuivantes, que *la caufe de la Reflexion n'eſt pas l'incidence de la lumiere fur les parties folides des corps*, ou, comme le dit la note, *que la Reflexion fe fait fans que la lumiere aille frapper contre les parties folides des corps, & en rebondiſſe*, chofe que les meilleurs Phyficiens auront peine à concevoir, & qu'il eſt difficile de lier avec tout ce qui a été dit auparavant ; je me trouve tout-à-coup en païs perdu, où je ne vois plus de fortie, par ces•mots difficiles à entendre, quoique bien François, page 312. *à peine eſt-il poſſible de refoudre autrement ce Problême, qu'en difant que la Reflexion du raïon eſt produite non par un point particulier du corps reflchiſſant, mais par quelque•puiſſance du corps, qui eſt également répanduë fur toute fa furface, & par laquelle le corps agit fur le raïon fans le toucher immédiatement.* Ceci ne doit pas s'entendre feulement des corps diaphanes & polis ; car ce fçavant Auteur prouve ailleurs que tout corps, fi opaque qu'il foit, eſt diaphane dans fes premieres furfaces, les uns plus les autres moins.

Je louë les Anglois d'avoir affez d'efprit pour comprendre ceci ; peut-être que leur langue expreſſive les aide ; pour moi je le trouve fi difficile en François, & outre cela d'une Phyfique fi abftraite, qu'il ne me paroît pas qu'aucun Cartefien ait rien imaginé de pareil. Certes ils n'ont pas penfé que *les parties* du corps agiſſent fur la lumiere en éloignement. * En comparaifon de ceci les formes fubftancielles leur paroîtroient aifées à comprendre. *Addiſtans.*

Ils fe recrieront fur ce qu'on fe déchaine contre le mouvement dans le plein, qui n'eſt pas plus difficile. J'ai eu beau méditer les Propofitions fuivantes, je n'ai pas vû plus clair. Ce que je vois c'eſt que je me mocquois à tort d'une queftion qu'on m'avoit autrefois enfeignée: *Utrum corpus poſſit agere in diſtans*; ce que les Cartefiens croïent impoſſible. Il eſt vrai que Monfieur Newton, quoiqu'il ait bien

A a ij

& long-temps médité ces matieres, ne laiſſe pas de les propoſer avec doute. Auſſi cette ſorte de Phénomenes Phyſi-
ques ne le peuvent être autrement. Peut-être auſſi eſt-ce
pour éviter, comme il le dit dans l'Avertiſſement ſur la premiere édition Angloiſe, *d'entrer en lice* ſur ces matieres. Je
prie Monſieur le Chevalier de croire que je ne ſuis pas
aſſez hardi pour vouloir rompre une lance avec Monſieur
le Chevalier Newton ; c'eſt uniquement pour répondre à ce
qu'il avoit marqué à ſon ami ſur les couleurs, que je fais
ces Reflexions.

Pour la même raiſon je vais lui en propoſer quelques-
unes ſur diverſes queſtions qui terminent le troiſiéme Livre.
Je parle à une perſonne qui ſçait à fond ſon Newton. Si
les corps agiſſent (queſtion premiere) à certaine diſtance
ſur la lumiere, & ſi par leur action *ad diſtans*, ils plient
ſes raïons, comment (ce qui eſt conforme à l'experience)
les corps noirs (queſtion ſixiéme) ſont-ils plus aiſément
échauffez que ceux de toute autre couleur ? Comment les
corps blancs ſont-ils les moins échauffez ? Si la blancheur
eſt compoſée de raïons de toutes les couleurs, ces corps
doivent agir ſur une plus grande quantité de raïons ; &
mutuellement la lumiere doit agir ſur eux par une plus
grande quantité de raïons ; & par conſéquent (queſtion
cinquiéme) les échauffer davantage contre l'experience,
en donnant à leurs parties plus de mouvement de vibration,
en quoi conſiſte la chaleur.

J'ai taché d'expliquer dans l'article dixiéme du Memoire
précedent, l'experience rapportée dans la queſtion huitiéme, pag. 507. que Monſieur le Chevalier avoit apparemment tirée de la premiere édition de cet Ouvrage. Je crois
devoir ajoûter ici, que ce qu'on appelle *vapeur électrique*,
eſt la même choſe que la matiere ſubtile mêlée avec la
matiere de la lumiere qui produiſent les effets ici expli-
quez. Ce qui eſt dit dans les queſtions treiziéme & qua-
torziéme eſt très-bien imaginé, & eſt prouvé autant qu'il
ſe peut, par ce qui a été dit dans les Livres précedens. Mais
cela renferme encore de très-grandes difficultez par les raiſons ci-deſſus rapportées, qu'on à peine à concilier avec
tout ceci. Tous les Phyſiciens, j'entends les bons, & non

pas ceux de certaines Ecoles, tous feront d'accord avec M. Newton pour le parti qu'il prend dans les queſtions 19, 20 & 21. ils ne differeront que dans les noms donnez à cette matiere.

Sur la queſtion vingt-deuxiéme, je demande à mon tour ſi les pores de l'or & du vif-argent ne peuvent pas être remplis d'une matiere ſubtile? Et ſi les pores de ce milieu étheréc ne peuvent pas être remplis d'une matiere plus ſubtile; & qui ſoit dans un grand mouvement, ſans les ſuppoſer vuides, & ſans qu'elle puiſſe s'oppoſer aux mouvemens des corps celeſtes, à cauſe de ſa très-grande fluidité, telle que Monſieur Newton la calcule, & encore plus grande? Cela étant, la queſtion ſera admiſe par les Carteſiens dans le ſens de Monſieur Newton; & ils expliqueront de même la 23. & la 24. queſtion.

Si les ſentimens de ce ſçavant Auteur ſont démontrez, il eſt clair que les hypotheſes dont il parle dans les queſtions 27. & 28. tombent en ruine; mais les Carteſiens ne l'accorderont pas; ils tâcheront ſeulement d'expliquer un peu mieux leurs hypotheſes; ils ne ſeront pas fort émûs de tout ce qui eſt dit dans la queſtion 28. & croiront pouvoir répondre à toutes les queſtions qu'il fait pages 544. & 545. Je ne crois pas que le P. Malbranche ſe tint pour défait par ces queſtions.

Ils admettront la vingt-neuviéme queſtion, mais ils demanderont comment les corps tranſparens agiſſent en éloignement ſur les raïons de lumiere en les rompant, en les reflechiſſant, & en les pliant, &c. Ils diront que cette Phyſique eſt au-moins auſſi difficile à comprendre que la leur, & trouveront que l'attraction réciproque des coprs, eſt prouvée par quelque choſe de bien obſcur, & du-moins auſſi difficile à prouver.

La queſtion trentiéme qui commence aïnſi : *Ne peut-il pas ſe faire une transformation réciproque entre les corps groſſiers & la lumiere ?* ne paroît gueres bien prouvée par toutes les transformations qu'il apporte; parce que ce ſont des corps compoſez de parties heterogenes, & que la lumiere n'a que des parties homogenes.

Si par *attraction*, queſtion trente-uniéme page 554. il

entend un effet de l'impulfion, je penfe qu'il fera d'accord avec les Cartefiens. Alors ce mot d'*attraction* qu'il emploïe *pour fignifier en general une force quelconque par laquelle les corps tendent réciproquement les uns vers les autres, quelle qu'en foit la caufe* : ce mot, di-je, d'*attraction* pourra fignifier l'action de cette caufe, qui eft le mouvement & l'impulfion de la matiere fubtile, & fa force centripete ; ainfi les Cartefiens ne feront pas en peine d'expliquer les experiences rapportées dans cette queftion.

On demande encore ce que c'eft que cette vertu repouffante, pag. 579. qui doit paroître où l'attraction vient à ceffer ? Si ce n'eft pas la force centrifuge, elle ne paroît pas trop prouvée, ni facile à comprendre. Je crois avoir répondu à Monfieur le Chevalier fur le mouvement qui peut naître & périr, comme Monfieur Newton le veut pag. 582. & 583. Je ne crois donc pas que la Phyfique de M. Newton foit à l'abri des grandes difficultez qu'on rencontre dans cette fcience, quelqu'hypothefe qu'on choififfe. C'eft tout ce que j'ai voulu prouver dans ces deux Memoires.

Je conviens d'ailleurs qu'il a fait de très-belles découvertes, & que fon Livre très-excellent mérite d'être lû & medité par ceux qui voudront approfondir les myfteres de cette fcience. Ils en feront toûjours plus charmez, & fe mettront en état de faire de grands progrès, & de nouvelles découvertes, dont ils auront obligation à cet illuftre & fçavant Auteur.

Ils lui feront d'autant plus obligez, que, felon fes Principes, pag. 594. autant qu'ils perfectionneront la Phyfique, autant ils parviendront *à connoître mieux la caufe premiere, de quels bienfaits ils lui font redevables ; jufques là ils pourront decouvrir par la lumiere naturelle leur devoir envers Dieu, auffi-bien que les devoirs envers le Prochain.* Mais s'il étoit neceffaire pour cela de penetrer dans la Phyfique la plus exquife, Monfieur Newton me permettra de dire que les defcendans des enfans de Noé, qui apparemment n'étoient pas de grands Phyficiens, n'auroient pas eu tort de donner dans l'Idolâtrie ; & que c'étoit même trop pour les anciens Philofophes, dont il parle dans cette page, d'avoir reconnu les quatre vertus cardinales.

A quels autres vertus la Phyſique éclaircie porteroit-elle les nouveaux Philoſophes ? Seroit-ce à l'humilité ? On prétend qu'ils n'en ont pas beaucoup. Pourroit-elle parvenir à leur apprendre à pouſſer leur Philoſophie morale *bien au-delà des quatre vertus cardinales ?* C'eſt-à-dire, apparamment à leurs enſeigner les vertus Théologales. L'Egliſe Catholique qui ſeule tient à l'ancienne Egliſe par les Conciles, les Peres & une Tradition conſtante, enſeigne à ſes enfans Philoſophes, comme aux autres, qui ſont ſouvent plus dociles, d'autres Principes de ces vertus, & que la raiſon humaine n'y ſçauroit parvenir par ſes propres forces. Ne pourroit-on point craindre qu'à force de devenir Philoſophe, on ne devienne peu Chrétien ? Ils définiſſent bien, ces Meſſieurs, ils forment des raiſonnemens très-ſubtils ; ils font excellemment l'analiſe de divers Phénomenes de la Nature ; mais c'eſt tout ce qu'on peut attendre quand ils ne ſont pas unis à l'Egliſe Catholique.

F I N.

TABLE
DES MATIERES

Contenuës dans cet Ouvrage.

Reflexions

TABLE DES MATIERES.

DIVERSES REFLEXIONS ET REMARQUES
Faites pendant le Voïage de la Louisiane.

OBSERVATIONS SUR LA REFRACTION,
Faites à Marseille, avec des Reflexions sur ces Observations.

PREMIERE PARTIE.

TABLE DES MATIERES.

OBSERVATIONS SUR LA REFRACTION,
Faites à Toulon, avec des Reflexions sur ces Observations.

SECONDE PARTIE.

TABLE DES MATIERES.

Fin de la Table des Matieres.

Permiſſion du R. P. Provincial.

JE fouſſigné Provincial de la Compagnie de Jesus en la Province de Lyon, ſuivant le pouvoir que j'ay reçû de notre Reverend Pere General, permets au Pere ANTOINE LAVAL de faire imprimer le *Voyage de la Louiſiane, contenant diverſes Obſervations de Phiſique, d'Aſtronomie & de Marine,* qui a été lû & approuvé par trois Theologiens de notre Compagnie. En foi de quoi j'ai ſigné la Preſente. Fait à Aix en Provence le douziéme de Février mil ſept cent vingt-quatre.

JEAN-JOSEPH GROS.

APPROBATION.

J'Ay lû par ordre de Monſeigneur le Garde des Sceaux, *le Voyage de la Louiſiane du P. LAVAL Jeſuite, ſon Voyage de Provence, avec un Traité ſur la Refraction.* Ces Ouvrages contiennent pluſieurs Reflexions utiles à l'Aſtronomie, à la Navigation, à la Géographie & à la Phiſique, & je ſuis perſuadé qu'ils ſeront agréables au Public. Fait à Paris ce vingt-troiſiéme Février mil ſept cent vingt-huit.

CASSINI.

PRIVILEGE DU ROY.

LOUIS PAR LA GRACE DE DIEU ROY DE FRANCE ET DE NAVARRE : A nos amez & feaux Conſeillers, les gens tenans nos Cours de Parlement, Maiſtres des Requêtes ordinaires de notre Hôtel, Grand Conſeil, Prevôt de Paris, Baillifs, Sénéchaux, leurs Lieutenans Civils & autres nos Juſticiers qu'il appartiendra ; SALUT. Notre bien amé JEAN MARIETTE Libraire à Paris, Nous ayant fait ſupplier de lui accorder nos Lettres de permiſſion pour l'impreſſion d'un *Voyage de la Louisiane par le P. LAVAL, Jesuite;* contenant des Observations d'Astronomie, Physique & Marine, offrant pour cet effet de le faire imprimer en bon papier & beaux caractcres, suivant la feuille imprimée & attachée sous notre Contrescel: Nous lui avons permis & permettons par ces Presentes, de faire imprimer ledit Voyage ci-dessus specifié, en un ou plusieurs Volumes, conjointement ou séparément, & autant de fois que bon lui semblera, sur papier & caractcres conformes à ladite feüille imprimée & attachée pour modeles sous notre Contrescel, & de le vendre, faire vendre & debiter par-tout notre Royaume, pendant le temps de Trois années consécutives, à compter du jour de la datte desdites Presentes. Faisons défenses à tous Libraires, Imprimeurs & autres Personnes de quelque qualité & condition qu'elles soient, d'en introduire d'impression étrangere dans aucun lieu de notre obéissance, à la charge que ces Presentes seront enregistrées tout au long sur les Registres de la Communauté des Libraires & Imprimeurs de Paris, dans trois mois de la datte d'icelles ; que l'impression de ce Livre sera faite dans notre Royaume & non ailleurs ; & que l'Impétrant se conformera en tout aux Reglemens de la Librairie, & notamment à celui du dixiéme Avril mil sept cent vingt-cinq ; & qu'avant que de l'exposer en vente, le Manuscrit ou Imprimé qui aura servi de copie à l'impression dudit Livre, sera remis dans le même état où l'Approbation y aura été donnée, ès mains de notre très-cher & feal Chevalier Garde des Sceaux de France le Sieur Chauvelin ; & qu'il en sera ensuite remis deux Exemplaires dans notre Bibliotheque Publique, un dans celle de notre Château du Louvre, & un dans celle de notredit très-cher & feal Chevalier Garde des Sceaux de France le Sieur Chauvelin : le tout à peine de nullité des Presentes. Du contenu desquelles Vous mandons & enjoignons de faire joüir l'Exposant ou ses ayans cause, pleinement & paisiblement, sans souffrir qu'il leur soit fait aucun trouble ou empêchement : Voulons qu'à la Copie desdites Presentes, qui sera imprimée tout au long au commencement ou à la fin dudit Livre, foy soit ajoutée comme à l'Original. Commandons au premier notre Huisfier ou Sergent, de faire pour l'execution d'icelles tous Actes requis & neceffaires, fans demander autre permiffion, & nonobftant clameur de Haro, Charte Normande & Lettres à ce contraires; CAR tel eft notre plaifir. DONNE' à Paris le vingtiéme jour du mois de Février, l'an de grace mil fept cent vingt-huit, & de notre Regne le treiziéme. Par le Roy en fon Confeil.

CARPOT.

Regiftré fur le Regiftre VII. de la Chambre Royale des Libraires & Imprimeurs de Paris, N°. 76. fol. 68. conformément aux anciens Reglemens, confirmez par celui du 28. Février 1723. A Paris le vingt-feptiéme Février mil fept cent vingt-huit.

Signé, B R U N E T, Sindic.

ERRATA.

Page 7. ligne 14. allons largue, lisez allons vent largue.
Page 22. lig. 16. Verquin, lisez Verguin. Page 48. lig.
28. la Salle, lisez la Jalle. Page 82. lig. 8. à environ cinq
lieuës, après ces mots, ajoûtez la ville de S. Jago nous restoit
pour lors au Nord-Ouest à huit à neuf lieuës. Sa latitude est
de 20ᵈ. 26′. La rade de S. Jago est fort bonne, comme on le
peut voir dans le Plan que j'en donne ici avec les sondes. Pag.
84. lig. derniere, par le Lok. A quatre heures nous faisions,
lisez par le Lok à quatre heures. Nous faisions. Pag. 97. lig.
7. de la Salle, lisez de la Jalle. Pag. 102. lig. 19. tempête,
pourra mettre à 19 pieds pour entrer, lisez tempête, qu'on
pourra mettre à 19 pieds, pourra entrer. Pag. 127. lig. 22.
& 32. Braquet, lisez Braguet. Pag. 144. lig. 37. Acores,
lisez Ecores. Pag. 167. lig. 35. s'élever, lisez s'éleverent. Pag.
177. lig. 8. 3ᵈ. 36′. lisez 9ᵈ. 36′. Pag. 186. lig. 34. remor-
guoit, lisez remorquoit. Pag. 189. lig. 12. & 38. Pate, lisez
Pale. lig. 17. on a pointé, lisez on a porté. Pag. 193. lig. 16.
à ne point paroître, lisez & ne cesse point. Pag. 211. lig. 13.
d'aller briser, lisez d'aller se briser. Pag. 266. lig. 35. l'estime
de Panama, lisez l'Istme de Panama. Pag. 277. lig. 23. mal
fort, lisez fort mal. Pag. 282. lig. 31. le point, lisez le poing.
Pag. 287. lig. 16. d'un pied & demi au plus, lisez d'un pied
& demi ou deux pieds au plus. Pag. 295. lig. 30. $BC = \frac{1}{2}AC^4$,
lisez $BC = \frac{1}{2}AC$.

Traité des Observations sur la Refraction.

Page 17. ligne 38. & l'abaisser, lisez & s'abaisser. Pag. 21.
l. 28. moindres, lis. moindre. p. 27. l. 6. se ranger, lis. se changer. p. 29. l. 12. 12′. 15ᵈ. lis. 12′. 15″. p. 31. l. 6. minutes,
lis. minuties. p. 80. l. 31. je poussois, lis. si je poussois. p. 85.
l. 35. s'étoit, lis. se soit.

Recueil de divers Voyages, &c.

Page 14. l. 6. 89. pieds, lis. 98. pieds. p. 49. l. 4. la hauteur
du mercure, lis. la hauteur des montagnes par la hauteur du.
p. 58. 2. du Pilon HO, lis. du Pilon du Roy HO. p. 60. l. 21.
meridienne à lis. meridienne de. p. 64. l. 16. Micaud, lis.
Millaud. p. 67. l. 23. Observation, lis. Observatoire. p. 68.
l. 19. en difference, lis. en different. p. 161. l. 19. Ophelies,
lis. Aphelies.

www.ingramcontent.com/pod-product-compliance
Lightning Source LLC
Chambersburg PA
CBHW060818220326
41599CB00017B/2220